チャート式® 基礎からの 数学B

チャート研究所　編著

はじめに

CHART（チャート）とは 何？

C.O.D.(*The Concise Oxford Dictionary*) には，CHART――Navigator's sea map, with coast outlines, rocks, shoals, *etc.* と説明してある。

海図――浪風荒き問題の海に船出する若き船人に捧げられた海図――問題海の全面をことごとく一眸の中に収め，もっとも安らかな航路を示し，あわせて乗り上げやすい暗礁や浅瀬を一目瞭然たらしめるCHART！　――昭和初年チャート式代数学巻頭言

本書では，この CHART の意義に則り，下に示したチャート式編集方針で

問題の急所がどこにあるか，その解法をいかにして思いつくか

をわかりやすく示すことを主眼としています。

チャート式編集方針

1
基本となる事項を，定義や公式・定理という形で覚えるだけではなく，問題を解くうえで直接に役に立つ形でとらえるようにする。

▶

2
問題と基本となる事項の間につながりをつけることを考える――問題の条件を分析して既知の基本事項と結びつけて結論を導き出す。

▶

3
問題と基本となる事項を端的にわかりやすく示したものが CHART である。
CHART によって基本となる事項を問題に活かす。

問.

成長の軌跡を振り返ってみよう。

「自信」という、太く強い軌跡。

これまでの、数学の学びを振り返ってみよう。
どれだけの数の難しい問題と向き合い、
どんなに高い壁を乗り越えてきただろう。
同じスタートラインに立っていた仲間は、いまどこにいるだろう。
君の成長の軌跡は、あらゆる難題を乗り越えてきた
「自信」によって、太く強く描かれている。

現在地を把握しよう。

チャート式との学びの旅も、やがて中間地点。
1年前の自分と比べて、どれだけ成長して、
目標までの距離は、どれくらいあるだろう。
胸を張って得意だと言えること、誰かよりも苦手なことはなんだろう。
鉛筆を握る手を少し止めて、深呼吸して、いまの君と向き合ってみよう。
自分を知ることが、目標への近道になるはずだから。

「こうありたい」を描いてみよう。

1年後、どんな目標を達成していたいだろう?
仲間も、ライバルも、自分なりのゴールを目指して、前へ前へと進んでいる。
できるだけ遠くに、手が届かないような場所でもいいから、
君の目指すゴールに向かって、理想の軌跡を描いてみよう。
たとえ、厳しい道のりであったとしても、
どんな時もチャート式が君の背中を押し続けるから。

その答えが、
君の未来を前進させる解になる。

本書の構成

章トビラ 各章のはじめに，SELECT STUDY とその章で扱う例題の一覧を設けました。SELECT STUDY は，目的に応じ例題を精選して学習する際に活用できます。例題一覧は，各章で掲載している例題の全体像をつかむのに役立ちます。

基本事項のページ

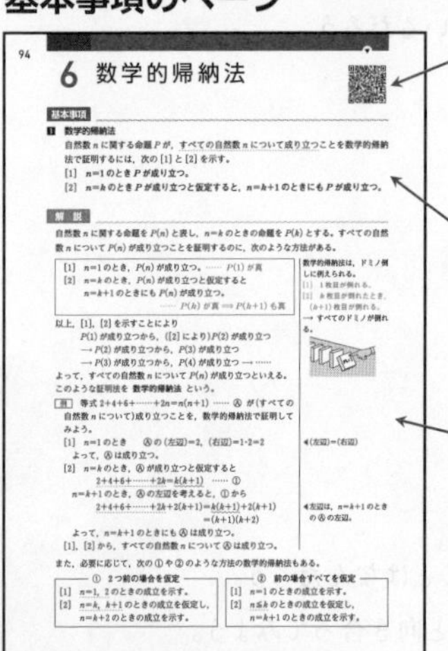

デジタルコンテンツ

各節の例題解説動画や，学習を補助するコンテンツにアクセスできます（詳細は，*p*.7 を参照）。

基本事項

定理や公式など，問題を解く上で基本となるものをまとめています。

解説

用語の説明や，定理・公式の証明なども示してあり，教科書に扱いのないような事柄でも無理なく理解できるようになっています。

例題のページ

基本事項などで得た知識を，具体的な問題を通して身につけます。

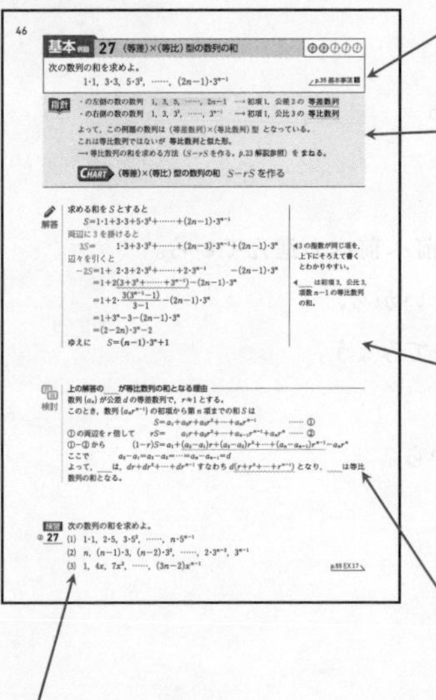

フィードバック・フォワード

関連する例題の番号や基本事項のページを示しました。

指針

問題のポイントや急所がどこにあるか，問題解法の方針をいかにして立てるかを中心に示しました。この指針が本書の特色であるチャート式の真価を最も発揮しているところです。

解答

例題の模範解答例を示しました。側注には適宜解答を補足しています。特に重要な箇所には ★ を付け，指針の対応する部分にも ★ を付けています。解答の流れや考え方がつかみづらい場合には指針を振り返ってみてください。

検討

例題に関連する内容などを取り上げました。特に，発展的な内容を扱う検討には，PLUS ONE をつけています。学習の取捨選択の目安として使用できます。

POINT

重要な公式やポイントとなる式などを取り上げました。

練習

例題の反復問題を1問取り上げました。関連する EXERCISES の番号を示した箇所もあります。

基本例題 …… 基本事項で得た知識をもとに，基礎力をつけるための問題です。教科書で扱われているレベルの問題が中心です。(◎印は 1 個～3 個)

重要例題 …… 基本例題を更に発展させた問題が中心です。入試対策に向けた，応用力の定着に適した問題がそろっています。(◎印は 3 個～5 個)

コラム

まとめ …… いろいろな場所で学んできた事柄をみやすくまとめています。知識の確認・整理に有効です。

参考事項，補足事項 …… 学んだ事項を発展させた内容を紹介したり，わかりにくい事柄を掘り下げて説明したりしています。

ズーム UP …… 考える力を特に必要とする例題について，更に詳しく解説しています。重要な内容の理解を深めるとともに，**思考力**，**判断力**，**表現力**を高めるのに効果的です。

振り返り …… 複数の例題で学んだ解法の特徴を横断的に解説しています。解法を判断するときのポイントについて，理解を深めることができます。

EXERCISES

各単元末に，例題に関連する問題を取り上げました。

各問題には対応する例題番号を → で示してあり，適宜 HINT もついています(複数の単元に対して EXERCISES を 1 つのみ掲載，という構成になっている場合もあります)。

総合演習

巻末に，学習の総仕上げのための問題を，2 部構成で掲載しています。

第 1 部 …… 例題で学んだことを振り返りながら，思考力を鍛えることができる問題，解説を掲載しています。大学入学共通テスト対策にも役立ちます。

第 2 部 …… 過去の大学入試問題の中から，入試実践力を高められる問題を掲載しています。

索　引

初めて習う数学の用語を五十音順に並べたもので，巻末にあります。

●難易度数について

例題，練習・EXERCISES の全問に，全 5 段階の難易度数がついています。

◎○○○○○，① …… 教科書の例レベル

◎◎○○○，② …… 教科書の例題レベル

◎◎◎○○，③ …… 教科書の節末，章末レベル

◎◎◎◎○，④ …… 入試の基本～標準レベル

◎◎◎◎◎，⑤ …… 入試の標準～やや難レベル

目次

コラムの一覧

ま … まとめ，参 … 参考事項，補 … 補足事項，ズ … ズーム UP，振 … 振り返り　を表す。

※第 3 章については，$p.169$ に掲載。

デジタルコンテンツの活用方法

本書では，QR コード*からアクセスできるデジタルコンテンツを豊富に用意しています。これらを活用することで，わかりにくいところの理解を補ったり，学習したことを更に深めたりすることができます。

■ 解説動画

本書に掲載している例題の解説動画を配信しています。
数学講師が丁寧に解説しているので，本書と解説動画をあわせて学習することで，例題のポイントを確実に理解することができます。
例えば，

- 例題を解いたあとに，その例題の理解を確認したいとき
- 例題が解けなかったときや，解説を読んでも理解できなかったとき

といった場面で活用できます。

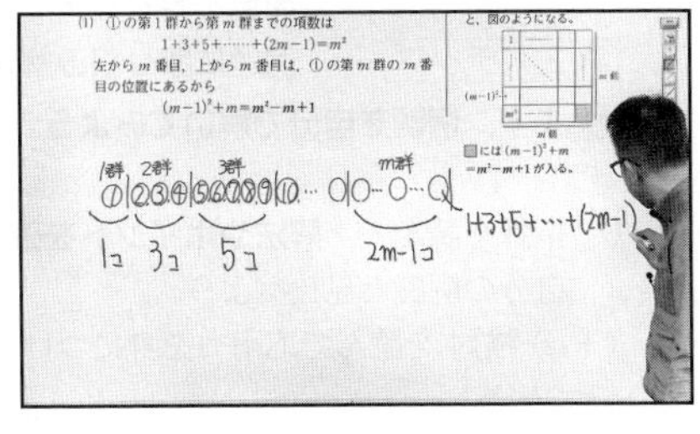

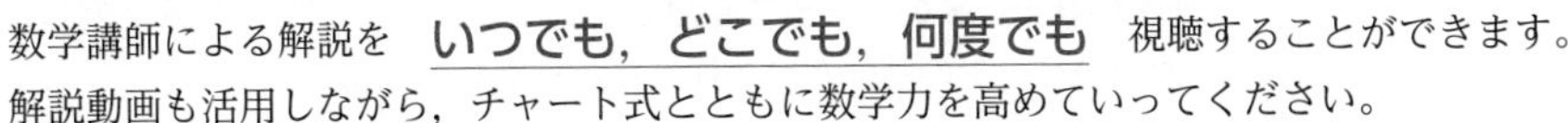
数学講師による解説を **いつでも，どこでも，何度でも** 視聴することができます。
解説動画も活用しながら，チャート式とともに数学力を高めていってください。

■ サポートコンテンツ

本書に掲載した問題や解説の理解を深めるための補助的なコンテンツも用意しています。
例えば，関数のグラフや図形の動きを考察する例題において，画面上で実際にグラフや図形を動かしてみることで，視覚的なイメージと数式を結びつけて学習できるなど，より深い理解につなげることができます。

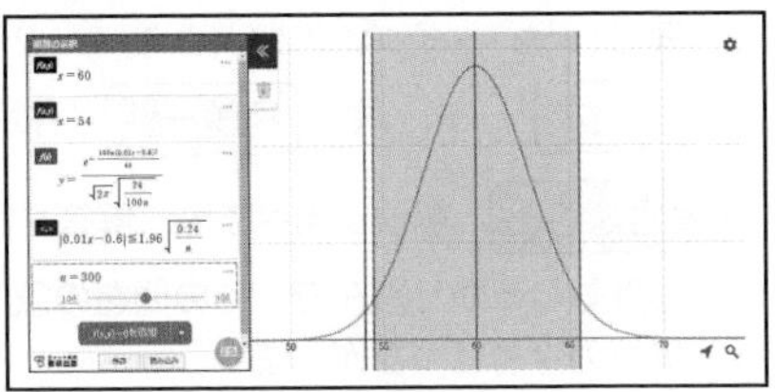

<デジタルコンテンツのご利用について>
デジタルコンテンツはインターネットに接続できるコンピュータやスマートフォン等でご利用いただけます。下記の URL，右の QR コード，もしくは「基本事項」のページにある QR コードからアクセスできます。

https://cds.chart.co.jp/books/7oq298gwkz

※追加費用なしにご利用いただけますが，通信料はお客様のご負担となります。Wi-Fi 環境でのご利用をおすすめいたします。学校や公共の場では，マナーを守ってスマートフォンなどをご利用ください。

＊　QR コードは，(株)デンソーウェーブの登録商標です。

本書の活用方法

■ 方法 1「自学自習のため」の活用例

週末・長期休暇などの時間のあるときや受験勉強などで，本書の各ページに順々に取り組む場合は，次のようにして学習を進めるとよいでしょう。

第１ステップ …… **基本事項のページを読み，重要事項を確認。**
問題を解くうえでは，知識を整理しておくことが大切。

↓

第２ステップ …… **例題に取り組み解法を習得，練習を解いて理解の確認。**

① まず，**例題を自分で解いてみよう。**
➡何もわからなかったら，指針を読んで糸口をつかもう。

↓

② 指針を読んで，**解法やポイントを確認** し，自分の解答と見比べよう。
➡ポイントを見抜く力をつけるために，指針は必ず読もう。また，解答の右の◀も理解の助けになる。

〈$+\alpha$〉**検討** を読んで応用力を身につけよう。

↓

③ **練習** に取り組んで，そのページで学習したことを **再確認** しよう。
➡わからなかったら，指針をもう一度読み返そう。

↓

第３ステップ …… **EXERCISES のページで腕試し。**
例題のページの勉強がひと通り終わったら取り組もう。

■ 方法 2「解法を調べるため」の活用例（解法の辞書としての使い方）

どうやって解いたらいいかわからない問題が出てきたときは，同じ(似た)タイプの例題があるページを本書で探し，**解法をまねる** ことを考えてみましょう。

同じ(似た)タイプの例題があるページを見つけるには

目次（$p.6$） や 例題一覧（各章の始め） を利用するとよいでしょう。

大切なこと 解法を調べる際，解答を読むだけでは実力は定着しません。

指針もしっかり読んで，その問題の急所やポイントをつかんでおくことを意識すると， 実力の定着につながります。

■ 方法 3「目的に応じた学習のため」の活用例

短期間で取り組みたいときや，順々に取り組む時間がとれないときは，**目的に応じた例題を選んで学習する** ことも１つの方法です。例題の種類（基本，重要）や章トビラの SELECT STUDY を参考に，目的に応じた問題に取り組むとよいでしょう。

問題数
1. 例題 94
（基本 73，重要 21）
2. 練習 94　　**3. EXERCISES 63**
4. 総合演習 第１部 2，第２部 14
［1.～4. の合計 267］

数学B 第1章

数　列

1 等差数列
2 等比数列
3 種々の数列
4 漸化式と数列
5 種々の漸化式
6 数学的帰納法

1

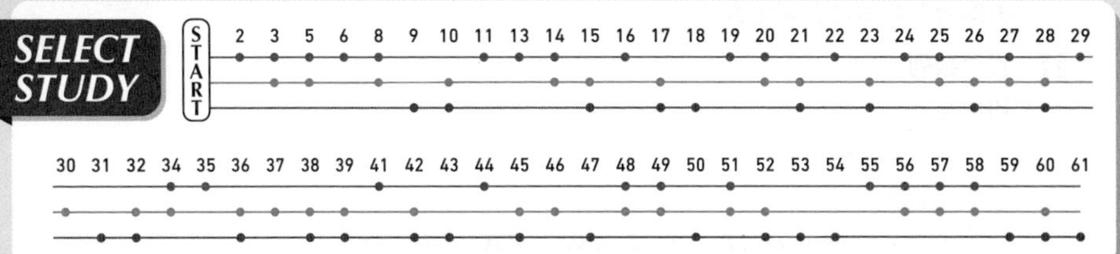

例題一覧

		番号	例題	難易度
1	基本	1	数列の一般項	①
	基本	2	等差数列の一般項	①
	基本	3	等差数列であることの証明	②
	基本	4	等差中項	②
	基本	5	調和数列とその一般項	②
	基本	6	等差数列の和	②
	基本	7	等差数列の利用（倍数の和）	②
	基本	8	等差数列の和の最大	②
	重要	9	既約分数の和	④
	重要	10	２つの等差数列の共通項	③
2	基本	11	等比数列の一般項	①
	基本	12	等比中項	②
	基本	13	等比数列の和 (1)	②
	基本	14	等比数列の和 (2)	③
	基本	15	複利計算	③
	基本	16	等差数列と等比数列	②
	重要	17	等差数列と等比数列の共通項	④
	重要	18	等比数列と対数	④
3	基本	19	Σ の式の計算	②
	基本	20	一般項を求めて和の公式利用	②
	基本	21	第 k 項に n を含む数列の和	③
	基本	22	階差数列（第１階差）	②
	基本	23	階差数列（第２階差）	③
	基本	24	数列の和と一般項，部分数列	②
	基本	25	分数の数列の和	②
	基本	26	分数の数列の和の応用	③
	基本	27	（等差）×（等比）型の数列の和	②
	重要	28	S_{2m}，S_{2m-1} に分けて和を求める	④
	基本	29	群数列の基本	③
	基本	30	群数列の応用	③
	重要	31	自然数の表と群数列	④
	重要	32	格子点の個数	④
4	基本	33	等差数列，等比数列，階差数列と漸化式	①
	基本	34	$a_{n+1}=pa_n+q$ 型の漸化式	②
	基本	35	$a_{n+1}=pa_n+(n$ の１次式) 型の漸化式	③
	基本	36	$a_{n+1}=pa_n+q^n$ 型の漸化式	③
	基本	37	$a_{n+1}=\dfrac{a_n}{pa_n+q}$ 型の漸化式	③
	重要	38	$a_{n+1}=pa_n{}^q$ 型の漸化式	③
	基本	39	$a_{n+1}=f(n)a_n+q$ 型の漸化式	③
	重要	40	$a_n=f(n)a_{n-1}$ 型の漸化式	④
5	基本	41	隣接３項間の漸化式 (1)	③
	基本	42	隣接３項間の漸化式 (2)	③
	基本	43	隣接３項間の漸化式 (3)	④
	基本	44	連立漸化式 (1)	③
	基本	45	連立漸化式 (2)	③
	重要	46	分数形の漸化式 (1)	③
	重要	47	分数形の漸化式 (2)	④
	基本	48	和 S_n と漸化式	③
	基本	49	図形と漸化式 (1)	③
	基本	50	図形と漸化式 (2)	③
	基本	51	確率と漸化式 (1)	③
	重要	52	確率と漸化式 (2)	④
	重要	53	確率と漸化式 (3)	⑤
	重要	54	場合の数と漸化式	④
6	基本	55	等式の証明	①
	基本	56	整数の性質の証明	②
	基本	57	不等式の証明	②
	基本	58	漸化式と数学的帰納法	②
	重要	59	フェルマの小定理に関する証明	⑤
	重要	60	$n=k$，$k+1$ の仮定	④
	重要	61	$n\leqq k$ の仮定	④

1 等差数列

基本事項

1 数列の基本

数を一列に並べたものを **数列** といい，数列を作っている各数を数列の **項** という。一般に，数列を a_1，a_2，a_3，……，a_n，…… で表す。または，単に $\{a_n\}$ と表すこともある。このとき，a_1 を **第1項**，a_2 を **第2項**，……，a_n を **第 n 項** という。

特に，第1項を **初項** ともいう。また，第 n 項 a_n が n の式で表されるとき，これを **一般項** という。数列の各項はその番号を表す自然数 n によって定まるから，a_n は n の関数とみることができる。

2 等差数列

初項を a，公差を d とする。すべての自然数 n について

① **定　義**　$\boldsymbol{a_{n+1}=a_n+d}$ すなわち $\boldsymbol{a_{n+1}-a_n=d}$ である数列 $\{a_n\}$

② **一般項**　$\boldsymbol{a_n=a+(n-1)d}$

$d\neq0$ のとき，a_n は **n の1次式** で表される。

3 等差中項

数列 a，b，c が等差数列 $\Longleftrightarrow$ $2b=a+c$　（b を a と c の **等差中項** という）

4 等差数列の和

初項から第 n 項までの和を S_n とする。

① $\begin{cases}\text{初項 } a\\ \text{末項 } l\\ \text{項数 } n\end{cases}$ のとき　$S_n=\dfrac{1}{2}n(a+l)$

② $\begin{cases}\text{初項 } a\\ \text{公差 } d\\ \text{項数 } n\end{cases}$ のとき　$S_n=\dfrac{1}{2}n\{2a+(n-1)d\}$

5 調和数列

数列 $\{a_n\}$（ただし，すべての n に対して $a_n\neq0$）において，数列 $\left\{\dfrac{1}{a_n}\right\}$ が等差数列をなすとき，もとの数列 $\{a_n\}$ を **調和数列** という。

解　説

■数列の基本

$\{a_n\}$：1，3，5，7，9，……，25

$\{b_n\}$：2，4，8，16，32，……

数列 $\{a_n\}$ のように，項の個数が有限である数列を **有限数列** といい，その項の個数を **項数**，最後の項を **末項** という。

また，数列 $\{b_n\}$ のように，項の個数が無限である数列を **無限数列** という。

◀a_1，a_2，……，a_n のように，a の右下に小さく書いた番号を **添え字** という。

解　説

■ 等差数列

数列 $\{a_n\}$ において，各項に一定の数 d を加えると，次の項が得られるとき，この数列を **等差数列** という。

$$\{a_n\}:\ a_1 \overset{+d}{\frown} a_2 \overset{+d}{\frown} a_3 \overset{+d}{\frown} a_4 \cdots\cdots a_{n-1} \overset{+d}{\frown} a_n \Rightarrow \boldsymbol{a_{n+1}-a_n=d}$$

→ 初項 a，公差 d として　一般項 $a_n=a+(n-1)d$

一般項 a_n は，$a_n=dn+(a-d)$ $(d \neq 0)$ すなわち，**n の 1 次式** で表される。

◀隣り合う 2 項の差が一定。
◀初項 $a_1=a$ に公差 d を $(n-1)$ 回加える。

例　初項 -6，公差 2 の等差数列 $\{a_n\}$ について

$$\{a_n\}:\ -6 \overset{+2}{\frown} -4 \overset{+2}{\frown} -2 \overset{+2}{\frown} 0 \overset{+2}{\frown} 2 \cdots\cdots a_{n-1} \overset{+2}{\frown} a_n \Rightarrow \boldsymbol{a_{n+1}-a_n=2}$$

→ $a_n=-6+(n-1)\cdot 2=2n-8$

■ 等差中項

数列 a，b，c が等差数列 $\Longleftrightarrow b-a=c-b$（＝公差）

$\Longleftrightarrow 2b=a+c$

このとき，b を a と c の **等差中項** という。

$b=\dfrac{a+c}{2}$ から，b は a と c の相加平均である。

■ 等差数列の和

初項 a，末項 l，公差 d，項数 n とすると

$$S_n=a+(a+d)+(a+2d)+\cdots\cdots+(l-d)+l$$

和の順序を逆にして $S_n=l+(l-d)+(l-2d)+\cdots\cdots+(a+d)+a$

辺々を加えて $2S_n=\underbrace{(a+l)+(a+l)+(a+l)+\cdots\cdots+(a+l)+(a+l)}_{(a+l)\text{ が } n \text{ 個}}$

よって　$2S_n=n(a+l)$

ゆえに　① $S_n=\dfrac{1}{2}n(a+l)$

また，① に $l=a+(n-1)d$ を代入すると

② $S_n=\dfrac{1}{2}n\{a+a+(n-1)d\}=\dfrac{1}{2}n\{2a+(n-1)d\}$

◀公式 ①，② は互いを変形したもの。

また，公式 ② を変形すると

$$S_n=\frac{1}{2}dn^2+\frac{1}{2}(2a-d)n \quad (d \neq 0)$$

◀n について整理する。

よって，和 S_n は **n の 2 次式** で表される。

■ 調和数列

例　$\{a_n\}: 1,\ \dfrac{1}{3},\ \dfrac{1}{5},\ \dfrac{1}{7},\ \cdots\cdots$　　$\{b_n\}: 1,\ 3,\ 5,\ 7,\ \cdots\cdots$

数列 $\{a_n\}$ は調和数列である。なぜなら，数列 $\{a_n\}$ の各項の逆数を項とする数列 $\{b_n\}$ は初項 1，公差 2 の等差数列であるからである。

基本例題 1 数列の一般項

次の数列はどのような規則によって作られているかを考え，一般項を推測せよ。また，一般項が推測した式で表されるとき，(1) の数列の第 6 項を求めよ。

(1) $\dfrac{2}{3}$，$\dfrac{3}{9}$，$\dfrac{4}{27}$，$\dfrac{5}{81}$，……　　(2) $1\cdot1$，$-3\cdot4$，$5\cdot9$，$-7\cdot16$，……

p.10 基本事項 1

数列の規則性を見つけて，第 n 項を n の式で表す。

(1) **分母，分子** で分けて考える。第 6 項は，一般項の式に $n=6$ を代入して求める。

(2) まず，**符号** については，次のことに注意。

$(-1)^n$：-1，1，-1，1，-1，……　　$(-1)^{n+1}$：1，-1，1，-1，1，……（$(-1)^{n-1}$ でも同じ。）

次に，符号を取り除いた数列 $1\cdot1$，$3\cdot4$，$5\cdot9$，$7\cdot16$，…… の **・の左側だけ，右側だけの数列** にそれぞれ注目する。

解答

(1) 分子の数列は 2，3，4，5，…… で，第 n 項は　$n+1$

◀ $1+1$，$1+2$，$1+3$，…

分母の数列は 3，9，27，81，…… で，第 n 項は　3^n

◀ 3^1，3^2，3^3，…

よって，**一般項は** $\dfrac{n+1}{3^n}$　　**第 6 項は** $\dfrac{6+1}{3^6}=\dfrac{7}{729}$

(2) 符号を除いた数列は　$1\cdot1$，$3\cdot4$，$5\cdot9$，$7\cdot16$，……

・の左側の数列は　1，3，5，7，……

◀ $2\cdot1-1$，$2\cdot2-1$，$2\cdot3-1$，…

これは正の奇数の数列で，第 n 項は　$2n-1$

・の右側の数列は　1，4，9，16，……

◀ 1^2，2^2，3^2，…

これは平方数の数列で，第 n 項は　n^2

よって，一般項は　$(-1)^{n+1}\cdot(2n-1)n^2$

◀ $(-1)^{n-1}\cdot(2n-1)n^2$ でもよい。

検討

一般項の表し方は 1 通りとは限らない

数列は，その一部分が与えられても全体が決まるものではなく，規則はいろいろに定めることができる。

例えば，一般項が $(n-1)(n-2)(n-3)(n-4)Q(n)+(-1)^{n+1}\cdot(2n-1)n^2$ [$Q(n)$ は n の多項式]の数列も，第 1 項から第 4 項までが例題 (2) の数列と同じになる。

[理由：$Q(n)$ がどのような多項式でも，$n=1$，2，3，4 のとき
$(n-1)(n-2)(n-3)(n-4)Q(n)=0$]

このように一般項の表し方は 1 通りとは限らないが，上の例題のような問題の 解答 は，ふつう，考えられる最も簡単なものを 1 つあげて答える。

練習 ① 1　次の数列はどのような規則によって作られているかを考え，一般項を推測せよ。また，一般項が推測した式で表されるとき，(1) の数列の第 6 項，(2) の数列の第 7 項を求めよ。

(1) 1，9，25，49，……　　(2) -3，$\dfrac{4}{8}$，$-\dfrac{5}{27}$，$\dfrac{6}{64}$，……

(3) $2\cdot2$，$4\cdot5$，$6\cdot10$，$8\cdot17$，…

基本例題 2 等差数列の一般項

(1) 等差数列 100, 97, 94, …… の一般項 a_n を求めよ。また，第 35 項を求めよ。
(2) 第 59 項が 70, 第 66 項が 84 の等差数列 $\{a_n\}$ において
(ア) 一般項を求めよ。 (イ) 118 は第何項か。
(ウ) 初めて正になるのは第何項か。

p.10 基本事項 2　重要 10

指針 等差数列の一般項（第 n 項）a_n は　$a_n=a+(n-1)d$
⟶ 初項 a, 公差 d で決まる。そこで，**まず，初項 a と公差 d を求める。**
(1) 初項 $a=100$ はすぐわかる。公差 d は $d=$(後の項)$-$(前の項)$=97-100$ から。
(2) (ア) **初項を a, 公差を d として，a, d の連立方程式を作り**，それを解く。
(イ) 自然数 n についての方程式 $a_n=118$ を解く。
(ウ) 初めて正になる項 ⟶ 不等式 $a_n>0$ を満たす最小の自然数 n を求める。

CHART 等差数列　まず 初項と公差

解答

(1) 初項が 100, 公差が $97-100=-3$ であるから，一般項は　$a_n=100+(n-1)\cdot(-3)$
$=\mathbf{-3n+103}$
また　$a_{35}=-3\cdot35+103=\mathbf{-2}$

◀(公差)$=100-97$ は **誤り！**
◀$a_n=a+(n-1)d$ で $a=100$, $d=-3$ を代入。

補足 求めた a_n の式に $n=1$, 2, 3 を代入して，それぞれ 100, 97, 94 とならなければ，その式は間違いである。このように，a_n の式を求めた後に $n=1$ などを代入して，問題の条件を満たすかどうか確認するとよい。

(2) (ア) 初項を a, 公差を d とすると，$a_{59}=70$, $a_{66}=84$
であるから　$\begin{cases} a+58d=70 \\ a+65d=84 \end{cases}$
これを解いて　$a=-46$, $d=2$
したがって，一般項は
$a_n=-46+(n-1)\cdot2=\mathbf{2n-48}$

◀(第 2 式)$-$(第 1 式) から $7d=14$

(イ) $a_n=118$ とすると　$2n-48=118$
これを解いて　$n=83$
よって　**第 83 項**

◀$2n=166$

(ウ) $a_n>0$ とすると　$2n-48>0$
これを解いて　$n>24$
したがって，初めて正になるのは　**第 25 項**

◀$n>24$ を満たす最小の自然数 n は 25

練習 2 ①
(1) 等差数列 13, 8, 3, …… の一般項 a_n を求めよ。また，第 15 項を求めよ。
(2) 第 53 項が -47, 第 77 項が -95 である等差数列 $\{a_n\}$ において
(ア) 一般項を求めよ。 (イ) -111 は第何項か。
(ウ) 初めて負になるのは第何項か。
〔(2) 類 福岡教育大〕

p.22 EX 1

基本例題 3 等差数列であることの証明

①①①①①

一般項が $a_n=-3n+7$ である数列 $\{a_n\}$ について

(1) 数列 $\{a_n\}$ は等差数列であることを証明し，その初項と公差を求めよ。

(2) 一般項が $c_n=a_{3n}$ である数列 $\{c_n\}$ は等差数列であることを証明し，その初項と公差を求めよ。

p.10 基本事項 2

指針

等差数列の定義
等差数列 $\{a_n\}$ ⟺ 隣り合う2項の差 $a_{n+1}-a_n=d$ (一定)

(1) $a_{n+1}-a_n$ を計算して，それが n を含まない数(定数)になることを示す。

(2)

$\{a_n\}$：4, 1, −2, −5, −8, −11, −14, −17, −20, ……（隣り合う項の差はいずれも −3）

$\{c_n\}$：−2, −11, −20, ……（隣り合う項の差はいずれも −9）

数列 $\{c_n\}$ はこのような数列であるが，等差数列であることを証明するには，(1)と同様に **$c_{n+1}-c_n$ が一定**（これが公差）になることを示す。

CHART 等差数列 $\{a_n\}$ 2項の差 $a_{n+1}-a_n=d$ (一定)

解答

(1) $a_n=-3n+7$ であるから

$$a_{n+1}-a_n=\{-3(n+1)+7\}-(-3n+7)$$
$$=-3\ (一定)$$

◀ $a_{n+1}-a_n=d$

ゆえに，数列 $\{a_n\}$ は等差数列である。

また，**初項 $a_1=4$，公差 -3** である。

◀ $a_1=-3\times1+7$

(2) $c_n=a_{3n}=-3\cdot(3n)+7=-9n+7$ であるから

◀ a_{3n} は $a_n=-3n+7$ の n に $3n$ を代入する。

$$c_{n+1}-c_n=\{-9(n+1)+7\}-(-9n+7)$$
$$=-9\ (一定)$$

ゆえに，数列 $\{c_n\}$ は等差数列である。

また，**初項 $c_1=-2$，公差 -9** である。

◀ $c_1=-9\times1+7$

検討

$a_n=pn+q$ ($p\neq0$) である数列は等差数列である

数列 $\{a_n\}$ が初項 a，公差 d ($d\neq0$) の等差数列であるとすると第 n 項 a_n は

$a_n=a+(n-1)d=dn+(a-d)$ となり，**n の1次式** となる。

逆に，$a_n=pn+q$ とすると　$a_{n+1}-a_n=\{p(n+1)+q\}-(pn+q)=p$ (一定)

よって，数列 $\{a_n\}$ は初項 $p+q$，公差 p の等差数列である。

ゆえに　**一般項が $pn+q$ である数列 ⟺ 初項 $p+q$，公差 p の等差数列**

練習 ② 3 一般項が $a_n=p(n+2)$ (p は定数，$p\neq0$) である数列 $\{a_n\}$ について

(1) 数列 $\{a_n\}$ が等差数列であることを証明し，その初項と公差を求めよ。

(2) 一般項が $c_n=a_{5n}$ である数列 $\{c_n\}$ が等差数列であることを証明し，その初項と公差を求めよ。

p.22 EX 2

基本例題 4 等差中項 … 等差数列をなす 3 数 ⊘⊘⊘⊘⊘

等差数列をなす 3 数があって，その和は 27，積は 693 である。この 3 数を求めよ。

p.10 基本事項 3　基本 12

指針 等差数列をなす 3 つの数の表し方には，次の 3 通りがある。

1. **初項 a，公差 d として $a,\ a+d,\ a+2d$ と表す　（公差形）**
2. **中央の項 a，公差 d として $a-d,\ a,\ a+d$ と表す　（対称形）**
3. **数列 $a,\ b,\ c$ が等差数列 $\Longleftrightarrow 2b=a+c$ を利用　（平均形）**

2 の表し方のとき，3 つの数の和が

$$(a-d)+a+(a+d)=3a$$

となり，d が消去できて計算がらくになる。
なお，この中央の項のことを **等差中項** という。

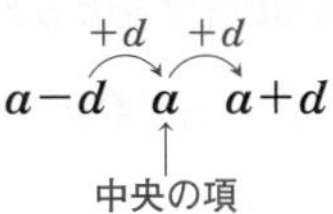

解答

この数列の中央の項を a，公差を d とすると，3 数は $a-d$，a，$a+d$ と表される。和が 27，積が 693 であるから

$$\begin{cases}(a-d)+a+(a+d)=27\\(a-d)a(a+d)=693\end{cases}$$

ゆえに $\begin{cases}3a=27 & \cdots\cdots ①\\a(a^2-d^2)=693 & \cdots\cdots ②\end{cases}$

① から　$a=9$

これを ② に代入して　$9(81-d^2)=693$

よって　$d^2=4$　　ゆえに　$d=\pm 2$

よって，求める 3 数は　7，9，11　または　11，9，7

すなわち　**7，9，11**

◀2 対称形
3 数を $\boldsymbol{a-d,\ a,\ a+d}$ と表すと計算がらく。

◀$81-d^2=77$

◀3 数の順序は問われていないので，答えは 1 通りでよい。

別解　等差数列をなす 3 数の数列を $a,\ b,\ c$ とすると

$2b=a+c$　……①

条件から　$a+b+c=27$　……②

$abc=693$　……③

① を ② に代入して　$3b=27$　　ゆえに　$b=9$

このとき，①，③ から　$a+c=18$，$ac=77$

したがって，$a,\ c$ は 2 次方程式 $x^2-18x+77=0$ の 2 つの解である。

$(x-7)(x-11)=0$ を解いて　$x=7,\ 11$

すなわち　$(a,\ c)=(7,\ 11),\ (11,\ 7)$

よって，求める 3 数は　**7，9，11**

◀3 **平均形**
$\boldsymbol{2b=a+c}$ を利用。

◀$a,\ b,\ c$ の連立方程式を解く。

◀**和が $\boldsymbol{p}$，積が $\boldsymbol{q}$ である 2 数は，2 次方程式 $\boldsymbol{x^2-px+q=0}$ の 2 つの解** である（数学Ⅱ）。

練習 ② 4　等差数列をなす 3 数があって，その和は -15，積は 120 である。この 3 数を求めよ。

基本例題 5 調和数列とその一般項

(1) 調和数列 20, 15, 12, 10, …… の一般項 a_n を求めよ。
(2) 初項が a, 第 2 項が b である調和数列がある。この数列の第 n 項 a_n を a, b で表せ。

p.10 基本事項 5

指針 数列 $\{a_n\}$ が調和数列 $(a_n \neq 0) \Longleftrightarrow$ 数列 $\left\{\dfrac{1}{a_n}\right\}$ が等差数列

調和数列は等差数列に直して考える。

(1) 各項の逆数をとると, $\left\{\dfrac{1}{a_n}\right\}: \dfrac{1}{20}, \dfrac{1}{15}, \dfrac{1}{12}, \dfrac{1}{10}$, …… が等差数列となる。

等差数列 まず 初項と公差

$\dfrac{1}{a_n}$ を n で表し, 再びその逆数をとる。

(2) 等差数列 $\left\{\dfrac{1}{a_n}\right\}$ の初項が $\dfrac{1}{a}$, 第 2 項が $\dfrac{1}{b}$ ⟶ 公差は $\dfrac{1}{b}-\dfrac{1}{a}$

解答

(1) 20, 15, 12, 10, …… ……① が調和数列であるから, $\dfrac{1}{20}, \dfrac{1}{15}, \dfrac{1}{12}, \dfrac{1}{10}$, …… ……② が等差数列となる。

◀ $b_n=\dfrac{1}{a_n}$ とする。
◀各項の逆数をとる。

数列②の初項は $\dfrac{1}{20}$, 公差は $\dfrac{1}{15}-\dfrac{1}{20}=\dfrac{1}{60}$ であるから,

◀ $b_{n+1}-b_n=d$

一般項は $\dfrac{1}{20}+(n-1)\cdot\dfrac{1}{60}=\dfrac{n+2}{60}$

◀ $b_n=b_1+(n-1)d$

よって, 数列①の一般項 a_n は $\boldsymbol{a_n=\dfrac{60}{n+2}}$

◀逆数をとる。$a_n=\dfrac{1}{b_n}$

(2) 条件から, $\dfrac{1}{a}, \dfrac{1}{b}, \cdots\cdots, \dfrac{1}{a_n}$, …… が等差数列となる。

◀各項の逆数をとる。

この数列の初項は $\dfrac{1}{a}$, 公差は $\dfrac{1}{b}-\dfrac{1}{a}=\dfrac{a-b}{ab}$ であるから, 一般項は

◀ $b_{n+1}-b_n=d$

$$\frac{1}{a_n}=\frac{1}{a}+(n-1)\frac{a-b}{ab}=\frac{(a-b)n-a+2b}{ab}$$

◀ $b_n=b_1+(n-1)d$

よって, 調和数列の一般項 a_n は

$$\boldsymbol{a_n=\frac{ab}{(a-b)n-a+2b}}$$

◀逆数をとる。$a_n=\dfrac{1}{b_n}$

練習 5 ②
(1) 調和数列 2, 6, -6, -2, …… の一般項 a_n を求めよ。
(2) 初項が a, 第 5 項が $9a$ である調和数列がある。この数列の第 n 項 a_n を a で表せ。

基本例題 6 等差数列の和

次のような和 S を求めよ。

(1) 等差数列 1，4，7，……，97 の和

(2) 初項 200，公差 -5 の等差数列の初項から第 100 項までの和

(3) 第 8 項が 37，第 24 項が 117 の等差数列の第 20 項から第 50 項までの和

p.10 基本事項 4　重要 9

(1) $\begin{cases}\text{初項 } a\\ \text{末項 } l\\ \text{項数 } n\end{cases}$ のとき $S_n=\dfrac{1}{2}n(a+l)$　(2) $\begin{cases}\text{初項 } a\\ \text{公差 } d\\ \text{項数 } n\end{cases}$ のとき $S_n=\dfrac{1}{2}n\{2a+(n-1)d\}$

(3) まず，条件から初項 a と公差 d を求める。初項から第 n 項までの和を S_n とすると　$S=S_{50}-S_{19}$ ⟵(初項から第 50 項までの和)−(初項から第 19 項までの和)

解答

(1) 初項が 1，公差が 3 であるから，末項 97 が第 n 項であるとすると　$1+(n-1)\cdot3=97$　よって　$n=33$

ゆえに，初項 1，末項 97，項数 33 の等差数列の和を求めて　$S=\dfrac{1}{2}\cdot33(1+97)=\mathbf{1617}$

(2) $S=\dfrac{1}{2}\cdot100\{2\cdot200+(100-1)\cdot(-5)\}=\mathbf{-4750}$

(3) 初項を a，公差を d，一般項を a_n とする。

$a_8=37$，$a_{24}=117$ であるから　$\begin{cases}a+7d=37\\ a+23d=117\end{cases}$

この連立方程式を解いて　$a=2$，$d=5$

初項から第 n 項までの和を S_n とすると

$$S_{50}=\frac{1}{2}\cdot50\{2\cdot2+(50-1)\cdot5\}=6225$$

$$S_{19}=\frac{1}{2}\cdot19\{2\cdot2+(19-1)\cdot5\}=893$$

よって　$S=S_{50}-S_{19}$ (*) $=6225-893=\mathbf{5332}$

検討　公式の使い分け

末項がわかれば
$S_n=\dfrac{1}{2}n(a+l)$

公差がわかれば
$S_n=\dfrac{1}{2}n\{2a+(n-1)d\}$

◀ $a_n=a+(n-1)d$

等差数列　まず 初項と公差

(*)　$S=S_{50}-S_{20}$ は 誤り！
これでは S に a_{20} が含まれない。

検討

例題 (3)：a_{20} を初項として解く

a_{20} $=a+19d=2+19\cdot5=97$ **を初項と考える** と，第 20 項から第 50 項までの項数は $50-20+1=31$ であるから　$S=\dfrac{1}{2}\cdot31\{2\cdot97+(31-1)\cdot5\}=\mathbf{5332}$

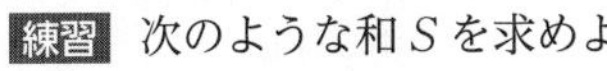

練習 ② 6　次のような和 S を求めよ。

(1) 等差数列 1，3，5，7，……，99 の和

(2) 初項 5，公差 $-\dfrac{1}{2}$ の等差数列の初項から第 101 項までの和

(3) 第 10 項が 1，第 16 項が 5 である等差数列の第 15 項から第 30 項までの和

p.22 EX 3

基本例題 7 等差数列の利用（倍数の和）

100 から 200 までの整数のうち，次の数の和を求めよ。

(1) 3 で割って 1 余る数　　(2) 2 または 3 の倍数

基本 6　重要 9

指針 等差数列の和として求める。項数に注意。

初項 a，末項 l，項数 n のとき　$S_n=\frac{1}{2}n(a+l)$　を利用。

(1) 3 で割って 1 余る数は　$3\cdot33+1,\ 3\cdot34+1,\ \cdots\cdots,\ 3\cdot66+1$

→ 初項 100，末項 199，項数 $66-33+1=34$ から上の公式を利用。

(2) **(2 または 3 の倍数の和)**

＝(2 の倍数の和)＋(3 の倍数の和)－(2 かつ 3 の倍数の和)

↑6 の倍数

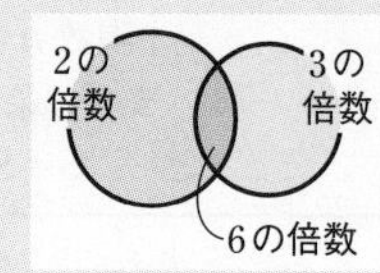

解答

(1) 100 から 200 までで，3 で割って 1 余る数は

$3\cdot33+1,\ 3\cdot34+1,\ \cdots\cdots,\ 3\cdot66+1$

これは，初項が $3\cdot33+1=100$，末項が $3\cdot66+1=199$，項数が $66-33+1=34$ の等差数列であるから，その和は　$\frac{1}{2}\cdot34(100+199)=\mathbf{5083}$

(2) 100 から 200 までの 2 の倍数は

$2\cdot50,\ 2\cdot51,\ \cdots\cdots,\ 2\cdot100$

これは，初項 100，末項 200，項数 51 の等差数列であるから，その和は　$\frac{1}{2}\cdot51(100+200)=7650$ …… ①

100 から 200 までの 3 の倍数は

$3\cdot34,\ 3\cdot35,\ \cdots\cdots,\ 3\cdot66$

これは，初項 102，末項 198，項数 33 の等差数列であるから，その和は　$\frac{1}{2}\cdot33(102+198)=4950$ …… ②

100 から 200 までの 6 の倍数は

$6\cdot17,\ 6\cdot18,\ \cdots\cdots,\ 6\cdot33$

これは，初項 102，末項 198，項数 17 の等差数列であるから，その和は　$\frac{1}{2}\cdot17(102+198)=2550$ …… ③

よって，①，②，③ から，求める和は

$7650+4950-2550^{(*)}=\mathbf{10050}$

別解 (1) $S_n=\frac{1}{2}n\{2a+(n-1)d\}$ を利用。
初項 100，公差 3，項数 34 であるから
$\frac{1}{2}\cdot34\{2\cdot100+(34-1)\cdot3\}=\mathbf{5083}$

◀初項 $2\cdot50=100$，末項 $2\cdot100=200$，項数 $100-50+1=51$

◀初項 $3\cdot34=102$，末項 $3\cdot66=198$，項数 $66-34+1=33$

◀2 と 3 の最小公倍数は 6

(＊) 個数定理の公式 $n(A\cup B)=n(A)+n(B)-n(A\cap B)$ [数学 A] を適用する要領。

練習 7 ② 2 桁の自然数のうち，次の数の和を求めよ。

(1) 5 で割って 3 余る数　　(2) 奇数または 3 の倍数

基本 例題 8 等差数列の和の最大

初項が 55，公差が −6 の等差数列の初項から第 n 項までの和を S_n とするとき，S_n の最大値は ☐ である。 〔京都産大〕

基本 2，6

項の値，和の値の大きさのイメージは，右の図のようになる。
公差は負の数であるから，第 k 項から負になるとすると，第 $(k-1)$ 項までの和，すなわち **正または 0 の数の項だけの和** が最大となる。 ……★

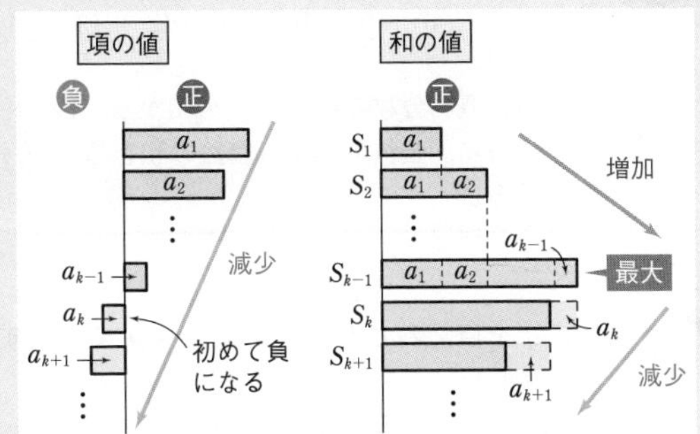

CHART 等差数列の和の最大・最小　a_n の符号が変わる n に着目

解答

初項 55，公差 −6 の等差数列の一般項 a_n は

$$a_n=55+(n-1)\cdot(-6)=-6n+61$$

◀ $a_n=a+(n-1)d$

$a_n<0$ とすると　$-6n+61<0$

これを解いて　$n>\dfrac{61}{6}=10.1\cdots$

よって　$n\leqq 10$ のとき　$a_n>0$，
　　　　$n\geqq 11$ のとき　$a_n<0$

◀ $a_{10}=-6\cdot10+61=1$
$a_{11}=-6\cdot11+61=-5$

ゆえに，S_n は $n=10$ のとき最大となるから，求める最大値は

$$\frac{1}{2}\cdot10\{2\cdot55+(10-1)\cdot(-6)\}=\mathbf{280}$$

◀ 指針____……★ の方針。
等差数列の項は単調に増加または減少 ⟶ 和の最大・最小は項の符号の変わり目に注目して求める。

別解

$$S_n=\frac{1}{2}n\{2\cdot55+(n-1)\cdot(-6)\}$$
$$=-3n^2+58n$$
$$=-3\left(n-\frac{29}{3}\right)^2+3\cdot\left(\frac{29}{3}\right)^2$$

◀ 別解 は，S_n の式を平方完成する方針の解答。

n は自然数であるから，$\dfrac{29}{3}$ に最も近い自然数 $n=10$ のとき，最大値 $S_{10}=-3\cdot10^2+58\cdot10=\mathbf{280}$ をとる。

◀ $\dfrac{29}{3}=9.6\cdots\cdots$

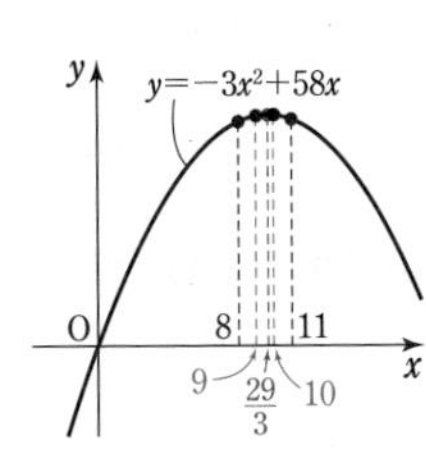

練習 ② 8 初項 −200，公差 3 の等差数列 $\{a_n\}$ において，初項から第何項までの和が最小となるか。また，そのときの和を求めよ。

重要例題 9 既約分数の和

p は素数，m，n は正の整数で $m<n$ とする。m と n の間にあって，p を分母とする既約分数の総和を求めよ。

基本 6，7

指針 まず，具体的な値で考えてみよう。例えば，2 と 5 の間にあって 3 を分母とする分数は

$$\frac{7}{3},\ \frac{8}{3},\ \frac{9}{3},\ \frac{10}{3},\ \frac{11}{3},\ \frac{12}{3},\ \frac{13}{3},\ \frac{14}{3}\ \cdots\cdots\ (*)$$

であり，既約分数の和は（∗）の和から，3 と 4 を引くことで求められる。
このように，**全体の和から整数の和を除く** 方針で求める。

↑（∗）は等差数列であり，3 と 4 は 2 と 5 の間にある整数である。

解答

まず，q を自然数として，$m<\dfrac{q}{p}<n$ を満たす $\dfrac{q}{p}$ を求める。

◀「m と n の間」であるから，両端の m と n は含まない。

$pm<q<pn$ であるから

$$q=pm+1,\ pm+2,\ \cdots\cdots,\ pn-1$$

よって $\dfrac{q}{p}=\dfrac{pm+1}{p},\ \dfrac{pm+2}{p},\ \cdots\cdots,\ \dfrac{pn-1}{p}\ \cdots$ ①

◀初項 $\dfrac{pm+1}{p}$，公差 $\dfrac{1}{p}$ の等差数列。

これらの和を S_1 とすると

$$S_1=\frac{(pn-1)-(pm+1)+1}{2}\left(\frac{pm+1}{p}+\frac{pn-1}{p}\right)$$

$$=\frac{pn-pm-1}{2}(m+n)$$

◀$S_n=\dfrac{1}{2}n(a+l)$

① のうち，$\dfrac{q}{p}$ が整数となるものは

$$\frac{q}{p}=m+1,\ m+2,\ \cdots\cdots,\ n-1$$

◀m と n の間にある整数。

これらの和を S_2 とすると

$$S_2=\frac{(n-1)-(m+1)+1}{2}\{(m+1)+(n-1)\}$$

$$=\frac{n-m-1}{2}(m+n)$$

◀$S_n=\dfrac{1}{2}n(a+l)$

ゆえに，求める総和を S とすると，$S=S_1-S_2$ であるから

◀(全体の和)−(整数の和)

$$S=\frac{pn-pm-1}{2}(m+n)-\frac{n-m-1}{2}(m+n)$$

$$=\frac{1}{2}(m+n)\{(n-m)p-(n-m)\}$$

$$=\boldsymbol{\frac{1}{2}(m+n)(n-m)(p-1)}$$

練習 9 ④ p を素数とするとき，0 と p の間にあって，p^2 を分母とする既約分数の総和を求めよ。

重要例題 10 2つの等差数列の共通項 ⊘⊘⊘⊘⊘

等差数列 $\{a_n\}$, $\{b_n\}$ の一般項がそれぞれ $a_n=3n+1$, $b_n=5n+3$ であるとき，この2つの数列に共通に含まれる数を，小さい方から順に並べてできる数列 $\{c_n\}$ の一般項を求めよ。

基本2 重要17

指針 2つの数列の項を書き上げて調べてもよいが，**1次不定方程式**（数学A）を用いた解答を示しておく。共通に含まれる数が，数列 $\{a_n\}$ の第 l 項，数列 $\{b_n\}$ の第 m 項であるとすると　$a_l=b_m$

よって，l, m は方程式 $3l+1=5m+3$ すなわち $3l-5m=2$ の整数解であるから，まず，この不定方程式を解く。

解として，例えば $l=(k$ の式$)$ が得られたら，これを $a_l=3l+1$ の l に代入する。

解答

$a_l=b_m$ とすると，$3l+1=5m+3$ から　$3l-5m=2$ …… ①

$l=-1$, $m=-1$ は ① の整数解の1つであるから

$$3(l+1)-5(m+1)=0$$

よって　$3(l+1)=5(m+1)$

3と5は互いに素であるから，k を整数として

$$l+1=5k,\ m+1=3k$$

すなわち　$l=5k-1$, $m=3k-1$　と表される。

ここで，l, m は自然数であるから，$5k-1\geqq 1$ かつ $3k-1\geqq 1$ より　$k\geqq 1$　すなわち，k は自然数である。

ゆえに，数列 $\{c_n\}$ の第 k 項は，数列 $\{a_n\}$ の第 l 項すなわち第 $(5k-1)$ 項であり

$$3(5k-1)+1=15k-2 \quad \cdots\cdots (*)$$

求める一般項は，k を n におき換えて　$\boldsymbol{c_n=15n-2}$

別解　3と5の最小公倍数は　15

$\{a_n\}$：4, 7, 10, 13, 16, 19, 22, 25, 28, ……

$\{b_n\}$：8, 13, 18, 23, 28, …… であるから　$c_1=13$

よって，数列 $\{c_n\}$ は初項13，公差15の等差数列であるから，その一般項は　$c_n=13+(n-1)\cdot 15=\boldsymbol{15n-2}$

◀ $ax+by=c$ の1つの解が $(x,\ y)=(p,\ q)$ ⟶ $a(x-p)+b(y-q)=0$

a, b が互いに素で，an が b の倍数ならば，n は b の倍数である。（a, b, n は整数）

◀ $k\geqq \frac{2}{5}$ かつ $k\geqq \frac{2}{3}$

◀ 数列 $\{b_n\}$ の第 m 項すなわち第 $(3k-1)$ 項としてもよい。

◀ $a_n=4+(n-1)\cdot 3$

◀ $b_n=8+(n-1)\cdot 5$

注意　k の範囲が自然数でない場合は調整が必要！

① の整数解を $l=4$, $m=2$ とした場合は，$3(l-4)=5(m-2)$ から，$l=5k+4$, $m=3k+2$ が得られ，解答の $(*)$ は $15k+13$ となる。しかし，この **k を単純に n におき換えてはいけない。** l, m は自然数から，$5k+4\geqq 1$ かつ $3k+2\geqq 1$ より $k\geqq 0$ となる。

一方，数列 $\{c_n\}$ の n は自然数であるから，$k=0$, 1, 2, … を $n=1$, 2, 3, … に対応させるために，$n=k+1$ すなわち $k=n-1$ とし，$c_n=15(n-1)+13=\boldsymbol{15n-2}$ とする調整が必要である。

└ k を $n-1$ でおき換える。

練習 ③ 10　等差数列 $\{a_n\}$, $\{b_n\}$ の一般項がそれぞれ $a_n=3n-1$, $b_n=4n+1$ であるとき，この2つの数列に共通に含まれる数を，小さい方から順に並べてできる数列 $\{c_n\}$ の一般項を求めよ。

p.22 EX5

EXERCISES　　　　1 等差数列

③1　初項が a_1 で，公差 d が整数である等差数列 $\{a_n\}$ が，以下の 2 つの条件 (a) と (b) を満たすとする。このとき，初項 a_1 と公差 d を求めよ。

(a)　$a_4+a_6+a_8=84$

(b)　$a_n>50$ となる最小の n は 11 である。　〔愛知大〕 →2

②2　初項 a，公差 d の等差数列を $\{a_n\}$，初項 b，公差 e の等差数列を $\{b_n\}$ とする。このとき，n に無関係な定数 p，q に対し数列 $\{pa_n+qb_n\}$ も等差数列であることを示し，その初項と公差を求めよ。 →3

③3　等差数列 $\{a_n\}$ の初項 a_1 から第 n 項 a_n までの和を S_n とする。$S_{10}=555$，$S_{20}=810$ であるとき

(1)　数列 $\{a_n\}$ の初項と公差を求めよ。

(2)　数列 $\{a_n\}$ の第 11 項から第 30 項までの和を求めよ。

(3)　不等式 $S_n<a_1$ を満たす n の最小値を求めよ。　〔類　星薬大〕 →6

③4　鉛筆を右の図のように，1 段ごとに 1 本ずつ減らして積み重ねる。ただし，最上段はこの限りではないとする。いま，125 本の鉛筆を積み重ねるとすると，最下段には最小限何本置かなければならないか。また，最小限置いたとき，最上段には何本の鉛筆があるか。 →6

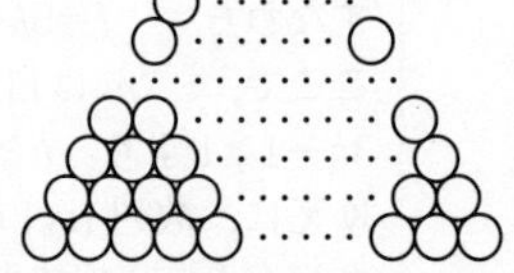

④5　200 未満の正の整数全体の集合を U とする。U の要素のうち，5 で割ると 2 余るもの全体の集合を A とし，7 で割ると 4 余るもの全体の集合を B とする。

(1)　A，B の要素をそれぞれ小さいものから順に並べたとき，A の k 番目の要素を a_k とし，B の k 番目の要素を b_k とする。このとき，$a_k=$ ア□，$b_k=$ イ□ と書ける。A の要素のうち最大のものは ウ□ であり，A の要素すべての和は エ□ である。

(2)　$C=A\cap B$ とする。C の要素の個数は オ□ 個である。また，C の要素のうち最大のものは カ□ である。

(3)　U に関する $A\cup B$ の補集合を D とすると，D の要素の個数は キ□ 個である。また，D の要素すべての和は ク□ である。　〔近畿大〕 →7, 10

HINT

1　条件 (a) から a_1 を d で表し，条件 (b) を d の式で表す。

2　{第 $(n+1)$ 項}−(第 n 項)=(定数) ならば等差数列であることを利用。

3　(1)　公差を d とする。和の条件から a_1，d の連立方程式を作り，それを解く。
　(2)　S_{10} を利用して求める。

4　最下段を n 本として，最上段の 1 本までの和が 125 本以上となる最小の自然数 n を求め，このn の値に対し，合計が 125 本となる最上段の本数を求める。

5　(2)　C の要素が，数列 $\{a_k\}$ の第 k 項，数列 $\{b_k\}$ の第 l 項であるとすると　$a_k=b_l$
　(3)　(ク)　U の要素すべての和から，$A\cup B$ の要素すべての和を引けばよい。

2 等比数列

基本事項

1 等比数列 初項を a，公比を r とする。すべての自然数 n について

① **定　義** $\boldsymbol{a_{n+1}=a_n r}$ 　特に，$a \neq 0$，$r \neq 0$ のとき $\boldsymbol{\dfrac{a_{n+1}}{a_n}=r}$

② **一般項** $\boldsymbol{a_n=ar^{n-1}}$

2 等比中項 a，b，c は 0 でないとする。

数列 a，b，c が等比数列 $\Longleftrightarrow$ $b^2=ac$ （b を a と c の **等比中項** という）

3 等比数列の和

初項を a，公比を r，初項から第 n 項までの和を S_n とする。

$r \neq 1$ のとき $S_n=\boldsymbol{\dfrac{a(1-r^n)}{1-r}=\dfrac{a(r^n-1)}{r-1}}$ 　　**$r=1$ のとき** $S_n=\boldsymbol{na}$

解　説

■ 等比数列

数列 $\{a_n\}$ において，各項に一定の数 r を掛けると，次の項が得られるとき，この数列を **等比数列** という。

$$\{a_n\}:\ a_1 \overset{\times r}{\to} a_2 \overset{\times r}{\to} a_3 \overset{\times r}{\to} a_4 \cdots\cdots a_{n-1} \overset{\times r}{\to} a_n \Rightarrow \frac{a_{n+1}}{a_n}=r$$

→ 初項 a，公比 r として　一般項 $a_n=ar^{n-1}$

◀隣り合う 2 項の比が一定。
◀初項 $a_1=a$ に公比 r を $(n-1)$ 個掛ける。

■ 等比中項

数列 a，b，c が等比数列（ただし，$abc \neq 0$）$\Longleftrightarrow \dfrac{b}{a}=\dfrac{c}{b}$（＝公比）

$\Longleftrightarrow b^2=ac$

このとき，b を a と c の **等比中項** という。特に，a，b，c が正の数のとき，$b=\sqrt{ac}$ から，b は a と c の相乗平均である。

◀$abc \neq 0 \Longleftrightarrow$ a，b，c は 0 でない

■ 等比数列の和

初項 a，公比 r，項数 n とすると

$r=1$ のとき 　$S_n=a+a+\cdots\cdots+a=\boldsymbol{na}$

◀a が n 個の和。

$r \neq 1$ のとき

$$\begin{aligned} S_n&=a+ar+ar^2+ar^3+\cdots\cdots+ar^{n-1} \\ rS_n&=\phantom{a+{}}ar+ar^2+ar^3+\cdots\cdots+ar^{n-1}+ar^n \end{aligned}$$

辺々を引いて　$(1-r)S_n=a-ar^n$

よって　$(1-r)S_n=a(1-r^n)$

両辺を $1-r\ (\neq 0)$ で割って　$S_n=\boldsymbol{\dfrac{a(1-r^n)}{1-r}}^{(*)}=\boldsymbol{\dfrac{a(r^n-1)}{r-1}}$

（＊）末項を l とすると，$S_n=\boldsymbol{\dfrac{a-lr}{1-r}}$ と表すこともできる。

注意 等比数列の和の公式は，$r<1$ のときは分母が $1-r$ の式を，$r>1$ のときは分母が $r-1$ の式を利用するとよい。

基本例題 11 等比数列の一般項 ①①①①①

(1) 等比数列 2, −6, 18, …… の一般項 a_n を求めよ。また，第 8 項を求めよ。

(2) 第 10 項が 32，第 15 項が 1024 である等比数列の一般項を求めよ。ただし，公比は実数とする。

p.23 基本事項 1　重要 18

指針 等比数列の一般項は　$a_n=ar^{n-1}$

→ 初項 a，公比 r で決まる。そこで，**まず初項 a と公比 r を求める。**

(1) 初項 $a=2$ はすぐわかる。公比 r は $r=\dfrac{後の項}{前の項}$ から求める。

(2) 初項を a，公比を r として，a，r の連立方程式を作り，それを解く。検討 の内容に注意。

CHART 等比数列　まず　初項と公比

解答

(1) 初項が 2，公比が $\dfrac{-6}{2}=-3$ であるから，一般項は

$$\boldsymbol{a_n=2\cdot(-3)^{n-1}}$$

また　$\boldsymbol{a_8}=2\cdot(-3)^{8-1}=\boldsymbol{-4374}$

(2) 初項を a，公比を r，一般項を a_n とすると，$a_{10}=32$，$a_{15}=1024$ であるから

$$\begin{cases} ar^9=32 & \cdots\cdots ① \\ ar^{14}=1024 & \cdots\cdots ② \end{cases}$$

② から　$ar^9\cdot r^5=1024$

これに ① を代入して　$32r^5=1024$

ゆえに　$r^5=32$　すなわち　$r^5=2^5$

r は実数であるから　$r=2$

このとき，① から　$a\cdot 2^9=32$　よって　$a=\dfrac{1}{16}$

したがって　$a_n=\dfrac{1}{16}\cdot 2^{n-1}=\boldsymbol{2^{n-5}}$

◀(公比)$=\dfrac{a_{n+1}}{a_n}$

◀$a_n=2\cdot(-3)^n$ ではない！

◀マイナスを忘れない！

◀②÷① から $\dfrac{ar^{14}}{ar^9}=\dfrac{1024}{32}$ よって　$r^5=32$ としてもよい。

◀$a=\dfrac{2^5}{2^9}$

検討　方程式 $r^n=p^n$ の解

(2) で，r を求めるときは，次のことに注意。

n が奇数のとき　$r^n=p^n$ (p は実数) $\Longleftrightarrow$ $r=p$

n が偶数のとき　$r^n=p^n$ ($p\geqq 0$) $\Longleftrightarrow$ $r=\pm p$

なお，$r^5=32$ を満たす解は複素数の範囲では 5 つあるが，実数解は 1 つである。詳しくは数学 C で学習する。

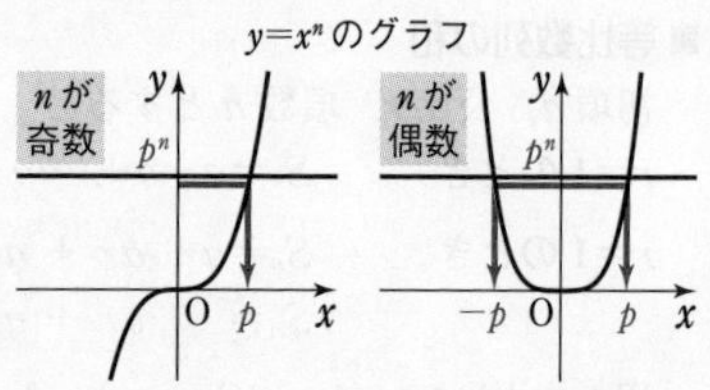

練習 ① 11

(1) 等比数列 2, $-\sqrt{2}$, 1, …… の一般項 a_n を求めよ。また，第 10 項を求めよ。

(2) 第 5 項が −48，第 8 項が 384 である等比数列の一般項を求めよ。ただし，公比は実数とする。

基本例題 12 等比中項

3つの実数 a, b, c はこの順で等比数列になり，c, a, b の順で等差数列になる。a, b, c の積が -27 であるとき，a, b, c の値を求めよ。〔類 成蹊大〕

p.23 基本事項 2，基本 4

指針 等比数列をなす3つの数の表し方には，次の3通りがある。

1. **初項 a，公比 r として a, ar, ar^2 と表す　(公比形)**
2. **中央の項 a，公比 r として ar^{-1}, a, ar と表す　(対称形)**
3. **数列 a, b, c が等比数列 $\Longleftrightarrow$ $b^2=ac$ を利用　(平均形)**

等差数列をなす3つの数の表し方は，次の3通り（p.15 参照）。

1. **公差形　a, $a+d$, $a+2d$ と表す**
2. **対称形　$a-d$, a, $a+d$ と表す**
3. **平均形　$2b=a+c$ を利用**

解答

数列 a, b, c が等比数列をなすから　$b^2=ac$　…… ①

数列 c, a, b が等差数列をなすから　$2a=c+b$　…… ②

a, b, c の積が -27 であるから　$abc=-27$　…… ③

① を ③ に代入して　$b^3=-27$

b は実数であるから　$b=-3$

これを ①, ② に代入して　$ac=9$, $2a=c-3$

これらから c を消去して　$2a^2+3a-9=0$

左辺を因数分解して　$(a+3)(2a-3)=0$

これを解いて　$a=-3,\ \dfrac{3}{2}$

よって　$(a,\ b,\ c)=(-3,\ -3,\ -3),\ \left(\dfrac{3}{2},\ -3,\ 6\right)$

別解　数列 a, b, c が等比数列をなすから，公比を r とすると　$b=ar$, $c=ar^2$

a, b, c の積が -27 であるから　$abc=-27$

よって　$a\cdot ar\cdot ar^2=-27$　すなわち　$(ar)^3=-27$

ゆえに　$ar=-3$

$b=ar=-3$ であるから　$ac=9$ …… ①

また，数列 c, a, b が等差数列をなすから

$2a=c+b$

よって　$2a=c-3$ …… ②

①, ② から，c を消去して　$2a^2+3a-9=0$

以下，上の解答と同様に計算する。

◀3 **平均形 $b^2=ac$** を利用。

◀a は c, b の等差中項。

◀$b^3=(-3)^3$

◀$c=2a+3$ を $ac=9$ に代入。

◀$ac=9$ に代入して
$a=-3$ のとき　$c=-3$
$a=\dfrac{3}{2}$ のとき　$c=6$

◀1 **公比形 a, ar, ar^2** と表す。

検討

2 **対称形** を用いる。
$a=br^{-1}$, $c=br$ とすると
$br^{-1}\cdot b\cdot br=-27$
よって　$b^3=-27$
ゆえに　$b=-3$

練習 ② 12　異なる3つの実数 a, b, ab はこの順で等比数列になり，ab, a, b の順で等差数列になるとき，a, b の値を求めよ。〔類 立命館大〕

基本例題 13 等比数列の和 (1)

(1) 等比数列 a, $3a^2$, $9a^3$, …… の初項から第 n 項までの和 S_n を求めよ。ただし, $a \neq 0$ とする。

(2) 初項 5, 公比 r の等比数列の第 2 項から第 4 項までの和が -30 であるとき, 実数 r の値を求めよ。

p.23 基本事項 3　重要 18

指針 等比数列の和 [1] $r \neq 1$ のとき $S_n=\dfrac{a(r^n-1)}{r-1}$ [2] $r=1$ のとき $S_n=na$

⟶ $r \neq 1$, $r=1$ で, 公式 [1], [2] を使い分ける。

(1) 初項 a, 公比 $3a$ の等比数列の和 ⟶ $3a \neq 1$, $3a=1$ で使い分ける。

(2) 第 2 項 $5r$ を初項とみて, 和を r の式で表す。

CHART 等比数列の和 $r \neq 1$ か $r=1$ に注意

解答

(1) 初項 a, 公比 $3a$, 項数 n の等比数列の和であるから

[1] $3a \neq 1$ すなわち $\boldsymbol{a \neq \frac{1}{3}}$ のとき $S_n=\boldsymbol{\dfrac{a\{(3a)^n-1\}}{3a-1}}$

[2] $3a=1$ すなわち $\boldsymbol{a=\frac{1}{3}}$ のとき $S_n=na=\boldsymbol{\dfrac{1}{3}n}$

◀(公比)$=\dfrac{3a^2}{a}=3a$

◀公比 $3a$ が, 1 のときと 1 でないときで **場合分け**。

(2) 初項 5, 公比 r の等比数列で, 第 2 項から第 4 項までの和は, 初項 $5r$, 公比 r, 項数 3 の等比数列の和と考えられる。もとの数列の第 2 項から第 4 項までの和が -30 であるから

[1] $r \neq 1$ のとき $\dfrac{5r(r^3-1)}{r-1}=-30$

整理して $r(r^2+r+1)=-6$

すなわち $r^3+r^2+r+6=0$

因数分解して $(r+2)(r^2-r+3)=0$

r は実数であるから $r=-2$

[2] $r=1$ のとき

第 2 項から第 4 項までの和は $3 \cdot 5=15$ となり, 不適。

以上から $\boldsymbol{r=-2}$

◀初項 5, 公比 r から $a_2=5r$, $a_3=5r^2$, $a_4=5r^3$ よって, 和を $5r+5r^2+5r^3$ としてもよい。

◀$r^3-1=(r-1)(r^2+r+1)$

◀
1	1	1	6	−2
	−2	2	−6	
1	−1	3	0	

◀$r^2-r+3=0$ は実数解をもたない。

◀$a_2=a_3=a_4=5$

注意 等比数列について, 一般項と和の公式の r の指数は異なる。

一般項 $a_n=ar^{n-1}$ ← r の指数は $n-1$　　和 $S_n=\dfrac{a(r^n-1)}{r-1}$ ← r の指数は n

練習 ② 13 (1) 等比数列 2, $-4a$, $8a^2$, …… の初項から第 n 項までの和 S_n を求めよ。

(2) 初項 2, 公比 r の等比数列の初項から第 3 項までの和が 14 であるとき, 実数 r の値を求めよ。

p.33 EX 6, 7

基本例題 14 等比数列の和 (2)

初項から第 5 項までの和が 3，初項から第 10 項までの和が 9 である等比数列について，次のものを求めよ。ただし，公比は実数とする。

(1) 初項から第 15 項までの和　　(2) 第 16 項から第 20 項までの和

基本 13

指針 項数がわかっているから，初項 a，公比 r として，等比数列の和の公式を利用。このとき，最初から $r \neq 1$ と決めつけてはいけない。

等比数列の和　$r \neq 1$ か $r=1$ に注意

また，この問題では，(1), (2) の和を求めるのに，a，r の値がわからなくても r^5 などを利用して求めることができる。

解答

初項を a，公比を r，初項から第 n 項までの和を S_n とする。

$r=1$ とすると，$S_5=5a$ となり　$5a=3$

このとき，$S_{10}=10a=6 \neq 9$ であるから，条件を満たさない。

よって　$r \neq 1$

$S_5=3$，$S_{10}=9$ であるから

$$\frac{a(r^5-1)}{r-1}=3 \cdots\cdots ①,\quad \frac{a(r^{10}-1)}{r-1}=9 \cdots\cdots ②$$

② から　$\dfrac{a(r^5-1)}{r-1}\cdot(r^5+1)=9$

① を代入して　$3(r^5+1)=9$

よって　$r^5+1=3$　すなわち　$r^5=2 \cdots\cdots ③$

(1) $S_{15}=\dfrac{a(r^{15}-1)}{r-1}=\dfrac{a(r^5-1)}{r-1}\{(r^5)^2+r^5+1\}$

①，③ を代入して　$S_{15}=3\cdot(2^2+2+1)=\mathbf{21}$

(2) $S_{20}=\dfrac{a(r^{20}-1)}{r-1}=\dfrac{a(r^{10}-1)}{r-1}\{(r^5)^2+1\}$

②，③ を代入して　$S_{20}=9\cdot(2^2+1)=45$

第 16 項から第 20 項までの和は $S_{20}-S_{15}$ であるから

$S_{20}-S_{15}=45-21=\mathbf{24}$

◀ $S_n=na$

◀ $S_n=\dfrac{a(r^n-1)}{r-1}$

◀ $r^{10}-1=(r^5)^2-1$
$=(r^5+1)(r^5-1)$

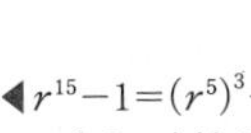

◀ $r^{15}-1=(r^5)^3-1$
$=(r^5-1)\{(r^5)^2+r^5+1\}$

検討　等比数列の和の性質

初項から 5 項ずつの和を a_1，a_2，a_3，a_4，……，a_n，…… とすると

$a_1=S_5=3$，$a_2=S_{10}-S_5=6$，$a_3=S_{15}-S_{10}=12$，$a_4=24$，……

一般に，数列 $\{a_n\}$ は初項 3 $(=S_5)$，公比 2 $(=r^5)$ の等比数列となる。

$\left(\dfrac{a_{n+1}}{a_n}=r^5\right.$ となることを確かめてみよ。$\left.\right)$

練習 ③ 14 初項から第 10 項までの和が 6，初項から第 20 項までの和が 24 である等比数列について，次のものを求めよ。ただし，公比は実数とする。

(1) 初項から第 30 項までの和　　(2) 第 31 項から第 40 項までの和

p.33 EX 7

基本例題 15 複利計算

年利率 r, 1年ごとの複利での計算とするとき, 次のものを求めよ。

(1) n 年後の元利合計を S 円にするときの元金 T 円

(2) 毎年度初めに P 円ずつ積立貯金するときの, n 年度末の元利合計 S_n 円

基本 13

指針 「1年ごとの複利で計算する」とは, 1年ごとに利息を元金に繰り入れて利息を計算することをいう。複利計算では, 期末ごとの元金, 利息, 元利合計を順々に書き出して考えるとよい。元金を P 円, 年利率を r とすると

(1) 1年後 ── 元金 P, 利息 Pr … 合計 $P(1+r)$

2年後 ── 元金 $P(1+r)$, 利息 $P(1+r)\cdot r$ … 合計 $P(1+r)^2$

3年後 ── 元金 $P(1+r)^2$, 利息 $P(1+r)^2\cdot r$ … 合計 $P(1+r)^3$

⋮

n 年後 ── 元金 $P(1+r)^{n-1}$, 利息 $P(1+r)^{n-1}\cdot r$ … 合計 $P(1+r)^n$

(2) 例えば, 3年度末にいくらになるかを考えると

		1年度末	2年度末	3年度末
1年目の積み立て …	P	$\longrightarrow P(1+r)$	$\longrightarrow P(1+r)^2$	$\longrightarrow P(1+r)^3$
2年目の積み立て …		P	$\longrightarrow P(1+r)$	$\longrightarrow P(1+r)^2$
3年目の積み立て …			P	$\longrightarrow P(1+r)$

したがって, 3年度末の元利合計は

$$P(1+r)^3+P(1+r)^2+P(1+r)$$

⟵ **等比数列** の和。

解答

(1) 元金 T 円の n 年後の元利合計は $T(1+r)^n$ 円であるから

$T(1+r)^n=S$ よって $\boldsymbol{T=\dfrac{S}{(1+r)^n}}$

(2) 毎年度初めの元金は, 1年ごとに利息がついて $(1+r)$ 倍となる。

よって, n 年度末には,

1年度初めの P 円は $P(1+r)^n$ 円,

2年度初めの P 円は $P(1+r)^{n-1}$ 円,

……

n 年度初めの P 円は $P(1+r)$ 円 になる。

したがって, 求める元利合計 S_n は

$$S_n=P(1+r)^n+P(1+r)^{n-1}+\cdots\cdots+P(1+r)$$

$$=\frac{P(1+r)\{(1+r)^n-1\}}{(1+r)-1}$$

$$=\boldsymbol{\frac{P(1+r)\{(1+r)^n-1\}}{r}}\ \textbf{(円)}$$

◀右端を初項と考えると, S_n は初項 $P(1+r)$, 公比 $1+r$, 項数 n の等比数列の和である。

練習 ③ 15 年利5%, 1年ごとの複利で, 毎年度初めに20万円ずつ積み立てると, 7年度末には元利合計はいくらになるか。ただし, $(1.05)^7=1.4071$ とする。〔類 立教大〕

p.33 EX9

補足事項　分割払い（年賦償還（ねんぷしょうかん））について

前ページの基本例題 **15** (2) では，毎年一定の金額を n 年間の複利で積み立てたときの元利合計を求めたが，実生活では，銀行などから借りた金額を一定の期間をかけて定額で返済していく場合もある。そのような例について考えてみよう。

> **問題**　今年の初めに年利率 4 %の自動車ローンを 100 万円借りた。年末に一定額を返済し，15 年で全額返済しようとする場合，毎年返済する金額を求めよ。ただし，1 年ごとの複利法で計算し，$1.04^{15}=1.80$ とする。〔類 東京農大〕

毎年の年末に返済する金額を x 万円とすると，各年の年末の残金は（単位は万円）

1 年末の残金　$100\times1.04-x$　…… ①

2 年末の残金　①$\times1.04-x$　すなわち　$100\times1.04^2-1.04x-x$　…… ②

3 年末の残金　②$\times1.04-x$　すなわち　$(100\times1.04^3-1.04^2x-1.04x)-x$

⋮　　　　　⋮

15 年末の残金　$(100\times1.04^{15}-1.04^{14}x-1.04^{13}x-\cdots\cdots-1.04x)-x$　…… Ⓐ

Ⓐ$=0$ となると返済が終了するから　$x+1.04x+1.04^2x+\cdots\cdots+1.04^{14}x=100\times1.04^{15}$ が成り立てばよい。ここで，この等式は，年利率 4 %の複利で

（毎年の返済金 x 万円を積み立てた場合の 15 年後の元利合計）
$=$（借りた 100 万円の 15 年後の元利合計）　とみることができる。

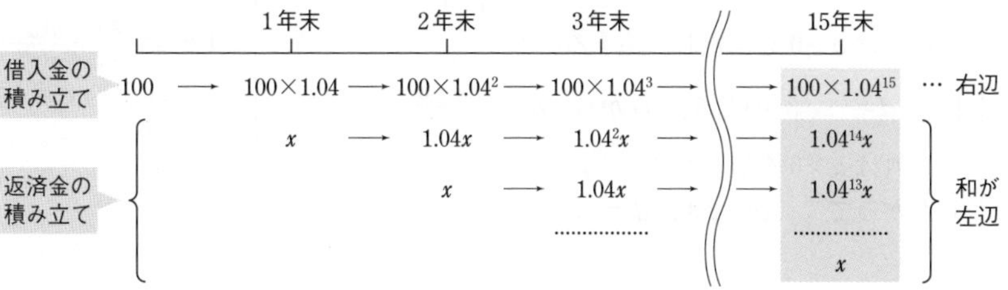

このように，定額返済の問題では，借入金の元利合計と，返済金の元利合計が等しくなると考えて方程式を作るとよい。この考えで解くと，**問題** の解答は次のようになる。

解答　借りた 100 万円は，15 年後には 100×1.04^{15} 万円になる。

毎年末に x 万円返済するとし，返済金額を積み立てていくと，15 年後には $(1.04^{14}x+1.04^{13}x+\cdots\cdots+1.04x+x)$ 万円になる。

よって，$(1.04^{14}+1.04^{13}+\cdots\cdots+1.04+1)x=100\times1.04^{15}$ とすると

$\dfrac{1.04^{15}-1}{1.04-1}x=100\times1.04^{15}$　　$1.04^{15}=1.80$ から　$\dfrac{0.80}{0.04}x=100\times1.80$

ゆえに　$20x=180$　　よって　$x=9$　　したがって　**9 万円**

⟶ 上記の内容確認のため，$p.33$ の EXERCISES 9 に取り組んでみよう。

基本例題 16 等差数列と等比数列

等差数列 $\{a_n\}$ と等比数列 $\{b_n\}$ において，公差と公比が同じ値 $d\ (\neq 0)$ をとる。初項に関しても同じ値 $a_1=b_1=a\ (>0)$ をとる。$a_3=b_3$，$a_9=b_5$ が成り立つとき，a，d の値を求めよ。 〔類 京都学園大〕

基本 11 重要 17

指針 条件 $a_3=b_3$，$a_9=b_5$ から，**初項 a と公差(公比) d の方程式** を作り，それを解く。まず，a を消去することを考えるとよい。なお，計算の際 a，d の符号の条件に注意する。

解答

数列 $\{a_n\}$ は等差数列であるから　$a_n=a+(n-1)d$
数列 $\{b_n\}$ は等比数列であるから　$b_n=ad^{n-1}$
$a_3=b_3$ から　$a+2d=ad^2$
よって　$2d=a(d^2-1)$ …… ①
$a_9=b_5$ から　$a+8d=ad^4$
よって　$8d=a(d^4-1)$ …… ②
② を変形すると　$8d=a(d^2-1)(d^2+1)$
① を代入して　$8d=2d(d^2+1)$
ゆえに　$d(d^2-3)=0$
$d\neq 0$ であるから　$d^2=3$　よって　$d=\pm\sqrt{3}$
[1]　$d=\sqrt{3}$ のとき，① から　$a=\dfrac{2\sqrt{3}}{3-1}=\sqrt{3}$
　これは $a>0$ を満たし，適する。
[2]　$d=-\sqrt{3}$ のとき，① から　$a=\dfrac{-2\sqrt{3}}{3-1}=-\sqrt{3}$
　これは $a>0$ を満たさず，不適。
したがって　$\boldsymbol{a=\sqrt{3}}$，$\boldsymbol{d=\sqrt{3}}$

◀ $8d=a(d+1)(d-1)(d^2+1)$ と変形してしまうと，① の利用に気づきにくい。

◀ 解答で「$d=\pm 1$ のとき ① は成り立たないから $d\neq\pm 1$」と断れば，②÷① すなわち $\dfrac{8d}{2d}=\dfrac{a(d^4-1)}{a(d^2-1)}$ より $4=d^2+1$ を導くこともできる。

検討 **等差数列と等比数列の共通項**

例題の数列 $\{a_n\}$，$\{b_n\}$ の項を書き出してみると

$\{a_n\}$：$\sqrt{3}$，$2\sqrt{3}$，$3\sqrt{3}$，$4\sqrt{3}$，$5\sqrt{3}$，$6\sqrt{3}$，$7\sqrt{3}$，$8\sqrt{3}$，$9\sqrt{3}$，$10\sqrt{3}$，……

$\{b_n\}$：$\sqrt{3}$，　3，　$3\sqrt{3}$，　9，　$9\sqrt{3}$，　27，　$27\sqrt{3}$，……

2 つの数列の共通項は $\sqrt{3}$，$3\sqrt{3}$，$9\sqrt{3}$，$27\sqrt{3}$，…… である。

これを「初項 $\sqrt{3}$，公比 3 の等比数列」と考えると，一般項は $\sqrt{3}\cdot 3^{n-1}=3^{n-\frac{1}{2}}$ [$\sqrt{3}=3^{\frac{1}{2}}$(数学Ⅱ参照)] と考えられる(重要例題 **17** 参照)。

練習 ② **16** 初項 1 の等差数列 $\{a_n\}$ と初項 1 の等比数列 $\{b_n\}$ が $a_3=b_3$，$a_4=b_4$，$a_5\neq b_5$ を満たすとき，一般項 a_n，b_n を求めよ。 〔類 神戸薬大〕

p.33 EX 10

重要例題 17 等差数列と等比数列の共通項 ⓘⓘⓘⓘⓘ

数列 $\{a_n\}$，$\{b_n\}$ の一般項を $a_n=3n-1$，$b_n=2^n$ とする。数列 $\{b_n\}$ の項のうち，数列 $\{a_n\}$ の項でもあるものを小さい方から並べて数列 $\{c_n\}$ を作るとき，数列 $\{c_n\}$ の一般項を求めよ。

重要 10，基本 16

2 つの等差数列の共通な項の問題(例題 **10**)と同じように，まず，$a_l=b_m$ として，l と m の関係を調べるが，それだけでは $\{c_n\}$ の一般項を求めることができない。
そこで，数列 $\{a_n\}$，$\{b_n\}$ の項を書き出してみると，次のようになる。

$\{a_n\}$：2，5，8，11，14，17，20，23，26，29，32，……

$\{b_n\}$：2，4，8，16，32，……

$c_1=b_1$，$c_2=b_3$，$c_3=b_5$ となっていることから，数列 $\{b_n\}$ を基準として，**b_{m+1} が数列 $\{a_n\}$ の項となるかどうか，b_{m+2} が数列 $\{a_n\}$ の項となるかどうか，……** を順に調べ，規則性を見つける。

$a_1=2$，$b_1=2$ であるから　　$c_1=2$

数列 $\{a_n\}$ の第 l 項が数列 $\{b_n\}$ の第 m 項に等しいとすると　　$3l-1=2^m$

ゆえに　　$b_{m+1}=2^{m+1}=2^m\cdot 2=(3l-1)\cdot 2$

$=3\cdot 2l-2$　…… ①

よって，b_{m+1} は数列 $\{a_n\}$ の項ではない。

◀$3\cdot$○-1 の形にならない。

① から　　$b_{m+2}=2b_{m+1}=3\cdot 4l-4$

$=3(4l-1)-1$

ゆえに，b_{m+2} は数列 $\{a_n\}$ の項である。

したがって　　$\{c_n\}$：b_1，b_3，b_5，……

数列 $\{c_n\}$ は公比 2^2 の等比数列で，$c_1=2$ であるから

$$\boldsymbol{c_n=2\cdot(2^2)^{n-1}=2^{2n-1}}$$

◀$c_n=\dfrac{4^n}{2}$ などと答えてもよい。

合同式(チャート式基礎からの数学 A 参照)を用いた解答

$3n-1\equiv -1\equiv 2 \pmod 3$ であるから，$2^m\equiv 2 \pmod 3$ となる m について考える。

[1]　$m=2n$ (n は自然数) とすると

$2^{2n}\equiv 4^n\equiv 1^n\equiv 1 \pmod 3$

[2]　$m=2n-1$ (n は自然数) とすると

$2^{2n-1}\equiv 2^{2(n-1)}\cdot 2\equiv 4^{n-1}\cdot 2\equiv 1^{n-1}\cdot 2\equiv 2 \pmod 3$

[1]，[2] より，$m=2n-1$ (n は自然数) のとき 2^m が数列 $\{c_n\}$ の項になるから

$c_n=b_{2n-1}=2^{2n-1}$

練習 ④ 17 数列 $\{a_n\}$，$\{b_n\}$ の一般項を $a_n=15n-2$，$b_n=7\cdot 2^{n-1}$ とする。数列 $\{b_n\}$ の項のうち，数列 $\{a_n\}$ の項でもあるものを小さい方から並べて数列 $\{c_n\}$ を作るとき，数列 $\{c_n\}$ の一般項を求めよ。

重要例題 18 等比数列と対数

初項が 3，公比が 2 の等比数列を $\{a_n\}$ とする。ただし，$\log_{10}2=0.3010$，$\log_{10}3=0.4771$ とする。

(1) $10^3<a_n<10^5$ を満たす n の値の範囲を求めよ。

(2) 初項から第 n 項までの和が 30000 を超える最小の n の値を求めよ。

基本 11，13

指針 等比数列において，項の値が飛躍的に大きくなったり，小さくなったりして処理に困るときには，**対数**（数学Ⅱ）を用いて，項や和を考察するとよい。

(1) $10^3<a_n<10^5$ の各辺の **常用対数**（底が 10 の対数）をとる。

(2) （初項から第 n 項までの和）>30000 として **常用対数** を利用する。

解答

(1) 初項が 3，公比が 2 の等比数列であるから

$$a_n=3\cdot2^{n-1}$$

$10^3<a_n<10^5$ から　　$10^3<3\cdot2^{n-1}<10^5$

各辺の常用対数をとると

$$\log_{10}10^3<\log_{10}3\cdot2^{n-1}<\log_{10}10^5$$

よって　$3<\log_{10}3+(n-1)\log_{10}2<5$

ゆえに　$1+\dfrac{3-\log_{10}3}{\log_{10}2}<n<1+\dfrac{5-\log_{10}3}{\log_{10}2}$

よって　$1+\dfrac{3-0.4771}{0.3010}<n<1+\dfrac{5-0.4771}{0.3010}$

すなわち　$9.38\cdots\cdots<n<16.02\cdots\cdots$

n は自然数であるから　　$\boldsymbol{10\leqq n\leqq16}$

(2) 数列 $\{a_n\}$ の初項から第 n 項までの和は

$$\frac{3(2^n-1)}{2-1}=3(2^n-1)$$

$3(2^n-1)>30000$ とすると　　$2^n-1>10^4$ …… ①

ここで，$2^n>10^4$ について両辺の常用対数をとると

$$n\log_{10}2>4$$

よって　$n>\dfrac{4}{\log_{10}2}=\dfrac{4}{0.3010}=13.2\cdots\cdots$

ゆえに，$n\geqq14$ のとき $2^n>10^4$ が成り立ち，2^{14} は偶数であるから　　$2^{14}>10^4+1$　　ゆえに　　$2^{14}-1>10^4$

2^n-1 は単調に増加する (*) から，① を満たす最小の n の値は　　$\boldsymbol{n=14}$

◀ $a_n=ar^{n-1}$

◀ $\log_{10}10^3=3\log_{10}10=3$，$\log_{10}3\cdot2^{n-1}=\log_{10}3+\log_{10}2^{n-1}=\log_{10}3+(n-1)\log_{10}2$，$\log_{10}10^5=5\log_{10}10=5$

◀ $S_n=\dfrac{a(r^n-1)}{r-1}$

◀ $10000=10^4$

◀ $2^{10}=1024$ であるから $2^{13}=1024\cdot8=8192$，$2^{14}=1024\cdot16=16384$ このことから，① を満たす n の値を調べてもよい。

(*) 2^n-1 が「単調に増加する」とは，n の値が大きくなると 2^n-1 の値も大きくなるということ。

練習 18 ④ 初項が 2，公比が 4 の等比数列を $\{a_n\}$ とする。ただし，$\log_{10}2=0.3010$，$\log_{10}3=0.4771$ とする。

(1) a_n が 10000 を超える最小の n の値を求めよ。

(2) 初項から第 n 項までの和が 100000 を超える最小の n の値を求めよ。

p.33 EX 11

③6　自然数 $2^a3^b5^c$ (a, b, c は 0 以上の整数) の正の約数の総和を求めよ。　→13

③7　公比が実数である等比数列 $\{a_n\}$ において，$a_3+a_4+a_5=56$, $a_6+a_7+a_8=7$ が成り立つ。このとき，数列 $\{a_n\}$ の公比は ア□ であり，初項は イ□ である。また，数列 $\{a_n\}$ の初項から第 10 項までの和は ウ□ である。　〔類 大阪工大〕　→14

③8　自然数 n に対して，$S_n=1+2+2^2+\cdots\cdots+2^{n-1}$ とおく。
(1)　$S_n{}^2+2S_n+1=2^{30}$ を満たす n の値を求めよ。
(2)　$S_1+S_2+\cdots\cdots+S_n+50=2S_n$ を満たす n の値を求めよ。　〔摂南大〕　→13, 14

③9　A 円をある年の初めに借り，その年の終わりから同額ずつ n 回で返済する。年利率を $r\,(>0)$ とし，1 年ごとの複利法とすると，毎回の返済金額は □ 円である。　〔芝浦工大〕　→15

②10　数列 $\{a_n\}$ は初項 a, 公差 d の等差数列で $a_{13}=0$ であるとし，数列 $\{a_n\}$ の初項から第 n 項までの和を S_n とする。また，数列 $\{b_n\}$ は初項 a, 公比 r の等比数列とし，$b_3=a_{10}$ を満たすとする。ただし，$a\neq0$, $r>0$ である。このとき，$r=$ ア□ である。また，$S_{10}=25$ のとき，$a=$ イ□ であり，数列 $\{b_n\}$ の初項から第 8 項までの和は ウ□ である。　〔類 関西学院大〕　→16

④11　初項 $\dfrac{10}{9}$, 公比 $\dfrac{10}{9}$ の等比数列 $\{a_n\}$ の初項から第 n 項までの和を S_n とすると，$S_n>90$ を満たす最小の n の値は ア□ である。また，数列 $\{a_n\}$ の初項から第 n 項までの積を P_n とすると，$P_n>S_n+10$ を満たす最小の n の値は イ□ である。ただし，$\log_{10}3=0.477$ とする。　〔類 立命館大〕　→18

6　$2^a3^b5^c$ の正の約数は $(1+2+\cdots\cdots+2^a)(1+3+\cdots\cdots+3^b)(1+5+\cdots\cdots+5^c)$ の展開式におけるすべての項で表される (数学 A)。
7　初項を a, 公比を r として，条件を a と r で表す。
8　(1)　$S_n{}^2+2S_n+1=(S_n+1)^2$ を利用。
9　毎回の返済金額を x 円とし，n 年後の，借りた A 円の元利合計と返済金額の元利合計が等しくなると考える。
11　不等式について，各辺の常用対数をとる。

3 種々の数列

基本事項

1 和の記号 Σ の性質 p, q は k に無関係な定数とする。

1 $\displaystyle\sum_{k=1}^{n}(a_k+b_k)=\sum_{k=1}^{n}a_k+\sum_{k=1}^{n}b_k$ 2 $\displaystyle\sum_{k=1}^{n}pa_k=p\sum_{k=1}^{n}a_k$

特に $\displaystyle\sum_{k=1}^{n}(pa_k+qb_k)=p\sum_{k=1}^{n}a_k+q\sum_{k=1}^{n}b_k$ また $\displaystyle\sum_{k=1}^{n}a_k=\sum_{i=1}^{n}a_i$

2 数列の和の公式

1 $\displaystyle\sum_{k=1}^{n}k=\frac{1}{2}n(n+1)$ 2 $\displaystyle\sum_{k=1}^{n}k^2=\frac{1}{6}n(n+1)(2n+1)$ 3 $\displaystyle\sum_{k=1}^{n}k^3=\left\{\frac{1}{2}n(n+1)\right\}^2$

また $\displaystyle\sum_{k=1}^{n}c=nc$ (c は定数) 特に $\displaystyle\sum_{k=1}^{n}1=n$

解 説

■ 和の記号 Σ

数列の和 $a_1+a_2+a_3+\cdots\cdots+a_n$ を $\displaystyle\sum_{k=1}^{n}a_k$ と表す。

($\displaystyle\sum_{k=●}^{▲}a_k$ は，数列 $\{a_k\}$ の第●項から第▲項までの和を表す。)

◀Σは，ギリシア文字の大文字で，シグマと読む。

■ 数列の和の公式

証明 1 初項 1，公差 1，項数 n の等差数列の和と考える。

◀$S_n=\dfrac{1}{2}n(a+l)$

2 恒等式 $(k+1)^3-k^3=3k^2+3k+1$ で $k=1,\ 2,\ \cdots\cdots,\ n$ として辺々を加えると

$$(\text{左辺})=\sum_{k=1}^{n}(k+1)^3-\sum_{k=1}^{n}k^3=\{2^3+3^3+\cdots\cdots+(n+1)^3\}-(1^3+2^3+\cdots\cdots+n^3)$$
$$=(n+1)^3-1$$

◀途中が消える。

$$(\text{右辺})=3\sum_{k=1}^{n}k^2+3\sum_{k=1}^{n}k+\sum_{k=1}^{n}1=3\sum_{k=1}^{n}k^2+3\cdot\frac{1}{2}n(n+1)+n$$

よって，$\displaystyle(n+1)^3-1=3\sum_{k=1}^{n}k^2+\frac{3}{2}n(n+1)+n$ から $\displaystyle\sum_{k=1}^{n}k^2=\frac{1}{6}n(n+1)(2n+1)$

3 恒等式 $(k+1)^4-k^4=4k^3+6k^2+4k+1$ において，$k=1,\ 2,\ \cdots\cdots,\ n$ として辺々を加えると $\displaystyle\sum_{k=1}^{n}\{(k+1)^4-k^4\}=\sum_{k=1}^{n}(4k^3+6k^2+4k+1)$

$$(\text{左辺})=\sum_{k=1}^{n}(k+1)^4-\sum_{k=1}^{n}k^4=\{2^4+3^4+\cdots\cdots+(n+1)^4\}-(1^4+2^4+\cdots\cdots+n^4)$$
$$=(n+1)^4-1$$

◀途中が消える。

$$(\text{右辺})=4\sum_{k=1}^{n}k^3+6\sum_{k=1}^{n}k^2+4\sum_{k=1}^{n}k+\sum_{k=1}^{n}1$$
$$=4\sum_{k=1}^{n}k^3+6\cdot\frac{1}{6}n(n+1)(2n+1)+4\cdot\frac{1}{2}n(n+1)+n$$

よって，$\displaystyle(n+1)^4-1=4\sum_{k=1}^{n}k^3+n(n+1)(2n+1)+2n(n+1)+n$ であるから

$$\sum_{k=1}^{n}k^3=\frac{1}{4}\cdot(n+1)\{(n+1)^3-n(2n+1)-2n-1\}=\left\{\frac{1}{2}n(n+1)\right\}^2$$

基本事項

3 階差数列　数列 $\{a_n\}$ の階差数列を $\{b_n\}$ とすると

$$b_n=a_{n+1}-a_n \qquad n\geqq 2 \text{ のとき } \quad a_n=a_1+\sum_{k=1}^{n-1} b_k$$

4 数列の和と一般項　数列 $\{a_n\}$ の初項から第 n 項までの和を S_n とすると

$$a_1=S_1 \qquad n\geqq 2 \text{ のとき } \quad a_n=S_n-S_{n-1}$$

5 いろいろな数列の和

① **分数の数列**　部分分数に分解して途中を消す。

$$\frac{1}{(k+a)(k+b)}=\frac{1}{b-a}\left(\frac{1}{k+a}-\frac{1}{k+b}\right)\ (a\neq b)$$

② **(等差数列)×(等比数列) の数列**

和を S として，$S-rS$ を計算。ただし，r は等比数列の公比とする。

③ **群数列**　数列 $\{a_n\}$ をある規則によって適当な群に分けた数列を **群数列** という。

群数列を扱うときは，**もとの数列 $\{a_n\}$ の規則** と **群の分け方の規則** にまず注目。

解　説

■ 階差数列

数列 $\{a_n\}$ の隣り合う 2 つの項の差 $b_n=a_{n+1}-a_n$ を項とする数列 $\{b_n\}$ を，数列 $\{a_n\}$ の **階差数列** という。$n\geqq 2$ のとき

a_1　a_2　a_3　a_4 ……　a_{n-1}　a_n　a_{n+1} ……
b_1　b_2　b_3 …………　b_{n-1}　b_n ………

$$a_1+\sum_{k=1}^{n-1} b_k=a_1+b_1+b_2+b_3+\cdots\cdots+b_{n-1}=a_n$$

よって，階差数列 $\{b_n\}$ の一般項が求められれば，数列 $\{a_n\}$ の一般項が求められる。

■ 数列の和と一般項

$n\geqq 2$ のとき　　$S_n\ =a_1+a_2+\cdots\cdots+a_{n-1}+a_n$　　…… ①

　　　　　　　　$S_{n-1}=a_1+a_2+\cdots\cdots+a_{n-1}$　　…… ②

①−② から　　$S_n-S_{n-1}=a_n$

■ いろいろな数列の和

① 例　$\displaystyle\sum_{k=1}^{n}\frac{1}{k(k+1)}=\sum_{k=1}^{n}\left(\frac{1}{k}-\frac{1}{k+1}\right)$　◀部分分数に分解する。

$$=\left(\frac{1}{1}-\frac{1}{2}\right)+\left(\frac{1}{2}-\frac{1}{3}\right)+\left(\frac{1}{3}-\frac{1}{4}\right)+\cdots\cdots+\left(\frac{1}{n}-\frac{1}{n+1}\right)=1-\frac{1}{n+1}=\frac{n}{n+1}$$

② 例　$r\neq 1$ のとき　$S=1+2r+3r^2+\cdots\cdots+nr^{n-1}$　…… ① とする。

両辺に r を掛けて　　$rS=\qquad r+2r^2+\cdots\cdots+(n-1)r^{n-1}+nr^n$　…… ②

①−② から　　$(1-r)S=1+r+r^2+\cdots\cdots+r^{n-1}-nr^n$

$r\neq 1$ から　　$(1-r)S=\dfrac{1-r^n}{1-r}-nr^n=\dfrac{1-(n+1)r^n+nr^{n+1}}{1-r}$

よって　　$S=\dfrac{1-(n+1)r^n+nr^{n+1}}{(1-r)^2}$

③ 例　数列 $1,\ \frac{1}{2},\ \frac{2}{2},\ \frac{1}{3},\ \frac{2}{3},\ \frac{3}{3},\ \frac{1}{4},\ \frac{2}{4},\ \frac{3}{4},\ \frac{4}{4},\ \cdots\cdots$ においては，この数列を

分母が同じ項で区分して群数列 $1\left|\frac{1}{2},\ \frac{2}{2}\right|\frac{1}{3},\ \frac{2}{3},\ \frac{3}{3}\left|\frac{1}{4},\ \frac{2}{4},\ \frac{3}{4},\ \frac{4}{4}\right|\cdots\cdots$ を作る。

└ 群の分け方の規則

基本例題 19 Σの式の計算 ①①①①①

次の和を求めよ。

(1) $\sum_{k=1}^{n}(3k^2-k)$　(2) $\sum_{k=1}^{n}(2k+1)(4k^2-2k+1)$　(3) $\sum_{k=11}^{20}(6k-1)$　(4) $\sum_{k=1}^{n+1}5^k$

p.34 基本事項 1, 2

指針 Σの性質を利用して，$a\sum_{k=1}^{n}k^3+b\sum_{k=1}^{n}k^2+c\sum_{k=1}^{n}k+d\sum_{k=1}^{n}1$ の形に変形する。

そして，$\sum_{k=1}^{n}k^3$，$\sum_{k=1}^{n}k^2$，$\sum_{k=1}^{n}k$，$\sum_{k=1}^{n}1$ の公式を適用。

+1　　n と $n+1$ の和　　$\sum_{k=1}^{n}k$ の2乗

$$\sum_{k=1}^{n}k=\frac{1}{2}n(n+1)\qquad \sum_{k=1}^{n}k^2=\frac{1}{6}n(n+1)(2n+1)\qquad \sum_{k=1}^{n}k^3=\left\{\frac{1}{2}n(n+1)\right\}^2$$

(2) まず，$(2k+1)(4k^2-2k+1)$ を展開する。

(3) Σの公式を使うには $k=1$ からにしたい。$\sum_{k=11}^{20}(6k-1)=\sum_{k=1}^{20}(6k-1)-\sum_{k=1}^{10}(6k-1)$

として求める。

(4) 等比数列の和である。初項，公比，項数を調べて，公式を利用。

解答

(1) $\sum_{k=1}^{n}(3k^2-k)=3\sum_{k=1}^{n}k^2-\sum_{k=1}^{n}k$

$=3\cdot\frac{1}{6}n(n+1)(2n+1)-\frac{1}{2}n(n+1)$

$=\frac{1}{2}n(n+1)\{(2n+1)-1\}$

$=\frac{1}{2}n(n+1)\cdot 2n=\boldsymbol{n^2(n+1)}$

(2) $\sum_{k=1}^{n}(2k+1)(4k^2-2k+1)=\sum_{k=1}^{n}(8k^3+1)=8\sum_{k=1}^{n}k^3+\sum_{k=1}^{n}1$

$=8\left\{\frac{1}{2}n(n+1)\right\}^2+n$

$=2n^2(n+1)^2+n=n\{2n(n+1)^2+1\}$

$=\boldsymbol{n(2n^3+4n^2+2n+1)}$

(3) $\sum_{k=1}^{n}(6k-1)=6\sum_{k=1}^{n}k-\sum_{k=1}^{n}1=6\cdot\frac{1}{2}n(n+1)-n=n(3n+2)$

よって　$\sum_{k=11}^{20}(6k-1)=\sum_{k=1}^{20}(6k-1)-\sum_{k=1}^{10}(6k-1)$

$=20(60+2)-10(30+2)$

$=1240-320=\mathbf{920}$

別解　$k=m+10$ とおくと，$k=11, 12, \cdots\cdots, 20$ のとき m の値は順に $m=1, 2, \cdots\cdots, 10$ となるから

$\sum_{k=11}^{20}(6k-1)=\sum_{m=1}^{10}\{6(m+10)-1\}=\sum_{m=1}^{10}(6m+59)$

$=6\cdot\frac{1}{2}\cdot 10\cdot 11+59\cdot 10=\mathbf{920}$

(1), (2) Σの計算結果は，因数分解しておくことが多い。そのため，計算途中で共通因数が現れたら，その共通因数でくくるとよい。

◀ n^3+n^2 でもよい。

◀ $(a+b)(a^2-ab+b^2)=a^3+b^3$ において，$a=2k$，$b=1$ とする。

◀ $2n^4+4n^3+2n^2+n$ でもよい。

◀積の形の方が代入後の計算がらく。

◀ $n(3n+2)$ に $n=20$，$n=10$ を代入する。

◀ $1\leqq m\leqq$ ● の範囲となるように，変数をおき換える方法。
$k=m+10$
$\iff m=k-10$

(4) $\displaystyle\sum_{k=1}^{n+1}5^k=5+5^2+5^3+\cdots\cdots+5^{n+1}$

これは初項 5，公比 5，項数 $n+1$ の等比数列の和であるから $\displaystyle\sum_{k=1}^{n+1}5^k=\frac{5(5^{n+1}-1)}{5-1}=\frac{\mathbf{5^{n+2}-5}}{\mathbf{4}}$

◀$5^k=5\cdot5^{k-1}$

◀$\dfrac{初項(公比^{項数}-1)}{公比-1}$

検討

$\sum_{k=1}^{n}k^4$，$\sum_{k=1}^{n}k^5$ の公式の紹介，$\sum_{k=1}^{n}k^{●}$ の公式を導くうえでの背景にあるもの

$\sum_{k=1}^{n}k$，$\sum_{k=1}^{n}k^2$，$\sum_{k=1}^{n}k^3$ の公式をこれまで扱ってきたが，$\sum_{k=1}^{n}k^4$，$\sum_{k=1}^{n}k^5$ は次のような n の式で表される。

$$\sum_{k=1}^{n}k^4=\frac{1}{30}n(n+1)(2n+1)(3n^2+3n-1)\quad\cdots\cdots\ ①$$

$$\sum_{k=1}^{n}k^5=\frac{1}{12}n^2(n+1)^2(2n^2+2n-1)\quad\cdots\cdots\ ②$$

①，② の公式は，$p.34$ 基本事項において $\sum_{k=1}^{n}k^3$ を導くのに，恒等式

$(k+1)^4-k^4=4k^3+6k^2+4k+1$ …… Ⓐ を利用したのと同じ要領で導かれる。

すなわち，① は恒等式 $(k+1)^5-k^5=5k^4+10k^3+10k^2+5k+1$ …… Ⓑ

② は恒等式 $(k+1)^6-k^6=6k^5+15k^4+20k^3+15k^2+6k+1$ …… Ⓒ

において，それぞれ $k=1$，2，……，n とおいたものを辺々加えることで導くことができる。① や ② の公式を導くことはよい計算練習となるので，挑戦してみてほしい。

このように，恒等式を利用することによって $\sum k^{●}$ の公式が導かれたわけであるが，Ⓐ～Ⓒ のような恒等式がどうして出てくるのか，ということが疑問に感じられるかもしれない。この考え方の背景として，次の 2 つのことがあげられる。

● 数列 $\{a_n\}$ の第 k 項 a_k が $\boldsymbol{a_k=f(k+1)-f(k)}$ ［差の形］ に表されるとき

$\displaystyle\sum_{k=1}^{n}\boldsymbol{a_k=f(n+1)-f(1)}$ …… (＊)　となる。　◀階差数列の考え。

$=\{f(2)-f(1)\}+\{f(3)-f(2)\}+\cdots\cdots+\{f(n+1)-f(n)\}$

● $f(k)$ が m 次式 ($m\geqq1$) のときは，$f(k+1)-f(k)$ は $(m-1)$ 次式となる。

例えば，3 乗の和 $\sum_{k=1}^{n}k^3$ を求める方法については，4 次式の最も簡単な形 $f(k)=k^4$ として等式(＊)を利用すると，$a_k=f(k+1)-f(k)$ は 3 次式となるため，(＊)の左辺 $\sum_{k=1}^{n}a_k$ は $\sum_{k=1}^{n}a_k=p\sum_{k=1}^{n}k^3+q\sum_{k=1}^{n}k^2+r\sum_{k=1}^{n}k+s\sum_{k=1}^{n}1$ の形になる。ここで，$\sum_{k=1}^{n}k^2$，$\sum_{k=1}^{n}k$，$\sum_{k=1}^{n}1$ は先に n の式で表している。一方，(＊)の右辺 $f(n+1)-f(1)=(n+1)^4-1^4$ も n の式で表すことができるから，等式(＊)は $\sum_{k=1}^{n}k^3$ についての方程式とみなすことができる。このような考え方 (発想) が恒等式の選定の背景にある。

練習 ② 19 次の和を求めよ。

(1) $\displaystyle\sum_{k=1}^{n}(2k^2-k+7)$　(2) $\displaystyle\sum_{k=1}^{n}(k-1)(k^2+k+4)$　(3) $\displaystyle\sum_{k=7}^{24}(2k^2-5)$　(4) $\displaystyle\sum_{k=0}^{n}\left(\frac{1}{3}\right)^k$

p.55 EX12

基本例題 20 一般項を求めて和の公式利用

次の数列の初項から第 n 項までの和を求めよ。

(1) $1^2,\ 3^2,\ 5^2,\ \cdots\cdots$　　(2) $1,\ 1+2,\ 1+2+2^2,\ \cdots\cdots$

基本 1, 19　重要 32

次の手順で求める。

1 まず，一般項を求める ⟶ **第 k 項を k の式で表す。**

2 $\sum_{k=1}^{n}$ **(第 k 項) を計算**。$\sum k$, $\sum k^2$, $\sum k^3$ の公式や，場合によっては等比数列の和の公式を利用。

注意 1 で，一般項を第 n 項としないで第 k 項としたのは，文字 n が項数を表しているからである。

(2) $a_k=1+2+2^2+\cdots\cdots+2^{k-1}$　⟵ 等比数列の和

等比数列の和の公式を利用して a_k を k で表す。

CHART Σの計算 まず 一般項（第 k 項）を k の式で表す

解答

与えられた数列の第 k 項を a_k とし，求める和を S_n とする。

(1) $a_k=(2k-1)^2$

◀第 k 項で一般項を考える。

よって　$S_n=\sum_{k=1}^{n}a_k=\sum_{k=1}^{n}(2k-1)^2=\sum_{k=1}^{n}(4k^2-4k+1)$

$=4\sum_{k=1}^{n}k^2-4\sum_{k=1}^{n}k+\sum_{k=1}^{n}1$

$=4\cdot\frac{1}{6}n(n+1)(2n+1)-4\cdot\frac{1}{2}n(n+1)+n$

$=\frac{1}{3}n\{2(n+1)(2n+1)-6(n+1)+3\}$

◀$\frac{1}{3}n$ でくくり，{ } の中に分数が出てこないようにする。

$=\frac{1}{3}n(4n^2-1)=\boldsymbol{\frac{1}{3}n(2n+1)(2n-1)}$ ……（＊）

(2) $a_k=1+2+2^2+\cdots\cdots+2^{k-1}=\frac{1\cdot(2^k-1)}{2-1}=2^k-1$

◀a_k は初項 1，公比 2，項数 k の等比数列の和。

よって　$S_n=\sum_{k=1}^{n}a_k=\sum_{k=1}^{n}(2^k-1)=\sum_{k=1}^{n}2^k-\sum_{k=1}^{n}1$

$=\frac{2(2^n-1)}{2-1}-n=\boldsymbol{2^{n+1}-n-2}$

参考 $S_n=\sum_{k=1}^{n}\left(\sum_{i=1}^{k}2^{i-1}\right)$ と表すこともできる。

注意 和が求められたら，**$n=1$, 2, 3 として検算** するように心掛けるとよい。
例えば，(1) では，（＊）において，$n=1$ とすると 1 で，これは 1^2 に等しく OK。
（＊）において $n=2$ とすると 10 で，$1^2+3^2=10$ から OK。

練習 ② **20** 次の数列の初項から第 n 項までの和を求めよ。

(1) $1^2,\ 4^2,\ 7^2,\ 10^2,\ \cdots\cdots$　　(2) $1,\ 1+4,\ 1+4+7,\ \cdots\cdots$

(3) $\frac{1}{2},\ \frac{1}{2}-\frac{1}{4},\ \frac{1}{2}-\frac{1}{4}+\frac{1}{8},\ \frac{1}{2}-\frac{1}{4}+\frac{1}{8}-\frac{1}{16},\ \cdots\cdots$

p.55 EX 12, 13

基本例題 21 第 k 項に n を含む数列の和

次の数列の和を求めよ。

$1\cdot(n+1),\ 2\cdot n,\ 3\cdot(n-1),\ \cdots\cdots,\ (n-1)\cdot 3,\ n\cdot 2$

基本 1，20　重要 32

方針は基本例題 20 同様，**第 k 項 a_k を k の式で表し，$\sum a_k$ を計算** である。
第 n 項が $n\cdot2$ であるからといって，第 k 項を **$k\cdot2$ としてはいけない。**
各項の・の左側の数，右側の数をそれぞれ取り出した数列を考えると

・の左側の数の数列　1，2，3，……，$n-1$，n　⟶ 第 k 項は　k

・の右側の数の数列　$n+1$，n，$n-1$，……，3，2

⟶ 初項 $n+1$，公差 -1 の等差数列　⟶ 第 k 項は $(n+1)+(k-1)\cdot(-1)$

これらを掛けたものが，与えられた数列の第 k 項 a_k [⟵ n と k の式] となる。

また，$\sum_{k=1}^{n} a_k$ の計算では，**k に無関係な n のみの式は Σ の前に出す。**

解答

この数列の第 k 項は

$$k\{(n+1)+(k-1)\cdot(-1)\}=-k^2+(n+2)k$$

したがって，求める和を S とすると

$$S=\sum_{k=1}^{n}\{-k^2+(n+2)k\}=-\sum_{k=1}^{n}k^2+(n+2)\sum_{k=1}^{n}k$$

$$=-\frac{1}{6}n(n+1)(2n+1)+(n+2)\cdot\frac{1}{2}n(n+1)$$

$$=\frac{1}{6}n(n+1)\{-(2n+1)+3(n+2)\}$$

$$=\boldsymbol{\frac{1}{6}n(n+1)(n+5)}$$

◀ $n+2$ は k に無関係 ⟶ 定数とみて Σ の前に出す。

◀ $\frac{1}{6}n(n+1)$ でくくり，{ } の中に分数が出てこないようにする。

別解　求める和を S とすると

$$S=1+(1+2)+(1+2+3)+\cdots\cdots+(1+2+\cdots\cdots+n)+(1+2+\cdots\cdots+n)$$

$$=\sum_{k=1}^{n}(1+2+\cdots\cdots+k)+\frac{1}{2}n(n+1)$$

$$=\frac{1}{2}\sum_{k=1}^{n}k(k+1)+\frac{1}{2}n(n+1)$$

$$=\frac{1}{2}\sum_{k=1}^{n}(k^2+k)+\frac{1}{2}n(n+1)$$

$$=\frac{1}{2}\left\{\sum_{k=1}^{n}k^2+\sum_{k=1}^{n}k+n(n+1)\right\}$$

$$=\frac{1}{2}\left\{\frac{1}{6}n(n+1)(2n+1)+\frac{1}{2}n(n+1)+n(n+1)\right\}$$

$$=\frac{1}{2}\cdot\frac{1}{6}n(n+1)\{(2n+1)+3+6\}=\boldsymbol{\frac{1}{6}n(n+1)(n+5)}$$

◀
$$\begin{array}{r} 1+1+1+\cdots\cdots+1+1 \\ 2+2+\cdots\cdots+2+2 \\ 3+\cdots\cdots+3+3 \\ \cdots\cdots \\ +)\qquad\qquad\qquad n+n \\ \hline \end{array}$$
------- は，これを縦の列ごとに加えたもの。

練習 ③ 21　次の数列の和を求めよ。

$1^2\cdot n,\ 2^2(n-1),\ 3^2(n-2),\ \cdots\cdots,\ (n-1)^2\cdot 2,\ n^2\cdot 1$

基本例題 22 階差数列(第1階差)

次の数列 $\{a_n\}$ の一般項を求めよ。

2, 7, 18, 35, 58, ……

p.35 基本事項 3

指針 数列を作る規則が簡単にわからないときは，階差数列を利用するとよい。
数列 $\{a_n\}$ の **階差数列** を $\{b_n\}$ とすると $\boldsymbol{b_n=a_{n+1}-a_n}$ (定義)

$\{a_n\}$: a_1 a_2 a_3 a_4 …… a_{n-1} a_n ……

$\{b_n\}$: b_1 b_2 b_3 ………… b_{n-1} ……

$n\geqq2$ のとき $\boldsymbol{a_n=a_1+\sum_{k=1}^{n-1}b_k}$

$n\geqq2$ のときについて，数列 $\{a_n\}$ の一般項を求めた後は，それが $n=1$ のときに成り立つかどうかの確認を忘れないように。

CHART $\{a_n\}$ の一般項 わからなければ 階差数列 $\{a_{n+1}-a_n\}$ を調べる

解答

数列 $\{a_n\}$ の階差数列を $\{b_n\}$ とすると

$\{a_n\}$: 2, 7, 18, 35, 58, ……

$\{b_n\}$: 5, 11, 17, 23, ……

数列 $\{b_n\}$ は，初項 5，公差 6 の等差数列であるから

$$b_n=5+(n-1)\cdot6=6n-1$$

$n\geqq2$ のとき

$$a_n=a_1+\sum_{k=1}^{n-1}b_k=2+\sum_{k=1}^{n-1}(6k-1)$$

$$=2+6\sum_{k=1}^{n-1}k-\sum_{k=1}^{n-1}1$$

$$=2+6\cdot\frac{1}{2}(n-1)n-(n-1)$$

$$=3n^2-4n+3 \quad \cdots\cdots ①$$

$n=1$ のとき $3n^2-4n+3=3\cdot1^2-4\cdot1+3=2$

初項は $a_1=2$ であるから，① は $n=1$ のときも成り立つ。

したがって $\boldsymbol{a_n=3n^2-4n+3}$

◀2 7 18 35 58 ……
5 11 17 23 ……
+6 +6 +6

◀$n\geqq2$ に注意。

◀$\sum_{k=1}^{n-1}b_k$ ← n ではないことに注意。

◀$\sum_{k=1}^{n-1}k$ は $\sum_{k=1}^{n}k=\frac{1}{2}n(n+1)$ で n の代わりに $n-1$ とおいたもの。

初項は特別扱い

◀a_n は $n\geqq1$ で1つの式に表される(しめくくり)。

注意 「$\boldsymbol{n\geqq2}$」としないで上の公式 $a_n=a_1+\sum_{k=1}^{n-1}b_k$ を使用したら，間違いである。なぜなら，$\boldsymbol{n=1}$ のときは和 $\sum_{k=1}^{n-1}b_k$ が定まらないからである。$\sum_{k=●}^{■}$ という和の式があれば，■≧● であることに注意しよう。

練習 ② **22** 次の数列の一般項を求めよ。

(1) 2, 10, 24, 44, 70, 102, 140, ……

(2) 3, 4, 7, 16, 43, 124, ……

基本例題 23 階差数列（第 2 階差）

次の数列の一般項を求めよ。

6, 24, 60, 120, 210, 336, 504, ……

〔岩手大〕 基本 22

指針 与えられた数列 $\{a_n\}$ の階差数列 $\{b_n\}$ を作っても，規則性がつかめないときは $\{b_n\}$ の階差数列（$\{a_n\}$ の **第 2 階差数列**）$\{c_n\}$ を調べてみる。

一般項 c_n がわかれば，

$c_n \longrightarrow b_n \longrightarrow a_n$ の順に一般項 a_n がわかる。このとき，数列 $\{b_n\}$ を $\{a_n\}$ の **第 1 階差数列** という。

$\{a_n\}$: a_1 a_2 a_3 a_4 a_5 …… a_{n-1} a_n

$\{b_n\}$: b_1 b_2 b_3 b_4 ………… b_{n-1} b_n

$\{c_n\}$: c_1 c_2 c_3 ………………… c_{n-1}

CHART 階差 1 つでわからなければ 2 つとる

解答

与えられた数列を $\{a_n\}$，その階差数列を $\{b_n\}$ とする。
また，数列 $\{b_n\}$ の階差数列を $\{c_n\}$ とすると

$\{a_n\}$: 6, 24, 60, 120, 210, 336, 504, ……

$\{b_n\}$: 18, 36, 60, 90, 126, 168, ……

$\{c_n\}$: 18, 24, 30, 36, 42, ……

◀ 6 24 60 120 210 336 / 18 36 60 90 126 / 18 24 30 36 / +6 +6 +6

数列 $\{c_n\}$ は，初項 18，公差 6 の等差数列であるから

$$c_n=18+(n-1)\cdot 6=6n+12$$

$n\geqq 2$ のとき

$$b_n=b_1+\sum_{k=1}^{n-1}c_k=18+\sum_{k=1}^{n-1}(6k+12)$$

$$=18+6\cdot\frac{1}{2}(n-1)n+12(n-1)$$

$$=3n^2+9n+6$$

◀ $\displaystyle\sum_{k=1}^{n-1}k=\frac{1}{2}(n-1)n$

$\displaystyle\sum_{k=1}^{n-1}12=12(n-1)$

この式に $n=1$ を代入すると，$b_1=3+9+6=18$ となるから　$b_n=3n^2+9n+6$　$(n\geqq 1)$

◀ 初項は特別扱い

よって，$n\geqq 2$ のとき

$$a_n=a_1+\sum_{k=1}^{n-1}b_k=6+\sum_{k=1}^{n-1}(3k^2+9k+6)$$

$$=6+3\cdot\frac{1}{6}(n-1)n(2n-1)+9\cdot\frac{1}{2}(n-1)n+6(n-1)$$

$$=\frac{n}{2}\cdot 2(n^2+3n+2)=n(n+1)(n+2)$$

◀ $\displaystyle\sum_{k=1}^{n-1}k^2=\frac{1}{6}(n-1)\{(n-1)+1\}\times\{2(n-1)+1\}=\frac{1}{6}(n-1)n(2n-1)$

この式に $n=1$ を代入すると，$a_1=1\cdot 2\cdot 3=6$ となるから，$n=1$ のときも成り立つ。

◀ 初項は特別扱い

したがって　$a_n=\boldsymbol{n(n+1)(n+2)}$

◀ しめくくり。

練習 ③ **23** 次の数列の一般項を求めよ。

2, 10, 38, 80, 130, 182, 230, ……

〔類 立命館大〕 p.55 EX 14

基本例題 24 数列の和と一般項，部分数列

初項から第 n 項までの和 S_n が $S_n=2n^2-n$ となる数列 $\{a_n\}$ について

(1) 一般項 a_n を求めよ。　(2) 和 $a_1+a_3+a_5+\cdots\cdots+a_{2n-1}$ を求めよ。

p.35 基本事項 4　基本 48

指針 (1) 初項から第 n 項までの和 S_n と一般項 a_n の関係は

$n\geqq2$ のとき

$$\begin{array}{rl} S_n &= a_1+a_2+\cdots\cdots+a_{n-1}+a_n \\ -)\ S_{n-1} &= a_1+a_2+\cdots\cdots+a_{n-1} \\ \hline S_n-S_{n-1} &= \qquad\qquad\qquad\qquad a_n \end{array}$$

よって $\boldsymbol{a_n=S_n-S_{n-1}}$

$n=1$ のとき　$\boldsymbol{a_1=S_1}$

和 S_n が n の式で表された数列については，この公式を利用して一般項 a_n を求める。

(2) **数列の和 ⟶ まず 一般項（第 k 項）を k の式で表す**

第1項，第2項，第3項，……，第 k 項

a_1，　a_3，　a_5，　……，a_{2k-1}

であるから，a_n に $n=2k-1$ を代入して第 k 項の式を求める。

なお，数列 a_1，a_3，a_5，……，a_{2n-1} のように，数列 $\{a_n\}$ からいくつかの項を取り除いてできる数列を，$\{a_n\}$ の **部分数列** という。

解答

(1) $n\geqq2$ のとき

$$a_n=S_n-S_{n-1}=(2n^2-n)-\{2(n-1)^2-(n-1)\}$$
$$=4n-3 \quad \cdots\cdots ①$$

◀ $S_n=2n^2-n$ であるから $S_{n-1}=2(n-1)^2-(n-1)$

また　$a_1=S_1=2\cdot1^2-1=1$

◀ 初項は特別扱い

ここで，① において $n=1$ とすると　$a_1=4\cdot1-3=1$

よって，$n=1$ のときにも ① は成り立つ。

したがって　$\boldsymbol{a_n=4n-3}$

◀ a_n は $n\geqq1$ で1つの式に表される。

(2) (1) より，$a_{2k-1}=4(2k-1)-3=8k-7$ であるから

◀ a_{2k-1} は $a_n=4n-3$ において n に $2k-1$ を代入。

$$a_1+a_3+a_5+\cdots\cdots+a_{2n-1}=\sum_{k=1}^{n}a_{2k-1}=\sum_{k=1}^{n}(8k-7)$$
$$=8\cdot\frac{1}{2}n(n+1)-7n$$
$$=\boldsymbol{n(4n-3)}$$

◀ Σk，$\Sigma 1$ の公式を利用。

検討 **$n\geqq1$ で $a_n=S_n-S_{n-1}$ となる場合**

例題 (1) のように，$a_n=S_n-S_{n-1}$ で $n=1$ とした値と a_1 が一致するのは，S_n の式で $n=0$ としたとき $S_0=0$ すなわち **n の多項式 S_n の定数項が 0** となる場合である。もし，$S_n=2n^2-n+\boldsymbol{1}$（定数項が0でない）ならば，$a_1=S_1=2$，$a_n=S_n-S_{n-1}=4n-3\ (n\geqq2)$ となり，$4n-3$ で $n=1$ とした値と a_1 が一致しない。このとき，最後の答えは

「$\boldsymbol{a_1=2}$，$\boldsymbol{n\geqq2}$ **のとき** $\boldsymbol{a_n=4n-3}$」と表す。

練習 ② 24 初項から第 n 項までの和 S_n が次のように表される数列 $\{a_n\}$ について，一般項 a_n と和 $a_1+a_4+a_7+\cdots\cdots+a_{3n-2}$ をそれぞれ求めよ。

(1) $S_n=3n^2+5n$　　(2) $S_n=3n^2+4n+2$

p.55 EX15

基本例題 25 分数の数列の和 … 部分分数に分解

数列 $\dfrac{1}{1\cdot3}$, $\dfrac{1}{3\cdot5}$, $\dfrac{1}{5\cdot7}$, ……, $\dfrac{1}{(2n-1)(2n+1)}$ の和を求めよ。

p.35 基本事項 5　基本 39

第 k 項を k の式で表し $\sum_{k=1}^{n}$(第 k 項)を計算する，という今までの方針では解決できそうにない。ここでは，各項は分数で，分母は積の形になっていることに注目し，第 k 項を 差の形 に表すことを考える。この変形を **部分分数に分解する** という。

$\dfrac{1}{2k-1}-\dfrac{1}{2k+1}$ を計算すると $=\dfrac{2}{(2k-1)(2k+1)}$

よって　$\dfrac{1}{(2k-1)(2k+1)}=\dfrac{1}{2}\left(\dfrac{1}{2k-1}-\dfrac{1}{2k+1}\right)$

この式に $k=1$, 2, ……, n を代入して辺々を加えると，**隣り合う項が消える。**

CHART 分数の数列の和　**部分分数に分解して途中を消す**

解答

この数列の第 k 項は

$$\frac{1}{(2k-1)(2k+1)}=\frac{1}{2}\cdot\frac{(2k+1)-(2k-1)}{(2k-1)(2k+1)}$$
$$=\frac{1}{2}\left(\frac{1}{2k-1}-\frac{1}{2k+1}\right)$$

◀部分分数に分解する。

求める和を S とすると

$$S=\frac{1}{2}\left\{\left(\frac{1}{1}-\frac{1}{3}\right)+\left(\frac{1}{3}-\frac{1}{5}\right)+\left(\frac{1}{5}-\frac{1}{7}\right)+\cdots\cdots+\left(\frac{1}{2n-1}-\frac{1}{2n+1}\right)\right\}$$
$$=\frac{1}{2}\left(1-\frac{1}{2n+1}\right)=\boldsymbol{\frac{n}{2n+1}}$$

◀途中が消えて，最初と最後だけが残る。

検討

部分分数分解

$\dfrac{1}{k+a}-\dfrac{1}{k+b}=\dfrac{(k+b)-(k+a)}{(k+a)(k+b)}=\dfrac{b-a}{(k+a)(k+b)}$ から得られる次の変形はよく利用される。しっかりと理解しておきたい。

$$\boldsymbol{\frac{1}{(k+a)(k+b)}=\frac{1}{b-a}\left(\frac{1}{k+a}-\frac{1}{k+b}\right)}\quad (a\neq b)$$

練習 ② 25　次の数列の和を求めよ。

(1) $\dfrac{1}{1\cdot3}$, $\dfrac{1}{2\cdot4}$, $\dfrac{1}{3\cdot5}$, ……, $\dfrac{1}{9\cdot11}$　〔類 近畿大〕

(2) $\dfrac{1}{2\cdot5}$, $\dfrac{1}{5\cdot8}$, $\dfrac{1}{8\cdot11}$, ……, $\dfrac{1}{(3n-1)(3n+2)}$

p.55 EX16

基本例題 26 分数の数列の和の応用 ①①①①①

次の数列の和 S を求めよ。

(1) $\dfrac{1}{1\cdot2\cdot3},\ \dfrac{1}{2\cdot3\cdot4},\ \dfrac{1}{3\cdot4\cdot5},\ \cdots\cdots,\ \dfrac{1}{n(n+1)(n+2)}$ 〔類 一橋大〕

(2) $\dfrac{1}{1+\sqrt{3}},\ \dfrac{1}{\sqrt{2}+\sqrt{4}},\ \dfrac{1}{\sqrt{3}+\sqrt{5}},\ \cdots\cdots,\ \dfrac{1}{\sqrt{n}+\sqrt{n+2}}$ $(n\geqq2)$

基本 25

指針 1 第 k 項を差の形で表す。 2 1 で作った式に $k=1,\ 2,\ 3,\ \cdots\cdots,\ n$ を代入。
3 辺々を加えると，隣り合う項が消える。

(1) 基本例題 **25** と方針は同じ。まず，第 k 項を **部分分数に分解する**。分母の因数が3つのときは，解答のように2つずつ組み合わせる。

$\dfrac{1}{k(k+1)}-\dfrac{1}{(k+1)(k+2)}$ を計算すると $=\dfrac{2}{k(k+1)(k+2)}$

よって $\dfrac{1}{k(k+1)(k+2)}=\dfrac{1}{2}\left\{\dfrac{1}{k(k+1)}-\dfrac{1}{(k+1)(k+2)}\right\}$

(2) 第 k 項の **分母を有理化** すると，**差の形** で表される。

解答

(1) 第 k 項は

$$\frac{1}{k(k+1)(k+2)}=\frac{1}{2}\left\{\frac{1}{k(k+1)}-\frac{1}{(k+1)(k+2)}\right\}$$

◀部分分数に分解する。

であるから

$$S=\frac{1}{2}\left[\left(\frac{1}{1\cdot2}-\frac{1}{2\cdot3}\right)+\left(\frac{1}{2\cdot3}-\frac{1}{3\cdot4}\right)+\left(\frac{1}{3\cdot4}-\frac{1}{4\cdot5}\right)+\cdots\cdots+\left\{\frac{1}{n(n+1)}-\frac{1}{(n+1)(n+2)}\right\}\right]$$

◀途中が消えて，最初と最後だけが残る。

$$=\frac{1}{2}\left\{\frac{1}{1\cdot2}-\frac{1}{(n+1)(n+2)}\right\}$$

$$=\frac{1}{2}\cdot\frac{(n+1)(n+2)-2}{2(n+1)(n+2)}=\boldsymbol{\frac{n(n+3)}{4(n+1)(n+2)}}$$

検討

次の変形はよく利用される。

$$\frac{1}{k(k+1)(k+2)}=\frac{1}{2}\left\{\frac{1}{k(k+1)}-\frac{1}{(k+1)(k+2)}\right\}$$

(2) 第 k 項は

$$\frac{1}{\sqrt{k}+\sqrt{k+2}}=\frac{\sqrt{k}-\sqrt{k+2}}{(\sqrt{k}+\sqrt{k+2})(\sqrt{k}-\sqrt{k+2})}$$

◀分母の有理化。

$$=\frac{1}{2}(\sqrt{k+2}-\sqrt{k})$$ であるから

$$S=\frac{1}{2}\{(\sqrt{3}-1)+(\sqrt{4}-\sqrt{2})+(\sqrt{5}-\sqrt{3})+\cdots\cdots+(\sqrt{n+1}-\sqrt{n-1})+(\sqrt{n+2}-\sqrt{n})\}$$

◀途中の $\pm\sqrt{3}$，$\pm\sqrt{4}$，$\pm\sqrt{5}$，……，$\pm\sqrt{n-1}$，$\pm\sqrt{n}$ が消える。

$$=\boldsymbol{\frac{1}{2}(\sqrt{n+1}+\sqrt{n+2}-1-\sqrt{2})}$$

練習 ③ **26** 次の数列の和 S を求めよ。

(1) $\dfrac{1}{1\cdot3\cdot5},\ \dfrac{1}{3\cdot5\cdot7},\ \dfrac{1}{5\cdot7\cdot9},\ \cdots\cdots,\ \dfrac{1}{(2n-1)(2n+1)(2n+3)}$

(2) $\dfrac{1}{1+\sqrt{3}},\ \dfrac{1}{\sqrt{3}+\sqrt{5}},\ \dfrac{1}{\sqrt{5}+\sqrt{7}},\ \cdots\cdots,\ \dfrac{1}{\sqrt{2n-1}+\sqrt{2n+1}}$

参考事項　Σk^p の公式を利用しない和の求め方

$p.36$ 基本例題 **19** (1), (2) のような問題は，実は $\sum_{k=1}^{n} k^p$ の公式を利用しなくても計算できる。それには，$p.37$ で述べた次のこと（階差数列の考え）を利用する。

> **数列 $\{a_n\}$ の第 k 項 a_k が $a_k=f(k+1)-f(k)$ ［差の形］に表されるとき　$\sum_{k=1}^{n} a_k=f(n+1)-f(1)$**

$$\begin{aligned} a_1 &= \cancel{f(2)} - f(1) \\ a_2 &= \cancel{f(3)} - \cancel{f(2)} \\ &\vdots \\ +)\ a_n &= f(n+1) - \cancel{f(n)} \\ \hline \sum_{k=1}^{n} a_k &= f(n+1) - f(1) \end{aligned}$$

例 1　**連続する整数の積の和 $\sum_{k=1}^{n} k(k+1)$**

$$k(k+1)=k(k+1)\cdot 1=k(k+1)\cdot\frac{1}{3}\{(k+2)-(k-1)\}=\frac{1}{3}\{k(k+1)(k+2)-(k-1)k(k+1)\}$$

これは $f(n)=\frac{1}{3}(n-1)n(n+1)$ とすると，$f(k+1)-f(k)$ ［**差の形**］に等しいから

$$\sum_{k=1}^{n} k(k+1)=f(n+1)-f(1)=\frac{1}{3}n(n+1)(n+2)$$

◀ $f(1)=0$

例 1の結果を利用すると，Σ（k の 2 次式）を次のようにして計算することもできる。

例 2　**例題 19** (1) の $\sum_{k=1}^{n}(3k^2-k)$　$3k^2-k=3k(k+1)-4k$ であるから

$$\begin{aligned}\sum_{k=1}^{n}(3k^2-k)&=3\sum_{k=1}^{n} k(k+1)-\sum_{k=1}^{n} 4k=3\cdot\frac{1}{3}n(n+1)(n+2)-\frac{n}{2}(4+4n)\\&=n(n+1)\{(n+2)-2\}=n^2(n+1)\end{aligned}$$

← 初項 4，末項 $4n$，項数 n の等差数列の和。

また，例 2と同様の方法で，$\sum_{k=1}^{n} k^2=\frac{1}{6}n(n+1)(2n+1)$ を導くこともできる。

例 3

$$\begin{aligned}\sum_{k=1}^{n} k^2&=\sum_{k=1}^{n}\{k(k+1)-k\}=\sum_{k=1}^{n} k(k+1)-\sum_{k=1}^{n} k=\frac{1}{3}n(n+1)(n+2)-\frac{n}{2}(1+n)\\&=\frac{1}{6}n(n+1)\{2(n+2)-3\}=\boldsymbol{\frac{1}{6}n(n+1)(2n+1)}\end{aligned}$$

↑ 初項 1，末項 n，項数 n の等差数列の和。

更に，連続する 3 整数の積 $k(k+1)(k+2)$ については

$$\begin{aligned}k(k+1)(k+2)&=k(k+1)(k+2)\cdot\frac{1}{4}\{(k+3)-(k-1)\}\\&=\frac{1}{4}\{k(k+1)(k+2)(k+3)-(k-1)k(k+1)(k+2)\}\end{aligned}$$

［**差の形**］

と変形できるから，例 1と同様にして $\sum_{k=1}^{n} k(k+1)(k+2)=\frac{1}{4}n(n+1)(n+2)(n+3)$ ……（$*$）
と求められる。このことや例 1からわかるように，**連続する整数の積の和は，差の形に変形することで簡単に求められる**，というのが興味深いところである。
また，（$*$）や例 1の結果を利用すると，Σ（k の 3 次式）を計算することもできる。

例 4　$k^3=k(k+1)(k+2)-3k^2-2k=k(k+1)(k+2)-3k(k+1)+k$ と変形できるから

$$\begin{aligned}\sum_{k=1}^{n} k^3&=\sum_{k=1}^{n} k(k+1)(k+2)-3\sum_{k=1}^{n} k(k+1)+\sum_{k=1}^{n} k\\&=\frac{1}{4}n(n+1)(n+2)(n+3)-3\cdot\frac{1}{3}n(n+1)(n+2)+\frac{n}{2}(1+n)=\left\{\boldsymbol{\frac{1}{2}n(n+1)}\right\}^2\end{aligned}$$

基本例題 27 (等差)×(等比) 型の数列の和

次の数列の和を求めよ。

$1\cdot1,\ 3\cdot3,\ 5\cdot3^2,\ \cdots\cdots,\ (2n-1)\cdot3^{n-1}$

p.35 基本事項 5

指針

・の左側の数の数列　1, 3, 5, ……, $2n-1$　⟶ 初項 1, 公差 2 の **等差数列**

・の右側の数の数列　1, 3, 3^2, ……, 3^{n-1}　⟶ 初項 1, 公比 3 の **等比数列**

よって，この例題の数列は (等差数列)×(等比数列) 型 となっている。

これは等比数列ではないが **等比数列と似た形**。

⟶ 等比数列の和を求める方法（$S-rS$ を作る。p.23 解説参照）を まねる。

CHART (等差)×(等比) 型の数列の和　**$S-rS$ を作る**

解答

求める和を S とすると

$$S=1\cdot1+3\cdot3+5\cdot3^2+\cdots\cdots+(2n-1)\cdot3^{n-1}$$

両辺に 3 を掛けると

$$3S=\qquad 1\cdot3+3\cdot3^2+\cdots\cdots+(2n-3)\cdot3^{n-1}+(2n-1)\cdot3^n$$

辺々を引くと

$$\begin{aligned}-2S&=1+2\cdot3+2\cdot3^2+\cdots\cdots+2\cdot3^{n-1}-(2n-1)\cdot3^n\\&=1+2(3+3^2+\cdots\cdots+3^{n-1})-(2n-1)\cdot3^n\\&=1+2\cdot\frac{3(3^{n-1}-1)}{3-1}-(2n-1)\cdot3^n\\&=1+3^n-3-(2n-1)\cdot3^n\\&=(2-2n)\cdot3^n-2\end{aligned}$$

ゆえに　$S=(n-1)\cdot3^n+1$

◀3 の指数が同じ項を，上下にそろえて書くとわかりやすい。

◀～～ は初項 3，公比 3，項数 $n-1$ の等比数列の和。

検討

上の解答の ～～ が等比数列の和となる理由

数列 $\{a_n\}$ が公差 d の等差数列で，$r\neq1$ とする。

このとき，数列 $\{a_nr^{n-1}\}$ の初項から第 n 項までの和 S は

$$S=a_1+a_2r+a_3r^2+\cdots+a_nr^{n-1}\quad\cdots\cdots ①$$

① の両辺を r 倍して　$rS=\quad a_1r+a_2r^2+\cdots+a_{n-1}r^{n-1}+a_nr^n\quad\cdots\cdots ②$

①−② から　$(1-r)S=a_1+(a_2-a_1)r+(a_3-a_2)r^2+\cdots+(a_n-a_{n-1})r^{n-1}-a_nr^n$

ここで　$a_2-a_1=a_3-a_2=\cdots=a_n-a_{n-1}=d$

よって，—— は，$dr+dr^2+\cdots+dr^{n-1}$ すなわち $d(r+r^2+\cdots+r^{n-1})$ となり，～～ は等比数列の和となる。

練習 ② 27 次の数列の和を求めよ。

(1) $1\cdot1,\ 2\cdot5,\ 3\cdot5^2,\ \cdots\cdots,\ n\cdot5^{n-1}$

(2) $n,\ (n-1)\cdot3,\ (n-2)\cdot3^2,\ \cdots\cdots,\ 2\cdot3^{n-2},\ 3^{n-1}$

(3) $1,\ 4x,\ 7x^2,\ \cdots\cdots,\ (3n-2)x^{n-1}$

p.55 EX 17

重要例題 28　S_{2m}，S_{2m-1} に分けて和を求める

一般項が $a_n=(-1)^{n+1}n^2$ で与えられる数列 $\{a_n\}$ に対して，$S_n=\sum_{k=1}^{n}a_k$ とする。

(1)　$a_{2k-1}+a_{2k}$ ($k=1,\ 2,\ 3,\ \cdots\cdots$) を k を用いて表せ。

(2)　$S_n=$□ ($n=1,\ 2,\ 3,\ \cdots\cdots$) と表される。

指針　(2)　数列 $\{a_n\}$ の各項は符号が交互に変わるから，和は簡単に求められない。
次のように項を2つずつ区切ってみると

$$S_n=\underline{(1^2-2^2)}+\underline{(3^2-4^2)}+\underline{(5^2-6^2)}+\cdots\cdots$$
$$=b_1 \qquad =b_2 \qquad =b_3 \qquad \cdots\cdots$$

上のように数列 $\{b_n\}$ を定めると，$b_k=a_{2k-1}+a_{2k}$ (k は自然数) である。よって，m を自然数とすると

[1]　n が偶数，すなわち $n=2m$ のときは $S_{2m}=\sum_{k=1}^{m}b_k=\sum_{k=1}^{m}(a_{2k-1}+a_{2k})$ として求められる。 ← (1) の式

[2]　n が奇数，すなわち $n=2m-1$ のときは，$\boldsymbol{S_{2m}=S_{2m-1}+a_{2m}}$ より
$S_{2m-1}=S_{2m}-a_{2m}$ であるから，[1] の結果を利用して S_{2m-1} が求められる。
このように，n が偶数の場合と奇数の場合に分けて和を求める。

解答

(1)　$a_{2k-1}+a_{2k}=(-1)^{2k}(2k-1)^2+(-1)^{2k+1}(2k)^2$
$=(2k-1)^2-(2k)^2=\boldsymbol{1-4k}$

◀ $(-1)^{偶数}=1$，$(-1)^{奇数}=-1$
◀ $=\{(2k-1)+2k\}\times\{(2k-1)-2k\}$

(2)　[1]　$n=2m$ (m は自然数) のとき

$$S_{2m}=\sum_{k=1}^{m}(a_{2k-1}+a_{2k})=\sum_{k=1}^{m}(1-4k)$$
$$=m-4\cdot\frac{1}{2}m(m+1)=-2m^2-m$$

◀ $S_{2m}=(a_1+a_2)+(a_3+a_4)+\cdots\cdots+(a_{2m-1}+a_{2m})$

$m=\dfrac{n}{2}$ であるから

$$S_n=-2\left(\frac{n}{2}\right)^2-\frac{n}{2}=-\frac{1}{2}n(n+1)$$

◀ $S_{2m}=-2m^2-m$ に $m=\dfrac{n}{2}$ を代入して，n の式に直す。

[2]　$n=2m-1$ (m は自然数) のとき
$a_{2m}=(-1)^{2m+1}(2m)^2=-4m^2$ であるから

$$S_{2m-1}=S_{2m}-a_{2m}=-2m^2-m+4m^2=2m^2-m$$

◀ $\boldsymbol{S_{2m}=S_{2m-1}+a_{2m}}$ を利用する。

$m=\dfrac{n+1}{2}$ であるから

$$S_n=2\left(\frac{n+1}{2}\right)^2-\frac{n+1}{2}=\frac{1}{2}(n+1)\{(n+1)-1\}$$
$$=\frac{1}{2}n(n+1)$$

◀ $S_{2m-1}=2m^2-m$ を n の式に直す。

[1]，[2] から　$\boldsymbol{S_n=\dfrac{(-1)^{n+1}}{2}n(n+1)}$ ……（＊）

(＊) [1]，[2] の S_n の式は符号が異なるだけだから，(＊)のようにまとめることができる。

練習 ④ 28　一般項が $a_n=(-1)^n n(n+2)$ で与えられる数列 $\{a_n\}$ に対して，初項から第 n 項までの和 S_n を求めよ。

基本例題 29 群数列の基本

奇数の数列を 1|3, 5|7, 9, 11|13, 15, 17, 19|21, …… のように，第 n 群が n 個の数を含むように分けるとき 〔類 昭和薬大〕

(1) 第 n 群の最初の奇数を求めよ。 (2) 第 n 群の総和を求めよ。

(3) 301 は第何群の何番目に並ぶ数か。

p.35 基本事項 5　重要 31

指針 数列を，ある規則によっていくつかの組(群)に分けて考えるとき，これを **群数列** という。
群数列では，次のように **規則性に注目すること** が解法のポイントになる。

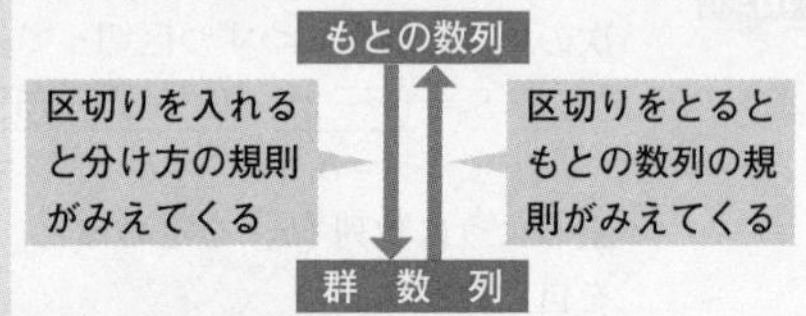

1 **もとの数列の規則，群の分け方の規則**
2 **第 k 群について，その最初の項，項数などの規則**

上の例題において，各群とそこに含まれている奇数の個数は次のようになる。

群	第1群	第2群	第3群	……	第 $(n-1)$ 群	第 n 群	……
	1	3, 5	7, 9, 11	………	……………	初項, ……	……
個数	1個	2個	3個		$(n-1)$ 個	n 個	

公差 2 の等差数列

←── $\frac{1}{2}n(n-1)$ 個 ──→　$\frac{1}{2}n(n-1)+1$ 番目の奇数

(1) 第 k 群の個数に注目する。**第 k 群に k 個の数を含む** から，第 $(n-1)$ 群の末項までに $\{1+2+3+\cdots\cdots+(n-1)\}$ 個の奇数がある。
よって，第 n 群の最初の項は，奇数の数列 1, 3, 5, …… の $\{1+2+3+\cdots\cdots+(n-1)+1\}$ 番目の項である。
右のように，**初めのいくつかの群で実験をしてみる** のも有効である。

第1群	①1	1個
第2群	③3, 5	2個
第3群	⑦7, 9, 11	3個
第4群	⑬13, 15, 17, 19	4個
第5群	㉑21, ……	

$\{(1+2+3+4)+1\}$ 番目

(2) 第 n 群を1つの数列として考えると，求める総和は，**初項が (1) で求めた奇数，公差が 2，項数 n の等差数列の和** となる。

(3) 第 n 群の最初の項を a_n とし，まず $a_n \leqq 301 < a_{n+1}$ となる n を見つける。n に具体的な数を代入して目安をつけるとよい。

CHART 群数列
1 **数列の規則性を見つけ，区切りを入れる**
2 **第 k 群の初項・項数に注目**

解答

(1) $n \geqq 2$ のとき，第1群から第 $(n-1)$ 群までにある奇数の個数は $1+2+3+\cdots\cdots+(n-1)=\frac{1}{2}(n-1)n$

よって，第 n 群の最初の奇数は $\left\{\frac{1}{2}(n-1)n+1\right\}$ 番目の

◀第 $(n-1)$ 群を考えるから，$n \geqq 2$ という条件がつく。

◀「+1」を忘れるな！

奇数で　$2\left\{\frac{1}{2}(n-1)n+1\right\}-1=\boldsymbol{n^2-n+1}$

これは $n=1$ のときも成り立つ。

(2) (1)より，第 n 群は初項 n^2-n+1，公差 2，項数 n の等差数列をなす。よって，その総和は

$$\frac{1}{2}n\{2\cdot(n^2-n+1)+(n-1)\cdot 2\}=\boldsymbol{n^3}$$

(3) 301 が第 n 群に含まれるとすると

$$n^2-n+1\leqq 301<(n+1)^2-(n+1)+1$$

よって　$n(n-1)\leqq 300<(n+1)n$ …… ①

$n(n-1)$ は単調に増加し，$17\cdot 16=272$，$18\cdot 17=306$ であるから，① を満たす自然数 n は

$$n=17$$

301 が第 17 群の m 番目であるとすると

$$(17^2-17+1)+(m-1)\cdot 2=301$$

これを解いて　$m=15$

したがって，301 は **第 17 群の 15 番目** に並ぶ数である。

別解 （前半）　$2k-1=301$ から　$k=151$

よって，301 はもとの数列において，151 番目の奇数である。301 が第 n 群に含まれるとすると

$$\frac{1}{2}n(n-1)<151\leqq\frac{1}{2}n(n+1)$$

ゆえに　$n(n-1)<302\leqq n(n+1)$

これを満たす自然数 n は，上の解答と同様にして

$$n=17$$

◀1 から始まる奇数の $\boldsymbol{k}$ 番目の奇数は $2\boldsymbol{k}-1$

◀$1^2-1+1=1$

◀$\frac{1}{2}n\{2a+(n-1)d\}$

◀**まず，301 が属する群を求める。** 右辺は第 $(n+1)$ 群の最初の数。

◀$n(n-1)$ が「単調に増加する」とは，n の値が大きくなると $n(n-1)$ の値も大きくなるということ。

◀$a+(m-1)d$

◀第 1 群から第 k 群までにある奇数の個数は $\frac{1}{2}k(k+1)$

検討

基本例題 29 の結果を利用して Σk^3 の公式を導く

基本例題 **29** において，第 n 群までのすべての奇数の和は，解答 (2) の結果を利用すると

$$1^3+2^3+3^3+\cdots\cdots+n^3=\sum_{k=1}^{n}k^3$$

一方，第 n 群の最後の奇数を，第 $(n+1)$ 群の最初の項を利用して求めると

$$\{(n+1)^2-(n+1)+1\}-2=n^2+n-1$$

また，もとの数列の第 n 群までの項の数は　$1+2+3+\cdots\cdots+n=\frac{1}{2}n(n+1)$

ゆえに，第 n 群までのすべての奇数の和は

$$\frac{1}{2}\cdot\frac{1}{2}n(n+1)\{1+(n^2+n-1)\}=\left\{\frac{1}{2}n(n+1)\right\}^2$$

したがって，$\sum_{k=1}^{n}k^3=\left\{\frac{1}{2}n(n+1)\right\}^2$ を導くことができる。

練習 ③ 29　第 n 群が n 個の数を含む群数列

1|2, 3|3, 4, 5|4, 5, 6, 7|5, 6, 7, 8, 9|6, …… について　〔類　東京薬大〕

(1) 第 n 群の総和を求めよ。

(2) 初めて 99 が現れるのは，第何群の何番目か。

(3) 最初の項から 1999 番目の項は，第何群の何番目か。また，その数を求めよ。

基本例題 30 群数列の応用

$\frac{1}{1}$, $\frac{2}{2}$, $\frac{3}{2}$, $\frac{4}{3}$, $\frac{5}{3}$, $\frac{6}{3}$, $\frac{7}{4}$, $\frac{8}{4}$, $\frac{9}{4}$, $\frac{10}{4}$, $\frac{11}{5}$, …… の分数の数列について，初項から第 210 項までの和を求めよ。

〔類 東北学院大〕 基本 29

指針 分母が変わるところで **区切り** を入れて，**群数列** として考える。

分母： 1 | 2, 2 | 3, 3, 3 | 4, 4, 4, 4 | 5, ……

1個　2個　3個　4個

第 n 群には，分母が n の分数が n 個あることがわかる。

分子： 1 | 2, 3 | 4, 5, 6 | 7, 8, 9, 10 | 11, ……

分子は，初項 1，公差 1 の等差数列である。すなわち，もとの数列の項数と分子は等しい。

まず，第 210 項は第何群の何番目の数であるかを調べる。

解答 分母が等しいものを群として，次のように区切って考える。

$$\frac{1}{1} \Big| \frac{2}{2}, \frac{3}{2} \Big| \frac{4}{3}, \frac{5}{3}, \frac{6}{3} \Big| \frac{7}{4}, \frac{8}{4}, \frac{9}{4}, \frac{10}{4} \Big| \frac{11}{5}, \cdots\cdots$$

第 1 群から第 n 群までの項数は

$$1+2+3+\cdots\cdots+n=\frac{1}{2}n(n+1)$$

第 210 項が第 n 群に含まれるとすると

$$\frac{1}{2}(n-1)n<210 \leqq \frac{1}{2}n(n+1)$$

よって　$(n-1)n<420 \leqq n(n+1)$ …… ①

$(n-1)n$ は単調に増加し，$19 \cdot 20=380$, $20 \cdot 21=420$ であるから，① を満たす自然数 n は　$n=20$

また，第 210 項は分母が 20 である分数のうちで最後の数である。ここで，第 n 群に含まれるすべての数の和は

$$\frac{\frac{1}{2}n\left[2 \cdot \left\{\frac{1}{2}n(n-1)+1\right\}+(n-1) \cdot 1\right]}{} \div n$$

$$=\frac{1}{2}n(n^2+1) \div n=\frac{n^2+1}{2}$$

ゆえに，求める和は

$$\sum_{k=1}^{20} \frac{k^2+1}{2}=\frac{1}{2}\left(\sum_{k=1}^{20} k^2+\sum_{k=1}^{20} 1\right)=\frac{1}{2}\left(\frac{20 \cdot 21 \cdot 41}{6}+20\right)$$

$$=\mathbf{1445}$$

◀もとの数列の第 k 項は分子が k である。また，第 k 群は分母が k で，k 個の数を含む。

◀これから，第 n 群の最後の数の分子は $\frac{1}{2}n(n+1)$

◀$\frac{1}{2} \cdot 20 \cdot 21=210$

◀＿＿は第 n 群の数の分子の和 ⟶ 等差数列の和 $\frac{1}{2}n\{2a+(n-1)d\}$

練習 ③ **30** 2 の累乗を分母とする既約分数を，次のように並べた数列

$\frac{1}{2}$, $\frac{1}{4}$, $\frac{3}{4}$, $\frac{1}{8}$, $\frac{3}{8}$, $\frac{5}{8}$, $\frac{7}{8}$, $\frac{1}{16}$, $\frac{3}{16}$, $\frac{5}{16}$, ……, $\frac{15}{16}$, $\frac{1}{32}$, ……

について，第 1 項から第 100 項までの和を求めよ。〔類 岩手大〕

p.56 EX18

重要例題 31 自然数の表と群数列 ④

自然数 1, 2, 3, …… を，右の図のように並べる。

(1) 左から m 番目，上から m 番目の位置にある自然数を m を用いて表せ。

(2) 150 は左から何番目，上から何番目の位置にあるか。　〔類 宮崎大〕

↗基本 29

1	2	5	10	17	…
4	3	6	11	18	…
9	8	7	12	…	…
16	15	14	13	…	…
…	…	…	…	…	…

指針 群数列　1|2, 3, 4|5, 6, 7, 8, 9|10, 11, ……　で考える。

(1) 左から m 番目，上から m 番目の数は，上の群数列で第 m 群の m 番目となる。

(2) 150 が第 m 群に含まれるとする。第 $(m-1)$ 群までの項数に注目して，まず 150 が第何群の何番目の項であるかを調べる。

1	2	5	10	…
4	3	6	11	…
9	8	7	12	…
16	15	14	13	…
…	…	…	…	…

解答

並べられた自然数を，次のように群に分けて考える。

1|2, 3, 4|5, 6, 7, 8, 9|10, 11, ……　…… ①

(1) ① の第 1 群から第 m 群までの項数は

$$1+3+5+\cdots\cdots+(2m-1)$$
$$=\frac{1}{2}\cdot m\{1+(2m-1)\}=m^2$$

左から m 番目，上から m 番目は，① の第 m 群の m 番目の位置にあるから

$$(m-1)^2+m=\boldsymbol{m^2-m+1}$$

(2) 150 が第 m 群に含まれるとすると

$$(m-1)^2<150\leqq m^2$$

$12^2<150<13^2$ から，この不等式を満たす自然数 m は　$m=13$

第 12 群までの項数は $12^2=144$ であるから，150 は第 13 群の $150-144=6$ (番目) である。

また，第 13 群の中央の数は 13 番目の項で　$6<13$

よって，150 は **左から 13 番目，上から 6 番目** の位置にある。

検討

(1) m 行 m 列の正方形を考えると，図のようになる。

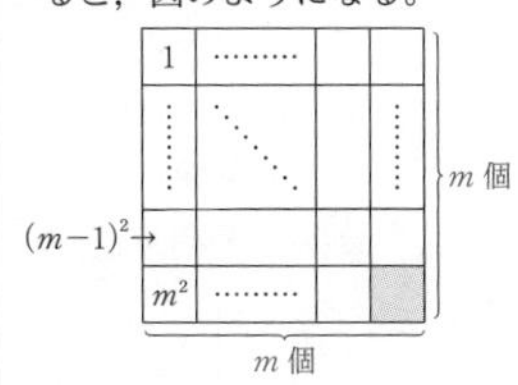

■ には $(m-1)^2+m$ $=\boldsymbol{m^2-m+1}$ が入る。

(2) $12^2<150<13^2$ であるから，上の図で $m=13$ の場合を考える。なお，例えば，165 は同じ第 13 群の 21 番目であるが，$13<21$ より，左から $13^2-165+1=5$ (番目)，上から 13 番目である。

練習 ④ 31 自然数 1, 2, 3, …… を，右の図のように並べる。

(1) 左から m 番目，上から 1 番目の位置にある自然数を m を用いて表せ。

(2) 150 は左から何番目，上から何番目の位置にあるか。　〔類 中央大〕

p.56 EX 19, 20↘

1	2	4	7	…
3	5	8	…	…
6	9	…	…	…
10	…	…	…	…
…	…	…	…	…

重要例題 32 格子点の個数

xy 平面において，次の連立不等式の表す領域に含まれる **格子点**（x 座標，y 座標がともに整数である点）の個数を求めよ。ただし，n は自然数とする。

(1) $x\geqq 0,\ y\geqq 0,\ x+2y\leqq 2n$　　(2) $x\geqq 0,\ y\leqq n^2,\ y\geqq x^2$　基本 20，21

指針 「不等式の表す領域」は数学Ⅱの第 3 章を参照。

n に具体的な数を代入してグラフをかき，見通しを立ててみよう。

(1) $n=1$ のとき　　$n=2$ のとき　　$n=3$ のとき

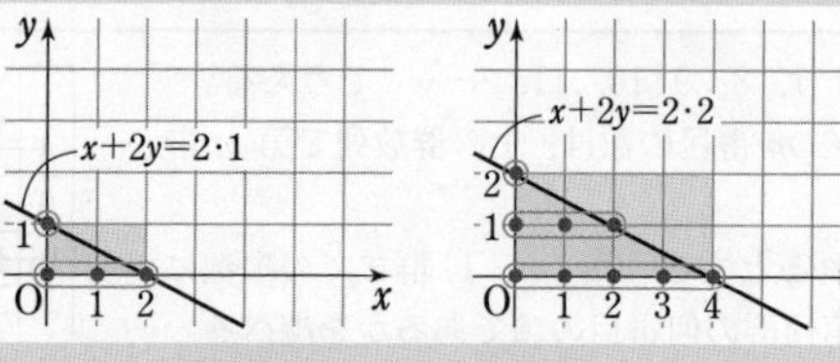

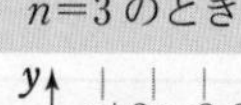

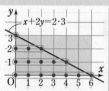

$n=1$ のとき　$1+3=4$,

$n=2$ のとき　$1+3+5=9$,

$n=3$ のとき　$1+3+5+7=16$

一般 (n) の場合については，境界の直線の方程式 $x+2y=2n$ から　$x=2n-2y$

よって，直線 $y=k$ $(k=n,\ n-1,\ \cdots\cdots,\ 0)$ 上には $(2n-2k+1)$ 個の格子点が並ぶから，$(2n-2k+1)$ において，$k=0,\ 1,\ \cdots\cdots,\ n$ とおいたものの総和が求める個数となる。

(2) $n=1$ のとき　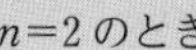$n=2$ のとき　$n=3$ のとき

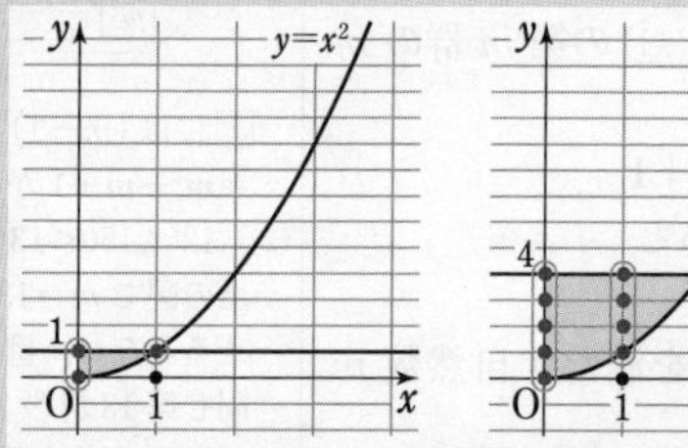

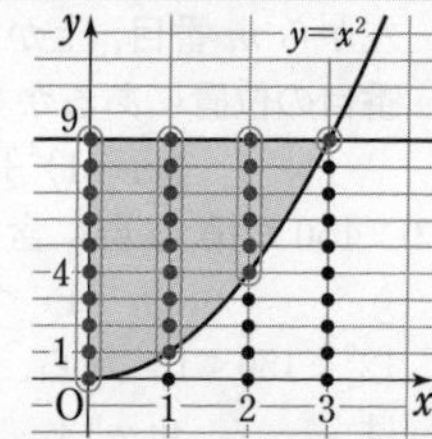

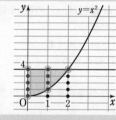

$n=1$ のとき　$(1-0+1)+(1-1+1)=3$,

$n=2$ のとき　$(4-0+1)+(4-1+1)+(4-4+1)=10$,

$n=3$ のとき　$(9-0+1)+(9-1+1)+(9-4+1)+(9-9+1)=26$

一般 (n) の場合については，直線 $x=k$ $(k=0,\ 1,\ 2,\ \cdots\cdots,\ n-1,\ n)$ 上には (n^2-k^2+1) 個の格子点が並ぶから，(n^2-k^2+1) において，$k=0,\ 1,\ \cdots\cdots,\ n$ とおいたものの総和が求める個数となる。

また，次のような，図形の対称性などを利用した 別解 も考えられる。

(1) の 別解　三角形上の格子点の個数を長方形上の個数の半分とみる。
このとき，対角線上の格子点の個数を考慮する。

(2) の 別解　長方形上の格子点の個数から，領域外の個数を引いたものと考える。

以上から，本問の格子点の個数は，次のことがポイントとなる。

1　直線 $x=k$ または $y=k$ 上の格子点の個数を k で表し，加える。

2　図形の特徴（対称性など）を利用する。

解答

(1) 領域は，右図のように，x 軸，y 軸，直線 $y=-\dfrac{1}{2}x+n$ で囲まれた三角形の周および内部である。

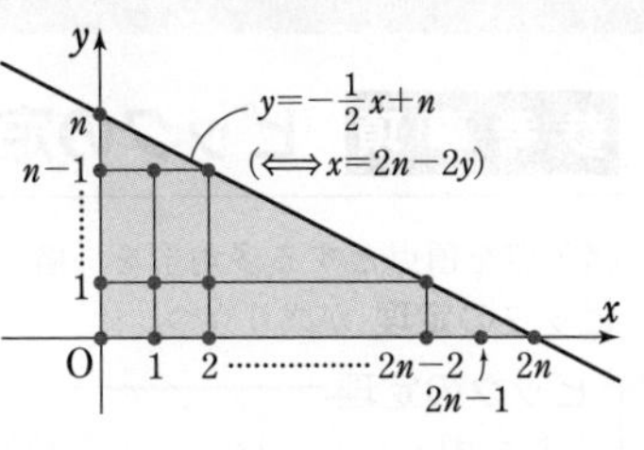

直線 $y=k$ $(k=n,\ n-1,\ \cdots\cdots,\ 0)$ 上には，$(2n-2k+1)$ 個の格子点が並ぶ。

よって，格子点の総数は

$$\sum_{k=0}^{n}(2n-2k+1)=(2n-2\cdot0+1)+\sum_{k=1}^{n}(-2k+2n+1)$$
$$=2n+1-2\cdot\frac{1}{2}n(n+1)+(2n+1)n$$
$$=n^2+2n+1$$
$$=\boldsymbol{(n+1)^2}\ \textbf{(個)}$$

◀$k=0$ の値を別扱いにしたが，
$-2\sum_{k=0}^{n}k+(2n+1)\sum_{k=0}^{n}1$
$=-2\cdot\frac{1}{2}n(n+1)$
$\quad+(2n+1)(n+1)$
でもよい。

別解　線分 $x+2y=2n$ $(0\leqq y\leqq n)$ 上の格子点 $(0,\ n)$，$(2,\ n-1)$，$\cdots\cdots$，$(2n,\ 0)$ の個数は　$n+1$

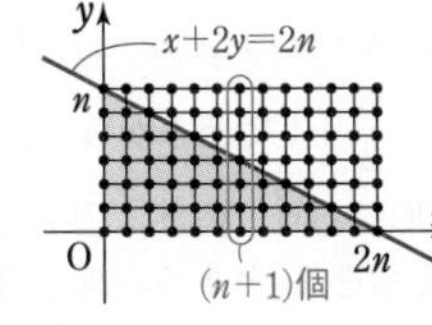

4 点 $(0,\ 0)$，$(2n,\ 0)$，$(2n,\ n)$，$(0,\ n)$ を頂点とする長方形の周および内部にある格子点の個数は

$$(2n+1)(n+1)$$

ゆえに，求める格子点の個数を N とすると

$$2N-(n+1)=(2n+1)(n+1)$$

よって　$N=\dfrac{1}{2}\{(2n+1)(n+1)+(n+1)\}$

$$=\frac{1}{2}(n+1)(2n+2)=\boldsymbol{(n+1)^2}\ \textbf{(個)}$$

◀2 の方針
長方形は，対角線で 2 つの合同な三角形に分けられる。
よって
(求める格子点の数)×2
−(対角線上の格子点の数)
=(長方形の周および内部にある格子点の数)

(2) 領域は，右図のように，y 軸，直線 $y=n^2$，放物線 $y=x^2$ で囲まれた部分である(境界線を含む)。

直線 $x=k$ $(k=0,\ 1,\ 2,\ \cdots\cdots,\ n)$ 上には，(n^2-k^2+1) 個の格子点が並ぶ。

よって，格子点の総数は

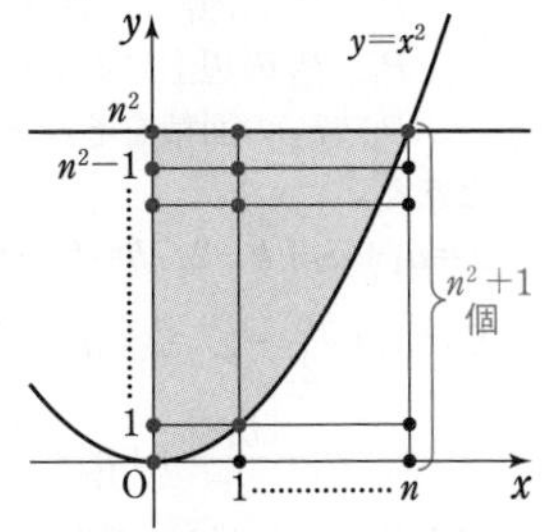

$$\sum_{k=0}^{n}(n^2-k^2+1)=(n^2-0^2+1)+\sum_{k=1}^{n}(n^2+1-k^2)$$
$$=(n^2+1)+(n^2+1)\sum_{k=1}^{n}1-\sum_{k=1}^{n}k^2$$
$$=(n^2+1)+(n^2+1)n-\frac{1}{6}n(n+1)(2n+1)$$
$$=\boldsymbol{\frac{1}{6}(n+1)(4n^2-n+6)}\ \textbf{(個)}$$

別解　長方形の周および内部にある格子点の個数 $(n^2+1)(n+1)$ から，領域外の個数 $\sum_{k=1}^{n}k^2$ を引く。

練習
④ **32**　xy 平面において，次の連立不等式の表す領域に含まれる格子点の個数を求めよ。ただし，n は自然数とする。

(1)　$x\geqq0,\ y\geqq0,\ x+3y\leqq3n$　　　　(2)　$0\leqq x\leqq n,\ y\geqq x^2,\ y\leqq 2x^2$

p.56 EX 21

参考事項　ピックの定理

格子点を頂点とする多角形を「格子多角形」と呼ぶことにすると，格子多角形 P に対し，次の **ピックの定理** が成り立つ。

ピックの定理

P の内部にある格子点の個数を a，P の辺上にある格子点の個数を b，P の面積を S とすると　　$S=a+\dfrac{b}{2}-1$

証明ではないが，ピックの定理が成り立つ概要について説明しよう。

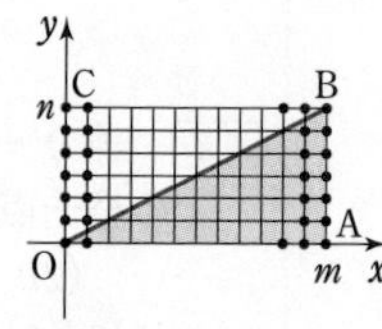

[1]　m，n を自然数として，$\mathrm{O}(0,\ 0)$，$\mathrm{A}(m,\ 0)$，$\mathrm{B}(m,\ n)$，$\mathrm{C}(0,\ n)$ とするとき，長方形 OABC は格子多角形であり，定理における a，b，S に対して　　$S=mn$，$a+b=(m+1)(n+1)$，$b=2m+2n$

$a+b=mn+m+n+1=S+\dfrac{b}{2}+1$ であるから　$S=a+\dfrac{b}{2}-1$ ……①

また，$\triangle$OAB も格子多角形であり，内部，辺上にある格子点の個数をそれぞれ a_1，b_1 とし，面積を S_1 とする。線分 OB 上の格子点の個数を k とすると　　$a=2a_1+k-2$，$b=2(b_1-k)+2$，$S=2S_1$

これらを①に代入すると　　$2S_1=2a_1+k-2+b_1-k+1-1$

よって，$S_1=a_1+\dfrac{b_1}{2}-1$ となり，$\triangle$OAB についてもピックの定理が成り立つ。

上で示した $\triangle$OAB は直角三角形であるが，直角三角形以外の三角形でもピックの定理は成り立つ。

[2]　一般に，格子多角形 P を線分 XY（X，Y は P の頂点）によって 2 つの格子多角形 P_1，P_2 に分割し，

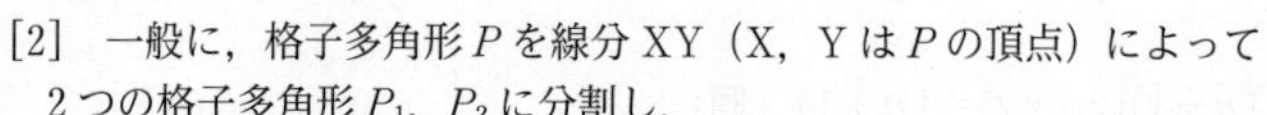

P_1，P_2 の内部にある格子点の個数をそれぞれ a_1，a_2；
P_1，P_2 の辺上にある格子点の個数をそれぞれ b_1，b_2；
P_1，P_2 の面積をそれぞれ S_1，S_2；線分 XY 上の格子点の個数を k とする。

$a=a_1+a_2+k-2$，$b=b_1+b_2-2k+2$，$S=S_1+S_2$ となるから，

$S_1=a_1+\dfrac{b_1}{2}-1$，$S_2=a_2+\dfrac{b_2}{2}-1$ が成り立つと仮定すると

$$S=a_1+\frac{b_1}{2}-1+a_2+\frac{b_2}{2}-1=a_1+a_2+\frac{b_1+b_2}{2}-2=a-k+2+\frac{b}{2}+k-1-2=a+\frac{b}{2}-1$$

格子多角形 P に対し，分割を繰り返し行い，分割された図形がすべて三角形となれば，[1]，[2] から，$S=a+\dfrac{b}{2}-1$ が成り立つ。

ピックの定理を利用すると，格子点を頂点にもつ多角形の面積が，効率よく求められることもある。例えば，

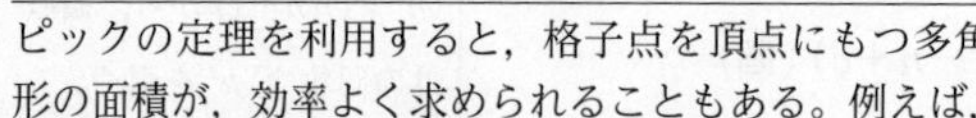

〔図 1〕の図形の面積は　　$14+\dfrac{8}{2}-1=17$

〔図 2〕の図形の面積は　　$8+\dfrac{14}{2}-1=14$

のように求められる。

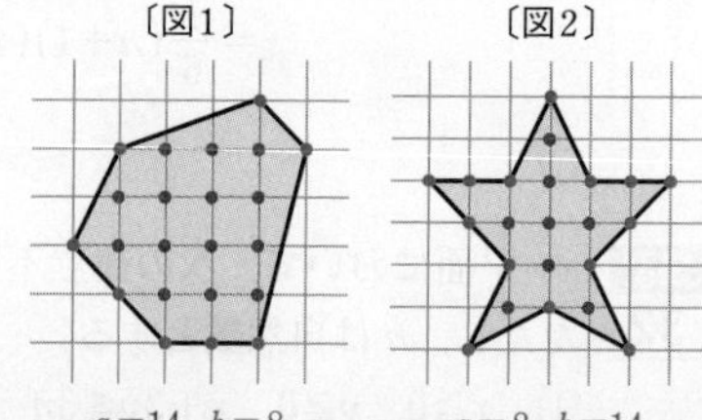

$a=14$，$b=8$　　　$a=8$，$b=14$

EXERCISES

③**12** 次の和を求めよ。 〔(1) 学習院大〕

(1) $\sum_{k=2n}^{3n}(3k^2+5k-1)$　(2) $\sum_{k=1}^{n}\left(\sum_{i=1}^{k}2\right)$　(3) $\sum_{k=1}^{n}\left(\sum_{i=1}^{k}3\cdot2^{i-1}\right)$ →19, 20

④**13** n が2以上の自然数のとき，1, 2, 3, ……, n の中から異なる2個の自然数を取り出して作った積すべての和 S を求めよ。 〔宮城教育大〕 →20

③**14** 3つの数列 $\{x_n\}$，$\{y_n\}$，$\{z_n\}$ は，次の4つの条件を満たすとする。

(a) $x_1=a$，$x_2=b$，$x_3=c$，$x_4=4$，$y_1=c$，$y_2=a$，$y_3=b$
(b) $\{y_n\}$ は数列 $\{x_n\}$ の階差数列である。
(c) $\{z_n\}$ は数列 $\{y_n\}$ の階差数列である。
(d) $\{z_n\}$ は等差数列である。

このとき，数列 $\{x_n\}$，$\{y_n\}$，$\{z_n\}$ の一般項を求めよ。 〔信州大〕 →23

③**15** 数列 a_1，a_2，a_3，……，a_n，…… の初項から第 n 項までの和を S_n とする。$S_n=-n^3+15n^2-56n+1$ であるとき，次の問いに答えよ。

(1) a_2 の値を求めよ。　(2) a_n $(n=2, 3, \cdots\cdots)$ を n の式で表せ。
(3) S_n の最大値を求めよ。 〔防衛大〕

→24

③**16** 次の数列の初項から第 n 項までの和を求めよ。

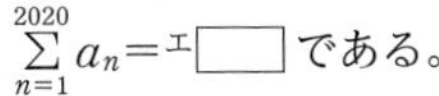

$$3,\ \frac{5}{1^3+2^3},\ \frac{7}{1^3+2^3+3^3},\ \frac{9}{1^3+2^3+3^3+4^3},\ \cdots\cdots$$

〔東京農工大〕 →25

④**17** 自然数 n に対して $m\leqq\log_2 n<m+1$ を満たす整数 m を a_n で表すことにする。このとき，$a_{2020}=$ ア□ である。また，自然数 k に対して $a_n=k$ を満たす n は全部で イ□ 個あり，そのような n のうちで最大のものは $n=$ ウ□ である。更に，$\sum_{n=1}^{2020}a_n=$ エ□ である。 〔類 慶応大〕 →27

HINT

12 (2), (3) まず，(　) の中から計算する。
13 $(a_1+a_2+a_3+\cdots+a_n)^2=a_1^2+a_2^2+a_3^2+\cdots+a_n^2+2(a_1a_2+a_1a_3+\cdots+a_{n-1}a_n)$ が成り立つことを利用。
14 まず，条件 (a), (b) から，a，b，c を決定する。
15 (2) $n\geqq2$ のとき　$a_n=S_n-S_{n-1}$
(3) $a_n>0$，$a_n=0$，$a_n<0$ となる場合をそれぞれ調べる。
16 第 k 項を求める。和を求める際には，部分分数に分解して途中を消す。
17 (ア) $2^{10}=1024$，$2^{11}=2048$ を利用する。

EXERCISES

③18 数列1, 1, 3, 1, 3, 5, 1, 3, 5, 7, 1, 3, 5, 7, 9, 1, …… について，次の問いに答えよ。ただし，k, m, n は自然数とする。〔名古屋市大〕

(1) $(k+1)$ 回目に現れる1は第何項か。

(2) m 回目に現れる17は第何項か。

(3) 初項から $(k+1)$ 回目の1までの項の和を求めよ。

(4) 初項から第 n 項までの和を S_n とするとき，$S_n>1300$ となる最小の n を求めよ。

→29, 30

③19 座標平面上の x 座標と y 座標がともに正の整数である点 $(x,\ y)$ 全体の集合を D とする。D に属する点 $(x,\ y)$ に対して $x+y$ が小さいものから順に，また $x+y$ が等しい点の中では x が小さい順に番号を付け，n 番目 $(n=1,\ 2,\ 3,\ \cdots)$ の点を P_n とする。例えば，点 P_1, P_2, P_3 の座標は順に $(1,\ 1)$, $(1,\ 2)$, $(2,\ 1)$ である。

(1) 座標が $(2,\ 4)$ である点は何番目か。また，点 P_{10} の座標を求めよ。

(2) 座標が $(n,\ n)$ である点の番号を a_n とする。数列 $\{a_n\}$ の一般項を求めよ。

(3) (2) で求めた数列 $\{a_n\}$ に対し，$\displaystyle\sum_{k=1}^{n} a_k$ を求めよ。〔岡山大〕 →31

③20 3または4の倍数である自然数を小さい順に並べた数列を $\{a_i\}$ とする。自然数 n に対して，$\displaystyle\sum_{i=1}^{6n} a_i$ を n で表せ。〔福島県医大〕 →31

⑤21 n は自然数とする。3本の直線 $3x+2y=6n$, $x=0$, $y=0$ で囲まれる三角形の周上および内部にあり，x 座標と y 座標がともに整数である点は全部でいくつあるか。

→32

④22 異なる n 個のものから r 個を取る組合せの総数を ${}_n\mathrm{C}_r$ で表す。

(1) 2以上の自然数 k について，${}_{k+3}\mathrm{C}_4={}_{k+4}\mathrm{C}_5-{}_{k+3}\mathrm{C}_5$ が成り立つことを証明せよ。

(2) 和 $\displaystyle\sum_{k=1}^{n} {}_{k+3}\mathrm{C}_4$ を求めよ。

(3) 和 $\displaystyle\sum_{k=1}^{n} (k^4+6k^3)$ を求めよ。〔静岡大〕

HINT

18 1|1, 3|1, 3, 5|1, …… のように群に分ける。

19 まず，図をかいて，点 P_1, P_2, P_3, …… の規則性をつかむ。
→ 線分 $x+y=i+1$ (i は自然数，$x\geqq0$, $y\geqq0$) 上の x 座標，y 座標がともに正の整数である点に注目。

20 自然数の列を $12k-11$, $12k-10$, ……, $12k$ $(k=1,\ 2,\ \cdots\cdots)$ のように12個ずつに区切る。

21 直線 $x=k$ 上の格子点を考える。k が偶数，奇数で場合分けする。

22 (3) ${}_{k+3}\mathrm{C}_4=\dfrac{1}{4!}(k+3)(k+2)(k+1)k=\dfrac{1}{24}(k^4+6k^3+11k^2+6k)$ を利用する。

まとめ　漸化式 MAP

次の **4** 漸化式と数列，**5** 種々の漸化式 で学習する漸化式パターンの関係を図に表した。学習を進める地図として活用してほしい。

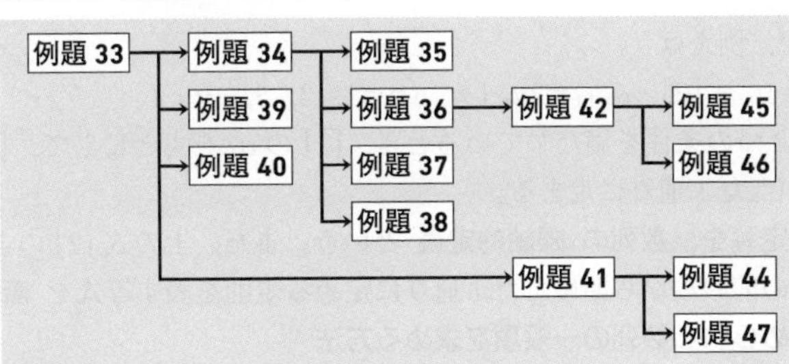

1　隣接 2 項間の漸化式

① 等差数列　$a_{n+1}-a_n=d$　例題 33

② 等比数列　$a_{n+1}=ra_n$　例題 33

③ 階差数列　$a_{n+1}=a_n+f(n)$　例題 33

④ $a_{n+1}=pa_n+q$

(i) $a_{n+1}=pa_n+q$　例題 34

(ii) $a_{n+1}=pa_n+f(n)$　例題 35　⟵ 1 ③ を利用

(iii) $a_{n+1}=pa_n+q^n$　例題 36　⟵ 1 ④ (i) を利用

(iv) $a_{n+1}=\dfrac{a_n}{pa_n+q}$　例題 37　⟵ 1 ④ (i) を利用

(v) $a_{n+1}=pa_n{}^q$　例題 38　⟵ 1 ④ (i) を利用

⑤ その他

(i) $a_{n+1}=f(n)a_n+q$　例題 39　⟵ 1 ③ を利用

(ii) $a_n=f(n)a_{n-1}$　例題 40

2　隣接 3 項間の漸化式　$pa_{n+2}+qa_{n+1}+ra_n=0$

① 特性方程式の解 α，β が $\alpha\neq\beta$ となる場合　例題 41　⟵ 1 ②，③ を利用

② 特性方程式の解 α，β が $\alpha=\beta$ となる場合　例題 42　⟵ 1 ①，④ (iii) を利用

3　連立漸化式　$\begin{cases} a_{n+1}=pa_n+qb_n \\ b_{n+1}=ra_n+sb_n \end{cases}$

$a_{n+1}+\alpha b_{n+1}=\beta(a_n+\alpha b_n)$ を満たす α，β について

① α，β の組が 2 組ある場合　例題 44　⟵ 2 ① を利用

② α，β の組が 1 組だけの場合　例題 45　⟵ 2 ② を利用

4　分数形の漸化式　$a_{n+1}=\dfrac{ra_n+s}{pa_n+q}$

① 特性方程式の解 α，β が $\alpha\neq\beta$ となる場合　例題 47　⟵ 1 ② を利用

② 特性方程式の解 α，β が $\alpha=\beta$ となる場合　例題 46　⟵ 1 ① を利用

4 漸化式と数列

基本事項

1 漸化式

数列 $\{a_n\}$ が，例えば

[1]　$a_1=1$　　[2]　$a_{n+1}=2a_n+n$　$(n=1,\ 2,\ 3,\ \cdots\cdots)$

のように，2つの条件を満たしているとき，[1] の a_1 をもとにして，[2] から a_2，a_3，a_4，…… がただ1通りに定まる。

このような定義を，数列の **帰納的定義** という。また，上の式 [2] のように，数列の各項を，その前の項から順にただ1通りに定める規則を表す等式を **漸化式** という。

2 漸化式で定められる数列の一般項を求める方法

① **等差数列**　$\boldsymbol{a_{n+1}=a_n+d}$　（公差 d）$\longrightarrow$ $\boldsymbol{a_n=a_1+(n-1)d}$

② **等比数列**　$\boldsymbol{a_{n+1}=ra_n}$　（公比 r）$\longrightarrow$ $\boldsymbol{a_n=a_1r^{n-1}}$

③ **階差数列**　$\boldsymbol{a_{n+1}=a_n+f(n)}$（$f(n)$ は階差数列の一般項）

$$\longrightarrow\ \boldsymbol{a_n=a_1+\sum_{k=1}^{n-1}f(k)\ \ (n\geqq 2)}$$

④ $\boldsymbol{a_{n+1}=pa_n+q}$ **の変形**（p，q は定数，$p\neq 1$，$q\neq 0$）

$\alpha=p\alpha+q$ とすると，辺々引いて　　$\boldsymbol{a_{n+1}-\alpha=p(a_n-\alpha)}$

解　説

■漸化式

漸化式 $a_1=1$，$a_{n+1}=2a_n+n$ $(n=1,\ 2,\ 3,\ \cdots\cdots)$ が与えられているとき，$a_2=2a_1+1=3$，$a_3=2a_2+2=8$，$a_4=2a_3+3=19$，…… のように，数列 $\{a_n\}$ の各項が順次ただ1通りに定められる。

注意　特に断りがなければ，漸化式は $n=1,\ 2,\ 3,\ \cdots\cdots$ で成り立つものとする。

■漸化式で定められる数列の一般項を求める方法

上の 2 ① 等差数列，② 等比数列については，それぞれ $p.10$，23 で学んだ事項である。

③　$a_{n+1}-a_n=f(n)$ であるから，$f(n)=b_n$ とすると，数列 $\{b_n\}$ は数列 $\{a_n\}$ の階差数列で

◀$f(n)$ は n の式。

$$n\geqq 2 \text{ のとき}\qquad a_n=a_1+\sum_{k=1}^{n-1}b_k$$

◀$p.35$ 基本事項 3

④　$a_{n+1}=pa_n+q$ …… Ⓐ とする。

$\alpha=p\alpha+q$ …… Ⓑ を満たす定数 α に対し，Ⓐ−Ⓑ から

$$a_{n+1}-\alpha=p(a_n-\alpha)$$

◀
$$\begin{array}{rl} & a_{n+1}=pa_n+q \\ -) & \quad\ \alpha=p\alpha+q \\ \hline & a_{n+1}-\alpha=p(a_n-\alpha) \end{array}$$

よって，数列 $\{a_n-\alpha\}$ は，初項が $a_1-\alpha$，公比が p の等比数列であるから

$$a_n-\alpha=(a_1-\alpha)p^{n-1}$$

ゆえに　　$a_n=(a_1-\alpha)p^{n-1}+\alpha$

ここで，Ⓑ は $a_{n+1}=pa_n+q$ の a_{n+1}，a_n の代わりに α とおいた方程式であり，これを本書では **特性方程式** と呼ぶことにする。

基本例題 33 等差数列，等比数列，階差数列と漸化式

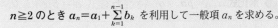

次の条件によって定められる数列 $\{a_n\}$ の一般項を求めよ。

(1) $a_1=-3,\ a_{n+1}=a_n+4$　　(2) $a_1=4,\ 2a_{n+1}+3a_n=0$

(3) $a_1=1,\ a_{n+1}=a_n+2^n-3n+1$　〔(3) 類 工学院大〕

p.58 基本事項 2

指針 漸化式を変形して，数列 $\{a_n\}$ がどのような数列かを考える。

(1) $\boldsymbol{a_{n+1}=a_n+d}$ (a_n の係数が 1 で，d は n に無関係) ⟶ 公差 d の **等差数列**

(2) $\boldsymbol{a_{n+1}=ra_n}$　(定数項がなく，r は n に無関係) ⟶ 公比 r の **等比数列**

(3) $\boldsymbol{a_{n+1}=a_n+f(n)}$ (a_n の係数が 1 で，$f(n)$ は n の式)

⟶ $f(n)=b_n$ とすると，数列 $\{b_n\}$ は $\{a_n\}$ の **階差数列** であるから，公式

$\boldsymbol{n\geqq 2}$ **のとき** $\boldsymbol{a_n=a_1+\sum_{k=1}^{n-1}b_k}$ を利用して一般項 a_n を求める。

解答

(1) $a_{n+1}-a_n=4$ より，数列 $\{a_n\}$ は初項 $a_1=-3$，公差 4 の等差数列であるから

$$\boldsymbol{a_n=-3+(n-1)\cdot 4=4n-7}$$

◀ $a_n=a+(n-1)d$

(2) $a_{n+1}=-\dfrac{3}{2}a_n$ より，数列 $\{a_n\}$ は初項 $a_1=4$，公比 $-\dfrac{3}{2}$ の等比数列であるから　$\boldsymbol{a_n=4\cdot\left(-\dfrac{3}{2}\right)^{n-1}}$

◀ $a_n=ar^{n-1}$

(3) $a_{n+1}-a_n=2^n-3n+1$ より，数列 $\{a_n\}$ の階差数列の第 n 項は 2^n-3n+1 であるから，$n\geqq 2$ のとき

◀ 階差数列の一般項がすぐわかる。

$$\begin{aligned}a_n&=a_1+\sum_{k=1}^{n-1}(2^k-3k+1)\\&=1+\sum_{k=1}^{n-1}2^k-3\sum_{k=1}^{n-1}k+\sum_{k=1}^{n-1}1\\&=1+\frac{2(2^{n-1}-1)}{2-1}-3\cdot\frac{1}{2}(n-1)n+(n-1)\\&=2^n-\frac{3}{2}n^2+\frac{5}{2}n-2 \quad\cdots\cdots ①\end{aligned}$$

◀ $a_n=a_1+\sum_{k=1}^{n-1}b_k$

◀ $\sum_{k=1}^{n-1}2^k$ は初項 2，公比 2，項数 $n-1$ の等比数列の和。

$n=1$ のとき　$2^1-\dfrac{3}{2}\cdot 1^2+\dfrac{5}{2}\cdot 1-2=1$

$a_1=1$ であるから，① は $n=1$ のときも成り立つ。

① 初項は特別扱い

したがって　$\boldsymbol{a_n=2^n-\dfrac{3}{2}n^2+\dfrac{5}{2}n-2}$

注意 $a_{n+1}=a_n+f(n)$ 型の漸化式において，$f(n)$ が定数の場合，数列 $\{a_n\}$ は等差数列となる。

練習 ① 33 次の条件によって定められる数列 $\{a_n\}$ の一般項を求めよ。

(1) $a_1=2,\ a_{n+1}-a_n+\dfrac{1}{2}=0$　　(2) $a_1=-1,\ a_{n+1}+a_n=0$

(3) $a_1=3,\ 2a_{n+1}-2a_n=4n^2+2n-1$

基本例題 34 $a_{n+1}=pa_n+q$ 型の漸化式

次の条件によって定められる数列 $\{a_n\}$ の一般項を求めよ。

$$a_1=6,\ a_{n+1}=4a_n-3$$

p.58 基本事項 2　重要 38，基本 48，51

指針 $a_{n+1}=pa_n+q$ $(p\neq1,\ q\neq0)$ の形の漸化式から一般項を求めるには，$p.58$ 基本事項の解説 ④ で紹介した，**特性方程式を利用** する方法が有効である。
本問では，$\alpha=4\alpha-3$ を満たす α に対して，次のように変形する。　$a_{n+1}-\alpha=4(a_n-\alpha)$ ⟵ 等比数列の形。

$$\begin{array}{rr} & a_{n+1}=4a_n-3 \\ -) & \alpha=4\alpha-3 \\ \hline & a_{n+1}-\alpha=4(a_n-\alpha) \end{array}$$

CHART 漸化式 $a_{n+1}=pa_n+q$　**特性方程式 $\alpha=p\alpha+q$ の利用**

解答

$a_{n+1}=4a_n-3$ を変形すると

$$a_{n+1}-1=4(a_n-1)$$

$a_n-1=b_n$ とおくと

$$b_{n+1}=4b_n,\ b_1=a_1-1=6-1=5$$

よって，数列 $\{b_n\}$ は初項 5，公比 4 の等比数列であるから　$b_n=5\cdot4^{n-1}$

ゆえに　$\boldsymbol{a_n=b_n+1=5\cdot4^{n-1}+1}$

◀ $\alpha=4\alpha-3$ の解は　$\alpha=1$
なお，この **特性方程式** を解く過程は，解答に書かなくてよい。

◀慣れてきたら，$a_n-\alpha$ のまま考える。

別解　$a_{n+1}=4a_n-3$ …… ① で n の代わりに $n+1$ とおくと　$a_{n+2}=4a_{n+1}-3$ …… ②

②−① から　$a_{n+2}-a_{n+1}=4(a_{n+1}-a_n)$

数列 $\{a_n\}$ の階差数列を $\{b_n\}$ とすると

$$b_{n+1}=4b_n,\ b_1=a_2-a_1=(4\cdot6-3)-6=15$$

よって，数列 $\{b_n\}$ は初項 15，公比 4 の等比数列であるから　$b_n=15\cdot4^{n-1}$ …… $(*)$

ゆえに，$n\geqq2$ のとき

$$a_n=a_1+\sum_{k=1}^{n-1}15\cdot4^{k-1}=6+\frac{15(4^{n-1}-1)}{4-1}$$
$$=5\cdot4^{n-1}+1 \quad \cdots\cdots ③$$

$n=1$ のとき　$5\cdot4^0+1=6$

$a_1=6$ であるから，③ は $n=1$ のときも成り立つ。

したがって　$\boldsymbol{a_n=5\cdot4^{n-1}+1}$

◀定数部分（「-3」）を消去。

◀ $a_2=4a_1-3$

◀ $n\geqq2$ のとき
$a_n=a_1+\sum_{k=1}^{n-1}b_k$

◀ 初項は特別扱い

参考 $(*)$ で数列 $\{b_n\}$ の一般項を求めた後は，次のようにすると Σ の計算をしなくてすむ。
$(*)$ から　$a_{n+1}-a_n=15\cdot4^{n-1}$　　① を代入すると　$(4a_n-3)-a_n=15\cdot4^{n-1}$
したがって　$\boldsymbol{a_n=5\cdot4^{n-1}+1}$

練習 ② **34** 次の条件によって定められる数列 $\{a_n\}$ の一般項を求めよ。
(1) $a_1=2,\ a_{n+1}=3a_n-2$　〔名古屋市大〕　(2) $a_1=3,\ 2a_{n+1}-a_n+2=0$

p.92 EX 23

漸化式から一般項を求める基本方針

ここまで，1　$\boldsymbol{a_{n+1}=a_n+d}$（等差数列），2　$\boldsymbol{a_{n+1}=ra_n}$（等比数列），
3　$\boldsymbol{a_{n+1}=a_n+f(n)}$［$\boldsymbol{f(n)}$ が階差数列］の 3 つのタイプを扱ってきた。
漸化式から一般項を求める問題では，上の 3 つのタイプに帰着させることが基本となる。

● なぜ，特性方程式 $\alpha=p\alpha+q$ を利用するの？

$a_{n+1}=pa_n+q$ $(p\neq1,\ q\neq0)$ の形は上の 1 ～ 3 のどのタイプにも当てはまらない。
そこで，a_n から一定の数 α を引いた数列 $\{b_n\}$ すなわち $b_n=a_n-\alpha$ について考えてみる。このとき，$a_n=b_n+\alpha$，$a_{n+1}=b_{n+1}+\alpha$ であるから

$$b_{n+1}+\alpha=pb_n+p\alpha+q$$

↑ 等しければ消去できる

ここで，$\boldsymbol{\alpha=p\alpha+q}$（特性方程式）であれば，$b_{n+1}=pb_n$ となり，上の **等比数列** のタイプに帰着できる。

本問において，$\alpha=4\alpha-3$ を満たす α は $\alpha=1$ である。
$a_{n+1}=4a_n-3$ …… ㋐，$1=4\times1-3$ …… ㋑ として，
㋐－㋑ を計算すると　$a_{n+1}-1=4(a_n-1)$
$a_n-1=b_n$ とおくと，$b_{n+1}=4b_n$（**等比数列**）となる。

$$\begin{array}{rl} & a_{n+1}=4a_n-3 \\ -) & \quad 1=4\times1-3 \\ \hline & a_{n+1}-1=4(a_n-1) \end{array}$$

● 階差数列を利用する

$a_{n+1}=pa_n+q$ …… Ⓐ で n の代わりに $n+1$ とおくと
$a_{n+2}=pa_{n+1}+q$ …… Ⓑ
Ⓑ－Ⓐ から　$a_{n+2}-a_{n+1}=p(a_{n+1}-a_n)$　◀q を消去。
このようにして，**階差数列 $\{\boldsymbol{a_{n+1}-a_n}\}$ が等比数列になる** ことを利用してもよい。

> 漸化式から一般項を求める基本方針
>
> **既習の数列の形に変形** ｛ ① **等差数列，等比数列の形に**　② **階差数列の利用**

参考　**一般項を予想して証明** する方法もある。

$a_1=6$，$a_2=4a_1-3=4\cdot6-3$，
$a_3=4a_2-3=4(4\cdot6-3)-3=4^2\cdot6-3(1+4)$，
$a_4=4a_3-3=4\{4^2\cdot6-3(1+4)\}-3=4^3\cdot6-3(1+4+4^2)$

◀**初めのいくつかの項を調べる。** ここでは，左のような形で表すと見通しが立てやすい。

これらから，一般項 a_n $(n\geqq2)$ は次のように予想される。

$$a_n=4^{n-1}\cdot6-3(1+4+\cdots\cdots+4^{n-2})=4^{n-1}\cdot6-3\cdot\frac{4^{n-1}-1}{4-1}=5\cdot4^{n-1}+1 \quad\cdots\cdots ㋐$$

このとき　$a_1=5\cdot4^{1-1}+1=5+1=6$
$a_{n+1}-(4a_n-3)=5\cdot4^n+1-\{4(5\cdot4^{n-1}+1)-3\}=0$　すなわち　$a_{n+1}=4a_n-3$
よって，㋐ は条件を満たすから　$\boldsymbol{a_n=5\cdot4^{n-1}+1}$

注意　予想が正しいことを証明するのに，数学的帰納法（$p.94$）を利用する方法もある。

補足事項　漸化式と図形

漸化式をグラフを利用して考えてみよう。

例1　$\boldsymbol{a_{n+1}=a_n+d}$ （$\boldsymbol{d}$ **は定数）の場合**

まず，直線 $y=x$ 上に点 $(a_1,\ a_1)$ をとる。

次に，点 $(a_1,\ a_2)$ すなわち点 $(a_1,\ a_1+d)$ を直線 $y=x+d$ 上にとる。

次に，点 $(a_2,\ a_2)$ すなわち点 $(a_1+d,\ a_1+d)$ を直線 $y=x$ 上にとる。

このようにして，次々に点をとっていくと，図 [1] のように階段状に点を定めることができる。

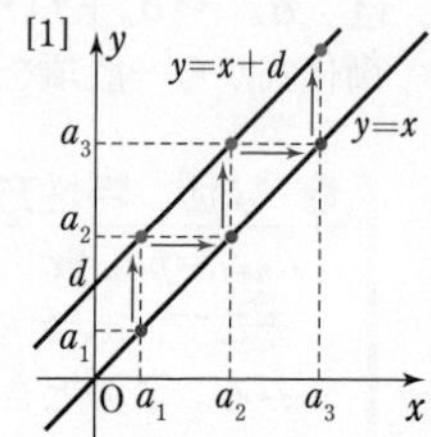

$\boldsymbol{a_{n+1}=a_n+d}$ 型の漸化式

平行な 2 直線 $y=x$，$y=x+d$ によって表すことができる。

↑

$a_{n+1}=a_n+d$ において a_{n+1} を y，a_n を x におき換えた式

例2　$\boldsymbol{a_{n+1}=ra_n}$ （$\boldsymbol{r}$ **は定数）の場合**

例 1 と同様に $(a_1,\ a_1)$ ⟶ $(a_1,\ ra_1)$ ⟶ $(ra_1,\ ra_1)$ ⟶ ……

と次々に点をとっていくと，図 [2] のように階段状に点を定めることができる。

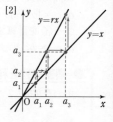

$\boldsymbol{a_{n+1}=ra_n}$ 型の漸化式

原点を通る 2 直線 $y=x$，$y=rx$ によって表すことができる。

↑

$a_{n+1}=ra_n$ において a_{n+1} を y，a_n を x におき換えた式

では，漸化式 $a_{n+1}=pa_n+q$ （p，q は定数）をグラフで表すとどうなるかを考えてみよう。

例3　$a_1=3$，$a_{n+1}=3a_n-4$ の場合

2 直線 $y=x$，$y=3x-4$ （a_{n+1} を y，a_n を x におき換えた式）

は図 [3] のようになり，

①　$(3,\ 3)$ ⟶ $(3,\ 3\cdot3-4)$ ⟶ $(3\cdot3-4,\ 3\cdot3-4)$ ⟶ ……

と階段状に点を定めることができる。

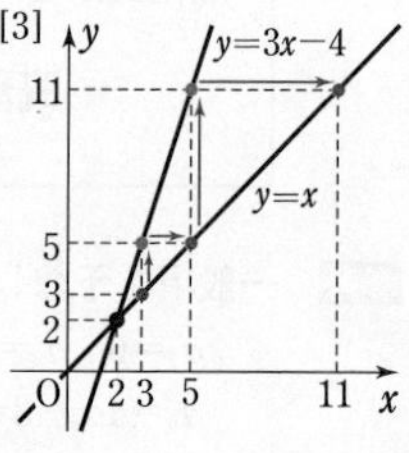

ここで，連立方程式 $y=x$，$y=3x-4$ を解く，すなわち

$x=3x-4$ （漸化式 $a_{n+1}=3a_n-4$ の特性方程式と同じ）を満たす

x を求めると　　$x=2$

よって，2 直線 $y=x$，$y=3x-4$ の交点の座標は $(2,\ 2)$ である。ここで，この 2 直線を，点 $(2,\ 2)$ が原点に移るように平行移動，つまり x 軸方向に -2，y 軸方向に -2 だけ平行移動すると，それぞれ直線 $y=x$，直線 $y=3x$ に移る。このとき，① は

$$(3-2,\ 3-2) \longrightarrow (3-2,\ 3(3-2)) \longrightarrow (3(3-2),\ 3(3-2)) \longrightarrow \cdots\cdots$$

となり，これを漸化式に戻すと，$a_{n+1}-2=3(a_n-2)$ となる。

この例のように考えると，なぜ，特性方程式の解 α に対して，**漸化式** $\boldsymbol{a_{n+1}=pa_n+q}$ （p，q は定数）が $\boldsymbol{a_{n+1}-\alpha=p(a_n-\alpha)}$ と変形できるのかが図形的に理解できるだろう。

基本例題 35 $a_{n+1}=pa_n+(n$ の1次式) 型の漸化式

$a_1=1$, $a_{n+1}=3a_n+4n$ によって定められる数列 $\{a_n\}$ の一般項を求めよ。

基本 34

指針 p.60 基本例題 **34** の漸化式 $a_{n+1}=pa_n+q$ で, q が定数ではなく, **n の1次式** となっている。このような場合は, **n を消去する** ために **階差数列の利用** を考える。

⟶ 漸化式の n を $n+1$ とおき, a_{n+2} についての関係式を作る。これともとの漸化式との差をとり, **階差数列 $\{a_{n+1}-a_n\}$ についての漸化式** を処理する。

また, 検討 のように, **等比数列の形に変形** する方法もある。

CHART 漸化式 $a_{n+1}=pa_n+(n$ の1次式) **階差数列の利用**

解答

$a_{n+1}=3a_n+4n$ …… ① とすると

$$a_{n+2}=3a_{n+1}+4(n+1) \quad \cdots\cdots ②$$

②−① から $\quad a_{n+2}-a_{n+1}=3(a_{n+1}-a_n)+4$

$a_{n+1}-a_n=b_n$ とおくと $\quad b_{n+1}=3b_n+4$

これを変形すると $\quad b_{n+1}+2=3(b_n+2)$

また $\quad b_1+2=a_2-a_1+2=7-1+2=8$

よって, 数列 $\{b_n+2\}$ は初項 8, 公比 3 の等比数列で

$$b_n+2=8\cdot3^{n-1} \quad \text{すなわち} \quad b_n=8\cdot3^{n-1}-2 \quad \cdots\cdots (*)$$

$n\geqq2$ のとき

$$a_n=a_1+\sum_{k=1}^{n-1}(8\cdot3^{k-1}-2)=1+\frac{8(3^{n-1}-1)}{3-1}-2(n-1)$$

$$=4\cdot3^{n-1}-2n-1 \quad \cdots\cdots ③$$

$n=1$ のとき $\quad 4\cdot3^0-2\cdot1-1=1$

$a_1=1$ であるから, ③ は $n=1$ のときも成り立つ。

したがって $\quad \boldsymbol{a_n=4\cdot3^{n-1}-2n-1}$

◀① の n に $n+1$ を代入すると ② になる。

◀差を作り, n を消去する。

◀$\{b_n\}$ は $\{a_n\}$ の階差数列。

◀$\alpha=3\alpha+4$ から $\quad \alpha=-2$

◀$a_2=3a_1+4\cdot1=7$

◀$n\geqq2$ のとき $a_n=a_1+\sum_{k=1}^{n-1}b_k$

初項は特別扱い

参考 $(*)$ を導いた後, $a_{n+1}-a_n=8\cdot3^{n-1}-2$ に ① を代入して a_n を求めてもよい。

検討 **$\{a_n-(\alpha n+\beta)\}$ を等比数列とする解法**

例題は $a_{n+1}=pa_n+(n$ の1次式) の形をしている。そこで, $f(n)=\alpha n+\beta$ として, $a_{n+1}=3a_n+4n$ が, $a_{n+1}-f(n+1)=3\{a_n-f(n)\}$ …… Ⓐ の形に変形できるように α, β の値を定める。

Ⓐ から $\quad a_{n+1}-\{\alpha(n+1)+\beta\}=3\{a_n-(\alpha n+\beta)\}$

ゆえに $\quad a_{n+1}=3a_n-2\alpha n+\alpha-2\beta$

これと $a_{n+1}=3a_n+4n$ の右辺の係数を比較して $\quad -2\alpha=4$, $\alpha-2\beta=0$

よって $\quad \alpha=-2$, $\beta=-1$ $\quad$ ゆえに $\quad f(n)=-2n-1$

Ⓐ より, 数列 $\{a_n-(-2n-1)\}$ は初項 $a_1+2+1=4$, 公比 3 の等比数列であるから

$$a_n-(-2n-1)=4\cdot3^{n-1} \qquad \text{したがって} \qquad \boldsymbol{a_n=4\cdot3^{n-1}-2n-1}$$

練習 ③ **35** $a_1=-2$, $a_{n+1}=-3a_n-4n+3$ によって定められる数列 $\{a_n\}$ の一般項を求めよ。

基本例題 36 $a_{n+1}=pa_n+q^n$ 型の漸化式 ②②②②②

$a_1=3$, $a_{n+1}=2a_n+3^{n+1}$ によって定められる数列 $\{a_n\}$ の一般項を求めよ。

〔信州大〕 基本 34　基本 42, 45

指針 漸化式 $a_{n+1}=pa_n+f(n)$ において, $f(n)=q^n$ の場合の解法の手順は

1 $f(n)$ に **n が含まれない** ようにするため, 漸化式の **両辺を q^{n+1} で割る**。

$$\frac{a_{n+1}}{q^{n+1}}=\frac{p}{q}\cdot\frac{a_n}{q^n}+\frac{1}{q} \quad \longleftarrow f(n)=\frac{1}{q} \text{ となり, } n \text{ が含まれない。}$$

2 $\dfrac{a_n}{q^n}=b_n$ とおくと $b_{n+1}=\dfrac{p}{q}b_n+\dfrac{1}{q} \longrightarrow$ $b_{n+1}=●b_n+▲$ の形 に帰着。……★

CHART 漸化式 $a_{n+1}=pa_n+q^n$ 両辺を q^{n+1} で割る

解答

$a_{n+1}=2a_n+3^{n+1}$ の両辺を 3^{n+1} で割ると $\dfrac{a_{n+1}}{3^{n+1}}=\dfrac{2}{3}\cdot\dfrac{a_n}{3^n}+1$

$\dfrac{a_n}{3^n}=b_n$ とおくと $b_{n+1}=\dfrac{2}{3}b_n+1$

これを変形すると $b_{n+1}-3=\dfrac{2}{3}(b_n-3)$

また $b_1-3=\dfrac{a_1}{3}-3=\dfrac{3}{3}-3=-2$

よって, 数列 $\{b_n-3\}$ は初項 -2, 公比 $\dfrac{2}{3}$ の等比数列で

$$b_n-3=-2\left(\frac{2}{3}\right)^{n-1} \quad ゆえに \quad \frac{a_n}{3^n}=3-2\left(\frac{2}{3}\right)^{n-1}$$

よって $\boldsymbol{a_n}=3^nb_n=3\cdot3^n-3\cdot2\cdot2^{n-1}$ (*) $=\boldsymbol{3^{n+1}-3\cdot2^n}$

◀ $\dfrac{2a_n}{3^{n+1}}=\dfrac{2}{3}\cdot\dfrac{a_n}{3^n}$

◀指針 ……★の方針。$a_{n+1}=pa_n+q$ など, 既習の漸化式に帰着させる。
特性方程式 $\alpha=\dfrac{2}{3}\alpha+1$ から $\alpha=3$

(*) $3^n\cdot2\left(\dfrac{2}{3}\right)^{n-1}=3\cdot3^{n-1}\cdot2\cdot\dfrac{2^{n-1}}{3^{n-1}}$

別解 $a_{n+1}=2a_n+3^{n+1}$ の両辺を 2^{n+1} で割ると $\dfrac{a_{n+1}}{2^{n+1}}=\dfrac{a_n}{2^n}+\left(\dfrac{3}{2}\right)^{n+1}$

$\dfrac{a_n}{2^n}=b_n$ とおくと $b_{n+1}=b_n+\left(\dfrac{3}{2}\right)^{n+1}$ また $b_1=\dfrac{a_1}{2^1}=\dfrac{3}{2}$

よって, $n\geqq2$ のとき

$$b_n=b_1+\sum_{k=1}^{n-1}\left(\frac{3}{2}\right)^{k+1}=b_1+\sum_{k=1}^{n-1}\left(\frac{3}{2}\right)^2\left(\frac{3}{2}\right)^{k-1}$$

$$=\frac{3}{2}+\frac{\left(\frac{3}{2}\right)^2\left\{\left(\frac{3}{2}\right)^{n-1}-1\right\}}{\frac{3}{2}-1}=3\left(\frac{3}{2}\right)^n-3 \text{ …… ①}$$

$n=1$ のとき $3\left(\dfrac{3}{2}\right)^1-3=\dfrac{3}{2}$ $b_1=\dfrac{3}{2}$ から, ① は $n=1$ のときも成り立つ。

したがって $\boldsymbol{a_n}=2^nb_n=3\cdot3^n-3\cdot2^n=\boldsymbol{3^{n+1}-3\cdot2^n}$

◀ $a_{n+1}=pa_n+q^n$ は, 両辺を p^{n+1} で割る 方法でも解決できるが, 階差数列型の漸化式の処理になるので, 計算は上の解答と比べやや面倒である。

練習 ③ 36 $a_1=4$, $a_{n+1}=4a_n-2^{n+1}$ によって定められる数列 $\{a_n\}$ の一般項を求めよ。

〔信州大〕 p.92 EX24

基本例題 37 $a_{n+1}=\dfrac{a_n}{pa_n+q}$ 型の漸化式

$a_1=\dfrac{1}{5}$，$a_{n+1}=\dfrac{a_n}{4a_n-1}$ によって定められる数列 $\{a_n\}$ の一般項を求めよ。

〔類 早稲田大〕 基本 34　重要 46

指針 $a_{n+1}=\dfrac{a_n}{pa_n+q}$ のように，分子が a_n の項だけの分数形の漸化式の解法の手順は

1. 漸化式の **両辺の逆数をとる** と　$\dfrac{1}{a_{n+1}}=p+\dfrac{q}{a_n}$
2. $\boldsymbol{\dfrac{1}{a_n}=b_n}$ **とおく** と　$b_{n+1}=p+qb_n$ ⟶ $\boldsymbol{b_{n+1}=}$●$\boldsymbol{b_n+}$▲ の形に帰着。

$p.60$ 基本例題 **34** と同様にして一般項 b_n が求められる。
また，逆数を考えるために，$a_n\neq0\ (n\geqq1)$ であることを示しておく。

CHART 漸化式 $\boldsymbol{a_{n+1}=\dfrac{a_n}{pa_n+q}}$ 両辺の逆数をとる

解答

$a_{n+1}=\dfrac{a_n}{4a_n-1}$ …… ① とする。

① において，$a_{n+1}=0$ とすると $a_n=0$ であるから，$a_n=0$ となる n があると仮定すると

$$a_{n-1}=a_{n-2}=\cdots\cdots=a_1=0$$

ところが $a_1=\dfrac{1}{5}\ (\neq0)$ であるから，これは矛盾。

◀$a_n=0$ から　$a_{n-1}=0$
これから　$a_{n-2}=0$
以後これを繰り返す。

よって，すべての自然数 n について $a_n\neq0$ である。
① の両辺の逆数をとると

$$\frac{1}{a_{n+1}}=4-\frac{1}{a_n}$$

◀逆数をとるための十分条件。

◀$\dfrac{1}{a_{n+1}}=\dfrac{4a_n-1}{a_n}$

$\dfrac{1}{a_n}=b_n$ とおくと　$b_{n+1}=4-b_n$

これを変形すると　$b_{n+1}-2=-(b_n-2)$

また　$b_1-2=\dfrac{1}{a_1}-2=5-2=3$

◀特性方程式
$\alpha=4-\alpha$ から　$\alpha=2$

ゆえに，数列 $\{b_n-2\}$ は初項 3，公比 -1 の等比数列で

$b_n-2=3\cdot(-1)^{n-1}$　すなわち　$b_n=3\cdot(-1)^{n-1}+2$

したがって　$\boldsymbol{a_n}=\dfrac{1}{b_n}=\boldsymbol{\dfrac{1}{3\cdot(-1)^{n-1}+2}}$

◀$b_n=\dfrac{1}{a_n}$ という式の形から　$b_n\neq0$

注意 分数形の漸化式 $a_{n+1}=\dfrac{ra_n+s}{pa_n+q}\ (s\neq0)$ の場合については，$p.80$，81 の重要例題 **46**，**47** で扱っている。

練習 ③ **37**　$a_1=1$，$a_{n+1}=\dfrac{3a_n}{6a_n+1}$ によって定められる数列 $\{a_n\}$ の一般項を求めよ。

重要例題 38 $a_{n+1}=pa_n{}^q$ 型の漸化式

$a_1=1$, $a_{n+1}=2\sqrt{a_n}$ で定められる数列 $\{a_n\}$ の一般項を求めよ。 〔類 近畿大〕

基本 34

指針 a_n に $\sqrt{\ }$ がついている形，$a_n{}^2$ や $a_{n+1}{}^3$ など **累乗の形** を含む漸化式 $a_{n+1}=pa_n{}^q$ の解法の手順は

1 漸化式の **両辺の対数をとる。** $a_n{}^q$ の係数 p に注目して，底が p の対数を考える。

$$\log_p a_{n+1}=\log_p p+\log_p a_n{}^q \quad \leftarrow \log_c MN=\log_c M+\log_c N$$

すなわち $\log_p a_{n+1}=1+q\log_p a_n$ $\quad \leftarrow \log_c M^k=k\log_c M$

2 **$\log_p a_n=b_n$ とおくと** $b_{n+1}=1+qb_n$

$b_{n+1}=$●b_n+▲ の形の漸化式（$p.60$ 基本例題 **34** のタイプ）に帰着。

対数をとるときは，(真数)>0 すなわち $a_n>0$ であることを必ず確認しておく。

CHART 漸化式 $a_{n+1}=pa_n{}^q$ 両辺の対数をとる

解答

$a_1=1>0$ で，$a_{n+1}=2\sqrt{a_n}\ (>0)$ であるから，すべての自然数 n に対して $a_n>0$ である。

◀ $\sqrt{●}>0$ に注意。厳密には，数学的帰納法で証明できる。

よって，$a_{n+1}=2\sqrt{a_n}$ の両辺の 2 を底とする対数をとると

$$\log_2 a_{n+1}=\log_2 2\sqrt{a_n}$$

ゆえに $\log_2 a_{n+1}=1+\dfrac{1}{2}\log_2 a_n$

◀ $\log_2(2\cdot a_n{}^{\frac{1}{2}})=\log_2 2+\dfrac{1}{2}\log_2 a_n$

$\log_2 a_n=b_n$ とおくと $b_{n+1}=1+\dfrac{1}{2}b_n$

これを変形して $b_{n+1}-2=\dfrac{1}{2}(b_n-2)$

◀特性方程式 $\alpha=1+\dfrac{1}{2}\alpha$ を解くと $\alpha=2$

ここで $b_1-2=\log_2 1-2=-2$

よって，数列 $\{b_n-2\}$ は初項 -2，公比 $\dfrac{1}{2}$ の等比数列で

$$b_n-2=-2\left(\frac{1}{2}\right)^{n-1} \quad すなわち \quad b_n=2-2^{2-n}$$

◀ $\left(\dfrac{1}{2}\right)^{n-1}=2^{1-n}$

したがって，$\log_2 a_n=2-2^{2-n}$ から $\boldsymbol{a_n=2^{2-2^{2-n}}}$

◀ $\log_a a_n=p \Longleftrightarrow a_n=a^p$

検討

a_na_{n+1} を含む漸化式の解法

a_na_{n+1} のような積の形で表された漸化式にも **両辺の対数をとる** が有効である。例えば，$\log_c a_na_{n+1}=\log_c a_n+\log_c a_{n+1}$ となり，$\log_c a_n$ と $\log_c a_{n+1}$ の関係式を導くことができる。

練習 ③ 38 $a_1=1$, $a_{n+1}=2a_n{}^2$ で定められる数列 $\{a_n\}$ の一般項を求めよ。 〔類 慶応大〕

p.92 EX25

基本例題 39　$a_{n+1}=f(n)a_n+q$ 型の漸化式

$a_1=2$，$a_{n+1}=\dfrac{n+2}{n}a_n+1$ によって定められる数列 $\{a_n\}$ がある。

(1) $\dfrac{a_n}{n(n+1)}=b_n$ とおくとき，b_{n+1} を b_n と n の式で表せ。

(2) a_n を n の式で表せ。

基本 25

指針 (1) $b_n=\dfrac{a_n}{n(n+1)}$，$b_{n+1}=\dfrac{a_{n+1}}{(n+1)(n+2)}$ を利用するため，**漸化式の両辺を $(n+1)(n+2)$ で割る。**

(2) (1)から　$b_{n+1}=b_n+f(n)$ ［**階差数列**の形］。まず，数列 $\{b_n\}$ の一般項を求める。

解答

(1) $a_{n+1}=\dfrac{n+2}{n}a_n+1$ の両辺を $(n+1)(n+2)$ で割ると

$$\frac{a_{n+1}}{(n+1)(n+2)}=\frac{a_n}{n(n+1)}+\frac{1}{(n+1)(n+2)}\quad\cdots\ (*)$$

$\dfrac{a_n}{n(n+1)}=b_n$ とおくと　$\boldsymbol{b_{n+1}=b_n+\dfrac{1}{(n+1)(n+2)}}$

(2) $b_1=\dfrac{a_1}{1\cdot2}=1$ である。(1)から，$n\geqq2$ のとき

$$b_n=b_1+\sum_{k=1}^{n-1}\frac{1}{(k+1)(k+2)}=1+\sum_{k=1}^{n-1}\left(\frac{1}{k+1}-\frac{1}{k+2}\right)$$

$$=1+\left(\frac{1}{2}-\frac{1}{3}\right)+\left(\frac{1}{3}-\frac{1}{4}\right)+\cdots\cdots+\left(\frac{1}{n}-\frac{1}{n+1}\right)$$

$$=1+\frac{1}{2}-\frac{1}{n+1}=\frac{3}{2}-\frac{1}{n+1}=\frac{3n+1}{2(n+1)}\quad\cdots\cdots\ ①$$

$b_1=1$ であるから，① は $n=1$ のときも成り立つ。よって

$$\boldsymbol{a_n}=n(n+1)b_n=n(n+1)\cdot\frac{3n+1}{2(n+1)}=\boldsymbol{\frac{n(3n+1)}{2}}$$

◀ $a_n=n(n+1)b_n$，$a_{n+1}=(n+1)(n+2)b_{n+1}$ を漸化式に代入してもよい。

◀ $b_{n+1}-b_n=\dfrac{1}{(n+1)(n+2)}$

◀部分分数に分解して，**差の形** を作る。

◀途中が消えて，最初と最後だけが残る。

初項は特別扱い

検討 PLUS ONE

上の例題で，おき換えの式が与えられていない場合の対処法

漸化式の a_n に $\dfrac{n+2}{n}$ が掛けられているから，漸化式の両辺に ×(n の式) をして

$\boldsymbol{f(n+1)a_{n+1}=f(n)a_n+g(n)}$ ［**階差数列の形**］に変形することを目指す。
（$f(n+1)a_{n+1}$：$(n+1)$ の式，$f(n)a_n$：n の式）

まず，漸化式の右辺には n と $n+2$ があるが，大きい方の $n+2$ は左辺にあった方がよいであろうと考え，両辺を **$(n+2)$ で割る** と　$\dfrac{a_{n+1}}{n+2}=\dfrac{a_n}{n}+\dfrac{1}{n+2}$ …… Ⓐ

2つの項＿＿のうち，左側の分母を $f(n+1)$，右側の分母を $f(n)$ の形にするために，Ⓐ の両辺を更に **$(n+1)$ で割る** と，解答の $(*)$ の式が導かれてうまくいく。

練習 ③ 39　$a_1=\dfrac{1}{2}$，$na_{n+1}=(n+2)a_n+1$ によって定められる数列 $\{a_n\}$ がある。

(1) $a_n=n(n+1)b_n$ とおくとき，b_{n+1} を b_n と n の式で表せ。

(2) a_n を n の式で表せ。

重要例題 40 $a_n=f(n)a_{n-1}$ 型の漸化式

$a_1=\frac{1}{2}$，$(n+1)a_n=(n-1)a_{n-1}$ $(n\geqq 2)$ によって定められる数列 $\{a_n\}$ の一般項を求めよ。 ［類 東京学芸大］

指針 与えられた漸化式を変形すると $a_n=\frac{n-1}{n+1}a_{n-1}$

これは $p.67$ 基本例題 **39** に似ているが，おき換えを使わずに，次の方針で解ける。

〔方針 1〕 $\boldsymbol{a_n=f(n)a_{n-1}}$ と変形すると $a_n=f(n)\{f(n-1)a_{n-2}\}$

これを繰り返すと $a_n=f(n)f(n-1)\cdots\cdots f(2)a_1$

よって，$f(n)f(n-1)\cdots\cdots f(2)$ は n の式であるから，a_n が求められる。

〔方針 2〕 漸化式をうまく変形して $\boldsymbol{g(n)a_n=g(n-1)a_{n-1}}$ の形にできないかを考える。この形に変形できれば

$$g(n)a_n=g(n-1)a_{n-1}=g(n-2)a_{n-2}=\cdots\cdots=g(1)a_1$$

であるから，$a_n=\frac{g(1)a_1}{g(n)}$ として求められる。

解答

解答 1. 漸化式を変形して

$$a_n=\frac{n-1}{n+1}a_{n-1}\ (n\geqq 2)$$

ゆえに $a_n=\frac{n-1}{n+1}\cdot\frac{n-2}{n}a_{n-2}$ $(n\geqq 3)$

これを繰り返して

$$a_n=\frac{n-1}{n+1}\cdot\frac{n-2}{n}\cdot\frac{n-3}{n-1}\cdot\cdots\cdots\cdot\frac{3}{5}\cdot\frac{2}{4}\cdot\frac{1}{3}a_1$$

よって $a_n=\frac{2\cdot 1}{(n+1)n}\cdot\frac{1}{2}$

すなわち $\boldsymbol{a_n=\frac{1}{n(n+1)}}$ …… ①

$n=1$ のとき $\frac{1}{1\cdot(1+1)}=\frac{1}{2}$

$a_1=\frac{1}{2}$ であるから，① は $n=1$ のときも成り立つ。

解答 2. 漸化式の両辺に n を掛けると

$$(n+1)na_n=n(n-1)a_{n-1}\ (n\geqq 2)$$

よって $(n+1)na_n=n(n-1)a_{n-1}=\cdots\cdots=2\cdot 1\cdot a_1=1$

したがって $\boldsymbol{a_n=\frac{1}{n(n+1)}}$

これは $n=1$ のときも成り立つ。

◀ $a_n=\frac{n-1}{n+1}\boldsymbol{a_{n-1}}$
$=\frac{n-1}{n+1}\cdot\boldsymbol{\frac{n-2}{n}a_{n-2}}$
$=\frac{n-1}{n+1}\cdot\frac{n-2}{n}\cdot\boldsymbol{\frac{n-3}{n-1}a_{n-3}}$
$=\cdots\cdots$

◀ $n+1$ と $n-1$ の間にある n を掛ける。

◀ 数列 $\{(n+1)na_n\}$ は，すべての項が等しい。

練習 ④ **40** $a_1=\frac{2}{3}$，$(n+2)a_n=(n-1)a_{n-1}$ $(n\geqq 2)$ によって定められる数列 $\{a_n\}$ の一般項を求めよ。 ［類 弘前大］

まとめ 隣接2項間の漸化式から一般項を求める方法

代表的な漸化式について，数列の一般項の求め方を整理しておこう。

1 **等差数列** $a_{n+1}=a_n+d$ （公差 d） $\longrightarrow a_n=a_1+(n-1)d$

2 **等比数列** $a_{n+1}=ra_n$ （公比 r） $\longrightarrow a_n=a_1r^{n-1}$

3 **階差数列** $a_{n+1}-a_n=f(n)$ （$f(n)$ は n の式） $\longrightarrow a_n=a_1+\sum_{k=1}^{n-1}f(k)\ (n\geqq 2)$

➡例題 33

4 $a_{n+1}=pa_n+q$，$p\neq 1$，$q\neq 0$

① **特性方程式を利用して，等比数列の形に変形する** ➡例題 34

a_{n+1}，a_n の代わりに α とおいた方程式（特性方程式）$\alpha=p\alpha+q$ から α を決定すると

$a_{n+1}-\alpha=p(a_n-\alpha)$

よって，数列 $\{a_n-\alpha\}$ は初項 $a_1-\alpha$，公比 p の等比数列 $\longrightarrow$ 2 へ

$a_n=(a_1-\alpha)p^{n-1}+\alpha$

② **階差数列を利用する** ➡例題 34 別解

$a_{n+1}=pa_n+q$ …… Ⓐ とすると $a_{n+2}=pa_{n+1}+q$ …… Ⓑ

Ⓑ−Ⓐ から $a_{n+2}-a_{n+1}=p(a_{n+1}-a_n)$

よって，階差数列 $\{a_{n+1}-a_n\}$ は初項 a_2-a_1，公比 p の等比数列 $\longrightarrow$ 3 へ

③ **予想して証明する** ➡ p.61 参考

$n=1$，2，3，…… から a_n を n の式 $f(n)$ として予想し，その予想が正しいことを証明する。$\longrightarrow$ 漸化式を満たすことを示すか，数学的帰納法の利用。

5 $a_{n+1}=pa_n+f(n)$ （$p\neq 1$，$f(n)$ は n の整式）

① **$f(n)$ が n の1次式の場合，階差数列を利用する** ➡例題 35

$a_{n+1}=pa_n+f(n)$ …… Ⓐ とすると $a_{n+2}=pa_{n+1}+f(n+1)$ …… Ⓑ

Ⓑ−Ⓐ から $a_{n+2}-a_{n+1}=p(a_{n+1}-a_n)+\{f(n+1)-f(n)\}$

$f(n+1)-f(n)$ は定数であるから，q とおく。

$a_{n+1}-a_n=b_n$（階差数列）とおくと $b_{n+1}=pb_n+q$ $\longrightarrow$ 4 へ

② **$a_n-g(n)$ を利用する** ➡例題 35 検討

$g(n)$ は $f(n)$ と同じ次数の n の多項式とする。

$a_{n+1}-g(n+1)=p\{a_n-g(n)\}$ とおき，漸化式に代入して $g(n)$ の係数を決定する。

数列 $\{a_n-g(n)\}$ は初項 $a_1-g(1)$，公比 p の等比数列 $\longrightarrow$ 2 へ

$a_n=\{a_1-g(1)\}p^{n-1}+g(n)$

6 **特殊な漸化式**

① $a_{n+1}=pa_n+q^n$ $\dfrac{a_n}{q^n}=b_n$ とおいて $b_{n+1}=\dfrac{p}{q}b_n+\dfrac{1}{q}$ $\longrightarrow$ 4 へ ➡例題 36

② $a_{n+1}=\dfrac{a_n}{pa_n+q}$ $\dfrac{1}{a_n}=b_n$ とおいて $b_{n+1}=p+qb_n$ $\longrightarrow$ 4 へ ➡例題 37

③ $a_{n+1}=pa_n{}^q$ $\log_p a_n=b_n$ とおいて $b_{n+1}=1+qb_n$ $\longrightarrow$ 4 へ ➡例題 38

参考事項　音楽と数列の関係

音楽と数列は，古代ギリシャの時代から強い結び付きがある。ここでは，音楽の基本的な要素である音階（音律）と数列の関係について紹介しよう。

● オクターブについて

弦をはじいて出した音について，その半分の長さの弦をはじくと1オクターブ上の音が，2倍の長さの弦をはじくと1オクターブ下の音が出ることが知られている。

● ピタゴラス音律について

ピタゴラスは，音律を作るときに調和平均を用いた。

まず，調和平均については次のことが成り立つ。

a と b の調和平均を c とすると　$\dfrac{1}{c}=\dfrac{1}{2}\left(\dfrac{1}{a}+\dfrac{1}{b}\right)$

$b=\dfrac{1}{2}a$ とすると，$\dfrac{1}{c}=\dfrac{3}{2a}$ から　$c=\dfrac{2}{3}a$

それでは，どのようにして音律を作ったのか，ということについて説明しよう。

長さ a の出す音がドであるとき，ドの音と1オクターブ上のドの音の弦の長さの調和平均をとると $\dfrac{2}{3}a$ となり，$\dfrac{2}{3}a$ の弦の出す音はソの音になる。次に，ソの音と1オクターブ上のソの音の弦の長さの調和平均をとると $\dfrac{2}{3}\times\dfrac{2}{3}a=\dfrac{4}{9}a$ となるが，これは $\dfrac{1}{2}a$ より小さいから，その1オクターブ下をとって $\dfrac{8}{9}a$ の弦の長さをとる。これがレの音となる。以下同様にして作られたのが **ピタゴラス音律** である。

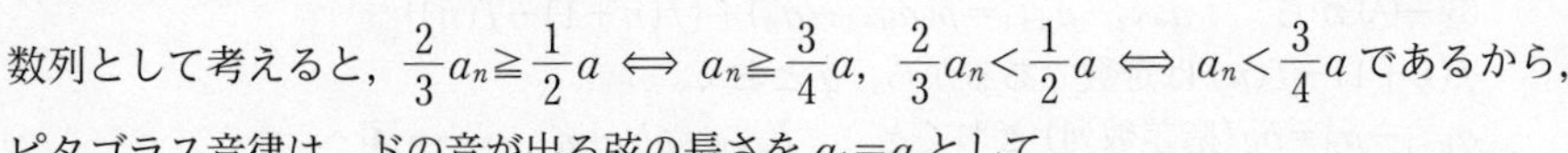

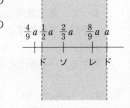

数列として考えると，$\dfrac{2}{3}a_n\geqq\dfrac{1}{2}a \iff a_n\geqq\dfrac{3}{4}a$，$\dfrac{2}{3}a_n<\dfrac{1}{2}a \iff a_n<\dfrac{3}{4}a$ であるから，

ピタゴラス音律は，ドの音が出る弦の長さを $a_1=a$ として

漸化式　$a_n\geqq\dfrac{3}{4}a$ **のとき**　$a_{n+1}=\dfrac{2}{3}a_n$，　$a_n<\dfrac{3}{4}a$ **のとき**　$a_{n+1}=\dfrac{4}{3}a_n$

で定義され，次のようになる。

長さ	a_1	a_2	a_3	a_4	a_5	a_6	a_7	a_8	a_9	a_{10}	a_{11}	a_{12}
音	ド	ソ	レ	ラ	ミ	シ	ファ♯	ド♯	ソ♯	レ♯	ラ♯	ファ

$a=1$ として，a_1，a_2，……，a_{12} を大きい順に並べると，次のようになる。

a_1（ド），a_8（ド♯），a_3（レ），a_{10}（レ♯），a_5（ミ），a_{12}（ファ），
a_7（ファ♯），a_2（ソ），a_9（ソ♯），a_4（ラ），a_{11}（ラ♯），a_6（シ）

参考　ピタゴラス音律以外に，**純正律**，**平均律** という音律があり，平均律では累乗根が用いられている。

5 種々の漸化式

基本事項

1 **隣接 3 項間の漸化式** $\boldsymbol{a_1=a,\ a_2=b,\ pa_{n+2}+qa_{n+1}+ra_n=0}$ $(pqr\neq 0)$ で定められる数列 $\{a_n\}$ の一般項の求め方

2 次方程式 $px^2+qx+r=0$ の 2 つの解を α, β とすると

$$\boldsymbol{a_{n+2}-\alpha a_{n+1}=\beta(a_{n+1}-\alpha a_n),\quad a_{n+2}-\beta a_{n+1}=\alpha(a_{n+1}-\beta a_n)}$$

が成り立つ。この変形を利用。

解　説

■ **隣接 3 項間の漸化式**

$\boldsymbol{pa_{n+2}+qa_{n+1}+ra_n=0}$ $(pqr\neq 0)$ …… ① の a_{n+2}, a_{n+1}, a_n の代わりに，それぞれ x^2, x, 1 とおいた 2 次方程式 $px^2+qx+r=0$ (これを ① の **特性方程式** という)の解を α, β とする。

解と係数の関係(数学Ⅱ)から　　$\alpha+\beta=-\dfrac{q}{p}$, $\alpha\beta=\dfrac{r}{p}$

これを ① に代入して　　$a_{n+2}-(\alpha+\beta)a_{n+1}+\alpha\beta a_n=0$

よって　　$a_{n+2}-\alpha a_{n+1}=\beta(a_{n+1}-\alpha a_n)$ …… ②

[1] **α, β のうちの 1 つが 1 のとき**

$\alpha=1$ とすると，② から　　$a_{n+2}-a_{n+1}=\beta(a_{n+1}-a_n)$

ゆえに，階差数列が利用できる。

$\beta=1$ とすると，② から　　$a_{n+2}-\alpha a_{n+1}=a_{n+1}-\alpha a_n=a_n-\alpha a_{n-1}$
$=\cdots\cdots=a_2-\alpha a_1$ (一定)

ゆえに，$a_{n+1}=pa_n+q$ 型の漸化式となる。

[2] **$\alpha\neq 1$, $\beta\neq 1$ のとき**

② から　　$a_{n+2}-\alpha a_{n+1}=\beta(a_{n+1}-\alpha a_n)$ …… Ⓐ

α, β を入れ替えて　　$a_{n+2}-\beta a_{n+1}=\alpha(a_{n+1}-\beta a_n)$ …… Ⓑ

Ⓐ, Ⓑ より，数列 $\{a_{n+1}-\alpha a_n\}$, $\{a_{n+1}-\beta a_n\}$ はそれぞれ公比 β, α の等比数列であるから

$a_{n+1}-\alpha a_n=\beta^{n-1}(b-\alpha a)$ …… Ⓒ

$a_{n+1}-\beta a_n=\alpha^{n-1}(b-\beta a)$ …… Ⓓ

◀ $a_1=a$, $a_2=b$

(i) **$\alpha\neq\beta$ のとき**

Ⓓ−Ⓒ から　　$(\alpha-\beta)a_n=\alpha^{n-1}(b-\beta a)-\beta^{n-1}(b-\alpha a)$

よって　　$\boldsymbol{a_n=\dfrac{b-\beta a}{\alpha-\beta}\alpha^{n-1}-\dfrac{b-\alpha a}{\alpha-\beta}\beta^{n-1}}$

◀ 特性方程式が異なる 2 つの解をもつ場合。

(ii) **$\alpha=\beta$ のとき**

Ⓒ から　　$a_{n+1}-\alpha a_n=\alpha^{n-1}(b-\alpha a)$

両辺を α^{n+1} で割って　　$\boldsymbol{\dfrac{a_{n+1}}{\alpha^{n+1}}-\dfrac{a_n}{\alpha^n}=\dfrac{b-\alpha a}{\alpha^2}}$

よって，数列 $\left\{\dfrac{a_n}{\alpha^n}\right\}$ は初項 $\dfrac{a}{\alpha}$, 公差 $\dfrac{b-\alpha a}{\alpha^2}$ の等差数列となる。

◀ 特性方程式が重解をもつ場合。

基本例題 41 隣接3項間の漸化式 (1)

次の条件によって定められる数列 $\{a_n\}$ の一般項を求めよ。

(1) $a_1=0,\ a_2=1,\ a_{n+2}=a_{n+1}+6a_n$

(2) $a_1=1,\ a_2=2,\ a_{n+2}+4a_{n+1}-5a_n=0$

p.71 基本事項 1　重要 43, 52

指針 まず，a_{n+2} を x^2，a_{n+1} を x，a_n を1とおいた x の2次方程式（**特性方程式**）を解く。その2解を α，β とすると，$\alpha \neq \beta$ のとき

$$a_{n+2}-\alpha a_{n+1}=\beta(a_{n+1}-\alpha a_n),\ a_{n+2}-\beta a_{n+1}=\alpha(a_{n+1}-\beta a_n) \quad \cdots\cdots \text{Ⓐ}$$

が成り立つ。この変形を利用して解決する。

(1) 特性方程式の解は　$x=-2,\ 3$ ⟶ **解に1を含まない** から，Ⓐ を用いて **2通りに表し**，**等比数列** $\{a_{n+1}+2a_n\}$，$\{a_{n+1}-3a_n\}$ を考える。

(2) 特性方程式の解は　$x=1,\ -5$ ⟶ **解に1を含む** から，漸化式は $a_{n+2}-a_{n+1}=-5(a_{n+1}-a_n)$ と変形され，**階差数列** を利用することで解決できる。

解答

(1) 漸化式を変形すると

$$a_{n+2}+2a_{n+1}=3(a_{n+1}+2a_n) \quad \cdots\cdots ①,$$
$$a_{n+2}-3a_{n+1}=-2(a_{n+1}-3a_n) \quad \cdots\cdots ②$$

① より，数列 $\{a_{n+1}+2a_n\}$ は初項 $a_2+2a_1=1$，公比3の等比数列であるから　$a_{n+1}+2a_n=3^{n-1}$ …… ③

② より，数列 $\{a_{n+1}-3a_n\}$ は初項 $a_2-3a_1=1$，公比 -2 の等比数列であるから　$a_{n+1}-3a_n=(-2)^{n-1}$ …… ④

③−④ から　$5a_n=3^{n-1}-(-2)^{n-1}$

したがって　$\boldsymbol{a_n=\dfrac{1}{5}\{3^{n-1}-(-2)^{n-1}\}}$

(2) 漸化式を変形すると

$$a_{n+2}-a_{n+1}=-5(a_{n+1}-a_n)$$

ゆえに，数列 $\{a_{n+1}-a_n\}$ は初項 $a_2-a_1=2-1=1$，公比 -5 の等比数列であるから　$a_{n+1}-a_n=(-5)^{n-1}$

よって，$n \geqq 2$ のとき

$$a_n=a_1+\sum_{k=1}^{n-1}(-5)^{k-1}=1+\frac{1\cdot\{1-(-5)^{n-1}\}}{1-(-5)}$$
$$=\frac{1}{6}\{7-(-5)^{n-1}\}$$

$n=1$ を代入すると，$\dfrac{1}{6}\{7-(-5)^0\}=1$ であるから，上の式は $n=1$ のときも成り立つ。

したがって　$\boldsymbol{a_n=\dfrac{1}{6}\{7-(-5)^{n-1}\}}$

◀ $x^2=x+6$ を解くと，$(x+2)(x-3)=0$ から $x=-2,\ 3$
$\alpha=-2,\ \beta=3$ として指針の Ⓐ を利用。

◀ a_{n+1} を消去。

◀ $x^2+4x-5=0$ を解くと，$(x-1)(x+5)=0$ から $x=1,\ -5$

別解 漸化式を変形して
$a_{n+2}+5a_{n+1}=a_{n+1}+5a_n$
よって　$a_{n+1}+5a_n$
$=a_n+5a_{n-1}$
$=\cdots\cdots=a_2+5a_1=7$
$a_{n+1}+5a_n=7$ を変形して
$a_{n+1}-\dfrac{7}{6}=-5\left(a_n-\dfrac{7}{6}\right)$
ゆえに
$a_n-\dfrac{7}{6}=\left(1-\dfrac{7}{6}\right)\cdot(-5)^{n-1}$
$\therefore\ \boldsymbol{a_n=\dfrac{1}{6}\{7-(-5)^{n-1}\}}$

練習 ③ 41 次の条件によって定められる数列 $\{a_n\}$ の一般項を求めよ。

(1) $a_1=1,\ a_2=2,\ a_{n+2}-2a_{n+1}-3a_n=0$

(2) $a_1=0,\ a_2=1,\ 5a_{n+2}=3a_{n+1}+2a_n$　[(1) 類 立教大]

基本例題 42 隣接3項間の漸化式(2)

次の条件によって定められる数列 $\{a_n\}$ の一般項を求めよ。

$$a_1=0,\ a_2=2,\ a_{n+2}-4a_{n+1}+4a_n=0$$

基本 36, 41

指針 特性方程式の解が重解 $(x=\alpha)$ の場合，漸化式は

$$a_{n+2}-\alpha a_{n+1}=\alpha(a_{n+1}-\alpha a_n)$$

と変形でき，数列 $\{a_{n+1}-\alpha a_n\}$ は初項 $a_2-\alpha a_1$，公比 α の等比数列であることがわかる。

よって　$a_{n+1}-\alpha a_n=\alpha^{n-1}(a_2-\alpha a_1)$ ……①

これは，**$a_{n+1}=pa_n+q^n$ 型の漸化式**（p.64 基本例題 36）である。

① の両辺を α^{n+1} で割ると　$\dfrac{a_{n+1}}{\alpha^{n+1}}-\dfrac{a_n}{\alpha^n}=\dfrac{a_2-\alpha a_1}{\alpha^2}$

$\dfrac{a_n}{\alpha^n}=b_n$ とおくと　$b_{n+1}-b_n=\dfrac{a_2-\alpha a_1}{\alpha^2}$ ⟵ 等差数列の形に帰着。

解答

漸化式を変形して　$a_{n+2}-2a_{n+1}=2(a_{n+1}-2a_n)$

ゆえに，数列 $\{a_{n+1}-2a_n\}$ は，初項 $a_2-2a_1=2-0=2$，公比2の等比数列であるから

$$a_{n+1}-2a_n=2\cdot 2^{n-1}\quad すなわち\quad a_{n+1}-2a_n=2^n$$

両辺を 2^{n+1} で割ると　$\dfrac{a_{n+1}}{2^{n+1}}-\dfrac{a_n}{2^n}=\dfrac{1}{2}$

$\dfrac{a_n}{2^n}=b_n$ とおくと　$b_{n+1}-b_n=\dfrac{1}{2}$

数列 $\{b_n\}$ は，初項 $b_1=\dfrac{a_1}{2}=0$，公差 $\dfrac{1}{2}$ の等差数列であるから　$b_n=0+(n-1)\cdot\dfrac{1}{2}=\dfrac{1}{2}(n-1)$

$a_n=2^nb_n$ であるから

$$a_n=2^n\cdot\frac{1}{2}(n-1)=\boldsymbol{(n-1)\cdot 2^{n-1}}$$

◀ $x^2-4x+4=0$ を解くと，$(x-2)^2=0$ から $x=2$（重解）

◀ $a_{n+1}=pa_n+q^n$ 型は，両辺を q^{n+1} で割る（p.64 参照）。

◀ $a_{n+1}-a_n=d$（公差）

検討

漸化式 $a_{n+2}-2\alpha a_{n+1}+\alpha^2a_n=0$ について

この漸化式の両辺を α^{n+2} で割ると　$\dfrac{a_{n+2}}{\alpha^{n+2}}-2\cdot\dfrac{a_{n+1}}{\alpha^{n+1}}+\dfrac{a_n}{\alpha^n}=0$

$\dfrac{a_n}{\alpha^n}=b_n$ とおくと　$b_{n+2}-2b_{n+1}+b_n=0$

$b_{n+2}-b_{n+1}=b_{n+1}-b_n$ と変形できるから，上の解答と同様に，数列 $\{b_n\}$ が等差数列であることがわかる。

練習 ③ 42 次の条件によって定められる数列 $\{a_n\}$ の一般項を求めよ。

$$a_1=0,\ a_2=3,\ a_{n+2}-6a_{n+1}+9a_n=0$$

1章 ⑤ 種々の漸化式

重要例題 43 隣接 3 項間の漸化式 (3)

⑦⑦⑦⑦⑦

n 段（n は自然数）ある階段を 1 歩で 1 段または 2 段上がるとき，この階段の上がり方の総数を a_n とする。このとき，数列 $\{a_n\}$ の一般項を求めよ。 基本 41

指針 数列 $\{a_n\}$ についての漸化式を作り，そこから一般項を求める方針で行く。
1 歩で上がれるのは 1 段または 2 段であるから，$n \geqq 3$ のとき n 段に達する **直前の動作** を考えると [1] 2 段手前 [$(n-2)$ 段] から 2 歩上がりで到達する方法
[2] 1 段手前 [$(n-1)$ 段] から 1 歩上がりで到達する方法
の 2 つの方法がある。このように考えて，まず隣接 3 項間の漸化式を導く。
→ 漸化式から一般項を求める要領は，$p.72$ 基本例題 **41** と同様であるが，ここでは特性方程式の解 α, β が無理数を含む複雑な式となってしまう。計算をらくに扱うためには，文字 α, β のままできるだけ進めて，最後に値に直すとよい。

解答

$a_1=1$, $a_2=2$ である。

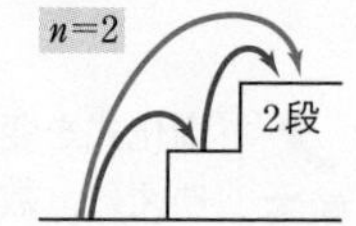

$n \geqq 3$ のとき，n 段の階段を上がる方法には，次の [1], [2] の場合がある。

[1] 最後が 1 段上がりのとき，場合の数は $(n-1)$ 段目までの上がり方の総数と等しく　a_{n-1} 通り

[2] 最後が 2 段上がりのとき，場合の数は $(n-2)$ 段目までの上がり方の総数と等しく　a_{n-2} 通り

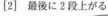

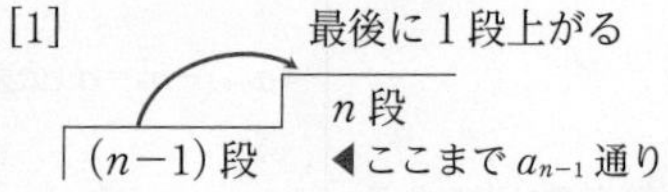

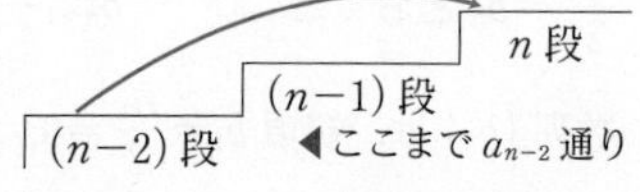

よって　$a_n=a_{n-1}+a_{n-2}$ $(n \geqq 3)$ …… (∗)　◀和の法則（数学 A）

この漸化式は，$a_{n+2}=a_{n+1}+a_n$ $(n \geqq 1)$ … ① と同値である。　◀(∗) で $n \longrightarrow n+2$

$x^2=x+1$ の 2 つの解を α, β $(\alpha<\beta)$ とすると，解と係数の関係から　$\alpha+\beta=1$, $\alpha\beta=-1$　◀特性方程式 $x^2-x-1=0$ の解は $x=\dfrac{1\pm\sqrt{5}}{2}$

① から　$a_{n+2}-(\alpha+\beta)a_{n+1}+\alpha\beta a_n=0$　よって

$a_{n+2}-\alpha a_{n+1}=\beta(a_{n+1}-\alpha a_n)$, $a_2-\alpha a_1=2-\alpha$ …… ②　◀$a_1=1$, $a_2=2$

$a_{n+2}-\beta a_{n+1}=\alpha(a_{n+1}-\beta a_n)$, $a_2-\beta a_1=2-\beta$ …… ③

② から　$a_{n+1}-\alpha a_n=(2-\alpha)\beta^{n-1}$ …… ④　◀ar^{n-1}

③ から　$a_{n+1}-\beta a_n=(2-\beta)\alpha^{n-1}$ …… ⑤

④−⑤ から　$(\beta-\alpha)a_n=(2-\alpha)\beta^{n-1}-(2-\beta)\alpha^{n-1}$ …… ⑥　◀a_{n+1} を消去。

$\alpha=\dfrac{1-\sqrt{5}}{2}$, $\beta=\dfrac{1+\sqrt{5}}{2}$ であるから　$\beta-\alpha=\sqrt{5}$　◀α, β を値に直す。

また，$\alpha+\beta=1$, $\alpha^2=\alpha+1$, $\beta^2=\beta+1$ であるから

$2-\alpha=2-(1-\beta)=\beta+1=\beta^2$　同様にして　$2-\beta=\alpha^2$

よって，⑥ から　$\boldsymbol{a_n=\dfrac{1}{\sqrt{5}}\left\{\left(\dfrac{1+\sqrt{5}}{2}\right)^{n+1}-\left(\dfrac{1-\sqrt{5}}{2}\right)^{n+1}\right\}}$

◀$2-\alpha$, $2-\beta$ については，α, β の値を直接代入してもよいが，ここでは計算を工夫している。

練習 ④ 43 次の条件によって定められる数列 $\{a_n\}$ の一般項を求めよ。
$a_1=a_2=1$, $a_{n+2}=a_{n+1}+3a_n$　［類 北海道大］

参考事項 フィボナッチ数列

フィボナッチは，13 世紀に活躍したイタリアの数学者である。その著書「算盤の書」において，次のような問題を取り上げた。

> ある月に生まれた 1 対のウサギは，生まれた月の翌々月から毎月 1 対の子どもを産み，新たに生まれた対のウサギも同様であるとする。このように増えていくとき，今月に生まれたばかりの 1 対のウサギから始めて，n か月後には何対のウサギになっているであろうか。

月末の数に着目して，数列を作ると

1，1，2，3，5，8，13，21，……

となり，これを **フィボナッチ数列** と呼ぶ。漸化式で表すと，次のようになる。

$\boldsymbol{a_1=1,\ a_2=1,\ a_{n+2}=a_{n+1}+a_n}$ …… ①

このことから，前ページの例題 **43** の数列 $\{a_n\}$ もフィボナッチ数列であることがわかる（例題では，$a_1=1$，$a_2=2$ としている）。

① で定められる数列 $\{a_n\}$ の一般項を，例題 **43** の 解答 と同様にして求めると

$$a_n=\frac{1}{\sqrt{5}}\left\{\left(\frac{1+\sqrt{5}}{2}\right)^n-\left(\frac{1-\sqrt{5}}{2}\right)^n\right\} \quad \cdots ②$$

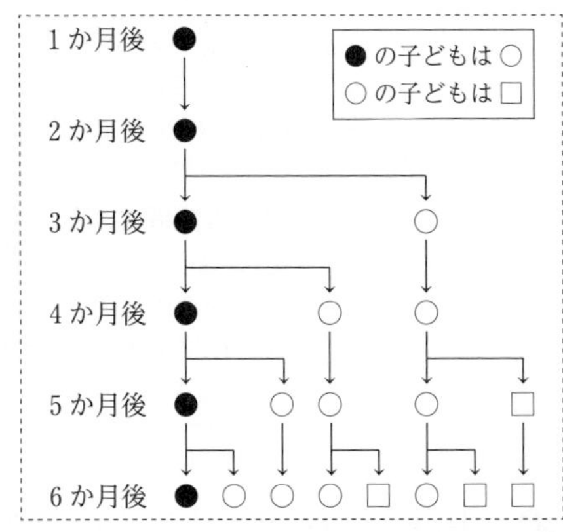

① から，数列 $\{a_n\}$ の各項は自然数となることがわかるが，これは ② の式からは予想できないことである。② の式から各項が自然数となることは，次のようにして説明できる。

$\alpha=\dfrac{1-\sqrt{5}}{2}$，$\beta=\dfrac{1+\sqrt{5}}{2}$（$\beta$ は黄金比の値）とおくと，例題 **43** の 解答 で示したように，$\beta-\alpha=\sqrt{5}$ であり，α，β は $x^2=x+1$ の解である。$x^2=x+1$ が成り立つとき

$$x^3=x(x+1)=x^2+x=(x+1)+x=2x+1,\quad x^4=x(2x+1)=2x^2+x=3x+2$$

以後同様に考えると，$x^n=px+q$（n，p，q は自然数）となるから

$$a_n=\frac{1}{\sqrt{5}}(\beta^n-\alpha^n)=\frac{1}{\sqrt{5}}\{(p\beta+q)-(p\alpha+q)\}=\frac{p(\beta-\alpha)}{\sqrt{5}}=\frac{p\cdot\sqrt{5}}{\sqrt{5}}=p \quad (\text{自然数})$$

なお，フィボナッチ数列は自然界に多く現れる。例えば，木は成長していくと枝の数が増えていくが，その枝の増え方にフィボナッチ数列が関係している（ちなみに，木は日光を効率よく受けられる方向に枝を出す習性があり，そのような枝の角度には黄金比 β が関係している）。また，カタツムリの殻にもフィボナッチ数列（フィボナッチの渦巻き）が現れる。

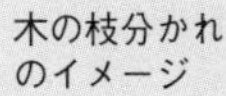

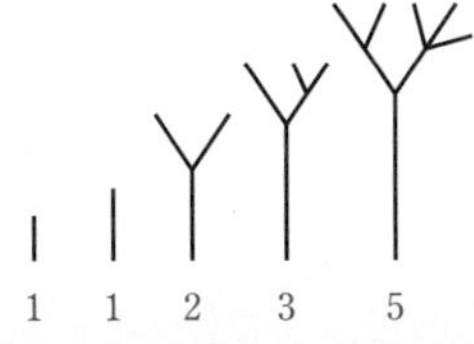

カタツムリの渦巻き（らせん）

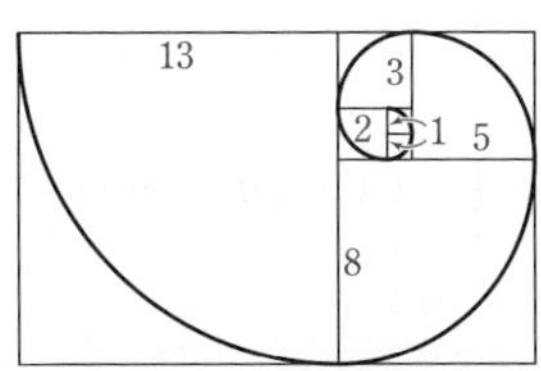

基本例題 44 連立漸化式 (1)

数列 $\{a_n\}$, $\{b_n\}$ を $a_1=b_1=1$, $a_{n+1}=a_n+4b_n$, $b_{n+1}=a_n+b_n$ で定めるとき，数列 $\{a_n\}$, $\{b_n\}$ の一般項を次の (1), (2) の方法でそれぞれ求めよ。

(1) $a_{n+1}+\alpha b_{n+1}=\beta(a_n+\alpha b_n)$ を満たす α, β の組を求め，それを利用する。

(2) b_{n+2}, b_{n+1}, b_n の関係式を作り，それを利用する。

基本 41 重要 54

指針 本問は，2 つの数列 $\{a_n\}$, $\{b_n\}$ についての漸化式が与えられている。このようなタイプでも，**既習の漸化式に変形** の方針が基本となる。

(1) 解法 1. **等比数列を作る**

数列 $\{a_n+\alpha b_n\}$ を考えて，これが等比数列となることを目指す。すなわち，

$\boldsymbol{a_{n+1}+\alpha b_{n+1}=\beta(a_n+\alpha b_n)}$ が成り立つように α, β の値を決める。

⟶ 本問では，値の組 $(\alpha,\ \beta)$ が 2 つ定まるから，一般項 $a_n+●b_n$ を 2 つ n の式で表した後，それを a_n, b_n の連立方程式とみて解く。

注意 値の組 $(\alpha,\ \beta)$ が 1 つしか定まらない場合は，基本例題 **45** のように対応する。

(2) 解法 2. **隣接 3 項間の漸化式に帰着させる**

2 つ目の漸化式から　$a_n=b_{n+1}-b_n$ …… (＊)　よって　$a_{n+1}=b_{n+2}-b_{n+1}$

この 2 式を 1 つ目の漸化式に代入し，$\boldsymbol{a_{n+1}}$, $\boldsymbol{a_n}$ **を消去する** ことによって，数列 $\{b_n\}$ についての隣接 3 項間の漸化式を導くことができる。⟶ 基本例題 **41** 参照。

まず，一般項 b_n を求め，次に (＊) を利用して一般項 a_n を求める。

解答

(1) $a_{n+1}+\alpha b_{n+1}=a_n+4b_n+\alpha(a_n+b_n)$

$=(1+\alpha)a_n+(4+\alpha)b_n$

◀ $a_{n+1}=a_n+4b_n$, $b_{n+1}=a_n+b_n$ を代入。

よって，$a_{n+1}+\alpha b_{n+1}=\beta(a_n+\alpha b_n)$ とすると

$(1+\alpha)a_n+(4+\alpha)b_n=\beta a_n+\alpha\beta b_n$

これがすべての n について成り立つための条件は

$1+\alpha=\beta$, $4+\alpha=\alpha\beta$ …… ㋐

◀ a_n, b_n についての恒等式とみて，係数比較。

ゆえに　$\alpha^2=4$　よって　$\alpha=\pm 2$

◀ ㋐ から β を消去すると $4+\alpha=\alpha(1+\alpha)$

ゆえに　$(\alpha,\ \beta)=(2,\ 3),\ (-2,\ -1)$

よって　$a_{n+1}+2b_{n+1}=3(a_n+2b_n)$,　$a_1+2b_1=3$；

◀ $\alpha=2$, $\beta=3$

$a_{n+1}-2b_{n+1}=-(a_n-2b_n)$,　$a_1-2b_1=-1$

◀ $\alpha=-2$, $\beta=-1$

ゆえに，数列 $\{a_n+2b_n\}$ は初項 3，公比 3 の等比数列；
数列 $\{a_n-2b_n\}$ は初項 -1，公比 -1 の等比数列。

よって　$a_n+2b_n=3\cdot 3^{n-1}=3^n$ …… ①,

◀ ar^{n-1}

$a_n-2b_n=-(-1)^{n-1}=(-1)^n$ …… ②

(①＋②)÷2 から　$\boldsymbol{a_n=\dfrac{3^n+(-1)^n}{2}}$

◀ b_n を消去。

(①－②)÷4 から　$\boldsymbol{b_n=\dfrac{3^n-(-1)^n}{4}}$

◀ a_n を消去。

(2) $a_{n+1}=a_n+4b_n$ …… ③, $b_{n+1}=a_n+b_n$ …… ④ とする。

④ から　$a_n=b_{n+1}-b_n$ …… ⑤

よって　$a_{n+1}=b_{n+2}-b_{n+1}$ …… ⑥

◀⑤ で n の代わりに $n+1$ とおいたもの。

⑤, ⑥ を ③ に代入すると

$$b_{n+2}-b_{n+1}=(b_{n+1}-b_n)+4b_n$$

ゆえに　$b_{n+2}-2b_{n+1}-3b_n=0$ …… ⑦

◀隣接 3 項間の漸化式。

また, ④ から　$b_2=a_1+b_1=1+1=2$

◀隣接 3 項間の漸化式では, 第 2 項も必要。

⑦ を変形すると

$$b_{n+2}+b_{n+1}=3(b_{n+1}+b_n),\quad b_2+b_1=3\ ;$$
$$b_{n+2}-3b_{n+1}=-(b_{n+1}-3b_n),\quad b_2-3b_1=-1$$

◀⑦ の特性方程式 $x^2-2x-3=0$ の解は, $(x+1)(x-3)=0$ から $x=-1,\ 3$

よって, 数列 $\{b_{n+1}+b_n\}$ は初項 3, 公比 3 の等比数列 ; 数列 $\{b_{n+1}-3b_n\}$ は初項 -1, 公比 -1 の等比数列。

ゆえに　$b_{n+1}+b_n=3\cdot3^{n-1}=3^n$ …… ⑧

$b_{n+1}-3b_n=-1\cdot(-1)^{n-1}=(-1)^n$ …… ⑨

◀ar^{n-1}

(⑧−⑨)÷4 から　$\boldsymbol{b_n=\dfrac{3^n-(-1)^n}{4}}$

◀b_{n+1} を消去。

よって, ⑤ から　$\boldsymbol{a_n}=\dfrac{3^{n+1}-(-1)^{n+1}}{4}-\dfrac{3^n-(-1)^n}{4}$

$=\dfrac{2\cdot3^n+2\cdot(-1)^n}{4}=\boldsymbol{\dfrac{3^n+(-1)^n}{2}}$

◀$3^{n+1}=3\cdot3^n$, $(-1)^{n+1}=-(-1)^n$

POINT　連立漸化式の一般項を求める方法

1　$\{a_n+\alpha b_n\}$ を等比数列にする

2　隣接 3 項間の漸化式に帰着

検討 PLUS ONE

等比数列を簡単に作ることができる場合

(1) では, $a_{n+1}+\alpha b_{n+1}=\beta(a_n+\alpha b_n)$ とおくことにより, 等比数列を導き出したが, $a_{n+1}=pa_n+qb_n$ …… Ⓐ, $b_{n+1}=qa_n+pb_n$ …… Ⓑ のように, a_n の係数と b_n の係数を交換した形の漸化式のときは

Ⓐ+Ⓑ から　$a_{n+1}+b_{n+1}=(p+q)(a_n+b_n)$

Ⓐ−Ⓑ から　$a_{n+1}-b_{n+1}=(p-q)(a_n-b_n)$

となり, 2 つの漸化式の和・差をとるとうまく等比数列の形を作ることができる。

練習 ③ 44　数列 $\{a_n\}$, $\{b_n\}$ を $a_1=1$, $b_1=1$, $a_{n+1}=2a_n-6b_n$, $b_{n+1}=a_n+7b_n$ で定めるとき, 数列 $\{a_n\}$, $\{b_n\}$ の一般項を求めよ。

p.92 EX 26

1章 ❺ 種々の漸化式

基本例題 45 連立漸化式 (2)

数列 $\{a_n\}$, $\{b_n\}$ を $a_1=1$, $b_1=-1$, $a_{n+1}=5a_n-4b_n$, $b_{n+1}=a_n+b_n$ で定めるとき，数列 $\{a_n\}$, $\{b_n\}$ の一般項を求めよ。

基本 36, 44

指針 基本例題 **44** (1) と同様に，「**等比数列を利用**」の方針で進めると，本問では $a_{n+1}+\alpha b_{n+1}=\beta(a_n+\alpha b_n)$ を満たす値の組 $(\alpha,\ \beta)$ が 1 つだけ定まる。
→ $a_n+\alpha b_n=(a_1+\alpha b_1)\beta^{n-1}$ の形を導くことができるが，これに $a_n=b_{n+1}-b_n$ を代入して **a_n を消去** すると $b_{n+1}=(1-\alpha)b_n+(a_1+\alpha b_1)\beta^{n-1}$ となり，$\boldsymbol{b_{n+1}=pb_n+q^n}$ **型の漸化式**（基本例題 **36** のタイプ）に帰着できる。
なお，「**隣接 3 項間の漸化式に帰着**」の方針でも解ける。これについては 別解 参照。

解答

$a_{n+1}+\alpha b_{n+1}=\beta(a_n+\alpha b_n)$ …… ① とすると

$$5a_n-4b_n+\alpha(a_n+b_n)=\beta a_n+\alpha\beta b_n$$

◀ $a_{n+1}=5a_n-4b_n$, $b_{n+1}=a_n+b_n$ を代入。

よって　$(5+\alpha)a_n+(-4+\alpha)b_n=\beta a_n+\alpha\beta b_n$ …… (＊)

これがすべての n について成り立つための条件は

◀ (＊) の両辺の係数比較。

$$5+\alpha=\beta,\ -4+\alpha=\alpha\beta$$

◀ まず，$\beta=5+\alpha$ を $-4+\alpha=\alpha\beta$ に代入して，β を消去。

これを解くと　$\alpha=-2$, $\beta=3$

ゆえに，① から　$a_{n+1}-2b_{n+1}=3(a_n-2b_n)$

また，$a_1-2b_1=3$ から　$a_n-2b_n=3\cdot3^{n-1}=3^n$

◀ $\{a_n-2b_n\}$ は初項 3，公比 3 の等比数列。

よって　$a_n=2b_n+3^n$

これに $a_n=b_{n+1}-b_n$ を代入すると　$b_{n+1}=3b_n+3^n$

◀ a_n を消去。

両辺を 3^{n+1} で割ると　$\dfrac{b_{n+1}}{3^{n+1}}=\dfrac{b_n}{3^n}+\dfrac{1}{3}$

◀ $\boldsymbol{a_{n+1}=pa_n+q^n}$ **型は両辺を $\boldsymbol{q^{n+1}}$ で割る** ($p.64$ 参照)。

数列 $\left\{\dfrac{b_n}{3^n}\right\}$ は初項 $\dfrac{b_1}{3^1}=\dfrac{-1}{3}=-\dfrac{1}{3}$，公差 $\dfrac{1}{3}$ の等差数列

であるから　$\dfrac{b_n}{3^n}=-\dfrac{1}{3}+(n-1)\cdot\dfrac{1}{3}=\dfrac{n-2}{3}$

したがって　$\boldsymbol{a_n=3^{n-1}(2n-1),\ b_n=3^{n-1}(n-2)}$

◀ $a_n=2b_n+3^n$ に代入。

別解 $a_{n+1}=5a_n-4b_n$ …… ②，$b_{n+1}=a_n+b_n$ …… ③ とする。

③ から　$a_n=b_{n+1}-b_n$ …… ④　　よって　$a_{n+1}=b_{n+2}-b_{n+1}$ …… ⑤

④，⑤ を ② に代入して整理すると　$b_{n+2}-6b_{n+1}+9b_n=0$

変形すると　$b_{n+2}-3b_{n+1}=3(b_{n+1}-3b_n)$，$b_2-3b_1=(1-1)-3(-1)=3$

ゆえに　$b_{n+1}-3b_n=3\cdot3^{n-1}$　（← $x^2-6x+9=0$ の解は $x=3$（重解））

両辺を 3^{n+1} で割ると　$\dfrac{b_{n+1}}{3^{n+1}}-\dfrac{b_n}{3^n}=\dfrac{1}{3}$，$\dfrac{b_1}{3}=-\dfrac{1}{3}$

よって　$\dfrac{b_n}{3^n}=-\dfrac{1}{3}+(n-1)\cdot\dfrac{1}{3}=\dfrac{n-2}{3}$　　ゆえに　$\boldsymbol{b_n=3^{n-1}(n-2)}$

④ から　$\boldsymbol{a_n}=3^n(n-1)-3^{n-1}(n-2)=3^{n-1}\{3(n-1)-(n-2)\}=\boldsymbol{3^{n-1}(2n-1)}$

練習 ③ 45 数列 $\{a_n\}$, $\{b_n\}$ を $a_1=-1$, $b_1=1$, $a_{n+1}=-2a_n-9b_n$, $b_{n+1}=a_n+4b_n$ で定めるとき，数列 $\{a_n\}$, $\{b_n\}$ の一般項を求めよ。

まとめ　隣接3項間の漸化式，連立漸化式の解法

1　隣接 3 項間の漸化式　$a_1=a$，$a_2=b$，$pa_{n+2}+qa_{n+1}+ra_n=0$ $(pqr\neq 0)$

a_{n+2}，a_{n+1}，a_n をそれぞれ x^2，x，1 とおく。

特性方程式 $px^2+qx+r=0$ の解 α，β を求め

$$a_{n+2}-\alpha a_{n+1}=\beta(a_{n+1}-\alpha a_n),\ a_{n+2}-\beta a_{n+1}=\alpha(a_{n+1}-\beta a_n)\ \cdots\cdots \text{①}$$

と変形できることを利用する。

[1]　**$\alpha\neq\beta$ のときは，① の 2 通りに表し，** 数列 $\{a_{n+1}-\alpha a_n\}$，$\{a_{n+1}-\beta a_n\}$ が等比数列であることを利用する。　➡例題 41 (1)

※ α，β に 1 を含むときは，**階差数列** も利用できる。　➡例題 41 (2)

[2]　**$\alpha=\beta$ のとき，** $a_{n+2}-\alpha a_{n+1}=\alpha(a_{n+1}-\alpha a_n)$ から　$a_{n+1}-\alpha a_n=\alpha^{n-1}(a_2-\alpha a_1)$
両辺を α^{n+1} で割って，等差数列の形を導く。　➡例題 42

2　連立漸化式　$\begin{cases} a_1=a \\ b_1=b \end{cases}$　$\begin{cases} a_{n+1}=pa_n+qb_n \\ b_{n+1}=ra_n+sb_n \end{cases}$　$(pqrs\neq 0)$

〔解法 1〕　数列 $\{a_n+kb_n\}$ が等比数列となるように k の値を定める。

[1]　2 つの漸化式の和・差をとると，うまくいく場合がある。

[2]　[1] でうまくいかないとき

$$a_{n+1}+kb_{n+1}=pa_n+qb_n+k(ra_n+sb_n)=(p+kr)a_n+(q+ks)b_n$$
$$=(p+kr)\left(a_n+\frac{q+ks}{p+kr}b_n\right)$$

よって，$\dfrac{q+ks}{p+kr}=k$ とすると　$rk^2+(p-s)k-q=0$

この k の 2 次方程式の解を α，β とすると

$\alpha\neq\beta$ のとき　$a_{n+1}+\alpha b_{n+1}=(p+\alpha r)(a_n+\alpha b_n)$，$a_{n+1}+\beta b_{n+1}=(p+\beta r)(a_n+\beta b_n)$

よって　$\begin{cases} a_n+\alpha b_n=(p+\alpha r)^{n-1}(a+\alpha b) \\ a_n+\beta b_n=(p+\beta r)^{n-1}(a+\beta b) \end{cases}$ …… Ⓐ

これから a_n，b_n を求める。　➡例題 44 (1)

$\alpha=\beta$ のとき， Ⓐ を利用して a_n，b_n の一方を消去する。　➡例題 45

〔解法 2〕　隣接 3 項間の漸化式に帰着させる。

$a_{n+1}=pa_n+qb_n$ から　$b_n=\dfrac{1}{q}a_{n+1}-\dfrac{p}{q}a_n$　よって　$b_{n+1}=\dfrac{1}{q}a_{n+2}-\dfrac{p}{q}a_{n+1}$

これらと $b_{n+1}=ra_n+sb_n$ から，**b_{n+1}，b_n を消去** し，数列 $\{a_n\}$ の隣接 3 項間の漸化式を導く。その後は上の 1 参照。　➡例題 44 (2)，45 の 別解

$\Bigl($ $b_{n+1}=ra_n+sb_n$ から　$a_n=\dfrac{1}{r}b_{n+1}-\dfrac{s}{r}b_n$　よって　$a_{n+1}=\dfrac{1}{r}b_{n+2}-\dfrac{s}{r}b_{n+1}$

これらと $a_{n+1}=pa_n+qb_n$ から，**a_{n+1}，a_n を消去** してもよい。$\Bigr)$

重要例題 46 分数形の漸化式 (1)

③③③③○

$a_1=4,\ a_{n+1}=\dfrac{4a_n-9}{a_n-2}$ …… ① によって定められる数列 $\{a_n\}$ について

(1) $b_n=a_n-\alpha$ とおく。① は $\alpha=^{ア}\square$ のとき $b_{n+1}=\dfrac{^{イ}\square\, b_n}{b_n+^{ウ}\square}$ と変形できる。

(2) 数列 $\{a_n\}$ の一般項を求めよ。

基本 37

指針 分数形の漸化式であるが，分子にも定数の項があるため，$p.65$ 基本例題 **37** のように両辺の逆数をとって進めるわけにもいかない。そこで，誘導に従い，おき換えを利用して例題 **37** のタイプの漸化式に帰着させることを目指す。

解答

(1) $b_n=a_n-\alpha$ とおくと，$a_n=b_n+\alpha$ であり，漸化式から

$$b_{n+1}+\alpha=\frac{4(b_n+\alpha)-9}{(b_n+\alpha)-2}$$

よって $$b_{n+1}=\frac{(4-\alpha)b_n-(\alpha-3)^2}{b_n+\alpha-2}$$

◀ ┈┈ の左辺の α を右辺へ移項し，通分する。

ここで，$\alpha=^{ア}3$ とすると $b_{n+1}=\dfrac{^{イ}\mathbf{1}\cdot b_n}{b_n+^{ウ}\mathbf{1}}$ …… ②

◀ $(\alpha-3)^2=0$ から。

と変形できる。

(2) $b_1=a_1-3=1$

$b_1>0$ と漸化式 ② の形から，すべての自然数 n に対して

$$b_n>0$$

◀ 逆数をとるために，$b_n>0\ (n\geqq1)$ を断る。

② の両辺の逆数をとると $\dfrac{1}{b_{n+1}}=1+\dfrac{1}{b_n}$

◀ 等差数列に帰着。

数列 $\left\{\dfrac{1}{b_n}\right\}$ は初項 $\dfrac{1}{b_1}=1$，公差 1 の等差数列であるから

$\dfrac{1}{b_n}=n$ ゆえに $\boldsymbol{a_n}=b_n+3=\dfrac{1}{n}+3=\boldsymbol{\dfrac{3n+1}{n}}$

◀ $a+(n-1)d$

検討 **分数形の漸化式の特性方程式**

漸化式 $a_{n+1}=\dfrac{ra_n+s}{pa_n+q}$ …… Ⓐ において，a_{n+1}，a_n の代わりに x とおいた方程式を **特性方程式** という。上の例題の漸化式については，特性方程式は $x=\dfrac{4x-9}{x-2}$ すなわち $x^2-6x+9=0$ であり，その解 $x=3$（重解）は上の解答の $\alpha=3$ に一致している。

このように，漸化式 Ⓐ の **特性方程式が重解 α をもつ場合は，$b_n=a_n-\alpha$ $\left(\text{または } b_n=\dfrac{1}{a_n-\alpha}\right)$ のおき換えを利用する** と，例題 **37** のタイプの漸化式に帰着できる。

→ 詳しくは，$p.82$ の [1] 参照。なお，上の例題で誘導のない場合は，最初に特性方程式の解 $x=3$ を求めて，$b_n=a_n-3$ とおいて進める方針でも構わない。

練習 ③ 46 $a_1=1,\ a_{n+1}=\dfrac{a_n-4}{a_n-3}$ で定められる数列 $\{a_n\}$ の一般項 a_n を，上の例題と同様の方法で求めよ。

p.92 EX 27

重要例題 47 分数形の漸化式 (2)

数列 $\{a_n\}$ が $a_1=4$, $a_{n+1}=\dfrac{4a_n+8}{a_n+6}$ で定められている。

(1) $b_n=\dfrac{a_n-\beta}{a_n-\alpha}$ とおく。このとき，数列 $\{b_n\}$ が等比数列となるような α, β $(\alpha>\beta)$ の値を求めよ。

(2) 数列 $\{a_n\}$ の一般項を求めよ。

重要 46

本問も分数形の漸化式であるが，誘導があるので，それに従って進めよう。

(1) $b_{n+1}=\dfrac{a_{n+1}-\beta}{a_{n+1}-\alpha}$ に与えられた漸化式を代入するとよい。

(2) (1) から，**等比数列** の問題に帰着される。まず，一般項 b_n を求める。

(1) $b_{n+1}=\dfrac{a_{n+1}-\beta}{a_{n+1}-\alpha}=\dfrac{\dfrac{4a_n+8}{a_n+6}-\beta}{\dfrac{4a_n+8}{a_n+6}-\alpha}=\dfrac{(4-\beta)a_n+8-6\beta}{(4-\alpha)a_n+8-6\alpha}$

$=\dfrac{4-\beta}{4-\alpha}\cdot\dfrac{a_n+\dfrac{8-6\beta}{4-\beta}}{a_n+\dfrac{8-6\alpha}{4-\alpha}}$ …… ①

数列 $\{b_n\}$ が等比数列となるための条件は

$$\frac{8-6\beta}{4-\beta}=-\beta,\quad \frac{8-6\alpha}{4-\alpha}=-\alpha \quad\cdots\cdots ②$$

よって，α, β は 2 次方程式 $8-6x=-x(4-x)$ の解であり，$x^2+2x-8=0$ を解いて　$x=2,\ -4$

$\alpha>\beta$ から　$\boldsymbol{\alpha=2,\ \beta=-4}$

(2) $\dfrac{4-\beta}{4-\alpha}=\dfrac{4+4}{4-2}=4$ と ①, ② から　$b_{n+1}=4b_n$

また　$b_1=\dfrac{a_1+4}{a_1-2}=4$　ゆえに　$b_n=4\cdot4^{n-1}=4^n$

よって　$\dfrac{a_n+4}{a_n-2}=4^n$　ゆえに　$\boldsymbol{a_n=\dfrac{2(4^n+2)}{4^n-1}}$

◀ (繁分数式)の扱い
分母，分子に a_n+6 を掛けて整理する。

◀ の分母を $4-\alpha$, 分子を $4-\beta$ でくくる。

◀ と $b_n=\dfrac{a_n-\beta}{a_n-\alpha}$ の右辺の分母・分子をそれぞれ比較。

◀ $(x-2)(x+4)=0$

◀ $\dfrac{8-6\beta}{4-\beta}=-\beta=4$, $\dfrac{8-6\alpha}{4-\alpha}=-\alpha=-2$, $b_n=\dfrac{a_n+4}{a_n-2}$

上の例題の特性方程式は $x=\dfrac{4x+8}{x+6}$ すなわち $x^2+2x-8=0$ で，この解は，
$(x-2)(x+4)=0$ から　$x=2,\ -4$　← (1) の α, β と一致。
一般に，分数形の漸化式の特性方程式の解が α, β $(\alpha\neq\beta)$ のときは，$\boldsymbol{b_n=\dfrac{a_n-\beta}{a_n-\alpha}}$ とおいて進めるとよい。⟶ 詳しくは次ページの [2] 参照。

練習 ④ 47 数列 $\{a_n\}$ が $a_1=4$, $a_{n+1}=\dfrac{4a_n+3}{a_n+2}$ で定められている。このとき，数列 $\{a_n\}$ の一般項を上の例題と同様の方法で求めよ。

補足事項 分数形の漸化式

a, p, q, r, s $(p \neq 0,\ ps-qr \neq 0)$ は定数とする。

◀$ps-qr=0$ のときは，$p:q=r:s$ から，Ⓐの右辺は定数。

$$\boldsymbol{a_1=a,\ a_{n+1}=\frac{ra_n+s}{pa_n+q}} \quad \cdots\cdots \text{Ⓐ}$$

Ⓐの特性方程式 $x=\dfrac{rx+s}{px+q}$ すなわち $px^2+(q-r)x-s=0$ …… Ⓑ の2つの解を α, β とする。

$$a_{n+1}-\alpha=\frac{ra_n+s}{pa_n+q}-\alpha=\frac{(r-p\alpha)a_n+s-q\alpha}{pa_n+q} \quad \cdots\cdots \text{Ⓒ}$$

また，α はⒷの解であるから　$p\alpha^2+(q-r)\alpha-s=0$

よって　$s-q\alpha=p\alpha^2-r\alpha=\alpha(p\alpha-r)$

これをⒸに代入して

$$a_{n+1}-\alpha=\frac{(r-p\alpha)a_n+\alpha(p\alpha-r)}{pa_n+q}=\frac{(r-p\alpha)(a_n-\alpha)}{pa_n+q} \quad \cdots\cdots \text{Ⓓ}$$

ここから先は，次の2通りに分かれる。

[1]　$\alpha=\beta$ のとき　（例題 **46**）

[2]　$\alpha \neq \beta$ のとき　（例題 **47**）

[1]　**$\alpha=\beta$ のとき**

$r-p\alpha \neq 0$ であるから（下の 注意 参照），Ⓓの両辺の逆数をとると

$$\frac{1}{a_{n+1}-\alpha}=\frac{1}{r-p\alpha}\cdot\frac{pa_n+q}{a_n-\alpha}=\frac{1}{r-p\alpha}\left(p+\frac{p\alpha+q}{a_n-\alpha}\right) \quad \cdots\cdots \text{Ⓔ}$$

α はⒷの重解であるから　$\alpha=-\dfrac{q-r}{2p}$　よって　$p\alpha+q=r-p\alpha$

これをⒺに代入して　$\dfrac{1}{a_{n+1}-\alpha}=\dfrac{1}{r-p\alpha}\left(p+\dfrac{r-p\alpha}{a_n-\alpha}\right)=\dfrac{p}{r-p\alpha}+\dfrac{1}{a_n-\alpha}$

$\dfrac{1}{a_n-\alpha}=b_n$ とおくと　$b_{n+1}=b_n+\dfrac{p}{r-p\alpha}$　→ **等差数列** を利用。

[2]　**$\alpha \neq \beta$ のとき**

Ⓓと同様に，$a_{n+1}-\beta=\dfrac{(r-p\beta)(a_n-\beta)}{pa_n+q}$ …… Ⓕ が成り立つ。

Ⓓ，Ⓕにおいて，それぞれ $r-p\alpha \neq 0$, $r-p\beta \neq 0$ であるから（下の 注意 参照），

Ⓕ÷Ⓓ より　$\dfrac{a_{n+1}-\beta}{a_{n+1}-\alpha}=\dfrac{r-p\beta}{r-p\alpha}\cdot\dfrac{a_n-\beta}{a_n-\alpha}$

$\dfrac{a_n-\beta}{a_n-\alpha}=c_n$ とおくと　$c_{n+1}=\dfrac{r-p\beta}{r-p\alpha}c_n$　→ **等比数列** を利用。

注意　Ⓓにおいて $r-p\alpha=0$ とすると，$p \neq 0$ であるから　$\alpha=\dfrac{r}{p}$

α はⒷの解であるから　$p\left(\dfrac{r}{p}\right)^2+(q-r)\cdot\dfrac{r}{p}-s=0$

よって，$qr-ps=0$ となり条件に反する。

ゆえに　$r-p\alpha \neq 0$

同様に，$r-p\beta \neq 0$ も成り立つ。

基本例題 48 和 S_n と漸化式

①①①①①

数列 $\{a_n\}$ の初項から第 n 項までの和 S_n が，一般項 a_n を用いて $S_n=-2a_n-2n+5$ と表されるとき，一般項 a_n を n で表せ。〔皇學館大〕

基本 24，34

a_n と S_n の関係式が与えられているから，まず **一方だけで表す** ために

$$a_1=S_1 \quad n\geqq 2 \text{ のとき } a_n=S_n-S_{n-1}$$

を利用する。ここでは，$n\geqq 2$ と $n=1$ の場合分けをしなくて済むように，漸化式 $S_n=-2a_n-2n+5$ で n の代わりに $n+1$ とおいて S_{n+1} を含む式を作り，辺々を引くことによって S_n を消去する。手順をまとめると

1 $a_1=S_1$ を利用し，a_1 を求める。

2 $a_{n+1}=S_{n+1}-S_n$ から，a_n，a_{n+1} の漸化式を作る。

$$\begin{array}{rl} S_{n+1}= & a_1+a_2+\cdots\cdots+a_n+a_{n+1} \\ -)\ S_n\ = & a_1+a_2+\cdots\cdots+a_n \\ \hline S_{n+1}-S_n= & \qquad\qquad\qquad\quad a_{n+1} \end{array}$$

3 a_n，a_{n+1} の漸化式から，一般項 a_n を求める。

解答

$S_n=-2a_n-2n+5$ …… ① とする。

① に $n=1$ を代入すると　$S_1=-2a_1-2+5$

$S_1=a_1$ であるから　$a_1=-2a_1-2+5$　◀a_1 の方程式。

よって　$a_1=1$

① から　$S_{n+1}=-2a_{n+1}-2(n+1)+5$ …… ②　◀① で n の代わりに $n+1$ とおく。

②−① から　$S_{n+1}-S_n=-2(a_{n+1}-a_n)-2$

$S_{n+1}-S_n=a_{n+1}$ であるから

$$a_{n+1}=-2(a_{n+1}-a_n)-2$$

◀a_{n+1}，a_n だけの式。

よって　$a_{n+1}=\frac{2}{3}a_n-\frac{2}{3}$　◀漸化式 $a_{n+1}=pa_n+q$

ゆえに　$a_{n+1}+2=\frac{2}{3}(a_n+2)$　◀特性方程式 $\alpha=\frac{2}{3}\alpha-\frac{2}{3}$ を解くと　$\alpha=-2$

ここで　$a_1+2=1+2=3$

数列 $\{a_n+2\}$ は初項 3，公比 $\frac{2}{3}$ の等比数列であるから

$$a_n+2=3\cdot\left(\frac{2}{3}\right)^{n-1}$$

したがって　$\boldsymbol{a_n=3\cdot\left(\frac{2}{3}\right)^{n-1}-2}$

練習 ③ 48 数列 $\{a_n\}$ の初項から第 n 項までの和 S_n が，一般項 a_n を用いて $S_n=2a_n+n$ と表されるとき，一般項 a_n を n で表せ。〔類 宮崎大〕

p.93 EX 28

基本例題 49 図形と漸化式(1) … 領域の個数

平面上に，どの 3 本の直線も 1 点を共有しない，n 本の直線がある。次の場合，平面が直線によって分けられる領域の個数を n で表せ。

(1) どの 2 本の直線も平行でないとき。

(2) $n\ (n \geqq 2)$ 本の直線の中に，2 本だけ平行なものがあるとき。　〔類　滋賀大〕

(1) $n=3$ の場合について，**図をかいて** 考えてみよう。
$a_2=4$(図の $D_1 \sim D_4$)であるが，ここで直線 ℓ_3 を引くと，ℓ_3 は ℓ_1，ℓ_2 と 2 点で交わり，この 2 つの交点で **ℓ_3 は 3 個の線分または半直線に分けられ，領域は 3 個**(図の D_5，D_6，D_7)**増加する。**

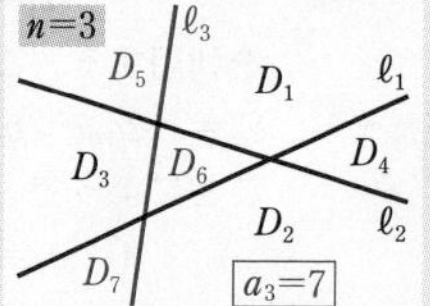

よって　$a_3=a_2+3$

同様に，**n 番目と $(n+1)$ 番目の関係に注目** して考える。

n 本の直線によって a_n 個の領域に分けられているとき，$(n+1)$ 本目の直線を引くと領域は何個増えるかを考え，**漸化式を作る。**

(2) $(n-1)$ 本の直線が(1)の条件を満たすとき，n 本目の直線はどれか 1 本と平行になるから **$(n-2)$ 個の点で交わり，$(n-1)$ 個の領域が加わる。**

解答

(1) n 本の直線で平面が a_n 個の領域に分けられているとする。
$(n+1)$ 本目の直線を引くと，その直線は他の n 本の直線で $(n+1)$ 個の線分または半直線に分けられ，領域は $(n+1)$ 個だけ増加する。ゆえに　$a_{n+1}=a_n+n+1$

◀ $(n+1)$ 番目の直線は n 本の直線のどれとも平行でないから，交点は n 個。

よって　$a_{n+1}-a_n=n+1$　また　$a_1=2$

数列 $\{a_n\}$ の階差数列の一般項は $n+1$ であるから，

$n \geqq 2$ のとき　$a_n=2+\sum_{k=1}^{n-1}(k+1)=\dfrac{n^2+n+2}{2}$

◀ $\sum_{k=1}^{n-1}(k+1)=\sum_{k=1}^{n-1}k+\sum_{k=1}^{n-1}1$ $=\dfrac{1}{2}(n-1)n+n-1$

これは $n=1$ のときも成り立つ。

ゆえに，求める領域の個数は　$\boldsymbol{\dfrac{n^2+n+2}{2}}$

(2) 平行な 2 直線のうちの 1 本を ℓ とすると，ℓ を除く $(n-1)$ 本は(1)の条件を満たすから，この $(n-1)$ 本の直線で分けられる領域の個数は(1)から　a_{n-1}

◀(1)の結果を利用。

更に，直線 ℓ を引くと，ℓ はこれと平行な 1 本の直線以外の直線と $(n-2)$ 個の点で交わり，$(n-1)$ 個の領域が増える。よって，求める領域の個数は

$$a_{n-1}+(n-1)=\frac{(n-1)^2+(n-1)+2}{2}+(n-1)=\boldsymbol{\frac{n^2+n}{2}}$$

◀ a_{n-1} は，(1)の a_n で n の代わりに $n-1$ とおく。

練習 ③ 49 平面上に，どの 2 つの円をとっても互いに交わり，また，3 つ以上の円は同一の点では交わらない n 個の円がある。これらの円によって，平面は何個の部分に分けられるか。

基本例題 50 図形と漸化式(2) … 相似な図形

$\angle XPY\ (=60^\circ)$ の 2 辺 PX，PY に接する半径 1 の円を O_1 とする。次に，2 辺 PX，PY および円 O_1 に接する円のうち半径の小さい方の円を O_2 とする。以下，同様にして順に円 O_3，O_4，…… を作る。

(1) 円 O_n の半径 r_n を n で表せ。

(2) 円 O_n の面積を S_n とするとき，$S_1+S_2+\cdots\cdots+S_n$ を n で表せ。

基本 49

指針 (1) 円 O_n と O_{n+1} の場合について，**図をかいて，r_{n+1} と r_n の関係を調べる。**
このとき，3 辺の比が $1:\sqrt{3}:2$ の直角三角形に注目する。

(2) 等比数列の和の公式を利用して計算。

CHART 繰り返しの操作　n 番目と $(n+1)$ 番目の関係に注目

解答

(1) 右の図の $\triangle O_nO_{n+1}H$ について

$O_nO_{n+1}=r_n+r_{n+1}$,

$O_nH=r_n-r_{n+1}$

$\angle O_nO_{n+1}H=30^\circ$ であるから

$O_nO_{n+1}=2O_nH$

よって

$r_n+r_{n+1}=2(r_n-r_{n+1})$

ゆえに　$r_{n+1}=\dfrac{1}{3}r_n$

また　$r_1=1$

よって，数列 $\{r_n\}$ は初項 1，公比 $\dfrac{1}{3}$ の等比数列であるから　$\boldsymbol{r_n=\left(\dfrac{1}{3}\right)^{n-1}}$

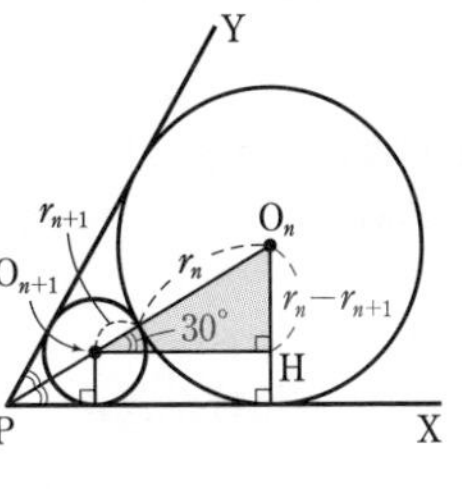

◀半直線 PO_n は $\angle XPY$ $(=60^\circ)$ の二等分線，$PX \parallel O_{n+1}H$ ならば $\angle O_nO_{n+1}H=30^\circ$
よって $O_nO_{n+1}:O_nH=2:1$

(2) $S_n=\pi r_n^2=\pi\left(\dfrac{1}{9}\right)^{n-1}$ であるから

$$S_1+S_2+\cdots\cdots+S_n=\frac{\pi\left\{1-\left(\frac{1}{9}\right)^n\right\}}{1-\frac{1}{9}}=\boldsymbol{\frac{9\pi}{8}\left\{1-\left(\frac{1}{9}\right)^n\right\}}$$

◀数列 $\{S_n\}$ は初項 π，公比 $\dfrac{1}{9}$ の等比数列。

練習 ③ **50** 直線 $y=ax\ (a>0)$ を ℓ とする。ℓ 上の点 $A_1(1,\ a)$ から x 軸に垂線 A_1B_1 を下ろし，点 B_1 から ℓ に垂線 B_1A_2 を下ろす。更に，点 A_2 から x 軸に垂線 A_2B_2 を下ろす。以下これを続けて，線分 A_3B_3，A_4B_4，…… を引き，線分 A_nB_n の長さを l_n とする。

(1) l_n を n，a で表せ。

(2) $l_1+l_2+l_3+\cdots\cdots+l_n$ を n，a で表せ。

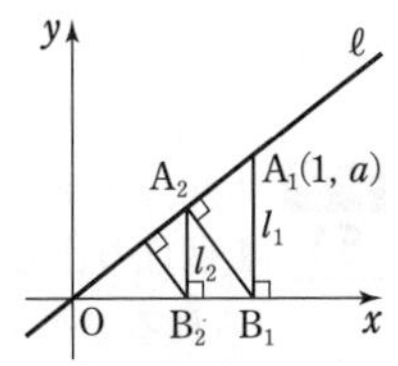

p.93 EX 29

基本例題 51 確率と漸化式 (1) … 隣接 2 項間

直線上に異なる 2 点 A，B があり，点 P は A と B の 2 点を行ったり来たりする。1 個のさいころを投げて 1 の目が出たとき，P は他の点に移動し，1 以外の目が出たときはその場所にとどまる。初めに P は A にいるとして，さいころを n 回投げたとき，P が A にいる確率を p_n で表す。 [類 中央大]

(1) p_1 を求めよ。 (2) p_{n+1} を p_n で表せ。 (3) p_n を n で表せ。

基本 34 重要 52，53，54

(2) さいころを n 回投げたとき，P が A にいる確率は p_n であるから，B にいる確率は $1-p_n$ である。
さいころを $(n+1)$ 回投げて P が A にいるとき，**直前 (n 回目) の状態** を考えて漸化式を作る。

CHART 確率 p_n の問題 n 回目と $(n+1)$ 回目に注目

(1) さいころを 1 回投げたとき，P が A にいるのは，1 以外の目が出る場合である。

よって $\boldsymbol{p_1=\frac{5}{6}}$

(2) さいころを $(n+1)$ 回投げたとき，P が A にいる場合は

[1] n 回目に P が A にいて，$(n+1)$ 回目に 1 以外の目が出る

[2] n 回目に P が B にいて，$(n+1)$ 回目に 1 の目が出る

のいずれかであり，[1]，[2] は互いに排反であるから

$$\boldsymbol{p_{n+1}}=p_n\cdot\frac{5}{6}+(1-p_n)\cdot\frac{1}{6}=\boldsymbol{\frac{2}{3}p_n+\frac{1}{6}} \quad \cdots\cdots ①$$

(3) ① から $p_{n+1}-\frac{1}{2}=\frac{2}{3}\left(p_n-\frac{1}{2}\right)$

また $p_1-\frac{1}{2}=\frac{1}{3}$

数列 $\left\{p_n-\frac{1}{2}\right\}$ は初項 $\frac{1}{3}$，公比 $\frac{2}{3}$ の等比数列であるから

$$p_n-\frac{1}{2}=\frac{1}{3}\left(\frac{2}{3}\right)^{n-1}$$

ゆえに $\boldsymbol{p_n=\frac{1}{2}+\frac{1}{3}\left(\frac{2}{3}\right)^{n-1}}$

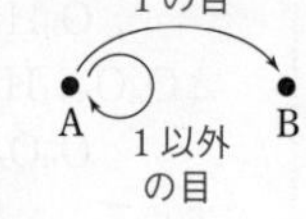

◀特性方程式 $\alpha=\frac{2}{3}\alpha+\frac{1}{6}$ を解くと $\alpha=\frac{1}{2}$

p_1 は (1) の結果を利用。

練習 ③ 51 1 から 7 までの数を 1 つずつ書いた 7 個の玉が，袋の中に入っている。袋から玉を 1 個取り出し，書かれている数を記録して袋に戻す。この試行を n 回繰り返して得られる n 個の数の和が 4 の倍数となる確率を p_n とする。 [類 琉球大]

(1) p_1 を求めよ。 (2) p_{n+1} を p_n で表せ。 (3) p_n を n で表せ。

p.93 EX 30

確率の問題での漸化式の作り方

例題 **51** の p_n について，1回目から順に考えていくと，右の樹形図のように枝分かれが多くなり，n 回目のときを考えるのは難しい。そのような問題では，漸化式を作るとうまくいく場合がある。
ここでは，その漸化式の作り方について，説明しよう。

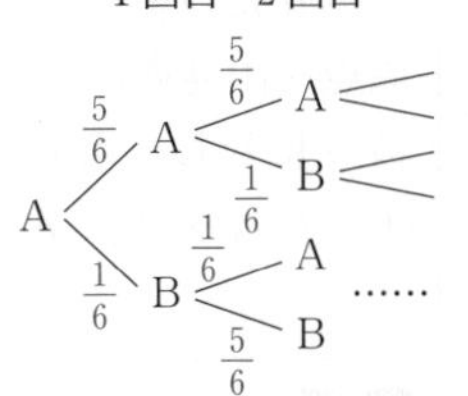

● p_n の漸化式を作るにはどう考える？

p_{n+1} はさいころを $(n+1)$ 回投げて P が A にいる確率であり，その直前の n 回目に関する確率は p_n の式で表すことができるから，n 回目と $(n+1)$ 回目の関係性について考える。
その関係性をつかむため，$(n+1)$ 回目の状態から n 回目の状態にさかのぼって調べる。$(n+1)$ 回目に A にいるには，その直前に「A にいる」または「B にいる」の 2 通りがある。よって，

[1]　n 回目に A にいて，$(n+1)$ 回目は A にとどまる
[2]　n 回目に B にいて，$(n+1)$ 回目に A に移動する

のケースについて漸化式を作ればよい。

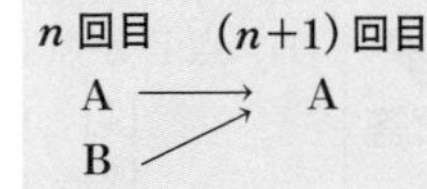

n 回目と $(n+1)$ 回目の関係性について考えるときは，$(n+1)$ 回目の状態から直前（n 回目）の状態にさかのぼって考えよう。

● 漸化式を作る際には，確率の性質を利用する

さいころを $(n+1)$ 回投げて P が A にいるのは
[1]　n 回目に A にいて，$(n+1)$ 回目は A にとどまる
[2]　n 回目に B にいて，$(n+1)$ 回目に A に移動する
のいずれかである。
ここで，「n 回目に B にいる確率」を q_n とすると，n 回目にいる場所は A，B のどちらかであるから　$p_n+q_n=1$　← 確率の総和は 1
ゆえに　$q_n=1-p_n$
また，n 回目の試行と $(n+1)$ 回目の試行は **独立** であるから

[1] の確率は　$p_n\times\frac{5}{6}$　← 独立なら 積を計算

[2] の確率は　$(1-p_n)\times\frac{1}{6}$　← 独立なら 積を計算

n 回目	$\frac{5}{6}$	$(n+1)$ 回目
A $[p_n]$	→	A $[p_{n+1}]$
B $[q_n]$	↗ $\frac{1}{6}$	

[1] と [2] は **排反** であるから

$p_{n+1}=p_n\cdot\frac{5}{6}+(1-p_n)\cdot\frac{1}{6}$　← 排反なら 和を計算

重要例題 52 確率と漸化式 (2) … 隣接 3 項間

①①①①①

座標平面上で，点 P を次の規則に従って移動させる。

1 個のさいころを投げ，出た目を a とするとき，$a \leqq 2$ ならば x 軸の正の方向へ a だけ移動させ，$a \geqq 3$ ならば y 軸の正の方向へ 1 だけ移動させる。

原点を出発点としてさいころを繰り返し投げ，点 P を順次移動させるとき，自然数 n に対し，点 P が点 $(n,\ 0)$ に至る確率を p_n で表し，$p_0=1$ とする。

(1) p_{n+1} を p_n，p_{n-1} で表せ。　　(2) p_n を求めよ。　〔類 福井医大〕

基本 41，51

指針 (1) p_{n+1}：点 P が点 $(n+1,\ 0)$ に至る確率。

点 P が点 $(n+1,\ 0)$ に到達する **直前の状態** を，次の排反事象 [1]，[2] に分けて考える。

[1] 点 $(n,\ 0)$ にいて 1 の目が出る。

[2] 点 $(n-1,\ 0)$ にいて 2 の目が出る。

(2) (1) で導いた漸化式から p_n を求める。

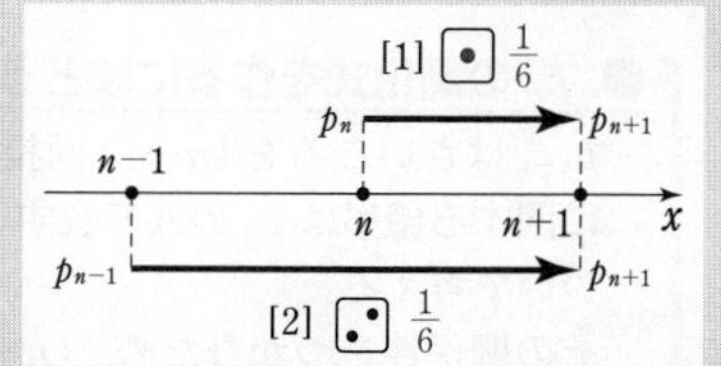

解答

(1) 点 P が点 $(n+1,\ 0)$ に到達するには

[1] 点 $(n,\ 0)$ にいて 1 の目が出る。

[2] 点 $(n-1,\ 0)$ にいて 2 の目が出る。

の 2 通りの場合があり，[1]，[2] の事象は互いに排反である。よって　$\boldsymbol{p_{n+1}=\frac{1}{6}p_n+\frac{1}{6}p_{n-1}}$ …… ①

◀ y 軸方向には移動しない。

◀点 $(n,\ 0)$，$(n-1,\ 0)$ にいる確率はそれぞれ p_n，p_{n-1}

(2) ① から　$p_{n+1}+\frac{1}{3}p_n=\frac{1}{2}\left(p_n+\frac{1}{3}p_{n-1}\right)$，

$p_{n+1}-\frac{1}{2}p_n=-\frac{1}{3}\left(p_n-\frac{1}{2}p_{n-1}\right)$

よって　$p_{n+1}+\frac{1}{3}p_n=\left(p_1+\frac{1}{3}p_0\right)\cdot\left(\frac{1}{2}\right)^n$，

$p_{n+1}-\frac{1}{2}p_n=\left(p_1-\frac{1}{2}p_0\right)\cdot\left(-\frac{1}{3}\right)^n$

$p_0=1$，$p_1=\frac{1}{6}$ から　$p_{n+1}+\frac{1}{3}p_n=\left(\frac{1}{2}\right)^{n+1}$ …… ②，

$p_{n+1}-\frac{1}{2}p_n=\left(-\frac{1}{3}\right)^{n+1}$ …… ③

(② − ③) $\div \frac{5}{6}$ から　$\boldsymbol{p_n=\frac{6}{5}\left\{\left(\frac{1}{2}\right)^{n+1}-\left(-\frac{1}{3}\right)^{n+1}\right\}}$

◀ $x^2=\frac{1}{6}x+\frac{1}{6}$ から $6x^2-x-1=0$

よって　$x=-\frac{1}{3},\ \frac{1}{2}$

$(\alpha,\ \beta)=\left(-\frac{1}{3},\ \frac{1}{2}\right)$，$\left(\frac{1}{2},\ -\frac{1}{3}\right)$ とする。

練習 ④ 52 硬貨を投げて数直線上を原点から正の向きに進む。表が出れば 1 進み，裏が出れば 2 進むものとする。このとき，ちょうど点 n に到達する確率を p_n で表す。ただし，n は自然数とする。

(1) 2 以上の n について，p_{n+1} と p_n，p_{n-1} との関係式を求めよ。

(2) p_n を求めよ。

重要例題 53 確率と漸化式(3) … 3 つの数列を利用

初めに，A が赤玉を 1 個，B が白玉を 1 個，C が青玉を 1 個持っている。表裏の出る確率がそれぞれ $\frac{1}{2}$ の硬貨を投げ，表が出れば A と B の玉を交換し，裏が出れば B と C の玉を交換する，という操作を考える。この操作を n 回（n は自然数）繰り返した後に A，B，C が赤玉を持っている確率をそれぞれ a_n，b_n，c_n とする。

(1) a_1，b_1，c_1，a_2，b_2，c_2 を求めよ。

(2) a_{n+1}，b_{n+1}，c_{n+1} をそれぞれ a_n，b_n，c_n で表せ。

(3) a_n，b_n，c_n を求めよ。

〔類 名古屋大〕 基本 51

(1)，(2) 誰が赤玉を持っているのかを **樹形図** をかいて考える。

(1) 2 回の操作後までの，A，B，C のもつ玉の色のパターンを樹形図で表す。赤玉か，赤玉でないかが問題となるから，赤玉を○，赤玉以外を×のように書くとよい。

(2) n 回の操作後に，赤玉を持っている人が，A か B か C かに分けて，$(n+1)$ 回目の操作による状態の変化に注目する。

(3) 操作を n 回繰り返した後，A，B，C のいずれかが赤玉を持っているから，すべての自然数 n に対して，$a_n+b_n+c_n=1$ が成り立つ。このかくれた条件がカギとなる。

CHART 確率の漸化式
1 n 回目と $(n+1)$ 回目に注目
2 (確率の和)=1 にも注意

(1) 赤玉を持っていることを○，持っていないことを×とし，A，B，C の順に○，×を表すことにする。2 回の操作による A，B，C の玉の移動は，右のようになるから

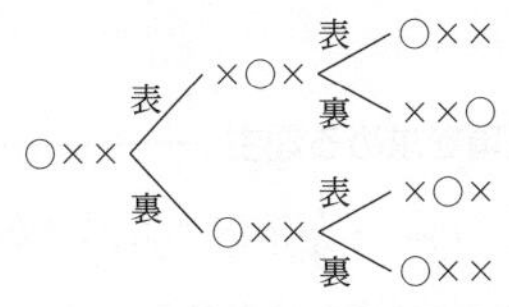

$$a_1=\frac{1}{2},\ b_1=\frac{1}{2},\ c_1=0,\ a_2=\frac{1}{2}\cdot\frac{1}{2}+\frac{1}{2}\cdot\frac{1}{2}=\frac{1}{2},$$

$$b_2=\frac{1}{2}\cdot\frac{1}{2}=\frac{1}{4},\ c_2=\frac{1}{2}\cdot\frac{1}{2}=\frac{1}{4}$$

◀例えば，○××は A：赤，B：赤以外，C：赤以外 ということ。各枝のように推移する確率はどれも $\frac{1}{2}$ である。

(2) A，B，C が赤玉を持っているとき，硬貨の表裏の出方によって，赤玉の移動は右のようになる。ゆえに

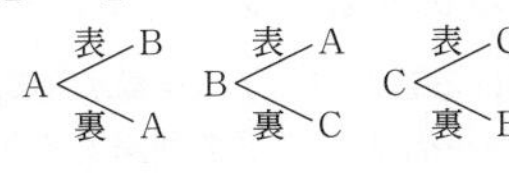

$$a_{n+1}=\frac{1}{2}a_n+\frac{1}{2}b_n \quad \cdots\cdots ①,$$

$$b_{n+1}=\frac{1}{2}a_n+\frac{1}{2}c_n \quad \cdots\cdots ②,$$

$$c_{n+1}=\frac{1}{2}b_n+\frac{1}{2}c_n \quad \cdots\cdots ③$$

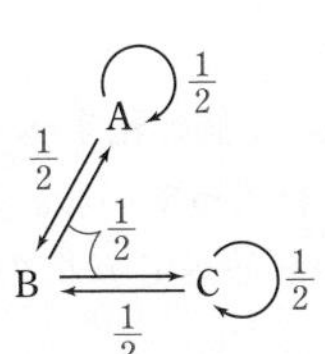

◀各枝のように推移する確率はどれも $\frac{1}{2}$ である。

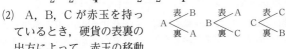

①：例えば，$(n+1)$ 回後に A が赤玉を持っているのは，

n 回後 $(n+1)$ 回後
A ⟶ A
B ⟶ A

のように赤玉を持つ人が変わる場合である。

(3) 操作を n 回繰り返した後，A，B，C のいずれかが赤玉を持っているから，$a_n+b_n+c_n=1$ である。

◀(確率の和)$=1$

②から　$b_{n+1}=\frac{1}{2}(a_n+c_n)=\frac{1}{2}(1-b_n)$

◀検討 参照。$a_n+c_n=1-b_n$

よって　$b_{n+1}-\frac{1}{3}=-\frac{1}{2}\left(b_n-\frac{1}{3}\right)$,

$b_1-\frac{1}{3}=\frac{1}{2}-\frac{1}{3}=\frac{1}{6}$

◀$\alpha=\frac{1}{2}(1-\alpha)$ を解くと $\alpha=\frac{1}{3}$

b_1 は(1)で求めた。

ゆえに　$b_n-\frac{1}{3}=\frac{1}{6}\left(-\frac{1}{2}\right)^{n-1}$

したがって　$\boldsymbol{b_n=\frac{1}{6}\left(-\frac{1}{2}\right)^{n-1}+\frac{1}{3}}$

また　$a_n+c_n=1-b_n=1-\left\{\frac{1}{6}\left(-\frac{1}{2}\right)^{n-1}+\frac{1}{3}\right\}$

◀$a_n+b_n+c_n=1$ を利用。

②から　$a_n+c_n=2b_{n+1}$

これを利用してもよい。

よって　$a_n+c_n=\frac{1}{3}\left(-\frac{1}{2}\right)^n+\frac{2}{3}$ …… ④

①−③から

$a_{n+1}-c_{n+1}=\frac{1}{2}(a_n-c_n)$, $a_1-c_1=\frac{1}{2}-0=\frac{1}{2}$

◀$d_{n+1}=\frac{1}{2}d_n$ の形。

ゆえに　$a_n-c_n=\frac{1}{2}\left(\frac{1}{2}\right)^{n-1}=\left(\frac{1}{2}\right)^n$ …… ⑤

(④+⑤)÷2 から　$\boldsymbol{a_n=\frac{1}{6}\left(-\frac{1}{2}\right)^n+\left(\frac{1}{2}\right)^{n+1}+\frac{1}{3}}$

◀c_n を消去。

(④−⑤)÷2 から　$\boldsymbol{c_n=\frac{1}{6}\left(-\frac{1}{2}\right)^n-\left(\frac{1}{2}\right)^{n+1}+\frac{1}{3}}$

◀a_n を消去。

検討

(3) で，b_n から一般項を求める理由

(2) の①〜③は　①：$a_{n+1}=\frac{1}{2}(a_n+b_n)$，②：$b_{n+1}=\frac{1}{2}(a_n+c_n)$，③：$c_{n+1}=\frac{1}{2}(b_n+c_n)$ となるので，$a_n+b_n+c_n=1$ から導かれる $a_n+b_n=1-c_n$，$a_n+c_n=1-b_n$，$b_n+c_n=1-a_n$ を代入することが思いつく。このうち，$a_n+c_n=1-b_n$ を②に代入すると，数列 $\{b_n\}$ についての $b_{n+1}=pb_n+q$ 型の漸化式が導かれるので，まず b_n が求められる。

また，求めた b_n の式を①に代入すると　$a_{n+1}=\frac{1}{2}a_n+\frac{1}{3}\left(-\frac{1}{2}\right)^{n+1}+\frac{1}{6}$

この漸化式から一般項 a_n を求めるには，$a_{n+1}-\frac{1}{3}=\frac{1}{2}\left(a_n-\frac{1}{3}\right)+\frac{1}{3}\left(-\frac{1}{2}\right)^{n+1}$ と変形し，両辺に $(-2)^{n+1}$ を掛けることで，$d_{n+1}=$●d_n+■型の漸化式が導かれて，解決できる。
更に，②を $c_n=2b_{n+1}-a_n$ とした式を利用すると，一般項 c_n を求めることもできる。

練習 ⑤ 53　n を自然数とする。n 個の箱すべてに，[1]，[2]，[3]，[4]，[5] の5種類のカードがそれぞれ1枚ずつ計5枚入っている。おのおのの箱から1枚ずつカードを取り出し，取り出した順に左から並べて n 桁の数 X_n を作る。このとき，X_n が3で割り切れる確率を求めよ。　［類 京都大］

重要例題 54 場合の数と漸化式

数字 1, 2, 3 を n 個並べてできる n 桁の自然数全体のうち，1 が奇数回現れるものの個数を a_n，1 が偶数回現れるかまったく現れないものの個数を b_n とする。ただし，n は自然数とし，各数字は何回用いてもよいものとする。

(1) a_{n+1}，b_{n+1} をそれぞれ a_n，b_n を用いて表せ。

(2) a_n，b_n を n を用いて表せ。　〔類 早稲田大〕 基本 44, 51

指針 (1) p.86 基本例題 51 同様，n 個目までと $n+1$ 個目に注目。最初の n 個に 1 が奇数回現れる場合と，偶数回現れる場合に分け，$n+1$ 個目の並べ方を考える。

(2) 数列 $\{a_n\}$，$\{b_n\}$ の連立漸化式。ここでは，2 つの漸化式の和・差をとるとよい。

解答

(1) a_{n+1} について，$n+1$ 個の数の中に 1 が奇数回現れるものには

[1] 最初の n 個に 1 が奇数回現れ，$n+1$ 個目が 2 か 3

[2] 最初の n 個に 1 が偶数回現れ，$n+1$ 個目が 1

の 2 つの場合があるから　$\boldsymbol{a_{n+1}=2a_n+b_n}$ …… ①

b_{n+1} について，$n+1$ 個の数の中に 1 が偶数回現れるものには

[1] 最初の n 個に 1 が奇数回現れ，$n+1$ 個目に 1

[2] 最初の n 個に 1 が偶数回現れ，$n+1$ 個目が 2 か 3

の 2 つの場合があるから　$\boldsymbol{b_{n+1}=a_n+2b_n}$ …… ②

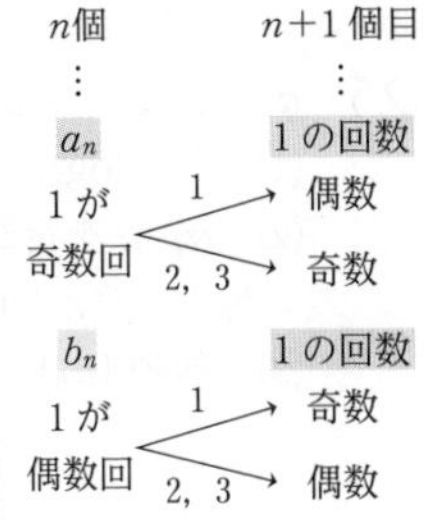

(2) $a_1=1$，$b_1=2$ である。

①+② から　$a_{n+1}+b_{n+1}=3(a_n+b_n)$　また　$a_1+b_1=3$

よって　$a_n+b_n=3\cdot 3^{n-1}=3^n$ …… ③

①−② から　$a_{n+1}-b_{n+1}=a_n-b_n$　また　$a_1-b_1=-1$

ゆえに　$a_n-b_n=-1\cdot 1^n=-1$ …… ④

(③+④)÷2 から　$\boldsymbol{a_n=\dfrac{3^n-1}{2}}$

(③−④)÷2 から　$\boldsymbol{b_n=\dfrac{3^n+1}{2}}$

◀p.77 の 検討 参照。①，② の右辺は a_n の係数と b_n の係数を交換した形であるから，和・差をとることでうまくいく。

参考 a_n+b_n は 1, 2, 3 から n 個を選ぶ重複順列の総数であるから　$a_n+b_n=3^n$ …… Ⓐ　これを用いてもよい。

◀①，Ⓐ から $a_{n+1}=a_n+3^n$　これは階差数列型の漸化式である。

練習 ④ 54 n は自然数とし，あるウイルスの感染拡大について次の仮定で試算を行う。このウイルスの感染者は感染してから 1 日の潜伏期間をおいて，2 日後から毎日 2 人の未感染者にこのウイルスを感染させるとする。新たな感染者 1 人が感染源となった n 日後の感染者数を a_n 人とする。例えば，1 日後は感染者は増えず $a_1=1$ で，2 日後は 2 人増えて $a_2=3$ となる。

(1) a_{n+2}，a_{n+1}，a_n の間に成り立つ関係式を求めよ。

(2) 一般項 a_n を求めよ。

(3) 感染者数が初めて 1 万人を超えるのは何日後か求めよ。　〔東北大〕

②23　次の条件によって定められる数列 $\{a_n\}$ の一般項を求めよ。

$a_1=r,\ a_{n+1}=r+\dfrac{1}{r}a_n$　ただし，r は 0 でない定数　〔お茶の水大〕

→33，34

④24　$a_1=1,\ a_2=6,\ 2(2n+3)a_{n+1}=(n+1)a_{n+2}+4(n+2)a_n$ で定義される数列 $\{a_n\}$ について

(1)　$b_n=a_{n+1}-2a_n$ とおくとき，b_n を n の式で表せ。

(2)　a_n を n の式で表せ。　〔鳥取大〕 →35，36

③25　$a_1=2,\ a_{n+1}=a_n{}^3\cdot 4^n$ で定められる数列 $\{a_n\}$ について

(1)　$b_n=\log_2 a_n$ とするとき，b_{n+1} を b_n を用いて表せ。

(2)　$\alpha,\ \beta$ を定数とし，$f(n)=\alpha n+\beta$ とする。このとき，
$b_{n+1}-f(n+1)=3\{b_n-f(n)\}$ が成り立つように $\alpha,\ \beta$ の値を定めよ。

(3)　数列 $\{a_n\}$，$\{b_n\}$ の一般項をそれぞれ求めよ。　〔静岡大〕 →35，38

③26　数列 $\{x_n\}$，$\{y_n\}$ は $(3+2\sqrt{2})^n=x_n+y_n\sqrt{2}$ を満たすとする。ただし，x_n，y_n は整数とする。　〔類 京都薬大〕

(1)　x_{n+1}，y_{n+1} をそれぞれ x_n，y_n で表せ。

(2)　$x_n-y_n\sqrt{2}$ を n で表せ。また，これを用いて x_n，y_n を n で表せ。 →44

③27　数列 $\{a_n\}$ が次の漸化式を満たしている。

$$a_1=\frac{1}{2},\ a_2=\frac{1}{3},\ a_{n+2}=\frac{a_na_{n+1}}{2a_n-a_{n+1}+2a_na_{n+1}}$$

(1)　$b_n=\dfrac{1}{a_n}$ とおく。b_{n+2} を b_{n+1} と b_n で表せ。

(2)　$b_{n+1}-b_n=c_n$ とおいたとき，c_n を n で表せ。

(3)　a_n を n で表せ。　〔東京女子大〕 →37，46

HINT

23　a_n の係数について，$\dfrac{1}{r}\neq 1$，$\dfrac{1}{r}=1$ で場合分け。

24　(1)　漸化式の右辺の $(n+1)a_{n+2}$ に注目し，漸化式を $(n+1)(a_{n+2}-2a_{n+1})=$● の形に変形してみる。

(2)　(1)の結果を利用する。

25　(1)　漸化式の両辺の 2 を底とする対数をとる。

26　(1)　$x_{n+1}+y_{n+1}\sqrt{2}=(3+2\sqrt{2})^{n+1}=(x_n+y_n\sqrt{2})(3+2\sqrt{2})$　次を利用。

$a,\ b,\ c,\ d$ が有理数，$\sqrt{l}$ が無理数のとき

$\boldsymbol{a+b\sqrt{l}=c+d\sqrt{l}\iff a=c,\ b=d}$　（数学Ⅰ）

27　(1)　漸化式の両辺の逆数をとる。

③**28** 数列 $\{a_n\}$ は $a_1=1$，$a_n(3S_n+2)=3S_n{}^2$ $(n=2,\ 3,\ 4,\ \cdots\cdots)$ を満たしているとする。ここで，$S_n=\sum_{k=1}^{n}a_k$ $(n=1,\ 2,\ 3,\ \cdots\cdots)$ である。a_2 の値は $a_2=$ ア□ である。$T_n=\dfrac{1}{S_n}$ $(n=1,\ 2,\ 3,\ \cdots\cdots)$ とするとき，T_n を n の式で表すと $T_n=$ イ□ であり，$n\geqq2$ のとき a_n を n の式で表すと $a_n=$ ウ□ である。　〔関西学院大〕 →48

④**29** 右図のように，xy 平面上の点 $(1,\ 1)$ を中心とする半径 1 の円を C とする。x 軸，y 軸の正の部分，円 C と接する円で C より小さいものを C_1 とする。更に，x 軸の正の部分，円 C，円 C_1 と接する円を C_2 とする。以下，順に x 軸の正の部分，円 C，円 C_n と接する円を C_{n+1} とする。
また，円 C_n の中心の座標を $(a_n,\ b_n)$ とする。ただし，円 C_{n+1} は円 C_n の右側にあるとする。　〔類 京都産大〕

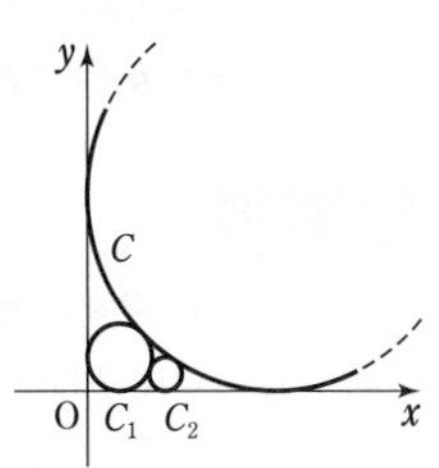

(1) $a_1=$ ア□，$b_1=$ イ□ である。　(2) a_n，a_{n+1} の関係式を求めよ。

(3) $c_n=\dfrac{1}{1-a_n}$ とおいて，数列 $\{a_n\}$ の一般項を n の式で表せ。 →46，50

④**30** n を 2 以上の整数とする。1 から n までの番号が付いた n 個の箱があり，それぞれの箱には赤玉と白玉が 1 個ずつ入っている。このとき，操作(＊)を $k=1$，……，$n-1$ に対して，k が小さい方から順に 1 回ずつ行う。
(＊)　番号 k の箱から玉を 1 個取り出し，番号 $k+1$ の箱に入れてよくかきまぜる。
一連の操作がすべて終了した後，番号 n の箱から玉を 1 個取り出し，番号 1 の箱に入れる。このとき，番号 1 の箱に赤玉と白玉が 1 個ずつ入っている確率を求めよ。
〔京都大〕 →51

④**31** A と B の 2 人が，1 個のさいころを次の手順により投げ合う。
　1 回目は A が投げる。
　1，2，3 の目が出たら，次の回には同じ人が投げる。
　4，5 の目が出たら，次の回には別の人が投げる。
　6 の目が出たら，投げた人を勝ちとし，それ以降は投げない。
(1) n 回目に A がさいころを投げる確率 a_n を求めよ。
(2) ちょうど n 回目のさいころ投げで A が勝つ確率 p_n を求めよ。
(3) n 回以内のさいころ投げで A が勝つ確率 q_n を求めよ。　〔一橋大〕 →44，51

28 (イ) $n\geqq2$ のとき $a_n=S_n-S_{n-1}$ を利用して，S_n，S_{n-1} のみの関係式を作る。
29 (1) 点 $(a_1,\ b_1)$ は原点 O と円 C の中心 $(1,\ 1)$ を結ぶ線分上にある。
(2) **半径 r，r' の 2 円が外接 ⟺(2 円の中心間の距離)$=r+r'$**　(数学 A)
30 番号 1 の箱と番号 k の箱から同じ色の玉を取り出す確率を p_k とすると，求める確率は p_n である。番号 k の箱から取り出す玉の色が，番号 1 の箱から取り出す玉の色と同じ場合，異なる場合に分けて，p_{k+1} を p_k で表す。
31 (1) n 回目に B がさいころを投げる確率を b_n とし，a_n と b_n の連立漸化式を作る。

6 数学的帰納法

基本事項

1 数学的帰納法

自然数 n に関する命題 P が，すべての自然数 n について成り立つことを数学的帰納法で証明するには，次の [1] と [2] を示す。

[1] **$n=1$ のとき P が成り立つ。**

[2] **$n=k$ のとき P が成り立つと仮定すると，$n=k+1$ のときにも P が成り立つ。**

解 説

自然数 n に関する命題を $P(n)$ と表し，$n=k$ のときの命題を $P(k)$ とする。すべての自然数 n について $P(n)$ が成り立つことを証明するのに，次のような方法がある。

> [1] $n=1$ のとき，$P(n)$ が成り立つ。…… **$P(1)$ が真**
> [2] $n=k$ のとき，$P(n)$ が成り立つと仮定すると
> $n=k+1$ のときにも $P(n)$ が成り立つ。
> …… **$P(k)$ が真 $\Longrightarrow$ $P(k+1)$ も真**

数学的帰納法は，ドミノ倒しに例えられる。
[1] 1枚目が倒れる。
[2] k 枚目が倒れたとき，$(k+1)$ 枚目が倒れる。
→ すべてのドミノが倒れる。

以上，[1]，[2] を示すことにより
$P(1)$ が成り立つから，([2] により) $P(2)$ が成り立つ
→ $P(2)$ が成り立つから，$P(3)$ が成り立つ
→ $P(3)$ が成り立つから，$P(4)$ が成り立つ → ……

よって，すべての自然数 n について $P(n)$ が成り立つといえる。
このような証明法を **数学的帰納法** という。

例 等式 $2+4+6+\cdots\cdots+2n=n(n+1)$ …… Ⓐ が(すべての自然数 n について)成り立つことを，数学的帰納法で証明してみよう。

[1] $n=1$ のとき　Ⓐ の (左辺)$=2$，(右辺)$=1\cdot2=2$

◀(左辺)=(右辺)

よって，Ⓐ は成り立つ。

[2] $n=k$ のとき，Ⓐ が成り立つと仮定すると

$$2+4+6+\cdots\cdots+2k=k(k+1) \quad \cdots\cdots ①$$

$n=k+1$ のとき，Ⓐ の左辺を考えると，① から

$$2+4+6+\cdots\cdots+2k+2(k+1)=k(k+1)+2(k+1)$$
$$=(k+1)(k+2)$$

◀左辺は，$n=k+1$ のときの Ⓐ の左辺。

よって，$n=k+1$ のときにも Ⓐ は成り立つ。

[1]，[2] から，すべての自然数 n について Ⓐ は成り立つ。

また，必要に応じて，次の ① や ② のような方法の数学的帰納法もある。

① 2つ前の場合を仮定
[1] $n=1$，2 のときの成立を示す。
[2] $n=k$，$k+1$ のときの成立を仮定し，$n=k+2$ のときの成立を示す。

② 前の場合すべてを仮定
[1] $n=1$ のときの成立を示す。
[2] $n\leqq k$ のときの成立を仮定し，$n=k+1$ のときの成立を示す。

基本例題 55 等式の証明

n が自然数のとき，数学的帰納法を用いて次の等式を証明せよ。

$$1\cdot1!+2\cdot2!+\cdots\cdots+n\cdot n!=(n+1)!-1 \quad \cdots\cdots ①$$

〔類 早稲田大〕

p.94 基本事項 1

指針 数学的帰納法による証明は，前ページの 例 のように次の手順で示す。

[1] **$n=1$ のときを証明。** ← 出発点

[2] **$n=k$ のときに成り立つという仮定のもとで，$n=k+1$ のときも成り立つことを証明。**

[1]，[2] から，すべての自然数 n で成り立つ。 ← まとめ

[2] においては，$n=k$ のとき ① が成り立つと仮定した等式を使って，① の $n=k+1$ のときの左辺 $1\cdot1!+2\cdot2!+\cdots\cdots+k\cdot k!+(k+1)\cdot(k+1)!$ が，右辺 $\{(k+1)+1\}!-1$ に等しくなることを示す。

また，結論を忘れずに書くこと。

解答

[1] $n=1$ のとき

$$(\text{左辺})=1\cdot1!=1,\quad (\text{右辺})=(1+1)!-1=1$$

よって，① は成り立つ。

[2] $n=k$ のとき，① が成り立つと仮定すると

$$1\cdot1!+2\cdot2!+\cdots\cdots+k\cdot k!=(k+1)!-1 \quad \cdots\cdots ②$$

$n=k+1$ のときを考えると，② から

$$\begin{aligned}&1\cdot1!+2\cdot2!+\cdots\cdots+k\cdot k!+(k+1)\cdot(k+1)!\\&=(k+1)!-1+(k+1)\cdot(k+1)!\\&=\{1+(k+1)\}\cdot(k+1)!-1\\&=(k+2)\cdot(k+1)!-1=(k+2)!-1\\&=\{(k+1)+1\}!-1\end{aligned}$$

よって，$n=k+1$ のときにも ① は成り立つ。

[1]，[2] から，すべての自然数 n について ① は成り立つ。

注意 ‥‥ は数学的帰納法の決まり文句。答案ではきちんと書くようにしよう。

◀ k は自然数 ($k\geqq1$)。

◀ ① で $n=k$ とおいたもの。

◀ $n=k+1$ のときの ① の左辺。

◀ $n=k+1$ のときの ① の右辺。

◀ 結論を書くこと。

検討

数学的帰納法では，仕組み（流れ）をしっかりつかむようにしよう（指針の [1]，[2]）。なお，[1] で $n=1$ の証明が終わったと考えて，[2] で $n=k$ の仮定を $k\geqq2$ としてしまっては誤りである。注意するようにしよう。

練習 ① 55 n が自然数のとき，数学的帰納法を用いて次の等式を証明せよ。 〔島根大〕

(1) $2^3+4^3+6^3+\cdots\cdots+(2n)^3=2n^2(n+1)^2$

(2) $\displaystyle\sum_{k=1}^{n}k(k+1)(k+2)(k+3)=\frac{1}{5}n(n+1)(n+2)(n+3)(n+4)$

p.102 EX32

基本例題 56 整数の性質の証明 ①①①①①

すべての自然数 n について，$4^{2n+1}+3^{n+2}$ は 13 の倍数であることを証明せよ。

基本 55　重要 59

指針 このような自然数 n に関する命題では，**数学的帰納法が有効** である。
$n=k$ の仮定 ⟶ $n=k+1$ の証明 の過程においては，

N が●の倍数 $\Longleftrightarrow$ $N=$●m (m は整数)

を利用して進めることがカギとなる。すなわち

$4^{2k+1}+3^{k+2}=13m$ (m は整数) とおいて　⟵ $n=k$ の仮定
$4^{2(k+1)+1}+3^{(k+1)+2}$ が $13\times$(整数) の形に表されることを示す。 ⟵ $n=k+1$ の証明

このように，数学的帰納法の問題では，$n=k+1$ の場合に示すべきものをはっきりつかんでおく……★ ことが大切である。

解答

「$4^{2n+1}+3^{n+2}$ は 13 の倍数である」を ① とする。

[1]　$n=1$ のとき　　$4^{2\cdot1+1}+3^{1+2}=64+27=91=13\cdot7$
よって，① は成り立つ。

[2]　$n=k$ のとき，① が成り立つと仮定すると

$4^{2k+1}+3^{k+2}=13m$ (m は整数) …… ②

とおける。

◀これから $4^{2k+1}=13m-3^{k+2}$

$n=k+1$ のときを考えると，② から

$$\begin{aligned}4^{2(k+1)+1}+3^{(k+1)+2}&=4^2\cdot4^{2k+1}+3^{k+3}\\&=16(13m-3^{k+2})+3^{k+3}\\&=13\cdot16m-(16-3)\cdot3^{k+2}\\&=13(16m-3^{k+2})\end{aligned}$$

◀指針____……★ の方針。仮定 ② が使えるよう，4^{2k+1} の形を作り出すことがカギ。

$16m-3^{k+2}$ は整数であるから，$4^{2(k+1)+1}+3^{(k+1)+2}$ は 13 の倍数である。

◀......の断りを忘れずに。

よって，$n=k+1$ のときにも ① は成り立つ。

[1]，[2] から，すべての自然数 n について ① は成り立つ。

◀結論を書くこと。

別解 1.　**二項定理を利用**

$4^{2n+1}+3^{n+2}=4\cdot4^{2n}+3^2\cdot3^n=4\cdot16^n+9\cdot3^n=4(13+3)^n+9\cdot3^n$
$=4(13^n+{}_nC_1 13^{n-1}\cdot3+{}_nC_2 13^{n-2}\cdot3^2+\cdots\cdots+{}_nC_{n-1}13\cdot3^{n-1}+3^n)+9\cdot3^n$　⟵ 二項定理
$=4\cdot13(13^{n-1}+{}_nC_1 13^{n-2}\cdot3+{}_nC_2 13^{n-3}\cdot3^2+\cdots\cdots+{}_nC_{n-1}3^{n-1})+4\cdot3^n+9\cdot3^n$
$=4\cdot13\times$(整数)$+13\cdot3^n=13\times$(整数)

よって，$4^{2n+1}+3^{n+2}$ は 13 の倍数である。

別解 2.　**合同式を利用**

$16\equiv3 \pmod{13}$ であるから　$4^{2n}\equiv3^n \pmod{13}$　　よって　$4^{2n+1}\equiv4\cdot3^n \pmod{13}$

この両辺に $3^{n+2}=9\cdot3^n$ を加えると

$$4^{2n+1}+3^{n+2}\equiv4\cdot3^n+9\cdot3^n\equiv13\cdot3^n\equiv0 \pmod{13}$$

ゆえに，$4^{2n+1}+3^{n+2}$ は 13 の倍数である。

練習 ② 56 すべての自然数 n について，$3^{3n}-2^n$ は 25 の倍数であることを証明せよ。
［関西大］ p.102 EX33

基本例題 57 不等式の証明

3 以上のすべての自然数 n について，次の不等式が成り立つことを証明せよ。

$$3^{n-1}>n^2-n+2 \quad \cdots\cdots ①$$

p.94 基本事項 1

指針 「$n\geqq●$」であるすべての自然数 n について成り立つことを示すには，**出発点** を変えた数学的帰納法を利用するとよい。

[1] $n=●$ のときを証明。 ← 出発点

[2] $n=k$ ($k\geqq●$) のときを仮定し，$n=k+1$ のときを証明。

本問では，$n\geqq3$ のとき，という条件であるから，まず，$n=3$ のとき不等式が成り立つことを証明する。なお，$n=k+1$ のとき示すべき不等式は $3^k>(k+1)^2-(k+1)+2$

大小比較 差を作る　$A>B$ の証明は 差 $A-B>0$ を示す

CHART 数学的帰納法
1. **n の出発点に注意**
2. **$k+1$ の場合に注意して変形**

解答

[1] $n=3$ のとき
$$(\text{左辺})=3^2=9,\ (\text{右辺})=3^2-3+2=8$$
よって，① は成り立つ。

◀出発点は $n=3$
◀(左辺)>(右辺)

[2] $n=k$ ($k\geqq3$) のとき，① が成り立つと仮定すると
$$3^{k-1}>k^2-k+2 \quad \cdots\cdots ②$$

◀$k\geqq3$ を忘れずに。

$n=k+1$ のとき，① の両辺の差を考えると，② から
$$3^k-\{(k+1)^2-(k+1)+2\}$$
$$=3\cdot3^{k-1}-(k^2+k+2)$$
$$>3(k^2-k+2)-(k^2+k+2)$$
$$=2k^2-4k+4=2(k-1)^2+2>0$$

◀② を利用できる形を作り出す。
◀基本形を導くことにより，(左辺)−(右辺)>0 が示される。

ゆえに　$3^k>(k+1)^2-(k+1)+2$

よって，$n=k+1$ のときにも ① は成り立つ。

[1]，[2] から，$n\geqq3$ であるすべての自然数 n について ① は成り立つ。

検討　**3^{n-1} と n^2-n+2 の大小関係**

関数 $y=3^{x-1}$，$y=x^2-x+2$ のグラフは右図のようになる。
2 つのグラフの上下関係から
$$3^{n-1}>n^2-n+2 \ (n\geqq3)$$
が成り立つことがわかる。
(指数関数のグラフについては，数学Ⅱを参照。)

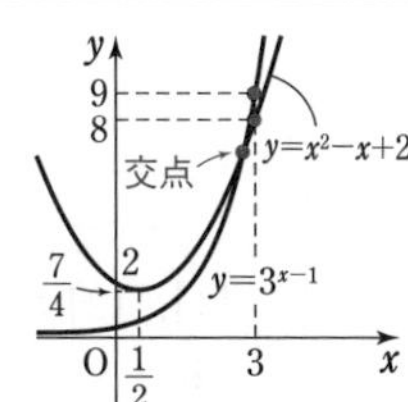

練習 ② 57　n は自然数とする。次の不等式を証明せよ。

(1) $n!\geqq2^{n-1}$　〔名古屋市大〕　(2) $n\geqq10$ のとき　$2^n>10n^2$　〔類 茨城大〕

p.102 EX 34

基本例題 58 漸化式と数学的帰納法

$a_1=1,\ a_{n+1}=\dfrac{a_n}{1+(2n+1)a_n}$ によって定められる数列 $\{a_n\}$ について

(1) $a_2,\ a_3,\ a_4$ を求めよ。

(2) a_n を n で表す式を推測し，それを数学的帰納法で証明せよ。

基本 55

漸化式から一般項 a_n を予想して証明する方法があることは $p.61$ 参考 で紹介した。ここでは，その証明を **数学的帰納法** で行う。

CHART **n の問題 $n=1,\ 2,\ 3,\ \cdots\cdots$ で調べて，n の式で一般化**

解答

(1) $\boldsymbol{a_2}=\dfrac{a_1}{1+3a_1}=\dfrac{1}{1+3\cdot1}=\boldsymbol{\dfrac{1}{4}}$

◀漸化式に $n=1$ を代入。$a_1=1$ も利用。

$\boldsymbol{a_3}=\dfrac{a_2}{1+5a_2}=\dfrac{\frac{1}{4}}{1+5\cdot\frac{1}{4}}=\dfrac{1}{4+5}=\boldsymbol{\dfrac{1}{9}}$,

◀漸化式に $n=2$ を代入。$a_2=\dfrac{1}{4}$ も利用。

$\boldsymbol{a_4}=\dfrac{a_3}{1+7a_3}=\dfrac{\frac{1}{9}}{1+7\cdot\frac{1}{9}}=\dfrac{1}{9+7}=\boldsymbol{\dfrac{1}{16}}$

◀漸化式に $n=3$ を代入。$a_3=\dfrac{1}{9}$ も利用。

(2) (1) から，$\boldsymbol{a_n=\dfrac{1}{n^2}}$ …… ① と推測される。

◀$\dfrac{1}{1},\ \dfrac{1}{4},\ \dfrac{1}{9},\ \dfrac{1}{16},\ \cdots\cdots$ 分子は 1，分母は $1^2,\ 2^2,\ 3^2,\ 4^2,\ \cdots\cdots$

[1] $n=1$ のとき

$a_1=\dfrac{1}{1^2}=1$ から，① は成り立つ。

[2] $n=k$ のとき，① が成り立つと仮定すると

$a_k=\dfrac{1}{k^2}$ …… ②

$n=k+1$ のときを考えると，② から

$$a_{k+1}=\frac{a_k}{1+(2k+1)a_k}=\frac{\frac{1}{k^2}}{1+(2k+1)\cdot\frac{1}{k^2}}$$

◀分母・分子に k^2 を掛ける。

$$=\frac{1}{k^2+(2k+1)}=\frac{1}{(k+1)^2}$$

◀$n=k+1$ のときの ① の右辺。

よって，$n=k+1$ のときにも ① は成り立つ。

[1]，[2] から，すべての自然数 n について ① は成り立つ。

練習 ② 58 $a_1=1,\ a_{n+1}=\dfrac{3a_n-1}{4a_n-1}$ によって定められる数列 $\{a_n\}$ について 〔愛知教育大〕

(1) $a_2,\ a_3,\ a_4$ を求めよ。

(2) a_n を n で表す式を推測し，それを数学的帰納法で証明せよ。

p.102 EX 35

重要例題 59 フェルマの小定理に関する証明 ⑤⑤⑤⑤⑤

p は素数とする。このとき，自然数 n について，n^p-n が p の倍数であることを数学的帰納法によって証明せよ。 〔類 茨城大〕 ↗基本 56

指針 $n=k+1$ の場合に $(k+1)^p$ が現れるが，この展開には二項定理（数学Ⅱ）を利用する。

$$(k+1)^p=k^p+{}_pC_1k^{p-1}+{}_pC_2k^{p-2}+\cdots\cdots+{}_pC_{p-2}k^2+{}_pC_{p-1}k+1$$

よって $(k+1)^p-(k+1)={}_pC_1k^{p-1}+{}_pC_2k^{p-2}+\cdots\cdots+{}_pC_{p-2}k^2+{}_pC_{p-1}k+k^p-k$

$n=k$ のときの仮定より，k^p-k は p で割り切れるから，${}_pC_1$，${}_pC_2$，……，${}_pC_{p-1}$ すなわち **${}_pC_r$ $(1\leqq r\leqq p-1)$ が p で割り切れる** ことを示す。

解答

「n^p-n は p の倍数である」を ① とする。

◀合同式（チャート式基礎からの数学 A）を利用してもよい（解答編 $p.40$，41 参照）。

[1] $n=1$ のとき $1^p-1=0$

よって，① は成り立つ。

[2] $n=k$ のとき ① が成り立つと仮定すると，$k^p-k=pm$ （m は整数） …… ② とおける。

$n=k+1$ のときを考えると，② から

$$\begin{aligned}(k+1)^p-(k+1)&=k^p+{}_pC_1k^{p-1}+{}_pC_2k^{p-2}+\cdots\cdots+{}_pC_{p-2}k^2+{}_pC_{p-1}k+1-(k+1)\\&={}_pC_1k^{p-1}+{}_pC_2k^{p-2}+\cdots\cdots+{}_pC_{p-2}k^2+{}_pC_{p-1}k+pm \quad \cdots\cdots ③\end{aligned}$$

$1\leqq r\leqq p-1$ のとき $\quad {}_pC_r=\dfrac{p!}{r!(p-r)!}=\dfrac{p}{r}\cdot\dfrac{(p-1)!}{(r-1)!(p-r)!}=\dfrac{p}{r}\cdot{}_{p-1}C_{r-1}$

よって $\quad r\cdot{}_pC_r=p\cdot{}_{p-1}C_{r-1}$

p は素数であるから，r と p は互いに素であり，${}_pC_r$ は p で割り切れる。

ゆえに，③ から，$(k+1)^p-(k+1)$ は p の倍数である。

したがって，$n=k+1$ のときにも ① は成り立つ。

[1]，[2] から，すべての自然数 n について，n^p-n は p の倍数である。

検討

フェルマの小定理

上の例題で証明した結果を用いると，n と p が互いに素であるとき，n^p-n すなわち $n(n^{p-1}-1)$ は p で割り切れるから，$n^{p-1}-1$ は p で割り切れることが導かれる。
このことは，次の **フェルマの小定理** そのものである。

> **フェルマの小定理** p は素数とする。
> n が p と互いに素な自然数のとき，$n^{p-1}-1$ は p で割り切れる。
> └ $n^{p-1}\equiv1 \pmod p$ と表すこともできる。

練習 ⑤ 59 自然数 $m\geqq2$ に対し，$m-1$ 個の二項係数 ${}_mC_1$，${}_mC_2$，……，${}_mC_{m-1}$ を考え，これらすべての最大公約数を d_m とする。すなわち，d_m はこれらすべてを割り切る最大の自然数である。

(1) m が素数ならば，$d_m=m$ であることを示せ。

(2) すべての自然数 k に対し，k^m-k が d_m で割り切れることを，k に関する数学的帰納法によって示せ。 〔東京大〕

重要例題 60 $n=k$, $k+1$ の仮定

n は自然数とする。2 数 x, y の和と積が整数ならば，x^n+y^n は整数であることを証明せよ。

指針 **自然数 n の問題** であるから，**数学的帰納法** で証明する。
$x^{k+1}+y^{k+1}$ を x^k+y^k で表そうと考えると

$$x^{k+1}+y^{k+1}=(x^k+y^k)(x+y)-xy(x^{k-1}+y^{k-1})$$

よって，「x^k+y^k は整数」に加え，**「$x^{k-1}+y^{k-1}$ は整数」という仮定も必要。**
そこで，次の [1]，[2] を示す数学的帰納法を利用する。下の 検討 も参照。

[1] **$n=1$，2 のとき成り立つ。** ⟵ 初めに示すことが 2 つ必要。

[2] **$n=k$，$k+1$ のとき成り立つと仮定すると，$n=k+2$ のときも成り立つ。**

CHART 数学的帰納法 **仮定に $n=k$，$k+1$ などの場合がある 出発点も，それに応じて $n=1$，2 を証明**

解答

[1] $n=1$ のとき
$x^1+y^1=x+y$ で，整数である。
$n=2$ のとき
$x^2+y^2=(x+y)^2-2xy$ で，整数である。

[2] $n=k$，$k+1$ のとき，x^n+y^n が整数である，すなわち，x^k+y^k，$x^{k+1}+y^{k+1}$ はともに整数であると仮定する。
$n=k+2$ のときを考えると

$$x^{k+2}+y^{k+2}=(x^{k+1}+y^{k+1})(x+y)-xy(x^k+y^k)$$

$x+y$, xy は整数であるから，仮定により，$x^{k+2}+y^{k+2}$ も整数である。
よって，$n=k+2$ のときにも x^n+y^n は整数である。

[1]，[2] から，すべての自然数 n について，x^n+y^n は整数である。

◀ **$n=1$，2 のときの証明。**
◀ 整数の和・差・積は整数。
◀ **$n=k$，$k+1$ の仮定。**
◀ **$n=k+2$ のときの証明。**
◀ 整数の和・差・積は整数。

注意 [2] の仮定で $n=k-1$，k とすると，$k-1\geqq 1$ の条件から $k\geqq 2$ としなければならない。上の解答で $n=k$，$k+1$ としたのは，それを避けるためである。

検討 **$n=k$，$k+1$ のときを仮定する数学的帰納法**

自然数 n に関する命題 $P(n)$ について，指針の [1]，[2] が示されたとすると，

$P(1)$，$P(2)$ が成り立つから，([2] により) $P(3)$ が成り立つ
⟶ $P(2)$，$P(3)$ が成り立つから，$P(4)$ が成り立つ ⟶ ……

これを繰り返すことにより，すべての自然数 n について $P(n)$ が成り立つことがわかる。

練習 ④ 60 $\alpha=1+\sqrt{2}$，$\beta=1-\sqrt{2}$ に対して，$P_n=\alpha^n+\beta^n$ とする。このとき，P_1 および P_2 の値を求めよ。また，すべての自然数 n に対して，P_n は 4 の倍数ではない偶数であることを証明せよ。 〔長崎大〕 p.102 EX 36

重要例題 61 $n \leqq k$ の仮定 ④

数列 $\{a_n\}$（ただし $a_n>0$）について，関係式

$$(a_1+a_2+\cdots\cdots+a_n)^2=a_1{}^3+a_2{}^3+\cdots\cdots+a_n{}^3$$

が成り立つとき，$a_n=n$ であることを証明せよ。

指針 **自然数 n の問題** であるから，**数学的帰納法** で証明する。

「$n=k$ のとき $a_n=n$ が成り立つ」と仮定した場合，$a_{k-1}=k-1$，$a_{k-2}=k-2$，…… が成り立つことを仮定していないこととなり，$n=k+1$ のときについての次の等式 Ⓐ が作れなくなってしまう。

$$(1+2+\cdots\cdots+k+a_{k+1})^2=1^3+2^3+\cdots\cdots+k^3+a_{k+1}{}^3 \quad \cdots\cdots \text{Ⓐ}$$

したがって，**$n \leqq k$ の仮定が必要** となる。そこで，次の [1]，[2] を示す数学的帰納法を利用する。下の 検討 も参照。

[1] **$n=1$ のとき成り立つ。**

[2] **$n \leqq k$ のとき成り立つと仮定すると，$n=k+1$ のときも成り立つ。**

CHART **数学的帰納法　$n \leqq k$ で成立を仮定する場合あり**

解答

[1] $n=1$ のとき，関係式から　$a_1{}^2=a_1{}^3$

よって　$a_1{}^2(a_1-1)=0$　　$a_1>0$ から　$a_1=1$

ゆえに，$n=1$ のとき $a_n=n$ は成り立つ。

◀ **$n=1$ のときの証明。**

[2] $n \leqq k$ のとき，$a_n=n$ が成り立つと仮定する。

◀ **$n \leqq k$ の仮定。**

$n=k+1$ のときについて，関係式から

◀ **$n=k+1$ のときの証明。**

$$\{(1+2+\cdots\cdots+k)+a_{k+1}\}^2=1^3+2^3+\cdots\cdots+k^3+a_{k+1}{}^3 \quad \cdots \text{①}$$

◀ $a_1=1$，$a_2=2$，……，$a_k=k$

$$\begin{aligned}(\text{①の左辺})&=(1+2+\cdots+k)^2+2(1+2+\cdots+k)a_{k+1}+a_{k+1}{}^2\\&=\left\{\frac{1}{2}k(k+1)\right\}^2+2\cdot\frac{1}{2}k(k+1)a_{k+1}+a_{k+1}{}^2\\&=1^3+2^3+\cdots\cdots+k^3+k(k+1)a_{k+1}+a_{k+1}{}^2\end{aligned}$$

① の右辺と比較して　$k(k+1)a_{k+1}+a_{k+1}{}^2=a_{k+1}{}^3$

ゆえに　$a_{k+1}(a_{k+1}+k)\{a_{k+1}-(k+1)\}=0$

◀ $a_{k+1}\times\{a_{k+1}{}^2-a_{k+1}-k(k+1)\}=0$

$a_{k+1}>0$ であるから　$a_{k+1}=k+1$

よって，$n=k+1$ のときにも $a_n=n$ は成り立つ。

[1]，[2] から，すべての自然数 n に対して $a_n=n$ は成り立つ。

検討

$n \leqq k$ のときを仮定する数学的帰納法

自然数 n に関する命題 $P(n)$ について，指針の [1]，[2] が示されたとすると，

$P(1)$ が成り立つから，（[2] により）$P(2)$ が成り立つ

$\longrightarrow$ $P(1)$，$P(2)$ が成り立つから，$P(3)$ が成り立つ

$\longrightarrow$ $P(1)$，$P(2)$，$P(3)$ が成り立つから，$P(4)$ が成り立つ $\longrightarrow$ ……

これを繰り返すことにより，すべての自然数 n について $P(n)$ が成り立つことがわかる。

練習 ④ 61 $a_1=1$，$a_1a_2+a_2a_3+\cdots\cdots+a_na_{n+1}=2(a_1a_n+a_2a_{n-1}+\cdots\cdots+a_na_1)$ で定められる数列 $\{a_n\}$ の一般項 a_n を推測し，その推測が正しいことを証明せよ。

EXERCISES

③**32** n を正の整数，i を虚数単位として

$$(\cos\theta+i\sin\theta)^n=\cos n\theta+i\sin n\theta$$

が成り立つことを証明せよ。〔類 慶応大〕

→55

③**33** $a_1=2$，$b_1=1$ および

$$a_{n+1}=2a_n+3b_n,\ b_{n+1}=a_n+2b_n\ (n=1,\ 2,\ 3,\ \cdots\cdots)$$

で定められた数列 $\{a_n\}$，$\{b_n\}$ がある。$c_n=a_nb_n$ とするとき

(1) c_2 を求めよ。　(2) c_n は偶数であることを示せ。

(3) n が偶数のとき，c_n は 28 で割り切れることを示せ。〔北海道大〕

→56

③**34** n を自然数とするとき，不等式 $2^n\leqq {}_{2n}\mathrm{C}_n\leqq 4^n$ が成り立つことを証明せよ。〔山口大〕

→57

③**35** 数列 $\{a_n\}$ は $a_1=\sqrt{2}$，$\log_{a_{n+1}}a_n=\dfrac{n+2}{n}$ で定義されている。ただし，a_n は 1 でない正の実数で，$\log_{a_{n+1}}a_n$ は a_{n+1} を底とする a_n の対数である。

(1) a_2，a_3，a_4 を求めよ。

(2) 第 n 項 a_n を予想し，それが正しいことを数学的帰納法を用いて証明せよ。

(3) 初項から第 n 項までの積 $A_n=a_1a_2\cdots\cdots a_n$ を n の式で表せ。〔香川大〕

→58

④**36** 3 次方程式 $x^3+bx^2+cx+d=0$ の 3 つの複素数解（重解の場合も含む）を α，β，γ とする。ただし，b，c，d は実数である。

(1) $\alpha+\beta+\gamma$，$\alpha^2+\beta^2+\gamma^2$，$\alpha^3+\beta^3+\gamma^3$ は実数であることを示せ。

(2) 任意の自然数 n に対して，$\alpha^n+\beta^n+\gamma^n$ は実数であることを示せ。〔兵庫県大〕

→60

HINT

32 $i^2=-1$ に注意。$n=k+1$ のときの証明では，三角関数の加法定理（数学Ⅱ）を利用。
$\sin(\alpha+\beta)=\sin\alpha\cos\beta+\cos\alpha\sin\beta$，$\cos(\alpha+\beta)=\cos\alpha\cos\beta-\sin\alpha\sin\beta$

33 (2) $n=k+1$ のときを考える際，$n=k$ の仮定 $a_kb_k=2m$（m は整数）を利用する。

34 2 つの不等式 $2^n\leqq {}_{2n}\mathrm{C}_n$，${}_{2n}\mathrm{C}_n\leqq 4^n$ に分けて証明する。

35 $\log_a p=q \Longleftrightarrow p=a^q$ であるから　$a_n=a_{n+1}{}^{\frac{n+2}{n}}$　両辺を $\dfrac{n}{n+2}$ 乗して　$a_{n+1}=a_n{}^{\frac{n}{n+2}}$

36 (1) 3 次方程式の解と係数の関係を利用。

(2) 方程式から　$x^{n+3}=-bx^{n+2}-cx^{n+1}-dx^n$　よって，$I_n=\alpha^n+\beta^n+\gamma^n$ とすると
$I_{n+3}=-bI_{n+2}-cI_{n+1}-dI_n$　これを利用する。数学的帰納法の出発点は $n=1$，2，3 で，$n=k$，$k+1$，$k+2$ を仮定し，$n=k+3$ のときを証明。

数学B 第2章

統計的な推測

2

SELECT STUDY

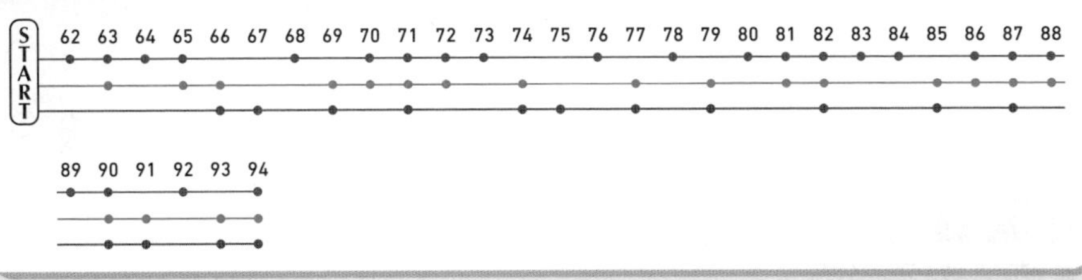

例題一覧

		番号	例題	難易度
7	基本	62	確率分布	②
	基本	63	確率変数の期待値	②
	基本	64	確率変数の分散・標準偏差 (1)	①
	基本	65	確率変数の分散・標準偏差 (2)	②
	重要	66	数列の和と期待値，分散	④
	重要	67	二項定理と期待値	④
	基本	68	確率変数の変換 (1)	①
	基本	69	確率変数の変換 (2)	③
8	基本	70	同時分布	②
	基本	71	独立・従属の判定	②
	基本	72	確率変数の和と積の期待値	①
	基本	73	確率変数 $aX+bY$ の分散	①
	基本	74	3つ以上の確率変数と期待値，分散	③
	重要	75	確率変数 X^2+Y^2 の期待値	③
	基本	76	二項分布の平均，分散	②
	基本	77	試行回数などの決定	③
9	基本	78	確率密度関数と確率	②
	基本	79	確率密度関数と期待値，標準偏差	③
	基本	80	正規分布と確率	①
	基本	81	正規分布の利用	②
	基本	82	二項分布の正規分布による近似	②
10	基本	83	母平均，母標準偏差	①
	基本	84	標本平均の期待値，標準偏差 (1)	②
	基本	85	標本平均の期待値，標準偏差 (2)	③
	基本	86	標本比率と正規分布	②
	基本	87	標本平均と正規分布	②
	基本	88	大数の法則	①
11	基本	89	母平均の推定 (1)	②
	基本	90	母平均の推定 (2)	②
	基本	91	母比率の推定	③
12	基本	92	母比率の検定 (1)	②
	基本	93	母比率の検定 (2)	②
	基本	94	母平均の検定	②

7 確率変数と確率分布

基本事項

1 確率変数と確率分布

X が x_1, x_2, ……, x_n のいずれかの値をとる変数であり，X が1つの値 x_k をとる確率 $P(X=x_k)$ が定まるような変数であるとき，X を **確率変数** という。$p_k=P(X=x_k)$ とすると，x_k と p_k の対応関係は，右の表のようになる。

X	x_1	x_2	……	x_n	計
P	p_1	p_2	……	p_n	1

この対応関係を，X の **確率分布** または単に **分布** といい，確率変数 X はこの分布に **従う** という。

このとき，次のことが成り立つ。

$$p_1\geqq 0,\ p_2\geqq 0,\ \cdots\cdots,\ p_n\geqq 0 \qquad p_1+p_2+\cdots\cdots+p_n=1$$

解　説

■ 確率変数と確率分布

例　1枚の硬貨を3回続けて投げる試行において，表の出る回数を X とすると，

X のとりうる値は　　$X=0,\ 1,\ 2,\ 3$

であり，各 X の値と，それに対応する確率についての表を作ると右のようになる。

X	0	1	2	3	計
P	$\frac{1}{8}$	$\frac{3}{8}$	$\frac{3}{8}$	$\frac{1}{8}$	1

↑ 確率の総和は必ず1

…… $P(X=k)={}_3\mathrm{C}_k\left(\frac{1}{2}\right)^k\left(\frac{1}{2}\right)^{3-k}$　$(k=0,\ 1,\ 2,\ 3)$

ここで，X のとる値は試行の結果によって定まり，X のとる値のおのおのに対してその確率が定まるから，X は **確率変数** の1つである。そして，右上の対応関係は X の確率分布であり，確率変数 X はこの分布に従っている，といえる。

■ 確率変数のいろいろな表現

確率変数 X のとりうる値が x_1, x_2, ……, x_n であるとき，X が1つの値 x_k をとる確率を $\boldsymbol{P(X=x_k)}$ で表す。また，X の値が a 以上の値をとる確率を $\boldsymbol{P(X\geqq a)}$ と表したり，a 以上 b 以下の値をとる確率を $\boldsymbol{P(a\leqq X\leqq b)}$ と表したりする。

例えば，上の 例 においては

$$P(X=1)=\frac{3}{8},\quad P(X\geqq 2)=\frac{3}{8}+\frac{1}{8}=\frac{1}{2},$$

$$P(1\leqq X\leqq 2)=\frac{3}{8}+\frac{3}{8}=\frac{3}{4}$$

である。

◀ $P(X\geqq 2)$ $=P(X=2)+P(X=3)$

◀ $P(1\leqq X\leqq 2)$ $=P(X=1)+P(X=2)$

基本事項

2 期待値

確率変数 X が右の表に示された分布に従うとき

X	x_1	x_2	……	x_n	計
P	p_1	p_2	……	p_n	1

期待値 $E(X)=x_1p_1+x_2p_2+\cdots\cdots+x_np_n$ ←(変数)×(確率) の和

$=\sum_{k=1}^{n} x_kp_k$

3 分散と標準偏差

$E(X)=m$ とすると

分散 $V(X)=E((X-m)^2)=(x_1-m)^2p_1+(x_2-m)^2p_2+\cdots\cdots+(x_n-m)^2p_n$

$=\sum_{k=1}^{n}(x_k-m)^2p_k$

$=E(X^2)-\{E(X)\}^2$ ← (X^2 の期待値)−(X の期待値)^2

標準偏差 $\sigma(X)=\sqrt{V(X)}$ ← $\sqrt{(分散)}$

解説

■期待値

x_1, x_2, ……, x_n の各値に，それぞれの値をとる確率 p_1, p_2, ……, p_n を掛けて加えた値

$$x_1p_1+x_2p_2+\cdots\cdots+x_np_n$$

を，X の **期待値** といい，$\boldsymbol{E(X)}$ で表す。なお，期待値のことを **平均値** といったり，$E(X)$ の代わりに $\boldsymbol{m}$ を用いて表したりすることもある。

■分散

X	x_1	x_2	……	x_n	計
Y	$(x_1-m)^2$	$(x_2-m)^2$	……	$(x_n-m)^2$	
P	p_1	p_2	……	p_n	1

確率変数 X の期待値を m とすると，$Y=(X-m)^2$ もまた1つの確率変数で，その確率分布は右の表のようになる。このYの期待値 $E((X-m)^2)$，すなわち $\sum_{k=1}^{n}(x_k-m)^2p_k$ を，確率変数 X の **分散** といい，$\boldsymbol{V(X)}$ で表す。

$$V(X)=\sum_{k=1}^{n}(x_k-m)^2p_k=\sum_{k=1}^{n}(x_k{}^2-2mx_k+m^2)p_k$$
$$=\sum_{k=1}^{n}x_k{}^2p_k-2m\sum_{k=1}^{n}x_kp_k+m^2\sum_{k=1}^{n}p_k=\sum_{k=1}^{n}x_k{}^2p_k-m^2$$
$$=E(X^2)-\{E(X)\}^2$$

◀ $\sum_{k=1}^{n}x_kp_k=m$, $\sum_{k=1}^{n}p_k=1$

■標準偏差

例えば，確率変数 X の単位が「cm」のとき，分散 $V(X)$ の単位は「cm²」となる。そこで X の単位と一致させるために，分散の正の平方根 $\sqrt{V(X)}$ を考え，これを確率変数 X の **標準偏差** という。

確率変数 X の期待値，分散，標準偏差を，それぞれ X の分布の **平均，分散，標準偏差** ともいう。標準偏差 $\sigma(X)$ は，X の分布の平均 m を中心として，X のとる値の散らばる傾向の程度を表している。標準偏差 $\sigma(X)$ の値が小さければ小さいほど，X の分布は，平均 m の近くに集中する傾向にある。なお，$E(X)$ の $\boldsymbol{E}$，$\boldsymbol{m}$，$V(X)$ の $\boldsymbol{V}$，$\sigma(X)$ の $\boldsymbol{\sigma}$ は，それぞれ **e**xpectation(期待値)，**m**ean(平均)，**v**ariance(分散)，**s**tandard deviation(標準偏差)の頭文字(σ は s のギリシア文字)である。

基本 例題 62 確率分布

1から8までの整数をそれぞれ1個ずつ記した8枚のカードから無作為に4枚取り出す。取り出された4枚のカードに記されている数のうち最小の数を X とすると，X は確率変数である。X の確率分布を求めよ。また，$P(X \geqq 3)$ を求めよ。

p.104 基本事項 1

指針 確率分布 ⟶ 変数 X のとりうる値と，各値をとる 確率 P を調べる。

① 変数 X …… 4枚のうちの最小の数 ⟶ そのとりうる値は 1，2，3，4，5
例えば，4枚が 1，2，3，6 なら $X=1$　また，5，6，7，8 なら $X=5$

② 確率 P …… 全体 ⟶ 8枚から4枚を取り出す方法の数で ${}_8C_4$
例えば，$X=3$ なら，1枚は3，残りの3枚を 4，5，6，7，8 から選ぶ ⟶ ${}_5C_3$

③ 確率分布を求めた後は，**確率の総和が1** になることを確認。

$P(X \geqq 3)$ …… X が3以上の値をとる確率で，$=P(X=3)+P(X=4)+P(X=5)$

CHART 確率分布　確率の総和が1

解答

X のとりうる値は 1，2，3，4，5 である。

$$P(X=1)=\frac{{}_7C_3}{{}_8C_4}=\frac{35}{70},\quad P(X=2)=\frac{{}_6C_3}{{}_8C_4}=\frac{20}{70},$$

$$P(X=3)=\frac{{}_5C_3}{{}_8C_4}=\frac{10}{70},\quad P(X=4)=\frac{{}_4C_3}{{}_8C_4}=\frac{4}{70},$$

$$P(X=5)=\frac{{}_3C_3}{{}_8C_4}=\frac{1}{70}$$

よって，X の確率分布は次の表のようになる。

X	1	2	3	4	5	計
P	$\frac{35}{70}$	$\frac{20}{70}$	$\frac{10}{70}$	$\frac{4}{70}$	$\frac{1}{70}$	1

また　$P(X \geqq 3)=\frac{10}{70}+\frac{4}{70}+\frac{1}{70}=\frac{15}{70}=\frac{3}{14}$

◀ $X=k$ $(1 \leqq k \leqq 5)$ のとき，1枚は k のカードで，残りは $(8-k)$ 枚から3枚選ぶから，$X=k$ である確率 p_k は
$$p_k=\frac{{}_{8-k}C_3}{{}_8C_4}$$

注意 $\frac{35}{70}$ を $\frac{1}{2}$ のように**約分しなくてよい**。これは確率の総和が1であることの確認がしやすいようにするためである。

検討　**確率の総和**

上の解答の確率分布で，**確率の総和** を計算して **検算** すると

$$\frac{35}{70}+\frac{20}{70}+\frac{10}{70}+\frac{4}{70}+\frac{1}{70}=1 \quad となり，OK。$$

なお，確率の総和が1という性質を利用して，$P(X \geqq 3)=1-P(X \leqq 2)$ として求めることもできる。

練習 ② 62　白球が3個，赤球が3個入った箱がある。1個のさいころを投げて，偶数の目が出たら球を3個，奇数の目が出たら球を2個取り出す。取り出した球のうち白球の個数を X とすると，X は確率変数である。X の確率分布を求めよ。
また，$P(0 \leqq X \leqq 2)$ を求めよ。　〔類 福島県医大〕

基本 例題 63 確率変数の期待値 ①①①①①

目の数が 2，2，4，4，5，6 である特製のさいころが 1 個ある。このさいころを繰り返し 2 回投げて，出た目の数の和を 5 で割った余りを X とする。確率変数 X の期待値 $E(X)$ を求めよ。

p.105 基本事項 2，基本 62

期待値を求めるには，**まず確率分布を求める。**
X のとりうる値と X の値に対する場合の数は，解答に示したようにさいころの 2 回の目の数を a，b として，X の値を表にまとめると求めやすい。

CHART 確率分布 $\sum p_k=1$（確率の総和が 1）を確認

解答

さいころを 2 回投げたとき，目の出方は全部で
$6^2=36$（通り）
1 回目，2 回目のさいころの目の数をそれぞれ a，b として，$a+b$ を 5 で割ったときの余り，すなわち X の値を表に示すと，右のようになる。

b＼a	2	2	4	4	5	6
2	4	4	1	1	2	3
2	4	4	1	1	2	3
4	1	1	3	3	4	0
4	1	1	3	3	4	0
5	2	2	4	4	0	1
6	3	3	0	0	1	2

◀ 4^2 ではない！（1 つ 1 つの目を区別する。）

確率の計算
N（すべての数）と a（起こる数）を求めて $\dfrac{a}{N}$

この表から，X のとりうる値は 0，1，2，3，4 で
$X=0$ となる場合の数は 5，$X=1$ となる場合の数は 10，
$X=2$ となる場合の数は 5，$X=3$ となる場合の数は 8，
$X=4$ となる場合の数は 8
よって，X の確率分布は，右の表のようになるから

X	0	1	2	3	4	計
P	$\frac{5}{36}$	$\frac{10}{36}$	$\frac{5}{36}$	$\frac{8}{36}$	$\frac{8}{36}$	1

$$E(X)=\frac{1}{36}(0\cdot5+1\cdot10+2\cdot5+3\cdot8+4\cdot8)$$
$$=\frac{76}{36}=\boldsymbol{\frac{19}{9}}$$

◀確率 P は，**約分しない方が，$E(X)$ の計算がしやすい。**

◀（変数）×（確率）の和
解答では，分母の 36 をくくり出している。

検討

確率 $P(X=0)$
$0\cdot P(X=0)=0$ であるから，確率 $P(X=0)$ を求めなくても期待値の計算はできる。しかし，確率の総和が 1 の確認のために，求めておく意味がある。

練習 ② 63 2 個のさいころを同時に投げて，出た目の数の 2 乗の差の絶対値を X とする。確率変数 X の期待値 $E(X)$ を求めよ。

p.115 EX 37

基本 例題 64 確率変数の分散・標準偏差 (1)

①①①①①

X の確率分布が右の表のようになるとき，期待値 $E(X)$，分散 $V(X)$，標準偏差 $\sigma(X)$ を求めよ。

X	1	2	3	4	5	計
P	$\frac{35}{70}$	$\frac{20}{70}$	$\frac{10}{70}$	$\frac{4}{70}$	$\frac{1}{70}$	1

p.105 基本事項 2，3　重要 67，基本 73，83

指針　次の式を利用して期待値 $E(X)$，分散 $V(X)$，標準偏差 $\sigma(X)$ を計算する。

期待値　$E(X)=\sum x_k p_k$　⟵ (変数)×(確率) の和

分散　$V(X)=E(X^2)-\{E(X)\}^2$　⟵ (X^2 の期待値)−(X の期待値)^2

標準偏差　$\sigma(X)=\sqrt{V(X)}$　⟵ $\sqrt{(分散)}$

CHART 分散の計算　X，X^2 の期待値から $E(X^2)-\{E(X)\}^2$

解答

$$E(X)=1\cdot\frac{35}{70}+2\cdot\frac{20}{70}+3\cdot\frac{10}{70}+4\cdot\frac{4}{70}+5\cdot\frac{1}{70}$$

$$=\frac{1}{70}(35+40+30+16+5)=\frac{126}{70}=\boldsymbol{\frac{9}{5}}$$

◀(変数)×(確率) の和

$$V(X)=\left(1^2\cdot\frac{35}{70}+2^2\cdot\frac{20}{70}+3^2\cdot\frac{10}{70}+4^2\cdot\frac{4}{70}+5^2\cdot\frac{1}{70}\right)-\left(\frac{9}{5}\right)^2$$

$$=\frac{21}{5}-\frac{81}{5^2}=\frac{5\cdot21-81}{5^2}=\boldsymbol{\frac{24}{25}}$$

◀(X^2 の期待値)−(X の期待値)^2

$$\sigma(X)=\sqrt{\frac{24}{25}}=\boldsymbol{\frac{2\sqrt{6}}{5}}$$

◀$\sqrt{(分散)}$

検討　分散の計算

上の解答では，分散 $V(X)$ を $V(X)=E(X^2)-\{E(X)\}^2=\sum x_k{}^2p_k-m^2$ を用いて求めたが，$V(X)=\sum(x_k-m)^2p_k$ ……（＊）　を使うと，次のようになる。

$$V(X)=\left(1-\frac{9}{5}\right)^2\cdot\frac{35}{70}+\left(2-\frac{9}{5}\right)^2\cdot\frac{20}{70}+\left(3-\frac{9}{5}\right)^2\cdot\frac{10}{70}+\left(4-\frac{9}{5}\right)^2\cdot\frac{4}{70}+\left(5-\frac{9}{5}\right)^2\cdot\frac{1}{70}$$

$$=\frac{1}{5^2\cdot70}(16\cdot35+1\cdot20+36\cdot10+121\cdot4+256\cdot1)$$

$$=\frac{1680}{5^2\cdot70}=\boldsymbol{\frac{24}{25}}$$

この問題では，**(X^2 の期待値)−(X の期待値)^2** を利用して分散を求めた方が計算はらくである。なお，（＊）を利用する場合，x_k-m が整数値にならないと，計算が面倒になるケースが多い。

練習 ① 64　1 枚の硬貨を投げて，表が出たら得点を 1，裏が出たら得点を 2 とする。これを 2 回繰り返したときの合計得点を X とする。このとき，X の期待値 $E(X)$，分散 $V(X)$，標準偏差 $\sigma(X)$ を求めよ。　［類 東京電機大］　p.115 EX38

基本例題 65 確率変数の分散・標準偏差 (2) ①①①①①

袋の中に1と書いてあるカードが3枚，2と書いてあるカードが1枚，3と書いてあるカードが1枚，合計5枚のカードが入っている。この袋から1枚のカードを取り出し，それを戻さずにもう1枚カードを取り，これら2枚のカードに書かれている数字の平均を X とする。X の期待値 $E(X)$，分散 $V(X)$，標準偏差 $\sigma(X)$ を求めよ。 〔類 琉球大〕 基本 64

指針 まず，確率分布を求める。それには，数学Aで学んだように，**樹形図**(tree)をもとに，**確率の乗法定理** を利用して確率を計算するとよい。
ここで，取り出したカードの数字の組合せによって平均 X が決まる。
期待値，分散などの計算方法は，前ページと同様。

1回目	2回目	平均
1 (3/5)	1 (2/4) ……	1
	2 (1/4) ……	3/2
	3 (1/4) ……	2
2 (1/5)	1 (3/4) ……	3/2
	3 (1/4) ……	5/2
3 (1/5)	1 (3/4) ……	2
	2 (1/4) ……	5/2

解答

取り出したカードの数字の組合せは，(1, 1)，(1, 2)，(1, 3)，(2, 3) の4通りである。

X のとりうる値は $X=1,\ \dfrac{3}{2},\ 2,\ \dfrac{5}{2}$ であり

◀ $\dfrac{1+1}{2}=1$ など。

$$P(X=1)=\frac{3}{5}\cdot\frac{2}{4}=\frac{3}{10}$$

$$P\left(X=\frac{3}{2}\right)=\frac{3}{5}\cdot\frac{1}{4}+\frac{1}{5}\cdot\frac{3}{4}=\frac{3}{10}$$

◀1→2の順に取り出す事象と2→1の順に取り出す事象は互いに排反。

$$P(X=2)=\frac{3}{5}\cdot\frac{1}{4}+\frac{1}{5}\cdot\frac{3}{4}=\frac{3}{10}$$

$$P\left(X=\frac{5}{2}\right)=\frac{1}{5}\cdot\frac{1}{4}+\frac{1}{5}\cdot\frac{1}{4}=\frac{1}{10}$$

よって，X の確率分布は右の表のようになるから

X	1	$\frac{3}{2}$	2	$\frac{5}{2}$	計
P	$\frac{3}{10}$	$\frac{3}{10}$	$\frac{3}{10}$	$\frac{1}{10}$	1

$$\boldsymbol{E(X)}=1\cdot\frac{3}{10}+\frac{3}{2}\cdot\frac{3}{10}+2\cdot\frac{3}{10}+\frac{5}{2}\cdot\frac{1}{10}=\frac{32}{20}=\boldsymbol{\frac{8}{5}}$$

$$\boldsymbol{V(X)}=\left\{1^2\cdot\frac{3}{10}+\left(\frac{3}{2}\right)^2\cdot\frac{3}{10}+2^2\cdot\frac{3}{10}+\left(\frac{5}{2}\right)^2\cdot\frac{1}{10}\right\}-\left(\frac{8}{5}\right)^2$$

$$=\frac{14}{5}-\frac{64}{25}=\frac{70-64}{25}=\boldsymbol{\frac{6}{25}}$$

◀ $V(X)=E(X^2)-\{E(X)\}^2$

$$\boldsymbol{\sigma(X)}=\sqrt{\frac{6}{25}}=\boldsymbol{\frac{\sqrt{6}}{5}}$$

◀ $\sigma(X)=\sqrt{V(X)}$

練習 ② 65 赤球2個と白球3個が入った袋から1個ずつ球を取り出すことを繰り返す。ただし，取り出した球は袋に戻さない。2個目の赤球が取り出されたとき，その時点で取り出した球の総数を X で表す。X の期待値と分散を求めよ。 〔類 中央大〕

重要例題 66 数列の和と期待値，分散

トランプのカードが n 枚 ($n \geqq 3$) あり，その中の 2 枚はハートで残りはスペードである。これらのカードをよく切って裏向けに積み重ねておき，上から順に 1 枚ずつめくっていく。初めてハートのカードが現れるのが X 枚目であるとき
(1) $X=k$ ($k=1,\ 2,\ \cdots\cdots,\ n-1$) となる確率 p_k を求めよ。
(2) X の期待値 $E(X)$ と分散 $V(X)$ を求めよ。〔奈良県医大〕 基本 64

(2) 期待値は $E(X)=\sum_{k=1}^{n-1}kp_k$ を計算して求めるが，kp_k は k の多項式となるから，
Σk，Σk^2，Σk^3 の公式 (p.34 参照) **を利用して Σ を計算** する。
計算の際，n は k に無関係であるから，$\sum nk^{●}=n\sum k^{●}$ などと変形。

解答

(1) p_k は，k 枚目に初めてハートが現れ，それまではすべてスペードが現れる確率であるから

$$p_k=\frac{n-2}{n}\cdot\frac{n-3}{n-1}\cdot\frac{n-4}{n-2}\cdots\cdots\frac{n-2-(k-2)}{n-(k-2)}\cdot\frac{2}{n-(k-1)}=\boldsymbol{\frac{2(n-k)}{n(n-1)}}$$

(2) $$E(X)=\sum_{k=1}^{n-1}kp_k=\sum_{k=1}^{n}k\cdot\frac{2(n-k)}{n(n-1)}$$
$$=\frac{2}{n(n-1)}\left(n\sum_{k=1}^{n}k-\sum_{k=1}^{n}k^2\right)$$
$$=\frac{2}{n(n-1)}\left\{n\cdot\frac{1}{2}n(n+1)-\frac{1}{6}n(n+1)(2n+1)\right\}$$
$$=\frac{2}{n(n-1)}\cdot\frac{1}{6}n(n+1)\{3n-(2n+1)\}$$
$$=\frac{n+1}{3(n-1)}\cdot(n-1)=\boldsymbol{\frac{n+1}{3}}$$

◀ $p_n=0$ であるから $\sum_{k=1}^{n-1}kp_k=\sum_{k=1}^{n}kp_k$
また，**k に関係しない n の式を Σ の前に出す。**
$\sum_{k=1}^{n}k=\frac{1}{2}n(n+1)$
$\sum_{k=1}^{n}k^2=\frac{1}{6}n(n+1)(2n+1)$

また
$$E(X^2)=\sum_{k=1}^{n-1}k^2p_k=\sum_{k=1}^{n}k^2\cdot\frac{2(n-k)}{n(n-1)}$$
$$=\frac{2}{n(n-1)}\left(n\sum_{k=1}^{n}k^2-\sum_{k=1}^{n}k^3\right)$$
$$=\frac{2}{n(n-1)}\left\{n\cdot\frac{1}{6}n(n+1)(2n+1)-\frac{1}{4}n^2(n+1)^2\right\}$$
$$=\frac{n(n+1)}{6}$$

◀ $\sum_{k=1}^{n}k^3=\left\{\frac{1}{2}n(n+1)\right\}^2$

よって $$V(X)=E(X^2)-\{E(X)\}^2=\frac{n(n+1)}{6}-\left(\frac{n+1}{3}\right)^2$$
$$=\boldsymbol{\frac{(n+1)(n-2)}{18}}$$

練習 ④ 66 n 本 (n は 3 以上の整数) のくじの中に当たりくじとはずれくじがあり，そのうちの 2 本がはずれくじである。このくじを 1 本ずつ引いていき，2 本目のはずれくじを引いたとき，それまでの当たりくじの本数を X とする。X の期待値 $E(X)$ と分散 $V(X)$ を求めよ。ただし，引いたくじはもとに戻さないものとする。〔類 新潟大〕

p.115 EX 39, 40

重要例題 67 二項定理と期待値 ④④④④○

2 枚の硬貨を同時に投げる試行を n 回繰り返す。k 回目 $(k\leqq n)$ に表の出た枚数を X_k とし，確率変数 Z を $Z=X_1\cdot X_2\cdot\cdots\cdots\cdot X_n$ で定める。

(1) $m=0,\ 1,\ 2,\ \cdots\cdots,\ n$ に対して，$Z=2^m$ となる確率を求めよ。

(2) Z の期待値 $E(Z)$ を求めよ。〔弘前大〕

(1) $X_k\ (1\leqq k\leqq n)$ のとりうる値は 0，1，2 であるから，Z のとりうる値は

$0,\ 1,\ 2,\ 2^2,\ \cdots\cdots,\ 2^n$

$Z=2^m$ となるのは，n 回のうち表が 2 枚出ることが m 回，表が 1 枚出ることが $(n-m)$ 回起こるときである。

(2) $E(Z)$ の計算過程で $\sum_{m=0}^{n}{}_n\mathrm{C}_m$ が現れるから，**二項定理 $(a+b)^n=\sum_{m=0}^{n}{}_n\mathrm{C}_m a^{n-m}b^m$** (数学Ⅱ) **を利用** して計算をする。

(1) $X_k\ (1\leqq k\leqq n)$ のとりうる値は 0，1，2 であり

$$P(X_k=1)={}_2\mathrm{C}_1\frac{1}{2}\cdot\frac{1}{2}=\frac{1}{2}$$

$$P(X_k=2)={}_2\mathrm{C}_2\left(\frac{1}{2}\right)^2\left(\frac{1}{2}\right)^0=\frac{1}{4}$$

$Z=2^m\ (0\leqq m\leqq n)$ となるのは，n 回の試行中，表が 2 枚出ることが m 回，表が 1 枚出ることが $(n-m)$ 回起こるときであるから，求める確率は

$${}_n\mathrm{C}_m\left(\frac{1}{4}\right)^m\left(\frac{1}{2}\right)^{n-m}=\boldsymbol{\frac{{}_n\mathrm{C}_m}{2^{n+m}}}$$

(2) Z のとりうる値は　$Z=0,\ 1,\ 2,\ 2^2,\ \cdots\cdots,\ 2^n$

よって，(1) から　$E(Z)=\sum_{m=0}^{n}2^m\cdot\frac{{}_n\mathrm{C}_m}{2^{m+n}}=\frac{1}{2^n}\sum_{m=0}^{n}{}_n\mathrm{C}_m$

二項定理により　$(1+1)^n=\sum_{m=0}^{n}{}_n\mathrm{C}_m\cdot1^{n-m}\cdot1^m$

ゆえに，$\sum_{m=0}^{n}{}_n\mathrm{C}_m=2^n$ であるから　$\boldsymbol{E(Z)=\frac{1}{2^n}\cdot2^n=1}$

◀ $P(X_k=l)={}_2\mathrm{C}_l\left(\frac{1}{2}\right)^l\left(\frac{1}{2}\right)^{2-l}$ $(l=0,\ 1,\ 2)$

◀ $Z=2^m>0$ であるから，$X_k=0$ のときはない。

◀ $\frac{1}{2^n}$ は m に無関係であるから，Σ の前に出す。

◀ $(a+b)^n=\sum_{m=0}^{n}{}_n\mathrm{C}_m a^{n-m}b^m$ で $a=b=1$ とした。

Z を n 個の確率変数 X_1，X_2，……，X_n の積としてとらえる

例題の (2) は，次のようにして解くこともできる。

$1\leqq k\leqq n$ に対して　$E(X_k)=1\cdot\frac{1}{2}+2\cdot\frac{1}{4}=1$　← $0\cdot P(X_k=0)$ は省略。

X_1，X_2，……，X_n は互いに独立であるから

$E(Z)=E(X_1)E(X_2)\cdots\cdots E(X_n)=1^n=1$　← $p.116$ 参照。

練習 ④ 67 n を 2 以上の自然数とする。n 人全員が一組となってじゃんけんを 1 回するとき，勝った人の数を X とする。ただし，あいこのときは $X=0$ とする。

(1) ちょうど k 人が勝つ確率 $P(X=k)$ を求めよ。ただし，k は 1 以上とする。

(2) X の期待値を求めよ。〔名古屋大〕

基本事項

1 確率変数の変換

確率変数 X と定数 a, b に対して, $Y=aX+b$ とする。

① **期待値** $\boldsymbol{E(Y)=aE(X)+b}$

② **分　散** $\boldsymbol{V(Y)=a^2V(X)}$ ← $aV(X)$ ではない。$a^2V(X)+b^2$ でもない。

③ **標準偏差** $\boldsymbol{\sigma(Y)=|a|\sigma(X)}$ ← $|\ \ |$ がつくことに注意。

解　説

■確率変数の変換

右の表のような確率分布に従う確率変数 X を考える。
a, b が定数のとき, X の1次式 $\boldsymbol{Y=aX+b}$ で Y を定めると, Y もまた確率変数になる。Y のとる値は

$y_k=ax_k+b$ $(k=1, 2, \cdots\cdots, n)$

であり, Y の確率分布は右の2番目の表のようになる。

X	x_1	x_2	$\cdots\cdots$	x_n	計
P	p_1	p_2	$\cdots\cdots$	p_n	1

Y	y_1	y_2	$\cdots\cdots$	y_n	計
P	p_1	p_2	$\cdots\cdots$	p_n	1

X に対して, 上のような Y を考えることを **確率変数の変換** という。

証明 ① $E(Y)=\sum_{k=1}^{n} y_kp_k=\sum_{k=1}^{n}(ax_k+b)p_k=a\sum_{k=1}^{n} x_kp_k+b\sum_{k=1}^{n} p_k=aE(X)+b$

② $V(Y)=\sum_{k=1}^{n}\{y_k-E(Y)\}^2p_k$ であり

$y_k-E(Y)=(ax_k+b)-\{aE(X)+b\}=a\{x_k-E(X)\}$ $(k=1, 2, \cdots\cdots, n)$

よって　$V(Y)=a^2\sum_{k=1}^{n}\{x_k-E(X)\}^2p_k=a^2V(X)$

③ $\sigma(Y)=\sqrt{V(Y)}=\sqrt{a^2V(X)}=|a|\sqrt{V(X)}=|a|\sigma(X)$

②, ③の式からわかるように, 確率変数 X に対して $Y=aX+b$ と変換しても, 定数 b は分散や標準偏差に影響を与えない。

なお, 確率変数の変換に関する公式①~③は, データの分析（数学Ⅰ）で学んだ変量の変換における関係式とまったく同様である（「チャート式基礎からの数学Ⅰ」$p.306$ 参照）。

例 $p.108$ 基本例題 **64** の確率変数 X については, $E(X)=\dfrac{9}{5}$, $V(X)=\dfrac{24}{25}$,

$\sigma(X)=\dfrac{2\sqrt{6}}{5}$ であるから, 例えば, 確率変数 $Y=5X-1$ の期待値, 分散, 標準偏差は, 次のように求められる。

$E(Y)=E(5X-1)=5E(X)-1=5\cdot\dfrac{9}{5}-1=8$

$V(Y)=V(5X-1)=5^2V(X)=25\cdot\dfrac{24}{25}=24$

$\sigma(Y)=\sigma(5X-1)=|5|\sigma(X)=5\cdot\dfrac{2\sqrt{6}}{5}=2\sqrt{6}$ ← $\sigma(Y)=\sqrt{V(Y)}=2\sqrt{6}$ でもよい。

基本 例題 68 確率変数の変換 (1)

袋の中に赤球が 4 個，白球が 6 個入っている。この袋の中から同時に 4 個の球を取り出すとき，赤球の個数を X とする。確率変数 $2X+3$ の期待値 $E(2X+3)$ と分散 $V(2X+3)$，標準偏差 $\sigma(2X+3)$ を求めよ。

p.112 基本事項 1

指針 まず，X の確率分布を求め，$E(X)$，$V(X)$，$\sigma(X)$ を計算する。次に，$p.112$ の基本事項の公式を利用して，$E(2X+3)$，$V(2X+3)$，$\sigma(2X+3)$ を求める。

期待値　$E(aX+b)=aE(X)+b$

分　散　$V(aX+b)=a^2V(X)$　　(a，b は定数)

標準偏差　$\sigma(aX+b)=|a|\sigma(X)$

解答

確率変数 X のとりうる値は，$X=0$，1，2，3，4 であり

$$P(X=0)=\frac{{}_6C_4}{{}_{10}C_4}=\frac{15}{210},\quad P(X=1)=\frac{{}_4C_1\cdot{}_6C_3}{{}_{10}C_4}=\frac{80}{210},$$

$$P(X=2)=\frac{{}_4C_2\cdot{}_6C_2}{{}_{10}C_4}=\frac{90}{210},\quad P(X=3)=\frac{{}_4C_3\cdot{}_6C_1}{{}_{10}C_4}=\frac{24}{210},$$

$$P(X=4)=\frac{{}_4C_4}{{}_{10}C_4}=\frac{1}{210}$$

◀4 個の球の取り出し方の総数は ${}_{10}C_4$ 通りであるから $P(X=k)=\frac{{}_4C_k\cdot{}_6C_{4-k}}{{}_{10}C_4}$ $(k=0,\ 1,\ 2,\ 3,\ 4)$

X の確率分布は右の表のようになる。

X	0	1	2	3	4	計
P	$\frac{15}{210}$	$\frac{80}{210}$	$\frac{90}{210}$	$\frac{24}{210}$	$\frac{1}{210}$	1

よって

$$E(X)=1\cdot\frac{80}{210}+2\cdot\frac{90}{210}+3\cdot\frac{24}{210}+4\cdot\frac{1}{210}=\frac{8}{5}$$

◀$0\cdot P(X=0)$ は省略した。

$$V(X)=\left(1^2\cdot\frac{80}{210}+2^2\cdot\frac{90}{210}+3^2\cdot\frac{24}{210}+4^2\cdot\frac{1}{210}\right)-\left(\frac{8}{5}\right)^2$$

$$=\frac{16}{5}-\left(\frac{8}{5}\right)^2=\frac{16}{25}$$

◀$V(X)=E(X^2)-\{E(X)\}^2$

$$\sigma(X)=\sqrt{\frac{16}{25}}=\frac{4}{5}$$

◀$\sigma(X)=\sqrt{V(X)}$

したがって　$\boldsymbol{E(2X+3)}=2E(X)+3=2\cdot\frac{8}{5}+3=\boldsymbol{\frac{31}{5}}$

$\boldsymbol{V(2X+3)}=2^2V(X)=4\cdot\frac{16}{25}=\boldsymbol{\frac{64}{25}}$

◀$V(2X+3)=2^2V(X)+3^2$ と誤るな！

$\boldsymbol{\sigma(2X+3)}=2\sigma(X)=2\cdot\frac{4}{5}=\boldsymbol{\frac{8}{5}}$

練習 ① 68 円いテーブルの周りに 12 個の席がある。そこに 2 人が座るとき，その 2 人の間にある席の数のうち少ない方を X とする。ただし，2 人の間にある席の数が同数の場合は，その数を X とする。

(1) 確率変数 X の期待値，分散，標準偏差を求めよ。

(2) 確率変数 $11X-2$ の期待値，分散，標準偏差を求めよ。

p.115 EX41

基本例題 69 確率変数の変換(2)

(1) 確率変数 X の期待値を m，標準偏差を σ とする。確率変数 $\boldsymbol{Z=\dfrac{X-m}{\sigma}}$ について，$\boldsymbol{E(Z)=0}$，$\boldsymbol{\sigma(Z)=1}$ であることを示せ。

(2) 確率変数 X の期待値は 540，分散は 8100 である。a，b は定数で $a>0$ として，$Y=aX+b$ で定まる確率変数 Y の期待値が 50，標準偏差が 10 になるとき，a，b の値を求めよ。 [(2) 弘前大] p.112 基本事項 1

指針 (1) Z は X の 1 次式であるから，公式

$$\boldsymbol{E(aX+b)=aE(X)+b,\quad \sigma(aX+b)=|a|\sigma(X)}$$

を活用する。

(2) 条件は　$E(X)=540$，$V(X)=8100$，$Y=aX+b$，$E(Y)=50$，$\sigma(Y)=10$

これと公式　$E(Y)=aE(X)+b$，　$V(Y)=a^2V(X)$，　$\sigma(Y)=\sqrt{V(Y)}$

から，a，b の方程式を作り，それを解く。

解答

(1) $Z=\dfrac{X-m}{\sigma}=\dfrac{1}{\sigma}X-\dfrac{m}{\sigma}$ であるから

$$E(Z)=E\left(\frac{1}{\sigma}X-\frac{m}{\sigma}\right)=\frac{1}{\sigma}E(X)-\frac{m}{\sigma}$$

$$=\frac{1}{\sigma}\cdot m-\frac{m}{\sigma}=0$$

◀$E(X)=m$

また　$\sigma(Z)=\sigma\left(\dfrac{1}{\sigma}X-\dfrac{m}{\sigma}\right)=\left|\dfrac{1}{\sigma}\right|\sigma(X)$

$$=\frac{1}{\sigma}\cdot\sigma=1$$

◀$\sigma>0$ であるから $\left|\dfrac{1}{\sigma}\right|=\dfrac{1}{\sigma}$　また　$\sigma(X)=\sigma$

(2) $Y=aX+b$ であるから

$$E(Y)=aE(X)+b$$

$E(X)=540$，$E(Y)=50$ であるから

$$50=540a+b \quad \cdots\cdots \text{①}$$

また，$V(Y)=a^2V(X)$，$a>0$ であるから

$$\sigma(Y)=a\sigma(X)=a\sqrt{V(X)}$$

$V(X)=8100=90^2$，$\sigma(Y)=10$ であるから

$$10=a\sqrt{90^2}$$

よって　$\boldsymbol{a=\dfrac{1}{9}}$

ゆえに，① から　$\boldsymbol{b=50-540\cdot\dfrac{1}{9}=-10}$

参考 例題の (1) のように，ある確率変数 X を，期待値 0，標準偏差 1 の確率変数に変換することを，確率変数 X の **標準化** という。

練習 ③ 69 確率変数 X は，$X=2$ または $X=a$ のどちらかの値をとるものとする。確率変数 $Y=3X+1$ の平均値(期待値)が 10 で，分散が 18 であるとき，a の値を求めよ。 [香川大]

EXERCISES

②37 3個のさいころを同時に投げて，出た目の数の最小値を X とする。
(1) $X\geqq 3$ となる確率 $P(X\geqq 3)$ を求めよ。
(2) 確率変数 X の期待値を求めよ。 →62, 63

③38 0, 1, 2 のいずれかの値をとる確率変数 X の期待値および分散が，それぞれ 1, $\dfrac{1}{2}$ であるとする。このとき，X の確率分布を求めよ。 〔宮崎医大〕 →64

⑤39 コイン投げの結果に応じて賞金が得られるゲームを考える。このゲームの参加者は，表が出る確率が 0.8 であるコインを裏が出るまで投げ続ける。裏が出るまでに表が出た回数を i とするとき，この参加者の賞金額は i 円となる。ただし，100 回投げても裏が出ない場合は，そこでゲームは終わり，参加者の賞金額は 100 円となる。
(1) 参加者の賞金額が 1 円以下となる確率を求めよ。
(2) 参加者の賞金額が c $(0\leqq c\leqq 99)$ 円以下となる確率 p を求めよ。また，$p\geqq 0.5$ となるような整数 c の中で，最も小さいものを求めよ。
(3) 参加者の賞金額の期待値を求めよ。ただし，小数点以下第 2 位を四捨五入せよ。
〔類 慶応大〕 →66

④40 赤い本が 2 冊，青い本が n 冊ある。この $n+2$ 冊の本を無作為に 1 冊ずつ，本棚に左から並べていく。2 冊の赤い本の間にある青い本の冊数を X とする。
(1) $k=0,\ 1,\ 2,\ \cdots\cdots,\ n$ に対して $X=k$ となる確率を求めよ。
(2) X の期待値，分散を求めよ。 〔類 一橋大〕 →66

②41 1 から 8 までの整数のいずれか 1 つが書かれたカードが，各数に対して 1 枚ずつ合計 8 枚ある。D さんが 100 円のゲーム代を払ってカードを 1 枚引き，書かれた数が X のとき $pX+q$ 円を受け取る。ただし，p, q は正の整数とする。
(1) D さんがカードを 1 枚引いて受け取る金額からゲーム代を差し引いた金額を Y 円とする。確率変数 Y の期待値を N とするとき，N を p, q で表せ。
(2) Y の分散を p, q で表せ。また，$N=0$ のとき Y の分散の最小値と，そのときの p の値を求めよ。 〔類 センター試験〕 →68

37 (1) $X\geqq 3$ となるのは，3 個とも 3 以上の目が出るときである。
(2) $P(X=k)$ は，余事象の考えを用いて求める。

38 $P(X=k)=p_k$ $(k=0,\ 1,\ 2)$ とし，$E(X)$, $V(X)$ を p_1, p_2 で表す。

39 (2) 確率 p は，0 円，1 円，2 円，……，c 円となる各確率の総和。
(3) 求める期待値を計算すると，(等差数列)×(等比数列) 型の和が現れる。
⟶ この和 S は，等比数列部分の公比を r とすると，$S-rS$ から求められる。

40 (1) まず，赤い本 2 冊とその間にある青い本 k 冊をまとめて 1 冊ととらえ，残りの $(n-k)$ 冊とまとめた 1 冊の並べ方について考える。

41 (2) p, q は正の整数という条件から，p の値の範囲を絞る。

8 確率変数の和と積，二項分布

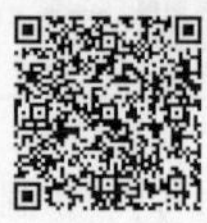

基本事項

1 同時分布

ある試行によって X，Y の値が定まるとき，$X=a$ かつ $Y=b$ である確率を $\boldsymbol{P(X=a,\ Y=b)}$ と表す。同様に，X，Y，Z の値が定まるとき，$X=a$ かつ $Y=b$ かつ $Z=c$ である確率を $\boldsymbol{P(X=a,\ Y=b,\ Z=c)}$ と表す。

2つの確率変数 X，Y について，X のとる値が x_1，x_2，……，x_n；Y のとる値が y_1，y_2，……，y_m であるとする。

$P(X=x_i,\ Y=y_j)=p_{ij}$

とおくと，X，Y の確率分布は，右のように表される。この対応を X と Y の **同時分布** という。

X \ Y	y_1	y_2	……	y_m	計
x_1	p_{11}	p_{12}	……	p_{1m}	p_1
x_2	p_{21}	p_{22}	……	p_{2m}	p_2
⋮	…………				⋮
⋮	…………				⋮
x_n	p_{n1}	p_{n2}	……	p_{nm}	p_n
計	q_1	q_2	……	q_m	1

2 確率変数の独立，事象の独立

2つの確率変数 X，Y において，X のとる任意の値 a と Y のとる任意の値 b について，$\boldsymbol{P(X=a,\ Y=b)=P(X=a)P(Y=b)}$ が成り立つとき，X と Y は互いに **独立** であるという。

2つの事象 A と B が互いに **独立** $\iff$ $\boldsymbol{P_A(B)=P(B)}$ $\iff$ $\boldsymbol{P_B(A)=P(A)}$ （定義）

$\iff$ $\boldsymbol{P(A\cap B)=P(A)P(B)}$ （独立な事象の乗法定理）

2つの事象 A と B が独立でないとき，A と B は **従属** であるという。

3 期待値の性質 [1] $\boldsymbol{E(X+Y)=E(X)+E(Y)}$

一般に，a，b を定数とするとき　$\boldsymbol{E(aX+bY)=aE(X)+bE(Y)}$

[2] X と Y が互いに **独立** ならば　$\boldsymbol{E(XY)=E(X)E(Y)}$

4 分散の性質 X と Y が互いに **独立** ならば　$\boldsymbol{V(X+Y)=V(X)+V(Y)}$

一般に，a，b を定数とするとき，X と Y が互いに **独立** ならば

$$\boldsymbol{V(aX+bY)=a^2V(X)+b^2V(Y)}$$

解説

■同時分布と周辺分布

確率変数 X，Y が上の同時分布に従うとき，各 i について $P(X=x_i)=\sum_{j=1}^{m} p_{ij}=p_i$，各 j について $P(Y=y_j)=\sum_{i=1}^{n} p_{ij}=q_j$ となるから，X と Y はそれぞれ次の表の分布に従う。この対応を X と Y の **周辺分布** という。

X	x_1	x_2	……	x_n	計
P	p_1	p_2	……	p_n	1

Y	y_1	y_2	……	y_m	計
P	q_1	q_2	……	q_m	1

■事象の独立と従属

2つの事象 A，B があって，一方の事象の起こることが他方の事象の起こる確率に影響を与えないとき，すなわち $\boldsymbol{P_A(B)=P(B)}$ または $\boldsymbol{P_B(A)=P(A)}$ が成り立つとき，A と B は互いに **独立** であるという。

解　説

■ 独立な事象の乗法定理

$P(A)\neq 0$，$P(B)\neq 0$ とする。

A と B が独立であるとき　$P_A(B)=P(B)$ …… ①

確率の乗法定理（数学 A）と ① から　$P(A\cap B)=P(A)P_A(B)=P(A)P(B)$ …… ②

逆に，② が成り立つとすれば，その両辺を $P(A)$ で割ることにより ① が成り立つ。

すなわち　$P_A(B)=P(B) \iff P(A\cap B)=P(A)P(B)$

同様にして　$P_B(A)=P(A) \iff P(A\cap B)=P(A)P(B)$

また，3 つの事象 A，B，C について，そのうちどの 2 つの事象も互いに独立であり，どの 2 つの積事象（$A\cap B$，$B\cap C$，$C\cap A$）も残りの 1 つの事象と独立であるとき，事象 A，B，C は互いに **独立** であるという。そして，次のことが成り立つ。

事象 A，B，C が互いに **独立** $\Longrightarrow$ $\boldsymbol{P(A\cap B\cap C)=P(A)P(B)P(C)}$

■ 期待値の性質

一般には，確率変数 X のとる値を x_1，x_2，……，x_n；Y のとる値を y_1，y_2，……，y_m などとして証明するのであるが，ここでは簡単な例（$n=3$，$m=2$）で説明してみよう。

2 つの確率変数 X，Y について，X のとる値が x_1，x_2，x_3；Y のとる値が y_1，y_2 であるとする。

$P(X=x_i,\ Y=y_j)=p_{ij}$ とすると，右の一番上の表のような $(x_i,\ y_j)$ と p_{ij} との対応が得られる。この対応は X と Y の同時分布である。

X＼Y	y_1	y_2	計
x_1	p_{11}	p_{12}	p_1
x_2	p_{21}	p_{22}	p_2
x_3	p_{31}	p_{32}	p_3
計	q_1	q_2	1

X	x_1	x_2	x_3	計
P	p_1	p_2	p_3	1

Y	y_1	y_2	計
P	q_1	q_2	1

ここで　$p_{11}+p_{12}=p_1$，$p_{21}+p_{22}=p_2$，$p_{31}+p_{32}=p_3$；

$p_{11}+p_{21}+p_{31}=q_1$，$p_{12}+p_{22}+p_{32}=q_2$

となり，X と Y はそれぞれ右の 2 番目，3 番目の表の分布に従う。この対応は X，Y の周辺分布である。

[1]　2 つの確率変数 X，Y の和を $Z=X+Y$ とすると，Z も確率変数であり

$$
\begin{aligned}
E(Z)&=(x_1+y_1)p_{11}+(x_1+y_2)p_{12}+(x_2+y_1)p_{21}+(x_2+y_2)p_{22}+(x_3+y_1)p_{31}+(x_3+y_2)p_{32}\\
&=\{x_1(p_{11}+p_{12})+x_2(p_{21}+p_{22})+x_3(p_{31}+p_{32})\}+\{y_1(p_{11}+p_{21}+p_{31})+y_2(p_{12}+p_{22}+p_{32})\}\\
&=(x_1p_1+x_2p_2+x_3p_3)+(y_1q_1+y_2q_2)=E(X)+E(Y)
\end{aligned}
$$

一般に　$E(aX+bY)=E(aX)+E(bY)=aE(X)+bE(Y)$　← $p.116$ 基本事項 3

[2]　X と Y が互いに**独立**のとき　$p_{ij}=P(X=x_i,\ Y=y_j)=P(X=x_i)P(Y=y_j)=p_iq_j$ から

$$
\begin{aligned}
E(XY)&=(x_1y_1)p_1q_1+(x_1y_2)p_1q_2+(x_2y_1)p_2q_1+(x_2y_2)p_2q_2+(x_3y_1)p_3q_1+(x_3y_2)p_3q_2\\
&=(x_1p_1+x_2p_2+x_3p_3)(y_1q_1+y_2q_2)=E(X)E(Y)
\end{aligned}
$$

■ 分散の性質

X と Y が互いに **独立** ならば，3 の期待値の性質から，$Z=X+Y$ のとき

$$E(Z^2)=E(X^2+2XY+Y^2)=E(X^2)+2E(XY)+E(Y^2)=E(X^2)+2E(X)E(Y)+E(Y^2)$$

また　$\{E(Z)\}^2=\{E(X)+E(Y)\}^2=\{E(X)\}^2+2E(X)E(Y)+\{E(Y)\}^2$

よって，$E(Z^2)-\{E(Z)\}^2=E(X^2)-\{E(X)\}^2+E(Y^2)-\{E(Y)\}^2$ から　$V(Z)=V(X)+V(Y)$

一般に，X と Y が互いに**独立**ならば　$V(aX+bY)=V(aX)+V(bY)=a^2V(X)+b^2V(Y)$

なお，3，4 は 3 つの確率変数 X，Y，Z に関しても同じように成り立つ。

例えば　$\boldsymbol{E(X+Y+Z)=E(X)+E(Y)+E(Z)}$

X，Y，Z が互いに **独立** であるとき，すなわち X，Y，Z のとるそれぞれ任意の値 a，b，c に対して $\boldsymbol{P(X=a,\ Y=b,\ Z=c)=P(X=a)P(Y=b)P(Z=c)}$ が成り立つとき

$\boldsymbol{V(X+Y+Z)=V(X)+V(Y)+V(Z)}$

基本例題 70 同時分布

袋の中に，1，2，3の数字を書いた球が，それぞれ4個，3個，2個の計9個入っている。これらの球をもとに戻さずに1個ずつ2回取り出すとき，1回目の球の数字をX，2回目の球の数字をYとする。XとYの同時分布を求めよ。

p.116 基本事項 1

指針 XとYの **同時分布** では，Xの確率分布とYの確率分布を別々に求めるのではなく，2つの確率変数X，Yの組 **(X, Y)の確率分布** を求め，表にする。
ここでは，次の各場合の確率を求める。
$(X, Y)=(1, 1), (1, 2), (1, 3), (2, 1), (2, 2), (2, 3), (3, 1), (3, 2), (3, 3)$

解答

Xのとりうる値は1，2，3，Yのとりうる値も1，2，3であり

$P(X=1, Y=1)=\frac{4}{9}\cdot\frac{3}{8}=\frac{6}{36}$，$P(X=1, Y=2)=\frac{4}{9}\cdot\frac{3}{8}=\frac{6}{36}$，

$P(X=1, Y=3)=\frac{4}{9}\cdot\frac{2}{8}=\frac{4}{36}$，$P(X=2, Y=1)=\frac{3}{9}\cdot\frac{4}{8}=\frac{6}{36}$，

$P(X=2, Y=2)=\frac{3}{9}\cdot\frac{2}{8}=\frac{3}{36}$，$P(X=2, Y=3)=\frac{3}{9}\cdot\frac{2}{8}=\frac{3}{36}$，

$P(X=3, Y=1)=\frac{2}{9}\cdot\frac{4}{8}=\frac{4}{36}$，$P(X=3, Y=2)=\frac{2}{9}\cdot\frac{3}{8}=\frac{3}{36}$，

$P(X=3, Y=3)=\frac{2}{9}\cdot\frac{1}{8}=\frac{1}{36}$

よって，XとYの同時分布は右の表のようになる。

X \ Y	1	2	3	計
1	$\frac{6}{36}$	$\frac{6}{36}$	$\frac{4}{36}$	$\frac{16}{36}$
2	$\frac{6}{36}$	$\frac{3}{36}$	$\frac{3}{36}$	$\frac{12}{36}$
3	$\frac{4}{36}$	$\frac{3}{36}$	$\frac{1}{36}$	$\frac{8}{36}$
計	$\frac{16}{36}$	$\frac{12}{36}$	$\frac{8}{36}$	1

◀例えば，$P(X=1, Y=2)$は，1回目に1の球，2回目に2の球を取り出す確率のこと。**乗法定理(従属)**を利用して確率を計算する。なお，確率の総和が1であることを確かめるため，確率の分母を36でそろえた。

◀$P(X=1)+P(X=2)+P(X=3)=1$および$P(Y=1)+P(Y=2)+P(Y=3)=1$となることを確認(検算)する。

検討

X，Yの周辺分布

上の例題において，X，Yの周辺分布は次のようになる(同じ分布である)。

X	1	2	3	計
P	$\frac{16}{36}$	$\frac{12}{36}$	$\frac{8}{36}$	1

Y	1	2	3	計
P	$\frac{16}{36}$	$\frac{12}{36}$	$\frac{8}{36}$	1

練習 ② 70 袋の中に白球が1個，赤球が2個，青球が3個入っている。この袋から，もとに戻さずに1球ずつ2個の球を取り出すとき，取り出された赤球の数をX，取り出された青球の数をYとする。このとき，XとYの同時分布を求めよ。

参考事項 確率変数の独立と事象の独立

1. 確率変数の独立と事象の独立

ここでは，事象 A，B が独立であることと，対応する確率変数 X，Y が独立であることの関係を調べておこう。

事象 A が起これば 1，起こらなければ 0 の値をとる確率変数を X，
事象 B が起これば 1，起こらなければ 0 の値をとる確率変数を Y

とする。ここで，確率変数 X，Y が独立であるとすると，次のことが成り立つ。

$$P(X=1,\ Y=1)=P(X=1)P(Y=1)$$

$P(X=1,\ Y=1)=P(A\cap B)$，$P(X=1)=P(A)$，$P(Y=1)=P(B)$ であるから

$$P(A\cap B)=P(A)P(B)$$

が成り立つ。よって，確率変数 X と Y が独立ならば，事象 A と B は独立である。
逆に，事象 A と B が独立であるとする。X は 0 と 1 の値しかとらないから

$$P(X=0)+P(X=1)=1$$

更に，$X=0$ かつ $Y=1$ という事象と，$X=1$ かつ $Y=1$ という事象は互いに排反で，これらの和事象は $Y=1$ という事象であるから

$$P(X=0,\ Y=1)+P(X=1,\ Y=1)=P(Y=1)$$

よって　$P(X=0,\ Y=1)=P(Y=1)-P(X=1,\ Y=1)$
$=P(Y=1)-P(X=1)P(Y=1)$
$=\{1-P(X=1)\}P(Y=1)$

◀ $P(X=1,\ Y=1)$
$=P(A\cap B)$
$=P(A)P(B)$
$=P(X=1)P(Y=1)$

ゆえに　$P(X=0,\ Y=1)=P(X=0)P(Y=1)$

同様に，a と b がそれぞれ 0 と 1 のいずれであっても，

$$P(X=a,\ Y=b)=P(X=a)P(Y=b)$$

◀ X のとる任意の値 a と Y のとる任意の値 b に対して成り立つ。

が成り立つ。よって，確率変数 X と Y は独立である。
したがって，事象 A と B が独立であることと，対応する確率変数 X と Y が独立であることは同値である。

2. 独立な事象の余事象

2 つの事象 A と B が独立であるとき，$\overline{A}$ と B は独立であるかどうかを調べてみよう。

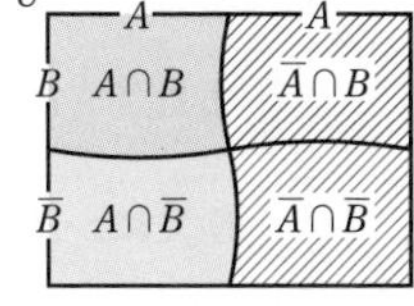

$(\overline{A}\cap B)\cup(A\cap B)=B$，$(\overline{A}\cap B)\cap(A\cap B)=\varnothing$（空事象）であるから　$P(B)=P(\overline{A}\cap B)+P(A\cap B)$　← 加法定理

よって　$P(\overline{A}\cap B)=P(B)-P(A\cap B)$ …… ①

が成り立つ。ここで，A と B が独立であるとすると

$P(A\cap B)=P(A)P(B)$ …… ②

①，② から　$P(\overline{A}\cap B)=P(B)-P(A)P(B)=\{1-P(A)\}P(B)=P(\overline{A})P(B)$

すなわち　$P(\overline{A}\cap B)=P(\overline{A})P(B)$ …… ③

逆に，③ が成り立つならば，① から ② が成り立つ。
したがって「A と B が独立」$\Longleftrightarrow$「$\overline{A}$ と B が独立」が成り立つ。
同様にして，**A と B が独立 $\Longleftrightarrow$ $\overline{A}$ と B が独立 $\Longleftrightarrow$ A と $\overline{B}$ が独立 $\Longleftrightarrow$ $\overline{A}$ と $\overline{B}$ が独立**も成り立つことがわかる。

基本例題 71 独立・従属の判定

1個のさいころを2回続けて投げるとき，出る目の数を順に m, n とする。$m<3$ である事象を A，積 mn が奇数である事象を B，$|m-n|<5$ である事象を C とするとき，A と B，A と C はそれぞれ独立か従属かを調べよ。

p.116 基本事項 2

指針 事象が独立か従属かの判定には，次の関係式のうち確かめやすいものを利用する。

事象 A と B が独立 $\iff P_A(B)=P(B) \iff P_B(A)=P(A)$ （定義）

$\iff P(A\cap B)=P(A)P(B)$ （乗法定理）

ここでは，乗法定理が成り立つかどうかを確認する方法で調べてみよう。

(A と C) C について，$|m-n|<5$ を満たす組 (m, n) の総数は多いので，余事象 $\overline{C}$ を考えてみる。

A と C が独立 $\iff$ A と $\overline{C}$ が独立 であることに注目して，A と $\overline{C}$ が独立か従属かを調べる。

解答

(A と B) $P(A)=\dfrac{2}{6}=\dfrac{1}{3}$

また，積 mn が奇数となるのは，m, n がともに奇数のときであるから　$P(B)=\dfrac{3\times3}{6^2}=\dfrac{1}{4}$

よって　$P(A)P(B)=\dfrac{1}{12}$

また，$m<3$ かつ積 mn が奇数となるには，$(m, n)=(1, 1), (1, 3), (1, 5)$ の3通りがあるから

$$P(A\cap B)=\frac{3}{6^2}=\frac{1}{12}$$

ゆえに　$P(A\cap B)=P(A)P(B)$

よって，**A と B は独立** である。

(A と C) 余事象 $\overline{C}$ は $|m-n|\geqq5$ となる事象，すなわち $(m, n)=(1, 6), (6, 1)$ となる事象である。

よって　$P(\overline{C})=\dfrac{2}{6^2}=\dfrac{1}{18}$

また　$P(A\cap\overline{C})=\dfrac{1}{6^2}=\dfrac{1}{36}$

ゆえに，$P(A)P(\overline{C})=\dfrac{1}{3}\cdot\dfrac{1}{18}=\dfrac{1}{54}$ であるから

$$P(A\cap\overline{C})\neq P(A)P(\overline{C})$$

よって，A と $\overline{C}$ は従属であるから，**A と C は従属** である。

別解 (A と B) $A\cap B$ は，$(m, n)=(1, 1), (1, 3), (1, 5)$ となる事象であるから

$$P_A(B)=\frac{P(A\cap B)}{P(A)}=\frac{\frac{3}{6^2}}{\frac{2}{6}}=\frac{1}{4}$$

一方，$P(B)=\dfrac{1}{4}$ であるから　$P_A(B)=P(B)$

よって，A と B は**独立**。

◀ $\overline{C}$ の根元事象の個数は2個。

◀ $A\cap\overline{C}$ は $m<3$ かつ $|m-n|\geqq5$ となる事象で，そのような (m, n) は　$(m, n)=(1, 6)$

練習 ② 71 1枚の硬貨を3回投げる試行で，1回目に表が出る事象を E，少なくとも2回表が出る事象を F，3回とも同じ面が出る事象を G とする。E と F，E と G はそれぞれ独立か従属かを調べよ。

p.130 EX43

基本例題 72 確率変数の和と積の期待値

袋 A の中には赤玉 2 個，黒玉 3 個，袋 B の中には白玉 2 個，青玉 3 個が入っている。A から玉を 2 個同時に取り出したときの赤玉の個数を X，B から玉を 2 個同時に取り出したときの青玉の個数を Y とするとき，X，Y は確率変数である。このとき，期待値 $E(X+4Y)$ と $E(XY)$ を求めよ。

基本 64，p.116 基本事項 3　重要 75

まず，X，Y **それぞれの確率分布を求め**，期待値 $E(X)$，$E(Y)$ を計算。
次に，$E(aX+bY)$，$E(XY)$ の **性質を利用**（a，b は定数）。

$$\boldsymbol{E(aX+bY)=aE(X)+bE(Y)}$$

X，Y が互いに **独立** ならば　$\boldsymbol{E(XY)=E(X)E(Y)}$ ……（＊）
（＊）の公式は，X と Y が互いに独立のときのみ成り立つことに注意。

確率変数 X，Y のとりうる値は，ともに 0，1，2 であり

$$P(X=k)=\frac{{}_2C_k\times{}_3C_{2-k}}{{}_5C_2}\quad (k=0,\ 1,\ 2)$$

◀赤玉 2 個から k 個，黒玉 3 個から $2-k$ 個。

$$P(Y=l)=\frac{{}_3C_l\times{}_2C_{2-l}}{{}_5C_2}\quad (l=0,\ 1,\ 2)$$

◀青玉 3 個から l 個，白玉 2 個から $2-l$ 個。

よって，X，Y の確率分布は次の表のようになる。

X	0	1	2	計
P	$\frac{3}{10}$	$\frac{6}{10}$	$\frac{1}{10}$	1

Y	0	1	2	計
P	$\frac{1}{10}$	$\frac{6}{10}$	$\frac{3}{10}$	1

◀${}_5C_2=10$
分母を 10 でそろえる。

ゆえに　$E(X)=0\cdot\frac{3}{10}+1\cdot\frac{6}{10}+2\cdot\frac{1}{10}=\frac{8}{10}=\frac{4}{5}$

◀（変数）×（確率）の和

$E(Y)=0\cdot\frac{1}{10}+1\cdot\frac{6}{10}+2\cdot\frac{3}{10}=\frac{12}{10}=\frac{6}{5}$

よって　$\boldsymbol{E(X+4Y)}=E(X)+4E(Y)=\frac{4}{5}+4\cdot\frac{6}{5}=\boldsymbol{\frac{28}{5}}$

また，X と Y は互いに独立であるから

◀この断り書きは重要。

$\boldsymbol{E(XY)}=E(X)E(Y)=\frac{4}{5}\cdot\frac{6}{5}=\boldsymbol{\frac{24}{25}}$

練習 ② 72　袋 A の中には白石 3 個，黒石 3 個，袋 B の中には白石 2 個，黒石 2 個が入っている。まず，A から石を 3 個同時に取り出したときの黒石の数を X とする。また，取り出した石をすべて A に戻し，再び A から石を 1 個取り出して見ないで B に入れる。そして，B から石を 3 個同時に取り出したときの白石の数を Y とすると，X，Y は確率変数である。

(1)　X，Y の期待値 $E(X)$，$E(Y)$ を求めよ。
(2)　期待値 $E(3X+2Y)$，$E(XY)$ を求めよ。

基本例題 73 確率変数 $aX+bY$ の分散 ①①①①①

1個のさいころを投げて，出た目の数が素数のときその数を X とし，それ以外のとき $X=6$ とする。次に，2枚の硬貨を投げて，表の出た硬貨の枚数を Y とするとき，X，Y は確率変数である。このとき，分散 $V(2X+Y)$，$V(3X-2Y)$ を求めよ。

基本 64，p.116 基本事項 4

前ページの基本例題 **72** と流れは同じ。まず，X，Y それぞれの確率分布を求めて，$V(X)$，$V(Y)$ を計算。そして，$V(aX+bY)$ の **性質を利用**（a，b は定数）。

X，Y が **独立** ならば　$\boldsymbol{V(aX+bY)=a^2V(X)+b^2V(Y)}$

注意　$p.116$ の基本事項 **3**，**4** の公式を使うときは

$$E(aX+bY)=aE(X)+bE(Y)\quad (a,\ b \text{ は定数})$$

以外のものは，どれも「X と Y が互いに **独立**」という条件がつくことに注意。

解答

X のとりうる値は 2，3，5，6，Y のとりうる値は 0，1，2 であり，X，Y の確率分布は次の表のようになる。

X	2	3	5	6	計
P	$\frac{1}{6}$	$\frac{1}{6}$	$\frac{1}{6}$	$\frac{3}{6}$	1

Y	0	1	2	計
P	$\frac{1}{4}$	$\frac{2}{4}$	$\frac{1}{4}$	1

◀ $X=6$ となるのは，1か4か6が出たとき。
$Y=k$ となる確率は ${}_2\mathrm{C}_k\left(\frac{1}{2}\right)^k\left(\frac{1}{2}\right)^{2-k}=\frac{{}_2\mathrm{C}_k}{4}$
$(k=0,\ 1,\ 2)$

よって　$E(X)=2\cdot\frac{1}{6}+3\cdot\frac{1}{6}+5\cdot\frac{1}{6}+6\cdot\frac{3}{6}=\frac{14}{3}$

◀ (変数)×(確率) の和

$$V(X)=\left(2^2\cdot\frac{1}{6}+3^2\cdot\frac{1}{6}+5^2\cdot\frac{1}{6}+6^2\cdot\frac{3}{6}\right)-\left(\frac{14}{3}\right)^2$$

$$=\frac{73}{3}-\left(\frac{14}{3}\right)^2=\frac{23}{9}$$

◀ **(X^2 の期待値) $-$ (X の期待値)^2**

また　$E(Y)=1\cdot\frac{2}{4}+2\cdot\frac{1}{4}=1$

$$V(Y)=\left(1^2\cdot\frac{2}{4}+2^2\cdot\frac{1}{4}\right)-1^2=\frac{3}{2}-1=\frac{1}{2}$$

X と Y は互いに独立であるから

◀ この断り書きは重要。

$$\boldsymbol{V(2X+Y)}=2^2V(X)+V(Y)=2^2\cdot\frac{23}{9}+\frac{1}{2}$$

$$=\boldsymbol{\frac{193}{18}}$$

◀ $2V(X)+V(Y)$ は誤り！

$$\boldsymbol{V(3X-2Y)}=3^2V(X)+(-2)^2V(Y)=9\cdot\frac{23}{9}+4\cdot\frac{1}{2}$$

$$=\boldsymbol{25}$$

◀ $3^2V(X)-2^2V(Y)$ は誤り！

練習 ① 73　1から6までの整数を書いたカード6枚が入っている箱Aと，4から8までの整数を書いたカード5枚が入っている箱Bがある。箱A，Bからそれぞれ1枚ずつカードを取り出すとき，箱Aから取り出したカードに書いてある数を X，箱Bから取り出したカードに書いてある数を Y とすると，X，Y は確率変数である。このとき，分散 $V(X+3Y)$，$V(2X-5Y)$ を求めよ。

基本 例題 74 3つ以上の確率変数と期待値，分散

袋の中に [1]，[3]，[5] のカードがそれぞれ3枚，4枚，1枚ずつ入っている。この袋の中から1枚取り出しては袋に戻す試行を5回繰り返し，k 回目 ($k=1$, 2, ……, 5) に出たカードの番号が p のとき kp を得点として得られる。このとき，得点の合計の期待値と分散を求めよ。

基本 72，73

指針 k 回目 ($k=1$, 2, ……, 5) のカードの番号を X_k とし，得点の合計を X とすると

$$X=1\cdot X_1+2X_2+3X_3+4X_4+5X_5$$

まず，$E(X_k)$，$V(X_k)$ ($k=1$, 2, ……, 5) を求め，次の **性質を利用** する。ただし，a_1, a_2, ……, a_n は定数とする。

$$\boldsymbol{E(a_1X_1+a_2X_2+\cdots\cdots+a_nX_n)=a_1E(X_1)+a_2E(X_2)+\cdots\cdots+a_nE(X_n)}$$

X_1, X_2, ……, X_n が互いに **独立** ならば

$$\boldsymbol{V(a_1X_1+a_2X_2+\cdots\cdots+a_nX_n)=a_1{}^2V(X_1)+a_2{}^2V(X_2)+\cdots\cdots+a_n{}^2V(X_n)}$$

解答

k 回目 ($k=1$, 2, ……, 5) のカードの番号を X_k とすると

$$P(X_k=1)=\frac{3}{8},\ P(X_k=3)=\frac{4}{8},\ P(X_k=5)=\frac{1}{8}$$

◀反復試行であるから，X_1, X_2, ……, X_5 は同じ確率分布(以下)に従う。

X_k	1	3	5	計
P	$\frac{3}{8}$	$\frac{4}{8}$	$\frac{1}{8}$	1

よって　$E(X_k)=1\cdot\frac{3}{8}+3\cdot\frac{4}{8}+5\cdot\frac{1}{8}=\frac{5}{2}$

$$V(X_k)=1^2\cdot\frac{3}{8}+3^2\cdot\frac{4}{8}+5^2\cdot\frac{1}{8}-\left(\frac{5}{2}\right)^2=8-\frac{25}{4}=\frac{7}{4}$$

得点の合計を X とすると

$$X=1\cdot X_1+2X_2+3X_3+4X_4+5X_5$$

◀$X=\sum_{k=1}^{5}kX_k$

ゆえに

$$\begin{aligned}E(X)&=E(X_1+2X_2+3X_3+4X_4+5X_5)\\&=E(X_1)+2E(X_2)+3E(X_3)+4E(X_4)+5E(X_5)\\&=(1+2+3+4+5)\cdot\frac{5}{2}\\&=\frac{1}{2}\cdot5\cdot6\cdot\frac{5}{2}=\boldsymbol{\frac{75}{2}}\end{aligned}$$

◀期待値の性質

◀$\boldsymbol{\sum_{k=1}^{n}k=\frac{1}{2}n(n+1)}$

X_1, X_2, ……, X_5 は互いに独立であるから

◀この断り書きは重要。

$$\begin{aligned}V(X)&=V(X_1+2X_2+3X_3+4X_4+5X_5)\\&=V(X_1)+2^2V(X_2)+3^2V(X_3)+4^2V(X_4)+5^2V(X_5)\\&=(1+2^2+3^2+4^2+5^2)\cdot\frac{7}{4}\\&=\frac{1}{6}\cdot5\cdot6\cdot11\cdot\frac{7}{4}=\boldsymbol{\frac{385}{4}}\end{aligned}$$

◀分散の性質

◀$\boldsymbol{\sum_{k=1}^{n}k^2=\frac{1}{6}n(n+1)(2n+1)}$

練習 ③ 74 白球4個，黒球6個が入っている袋から球を1個取り出し，もとに戻す操作を10回行う。白球の出る回数を X とするとき，X の期待値と分散を求めよ。 p.130 EX44

重要例題 75 確率変数 X^2+Y^2 の期待値

座標平面上で，点Pは原点Oにあるものとする。2つのさいころA，Bを同時に投げ，さいころAの出た目が偶数のときは x 軸の正の向きへ出た目の数だけ進み，奇数のときは動かないものとする。さいころBの出た目が奇数のときは y 軸の正の向きへ出た目の数だけ進み，偶数のときは動かないものとする。このとき，長さの平方 OP^2 の期待値を求めよ。

基本 72

指針 点Pの座標を $(X,\ Y)$ とすると　$OP^2=X^2+Y^2$

X^2+Y^2 の確率分布および期待値を直接求めることもできるが，面倒である。そこで，期待値の性質を利用すると，$E(X^2+Y^2)=E(X^2)+E(Y^2)$ となることから，まず X，Y それぞれの確率分布を求め，$E(X^2)$，$E(Y^2)$ を利用するとよい。

解答 $P(X,\ Y)$ とすると，$OP^2=X^2+Y^2$ であり，X，Y，X^2+Y^2 は確率変数である。

X のとりうる値は 0，2，4，6，Y のとりうる値は 0，1，3，5 であり，X，Y の確率分布は次の表のようになる。

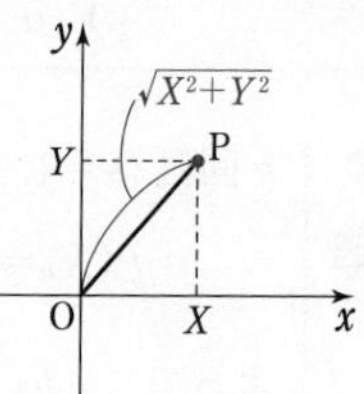

X	0	2	4	6	計
P	$\frac{3}{6}$	$\frac{1}{6}$	$\frac{1}{6}$	$\frac{1}{6}$	1

Y	0	1	3	5	計
P	$\frac{3}{6}$	$\frac{1}{6}$	$\frac{1}{6}$	$\frac{1}{6}$	1

よって　$E(X^2)=0^2\cdot\frac{3}{6}+2^2\cdot\frac{1}{6}+4^2\cdot\frac{1}{6}+6^2\cdot\frac{1}{6}=\frac{56}{6}$

$E(Y^2)=0^2\cdot\frac{3}{6}+1^2\cdot\frac{1}{6}+3^2\cdot\frac{1}{6}+5^2\cdot\frac{1}{6}=\frac{35}{6}$

◀$E(X^2)$ を求めるから，**(変数)^2×(確率) の和**を計算。

したがって，求める期待値は

$E(X^2+Y^2)=E(X^2)+E(Y^2)$

$=\frac{56}{6}+\frac{35}{6}=\mathbf{\frac{91}{6}}$

◀期待値の性質

参考 X^2+Y^2 の確率分布および期待値を直接求める解答を，解答編 $p.77$，78 の **検討** で扱った。

検討 **期待値の性質の誤った使い方をしないように！**

X と X が独立であると考えてしまい，$E(X^2)=E(X\cdot X)=E(X)\cdot E(X)=\{E(X)\}^2$ としては誤りである。

実際，$E(X)=0\cdot\frac{3}{6}+2\cdot\frac{1}{6}+4\cdot\frac{1}{6}+6\cdot\frac{1}{6}=2$ から $\{E(X)\}^2=4$ で，$E(X^2)=\frac{56}{6}$ であるから，$E(X^2)\neq\{E(X)\}^2$ である。

練習 ③ **75** 1つのさいころを2回投げ，座標平面上の点Pの座標を次のように定める。

1回目に出た目を3で割った余りを点Pの x 座標とし，2回目に出た目を4で割った余りを点Pの y 座標とする。

このとき，点Pと点 $(1,\ 0)$ の距離の平方の期待値を求めよ。

p.130 EX45

基本事項

1　二項分布 $B(n,\ p)$

1回の試行で事象 A の起こる確率が p のとき，この試行を n 回行う反復試行において，A の起こる回数を X とすると，$X=r$ になる確率は

$$P(X=r)={}_n\mathrm{C}_r p^r q^{n-r}\quad (r=0,\ 1,\ \cdots\cdots,\ n\ ;\ 0<p<1,\ q=1-p)$$

このとき，確率変数 X は **二項分布 $B(n,\ p)$** に従うという。

2　平均・分散・標準偏差

確率変数 X が二項分布 $B(n,\ p)$ に従うとき

平均　$E(X)=np$

分散　$V(X)=npq$

標準偏差　$\sigma(X)=\sqrt{npq}$　$(q=1-p)$

解　説

■ 二項分布

例　1個のさいころを5回投げるとき，2の目が出る回数を X とすると，X のとりうる値は0，1，……，5で，それぞれの確率は

$$P(X=r)={}_5\mathrm{C}_r\left(\frac{1}{6}\right)^r\left(\frac{5}{6}\right)^{5-r}\ \cdots\cdots\ Ⓐ\quad (r=0,\ 1,\ \cdots\cdots,\ 5)$$

よって，X は二項分布 $B\left(5,\ \frac{1}{6}\right)$ に従う。

また，Ⓐの右辺は二項定理により，$\left(\frac{1}{6}+\frac{5}{6}\right)^5$ を展開したときの各項であり，それらの総和は1であることが確認できる。

なお，$B(n,\ p)$ の B は，二項分布を意味する binomial distribution の頭文字である。

二項定理
$(a+b)^n$
$={}_n\mathrm{C}_0a^n+{}_n\mathrm{C}_1a^{n-1}b+\cdots\cdots$
$+{}_n\mathrm{C}_ra^{n-r}b^r+\cdots\cdots$
$+{}_n\mathrm{C}_nb^n$
$=\sum_{k=0}^{n}{}_n\mathrm{C}_ka^{n-k}b^k$

◀確率の総和は1

■ 二項分布の平均，分散，標準偏差

1回の試行で事象 A の起こる確率を p とする。この試行を n 回繰り返すとき，**第 k 回目の試行で A が起これば1，起こらなければ0の値をとる確率変数を X_k** とする。

このとき，$k=1,\ 2,\ \cdots\cdots,\ n$ に対して

$$P(X_k=1)=p,\ P(X_k=0)=q\quad (q=1-p)$$

よって　$E(X_k)=1\cdot p+0\cdot q=p$

また　$E(X_k{}^2)=1^2\cdot p+0^2\cdot q=p$

ゆえに　$V(X_k)=E(X_k{}^2)-\{E(X_k)\}^2=p-p^2=p(1-p)=pq$

$\boldsymbol{X=X_1+X_2+\cdots\cdots+X_n}$ とおくと，X も確率変数で，この X は n 回のうち A が起こる回数を示すから，二項分布 $B(n,\ p)$ に従う。

よって　$E(X)=E(X_1)+E(X_2)+\cdots\cdots+E(X_n)$
$=p+p+\cdots\cdots+p=np$

◀$E(X+Y)=E(X)+E(Y)$

また，確率変数 $X_1,\ X_2,\ \cdots\cdots,\ X_n$ は互いに独立であるから

$V(X)=V(X_1)+V(X_2)+\cdots\cdots+V(X_n)$
$=pq+pq+\cdots\cdots+pq=npq$

◀$X,\ Y$ が独立 $\Longrightarrow V(X+Y)=V(X)+V(Y)$

ゆえに　$\sigma(X)=\sqrt{V(X)}=\sqrt{npq}$

参考事項 二項分布の平均と分散の別証明

前ページで示した，次の二項分布の平均と分散の性質を，別の方法で証明してみよう。

確率変数 X が二項分布 $B(n,\ p)$ に従うとき　$\boldsymbol{E(X)=np}$，$\boldsymbol{V(X)=npq}$　$(p+q=1)$

● 方法1 二項定理（数学Ⅱ）を応用する方法

二項係数の性質　$k\,{}_n\mathrm{C}_k=n\,{}_{n-1}\mathrm{C}_{k-1}$ …… $(*)$ を用いる。

定義から　$\boldsymbol{E(X)}=\sum_{k=0}^{n}kP(X=k)=\sum_{k=1}^{n}k\,{}_n\mathrm{C}_k\,p^kq^{n-k}=\sum_{k=1}^{n}n\,{}_{n-1}\mathrm{C}_{k-1}\,p^kq^{n-k}$　◀$(*)$ を利用。

$=np\sum_{k=1}^{n}{}_{n-1}\mathrm{C}_{k-1}\,p^{k-1}q^{n-k}=np\sum_{m=0}^{n-1}{}_{n-1}\mathrm{C}_m\,p^mq^{(n-1)-m}$　◀$m=k-1$ とおいた。

$=np(p+q)^{n-1}=\boldsymbol{np}$

また　$E(X^2)=\sum_{k=0}^{n}k^2P(X=k)=\sum_{k=1}^{n}k^2\,{}_n\mathrm{C}_k\,p^kq^{n-k}=\sum_{k=1}^{n}kn\,{}_{n-1}\mathrm{C}_{k-1}\,p^kq^{n-k}$

$=n\sum_{k=1}^{n}\{(k-1)+1\}\,{}_{n-1}\mathrm{C}_{k-1}\,p^kq^{n-k}$　◀$(*)$ を利用することを見越した変形。

$=n\sum_{k=2}^{n}(k-1)\,{}_{n-1}\mathrm{C}_{k-1}\,p^kq^{n-k}+n\sum_{k=1}^{n}{}_{n-1}\mathrm{C}_{k-1}\,p^kq^{n-k}$

$=np^2\sum_{k=2}^{n}(n-1)\,{}_{n-2}\mathrm{C}_{k-2}\,p^{k-2}q^{n-k}+np\sum_{k=1}^{n}{}_{n-1}\mathrm{C}_{k-1}\,p^{k-1}q^{n-k}$

$=n(n-1)p^2\sum_{j=0}^{n-2}{}_{n-2}\mathrm{C}_j\,p^jq^{(n-2)-j}+np\sum_{m=0}^{n-1}{}_{n-1}\mathrm{C}_m\,p^mq^{(n-1)-m}$　◀$j=k-2$，$m=k-1$ とおいた。

$=n(n-1)p^2(p+q)^{n-2}+np(p+q)^{n-1}=n(n-1)p^2+np$

よって　$\boldsymbol{V(X)}=E(X^2)-\{E(X)\}^2=n(n-1)p^2+np-(np)^2$

$=-np^2+np=np(1-p)=\boldsymbol{npq}$

● 方法2 微分法（数学Ⅱ）を用いる方法

t を実数として，$(pt+q)^n$ を考える。

二項定理より　$(pt+q)^n=\sum_{k=0}^{n}{}_n\mathrm{C}_k(pt)^kq^{n-k}$　◀$(pt)^k=p^kt^k$

両辺を t で微分すると　$n(pt+q)^{n-1}p=\sum_{k=0}^{n}{}_n\mathrm{C}_k\cdot p^k\cdot kt^{k-1}q^{n-k}$ … ①　◀$\{(ax+b)^n\}'=n(ax+b)^{n-1}(ax+b)'$

$t=1$ を代入すると　$np(p+q)^{n-1}=\sum_{k=0}^{n}k\,{}_n\mathrm{C}_k\,p^kq^{n-k}$

$p+q=1$ であるから　$np=\sum_{k=0}^{n}kP(X=k)$

この式の右辺は $E(X)$ の定義式であるから，$\boldsymbol{E(X)=np}$ が成り立つ。

① の両辺を更に t で微分すると　$n(n-1)(pt+q)^{n-2}p^2=\sum_{k=0}^{n}{}_n\mathrm{C}_k\cdot p^k\cdot k(k-1)t^{k-2}q^{n-k}$

$t=1$ を代入すると　$n(n-1)(p+q)^{n-2}p^2=\sum_{k=0}^{n}k(k-1)\,{}_n\mathrm{C}_k\,p^kq^{n-k}$

$p+q=1$ であるから　$n(n-1)p^2=\sum_{k=0}^{n}k^2\,{}_n\mathrm{C}_k\,p^kq^{n-k}-\sum_{k=0}^{n}k\,{}_n\mathrm{C}_k\,p^kq^{n-k}$

よって，$n(n-1)p^2=E(X^2)-E(X)$ であるから　$E(X^2)=n(n-1)p^2+np$

以後，**方法1** と同様にして，$\boldsymbol{V(X)=npq}$ を導くことができる。

基本例題 76 二項分布の平均，分散 ②

1 のカード5枚，2 のカード3枚，3 のカード2枚が入っている箱から任意に1枚を取り出し，番号を調べてもとに戻す試行を5回繰り返す。このとき，1 または 2 のカードが出る回数を X とする。確率変数 X の期待値，分散，標準偏差を求めよ。

p.125 基本事項 1，2

指針 「1枚を取り出し，もとに戻す試行を5回繰り返す」
→ 反復試行であるから，X は **二項分布** に従う。

…… $P(X=r)={}_n\mathrm{C}_r p^r q^{n-r}$ $(q=1-p)$ の形。

よって，下の公式を利用するために，上の式における n，p，q を調べる。

二項分布 $B(n,\ p)$ ⟶ $E(X)=np$，$V(X)=npq$，$\sigma(X)=\sqrt{npq}$

CHART 二項分布 $B(n,\ p)$ まず，n と p の確認

解答

1回の試行で 1 または 2 のカードが取り出される確率は

$$\frac{8}{10}=\frac{4}{5}$$

◀ $p=\frac{4}{5}$

よって，$X=r$ となる確率 $P(X=r)$ は

$$P(X=r)={}_5\mathrm{C}_r\left(\frac{4}{5}\right)^r\left(\frac{1}{5}\right)^{5-r} \quad (r=0,\ 1,\ 2,\ \cdots\cdots,\ 5)$$

◀ $n=5$

したがって，X は二項分布 $B\left(5,\ \frac{4}{5}\right)$ に従うから

$$E(X)=5\cdot\frac{4}{5}=\mathbf{4},\quad V(X)=5\cdot\frac{4}{5}\cdot\frac{1}{5}=\mathbf{\frac{4}{5}},$$

◀ $q=1-\frac{4}{5}=\frac{1}{5}$

$$\sigma(X)=\sqrt{\frac{4}{5}}=\mathbf{\frac{2}{\sqrt{5}}}$$

◀ $\sigma(X)=\sqrt{5\cdot\frac{4}{5}\cdot\frac{1}{5}}=\frac{2}{\sqrt{5}}$ としてもよい。

検討

X を2つの確率変数の和としてとらえる

上の例題で，1 のカード，2 のカードが出る回数をそれぞれ X_1，X_2 とすると

$$X=X_1+X_2$$

ここで，X_1，X_2 はそれぞれ二項分布 $B\left(5,\ \frac{1}{2}\right)$，$B\left(5,\ \frac{3}{10}\right)$ に従うから

$$E(X_1)=5\cdot\frac{1}{2}=\frac{5}{2},\quad E(X_2)=5\cdot\frac{3}{10}=\frac{3}{2}$$

よって　$E(X)=E(X_1)+E(X_2)=\frac{5}{2}+\frac{3}{2}=4$

注意 X_1 と X_2 は互いに独立でないから，$V(X)=V(X_1)+V(X_2)$ などとすることはできない。

練習 ② 76 さいころを8回投げるとき，4以上の目が出る回数を X とする。X の分布の平均と標準偏差を求めよ。

p.130 EX46

基本例題 77 試行回数などの決定

赤球 a 個，青球 b 個，白球 c 個合わせて 100 個入った袋がある。この袋から無作為に 1 個の球を取り出し，色を調べてからもとに戻す操作を n 回繰り返す。このとき，赤球を取り出した回数を X とする。X の分布の平均が $\frac{16}{5}$，分散が $\frac{64}{25}$ であるとき，袋の中の赤球の個数 a および回数 n の値を求めよ。〔類 鹿児島大〕

基本 76

指針 「1 個の球を取り出し，もとに戻す操作を n 回繰り返す」
⟶ 反復試行であるから，X は **二項分布** に従う。
二項分布 $B(n,\ p)$ ⟶ $E(X)=np$，$V(X)=npq$ $(q=1-p)$
この公式を利用して a，n に関する連立方程式を作り，それを解く。

解答

1 回の操作で赤球を取り出す確率は $\frac{a}{100}$

よって，$X=r$ となる確率 $P(X=r)$ は

$$P(X=r)={}_n\mathrm{C}_r\left(\frac{a}{100}\right)^r\left(1-\frac{a}{100}\right)^{n-r}$$
$$(r=0,\ 1,\ 2,\ \cdots\cdots,\ n)$$

ゆえに，確率変数 X は二項分布 $B\left(n,\ \frac{a}{100}\right)$ に従う。

X の分布の平均は $\frac{16}{5}$，分散は $\frac{64}{25}$ であるから

$$n\cdot\frac{a}{100}=\frac{16}{5},\quad n\cdot\frac{a}{100}\cdot\left(1-\frac{a}{100}\right)=\frac{64}{25}$$

よって　$na=320$ …… ①，$na(100-a)=25600$ …… ②

また，$0<\frac{a}{100}<1$ から　$0<a<100$ …… ③

① を ② に代入して　$320(100-a)=25600$

ゆえに　$100-a=80$　　よって　$\boldsymbol{a=20}$

これは ③ を満たす。

$a=20$ を ① に代入して　$\boldsymbol{n=16}$

◀ $p=\frac{a}{100}$

◀ ${}_n\mathrm{C}_r p^r(1-p)^{n-r}$

二項分布 $B(n,\ p)$ まず，n と p の確認

◀ $E(X)=np$，$V(X)=npq$ $(q=1-p)$

◀このかくれた条件に注意。

◀ $20n=320$

練習 ③ 77 (1) 平均が 6，分散が 2 の二項分布に従う確率変数を X とする。$X=k$ となる確率を P_k とするとき，$\frac{P_4}{P_3}$ の値を求めよ。〔弘前大〕

(2) 1 個のさいころを繰り返し n 回投げて，1 の目が出た回数が k ならば $50k$ 円を受け取るゲームがある。このゲームの参加料が 500 円であるとき，このゲームに参加するのが損にならないのは，さいころを最低何回以上投げたときか。

振り返り 確率分布の基本，種々の性質の確認

1 確率分布と期待値，分散，標準偏差

確率変数 X が右の表の分布に従うとき

$p_1 \geqq 0$，$p_2 \geqq 0$，…，$p_n \geqq 0$（各確率は 0 以上）

$p_1+p_2+\cdots+p_n=1$（確率の総和は 1）

X	x_1	x_2	$\cdots$	x_n	計
P	p_1	p_2	$\cdots$	p_n	1

└確率の分母は同じ数でそろえる。

➡例題 62

① **期待値** $E(X)=x_1p_1+x_2p_2+\cdots\cdots+x_np_n=\sum_{k=1}^{n}x_kp_k$ ➡例題 63

② **分散** $E(X)=m$ とすると

$$V(X)=(x_1-m)^2p_1+(x_2-m)^2p_2+\cdots\cdots+(x_n-m)^2p_n$$

$$=\sum_{k=1}^{n}(x_k-m)^2p_k=E(X^2)-\{E(X)\}^2$$ ◀(X^2 の期待値)−(X の期待値)^2

③ **標準偏差** $\sigma(X)=\sqrt{V(X)}$ ◀$\sqrt{分散}$ ➡例題 64

説明 期待値，分散，標準偏差の定義は最も基本となるものであるから，確実に覚えておこう。期待値は「確率」（数学 A），分散と標準偏差は「データの分析」（数学Ⅰ）で学んだものと同様であるが，期待値や分散の定義式は数列の和の記号 Σ を使うと簡単な表記で表される。また，和の公式 $\sum_{k=1}^{n}k^{\bullet}$ を使って期待値や分散を求める問題も学んだ。 ➡例題 66

2 $aX+b$，$aX+bY$ の期待値と分散，XY の期待値

① 確率変数 X と定数 a，b に対して

期待値 $E(aX+b)=aE(X)+b$

分散 $V(aX+b)=a^2V(X)$ **標準偏差** $\sigma(aX+b)=|a|\sigma(X)$ ➡例題 68

② 確率変数 X，Y と定数 a，b に対して

期待値 $E(aX+bY)=aE(X)+bE(Y)$ ◀X と Y が独立でなくても成立。

X と Y が互いに独立ならば $E(XY)=E(X)E(Y)$ ➡例題 72

分散 X と Y が互いに独立ならば $V(aX+bY)=a^2V(X)+b^2V(Y)$ ➡例題 73

説明 $aX+b$，$aX+bY$ や XY についての期待値や分散に関して，多くの性質を学んだ。係数を間違いやすいので，ここでもう一度確認しておこう。また，積の期待値の性質 $E(XY)=E(X)E(Y)$，分散の性質 $V(aX+bY)=a^2V(X)+b^2V(Y)$ が成り立つのは，「X と Y が互いに独立」のときに限られることに注意しよう。

3 二項分布

1 回の試行で事象 A が起こる確率が p のとき，この試行を n 回行う反復試行において，A の起こる回数を X とすると

$$P(X=r)={}_n\mathrm{C}_r p^r q^{n-r} \ (r=0,\ 1,\ 2,\ \cdots\cdots,\ n\ ;\ q=1-p)$$

このとき，確率変数 X は **二項分布 $B(n,\ p)$** に従うという。そして，X について

$E(X)=np$，$V(X)=npq$，$\sigma(X)=\sqrt{npq}$ である。 ➡例題 76

説明 同じ試行を繰り返す反復試行に対しては，繰り返しの回数 n と確率 p がわかれば上の公式を使って簡単に平均（期待値）や分散を求められる。

二項分布 $B(n,\ p)$ まず，n と p の確認

EXERCISES

③42 X，Y はどちらも 1，-1 の値をとる確率変数で，それらは

$$P(X=1,\ Y=1)=P(X=-1,\ Y=-1)=a$$

$$P(X=1,\ Y=-1)=P(X=-1,\ Y=1)=\frac{1}{2}-a$$

を満たしているとする。ただし，a は $0\leqq a\leqq\dfrac{1}{2}$ を満たす定数とする。

(1) 確率 $P(X=-1)$ と $P(X=1)$ を求めよ。

(2) 2つの確率変数の和の期待値 $E(X+Y)$ と分散 $V(X+Y)$ を求めよ。

(3) X と Y が互いに独立であるための a の値を求めよ。〔千葉大〕 →70

③43 2つの独立な事象 A，B に対し，A，B が同時に起こる確率が $\dfrac{1}{14}$，A か B の少なくとも一方が起こる確率が $\dfrac{13}{28}$ である。このとき，A の起こる確率 $P(A)$ と B の起こる確率 $P(B)$ を求めよ。ただし，$P(A)<P(B)$ とする。 →71

③44 1から9までの番号を書いた9枚のカードがある。この中から，カードを戻さずに，次々と4枚のカードを取り出す。取り出された順にカードの番号を a，b，c，d とする。千の位を a，百の位を b，十の位を c，一の位を d として得られる4桁の数 N の期待値を求めよ。〔類 秋田大〕 →74

④45 2個のさいころを投げ，出た目を X，Y $(X\leqq Y)$ とする。

(1) $X=1$ である事象を A，$Y=5$ である事象を B とする。確率 $P(A\cap B)$，条件付き確率 $P_B(A)$ をそれぞれ求めよ。

(2) 確率 $P(X=k)$，$P(Y=k)$ をそれぞれ k を用いて表せ。

(3) $3X^2+3Y^2$ の平均(期待値) $E(3X^2+3Y^2)$ を求めよ。〔鹿児島大〕 →66,75

④46 座標平面上の点Pの移動を大小2つのさいころを同時に投げて決める。大きいさいころの目が1または2のとき，点Pを x 軸の正の方向に1だけ動かし，その他の場合は x 軸の負の方向に1だけ動かす。更に，小さいさいころの目が1のとき，点Pを y 軸の正の方向に1だけ動かし，その他の場合は y 軸の負の方向に1だけ動かす。最初，点Pが原点にあり，この試行を n 回繰り返した後の点Pの座標を $(x_n,\ y_n)$ とするとき

(1) x_n の平均値と分散を求めよ。　(2) ${x_n}^2$ の平均値を求めよ。

(3) 原点を中心とし，点 $(x_n,\ y_n)$ を通る円の面積 S の平均値を求めよ。ただし，点 $(x_n,\ y_n)$ が原点と一致するときは $S=0$ とする。 →75,76

42 (2) まず，$X+Y$ の確率分布を調べる。

(3) X と Y が互いに独立 $\Longleftrightarrow P(X=i,\ Y=j)=P(X=i)P(Y=j)$ $(i,\ j=1,\ -1)$

43 A と B が独立 $\Longleftrightarrow P(A\cap B)=P(A)P(B)$ また，$P(A\cup B)=P(A)+P(B)-P(A\cap B)$

45 (2) $1\leqq k\leqq 5$ のとき $P(X=k)=P(X\geqq k)-P(X\geqq k+1)$

46 (1) 大きいさいころの1または2の目が出る回数を X として，x_n を X を用いて表す。

(3) まず，S を x_n，y_n で表す。

9 正規分布

基本事項

1 連続型確率変数の性質

連続型確率変数 X の確率密度関数 $f(x)$ $(\alpha \leqq x \leqq \beta)$ について

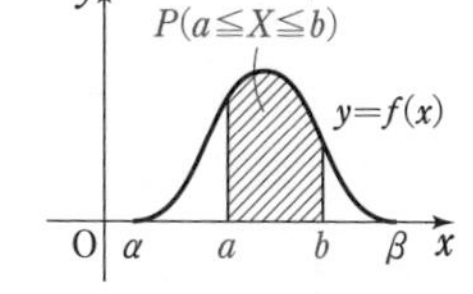

① 常に　$f(x) \geqq 0$

② 確率 $P(a \leqq X \leqq b)$ は図の斜線部分の面積に等しい。

すなわち　$P(a \leqq X \leqq b)=\int_a^b f(x)dx$

③ $\int_\alpha^\beta f(x)dx=1$　　　⟵ **(全面積)=1**

2 連続型確率変数の期待値・分散・標準偏差

1 の確率変数 X について

期待値　$E(X)=m=\int_\alpha^\beta xf(x)dx$　　　**分散**　$V(X)=\int_\alpha^\beta (x-m)^2 f(x)dx$

標準偏差　$\sigma(X)=\sqrt{V(X)}$

解　説

■ 連続型確率変数

右下のヒストグラムは，45 人のテスト結果から得られたものである。この 45 人の中から，無作為に 1 人を選ぶとき，その得点 X の属する階級の階級値が 65 となる確率は，$60 \leqq X < 70$ となる確率 $P(60 \leqq X < 70)$ に等しく

$$P(60 \leqq X < 70)=\frac{9}{45}=0.20$$

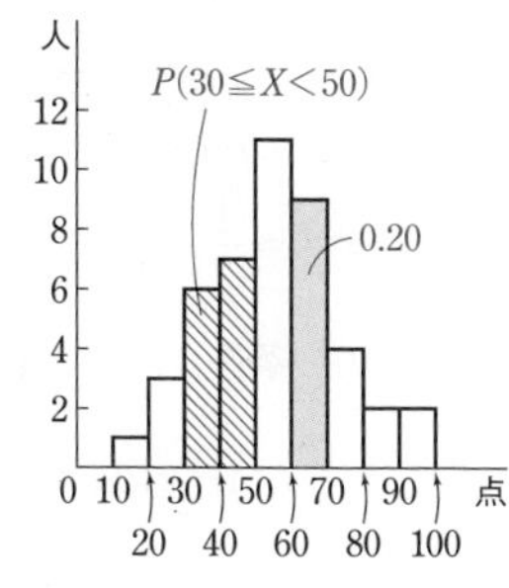

これは，階級 60～70 の相対度数に一致している。

つまり，X は階級値の値をとる確率変数と考えられ，その確率分布は相対度数分布と一致する。

この確率分布を図示するには，各階級の長方形の面積が，その階級の相対度数を表すようなヒストグラムをかくとよい。このとき，例えば，$30 \leqq X < 50$ となる確率は，上の図の赤い斜線部分の面積で表される。

そして，資料の総数が非常に多いときは，階級の幅を十分細かく分けると，ヒストグラムの形は 1 つの曲線に近づいていく。

一般に，連続的な変量 X の確率分布を考えるときは，X に 1 つの曲線 $y=f(x)$ を対応させ，$a \leqq X \leqq b$ となる確率 $P(a \leqq X \leqq b)$ が上の基本事項の図の赤い斜線部分の面積で表されるようにする。このような曲線を X の **分布曲線**，関数 $f(x)$ を **確率密度関数** という。

そして，確率密度関数は基本事項 **1** の ①～③ の性質をもつ。なお，基本事項 **1** ③ は

⊙　**確率の総和は 1**　に対応している。

このような連続的な値をとる確率変数を **連続型確率変数** という。

これに対し，今まで学んできた確率変数のような，とびとびの値をとる確率変数を **離散型確率変数** という。

2章 9 正規分布

基本例題 78 確率密度関数と確率 ②②②②②

(1) 確率変数 X の確率密度関数 $f(x)$ が $f(x)=\frac{1}{2}x\ (0\leqq x\leqq 2)$ で与えられているとき，次の確率を求めよ。

(ア) $P(0\leqq X\leqq 2)$　(イ) $P(0\leqq X\leqq 0.8)$　(ウ) $P(0.5\leqq X\leqq 1.5)$

(2) 確率変数 X のとる値 x の範囲が $0\leqq x\leqq 3$ で，その確率密度関数が $f(x)=k(4-x)$ で与えられている。このとき，正の定数 k の値と確率 $P(1\leqq X\leqq 2)$ を求めよ。

p.131 基本事項 1

指針 (1) 連続型確率変数 X の確率密度関数 $f(x)$ において

$\boldsymbol{P(a\leqq X\leqq b)}$

=(曲線 $y=f(x)$ と x 軸，および2直線 $x=a$, $x=b$ で囲まれた部分の面積)

(2) 確率密度関数 $f(x)$ については，前ページの基本事項の 1 ③ が成り立つ。

すなわち　**(確率の総和)=1 ⟺ (全面積)=1**

なお，確率を表す面積を積分で求めることが多いが，本問では，三角形または台形の面積と考えて計算すると早い。

CHART 確率密度関数と確率　(確率の総和)=1 ⟺ (全面積)=1

解答

(1) (ア) $P(0\leqq X\leqq 2)=\mathbf{1}$

◀(全面積)=1

(イ) $P(0\leqq X\leqq 0.8)$

$=\frac{1}{2}\cdot 0.8\cdot 0.4=\mathbf{0.16}$

(ウ)

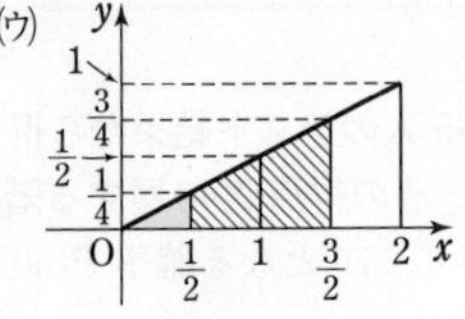

(ウ) $P(0.5\leqq X\leqq 1.5)$

$=P(0\leqq X\leqq 1.5)-P(0\leqq X\leqq 0.5)$

$=\frac{1}{2}\cdot\frac{3}{2}\cdot\frac{3}{4}-\frac{1}{2}\cdot\frac{1}{2}\cdot\frac{1}{4}$ (*) $=\frac{1}{2}=\mathbf{0.5}$

(ウ)

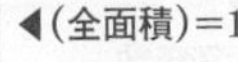

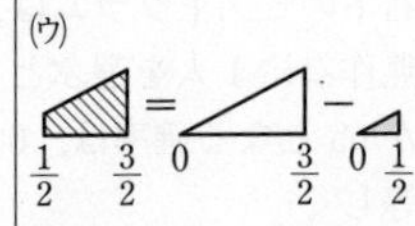

(＊) 計算しやすいよう，確率を分数で表した。なお，台形の面積

$\left(\frac{1}{4}+\frac{3}{4}\right)\times 1\times\frac{1}{2}=\frac{1}{2}$

として求めてもよい。(2)の後半はこの方針。

(2) 条件から　$\int_0^3 k(4-x)dx=1$

$\int_0^3 k(4-x)dx=k\left[4x-\frac{x^2}{2}\right]_0^3=\frac{15}{2}k$ であるから

$\frac{15}{2}k=1$　よって　$\boldsymbol{k=\frac{2}{15}}$

また　$\boldsymbol{P(1\leqq X\leqq 2)}=\frac{2k+3k}{2}\cdot(2-1)=\frac{5}{2}k$

$=\frac{5}{2}\cdot\frac{2}{15}=\boldsymbol{\frac{1}{3}}$

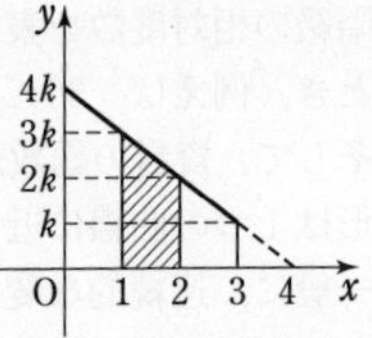

練習 ② 78 (1) 確率変数 X の確率密度関数が右の $f(x)$ で与えられているとき，次の確率を求めよ。

$f(x)=\begin{cases} x+1 & (-1\leqq x\leqq 0) \\ 1-x & (0\leqq x\leqq 1) \end{cases}$

(ア) $P(0.5\leqq X\leqq 1)$　(イ) $P(-0.5\leqq X\leqq 0.3)$

(2) 関数 $f(x)=a(3-x)\ (0\leqq x\leqq 1)$ が確率密度関数となるように，正の定数 a の値を定めよ。また，このとき，確率 $P(0.3\leqq X\leqq 0.7)$ を求めよ。

基本 例題 79 確率密度関数と期待値，標準偏差

確率変数 X が区間 $0 \leqq x \leqq 6$ の任意の値をとることができ，その確率密度関数が $f(x)=kx(6-x)$ (k は定数) で与えられている。
このとき，$k=$ ア□，確率 $P(2 \leqq X \leqq 5)=$ イ□ である。また，期待値は ウ□ で，標準偏差は エ□ である。 〔類 旭川医大〕

p.131 基本事項 1，2

指針 (ア) 前ページの例題の (2) と同じようにして，

(確率の総和)=1 ⟺ (全面積)=1

を利用する。本問では，面積(確率)の計算を積分によって行う。

$$\int x^n dx=\frac{1}{n+1}x^{n+1}+C \quad (n \text{ は 0 以上の整数，} C \text{ は積分定数})$$

解答

$$\int_0^6 f(x)dx=\int_0^6 kx(6-x)dx=k\int_0^6(6x-x^2)dx^{(*)}$$

$$=k\left[3x^2-\frac{x^3}{3}\right]_0^6=k\left(3\cdot 6^2-\frac{6^3}{3}\right)=36k$$

$\displaystyle\int_0^6 f(x)dx=1$ であるから　$36k=1$　　ゆえに　$k=$ ア $\mathbf{\dfrac{1}{36}}$

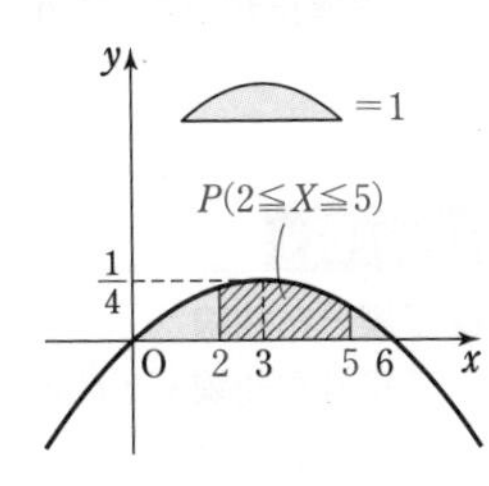

また　$P(2 \leqq X \leqq 5)=\displaystyle\int_2^5 f(x)dx=\int_2^5 \frac{1}{36}x(6-x)dx$

$$=\frac{1}{36}\left[3x^2-\frac{x^3}{3}\right]_2^5$$

$$=\frac{1}{36}\left(3\cdot 21-\frac{117}{3}\right)=\text{イ } \mathbf{\frac{2}{3}}$$

(＊) $\displaystyle\int_0^6(6x-x^2)$
$\displaystyle=-\int_0^6 x(x-6)dx$
$\displaystyle=-\left(-\frac{1}{6}\right)(6-0)^3=36$

期待値　$E(X)=\displaystyle\int_0^6 xf(x)dx=\int_0^6 \frac{1}{36}x^2(6-x)dx$

$$=\frac{1}{6^2}\left[2x^3-\frac{x^4}{4}\right]_0^6=2\cdot 6-\frac{6^2}{4}=\text{ウ } \mathbf{3}$$

◀ $E(X)=m$
$\displaystyle=\int_\alpha^\beta xf(x)dx$

分　散　$V(X)=\displaystyle\int_0^6\{x-E(X)\}^2 f(x)dx$

$$=\int_0^6(x-3)^2\cdot\frac{1}{36}x(6-x)dx$$

$$=\frac{1}{36}\int_0^6(-x^4+12x^3-45x^2+54x)dx$$

$$=\frac{1}{6^2}\left[-\frac{x^5}{5}+3x^4-15x^3+27x^2\right]_0^6$$

$$=-\frac{6^3}{5}+3\cdot 6^2-15\cdot 6+27=\frac{9}{5}$$

◀ $V(X)$
$\displaystyle=\int_\alpha^\beta(x-m)^2 f(x)dx$

◀ $\displaystyle\int_a^b x^n dx=\left[\frac{1}{n+1}x^{n+1}\right]_a^b$

よって　　標準偏差　$\sigma(X)=\sqrt{V(X)}=\sqrt{\dfrac{9}{5}}=$ エ $\mathbf{\dfrac{3}{\sqrt{5}}}$

練習 ③ 79 (1) 確率変数 X の確率密度関数 $f(x)$ が右のようなとき，正の定数 a の値を求めよ。
(2) (1) の確率変数 X の期待値および分散を求めよ。

$$f(x)=\begin{cases} ax(2-x) & (0 \leqq x \leqq 2) \\ 0 & (x<0,\ 2<x) \end{cases}$$

p.140 EX47

基本事項

1 正規分布

連続型確率変数 X の確率密度関数 $f(x)$ が $f(x)=\dfrac{1}{\sqrt{2\pi}\,\sigma}e^{-\frac{(x-m)^2}{2\sigma^2}}$ [m, σ は実数, $\sigma>0$] で与えられるとき，X は **正規分布 $N(m,\ \sigma^2)$ に従う** といい，$y=f(x)$ のグラフを **正規分布曲線** という。

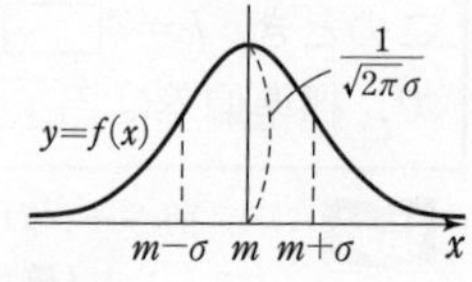

X が正規分布 $N(m,\ \sigma^2)$ に従う確率変数であるとき

期待値 $E(X)=m$，標準偏差 $\sigma(X)=\sigma$

注意　e は無理数で，その値は，$e=2.71828\cdots\cdots$ である(数学Ⅲ)。

2 標準正規分布

確率変数 X が正規分布 $N(m,\ \sigma^2)$ に従うとき，$\boldsymbol{Z=\dfrac{X-m}{\sigma}}$ とおくと，確率変数 Z は **標準正規分布 $N(0,\ 1)$** に従う。

解　説

■正規分布曲線

正規分布曲線 $y=f(x)$ は $p.131$ で述べた性質 1 ①～③ の他に，次の性質をもつ。

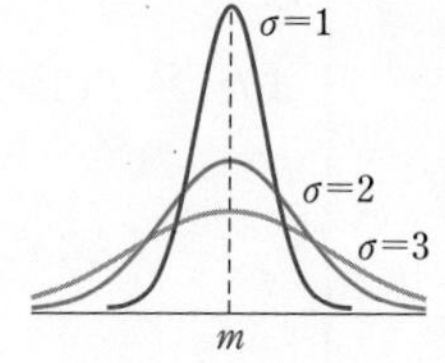

④　曲線は，**直線 $x=m$ (期待値) に関して対称**。
$f(x)$ の値は，$x=m$ で最大で，$x=m$ から遠ざかるにつれて減少し，0 に近づく(x 軸が漸近線)。

⑤　標準偏差 σ が大きくなると，曲線の山が低くなって横に広がり，σ が小さくなると，曲線の山は高くなり，対称軸 $x=m$ の近くに集中する。

■標準正規分布

平均 0，標準偏差 1 の正規分布 **$N(0,\ 1)$** を **標準正規分布** という。

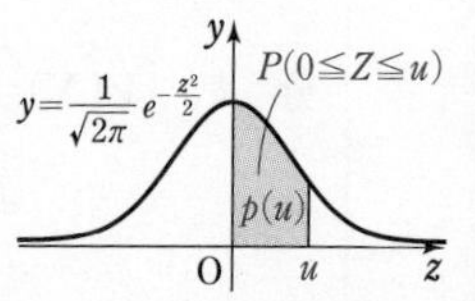

$N(0,\ 1)$ に従う確率変数 Z の確率密度関数は $\boldsymbol{f(z)=\dfrac{1}{\sqrt{2\pi}}e^{-\frac{z^2}{2}}}$ となる。

$N(0,\ 1)$ において，確率 $P(0\leqq Z\leqq u)$ を $\boldsymbol{p(u)}$ で表すことにする。

すなわち　$\boldsymbol{P(0\leqq Z\leqq u)=p(u)}$

また，種々の u の値に対する $p(u)$ の値を表にまとめたものが正規分布表(巻末)である。

■正規分布の標準化

確率変数 X が正規分布 $N(m,\ \sigma^2)$ に従うとき，X を 1 次式で変換してできる確率変数 $aX+b$ (a, b は定数) も，正規分布に従う確率変数である。

特に，$Z=\dfrac{X-m}{\sigma}$ とおくと，Z は標準正規分布 $N(0,\ 1)$ に従う。

$E(aX+b)=aE(X)+b$，$V(aX+b)=a^2V(X)$

証明　$E(Z)=E\left(\dfrac{X}{\sigma}-\dfrac{m}{\sigma}\right)=\dfrac{E(X)}{\sigma}-\dfrac{m}{\sigma}=0$，$V(Z)=V\left(\dfrac{X}{\sigma}-\dfrac{m}{\sigma}\right)=\dfrac{1}{\sigma^2}V(X)=1$

正規分布に従う確率変数に関する確率の計算には，標準正規分布に直し(このことを **標準化** という)，正規分布表を用いて処理するとよい。

基本事項

3 二項分布と正規分布

X を **二項分布 $B(n,\ p)$ に従う** 確率変数とすると

X は，n が大きいとき，近似的に正規分布 $N(np,\ npq)$ に従う。

ただし，$q=1-p$ である。

注意　二項分布については，p.125 参照。

解説

■ **二項分布と正規分布の関係**

二項分布 $B(n,\ p)$ に従う確率変数 X について，$X=r$ となる確率

$$P(X=r)=P_r={}_n\mathrm{C}_r p^r(1-p)^{n-r}$$

を $p=\dfrac{1}{6}$，$n=10,\ 20,\ 30,\ 40,\ 50$ の各場合について計算すると，右の表のようになる。点 $(r,\ P_r)$ をとり，折れ線グラフで示すと，次の図のようになる。

P_r \ n	10	20	30	40	50
P_0	0.162	0.026	0.004	0.001	0.000
P_1	0.323	0.104	0.025	0.005	0.001
P_2	0.291	0.198	0.073	0.021	0.005
P_3	0.155	0.238	0.137	0.054	0.017
P_4	0.054	0.202	0.185	0.099	0.040
P_5	0.013	0.129	0.192	0.143	0.075
P_6	0.002	0.065	0.160	0.167	0.112
P_7	0.000	0.026	0.110	0.162	0.140
P_8	⋮	0.008	0.063	0.134	0.151
P_9	⋮	0.002	0.031	0.095	0.141
P_{10}	⋮	0.000	0.013	0.059	0.116
P_{11}	—	⋮	0.005	0.032	0.084
P_{12}	—	⋮	0.001	0.016	0.055
P_{13}	—	⋮	0.000	0.007	0.032
P_{14}	—	⋮	⋮	0.003	0.017
P_{15}	—	⋮	⋮	0.001	0.008
P_{16}	—	⋮	⋮	0.000	0.004
P_{17}	—	⋮	⋮	⋮	0.001
P_{18}	—	⋮	⋮	⋮	0.001
P_{19}	—	⋮	⋮	⋮	0.000
P_{20}	—	⋮	⋮	⋮	⋮

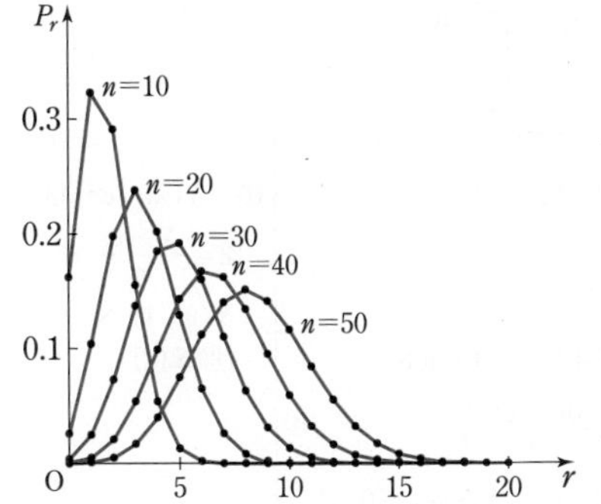

この図からわかるように，二項分布のグラフは，n が大きくなると，ほぼ左右対称になり，正規分布曲線に似てくる。

p.125 で学習したように，二項分布 $B(n,\ p)$ の平均は np，標準偏差は $\sqrt{np(1-p)}$ であるから，n が十分大きくなると，平均も標準偏差も，それに応じて大きくなる。

そして，グラフは右の方に移動し次第に偏平になっていく。

このとき，$Z=\dfrac{X-np}{\sqrt{np(1-p)}}$ とおくと，Z の確率分布が次第に **標準正規分布 $N(0,\ 1)$ に近づく** ことが知られている。

したがって，n が大きいときは，二項分布 $B(n,\ p)$ に従う確率変数 X について，確率 $P(a\leqq X\leqq b)$ を考えるとき，X が正規分布 $N(np,\ np(1-p))$ に従うとみなして計算してよい。このことを二項分布の **正規近似** という。

基本例題 80 正規分布と確率 ①①①①①

(1) 確率変数 Z が標準正規分布 $N(0,\ 1)$ に従うとき，次の確率を求めよ。

(ア) $P(0.3 \leqq Z \leqq 1.8)$　　(イ) $P(Z \leqq -0.5)$

(2) 確率変数 X が正規分布 $N(36,\ 4^2)$ に従うとき，次の確率を求めよ。

(ア) $P(X \geqq 42)$　　(イ) $P(30 \leqq X \leqq 38)$

p.134 基本事項 1，2　基本 86 ～ 88

指針 注意 以後，本書では断りがなくても巻末の正規分布表を用いるものとする。

(1) 標準正規分布 $N(0,\ 1)$ に従う確率変数 Z については，$u \geqq 0$ のときの確率 $P(0 \leqq Z \leqq u) = p(u)$ を正規分布表で調べることができる。

また，次の性質を利用する。

$u>0$ のとき　$P(-u \leqq Z \leqq 0) = P(0 \leqq Z \leqq u)$　← $N(0,\ 1)$ に従う確率変数の正規分布曲線は直線 $x=0$ に関して対称。

$P(Z \geqq 0) = P(Z \leqq 0) = 0.5$

(2) **標準化** して，標準正規分布を利用して考える。

$Z = \dfrac{X-36}{4}$ とおくと，Z は標準正規分布 $N(0,\ 1)$ に従う。

解答

(1) (ア) $P(0.3 \leqq Z \leqq 1.8) = p(1.8) - p(0.3)$
$= 0.4641 - 0.1179 = \mathbf{0.3462}$

(イ) $P(Z \leqq -0.5) = P(Z \leqq 0) - P(-0.5 \leqq Z \leqq 0)$
$= 0.5 - p(0.5) = 0.5 - 0.1915 = \mathbf{0.3085}$

参考 (イ) $P(Z \leqq -0.5) = P(Z \geqq 0.5)$
$= P(Z \geqq 0) - P(0 \leqq Z \leqq 0.5)$　としてもよい。

◀分布曲線の対称性 $P(Z \geqq 0) = P(Z \leqq 0) = 0.5$

(2) $Z = \dfrac{X-36}{4}$ とおくと，Z は $N(0,\ 1)$ に従う。

(ア) $P(X \geqq 42) = P\left(Z \geqq \dfrac{42-36}{4}\right) = P(Z \geqq 1.5)$
$= 0.5 - p(1.5) = 0.5 - 0.4332 = \mathbf{0.0668}$

(イ) $P(30 \leqq X \leqq 38) = P\left(\dfrac{30-36}{4} \leqq Z \leqq \dfrac{38-36}{4}\right)$
$= P(-1.5 \leqq Z \leqq 0.5) = p(1.5) + p(0.5)$
$= 0.4332 + 0.1915 = \mathbf{0.6247}$

◀ $N(m,\ \sigma^2)$ は $Z = \dfrac{X-m}{\sigma}$ で $N(0,\ 1)$ へ [標準化]

(1)(ア) y　▨ : $p(1.8)$　■ : $p(0.3)$　$p(1.8)-p(0.3)$　O 0.3 1.8 z

(イ) y　$p(0.5)$　$0.5-p(0.5)$　-0.5 O 0.5 z

(2)(ア) y　$p(1.5)$　$0.5-p(1.5)$　O 1.5 z

(イ)

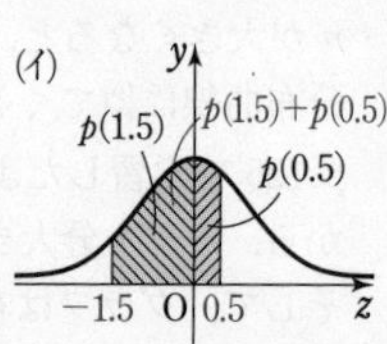

練習 ① **80**

(1) 確率変数 Z が標準正規分布 $N(0,\ 1)$ に従うとき，次の確率を求めよ。

(ア) $P(0.8 \leqq Z \leqq 2.5)$　(イ) $P(-2.7 \leqq Z \leqq -1.3)$　(ウ) $P(Z \geqq -0.6)$

(2) 確率変数 X が正規分布 $N(5,\ 4^2)$ に従うとき，次の確率を求めよ。

(ア) $P(1 \leqq X \leqq 9)$　(イ) $P(X \geqq 7)$

p.140 EX 48

基本例題 81 正規分布の利用 ①①①①①

ある高校における3年男子の身長 X が，平均 170.9 cm，標準偏差 5.4 cm の正規分布に従うものとする。このとき，次の問いに答えよ。ただし，小数第2位を四捨五入して小数第1位まで求めよ。

(1) 身長 175 cm 以上の生徒は約何 % いるか。

(2) 身長 165 cm 以上 174 cm 以下の生徒は約何 % いるか。

(3) 身長の高い方から 4 % の中に入るのは，約何 cm 以上の生徒か。

基本 80

指針 X は正規分布 $N(170.9,\ 5.4^2)$ に従うことが読みとれるから，正規分布表を利用するために **標準化** することを考える。

(1) $P(X \geqq 175)=a$ のとき，$100a$ % の生徒がいることになる。

(3) まず，$P(Z \geqq u)=0.04$ を満たす u の値を求める（Z は標準正規分布に従う確率変数）。

CHART 正規分布 $N(m,\ \sigma^2)$ は $Z=\dfrac{X-m}{\sigma}$ で $N(0,\ 1)$ へ［標準化］

解答

X は正規分布 $N(170.9,\ 5.4^2)$ に従うから，$Z=\dfrac{X-170.9}{5.4}$ とおくと，Z は $N(0,\ 1)$ に従う。

(1) $P(X \geqq 175)=P\left(Z \geqq \dfrac{175-170.9}{5.4}\right) \fallingdotseq P(Z \geqq 0.76)$

$=0.5-p(0.76)=0.5-0.2764=0.2236$

よって，**約 22.4 %** いる。

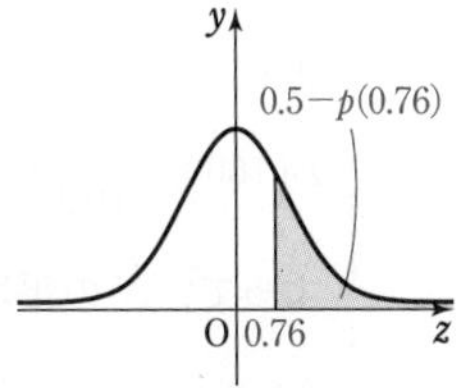

(2) $P(165 \leqq X \leqq 174)=P\left(\dfrac{165-170.9}{5.4} \leqq Z \leqq \dfrac{174-170.9}{5.4}\right)$

$\fallingdotseq P(-1.09 \leqq Z \leqq 0.57)$

$=p(1.09)+p(0.57)$

$=0.3621+0.2157=0.5778$

よって，**約 57.8 %** いる。

(3) $P(Z \geqq u)=0.04$ となる u の値を求めればよい。

$P(Z \geqq u)=0.5-P(0 \leqq Z \leqq u)=0.5-p(u)$

よって　$p(u)=0.5-0.04=0.46$

ゆえに，正規分布表から　$u \fallingdotseq 1.75$

よって　$P(Z \geqq 1.75)=0.04$

$\dfrac{X-170.9}{5.4} \geqq 1.75$ から　$X \geqq 180.35$

したがって，**約 180.4 cm 以上** である。

関数 $z=\dfrac{x-170.9}{5.4}$ は単調増加であることから，＿＿の式が得られる。

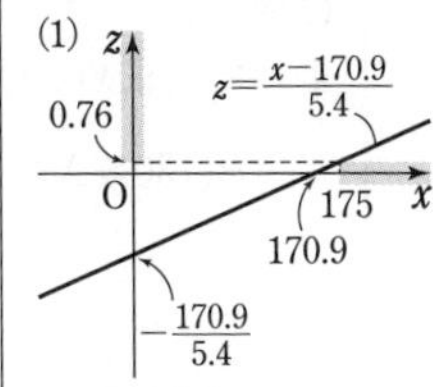

◀正規分布表から，$p(u)=0.46$ に一番近い u の値を見つける。

練習 ② 81 ある製品1万個の長さは平均 69 cm，標準偏差 0.4 cm の正規分布に従っている。長さが 70 cm 以上の製品は不良品とされるとき，この1万個の製品の中には何 % の不良品が含まれると予想されるか。

〔類 琉球大〕 p.140 EX 49

基本例題 82 二項分布の正規分布による近似 ①①①①①

「次の 5 つの文章のうち正しいもの 2 つに ○ をつけよ。」という問題がある。いま，解答者 1600 人が各人考えることなくでたらめに 2 つの文章を選んで ○ をつけたとする。このとき，1600 人中 2 つとも正しく ○ をつけた者が 130 人以上 175 人以下となる確率を，小数第 3 位を四捨五入して小数第 2 位まで求めよ。

p.135 基本事項 3，基本 80

1600 人それぞれがでたらめに 2 つ ○ をつけるから，**二項分布** の問題。

二項分布 $B(n,\ p) \longrightarrow m=np,\ \sigma=\sqrt{np(1-p)}$

$n=1600$ は大きいから，**正規分布** で近似し，更に **標準化** する。

CHART 二項分布 $B(n,\ p)$
1. まず，n と p の確認
2. n が大なら
正規分布 $N(np,\ np(1-p))$ で近似

解答

でたらめに ○ をつけたとき，正しく ○ をつける確率は

$$\frac{{}_2C_2}{{}_5C_2}=\frac{1}{10}$$

正しく ○ をつけた人数を X とすると，X は二項分布 $B\left(1600,\ \frac{1}{10}\right)$ に従う。

◀$n=1600,\ p=\frac{1}{10}$

よって，X の平均は　$m=1600\cdot\frac{1}{10}=160$

標準偏差は　$\sigma=\sqrt{1600\cdot\frac{1}{10}\left(1-\frac{1}{10}\right)}=\sqrt{16\cdot9}=12$

ゆえに，$Z=\frac{X-160}{12}$ とおくと，Z は近似的に $N(0,\ 1)$ に従う。

$n=1600$ は十分大きい。

① $N(m,\ \sigma^2)$ は $Z=\frac{X-m}{\sigma}$ で $N(0,\ 1)$ へ［標準化］

よって，求める確率 $P(130\leqq X\leqq175)$ は

$$\begin{aligned}P(130\leqq X\leqq175)&=P\left(\frac{130-160}{12}\leqq Z\leqq\frac{175-160}{12}\right)\\&=P(-2.5\leqq Z\leqq1.25)\\&=p(2.5)+p(1.25)\\&=0.4938+0.3944\\&=0.8882\fallingdotseq\mathbf{0.89}\end{aligned}$$

◀小数第 3 位を四捨五入。

練習 ② 82 さいころを投げて，1，2 の目が出たら 0 点，3，4，5 の目が出たら 1 点，6 の目が出たら 100 点を得点とするゲームを考える。
さいころを 80 回投げたときの合計得点を 100 で割った余りを X とする。このとき，$X\leqq46$ となる確率 $P(X\leqq46)$ を，小数第 3 位を四捨五入して小数第 2 位まで求めよ。

［類 琉球大］ p.140 EX 51

二項分布の正規分布による近似

例題 **82** における，二項分布を正規分布で近似する手法は重要であるから，詳しく解説しておく。

● X が従う二項分布 $B(n,\ p)$ を求める

まず，問題文から同じ試行の繰り返し（反復試行）であることを見極め，確率変数がどのような二項分布に従うかを把握することが，出発点となる。
例題 **82** は，5 つの文章のうち 2 つに，でたらめに ○ をつけることを1600回繰り返す，という反復試行と同じであると考えられるから，正しく ○ をつけた人数を X とすると，X は二項分布に従うことになる。回数 n は1600で，確率 p は解答のように $p=\frac{{}_2C_2}{{}_5C_2}=\frac{1}{10}$ と求められ，X は二項分布 $B\left(1600,\ \frac{1}{10}\right)$ に従うことがわかる。

● 二項分布を正規分布で近似し，確率を求める

$P(X=r)=P_r={}_{1600}C_r\left(\frac{1}{10}\right)^r\left(\frac{9}{10}\right)^{1600-r}$ とすると，求める確率は

$P_{130}+P_{131}+\cdots+P_{175}$ であるが，この確率の和を実際に計算するのは容易ではない。
そこで，$p.135$ の基本事項で学んだ，次の二項分布と正規分布の関係を利用する。

X を **二項分布 $B(n,\ p)$ に従う** 確率変数とすると
X は，n が大きいとき，近似的に正規分布 $N(np,\ npq)$ に従う $(q=1-p)$。

ここでは，$n=1600$ は大きく，$m=np=160$，$\sigma=\sqrt{npq}=12$ であるから，X は近似的に正規分布 $N(160,\ 12^2)$ に従うことになる。よって，後は

標準化　確率変数 X が正規分布 $N(m,\ \sigma^2)$ に従うとき，確率変数 $Z=\frac{X-m}{\sigma}$ は標準正規分布 $N(0,\ 1)$ に従う。

つまり，$Z=\frac{X-160}{12}$ の標準化を行うと，$p.136$ 例題 **80** (2) と同様に，正規分布表から確率を調べることで，求めたい確率を計算できる。

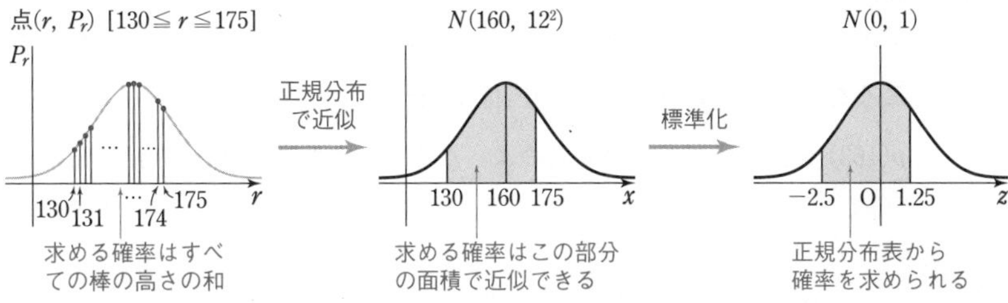

このように，二項分布に従う確率変数は，n が大きければ正規分布に従う確率変数として扱えるのである。もともとは離散的な確率変数が，連続的な確率変数として扱えるのは興味深い。
なお，n が大きくないときでも，半整数補正を行うことで，正規分布による近似が可能となる。これについては，$p.141$ の参考事項を参照。

EXERCISES

③47 確率変数 X の確率密度関数 $f(x)$ が右のようなとき，確率 $P\left(a\leqq X\leqq\frac{3}{2}a\right)$ および X の平均を求めよ。ただし，a は正の実数とする。 〔類 センター試験〕 →79

$$f(x)=\begin{cases}\dfrac{2}{3a^2}(x+a) & (-a\leqq x\leqq 0)\\[2mm] \dfrac{1}{3a^2}(2a-x) & (0\leqq x\leqq 2a)\end{cases}$$

②48 正規分布 $N(12,\ 4^2)$ に従う確率変数 X について，次の等式が成り立つように，定数 a の値を定めよ。

(1) $P(X\leqq a)=0.9641$ (2) $P(|X-12|\geqq a)=0.1336$

(3) $P(14\leqq X\leqq a)=0.3023$ →80

③49 ある企業の入社試験は採用枠 300 名のところ 500 名の応募があった。試験の結果は 500 点満点の試験に対し，平均点 245 点，標準偏差 50 点であった。得点の分布が正規分布であるとみなされるとき，合格最低点はおよそ何点であるか。小数点以下を切り上げて答えよ。 〔類 鹿児島大〕 →81

③50 学科の成績 x を記録するのに，平均が m，標準偏差が σ のとき，右の表に従って，1 から 5 までの評点で表す。成績が正規分布に従うものとして

成 績	評点
$x<m-1.5\sigma$	1
$m-1.5\sigma\leqq x<m-0.5\sigma$	2
$m-0.5\sigma\leqq x\leqq m+0.5\sigma$	3
$m+0.5\sigma<x\leqq m+1.5\sigma$	4
$m+1.5\sigma<x$	5

(1) 45 人の学級で，評点 1，2，3，4，5 の生徒の数は，それぞれ何人くらいずつになるか。

(2) $m=62$，$\sigma=20$ のとき，成績 85 の生徒にはどんな評点がつくか。 〔類 東北学院大〕 →81

③51 原点を出発して数直線上を動く点 P がある。さいころを 1 回振って，3 以上の目が出ると正の向きに 1 移動し，2 以下の目が出ると負の向きに 2 移動する。さいころを n 回振った後の点 P の座標が $\dfrac{7n}{45}$ 以上となる確率を $p(n)$ とするとき，$p(162)$ を正規分布を用いて求めよ。ただし，小数第 4 位を四捨五入せよ。 〔類 滋賀大〕 →82

HINT 48 まず，$Z=\dfrac{X-12}{4}$ とおき，**標準化** する。次に，$P(X\leqq a)$ などを $p(u)$ の式で表す。

49,50(1) **標準化** を利用。

51 さいころを 162 回振ったとき，3 以上の目が出る回数を X として，点 P の座標を X で表す。そして，その座標が $\dfrac{7\cdot162}{45}$ 以上となる X の値の範囲を求める。また，X は二項分布に従うが，二項分布は **正規分布で近似** できることを利用。

参考事項 正規分布による近似の半整数補正

二項分布の正規分布による近似を，より精密にすることを考えると，次のようになる。
例えば，X が二項分布 $B(16,\ 0.5)$ に従うとき，X の期待値 m と標準偏差 σ は

$$m=np=16\cdot0.5=8$$
$$\sigma=\sqrt{npq}=\sqrt{16\cdot0.5\cdot(1-0.5)}=2$$

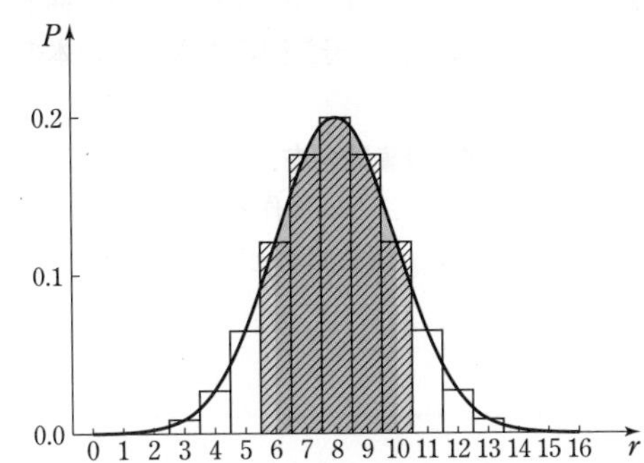

上の図は $r=0,\ 1,\ \cdots\cdots,\ 16$ に対して，$P(X=r)$ の値を，r を底辺の中心とする幅 1 の長方形の面積で表したもので，図の曲線は $N(8,\ 2^2)$ に従う確率変数 Y の確率密度関数のグラフである。
このとき，確率 $P=P(6\leqq X\leqq 10)$ は図の斜線部分の面積であるから，図からわかるように $P\fallingdotseq P(5.5\leqq Y\leqq 10.5)$ である。

$Z=\dfrac{Y-8}{2}$ とおくと，Z は標準正規分布 $N(0,\ 1)$ に従うから

$$P\fallingdotseq P\left(\frac{5.5-8}{2}\leqq Z\leqq\frac{10.5-8}{2}\right)=P(-1.25\leqq Z\leqq 1.25)$$
$$=2p(1.25)=0.7888$$

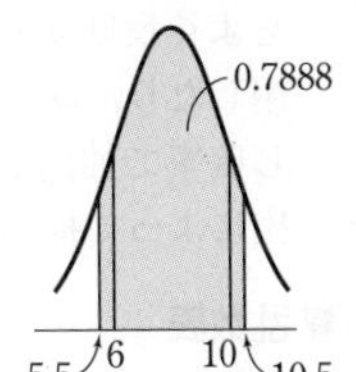

このように，6 と 10 をそれぞれ 5.5 と 10.5 でおき換えることを，**半整数補正** という。
なお，半整数補正を行わないで

$$P\fallingdotseq P(6\leqq Y\leqq 10)=P\left(\frac{6-8}{2}\leqq Z\leqq\frac{10-8}{2}\right)=P(-1\leqq Z\leqq 1)$$
$$=2p(1)=0.6826$$

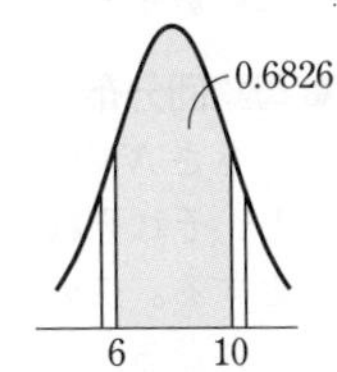

とすると，図の両端の長方形のほぼ半分を除いたことになり，これは小さい見積りである。
二項分布から，直接 $P(6\leqq X\leqq 10)$ の値を計算すると，

$$({}_{16}C_6+{}_{16}C_7+{}_{16}C_8+{}_{16}C_9+{}_{16}C_{10})\times0.5^{16}=0.78988\cdots\cdots \quad \text{である。}$$

補足　二項分布 $B(n,\ p)$ の正規近似の精度は，p が 0.5 に近いほどよく，p が 0 や 1 に近いほど悪いが，半整数補正を行うと，np と $n(1-p)$ がともに 5 より大きいと実用上十分であるといわれている。半整数補正を行わないときは，np と $n(1-p)$ がかなり大きくないと，よい近似が得られない。

10 母集団と標本

基本事項

1 母集団と標本

標本調査の場合，調査の対象全体の集合を **母集団** といい，調査のため抜き出された要素の集合を **標本** という。また，標本を抜き出すことを **抽出** という。ここで，母集団，標本の要素の個数を，それぞれ **母集団の大きさ，標本の大きさ** という。

2 母集団分布

母集団における変量 x の分布を **母集団分布**，その平均値を **母平均**，標準偏差を **母標準偏差** という。これらは，大きさ1の無作為標本について，変量 x の値を確率変数とみたときの確率分布，期待値，標準偏差と一致する。

解　説

■全数調査と標本調査

統計調査の方法には，次の2通りの方法がある。

全数調査　調査の対象全体にわたって，もれなく資料を集めて調べる。

標本調査　対象全体から一部を抜き出して調べ，その結果から全体の状況を推測する。

例えば，国勢調査などは全数調査，テレビ番組の視聴率の調査などは標本調査である。標本調査では，標本を抽出するとき，それが特別なものにかたよらないよう，母集団全体の状況をよく反映するように抽出しなければならない。それには，くじ引きや **乱数表** などを利用したり，コンピュータによって発生させた乱数を利用したりして，母集団のどの要素も同じ確率で抽出されるようにする。このような抽出の方法を **無作為抽出** といい，無作為抽出によって抽出された標本を **無作為標本** という。

■乱数表

0から9までの数字を不規則に並べ，しかも上下，左右，斜めのいずれの並びをとっても，どの数字も同じ確率で現れるように工夫された表である。

■母集団分布

大きさ N の母集団において，変量 x のとる異なる値を x_1, x_2, ……, x_r とし，それぞれの値をとる度数，すなわち，要素の個数を f_1, f_2, ……, f_r とする。このとき，この母集団における変量 x の度数分布は，右の表のようになる。

階級値	度　数
x_1	f_1
x_2	f_2
⋮	⋮
x_r	f_r
計	N

いま，この母集団から1個の要素を無作為に抽出するとき，変量 x の値が x_k となる確率 p_k は $p_k=\dfrac{f_k}{N}$ $(k=1,\ 2,\ \cdots\cdots,\ r)$ である。

よって，X は右下の表のような確率分布をもつ確率変数とみなせる。

したがって，母集団における変量 x の平均値を m，標準偏差を σ とすると，この確率変数 X の期待値 $E(X)$，標準偏差 $\sigma(X)$ について，次のことが成り立つ。

X	x_1	x_2	……	x_r	計
P	$\dfrac{f_1}{N}$	$\dfrac{f_2}{N}$	……	$\dfrac{f_r}{N}$	1

$$E(X)=m,\qquad \sigma(X)=\sigma$$

基本事項

3 標本の抽出

ある母集団から標本を抽出する場合

復元抽出 毎回もとに戻しながら次のものを1個ずつ取り出す方法

非復元抽出 取り出したものをもとに戻さずに続けて抽出する方法

解 説

■復元抽出・非復元抽出

例 赤球，白球，黒球がそれぞれ1個，2個，3個ある。これらすべての球を母集団として，次のような方法で大きさ2の無作為標本を抽出し，その球の色を順に X_1，X_2 とするとき，X_1，X_2 の同時分布の表を (1) 復元抽出 (2) 非復元抽出 の各場合に求めると，次のようになる。

(1)

X_1＼X_2	赤	白	黒	計
赤	$\frac{1}{36}$	$\frac{2}{36}$	$\frac{3}{36}$	$\frac{6}{36}$
白	$\frac{2}{36}$	$\frac{4}{36}$	$\frac{6}{36}$	$\frac{12}{36}$
黒	$\frac{3}{36}$	$\frac{6}{36}$	$\frac{9}{36}$	$\frac{18}{36}$
計	$\frac{6}{36}$	$\frac{12}{36}$	$\frac{18}{36}$	1

(2)

X_1＼X_2	赤	白	黒	計
赤	0	$\frac{2}{30}$	$\frac{3}{30}$	$\frac{5}{30}$
白	$\frac{2}{30}$	$\frac{2}{30}$	$\frac{6}{30}$	$\frac{10}{30}$
黒	$\frac{3}{30}$	$\frac{6}{30}$	$\frac{6}{30}$	$\frac{15}{30}$
計	$\frac{5}{30}$	$\frac{10}{30}$	$\frac{15}{30}$	1

例えば，
X_1：赤，X_2：白
となる確率は
(1) 復元抽出のとき
$$\frac{1}{6}\times\frac{2}{6}$$
［乗法定理（独立）］
(2) 非復元抽出のとき
$$\frac{1}{6}\times\frac{2}{5}$$
［乗法定理（従属）］
なお，非復元抽出の場合，X_1：赤，X_2：赤となることはない。

次に，ある母集団から **大きさ n の標本** を抽出することについて考えてみよう。

[1] 復元抽出の場合

復元抽出によって大きさ n の無作為標本を作ることは，大きさ1の標本を n 個独立に取り出すことと同じである。よって，このときの無作為標本は，n 個の互いに **独立** な確率変数 X_1，X_2，……，X_n で表される。

[2] 非復元抽出の場合

非復元抽出によって大きさ n の無作為標本を作ると，この標本もまた，n 個の確率変数 X_1，X_2，……，X_n で表されるが，これらは互いに **独立ではない**。

しかし，母集団に属する要素の個数 N が十分大きく，かつ抽出された無作為標本の大きさ n が N に比べて小さい(目安としては，n が N の10分の1以下)ときは，非復元抽出で取り出した標本は，近似的に，復元抽出で取り出した標本とみなすことができる。

以上，いずれの場合にも母平均を m，母標準偏差を σ とすると

$$m=E(X_1)=E(X_2)=\cdots\cdots=E(X_n)$$
$$\sigma=\sigma(X_1)=\sigma(X_2)=\cdots\cdots=\sigma(X_n)$$

が成り立つ。そこで，大きさ N の母集団から大きさ n の標本を抽出するとき

[1] N が小さいときは，復元抽出による。

[2] N が大きく，かつ n が N に比べて小さいときは，復元抽出でも，非復元抽出でもよい。

と考えると，**抽出された n 個の標本を，互いに独立な確率変数とみなすことができる。**

基本事項

4 標本平均の期待値と標準偏差

母平均 m，母標準偏差 σ の母集団から大きさ n の無作為標本を抽出するとき，標本平均 $\overline{X}$ の

期待値 $E(\overline{X})=m$，　**標準偏差** $\sigma(\overline{X})=\dfrac{\sigma}{\sqrt{n}}$

5 標本比率

母比率を p，大きさ n の無作為標本の標本比率を R とすると，標本比率 R の

期待値 $E(R)=p$，　**標準偏差** $\sigma(R)=\sqrt{\dfrac{p(1-p)}{n}}$

標本比率 R は，n が大きいとき，近似的に正規分布 $N\left(p,\ \dfrac{p(1-p)}{n}\right)$ に従う。

解説

■**標本平均と標本標準偏差**　母集団から大きさ n の標本を抽出し，変量 x についてその標本のもつ x の値を X_1, X_2, ……, X_n とする。この標本を1組の資料とみなしたとき，その平均値 $\overline{X}=\dfrac{1}{n}(X_1+X_2+\cdots\cdots+X_n)$ を **標本平均** といい，標準偏差 $S=\sqrt{\dfrac{1}{n}\displaystyle\sum_{k=1}^{n}(X_k-\overline{X})^2}$ を **標本標準偏差** という。

前ページで学んだことにより，**復元抽出** によって抽出した標本の変量 X_1, X_2, ……, X_n を互いに独立な確率変数とみなすことができるから，基本事項の 4 が証明できる。

証明　$E(X_k)=m$，$\sigma(X_k)=\sigma$
$(k=1,\ 2,\ \cdots\cdots,\ n)$ により

> $E(aX+bY)=aE(X)+bE(Y)$
> X と Y が互いに **独立** のとき
> $V(aX+bY)=a^2V(X)+b^2V(Y)$

$$E(\overline{X})=E\left(\frac{1}{n}\sum_{k=1}^{n}X_k\right)=\frac{1}{n}\sum_{k=1}^{n}E(X_k)=\frac{1}{n}\cdot nm$$
$$=m$$
$$\sigma(\overline{X})=\sqrt{V\left(\frac{1}{n}\sum_{k=1}^{n}X_k\right)}=\sqrt{\frac{1}{n^2}\sum_{k=1}^{n}V(X_k)}=\sqrt{\frac{1}{n^2}\cdot n\sigma^2}=\frac{\sigma}{\sqrt{n}}$$

なお，**非復元抽出** の場合も，期待値は $E(\overline{X})=m$ であることが知られていて，n に比べて母集団の大きさが十分大きいならば，標準偏差 $\sigma(\overline{X})$ は $\dfrac{\sigma}{\sqrt{n}}$ であるとみなしてよい。

■**標本比率と母比率**　標本の中である特定の性質をもつ要素の割合を，その特性に対する **標本比率** という。これに対して，母集団全体の中である特定の性質をもつ要素の割合を，その特性に対する **母比率** という。特性Aの母比率が p である母集団から，大きさ n の無作為標本を抽出するとき，標本の中で特性Aをもつ要素の個数を T とすると，T は二項分布 $B(n,\ p)$ に従う。よって，n が大きいとき，T は近似的に正規分布 $N(np,\ np(1-p))$ に従う (p.135 参照)。

特性Aの標本比率を R とすると，$R=\dfrac{T}{n}$ であるから　$E(R)=E\left(\dfrac{T}{n}\right)=\dfrac{1}{n}\cdot np=p$

$V(R)=V\left(\dfrac{T}{n}\right)=\dfrac{1}{n^2}V(T)=\dfrac{1}{n^2}\cdot np(1-p)=\dfrac{p(1-p)}{n}$ から　$\sigma(R)=\sqrt{\dfrac{p(1-p)}{n}}$

したがって，n が大きいとき，標本比率 R は近似的に $N\left(p,\ \dfrac{p(1-p)}{n}\right)$ に従う。

基本事項

6 標本平均の分布

母平均 m，母標準偏差 σ の母集団から大きさ n の無作為標本を抽出するとき，

標本平均 $\overline{X}$ は，n が大きいとき，近似的に正規分布 $N\left(m,\ \dfrac{\sigma^2}{n}\right)$ に従う。

注意　母集団分布が正規分布のときは，$\overline{X}$ は常に正規分布 $N\left(m,\ \dfrac{\sigma^2}{n}\right)$ に従う。

7 大数の法則

母平均 m の母集団から大きさ n の無作為標本を抽出するとき，その標本平均 $\overline{X}$ は，n が大きくなるに従って，母平均 m に近づく。

解　説

■ 標本平均の分布

一般に，次のことが成り立つことが知られている。

中心極限定理

確率変数 X_1，X_2，……，X_n は互いに独立で，平均値が m，分散が σ^2 の同じ分布に従うものとする。このとき，$X_1+X_2+\cdots\cdots+X_n$ を標準化した確率変数

$\dfrac{1}{\sqrt{n}\,\sigma}(X_1+X_2+\cdots\cdots+X_n-n\cdot m)$，すなわち $\dfrac{\overline{X}-m}{\dfrac{\sigma}{\sqrt{n}}}$ の分布は，n が十分大きいとき，近似的に標準正規分布 $N(0,\ 1)$ に従う。

この定理によって，どんな母集団分布についても，分散 σ^2 がわかると，十分大きい標本では，標本平均 $\overline{X}$ は，近似的に正規分布に従うと考えることができる。

■ 大数の法則

母平均 m，母標準偏差 σ の母集団から抽出した大きさ n の無作為標本の標本平均 $\overline{X}$ について，$\sigma=10$ として $n=100$，400，900 の場合の近似的な分布 $N\left(m,\ \dfrac{\sigma^2}{n}\right)$ を図示すると，右のようになる。

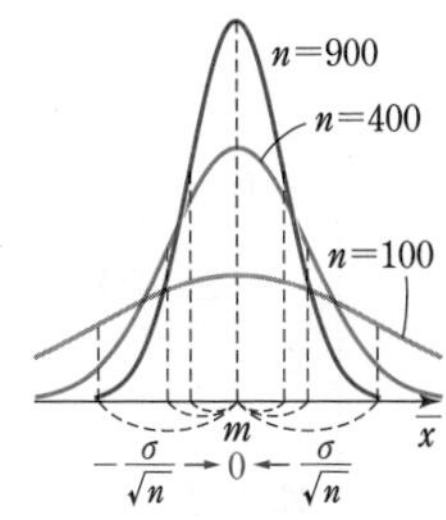

$\overline{X}$ の平均値 m は一定であるが，n が大きくなるに従って，標準偏差 $\dfrac{\sigma}{\sqrt{n}}$ は小さくなり，$\overline{X}$ の分布は m の近くで高くなる（$\overline{X}$ が m に近い値をとる確率が大きくなる）。

一般に，n を限りなく大きくしていくと，標準偏差 $\dfrac{\sigma}{\sqrt{n}}$ は限りなく 0 に近づき，$\overline{X}$ は母平均 m の近くに限りなく集中して分布するようになる。したがって，$\overline{X}$ が m に近い値をとる確率が 1 に近づく。

参考　前ページの基本事項の標本比率は，次のように考えると，標本平均の特別な場合になる。すなわち，ある特性 A の母比率が p である母集団において，特性 A をもつ要素を 1，もたない要素を 0 で表す変量 X を考えると，大きさ n の標本の各要素を表す X の値 X_1，X_2，……，X_n はそれぞれ 1 または 0 であるから，特性 A の標本比率 R は，これらのうち値が 1 であるものの割合であり，$\overline{X}=\dfrac{X_1+X_2+\cdots\cdots+X_n}{n}$ と同じ確率変数である。

基本例題 83 母平均，母標準偏差

1，2，3，4，5 の数字が書かれている札が，それぞれ 1 枚，2 枚，3 枚，4 枚，5 枚ずつある。これを母集団とし，札の数字を変量 X とするとき，母集団分布，母平均 m，母標準偏差 σ を求めよ。

基本 64，p.142 基本事項 2

指針 母集団分布は，大きさ 1 の無作為標本（すなわち，札 1 枚を取り出すこと）の確率分布と一致する。
よって，札に書かれている数字を確率変数 X とみたときの確率分布，期待値（平均値），標準偏差を求める。

① 確率分布 $P(X=x_k)=p_k$ $(k=1,\ 2,\ \cdots\cdots,\ n)$ $p_1+p_2+\cdots\cdots+p_n=1$

② 期待値（平均値） $E(X)=\sum_{k=1}^{n} x_k p_k$

分　散 $V(X)=E((X-E(X))^2)=E(X^2)-\{E(X)\}^2$

標準偏差 $\sigma(X)=\sqrt{V(X)}$

解答

母集団から 1 枚の札を無作為に抽出するとき，札に書かれている数字 X の分布，すなわち，母集団分布は次の表のようになる。

X	1	2	3	4	5	計
P	$\frac{1}{15}$	$\frac{2}{15}$	$\frac{3}{15}$	$\frac{4}{15}$	$\frac{5}{15}$	1

◀（確率の総和）＝1
確率 P は，約分しない方が，$E(X)$ などの計算がしやすい。

よって

$$m=E(X)$$
$$=1\cdot\frac{1}{15}+2\cdot\frac{2}{15}+3\cdot\frac{3}{15}+4\cdot\frac{4}{15}+5\cdot\frac{5}{15}$$
$$=\frac{55}{15}=\frac{11}{3}$$

◀（変数）×（確率）の和。

また

$$E(X^2)=1^2\cdot\frac{1}{15}+2^2\cdot\frac{2}{15}+3^2\cdot\frac{3}{15}+4^2\cdot\frac{4}{15}+5^2\cdot\frac{5}{15}$$
$$=\frac{1}{15}\cdot\left(\frac{1}{2}\cdot5\cdot6\right)^2=15$$

◀ $\sum_{k=1}^{n} k^3=\left\{\frac{1}{2}n(n+1)\right\}^2$

ゆえに

$$\sigma=\sqrt{E(X^2)-\{E(X)\}^2}=\sqrt{15-\left(\frac{11}{3}\right)^2}=\frac{\sqrt{14}}{3}$$

◀ σ^2＝（X^2 の期待値）－（X の期待値）^{2}

練習 ① 83 1，2，3 の数字を記入した球が，それぞれ 1 個，4 個，5 個の計 10 個袋の中に入っている。これを母集団として，次の問いに答えよ。

(1) 球に書かれている数字を変量 X としたとき，母集団分布を示せ。

(2) (1) について，母平均 m，母標準偏差 σ を求めよ。

基本 例題 84 標本平均の期待値，標準偏差 (1)

(1) 母集団 $\{1,\ 2,\ 3,\ 3\}$ から復元抽出された大きさ 2 の標本 $(X_1,\ X_2)$ について，その標本平均 $\overline{X}$ の確率分布を求めよ。

(2) 母集団の変量 x が右の分布をなしている。この母集団から復元抽出によって得られた大きさ 16 の無作為標本を $X_1,\ X_2,\ \cdots\cdots,\ X_{16}$ とするとき，その標本平均 $\overline{X}$ の期待値 $E(\overline{X})$ と標準偏差 $\sigma(\overline{X})$ を求めよ。

x	1	2	3	計
度数	11	8	6	25

p.143 基本事項 3，p.144 基本事項 4

指針 (1) X_1，X_2 のとりうる値とそのときの $\overline{X}$ の値を表にまとめ，$\overline{X}$ のとりうる値と各値をとる確率を調べる。

(2) まず，母平均 m と母標準偏差 σ を求める。そして，次の公式を利用する。
母平均 m，母標準偏差 σ の母集団から大きさ n の無作為標本を抽出するとき，標本平均 $\overline{X}$ の　**期待値** $E(\overline{X})=m$，**標準偏差** $\sigma(\overline{X})=\dfrac{\sigma}{\sqrt{n}}$

解答

(1) $\overline{X}=\dfrac{X_1+X_2}{2}$ の値を表にすると，右のようになる。

X_1 \ X_2	1	2	3	3
1	1	$\frac{3}{2}$	2	2
2	$\frac{3}{2}$	2	$\frac{5}{2}$	$\frac{5}{2}$
3	2	$\frac{5}{2}$	3	3
3	2	$\frac{5}{2}$	3	3

よって，$\overline{X}$ の確率分布は次の表のようになる。

$\overline{X}$	1	$\frac{3}{2}$	2	$\frac{5}{2}$	3	計
P	$\frac{1}{16}$	$\frac{2}{16}$	$\frac{5}{16}$	$\frac{4}{16}$	$\frac{4}{16}$	1

◀(1) 母集団にある 2 つの 3 を区別して，表にまとめるとよい。

(2) 母平均 m と母標準偏差 σ は

$$m=1\cdot\frac{11}{25}+2\cdot\frac{8}{25}+3\cdot\frac{6}{25}=\frac{45}{25}=\frac{9}{5}$$

$$\sigma=\sqrt{1^2\cdot\frac{11}{25}+2^2\cdot\frac{8}{25}+3^2\cdot\frac{6}{25}-\left(\frac{9}{5}\right)^2}=\sqrt{\frac{16}{25}}=\frac{4}{5}$$

したがって，$\overline{X}$ の期待値と標準偏差は

$$E(\overline{X})=m=\frac{9}{5},\quad \sigma(\overline{X})=\frac{\sigma}{\sqrt{16}}=\frac{1}{5}$$

◀$E(\overline{X})=m$，$\sigma(\overline{X})=\dfrac{\sigma}{\sqrt{n}}$

練習 ② 84 (1) 上の例題 (1) において，非復元抽出の場合，$\overline{X}$ の確率分布を求めよ。

(2) 母集団の変量 x が右の分布をなしている。この母集団から復元抽出によって得られた大きさ 25 の無作為標本を $X_1,\ X_2,\ \cdots\cdots,\ X_{25}$ とするとき，その標本平均 $\overline{X}$ の期待値 $E(\overline{X})$ と標準偏差 $\sigma(\overline{X})$ を求めよ。

x	1	2	3	4	計
度数	2	2	3	3	10

p.158 EX52

基本例題 85 標本平均の期待値，標準偏差 (2)

ある県において，参議院議員選挙における有権者のA政党支持率は30%であるという。この県の有権者の中から，無作為にn人を抽出するとき，k番目に抽出された人がA政党支持なら1，不支持なら0の値を対応させる確率変数をX_kとする。

(1) 標本平均 $\overline{X}=\dfrac{X_1+X_2+\cdots\cdots+X_n}{n}$ について，期待値$E(\overline{X})$を求めよ。

(2) 標本平均$\overline{X}$の標準偏差$\sigma(\overline{X})$を0.02以下にするためには，抽出される標本の大きさは，少なくとも何人以上必要であるか。

基本 84

指針 (1) まず，母平均mを求める。

(2) まず，母標準偏差σを求める。そして，$\sigma(\overline{X})\leqq 0.02$ すなわち $\dfrac{\sigma}{\sqrt{n}}\leqq 0.02$ を満たす最小の自然数nを求める。

解答

(1) 母集団における変量は，A政党支持なら1，不支持なら0という，2つの値をとる。

X_k	1	0	計
P	0.3	0.7	1

よって，母平均mは　$m=1\cdot0.3+0\cdot0.7=0.3$

ゆえに　$\boldsymbol{E(\overline{X})=m=0.3}$

(2) 母標準偏差σは

$$\sigma=\sqrt{(1^2\cdot0.3+0^2\cdot0.7)-m^2}=\sqrt{0.3-0.09}$$
$$=\sqrt{0.21}$$

よって　$\sigma(\overline{X})=\dfrac{\sigma}{\sqrt{n}}=\dfrac{\sqrt{0.21}}{\sqrt{n}}$

$\dfrac{\sqrt{0.21}}{\sqrt{n}}\leqq 0.02$ とすると，両辺を2乗して

$$\frac{0.21}{n}\leqq 0.0004$$

◀小数を分数に直して考えてもよい。
$\dfrac{\sqrt{0.21}}{\sqrt{n}}\leqq 0.02$ から
$\dfrac{\sqrt{21}}{\sqrt{n}}\leqq\dfrac{1}{5}$
よって　$\dfrac{21}{n}\leqq\dfrac{1}{25}$

ゆえに　$n\geqq\dfrac{0.21}{0.0004}=\dfrac{2100}{4}=525$

この不等式を満たす最小の自然数nは　$n=525$

したがって，少なくとも **525人以上** 必要である。

注意 標本平均の期待値はnによらず母平均に等しいが，標本平均の標準偏差はnが大きくなると小さくなる。

練習 ③ 85 A市の新生児の男子と女子の割合は等しいことがわかっている。ある年において，A市の新生児の中から無作為にn人抽出するとき，k番目に抽出された新生児が男なら1，女なら0の値を対応させる確率変数をX_kとする。

(1) 標本平均 $\overline{X}=\dfrac{X_1+X_2+\cdots\cdots+X_n}{n}$ の期待値$E(\overline{X})$を求めよ。

(2) 標本平均$\overline{X}$の標準偏差$\sigma(\overline{X})$を0.03以下にするためには，抽出される標本の大きさは，少なくとも何人以上必要であるか。

基本 例題 86 標本比率と正規分布 ①①①①①

A 市の新生児の男子と女子の割合は等しいことがわかっている。ある年の A 市の新生児の中から 100 人を無作為抽出したときの女子の割合を R とする。

(1) 標本比率 R の期待値 $E(R)$ と標準偏差 $\sigma(R)$ を求めよ。

(2) 標本比率 R が 50% 以上 57% 以下である確率を求めよ。

基本 80，p.144 基本事項 5

指針 (1) 母比率 p，大きさ n の無作為標本の標本比率を R とすると，標本比率 R の

期待値 $E(R)=p$，　**標準偏差** $\sigma(R)=\sqrt{\dfrac{p(1-p)}{n}}$

(2) 標本の大きさ $n=100$ は十分大きいから，標本比率 R は近似的に正規分布 $N\left(p,\ \dfrac{p(1-p)}{n}\right)$ に従う。これを利用し，R が（近似的に）従う正規分布を求める。そして，標準化し標準正規分布を利用して確率を求める。

CHART 正規分布 $N(m,\ \sigma^2)$ は $Z=\dfrac{X-m}{\sigma}$ で $N(0,\ 1)$ へ［標準化］

解答

(1) 母比率 p は　$p=0.5$

標本の大きさは　$n=100$

よって，標本比率 R の

期待値は　$\boldsymbol{E(R)=p=0.5}$

標準偏差は

$$\sigma(R)=\sqrt{\frac{p(1-p)}{n}}=\sqrt{\frac{0.5\cdot0.5}{100}}=\frac{0.5}{10}=\mathbf{0.05}$$

(2) (1) より，標本比率 R は近似的に正規分布 $N(0.5,\ 0.05^2)$ に従うから，$Z=\dfrac{R-0.5}{0.05}$ とおくと，Z は近似的に $N(0,\ 1)$ に従う。

よって，求める確率は

$$\begin{aligned}P(0.50\leqq R\leqq 0.57)&=P\left(\frac{0.50-0.5}{0.05}\leqq Z\leqq\frac{0.57-0.5}{0.05}\right)\\&=P(0\leqq Z\leqq 1.4)\\&=p(1.4)\\&=\mathbf{0.4192}\end{aligned}$$

◀出生率は等しい → $p=0.5$

◀$n=100$ は十分大きいから，正規分布で近似する。

◀$p(1.4)$ の値を正規分布表から読み取る。

練習 ② 86 ある国の有権者の内閣支持率が 40% であるとき，無作為に抽出した 400 人の有権者の内閣の支持率を R とする。R が 38% 以上 41% 以下である確率を求めよ。ただし，$\sqrt{6}=2.45$ とする。

基本例題 87 標本平均と正規分布

体長が平均 50 cm，標準偏差 3 cm の正規分布に従う生物集団があるとする。
(1) 体長が 47 cm から 56 cm までのものは全体の何 % であるか。
(2) 4 つの個体を無作為に取り出したとき，体長の標本平均が 53 cm 以上となる確率を求めよ。

基本 80，p.145 基本事項 6

指針 正規分布 $N(m,\ \sigma^2)$ は $Z=\dfrac{X-m}{\sigma}$ で $N(0,\ 1)$ へ［標準化］

(2) $p.145$ で学んだように，**母集団が正規分布 $N(m,\ \sigma^2)$ に従うとき**，この母集団から抽出された大きさ n の無作為標本の **標本平均 $\overline{X}$ は $N\left(m,\ \dfrac{\sigma^2}{n}\right)$ に従う**。（n が大きくなくてもよい。）
よって，この生物集団から抽出された大きさ 4 の無作為標本の標本平均 $\overline{X}$ は，正規分布 $N\left(50,\ \dfrac{3^2}{4}\right)$ に従う。

解答

母集団は正規分布 $N(50,\ 3^2)$ に従う。

(1) 生物集団の体長を X cm とする。

$Z=\dfrac{X-50}{3}$ とおくと，Z は $N(0,\ 1)$ に従う。

よって
$$P(47\leqq X\leqq 56)=P\left(\frac{47-50}{3}\leqq Z\leqq\frac{56-50}{3}\right)$$
$$=P(-1\leqq Z\leqq 2)=p(1)+p(2)$$
$$=0.3413+0.4772=0.8185$$

ゆえに **81.85 %**

◀全体の何 % か，という問題であるから，確率 $P(47\leqq X\leqq 56)$ を求める。

(2) 標本平均 $\overline{X}$ は正規分布 $N\left(50,\ \dfrac{3^2}{4}\right)$ に従う。

◀$N\left(50,\ \left(\dfrac{3}{2}\right)^2\right)$

よって，$Z=\dfrac{\overline{X}-50}{\frac{3}{2}}$ とおくと，Z は $N(0,\ 1)$ に従う。

ゆえに
$$P(\overline{X}\geqq 53)=P\left(Z\geqq\frac{2}{3}(53-50)\right)=P(Z\geqq 2)$$
$$=0.5-p(2)=0.5-0.4772=\mathbf{0.0228}$$

◀$P(Z\geqq 0)-P(0\leqq Z\leqq 2)$

練習 ② 87 17 歳の男子の身長は，平均値 170.9 cm，標準偏差 5.8 cm の正規分布に従うものとする。
(1) 17 歳の男子のうち，身長が 160 cm から 180 cm までの人は全体の何 % であるか。
(2) 40 人の 17 歳の男子の身長の平均が 170.0 cm 以下になる確率を求めよ。ただし，$\sqrt{10}=3.16$ とする。

p.158 EX 53，54

基本例題 88 大数の法則 ①①①①①

母平均 0，母標準偏差 1 をもつ母集団から抽出した大きさ n の標本の標本平均 $\overline{X}$ が -0.1 以上 0.1 以下である確率 $P(|\overline{X}|\leqq 0.1)$ を，$n=100,\ 400,\ 900$ の各場合について求めよ。

基本 80，p.145 基本事項 7

$m=0,\ \sigma=1$ であるから，標本平均 $\overline{X}$ は近似的に正規分布 $N\left(0,\ \dfrac{1^2}{n}\right)$ に従う。

$n=100,\ 400,\ 900$ の各場合について，

① 正規分布　$N(m,\ \sigma^2)$ は $Z=\dfrac{X-m}{\sigma}$ で $N(0,\ 1)$ へ［標準化］

に従い，確率 $P(|\overline{X}|\leqq 0.1)$ を求める。

解答

$n=100,\ 400,\ 900$ は十分大きいと考えられる。

$n=100$ のとき，$\overline{X}$ は近似的に正規分布 $N\left(0,\ \dfrac{1}{100}\right)$ に従うから，$Z=\dfrac{\overline{X}}{\frac{1}{10}}$ とおくと，Z は近似的に $N(0,\ 1)$ に従う。

よって　$P(|\overline{X}|\leqq 0.1)=P(|Z|\leqq 1)=2p(1)$
$=2\cdot 0.3413$
$=\mathbf{0.6826}$ …… ①

◀ $P(|\overline{X}|\leqq 0.1)$
$=P\left(\left|\dfrac{Z}{10}\right|\leqq 0.1\right)$
$=P(|Z|\leqq 1)$

$n=400$ のとき，$\overline{X}$ は近似的に正規分布 $N\left(0,\ \dfrac{1}{400}\right)$ に従うから，$Z=\dfrac{\overline{X}}{\frac{1}{20}}$ とおくと，Z は近似的に $N(0,\ 1)$ に従う。

よって　$P(|\overline{X}|\leqq 0.1)=P(|Z|\leqq 2)=2p(2)$
$=2\cdot 0.4772$
$=\mathbf{0.9544}$ …… ②

$n=900$ のとき，$\overline{X}$ は近似的に正規分布 $N\left(0,\ \dfrac{1}{900}\right)$ に従うから，$Z=\dfrac{\overline{X}}{\frac{1}{30}}$ とおくと，Z は近似的に $N(0,\ 1)$ に従う。

よって　$P(|\overline{X}|\leqq 0.1)=P(|Z|\leqq 3)=2p(3)$
$=2\cdot 0.49865$
$=\mathbf{0.9973}$ …… ③

検討
①～③ から，n が大きくなるにつれて
$P(|\overline{X}|\leqq 0.1)$
が 1 に近づくこと，すなわち **大数の法則** が成り立つ（標本平均 $\overline{X}$ が母平均 0 に近い値をとる確率が 1 に近づく）ことがわかる。

練習 ① 88 さいころを n 回投げるとき，1 の目が出る相対度数を R とする。$n=500,\ 2000,\ 4500$ の各場合について，$P\left(\left|R-\dfrac{1}{6}\right|\leqq\dfrac{1}{60}\right)$ の値を求めよ。

11 推　定

基本事項

1 母平均の推定

標本の大きさ n が大きいとき，母平均 m に対する

信頼度 95% の信頼区間 は $\left[\overline{X}-1.96\cdot\dfrac{\sigma}{\sqrt{n}},\ \overline{X}+1.96\cdot\dfrac{\sigma}{\sqrt{n}}\right]$

信頼度 99% の信頼区間 は $\left[\overline{X}-2.58\cdot\dfrac{\sigma}{\sqrt{n}},\ \overline{X}+2.58\cdot\dfrac{\sigma}{\sqrt{n}}\right]$

解　説

■ 標本調査の目的

一般に，母集団の大きさが大きいときには，それらの分布を調べることは簡単ではない。そこで，母集団分布の母平均や母比率を効果的に，かつ誤差が少なく推定する方法について考えることが必要になる。

■ 母平均の推定

母平均がわからないとき，それを標本平均 $\overline{X}$ を用いて推定することを考えよう。

一般に，母平均 m，母標準偏差 σ をもつ母集団から，大きさ n の無作為標本を抽出するとき，その標本平均 $\overline{X}$ は，n が大きいとき，近似的に正規分布 $N\left(m,\ \dfrac{\sigma^2}{n}\right)$ に従う（$p.145$）。

よって，$Z=\dfrac{\overline{X}-m}{\dfrac{\sigma}{\sqrt{n}}}$ は近似的に $N(0,\ 1)$ に従うから，任意の正の数 c に対して

$$P\left(|\overline{X}-m|\leqq c\cdot\frac{\sigma}{\sqrt{n}}\right)=P(|Z|\leqq c)=2p(c)$$

となる。ただし，$p(c)=P(0\leqq Z\leqq c)$ である。

ゆえに　$$P\left(m-c\cdot\frac{\sigma}{\sqrt{n}}\leqq\overline{X}\leqq m+c\cdot\frac{\sigma}{\sqrt{n}}\right)=2p(c)$$

したがって　$$P\left(\overline{X}-c\cdot\frac{\sigma}{\sqrt{n}}\leqq m\leqq\overline{X}+c\cdot\frac{\sigma}{\sqrt{n}}\right)=2p(c)\ \cdots\cdots ①$$

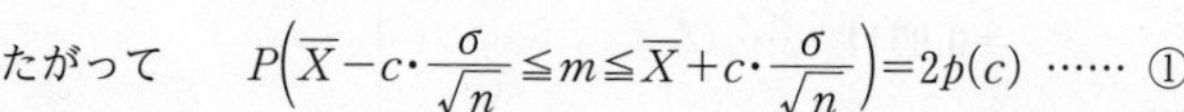

ここで，例えば，$2p(c)=0.95$ とすると，$p(c)=0.475$ となるから，正規分布表より $c=1.96$ を得る。

よって　$$P\left(\overline{X}-1.96\cdot\frac{\sigma}{\sqrt{n}}\leqq m\leqq\overline{X}+1.96\cdot\frac{\sigma}{\sqrt{n}}\right)=0.95$$

この式は，区間 $\overline{X}-1.96\cdot\dfrac{\sigma}{\sqrt{n}}\leqq x\leqq\overline{X}+1.96\cdot\dfrac{\sigma}{\sqrt{n}}$ が母平均 m の値を含むことが約 95% の確からしさで期待されることを示している。この区間を

$$\left[\overline{X}-1.96\cdot\frac{\sigma}{\sqrt{n}},\ \overline{X}+1.96\cdot\frac{\sigma}{\sqrt{n}}\right]\ \cdots\cdots ②$$

のように表し，母平均 m に対する **信頼度** 95% の **信頼区間** という。

また，信頼度 99% の信頼区間については，① で，$2p(c)=0.99$ とすると，$p(c)=0.495$ となり，正規分布表から $c=2.58$ を得る。ゆえに，② の 1.96 を 2.58 に改めると得られる。

基本事項

2 母比率の推定

標本の大きさ n が大きいとき，標本比率を R とすると，母比率 p に対する

信頼度 95% の信頼区間 は

$$\left[R-1.96\sqrt{\frac{R(1-R)}{n}},\ R+1.96\sqrt{\frac{R(1-R)}{n}}\right]$$

信頼度 99% の信頼区間 は

$$\left[R-2.58\sqrt{\frac{R(1-R)}{n}},\ R+2.58\sqrt{\frac{R(1-R)}{n}}\right]$$

解　説

■ **母比率の推定**

$p.144$ で定義したように，標本の中で，ある特性をもっているものの割合 R が **標本比率** である。例えば，大きさ n の標本の中で，ある特性をもつものの数を X 個とすると，標本比率 R は $R=\dfrac{X}{n}$ となる。

ここでは，標本比率から母比率を推定する方法について考えよう。

$p.144$ で学んだように，標本の大きさ n が大きいとき，標本比率 R は近似的に正規分布 $N\left(p,\ \dfrac{p(1-p)}{n}\right)$ に従う。

よって，$Z=\dfrac{R-p}{\sqrt{\dfrac{p(1-p)}{n}}}$ は近似的に $N(0,\ 1)$ に従う。

ゆえに，任意の正の数 c に対して

$$P\left(|R-p|\leqq c\cdot\sqrt{\frac{p(1-p)}{n}}\right)=P(|Z|\leqq c)=2p(c)$$

となる。ただし，$p(c)=P(0\leqq Z\leqq c)$ である。

ゆえに　$P\left(p-c\cdot\sqrt{\dfrac{p(1-p)}{n}}\leqq R\leqq p+c\cdot\sqrt{\dfrac{p(1-p)}{n}}\right)=2p(c)$

よって　$P\left(R-c\cdot\sqrt{\dfrac{p(1-p)}{n}}\leqq p\leqq R+c\cdot\sqrt{\dfrac{p(1-p)}{n}}\right)=2p(c)$

$2p(c)=0.95$ を満たす c の値は，正規分布表から

$c=1.96$

ゆえに　$P\left(R-1.96\sqrt{\dfrac{p(1-p)}{n}}\leqq p\leqq R+1.96\sqrt{\dfrac{p(1-p)}{n}}\right)=0.95$

また，$2p(c)=0.99$ を満たす c の値は，正規分布表から

$c=2.58$

よって　$P\left(R-2.58\sqrt{\dfrac{p(1-p)}{n}}\leqq p\leqq R+2.58\sqrt{\dfrac{p(1-p)}{n}}\right)=0.99$

n が十分大きいとき，大数の法則($p.145$)により，R は p に近いとみなしてよいから，上の 2 式の $p(1-p)$ を $R(1-R)$ でおき換えると，上の基本事項が得られる。

① 正規分布
$N(m,\ \sigma^2)$ は
$Z=\dfrac{X-m}{\sigma}$ で
$N(0,\ 1)$ へ
[標準化]

基本例題 89 母平均の推定(1)

ある工場で大量生産されている電球の中から無作為に抽出した25個について試験したところ，それらの寿命の平均値は1500時間であった。製品全体の平均寿命を信頼度95%で推定せよ。ただし，製品の寿命は正規分布に従い，標準偏差は110時間である。

p.152 基本事項 1

例えば，母平均 m に対して信頼度95%の信頼区間を求めることを，「**母平均 m を信頼度95%で推定する**」ということがある。つまり，この問題は母平均(製品全体の平均寿命)の信頼度95%の信頼区間を求めることに他ならない。

信頼度95%の信頼区間 $\left[\overline{X}-1.96\cdot\dfrac{\sigma}{\sqrt{n}},\ \overline{X}+1.96\cdot\dfrac{\sigma}{\sqrt{n}}\right]$

問題文より，$\overline{X}=1500$，$n=25$，$\sigma=110$ を読みとることができるから，これを上の公式に代入すればよい。

解答

標本の大きさは $n=25$，標本平均は $\overline{X}=1500$，母標準偏差は $\sigma=110$ で，製品の寿命は正規分布に従うから，標本平均 $\overline{X}$ は正規分布 $N\left(m,\ \dfrac{\sigma^2}{n}\right)$ に従う。

◀母平均，母標準偏差，標本平均，標本標準偏差の区別をきちんとつけておくこと。

よって，母平均に対する信頼度95%の信頼区間は

$$\left[1500-1.96\cdot\frac{110}{\sqrt{25}},\ 1500+1.96\cdot\frac{110}{\sqrt{25}}\right]$$

◀$1.96\cdot\dfrac{110}{\sqrt{25}}=43.12$

ゆえに　$[1456.88,\ 1543.12]$

すなわち　**[1457, 1543]　ただし，単位は 時間**

◀問題文中の条件は整数値であるから，小数第1位を四捨五入した。

参考 1. 上の解答で，信頼度95%の信頼区間を

$1500-1.96\cdot\dfrac{110}{\sqrt{25}}\leqq m\leqq 1500+1.96\cdot\dfrac{110}{\sqrt{25}}$ として「**$1457\leqq m\leqq 1543$ 単位は 時間**」または「**1457時間以上1543時間以内**」などと答えてもよい。なお，信頼区間の意味については，次ページのズームUPを参照。

参考 2. 信頼度99%で推定すると，次のようになる。

信頼区間は　$\left[1500-2.58\cdot\dfrac{110}{\sqrt{25}},\ 1500+2.58\cdot\dfrac{110}{\sqrt{25}}\right]$

ゆえに　$[1443.24,\ 1556.76]$

◀$2.58\cdot\dfrac{110}{\sqrt{25}}=56.76$

すなわち　**[1443, 1557]　ただし，単位は 時間**

なお，信頼区間の式にある係数1.96，2.58はよく用いるので覚えておくとよいが，その求め方（p.152）もしっかり理解しておこう。

練習 ② 89 砂糖の袋の山から100個を無作為に抽出して，重さの平均値300.4 g を得た。重さの母標準偏差を7.5 g として，1袋あたりの重さの平均値を信頼度95%で推定せよ。

p.158 EX 55

信頼区間について

例題 **89** で学習した信頼区間について，更に詳しく解説しよう。

● 信頼区間の意味

例題 **89** で求めた信頼区間について，次のような解釈は誤りであるとされている。

- ・製品全体の 95% の寿命は [1457, 1543] の範囲内にある。
- ・求めた信頼区間 [1457, 1543] の範囲内に，寿命の母平均 m が含まれる確率が 95% である。

特に，2 つ目の解釈で誤った理解をしてしまうことが多い。**母平均 m は母集団に対して定まるある一定の値** であり，確率によって区間に含まれるかどうかが変化するものではないことに注意したい。

母平均 m に対する信頼度 95% の信頼区間の正しい解釈は，次のようになる。

標本から実際に得られる平均値は，抽出される標本によって異なる。しかし，無作為抽出を繰り返し，得られた平均値から多数の区間，例えば 100 個作ると，母平均 m を含む区間が 95 個程度あることを意味している。

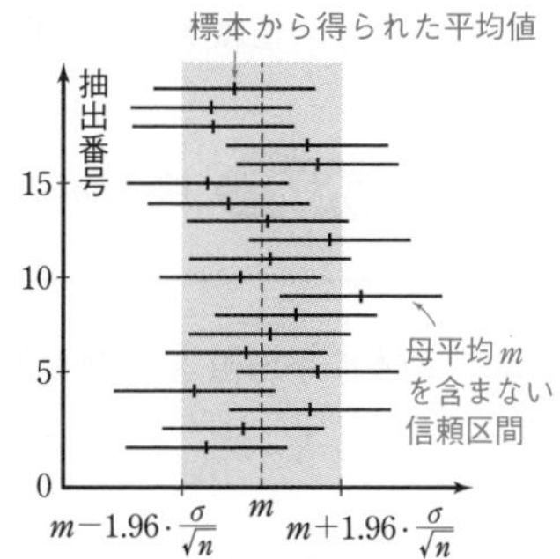

これが信頼度 95% の信頼区間の意味である。

参考 信頼区間のように，平均値などを区間の形で推定する（幅をもたせて推定する）方法を **区間推定** という。これに対し，1 つの値で推定する方法を **点推定** という。例えば，標本平均の値を母平均の推定値とする方法は点推定である。

● 信頼度を変えて推定すると？

信頼度 95% の場合と，99% の場合の信頼区間を比較してみよう。

95% の信頼区間：[1457, 1543]
99% の信頼区間：[1443, 1557]

信頼度95% の信頼区間
信頼度99% の信頼区間
1443　1457　1500　1543　1557

であるから，これより

信頼度を高くすると，信頼区間の幅は広がる

ということがわかる。

信頼区間は，「無作為抽出によって多くの区間を作ったとき，その信頼度程度の割合で母平均を含む区間がある」という意味であるから，より多くの区間が母平均を含むためには，区間の幅が広くなってしまうことになる。

基本例題 90 母平均の推定(2)

ある高校で 100 人の生徒を無作為に抽出して調べたところ，本人を含む兄弟の数 X は下の表のようであった。1 人あたりの本人を含む兄弟の数の平均値を，信頼度 95% で推定せよ。ただし，$\sqrt{22}=4.69$ とし，小数第 2 位を四捨五入して小数第 1 位まで求めよ。

本人を含む兄弟の数	1	2	3	4	5	計
度　数	34	41	17	7	1	100

基本 89

指針 例題 **89** においては，母標準偏差 σ が与えられていたが，一般には，σ の値はわからないことが多い。しかし，**標本の大きさ n が大きいときは，母標準偏差 σ の代わりに標本標準偏差 S** $\left[S=\sqrt{\dfrac{1}{n}\sum_{k=1}^{n}(X_k-\overline{X})^2}\right]$ **を用いても差し支えない。**

この問題では，まず標本の平均値 $\overline{X}$ と標準偏差 S を求める。

なお，S の計算は $\sqrt{\dfrac{1}{n}\sum_{i=1}^{n}X_i^2f_i-(\overline{X})^2}$ を用いて計算すると早い(表を作る)。

信頼度 95% の信頼区間 $\left[\overline{X}-1.96\cdot\dfrac{S}{\sqrt{n}},\ \overline{X}+1.96\cdot\dfrac{S}{\sqrt{n}}\right]$

CHART 標準偏差
1. xf，x^2f の表を作る
2. $\sqrt{(x^2\text{ の平均値})-(x\text{ の平均値})^2}$ で計算

解答

標本の平均値 $\overline{X}$ と標準偏差 S を，右の表から求めると

$$\overline{X}=\frac{200}{100}=2$$

$$S=\sqrt{\frac{488}{100}-2^2}=\sqrt{0.88}=\frac{\sqrt{88}}{10}=\frac{2\sqrt{22}}{10}$$

$$=\frac{2\cdot4.69}{10}=0.938$$

x	f	xf	x^2f
1	34	34	34
2	41	82	164
3	17	51	153
4	7	28	112
5	1	5	25
計	100	200	488

$n=100$ は十分大きいから，$\overline{X}$ は近似的に正規分布 $N\left(m,\ \dfrac{S^2}{n}\right)$ に従う。

よって，母平均に対する信頼度 95% の信頼区間は

$$\left[2-1.96\cdot\frac{0.938}{\sqrt{100}},\ 2+1.96\cdot\frac{0.938}{\sqrt{100}}\right]$$

ゆえに　$[1.816152,\ 2.183848]$

すなわち　**$[1.8,\ 2.2]$　ただし，単位は 人**

練習 ② 90

(1) ある地方 A で 15 歳の男子 400 人の身長を測ったところ，平均値 168.4 cm，標準偏差 5.7 cm を得た。地方 A の 15 歳の男子の身長の平均値を，95% の信頼度で推定せよ。

(2) 円の直径を 100 回測ったら，平均値 23.4 cm，標準偏差 0.1 cm であった。この円の面積を信頼度 95% で推定せよ。ただし，$\pi=3.14$ として計算せよ。

基本例題 91 母比率の推定

(1) ある高校の1年生100人について，バス通学者は64人であった。これを無作為標本として，この高校の1年生全体におけるバス通学者の割合を信頼度95%で推定せよ。

(2) ある意見に対する賛成率は約60%と予想されている。この意見に対する賛成率を，信頼度95%で信頼区間の幅が8%以下になるように推定したい。何人以上抽出して調べればよいか。

p.153 基本事項 2

指針 (1) **母比率の推定**

信頼度95%の信頼区間 $\left[R-1.96\sqrt{\dfrac{R(1-R)}{n}},\ R+1.96\sqrt{\dfrac{R(1-R)}{n}}\right]$

(2) 抽出する標本の大きさ n が大きいとき，標本比率を R とすると，母比率 p に対する信頼度95%の **信頼区間の幅** は $\quad 2\times1.96\sqrt{\dfrac{R(1-R)}{n}}$

解答

(1) 標本比率 R は $\quad R=\dfrac{64}{100}=0.64$

$n=100$ であるから $\quad \sqrt{\dfrac{R(1-R)}{n}}=\sqrt{\dfrac{0.64\cdot0.36}{100}}=0.048$

よって，バス通学者の割合に対する信頼度95%の信頼区間は $\quad [0.64-1.96\cdot0.048,\ 0.64+1.96\cdot0.048]$

すなわち $\quad$ **[0.546, 0.734]**

◀ $1.96\cdot0.048 \fallingdotseq 0.094$

◀ 54.6%以上73.4%以下。

(2) 標本比率を R，標本の大きさを n 人とすると，信頼度95%の信頼区間の幅は

$$2\times1.96\sqrt{\frac{R(1-R)}{n}}=3.92\sqrt{\frac{R(1-R)}{n}}$$

信頼区間の幅を8%以下とすると $\quad 3.92\sqrt{\dfrac{R(1-R)}{n}} \leqq 0.08$

標本比率 R は賛成率で，$R \fallingdotseq 0.60$ とみてよいから

◀ R は $p=0.60$ に近いとみなしてよい。

$$3.92\sqrt{\frac{0.6\cdot0.4}{n}} \leqq 0.08$$

よって $\quad \sqrt{n} \geqq \dfrac{3.92\sqrt{0.6\cdot0.4}}{0.08}$

◀ $\dfrac{3.92}{0.08}=49$

両辺を2乗して $\quad n \geqq 49^2\cdot0.24=576.24$

この不等式を満たす最小の自然数 n は $\quad n=577$

したがって，**577人以上** 抽出すればよい。

練習 ③ 91

(1) ある工場の製品400個について検査したところ，不良品が8個あった。これを無作為標本として，この工場の全製品における不良率を，信頼度95%で推定せよ。

(2) さいころを投げて，1の目が出る確率を信頼度95%で推定したい。信頼区間の幅を0.1以下にするには，さいころを何回以上投げればよいか。

p.158 EX 56

EXERCISES

②52 1個のさいころを150回投げるとき，出る目の平均を $\overline{X}$ とする。$\overline{X}$ の期待値，標準偏差を求めよ。

→84

③53 平均 m，標準偏差 σ の正規分布に従う母集団から4個の標本を抽出するとき，その標本平均 $\overline{X}$ が $m-\sigma$ と $m+\sigma$ の間にある確率は何％であるか。

→87

③54 ある国の14歳女子の身長は，母平均160 cm，母標準偏差5 cmの正規分布に従うものとする。この女子の集団から，無作為に抽出した女子の身長を X cmとする。

(1) 確率変数 $\dfrac{X-160}{5}$ の平均と標準偏差を求めよ。

(2) $P(X \geqq x) \leqq 0.1$ となる最小の整数 x を求めよ。

(3) X が165 cm以上175 cm以下となる確率を求めよ。ただし，小数第3位を四捨五入せよ。

(4) この国の14歳女子の集団から，大きさ2500の無作為標本を抽出する。このとき，この標本平均 $\overline{X}$ の平均と標準偏差を求めよ。更に，X の母平均と標本平均 $\overline{X}$ の差 $|\overline{X}-160|$ が0.2 cm以上となる確率を求めよ。ただし，小数第3位を四捨五入せよ。

〔滋賀大〕

→87

③55 発芽して一定期間後の，ある花の苗の高さの分布は，母平均 m cm，母標準偏差1.5 cmの正規分布であるとする。大きさ n の標本を無作為抽出して，信頼度95％の m に対する信頼区間を求めたところ，[9.81, 10.79] であった。標本平均 $\overline{x}$ と n の値を求めよ。

〔九州大〕

→89

③56 ある町の駅で乗降客400人を任意に抽出して調べたところ，196人がその町の住人であった。乗降客中，その町の住人の比率を信頼度99％で推定せよ。 →91

52 まず，母平均，母標準偏差を求める。

54 (2) X を標準化した確率変数を Z とすると，$P(X \geqq x) \leqq 0.1$ から，$P(Z \geqq u) \leqq 0.1$ となる $u\,(u \geqq 0)$ の値を調べる。

④57 さいころを n 回投げて，出た目の表す確率変数を順に X_1，X_2，……，X_n とする。
$\overline{X}=\dfrac{1}{n}\sum_{i=1}^{n}X_i$ とするとき

(1) $\overline{X}$ の期待値 $E(\overline{X})$ を求めよ。　(2) $\overline{X}$ の分散 $V(\overline{X})$ を求めよ。

(3) $n=3$ のとき，$|\overline{X}-E(\overline{X})|\geqq 2\sqrt{V(\overline{X})}$ となる確率を求めよ。

〔九州芸工大〕

③58 ある大学には，多くの留学生が在籍している。この大学の留学生に対して学習や生活を支援する留学生センターでは，留学生の日本語の学習状況について関心を寄せている。

(1) 40 人の留学生を無作為に抽出し，ある 1 週間における留学生の日本語の学習時間 (分) を調査した。ただし，日本語の学習時間は母平均 m，母分散 σ^2 の分布に従うものとする。
母分散 σ^2 を 640 と仮定すると，標本平均の標準偏差は ア□ となる。調査の結果，40 人の学習時間の平均値は 120 であった。標本平均が近似的に正規分布に従うとして，母平均 m に対する信頼度 95% の信頼区間を $C_1\leqq m\leqq C_2$ とすると $C_1=$ イ□，$C_2=$ ウ□ である。

(2) (1) の調査とは別に，日本語の学習時間を再度調査することになった。
そこで，50 人の留学生を無作為に抽出し，調査した結果，学習時間の平均値は 120 であった。
母分散 σ^2 を 640 と仮定したとき，母平均 m に対する信頼度 95% の信頼区間を $D_1\leqq m\leqq D_2$ とすると，エ□ が成り立つ。エ□ に当てはまるものを，次の⓪～③のうちから 1 つ選べ。

⓪ $D_1<C_1$ かつ $D_2<C_2$　① $D_1<C_1$ かつ $D_2>C_2$
② $D_1>C_1$ かつ $D_2<C_2$　③ $D_1>C_1$ かつ $D_2>C_2$

一方，母分散 σ^2 を 960 と仮定したとき，母平均 m に対する信頼度 95% の信頼区間を $E_1\leqq m\leqq E_2$ とする。このとき，$D_2-D_1=E_2-E_1$ となるためには，標本の大きさを 50 の オ□ 倍にする必要がある。〔類 共通テスト〕

→89，91

57 (3) ⓘ 確率 **N と a の発見** まず不等式を解き，$\sum_{i=1}^{3}X_i$ の満たす条件を調べる。次に，それを満たす組 $(X_1,\ X_2,\ X_3)$ の総数を調べる。

58 (2) (1) の場合と標本の大きさ n が異なる。信頼度が同じで n が大きくなるとき，信頼区間の端の値の大小を比較する。

12 仮説検定

基本事項

1 仮説検定

母集団分布に関する仮定を **仮説** といい，標本から得られた結果によって，この仮説が正しいか正しくないかを判断する方法を **仮説検定** という。また，仮説が正しくないと判断することを，仮説を **棄却する** という。

2 有意水準と棄却域

仮説検定においては，どの程度小さい確率の事象が起こると仮説を棄却するか，という基準を予め定めておく。この基準となる確率 α を **有意水準** または **危険率** という。

有意水準 α に対し，立てた仮説のもとでは実現しにくい確率変数の値の範囲を，その範囲の確率が α になるように定める。この範囲を有意水準 α の **棄却域** といい，実現した確率変数の値が棄却域に入れば仮説を棄却する。

補足　有意水準は，0.05（5%）や 0.01（1%）とすることが多い。

3 仮説検定の手順

仮説検定の手順を示すと，次のようになる。

① 事象が起こった状況や原因を推測し，仮説を立てる。

② 有意水準 α を定め，仮説に基づいて棄却域を求める。

③ 標本から得られた確率変数の値が棄却域に入れば仮説を棄却し，棄却域に入らなければ仮説を棄却しない。

注意　有意水準 α で仮説検定を行うことを，「有意水準 α で検定する」ということがある。

解　説

■仮説検定

仮説検定は，母集団に関する仮説を立て，その仮説が正しいかどうかを判断する統計的な手法である。次の具体例で説明しよう。

例　あるコインは，表と裏の出方に偏りがあると言われている。実際にこのコインを 100 回投げたところ，表が 62 回出た。このことから，「このコインは表と裏の出方に偏りがある」と判断してよいだろうか。

このコインの表の出る確率を p として，次の仮説を立てる。

仮説 H_1：$p \neq 0.5$
仮説 H_0：$p = 0.5$
← 互いに反する仮説

仮説 H_0 のもとで，コインを 100 回投げて表が 62 回出ることはどの程度珍しいかを考える。ここでは，起こる可能性が低いと判断する基準となる確率（有意水準）を 0.05 とする。

参考　仮説検定において，正しいかどうか判断したい主張に反する仮定として立てた仮説を **帰無仮説**（きむ）といい，もとの主張を **対立仮説** という。
帰無仮説には H_0，対立仮説には H_1 がよく用いられる。なお，H は仮説を意味する英語 hypothesis の頭文字である。

このコインを 100 回投げたとき，表が出る回数を X とすると，X は二項分布 $B(100,\ 0.5)$ に従う確率変数である。

X の期待値 m と標準偏差 σ は

$$m=100\cdot0.5=50,$$
$$\sigma=\sqrt{100\cdot0.5\cdot(1-0.5)}=5$$

◀ $m=np$, $\sigma=\sqrt{npq}$
ただし　$q=1-p$

よって，$Z=\dfrac{X-50}{5}$ は近似的に標準正規分布 $N(0,\ 1)$ に従う。

正規分布表より，$P(-1.96\leqq Z\leqq 1.96)\fallingdotseq 0.95$ である。

これは，仮説 H_0 のもとでは，確率 0.95 で $-1.96\leqq Z\leqq 1.96$ となることを意味し，逆に言えば，

「$Z\leqq -1.96$ または $1.96\leqq Z$ …… ①」

となる事象は，確率 0.05 でしか起こらないことを示している。

$X=62$ のとき，$Z=\dfrac{62-50}{5}=2.4$ であり，$Z=2.4$ は ① の範囲に含まれている。

したがって，$X=62$ という結果は，仮説 H_0 のもとでは起こる可能性の低いことが起きた，ということになる。

よって，仮説 H_0：$p=0.5$ は正しくなく，仮説 H_1：$p\neq 0.5$ が正しい，すなわち「このコインは表と裏の出方に偏りがある」と判断するのが適切である。(このようなとき，仮説 H_0 を **棄却する** という。)

このように，仮説検定は，ある仮説のもとで非常に珍しいことが起こった場合，その仮説は正しくなく，それに反する仮説が正しかった，と判断する方法である。

補足　仮説 H_0 が棄却されないときは，仮説 H_0 を積極的に正しいと主張するわけではなく，他のより多くのデータや情報を待って判断する。この意味で，仮説が棄却されないことを **消極的容認** ともいう。

■ 両側検定と片側検定

前述の 例 では，「表と裏の出方に偏りがある」かどうかを判断するために仮説を立てた。これは，偏りがある，すなわち，表の出た回数が大きすぎても小さすぎても仮説が棄却されるように，棄却域を両側にとっている。このような検定を **両側検定** という。

両側検定

有意水準 α の棄却域

これに対し，「表が出やすい」かどうかを判断する場合は，$p\geqq 0.5$ を前提として，

仮説 H_1：このコインは表が出やすい，
　　すなわち　$p>0.5$
仮説 H_0：このコインの表と裏の出方に偏りはない，
　　すなわち　$p=0.5$

のように仮説を立てて検定を行う。

この場合，右の図のように，表の出た回数が大きい方のみに棄却域をとる。このような，棄却域を片側にとる検定を **片側検定** という。

片側検定

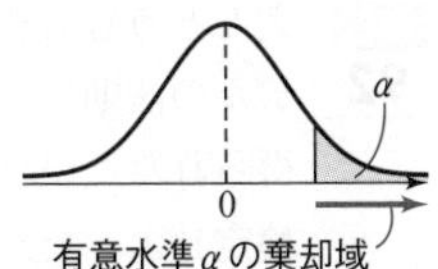

基本例題 92 母比率の検定 (1) ……両側検定

ある1個のさいころを720回投げたところ，1の目が95回出た。このさいころは，1の目の出る確率が $\frac{1}{6}$ ではないと判断してよいか。有意水準5%で検定せよ。

p.160 基本事項 1 ～ 3

指針 母比率の検定は，次の手順で行う。

① 判断したい仮説（対立仮説）に反する **仮説 H_0**（帰無仮説）**を立てる。**

② 有意水準に従い，仮説 H_0 のもとで **棄却域を求める。**

③ 標本から得られた確率変数の値が **棄却域に入れば仮説 H_0 を棄却し，棄却域に入らなければ仮説 H_0 を棄却しない。**

解答

1の目が出る確率を p とする。1の目の出る確率が $\frac{1}{6}$ でないならば，$p \neq \frac{1}{6}$ である。ここで，1の目の出る確率が $\frac{1}{6}$ であるという次の仮説を立てる。

$$\text{仮説 } H_0 : p=\frac{1}{6}$$

仮説 H_0 が正しいとすると，720回のうち1の目が出る回数 X は，二項分布 $B\left(720,\ \frac{1}{6}\right)$ に従う。

X の期待値 m と標準偏差 σ は

$$m=720\cdot\frac{1}{6}=120,\quad \sigma=\sqrt{720\cdot\frac{1}{6}\cdot\left(1-\frac{1}{6}\right)}=10$$

よって，$Z=\frac{X-120}{10}$ は近似的に標準正規分布 $N(0,\ 1)$ に従う。

正規分布表より $P(-1.96 \leqq Z \leqq 1.96) \fallingdotseq 0.95$ であるから，有意水準5%の棄却域は　$Z \leqq -1.96,\ 1.96 \leqq Z$

$X=95$ のとき $Z=\frac{95-120}{10}=-2.5$ であり，この値は棄却域に入るから，仮説 H_0 を棄却できる。

したがって，**1の目が出る確率が $\frac{1}{6}$ ではないと判断してよい。**

◀①：仮説を立てる。判断したい仮説が「p が $\frac{1}{6}$ ではない」であるから，
帰無仮説 $H_0 : p=\frac{1}{6}$
対立仮説 $H_1 : p \neq \frac{1}{6}$
となり，両側検定で考える。

◀$m=np$，$\sigma=\sqrt{npq}$
ただし　$q=1-p$

◀②：棄却域を求める。

◀③：実際に得られた値が棄却域に入るかどうか調べ，仮説を棄却するかどうか判断する。

練習 92 ② えんどう豆の交配で，2代雑種において黄色の豆と緑色の豆のできる割合は，メンデルの法則に従えば3:1である。ある実験で黄色の豆が428個，緑色の豆が132個得られたという。この結果はメンデルの法則に反するといえるか。有意水準5%で検定せよ。ただし，$\sqrt{105}=10.25$ とする。

p.167 EX 59, 60

仮説検定の考え方

仮説検定の考え方は数学Iの「データの分析」でも学習した。ここでは，仮説検定の考え方を復習するとともに，正規分布を利用する仮説検定の考え方を説明する。

● 仮説を立て，棄却域を求める

判断したい主張に反する仮説を立て，その仮説のものと実際に起こった出来事が非常に珍しいことであれば，その仮説は疑わしいと考えられる。このようなとき，仮説は正しくないとし，もとの主張が正しかったと判断する考え方が，仮説検定の考え方である。

ここでは，立てた仮説のもとでは実現しにくい確率変数の値の範囲を有意水準に応じて求め，実際に起きた事象から得られた確率変数の値がその範囲に入る場合に仮説を棄却する，という手順で検定を行う。

つまり，仮説 H_0 のもとで，

1の目が出る回数が何回だとしたら，それは実現しにくいことか？

をまず求める。これが，棄却域を求めることに相当する。

この例題では，$Z \leqq -1.96$，$1.96 \leqq Z$ となるのは5％でしか起きないから，実際に起きた事象から得られた確率変数の値がこの範囲に入るとき，仮説が誤りだったと判断する（仮説を棄却する），ということである。

なお，棄却域を求めると $Z \leqq -1.96$，$1.96 \leqq Z$ となったが，これを X についての不等式で表してみよう。$Z=\dfrac{X-120}{10}$ を代入すると

$$\frac{X-120}{10} \leqq -1.96 \text{ から } \quad X \leqq 100.4 \qquad 1.96 \leqq \frac{X-120}{10} \text{ から } \quad 139.6 \leqq X$$

よって，$\boldsymbol{X \leqq 100.4}$，$\boldsymbol{139.6 \leqq X}$ が X についての棄却域である。

このように X についての棄却域を求め，$X=95$ がこの範囲に入るから，仮説 H_0 は棄却できる，と解答してもよい。

補足　X は1の目が出た回数であり，特に自然数である。よって，自然数であることを考慮して，棄却域を $\boldsymbol{X \leqq 100}$，$\boldsymbol{140 \leqq X}$ としてもよい。

● 有意水準が1％のときは？

この例題では有意水準を5％として検定したが，有意水準が1％の場合を考えてみよう。正規分布表より $P(-2.58 \leqq Z \leqq 2.58) \fallingdotseq 0.99$ であるから，棄却域は $Z \leqq -2.58$，$2.58 \leqq Z$ となる。

$X=95$ のとき，$Z=-2.5$ であり，この値は棄却域に入らないから，仮説 H_0 を棄却できず，1の目が出る確率が $\dfrac{1}{6}$ でないとは判断できない。

このように，有意水準の値によって，仮説が棄却されるかどうかが異なる場合がある。

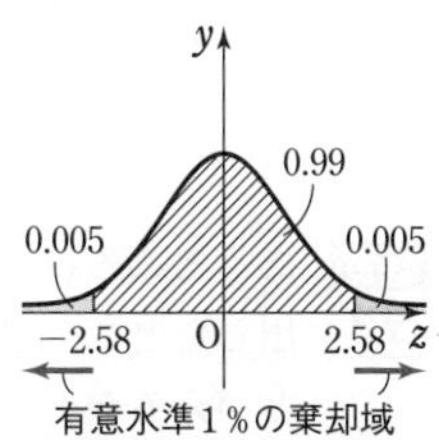

有意水準1％の棄却域

基本例題 93 母比率の検定 (2) ……片側検定

ある種子の発芽率は，従来 80% であったが，発芽しやすいように品種改良した。品種改良した種子から無作為に 400 個抽出して種をまいたところ 334 個が発芽した。品種改良によって発芽率が上がったと判断してよいか。

(1) 有意水準 5% で検定せよ。

(2) 有意水準 1% で検定せよ。

基本 92

指針 「発芽率が上がったと判断してよいか」とあるから，**片側検定** の問題である。
(1)，(2) のそれぞれの場合について，正規分布表から棄却域を求め，標本から得られたデータが棄却域に入るかどうかで判断する。

解答

(1) 品種改良した種子の発芽率を p とする。品種改良によって発芽率が上がったならば，$p>0.8$ である。
ここで，「品種改良によって発芽率は上がらなかった」という次の仮説を立てる。

仮説 H_0：$p=0.8$

仮説 H_0 が正しいとすると，400 個のうち発芽する種子の個数 X は，二項分布 $B(400,\ 0.8)$ に従う。
X の期待値 m と標準偏差 σ は

$$m=400\cdot 0.8=320,\ \ \sigma=\sqrt{400\cdot 0.8\cdot (1-0.8)}=8$$

よって，$Z=\dfrac{X-320}{8}$ は近似的に標準正規分布 $N(0,\ 1)$ に従う。
正規分布表より $P(Z\leqq 1.64)\fallingdotseq 0.95$ であるから，有意水準 5% の棄却域は　$Z\geqq 1.64$ …… ①

$X=334$ のとき $Z=\dfrac{334-320}{8}=1.75$ であり，この値は棄却域 ① に入るから，仮説 H_0 を棄却できる。
ゆえに，**品種改良によって発芽率が上がったと判断してよい。**

(2) 正規分布表より $P(Z\leqq 2.33)\fallingdotseq 0.99$ であるから，有意水準 1% の棄却域は　$Z\geqq 2.33$ …… ②
$Z=1.75$ は棄却域 ② に入らないから，仮説 H_0 を棄却できない。
ゆえに，**品種改良によって発芽率が上がったとは判断できない。**

◀「発芽率が上がったと判断してよいか」とあるから，$p\geqq 0.8$ を前提とする。
このとき，仮説は
帰無仮説 H_0：$p=0.8$
対立仮説 H_1：$p>0.8$
となり，片側検定で考える。

◀$m=np$，$\sigma=\sqrt{npq}$
ただし　$q=1-p$

◀片側検定であるから，棄却域を分布の片側だけにとる。

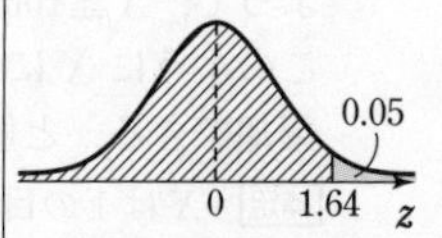

◀有意水準 1% の棄却域。
$P(Z\leqq 2.33)$
$=0.5+p(2.33)$
$\fallingdotseq 0.5+0.49=0.99$

練習 93 ② あるところにきわめて多くの白球と黒球がある。いま，900 個の球を無作為に取り出したとき，白球が 480 個，黒球が 420 個あった。この結果から，白球の方が多いといえるか。 〔類 中央大〕

(1) 有意水準 5% で検定せよ。　　(2) 有意水準 1% で検定せよ。

p.167 EX62

基本例題 94 母平均の検定

内容量が 255 g と表示されている大量の缶詰から，無作為に 64 個を抽出して内容量を調べたところ，平均値が 252 g であった。母標準偏差が 9.6 g であるとき，1 缶あたりの内容量は表示通りでないと判断してよいか。有意水準 5% で検定せよ。

p.160 基本事項 1～3

指針 母平均についても，母比率の検定と同様に検定を行うことができる。
仮説 $m=255$ を立てて検定を行うが，内容量の標本平均 $\overline{X}$ が従う分布に注意。……★
母平均 m，母標準偏差 σ の母集団から大きさ n の無作為標本を抽出するとき，標本平均 $\overline{X}$ の分布について次が成り立つ（$p.145$）。

標本平均 $\overline{X}$ の分布 n が大きいとき，近似的に正規分布 $N\left(m,\ \dfrac{\sigma^2}{n}\right)$ に従う

解答

無作為抽出した 64 個の缶詰について，内容量の標本平均を $\overline{X}$ とする。ここで，

仮説 H_0：母平均 m について $m=255$ である

を立てる。

◀内容量についての仮説を立て，両側検定で考える。

標本の大きさは十分大きいと考えると，仮説 H_0 が正しいとするとき，$\overline{X}$ は近似的に正規分布 $N\left(255,\ \dfrac{9.6^2}{64}\right)$ に従う。

◀指針___……★の方針。まず，$\overline{X}$ がどのような正規分布に従うかを求め，その後，$\overline{X}$ を標準化した Z から棄却域を求める。母標準偏差は 9.6 であるが，$Z=\dfrac{\overline{X}-255}{9.6}$ とするのは **誤り！**

$\dfrac{9.6^2}{64}=1.2^2$ であるから，$Z=\dfrac{\overline{X}-255}{1.2}$ は近似的に $N(0,\ 1)$ に従う。

正規分布表より $P(-1.96\leqq Z\leqq 1.96)\fallingdotseq 0.95$ であるから，
有意水準 5% の棄却域は　　$Z\leqq -1.96,\ 1.96\leqq Z$

$\overline{X}=252$ のとき $Z=\dfrac{252-255}{1.2}=-2.5$ であり，この値は棄却域に入るから，仮説 H_0 を棄却できる。

すなわち，**1 缶あたりの内容量は表示通りでないと判断してよい。**

注意 母標準偏差 σ も不明のときは，推定の場合と同様に，標本の大きさが十分大きければ，σ の代わりに標本標準偏差を用いて検定を行う。下の練習 94 参照。

練習 94 ② ある県全体の高校で 1 つのテストを行った結果，その平均点は 56.3 であった。ところで，県内の A 高校の生徒のうち，225 人を抽出すると，その平均点は 54.8，標準偏差は 12.5 であった。この場合，A 高校全体の平均点が，県の平均点と異なると判断してよいか。有意水準 5% で検定せよ。

p.167 EX63

参考事項　第 1 種の過誤と第 2 種の過誤

仮説検定では，得られたデータにより，帰無仮説 H_0 が棄却されたり，棄却されなかったりする。ここでは，帰無仮説 H_0 が棄却されないときは，仮説 H_0 を「採択する」と表すことにする。

● 第 1 種の過誤と第 2 種の過誤

仮説検定を行うと，次のような 2 種類の誤りが生じる可能性がある。

1 つは，仮説 H_0 が本当は正しいのにも関わらず，得られたデータが棄却域に入ってしまい，仮説 H_0 を棄却してしまうことがある。
これを **第 1 種の過誤** という。有意水準 α は第 1 種の過誤が起きる確率である。
p.160 のコイン投げの例において，仮にコインが公正であったとしても，確率 5% 程度で，コインを 100 回投げたとき表が出る回数 X が $X \leqq 40$ または $60 \leqq X$ となる。

その場合を観測したとすると「仮説 H_0：コインが公正である」を棄却することになるが，実際にはコインは公正であるから，正しい判断をしたとはいえない。
なお，仮説 H_0 が本当は正しいのにも関わらず棄却してしまう危険性が確率 α で起こりうることから，有意水準のことを危険率ともいう。

もう 1 つは，仮説 H_0 が本当は誤りにも関わらず，得られたデータが棄却域に入らなかったために，仮説 H_0 を棄却せず採択してしまうことがある。
このような誤りを **第 2 種の過誤** という。
例えば，コインを 100 回投げる試行を考えると，仮にこのコインに歪みがあり，公正でないコインだったとしても，表が出る回数 X が $41 \leqq X \leqq 59$ の範囲の値をとることは起こりうる。その場合，「仮説 H_0：コインは公正である」は棄却されず採択されるが，実際には公正でないコインであるから，正しい判断をしたとはいえない。

以上のことをまとめると，次のようになる。

	仮説 H_0 を棄却	仮説 H_0 を採択
仮説 H_0 が正しい	第 1 種の過誤	正しい判断
仮説 H_0 が誤り	正しい判断	第 2 種の過誤

● 生産者リスクと消費者リスク

第 1 種の過誤と第 2 種の過誤は，それぞれ，**生産者リスク** と **消費者リスク** と呼ばれることもある。これは，製品の生産者が出荷する製品の品質管理をする場合に，本当は製品に問題が無いにも関わらず製品の検査段階で不良品と判断し出荷しないこと（生産者リスク）と，製品に問題があるにも関わらず検査段階で問題無しと判断し出荷してしまうこと（消費者リスク）に，それぞれ対応する。

EXERCISES

②59 ある集団における子どもは男子 1596 人，女子 1540 人であった。この集団における男子と女子の出生率は等しくないと認めてよいか。有意水準（危険率）5% で検定せよ。〔類 宮崎医大〕

→92

②60 (1) あるコインを 1600 回投げたところ，表が 830 回出た。このコインは，表と裏の出方に偏りがあると判断してよいか。有意水準 5% で検定せよ。

(2) (1)とは別のコインを 6400 回投げたところ，表が 3320 回出た。このコインは，表と裏の出方に偏りがあると判断してよいか。有意水準 5% で検定せよ。 →92

③61 ある 1 個のさいころを 500 回投げたところ，4 の目が 100 回出たという。このさいころの 4 の目の出る確率は $\frac{1}{6}$ でないと判断してよいか。有意水準（危険率）3% で検定せよ。〔類 琉球大〕

→92

③62 現在の治療法では治癒率が 80% である病気がある。この病気の患者 100 人に対して現在の治療法をほどこすとき

(1) 治癒する人数 X が，その平均値 m 人より 10 人以上離れる確率

$$P(|X-m|\geqq 10)$$

を求めよ。ただし，二項分布を正規分布で近似して計算せよ。

(2) $P(|X-m|\geqq k)\leqq 0.05$ となる最小の整数 k を求めよ。

(3) 新しく開発された治療法をこの病気の患者 100 人に試みたところ，92 人が治癒した。この新しい治療法は在来のものと比較して，治癒率が向上したと判断してよいか。有意水準（危険率）5% で検定せよ。〔類 和歌山県医大〕

→93

③63 ある種類のねずみは，生まれてから 3 か月後の体重が平均 65 g，標準偏差 4.8 g の正規分布に従うという。いまこの種類のねずみ 10 匹を特別な飼料で飼育し，3 か月後に体重を測定したところ，次の結果を得た。

67，71，63，74，68，61，64，80，71，73

この飼料はねずみの体重に異常な変化を与えたと考えられるか。有意水準 5% で検定せよ。〔旭川医大〕

→94

61 有意水準 3% で検定を行うから，$P(-u\leqq Z\leqq u)\fallingdotseq 0.97$ となる u を求めて棄却域を求める。
62 (2) X を標準化するときと同様に，不等式 $|X-m|\geqq k$ を変形する。
63 まず，標本平均を求める。その値が棄却域に入るかどうかで，検定を行う。

参考事項　サンクトペテルブルクのパラドックス

賞金が得られるゲームに参加する場合，その参加費と賞金の期待値を比較することによって，そのゲームへの参加の是非を考えることがある。ここでは，期待値は十分に大きいにも関わらず，直感的には参加を見送ったほうがよいと思われる例を紹介する。

これを例示したのが 18 世紀の数学者ベルヌーイで，ロシア第 2 の都市サンクトペテルブルクに住んだことがあることから，**サンクトペテルブルクのパラドックス** と呼ばれている。

次のようなゲームを考える。

公正なコイン 1 枚を表が出るまで繰り返し投げ，表が出たら終了する。 コインを投げた回数を n とするとき，2^{n-1} 円の賞金がもらえる。

例えば，

3 回連続で裏が出て，4 回目に表が出た場合の賞金額は　　$2^{4-1}=2^3=8$ (円)

14 回連続で裏が出て，15 回目に表が出た場合の賞金額は　　$2^{15-1}=2^{14}=16384$ (円)

となる。

それでは，このゲームの期待値を求めてみよう。n 回目に初めて表が出る確率を p_n，そのときの賞金を X_n 円とすると，X_n は確率変数であり

$$p_n=\left(\frac{1}{2}\right)^{n-1}\cdot\frac{1}{2}=\left(\frac{1}{2}\right)^n,\quad X_n=2^{n-1}\ (\text{円})$$

よって，このゲームの期待値は

$$p_1X_1+p_2X_2+p_3X_3+\cdots=\left(\frac{1}{2}\right)^1\cdot 2^0+\left(\frac{1}{2}\right)^2\cdot 2^1+\left(\frac{1}{2}\right)^3\cdot 2^2+\cdots=\frac{1}{2}+\frac{1}{2}+\frac{1}{2}+\cdots$$

となり，限りなく大きな金額が期待値となる（期待値が無限大である，ともいう）。ゆえに，参加費がいくらであってもこのゲームに参加した方がよいと考えられる。

しかし，本当に参加費がいくらであっても得になるゲームだろうか？
例えば，参加費が 1 万円であるとすると，参加費よりも大きい賞金が得られる確率は，14 回以上連続で裏が出る場合で，$\left(\frac{1}{2}\right)^{14}$ すなわち約 0.006％ と非常に小さい。

また，このゲームの主催者の立場になって考えてみると，現実に限りなく大きい賞金を支払うことはできないから，賞金に上限を設定する必要がある。例えば，27 回目まで裏が出続けた場合はそこで打ち切りとし，$2^{27}=134217728$ (円)，すなわち約 1 億 3400 万円を上限とする。このときの期待値は

$$p_1X_1+\cdots\cdots+p_{27}X_{27}+\left(\frac{1}{2}\right)^{27}\cdot 2^{27}=\frac{1}{2}\cdot 27+1=\mathbf{14.5}\ (\text{円})$$

となる。上限を設定した途端，期待値が限りなく大きい値から，十数円程度に変わってしまう。

このように，多額の賞金が得られる確率は非常に小さいことや，賞金に上限を設定することで現実的な期待値となる，といったことがわかる。また，このパラドックスに対してはさまざまな研究がなされているので，興味がある人は各自調べてみてほしい。

数学B 第3章

数学と社会生活

3

日常生活における問題や社会問題を解決するために，数学が役立つことがあります。
この章では，そのような身の回りで数学が活用されている事例を，コラム形式で5つ取り上げました。
各トピックの最後には問題も掲載しているので，興味がある人はぜひ読んでみてください。

●内容一覧

トピック①：社会的な問題解決への漸化式の活用
トピック②：選挙の議席の割り振り方―ドント式
トピック③：品質管理―3σ 方式
トピック④：偏差値と正規分布
トピック⑤：対数グラフ

※基本事項，例題と練習，EXERCISES はありません。

トピック ① 社会的な問題解決への漸化式の活用

使用時間を指定して自動車を共有するカーシェアリングのように，モノを所有せずに共有するというライフスタイルが注目されている。多くの人で共有することにより，資産を有効に活用することができるからである。カーシェアリングの他にも，シェアサイクルやモバイルバッテリーのレンタルなど，さまざまな事業が展開されている。

このうち，借りたものを「どこに返してもよい」というサービスを実施しているものもある。このサービスは便利である反面，返すときにスペースがないという問題が発生する場合がある。よって，各拠点の最大収容数をどのように設定するかは大きな問題となる。

ここでは，「数列」で学んだ漸化式を利用し，シェアサイクルの各拠点の最大収容数について考えてみよう。

問題 ① シェアサイクルを運営する企業 X は，ある町に 2 つの拠点 A，B を設置することを計画している。拠点には貸し出し用自転車が多数置かれており，利用者はどちらの拠点から借りてもよく，どちらの拠点に返却してもよい。

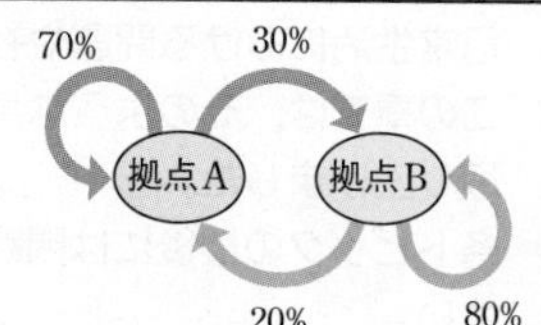

毎日，A，B にあるすべての自転車が 1 回だけ貸し出され，その日のうちにどちらかの拠点に返却されるとする。また，貸し出された自転車が各拠点に返却される割合は，日によらず一定であり，次の通りであるとする。

A から貸し出された自転車のうち，70% が A に，30% が B に返却される。
B から貸し出された自転車のうち，20% が A に，80% が B に返却される。

n 日目終了後，A，B にある自転車の台数の，総数に対する割合をそれぞれ a_n，b_n とする。1 日目開始前の A，B にある自転車の台数の割合を，それぞれ 20%，80% とするとき，次の問いに答えよ。

(1) a_1 を求めよ。　　(2) a_{n+1} を a_n，b_n で表せ。
(3) a_n，b_n をそれぞれ n の式で表せ。
(4) 自転車の総数を 20 台とする。拠点 A の最大収容数を 8 台としたとき，何日後かに A の最大収容数を超えることがあるか。

指針 n 日目と $(n+1)$ 日目に注目。$(n+1)$ 日目終了後に A にある自転車の台数は，次の [1]，[2] の和である。

[1] n 日目終了後に A にあった自転車の 70%
[2] n 日目終了後に B にあった自転車の 20%

このことから，a_{n+1} を a_n，b_n で表すことができる。また，各拠点に返却される自転車の割合から，すべての自転車は，n 日目終了後には A，B いずれかにあることがわかる。よって，$a_n+b_n=1$ が成り立つ。このかくれた条件がカギとなる。

解答

(1) 1 日目終了後，A にある自転車の割合は，
1 日目開始前に A にあった自転車の 70% と，

◀各拠点の自転車は，すべて毎日 1 回だけ貸し出されると仮定されている。

B にあった自転車の 20% の和である。

よって　$a_1=\frac{20}{100}\times\frac{70}{100}+\frac{80}{100}\times\frac{20}{100}=\frac{3}{10}$

(2) $(n+1)$ 日目終了後に A にある自転車は，次の [1], [2] の和である。

[1]　n 日目終了後に A にあった自転車の 70%

[2]　n 日目終了後に B にあった自転車の 20%

よって　$a_{n+1}=\frac{7}{10}a_n+\frac{1}{5}b_n$ …… ①

(3) $a_n+b_n=1$ であるから　$b_n=1-a_n$ …… ②

② を ① に代入すると

$$a_{n+1}=\frac{7}{10}a_n+\frac{1}{5}(1-a_n)=\frac{1}{2}a_n+\frac{1}{5}$$

これを変形すると　$a_{n+1}-\frac{2}{5}=\frac{1}{2}\left(a_n-\frac{2}{5}\right)$

ゆえに，数列 $\left\{a_n-\frac{2}{5}\right\}$ は，初項 $\frac{3}{10}-\frac{2}{5}=-\frac{1}{10}$，公比 $\frac{1}{2}$ の等比数列であるから　$a_n-\frac{2}{5}=-\frac{1}{10}\left(\frac{1}{2}\right)^{n-1}$

したがって　$a_n=\frac{2}{5}-\frac{1}{10}\left(\frac{1}{2}\right)^{n-1}$

また，② から

$$b_n=1-\left\{\frac{2}{5}-\frac{1}{10}\left(\frac{1}{2}\right)^{n-1}\right\}=\frac{3}{5}+\frac{1}{10}\left(\frac{1}{2}\right)^{n-1}$$

(4) $-\frac{1}{10}\left(\frac{1}{2}\right)^{n-1}<0$ であるから　$a_n<\frac{2}{5}$ …… ③

A の最大収容数が 8 台のとき，$\frac{8}{20}=\frac{2}{5}$ と ③ から，何日後であっても **A にある自転車は最大収容数を超えることはない。**

[n 日目]　$\frac{7}{10}$　[$n+1$ 日目]
$a_n \to a_{n+1}$
$b_n \nearrow$ $\frac{1}{5}$

◀ $a_n\times\frac{70}{100}+b_n\times\frac{20}{100}$

◀ $\alpha=\frac{1}{2}\alpha+\frac{1}{5}$ を解くと　$\alpha=\frac{2}{5}$

◀ 初項は　$a_1-\frac{2}{5}$
a_1 は (1) で求めた。

補足　現実には，各拠点にある自転車の台数は整数となるが，ここでは数学的に扱いやすくするため，割合を用いて考えている。

現実的な問題解決への数学の活用について

問題 ① の a_n, b_n の値を，コンピュータの表計算ソフトを用いて計算すると右の表のようになる。n が大きくなるにつれて，それぞれある値に近づいていくことがわかる。

現実にシェアサイクルの事業を計画する際は，返却される割合を何パターンも変えるなど，より複雑な検討を行う場合がある。そのときはコンピュータの活用が欠かせない。

	a_n	b_n
開始前	0.2	0.8
$n=1$	0.3	0.7
2	0.35	0.65
3	0.375	0.625
4	0.3875	0.6125
5	0.3938	0.6063
6	0.3969	0.6031
7	0.3984	0.6016
8	0.3992	0.6008
9	0.3996	0.6004
10	0.3998	0.6002

参考
表計算ソフトでは，漸化式を用いて計算する。
例えば，$n=2$ のときの a_n の値は，表の 1 つ上の行の値を用いて
$\frac{7}{10}\times\boxed{0.3}+\frac{1}{5}\times\boxed{0.7}=\boxed{0.35}$
同様に，$n\geqq3$ についてもその 1 つ上の行の値を用いて計算する。

トピック② 選挙の議席の割り振り方―ドント式

日本における国政選挙のうち，比例代表選挙の議席の割り振り方について紹介する。比例代表選挙では，各党の得票数に応じて「ドント式」と呼ばれる計算方法で各党の獲得議席数が決まる。この「ドント式」がどのような方法なのか，具体例を用いて解説しよう。

※「ドント式」は，ベルギーの数学者ヴィクトール・ドント（1841-1902）によって考案された方法である。

ドント式による議席配分の方法

各政党の得票数を 1，2，3，…… と整数で割っていき，得られた商が大きい順に議席を配分する方法。

例　ある地域における比例代表制の選挙の議席数は 10 である。この選挙において，政党 A の得票数は 10000，政党 B の得票数は 8100，政党 C の得票数は 7200，政党 D の得票数は 4000 であった。

各政党の得票数を，1，2，3，…… で割った商は次のようになる。
（表では，小数点以下は切り捨てとした。）

	政党 A	政党 B	政党 C	政党 D
得票数	10000	8100	7200	4000
1 で割った商	10000	8100	7200	4000
2 で割った商	5000	4050	3600	2000
3 で割った商	3333	2700	2400	1333
4 で割った商	2500	2025	1800	1000
5 で割った商	2000	1620	1440	800
6 で割った商	1666	1350	1200	666

この表に現れる数値のうち，大きい方から順に議席を与え，議席数が 10 に達したところで終了する。この選挙の場合，10000，8100，…… と順に議席を与え（表で黒く塗った部分），10 番目に大きい数値である 2500 までが議席を得る分となる。

結果として，

政党 A は 4 議席，政党 B は 3 議席，政党 C は 2 議席，政党 D は 1 議席

を得る。

この 例 と同様の方法で，次の 問題 に取り組んでみよう。

問題②　政党 B と政党 C は選挙戦略を考え合併し，新たに政党 E を結成することにした。合併後のある選挙において，政党 A の得票数は 10000，政党 D の得票数は 4000，政党 E の得票数は 15300 であるとする。このとき，ドント式による議席配分方法を用いて，各政党の獲得議席数を求めよ。議席数は 10 とする。

例 と同様に，各政党の得票数と，1，2，3，…… で割った商を表にまとめる。
表に現れる数値の大きい方から順に 10 個選び，各政党の獲得議席数を求める。

解答

各政党の得票数を，1，2，3，…… で割った商は次のようになる。
(小数点以下は切り捨て。)

	政党 A	政党 D	政党 E
得票数	10000	4000	15300
1 で割った商	10000	4000	15300
2 で割った商	5000	2000	7650
3 で割った商	3333	1333	5100
4 で割った商	2500	1000	3825
5 で割った商	2000	800	3060
6 で割った商	1666	666	2550
7 で割った商	1428	571	2185

この表に現れる数値のうち，大きい方から順に 10 個選ぶと，15300，10000，……，2550 となる。
よって，**政党 A は 3 議席，政党 D は 1 議席，政党 E は 6 議席** を得る。

例 と **問題** ② の場合について，考察してみよう。
例 における政党 B と政党 C の議席数は合計で 5 議席であったが，合併により政党 E を結成し，合併前と同じ得票数の合計を得られるとし，他の政党の得票数は変わらないものと仮定すると，議席数は 6 になった。
このように，政党が合併することで得られる議席数が変化することがあるが，ドント式の議席配分の方式について，次の性質が知られている。

ドント式の議席配分の性質

ある比例代表選挙において，ドント式の議席配分により，政党 X が a 議席，政党 Y が b 議席を得るとする。このとき，政党 X と政党 Y が合併により新しく政党 Z を結成し，合併前の政党 X と政党 Y が得た票数の合計を政党 Z が得ると仮定すると，政党 Z が得る議席数は $a+b$ 議席または $a+b+1$ 議席である。
ただし，他の政党の得票数は変わらないものとする。

証明　$a \geqq 1$，$b \geqq 1$ とし，ドント式の議席配分が行われたとき，政党 X の得票数が x で，政党 Y の得票数が y であるとし，政党 X が a 議席，政党 Y が b 議席を得るとする。
このとき，政党 X と政党 Y が合併し，新たに政党 Z を作ったとする。政党 Z の得票数は，仮定から $x+y$ である。
このとき，各政党の得票数を 1，2，3，…… で割った商のうち，議席を取った最も小さいものに着目すると，政党 X は $\dfrac{x}{a}$，政党 Y は $\dfrac{y}{b}$ である。

[1]　$\dfrac{x}{a} \geqq \dfrac{y}{b}$ のとき

$\dfrac{x}{a} \geqq \dfrac{y}{b}$ から　　$bx \geqq ay$

両辺に by を加えて整理すると　　$b(x+y) \geqq (a+b)y$

よって　　$\dfrac{x+y}{a+b} \geqq \dfrac{y}{b}$ ……①

[2]　$\dfrac{x}{a} < \dfrac{y}{b}$ のとき

$\dfrac{x}{a} < \dfrac{y}{b}$ から　　$bx < ay$

両辺に ax を加えて整理すると　　$(a+b)x < a(x+y)$

よって　　$\dfrac{x}{a} < \dfrac{x+y}{a+b}$ ……②

①, ②から, $\dfrac{x+y}{a+b}$ は, $\dfrac{x}{a}$ と $\dfrac{y}{b}$ の小さい方より大きい，あるいは等しいことがわかる。

よって，政党Zは得票数 $x+y$ を $a+b$ で割った商の分で議席を得ることになるから，政党Zは少なくとも $a+b$ 議席を得る。

次に，議席数が $a+b+1$ 以下になることを示す。

[1]　$\dfrac{x}{a+1} \geqq \dfrac{y}{b+1}$ のとき

$\dfrac{x}{a+1} \geqq \dfrac{y}{b+1}$ から　　$(b+1)x \geqq (a+1)y$

両辺に $(a+1)x$ を加えて整理すると　　$(a+b+2)x \geqq (a+1)(x+y)$

よって　　$\dfrac{x}{a+1} \geqq \dfrac{x+y}{a+b+2}$ ……③

[2]　$\dfrac{x}{a+1} < \dfrac{y}{b+1}$ のとき

$\dfrac{x}{a+1} < \dfrac{y}{b+1}$ から　　$(b+1)x < (a+1)y$

両辺に $(b+1)y$ を加えて整理すると　　$(b+1)(x+y) < (a+b+2)y$

よって　　$\dfrac{x+y}{a+b+2} < \dfrac{y}{b+1}$ ……④

③, ④から, $\dfrac{x+y}{a+b+2}$ は, $\dfrac{x}{a+1}$ と $\dfrac{y}{b+1}$ の大きい方より小さい，あるいは等しいことがわかる。

よって，政党Zは得票数 $x+y$ を $a+b+2$ で割った商の分では議席を得ることはできず，政党Zの議席数は $a+b+1$ 以下である。

以上から，合併した政党Zの議席数は，$a+b$ または $a+b+1$ である。

この性質は，複数の政党が合併し，合併前の得票数の合計が合併後の得票数であると仮定すると，獲得議席数は合併前の獲得議席数の合計と等しいか，1つ多くなる，ということである。別の表現をすると，合併により獲得議席数は減少しないが，2つ以上多くなることはない。例 と 問題 ❷ は，合併によって議席数が1つ多くなった場合である。

参考文献：芳沢光雄，『新体系・高校数学の教科書 上』，講談社ブルーバックス，2010年

トピック ③ 品質管理—3σ 方式

製品製造の過程において，工程の流れを監視し，できるだけ不良品ができる原因を突き止めようと試みるのが **品質管理** の目的である。このページでは，3σ 方式と呼ばれる品質管理の方法を紹介する。

工程が安定な状態にあるときは，不良品は少ないはずである。ここでは，母集団の製品が良品であることを示す確率変数は正規分布に従うと考え，その平均値を m，標準偏差を σ とする。この m と σ は，日頃のデータからあらかじめ求めておく必要がある。

工程が安定しているときは，製品のとる値が平均から 3 標準偏差分以上ずれる，すなわち $[m-3\sigma,\ m+3\sigma]$ …… ① の範囲から外れる確率 P は，正規分布表から

$$P=1-2p(3)\fallingdotseq 1-0.997=0.003$$

であり，ほとんど 0 に近いから，① の範囲外の値の製品が製造されたときには，生産工程に支障が生じたものと考えてよい。

そこで，右のようなグラフを作る。
平均値 m と $m+3\sigma$，$m-3\sigma$ に直線を引き，範囲外の製品が抽出されたときには，その工程が不安定な状態になるものと判断して，どこに原因があるかを探ればよい。
$m+3\sigma$ を **上方管理限界**，$m-3\sigma$ を **下方管理限界** といい，この図を **3σ 方式管理図** という。

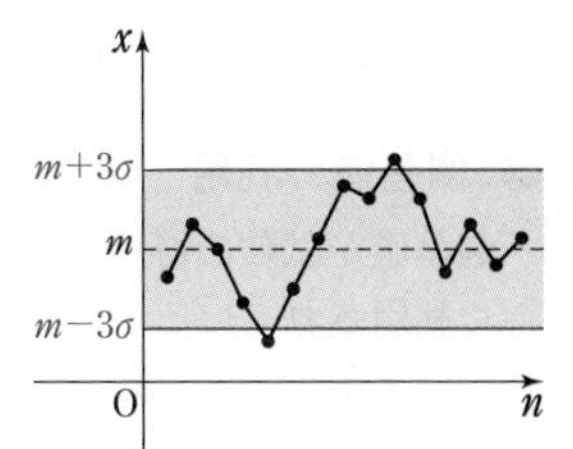

問題 ③ ある工程で製造された製品の重さの平均値が 8.62 kg，標準偏差が 0.25 kg であることが，過去のデータからわかっている。ある期間に製造された製品からいくつか抽出して重さを調べたところ，次のようになった。

8.41，7.97，8.68，9.30，9.05，7.85，8.89　(単位は kg)

この期間において，製造の工程に支障があったかどうか，3σ 方式を用いて調べよ。ただし，この製品の重さを表す確率変数は正規分布に従うものとする。

指針 平均値と標準偏差から，上方管理限界と下方管理限界を求め，その範囲から外れるデータがあるかどうか調べる。

解答

製品の平均値は 8.62 kg，標準偏差は 0.25 kg であるから

上方管理限界は　$8.62+0.25\times 3=9.37$ (kg)　◀ $m+3\sigma$

下方管理限界は　$8.62-0.25\times 3=7.87$ (kg)　◀ $m-3\sigma$

よって，$[7.87,\ 9.37]$ の範囲に含まれない製品があるかどうか調べればよい。
重さが 7.85 kg であるものは $[7.87,\ 9.37]$ の範囲に含まれないから，この期間において製造の工程に **支障があったと判断できる。**

トピック ④ 偏差値と正規分布

● 偏差値の定義

データの変量 x に対し，x の平均値を $\overline{x}$，標準偏差を s_x で表すとき，

$$y=10\times\frac{x-\overline{x}}{s_x}+50$$

で変量 y を定める。そして，$x=x_k$ のときの y の値 y_k を，x_k の **偏差値** という。

偏差値の分布では，常に 平均値が 50，標準偏差が 10 になる。

証明　変量 x の個数を n とする。y の平均値を $\overline{y}$，標準偏差を s_y とすると，

$y_k=\dfrac{10}{s_x}(x_k-\overline{x})+50$ であるから

$$\overline{y}=\frac{1}{n}\sum_{k=1}^{n}y_k=\frac{10}{s_x}\cdot\frac{1}{n}\sum_{k=1}^{n}(x_k-\overline{x})+\frac{1}{n}\sum_{k=1}^{n}50=50 \qquad \longleftarrow \sum_{k=1}^{n}(x_k-\overline{x})=0$$

$$s_y=\sqrt{\frac{1}{n}\sum_{k=1}^{n}(y_k-\overline{y})^2}=\sqrt{\left(\frac{10}{s_x}\right)^2\cdot\frac{1}{n}\sum_{k=1}^{n}(x_k-\overline{x})^2}=10 \qquad \longleftarrow \frac{1}{n}\sum_{k=1}^{n}(x_k-\overline{x})^2={s_x}^2$$

● 偏差値の利用

偏差値が試験の得点分布における各自の相対位置（おおまかな順位）を求めることによく利用されていることは，周知の事実である。

例えば，ある試験 T における，A 君の偏差値は

$$(\text{A 君の偏差値})=10\times\frac{(\text{A 君の得点})-(T\text{ の平均値})}{(T\text{ の標準偏差})}+50$$

で与えられる。そして，T の得点分布が **正規分布** になる場合，偏差値と得点上位から何 % にあるかの対応が下の表のようになることがわかる。これは $z=\dfrac{y-\overline{y}}{s_y}$ とおくと，z は標準正規分布 $N(0,\ 1)$ に従い，例えば偏差値 y が $y\geqq 65$ となる割合は

$$P(y\geqq 65)=P\left(z\geqq\frac{65-50}{10}\right)=P(z\geqq 1.5)=0.5-p(1.5)$$

$$=0.5-0.4332=0.0668 \longrightarrow \text{約 }6.7\%$$　とわかる。

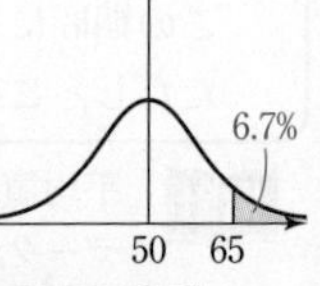

また，仮に 1000 人が受験した試験における A 君の偏差値が 60 ならば，A 君は上位の約 15.9 % の順位，すなわち 159 位くらいである。

偏差値	75	70	65	60	55	50	45	40	35	30	25
%	0.6	2.3	6.7	15.9	30.9	50.0	69.1	84.1	93.3	97.7	99.4

試験の得点分布が正規分布，あるいはそれに近い形になるならば，試験の難易度や受験者数に左右されないで，偏差値という一定の「ものさし」で，各自の相対位置を知ることができて，便利である。しかし，偏差値を利用する場合，注意することは

得点の分布が正規分布により近い形になることが前提条件

という点である。したがって，受験者数が少ない試験などでは，正規分布になりにくいため，偏差値はあまり有効な指標とはいえない。また，偏差値のとりうる値の範囲は，正規分布の場合はほぼ 25 以上 75 以下に収まる。

次の問題に取り組んでみよう。

 ④　A 君は平均点 57.2 点，標準偏差 5.2 点の試験を，B 君は平均点 52.5 点，標準偏差 9.5 点の試験を受けたところ，2 人の得点はともに 66 点であった。どちらの試験の得点も正規分布に従うとき

(1)　偏差値を求めることにより，A 君，B 君どちらの方が全体における相対的な順位が高いと考えられるかを調べよ。

(2)　2 つの試験の受験者はともに 2000 人であったという。A 君，B 君はそれぞれ上位から約何位であるかを調べることにより，(1) の結果が正しいことを確かめよ。

(1)　2 人の偏差値を定義式から計算し，その大小に注目する。
(2)　各試験における得点はそれぞれ正規分布 $N(57.2,\ 5.2^2)$，$N(52.5,\ 9.5^2)$ に従う。66 点以上の人が全体に占める割合を正規分布表から求めるため，**標準化** を利用。

解答

(1)　偏差値はそれぞれ

$$\text{A}：10\times\frac{66-57.2}{5.2}+50 \fallingdotseq 66.9,$$

$$\text{B}：10\times\frac{66-52.5}{9.5}+50 \fallingdotseq 64.2$$

(A 君の偏差値)>(B 君の偏差値) から，**A 君の方が全体における相対的な順位が高い** と考えられる。

(2)　A 君，B 君の受けた試験における得点をそれぞれ X，Y とすると，X は正規分布 $N(57.2,\ 5.2^2)$，Y は正規分布 $N(52.5,\ 9.5^2)$ にそれぞれ従う。

よって，$Z_1=\dfrac{X-57.2}{5.2}$，$Z_2=\dfrac{Y-52.5}{9.5}$ とおくと，Z_1，Z_2 はともに標準正規分布 $N(0,\ 1)$ に従う。

$$P(X\geqq 66)=P\left(Z_1\geqq\frac{66-57.2}{5.2}\right)\fallingdotseq P(Z_1\geqq 1.69)$$
$$=0.5-p(1.69)=0.5-0.4545=0.0455$$

$2000\times 0.0455=91$ から，A 君は上位の約 91 位である。

$$P(Y\geqq 66)=P\left(Z_2\geqq\frac{66-52.5}{9.5}\right)\fallingdotseq P(Z_2\geqq 1.42)$$
$$=0.5-p(1.42)=0.5-0.4222=0.0778$$

$2000\times 0.0778=155.6$ から，B 君は上位の約 156 位である。

ゆえに，A 君の方が全体における順位が高く，これは (1) の結果と一致していることがわかる。

◀ $\dfrac{66-57.2}{5.2}=\dfrac{8.8}{5.2}=1.692\cdots$，$\dfrac{66-52.5}{9.5}=\dfrac{13.5}{9.5}=1.421\cdots$

① 正規分布 $N(m,\ \sigma^2)$ は $Z=\dfrac{X-m}{\sigma}$ で $N(0,\ 1)$ へ
［標準化］

$P(X\geqq 66)$ の参考図

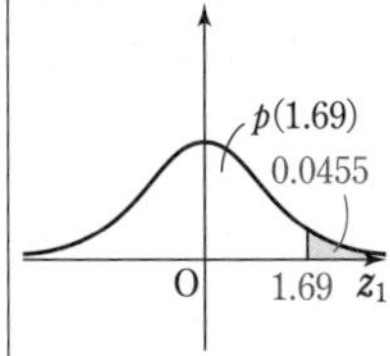

上の 問題 ④ において，平均点は B 君の受けた試験の方が低いから，得点が同じであるならば，平均点との差が大きい B 君の方が全体における相対的な順位が高いと考えてしまう人もいるかもしれない。しかし，2 つの試験では標準偏差にも違いがあるため，A 君の方が相対的な順位が高いという結果になっている。相対位置を正しくつかむには，(1)，(2) のように偏差値，または全体における相対的な割合や順位を調べる必要がある。

トピック ⑤ 対数グラフ

対数グラフは，極端に大きい範囲のデータを扱うときに役立つグラフである。例えば，天文学の分野では，惑星間の距離のような大きい値を扱うときに，対数グラフが欠かせない。また，天文学などの自然科学の分野ばかりでなく，社会学や経済学の分野でも対数グラフは広く利用されている。ここでは，対数グラフのしくみから詳しくみていこう。

● 対数目盛

対数グラフ は，軸の目盛が対数目盛で表されたグラフである。**対数目盛** とは，次のように目盛を定めるものである。

- 10^n （n は整数）の目盛を等間隔にとる。この間隔の長さを1とする。
- 10^n と 10^{n+1} の間に，$m\times10^n$ （$m=2,\ 3,\ \cdots,\ 9$）の目盛を，10^n と $m\times10^n$ の間隔が $\log_{10}m$ になるようにとる。

通常の目盛
0 1 2 3 4 5 6 7 8 9 10
←等間隔に並ぶ

対数目盛
$1=10^0$ 2 3 4 5 6 7 8 9 10
$\log_{10}2$
$\log_{10}3$
←基準となる1の目盛からの距離が $\log_{10}m$

また，片方の軸のみを対数目盛にしたものを **片対数グラフ**，両方の軸を対数目盛にしたものを **両対数グラフ** という。一般に，値の範囲が極端に大きくなる方を対数目盛にする。

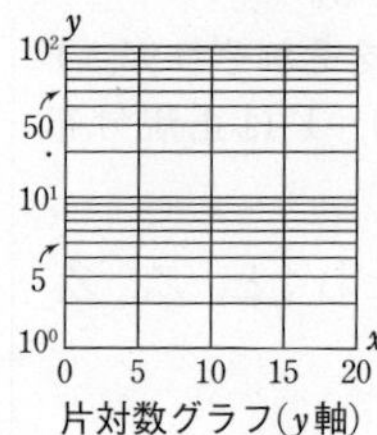

片対数グラフ(y軸)

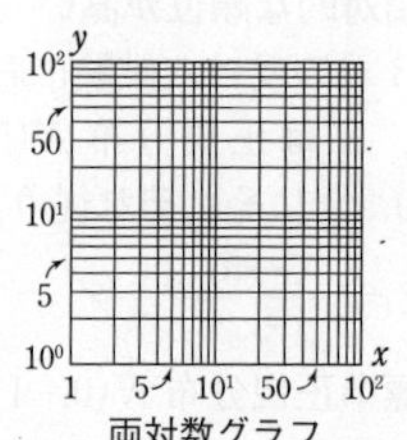

両対数グラフ

● 対数グラフの例

次の図は，波長によって電磁波の種類（＊）が変わるようすを表したものであり，横軸には対数目盛を用いている。

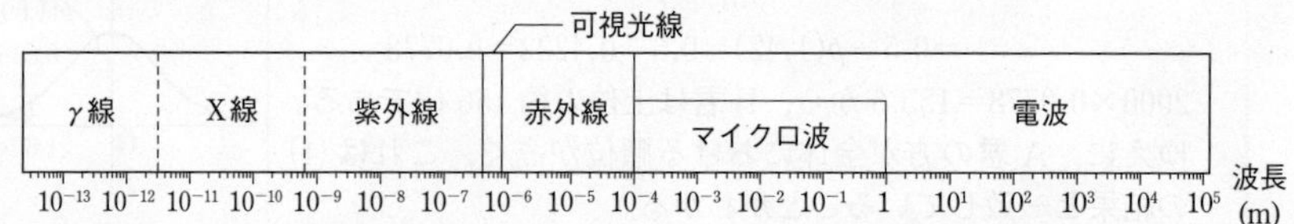

横軸の波長は，約 10^{-13} m から約 10^5 m までと非常に大きい範囲をとる。もし，この図を同じ大きさで，横軸を通常の均等な幅の目盛で表したら，電波以外の種類のものは小さく圧縮され見分けることができなくなる。このように，非常に大きい範囲にわたって広がるもののようすをグラフで把握するのに，対数目盛が役立つ。

（＊） 電磁波の種類のうち可視光線は目に見えるが，その他は目に見えない。なお，紫外線，X線，γ線は，波長のみでは明確には区別されない。

● 対数グラフの考え方

右の表 [1] のデータを用いて，対数グラフのしくみについて考えてみよう。

表 [1] のデータは，変量 x，y の関係が $y=2^x$ で表されるデータである。ただし，x が 0 以上 20 以下の偶数の場合のみを取り上げた。

このデータを散布図に表すと図 [2] のようになる。この図では，x の値が 12 以下の範囲において，y の値の変化を読みとることは難しい。

そこで，y 軸だけを対数目盛にすると図 [3] のようになり，x，y を直線的な関係としてみることができる。

このように，通常の均等な幅の目盛のグラフでは特徴をとらえにくいデータでも，対数グラフを用いることによって，目で見て関係性がわかりやすくなる場合がある。

表 [1]

x	y
0	1
2	4
4	16
6	64
8	256
10	1024
12	4096
14	16384
16	65536
18	262144
20	1048576

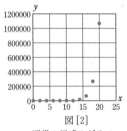

図 [2]

通常の目盛のグラフ。
特に，$0 \leqq x \leqq 12$ の点における
y の値の変化が読みとりにくい。

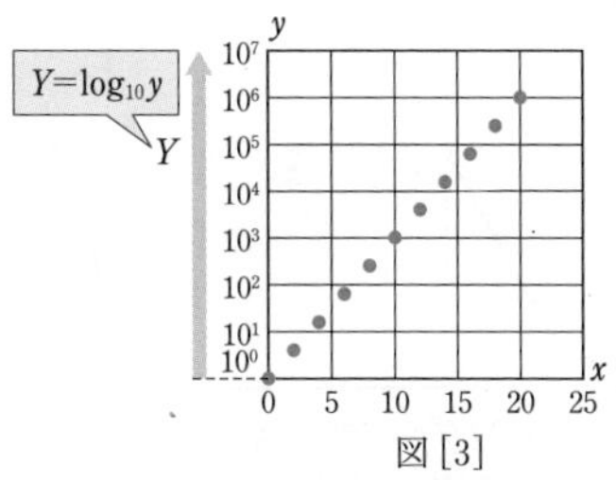

図 [3]

y 軸を対数目盛にしたグラフ。
各点が直線的に並んでいること
がわかる。

ここで，図 [3] において，x と y について直線的な関係性を読みとることができる理由を考えてみよう。

x，y の関係式 $y=2^x$ の両辺の 10 を底とする対数をとると

$$\log_{10}y=\log_{10}2^x$$

ゆえに　$\log_{10}y=x\log_{10}2$　◀対数の性質 $\log_a M^k=k\log_a M$

ここで，$Y=\log_{10}y$ とすると

$$Y=x\log_{10}2$$

すなわち　$Y=(\log_{10}2)x$　◀ Y は x の 1 次式。

図 [3] のグラフは縦軸が対数目盛で表されているから，グラフ上においては，Y が縦軸方向の位置を表す。したがって，図 [3] のグラフ上の点 $(x,\ Y)$ は，原点を通り，傾きが $\log_{10}2$ の直線上にある。このため，x，y の関係は，図 [3] では直線的に表されるのである。

y は対数目盛
$\log_{10}y$
グラフ上での縦軸方向の位置は $\log_{10}y$ すなわち Y

この考え方を用いて，次ページの問題 ⑤ を解いてみよう。

問題 ⑤ 次のグラフの概形として最も適当なものを，⓪～⑤のうちから1つずつ選べ。ただし，同じものを選んでもよい。

(1) 関数 $y=\left(\frac{1}{2}\right)^x$ のグラフを，縦軸のみを対数目盛で表す。

(2) 関数 $y=x^2\ (x>0)$ のグラフを，横軸と縦軸のいずれも対数目盛で表す。

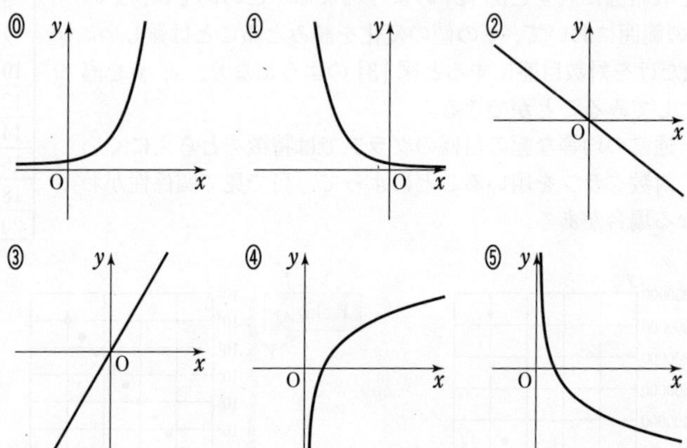

指針 (2) 両対数グラフであるから，横軸方向に対しても，$X=\log_{10}x$ とおき換えて考え，X と Y の関係を求める。

解答

(1) $y=\left(\frac{1}{2}\right)^x$ の両辺の10を底とする対数をとると

$$\log_{10}y=\log_{10}\left(\frac{1}{2}\right)^x$$

したがって　$\log_{10}y=-x\log_{10}2$

◀ $\log_{10}\left(\frac{1}{2}\right)^x=\log_{10}2^{-x}$

$Y=\log_{10}y$ とすると

$$Y=-x\log_{10}2=(-\log_{10}2)x$$

◀ x と Y の関係を求める。

グラフにおいて Y は縦軸方向の位置を表すから，関数のグラフは傾きが負の直線となる。

◀ $-\log_{10}2<0$

よって，グラフの概形は　②

(2) $y=x^2$ の両辺の10を底とする対数をとると

$$\log_{10}y=\log_{10}x^2$$

◀ $x>0$ から $\log_{10}x^2=2\log_{10}x$

したがって　$\log_{10}y=2\log_{10}x$

$X=\log_{10}x$，$Y=\log_{10}y$ とすると　$Y=2X$

◀ X と Y の関係を求める。

グラフにおいて X は横軸方向の位置，Y は縦軸方向の位置を表すから，関数のグラフは傾きが正の直線となる。

よって，グラフの概形は　③

総合演習

学習の総仕上げのための問題を２部構成で掲載しています。数学Ｂのひととおりの学習を終えた後に取り組んでください。

●第１部

第１部では，大学入学共通テスト対策に役立つものや，思考力を鍛えることができるテーマを取り上げ，それに関連する問題や解説を掲載しています。
各テーマは次のような流れで構成されています。

CHECK → 問題 → 指針 → 解答 → 検討

CHECK では，例題で学んだ問題の類題を取り上げています。その後に続く問題の準備となるような解説も書かれていますので，例題で学んだ内容を思い出しながら読み進めてみましょう。必要に応じて，例題の内容を復習するとよいでしょう。

問題 では，そのテーマで主となる問題を掲載しています。あまり解いたことのない形式のものや，思考力を要する問題も含まれています。CHECK で確認したことや，これまで学んできた内容を活用しながらチャレンジしてください。
解答の方針がつかみづらい場合は，指針も読んで考えてみましょう。

更に，解答と検討が続きますが，問題が解けた場合も解けなかった場合も，解答や検討の内容もきちんと確認してみてください。検討の内容まで理解することで，より思考力を高められます。

●第２部

第２部では，基本～標準レベルの入試問題を中心に取り上げました。中には難しい問題もあります（◇印をつけました）。解法の手がかりとなる HINT も設けていますから，難しい場合は HINT も参考にしながら挑戦してください。

テーマ **1**

数列と漸化式

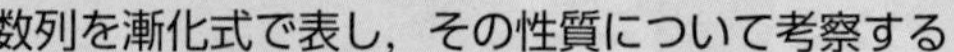

数列を漸化式で表し，その性質について考察する

数学Ｂ第１章では，与えられた漸化式から，その数列の一般項を求める解法を数多く学びました。ここでは，与えられた条件から自ら漸化式を導き，その漸化式で定まる数列の性質について考察します。

まず，次の漸化式に関する問題を考えてみましょう。

CHECK 1－A　n を自然数とする。x^n を x^2-1 で割ったときの余りを a_nx+b_n とするとき，$\begin{cases} a_{n+1}=b_n \\ b_{n+1}=a_n \end{cases}$ が成り立つことを示せ。

この問題は，n 次式を２次式で割ったときの余りの係数として定義された数列に関する漸化式を作る問題です。x^{n+1} を x^2-1 で割ったときの余り $a_{n+1}x+b_{n+1}$ が，a_n，b_n を用いてどのように表されるのかを考えて，漸化式を導きます。

ここで，数学Ⅱで学習した多項式の割り算について復習しておきましょう。

多項式 $P(x)$ を２次式 x^2-1 で割った余りは１次式または定数であり，それを $px+q$ とすると　　$\boldsymbol{P(x)=(x^2-1)Q(x)+px+q}$ **（$\boldsymbol{Q(x)}$ は商）**　と表される。

解答

x^n を x^2-1 で割ったときの商を $Q(x)$ とすると，

$$x^n=(x^2-1)Q(x)+a_nx+b_n$$

と表される。

よって

$$\begin{aligned} x^{n+1}&=x^n\cdot x \\ &=\{(x^2-1)Q(x)+a_nx+b_n\}x \\ &=x(x^2-1)Q(x)+a_nx^2+b_nx \\ &=x(x^2-1)Q(x)+a_n(x^2-1)+b_nx+a_n \\ &=\{xQ(x)+a_n\}(x^2-1)+b_nx+a_n \end{aligned}$$

ゆえに，x^{n+1} を x^2-1 で割ったときの余りは b_nx+a_n であり，これが $a_{n+1}x+b_{n+1}$ と等しいから，

$\begin{cases} a_{n+1}=b_n \\ b_{n+1}=a_n \end{cases}$ が成り立つ。

◀$x(x^2-1)Q(x)$ は x^2-1 で割り切れるから，$a_nx^2+b_nx$ を x^2-1 で割ったときの余りが x^{n+1} を x^2-1 で割ったときの余りである。

CHECK 1－A で a_n，b_n に関する漸化式を作りましたが，この漸化式から数列 $\{a_n\}$，$\{b_n\}$ の一般項を求めてみましょう。

【解法１】

$\begin{cases} a_{n+1}=b_n \\ b_{n+1}=a_n \end{cases}$ から，$\begin{cases} a_{n+2}=b_{n+1}=a_n \\ b_{n+2}=a_{n+1}=b_n \end{cases}$ が成り立つ。

よって，数列 $\{a_n\}$，$\{b_n\}$ の各項は，それぞれ１つおきに同じ値を繰り返す。

$n=1$ のとき

x^1 を x^2-1 で割ったときの余りは x であるから　　$a_1=1$，$b_1=0$

$n=2$ のとき　$\begin{cases} a_{n+1}=b_n \\ b_{n+1}=a_n \end{cases}$, $a_1=1$, $b_1=0$ から　$a_2=0$, $b_2=1$

したがって　$\boldsymbol{a_n}=\begin{cases} \mathbf{1}\ (\boldsymbol{n}\ \textbf{が奇数のとき}) \\ \mathbf{0}\ (\boldsymbol{n}\ \textbf{が偶数のとき}) \end{cases}$,　$\boldsymbol{b_n}=\begin{cases} \mathbf{0}\ (\boldsymbol{n}\ \textbf{が奇数のとき}) \\ \mathbf{1}\ (\boldsymbol{n}\ \textbf{が偶数のとき}) \end{cases}$

【解法 2】

$n=1$ のとき

x^1 を x^2-1 で割ったときの余りは x であるから　$a_1=1$, $b_1=0$

また, $\begin{cases} a_{n+1}=b_n \ \cdots\cdots \ ① \\ b_{n+1}=a_n \ \cdots\cdots \ ② \end{cases}$ とすると,

①＋② から　$a_{n+1}+b_{n+1}=a_n+b_n$

よって　$a_n+b_n=a_1+b_1=1+0=1$ ……　③

①－② から　$a_{n+1}-b_{n+1}=-(a_n-b_n)$

ゆえに　$a_n-b_n=(a_1-b_1)\cdot(-1)^{n-1}=(-1)^{n-1}$ ……　④

③, ④ から　$\boldsymbol{a_n}=\dfrac{\mathbf{1+(-1)^{n-1}}}{\mathbf{2}}$,　$\boldsymbol{b_n}=\dfrac{\mathbf{1-(-1)^{n-1}}}{\mathbf{2}}$

◀数列 $\{a_n+b_n\}$ は, すべての項が等しい。

◀数列 $\{a_n-b_n\}$ は, 初項 a_1-b_1, 公比 -1 の等比数列。

注意　**【解法 1】** と **【解法 2】** で求めた数列 $\{a_n\}$, $\{b_n\}$ の一般項の表し方は異なるが, 同じ数列を表す。

次に, 数学 B で学習した内容ではありませんが, 次のページの問題 **1** で用いる有理数と無理数の性質（数学 I で学習）を, 簡単に復習しておきましょう。

CHECK 1－B　等式 $\left(1+\dfrac{2}{\sqrt{3}}\right)x+(2-3\sqrt{3})y=13$ を満たす有理数 x, y の値を求めよ。

有理数と無理数の性質として, 一般に次のことが成り立ちます。

p, q, r, s が有理数, $\sqrt{l}$ が無理数のとき

$p+q\sqrt{l}=r+s\sqrt{l}$　ならば　$p=r$, $q=s$

これを用いて, 有理数 x, y の値を求めることができます。

解答

与えられた等式から

$$(\sqrt{3}+2)x+(2\sqrt{3}-9)y=13\sqrt{3}$$

整理して　$(2x-9y)+(x+2y)\sqrt{3}=13\sqrt{3}$

x, y が有理数のとき, $2x-9y$, $x+2y$ も有理数であり, $\sqrt{3}$ は無理数であるから

$$2x-9y=0,\quad x+2y=13$$

これを解いて　$\boldsymbol{x=9}$, $\boldsymbol{y=2}$

◀両辺に $\sqrt{3}$ を掛けて, $p+q\sqrt{3}=r+s\sqrt{3}$ の形に整理する。

◀……の断りは重要。

次の問題 **1** はやや難しい問題になっています。解法がすぐに思い浮かばないときは, 指針の内容も参考にしながら, じっくり考えてみてください。

問題 1　数列と無理数の有理数近似

有理数の数列 $\{a_n\}$, $\{b_n\}$ は $(2+\sqrt{3})^n=a_n+b_n\sqrt{3}$ を満たすものとする。

(1)　a_{n+1}, b_{n+1} を a_n, b_n を用いて表せ。

(2)　$(2-\sqrt{3})^n=a_n-b_n\sqrt{3}$ であることを示せ。

(3)　$a_n{}^2-3b_n{}^2$ を求めよ。

(4)　(3) を用いて，$\sqrt{3}$ との差が $\dfrac{1}{10000}$ 未満である有理数を1つ求めよ。

ただし，$1.5<\sqrt{3}<2$ であることは用いてもよい。

(1)　a_{n+1}, b_{n+1} と a_n, b_n を結び付けるため，$(2+\sqrt{3})^{n+1}=(2+\sqrt{3})^n(2+\sqrt{3})$ として進める。一般に，p, q, r, s が有理数のとき

$$\boldsymbol{p+q\sqrt{3}=r+s\sqrt{3}} \quad \text{ならば} \quad \boldsymbol{p=r,\ q=s}$$

このことも利用する。

(2)　$c_n=a_n-b_n\sqrt{3}$ とおいて c_n の漸化式を立てることにより，$c_n=(2-\sqrt{3})^n$ であることを示す。

別解　数学的帰納法を用いてもよい。

(3)　$a_n{}^2-3b_n{}^2=(a_n+b_n\sqrt{3})(a_n-b_n\sqrt{3})$　が成り立つ。条件式と (2) の結果から，$a_n{}^2-3b_n{}^2$ の値を計算する。

(4)　$a_n{}^2-3b_n{}^2=r$ とおくと　　$(a_n+b_n\sqrt{3})(a_n-b_n\sqrt{3})=r$　　◀ r は (3) で求めた値。

よって，$a_n-b_n\sqrt{3}=\dfrac{r}{a_n+b_n\sqrt{3}}$ であり，両辺を b_n で割って絶対値をとると

$$\left|\frac{a_n}{b_n}-\sqrt{3}\right|=\left|\frac{r}{b_n(a_n+b_n\sqrt{3})}\right|$$

(1) で求めた漸化式から，n が大きくなると a_n, b_n の値も大きくなり，

$\dfrac{r}{b_n(a_n+b_n\sqrt{3})}$ の値は0に近づく。

よって，**有理数 $\dfrac{a_n}{b_n}$ と $\sqrt{3}$ の差は n が大きくなるほど0に近づく。**……★

これを利用し，差が $\dfrac{1}{10000}$ より小さくなるような n の値を見つければよい。

(1)　$(2+\sqrt{3})^n=a_n+b_n\sqrt{3}$ から

$$\begin{aligned} a_{n+1}+b_{n+1}\sqrt{3} &=(2+\sqrt{3})^{n+1} \\ &=(2+\sqrt{3})^n(2+\sqrt{3}) \\ &=(a_n+b_n\sqrt{3})(2+\sqrt{3}) \\ &=(2a_n+3b_n)+(a_n+2b_n)\sqrt{3} \end{aligned}$$

◀ $(2+\sqrt{3})^n=a_n+b_n\sqrt{3}$ を代入。

a_{n+1}, b_{n+1}, $2a_n+3b_n$, a_n+2b_n は有理数，$\sqrt{3}$ は無理数であるから

◀ ------ の断りは重要。

$$\boldsymbol{a_{n+1}=2a_n+3b_n,\quad b_{n+1}=a_n+2b_n}$$

(2)　$(2+\sqrt{3})^1=a_1+b_1\sqrt{3}$ であり，a_1, b_1 は有理数，$\sqrt{3}$ は無理数であるから　　$a_1=2$, $b_1=1$

$c_n=a_n-b_n\sqrt{3}$ とすると　　$c_1=a_1-b_1\sqrt{3}=2-\sqrt{3}$

$$c_{n+1}=a_{n+1}-b_{n+1}\sqrt{3}$$
$$=(2a_n+3b_n)-(a_n+2b_n)\sqrt{3}$$
$$=(2-\sqrt{3})a_n+(3-2\sqrt{3})b_n$$
$$=(2-\sqrt{3})a_n-\sqrt{3}(2-\sqrt{3})b_n$$
$$=(2-\sqrt{3})(a_n-b_n\sqrt{3})=(2-\sqrt{3})c_n$$

◀(1) で求めた $a_{n+1}=2a_n+3b_n$, $b_{n+1}=a_n+2b_n$ を代入する。

よって，数列 $\{c_n\}$ は初項 $2-\sqrt{3}$，公比 $2-\sqrt{3}$ の等比数列であるから

$$c_n=(2-\sqrt{3})\cdot(2-\sqrt{3})^{n-1}=(2-\sqrt{3})^n$$

ゆえに，$(2-\sqrt{3})^n=a_n-b_n\sqrt{3}$ が成り立つ。

別解　$(2-\sqrt{3})^n=a_n-b_n\sqrt{3}$ …… ①

が成り立つことを，数学的帰納法により示す。

[1] $n=1$ のとき

$(2+\sqrt{3})^1=a_1+b_1\sqrt{3}$ から　　$a_1=2$, $b_1=1$

◀a_1, b_1 は有理数，$\sqrt{3}$ は無理数である。

よって　　$(2-\sqrt{3})^1=2-\sqrt{3}=a_1-b_1\sqrt{3}$

ゆえに，$n=1$ のとき，① は成り立つ。

[2] $n=k$ のとき，① が成り立つと仮定すると

$(2-\sqrt{3})^k=a_k-b_k\sqrt{3}$ …… ②

$n=k+1$ のときを考えると，② から

$$(2-\sqrt{3})^{k+1}=(2-\sqrt{3})^k(2-\sqrt{3})$$
$$=(a_k-b_k\sqrt{3})(2-\sqrt{3})$$
$$=(2a_k+3b_k)-(a_k+2b_k)\sqrt{3}$$

◀仮定 ② を使うために，$(2-\sqrt{3})^k$ と $(2-\sqrt{3})$ の積に分ける。

(1) より，$a_{k+1}=2a_k+3b_k$, $b_{k+1}=a_k+2b_k$ が成り立つから

$$(2-\sqrt{3})^{k+1}=a_{k+1}-b_{k+1}\sqrt{3}$$

よって，$n=k+1$ のときにも ① は成り立つ。

[1]，[2] から，すべての自然数 n について ① は成り立つ。

(3)　条件式と (2) から

$$a_n^2-3b_n^2=(a_n+b_n\sqrt{3})(a_n-b_n\sqrt{3})$$
$$=(2+\sqrt{3})^n(2-\sqrt{3})^n$$
$$=\{(2+\sqrt{3})(2-\sqrt{3})\}^n$$
$$=(4-3)^n=1^n=\mathbf{1}$$

◀平方の差 $a_n^2-(b_n\sqrt{3})^2$ とみて因数分解する。

(4)　$a_1=2$, $b_1=1$ と (1) から，すべての自然数 n に対して，a_n, b_n は正の整数である。

◀厳密には，数学的帰納法で証明する。

また，(3) より，$a_n^2-3b_n^2=1$ であるから

$$(a_n+b_n\sqrt{3})(a_n-b_n\sqrt{3})=1$$

よって　　$a_n-b_n\sqrt{3}=\dfrac{1}{a_n+b_n\sqrt{3}}$

◀$a_n+b_n\sqrt{3}\ (>0)$ で両辺を割る。

両辺を $b_n\ (>0)$ で割ると

$$\frac{a_n}{b_n}-\sqrt{3}=\frac{1}{b_n(a_n+b_n\sqrt{3})}$$

両辺の絶対値をとり，$1.5<\sqrt{3}$ を用いると

$$\left|\frac{a_n}{b_n}-\sqrt{3}\right|=\left|\frac{1}{b_n(a_n+b_n\sqrt{3})}\right|$$
$$<\left|\frac{1}{b_n(a_n+1.5b_n)}\right| \cdots\cdots (*)$$

◀指針＿＿……★の方針。
n が大きくなると $\left|\frac{a_n}{b_n}-\sqrt{3}\right|$ の値が小さくなることから，不等式を利用して $\left|\frac{a_n}{b_n}-\sqrt{3}\right|$ の値が $\frac{1}{10000}$ 未満になる n を見つける。

ここで，$a_1=2$，$b_1=1$ と(1)から，a_n，b_n の値を順に求めると

$$\begin{cases} a_2=2\cdot2+3\cdot1=7 \\ b_2=2+2\cdot1=4 \end{cases},\quad \begin{cases} a_3=2\cdot7+3\cdot4=26 \\ b_3=7+2\cdot4=15 \end{cases},$$
$$\begin{cases} a_4=2\cdot26+3\cdot15=97 \\ b_4=26+2\cdot15=56 \end{cases}$$

よって，$(*)$ に $n=4$ を代入して

$$\left|\frac{a_4}{b_4}-\sqrt{3}\right|<\left|\frac{1}{b_4(a_4+1.5b_4)}\right|$$

$a_4=97$，$b_4=56$ であるから

$$\left|\frac{97}{56}-\sqrt{3}\right|<\left|\frac{1}{56(97+1.5\times56)}\right|=\frac{1}{10136}<\frac{1}{10000}$$

◀$\left|\frac{1}{b_n(a_n+1.5b_n)}\right|$ の値が $\frac{1}{10000}$ 未満になるまで a_n，b_n の値を順に代入すると，$n=4$ のとき，$\frac{1}{10000}$ 未満になる。

したがって，求める有理数の1つは $\boldsymbol{\frac{97}{56}}$

参考　$n=2$，3 のときはそれぞれ，

$$\frac{a_2}{b_2}=\frac{7}{4}=1.75,\quad \frac{a_3}{b_3}=\frac{26}{15}=1.7333\cdots\cdots$$

となり，$\sqrt{3}=1.7320508\cdots\cdots$ に近い有理数 $\frac{7}{4}$，$\frac{26}{15}$ が得られるが，その差は $\frac{1}{10000}$ より大きい。

検討　**不定方程式 $x^2-3y^2=1$ の整数解と数列 $\{a_n\}$，$\{b_n\}$ の一般項について**

(1)で求めた漸化式 $\begin{cases} a_{n+1}=2a_n+3b_n \\ b_{n+1}=a_n+2b_n \end{cases}$ と，初項 $a_1=2$，$b_1=1$ から，a_n，b_n はそれぞれ正の整数であり，n が大きくなるほど a_n，b_n の値も大きくなることは漸化式の形から明らかである。

また，(3)より，すべての自然数 n について $a_n{}^2-3b_n{}^2=1$ が成り立つことから，**$(x,\ y)=(a_n,\ b_n)$ $(n=1,\ 2,\ 3,\ \cdots\cdots)$ は不定方程式 $x^2-3y^2=1$ の整数解** となり，不定方程式 $x^2-3y^2=1$ は無数の整数解をもつことがわかる。

実際，漸化式から

$$(a_2,\ b_2)=(7,\ 4),\ (a_3,\ b_3)=(26,\ 15),\ (a_4,\ b_4)=(97,\ 56),$$
$$(a_5,\ b_5)=(362,\ 209),\ (a_6,\ b_6)=(1351,\ 780),\ \cdots\cdots$$

と順に計算で求めることができ，これらはすべて $x^2-3y^2=1$ を満たす。

例えば，$n=6$ のときを調べてみると，

$$1351^2-3\cdot780^2=1825201-3\cdot608400=1825201-1825200=1$$

であるから，$(x,\ y)=(1351,\ 780)$ は確かに方程式 $x^2-3y^2=1$ の整数解である。

このように漸化式を利用することで，方程式 $x^2-3y^2=1$ の整数解を無数に見つけることができる。

一方，数列 $\{a_n\}$，$\{b_n\}$ の一般項を求めると，$(2+\sqrt{3})^n=a_n+b_n\sqrt{3}$，$(2-\sqrt{3})^n=a_n-b_n\sqrt{3}$ から

$$\boldsymbol{a_n=\frac{(2+\sqrt{3})^n+(2-\sqrt{3})^n}{2},\quad b_n=\frac{(2+\sqrt{3})^n-(2-\sqrt{3})^n}{2\sqrt{3}}}$$

となる。一般項に $\sqrt{3}$ を含むことから，この式からは，a_n，b_n が整数かどうか，更にいえば有理数かどうかさえ判断することは難しい。

また，a_6，b_6 の値を一般項から求めようとしても，$n=6$ を代入した式は

$$a_6=\frac{(2+\sqrt{3})^6+(2-\sqrt{3})^6}{2},\quad b_6=\frac{(2+\sqrt{3})^6-(2-\sqrt{3})^6}{2\sqrt{3}}$$

となり，漸化式を用いて値を求める方法に比べて計算が大変である。

このように，一般項よりも漸化式の方がその数列の性質をよく表すことや，漸化式の方が計算上便利である，といった場合もある。数列の一般項を求め，それを利用するだけでなく，状況に応じて漸化式の性質を利用するとうまく処理できる場合もあることが，この問題**1**から実感できるだろう。

検討 PLUS ONE

問題 1 の数列と方程式 $x^2-3y^2=1$ の解の関連（数学 C の内容を含む）

方程式 $x^2-3y^2=1$ が表す曲線は **双曲線** といわれる曲線であり，右の図のような形をしている。また，この双曲線は 2 直線 $x-\sqrt{3}y=0$，$x+\sqrt{3}y=0$ を漸近線にもつ。

（詳しくは，数学 C で学習する。）

問題**1**および前の検討での考察から，点 $(a_n,\ b_n)$ はすべて第 1 象限にあり，かつ双曲線 $x^2-3y^2=1$ 上の点である。

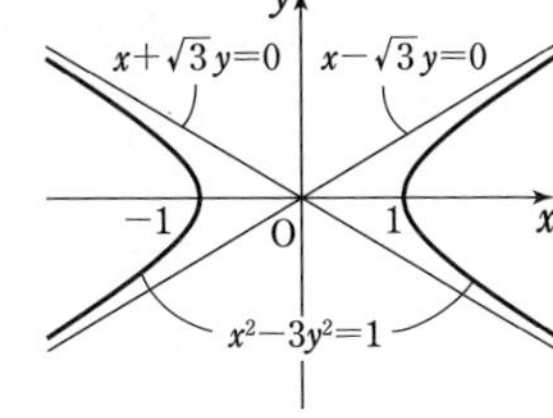

また，n が大きくなると a_n，b_n の値も大きくなるため，双曲線の性質によって，右の図のように点 $(a_n,\ b_n)$ は，n が大きくなると原点から遠ざかりながら，漸近線 $x-\sqrt{3}y=0$ との距離が 0 に近づく。

よって，$y\neq 0$ のとき $x-\sqrt{3}y=0$ を変形すると $\dfrac{x}{y}=\sqrt{3}$ となることから，有理数 $\dfrac{a_n}{b_n}$ は，n が大きくなるほど $\sqrt{3}$ に近い値になることがわかる。

問題**1**の **指針**____……☆ で述べたことは，このようなグラフによる考察でも理解できる。

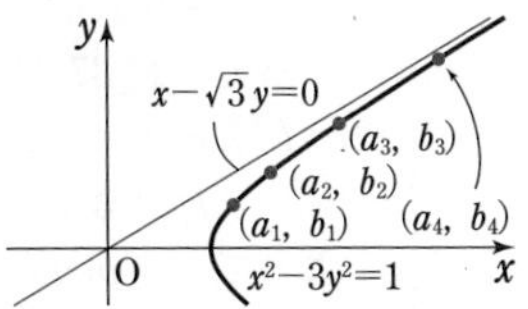

点 $(a_n,\ b_n)$ が漸近線 $x-\sqrt{3}y=0$ に近づく

⟶ $\dfrac{a_n}{b_n}$ が $\dfrac{x}{y}$ すなわち $\sqrt{3}$ に近づく

テーマ 2

正規分布と推定・仮説検定

正規分布を利用して推定や検定を行う

数学B

数学B第2章では，正規分布を利用した母集団の分析や，データの一部からその母集団のもつ性質を統計的に推測する方法を学びました。ここでは，これまで学習したことを活用し，統計の総合的な問題を扱います。

まず，次の問題で，正規分布の性質を確認しましょう。

CHECK 2−A ある模擬試験における数学の点数 X が，平均62.7点，標準偏差10点の正規分布に従うものとする。

(1) 得点が60点以上70点以下である受験者は約何％いるか。

(2) 得点が高い方から10％の中に入るのは，何点以上得点した受験者か。

この問題では，正規分布を利用して，母集団の特定の範囲にあるデータの割合を求めます。そのためには，確率変数 X を **標準化** し，正規分布表を用いて計算します。

解答

X は正規分布 $N(62.7,\ 10^2)$ に従うから，$Z=\dfrac{X-62.7}{10}$ とおくと，Z は標準正規分布 $N(0,\ 1)$ に従う。

(1) $P(60\leqq X\leqq 70)=P\left(\dfrac{60-62.7}{10}\leqq\dfrac{X-62.7}{10}\leqq\dfrac{70-62.7}{10}\right)$

$=P(-0.27\leqq Z\leqq 0.73)=p(0.27)+p(0.73)$

$=0.1064+0.2673=0.3737$

よって，**約37.4％** いる。

(2) $P(Z\geqq u)=0.1$ となる u の値を求めればよい。

$P(Z\geqq u)=0.5-P(0\leqq Z\leqq u)=0.5-p(u)$

よって　$p(u)=0.5-0.1=0.4$

ゆえに，正規分布表から　$u\fallingdotseq 1.28$

よって　$P(Z\geqq 1.28)=0.1$

$\dfrac{X-62.7}{10}\geqq 1.28$ から　$X\geqq 75.5$

したがって，**76点以上** である。

◀ $N(m,\ \sigma^2)$ は $Z=\dfrac{X-m}{\sigma}$ で $N(0,\ 1)$ へ［標準化］

◀正規分布表から，$p(u)=0.4$ となる u の値を見つける。

正規分布の利用については数学B例題**81**でも扱っているので，復習しておきましょう。

次に，標本比率から母比率を推定する，信頼区間を求める問題に取り組んでみましょう。

CHECK 2−B 袋の中に赤玉と白玉がたくさん入っている。この中から，無作為に100個の玉を取り出して赤玉の数を調べたところ，25個であった。袋に入っている赤玉の比率を，信頼度95％で推定せよ。ただし，$\sqrt{3}=1.73$ として計算せよ。

この問題は母比率の推定に関する問題です。数学Ｂ例題 **91** で学習したように

信頼度 95％ の信頼区間 $\left[R-1.96\sqrt{\dfrac{R(1-R)}{n}},\ R+1.96\sqrt{\dfrac{R(1-R)}{n}}\right]$

を用いて信頼区間を求めます。

解答

標本比率 R は　$R=\dfrac{25}{100}=0.25$

$n=100$ であるから

$$\sqrt{\frac{R(1-R)}{n}}=\sqrt{\frac{0.25\cdot0.75}{100}}=\frac{\sqrt{3}}{40}=\frac{1.73}{40}=0.04325$$

◀先に $\sqrt{\dfrac{R(1-R)}{n}}$ を計算しておくとよい。

よって，袋に入っている赤玉の比率に対する信頼度 95％ の信頼区間は

$$[0.25-1.96\cdot0.04325,\ 0.25+1.96\cdot0.04325]$$

◀$1.96\cdot0.04325 \fallingdotseq 0.085$

すなわち　$\mathbf{[0.165,\ 0.335]}$

◀16.5％ 以上 33.5％ 以下。

CHECK 2－A では正規分布の利用について，CHECK 2－B では推定について復習しました。最後に，「統計的な推測」の内容の総復習として，次の問題 **2** に取り組んでみましょう。

問題 2　正規分布を利用した推定，仮説検定

機械Ａはボタンを１回押すと，p の割合で青色の光を発光し，$1-p$ の割合で赤色の光を発光する。ただし，$0<p<1$ とする。
以下の問題を解答するにあたっては，必要に応じて巻末の正規分布表を用いてもよい。

〔1〕　$p=\dfrac{1}{3}$ とする。機械Ａのボタンを繰り返し 450 回押したとき，青色の光が発光される回数を表す確率変数を X とする。このとき，(1), (2) の問いに答えよ。

(1)　X の平均（期待値）は [アイウ]，標準偏差は [エオ] である。
[アイウ]，[エオ] に当てはまる数を求めよ。

(2)　ボタンを押す回数 450 は十分に大きいと考える。
このとき，確率変数 X は近似的に平均 [カキク]，標準偏差 [ケコ] の正規分布に従う。よって，X が 140 以上 170 以下の値をとる確率は 0.[サシスセ] である。
また，X が [ソ] 以上の値をとる確率は約 0.7 である。
[カキク] ～ [サシスセ] に当てはまる数を求めよ。また，[ソ] に当てはまるものを，次の⓪～⑦のうちから１つ選べ。

⓪　137　　①　142　　②　145　　③　147
④　153　　⑤　155　　⑥　158　　⑦　163

数学Ｂ　総合演習　第１部

〔2〕 以下では，p の値はわからないものとする。このとき，機械Aのボタンを繰り返し400回押したところ，青色の光が80回発光された。

この標本をもとにして，割合 p に関する推定を行うことにした。ボタンを押す回数400は十分に大きいと考えて，(1)〜(3)の問いに答えよ。

(1) 割合 p に対する信頼度（信頼係数）95％の信頼区間は

$$\left[\boxed{タ}.\boxed{チ}-1.96\times\frac{1}{\boxed{ツテ}},\ \boxed{タ}.\boxed{チ}+1.96\times\frac{1}{\boxed{ツテ}}\right]$$

である。［タ］〜［ツテ］に当てはまる数を求めよ。

(2) 同じ標本をもとにした信頼度99％の信頼区間について正しいものを，次の⓪〜②のうちから1つ選べ。［ト］

⓪ 信頼度95％の信頼区間と同じ範囲である。

① 信頼度95％の信頼区間より狭い範囲になる。

② 信頼度95％の信頼区間より広い範囲になる。

(3) 割合 p に対する信頼度 N% の信頼区間を $[A,\ B]$ とするとき，この信頼区間の幅を $B-A$ と定める。標本は同じもののままで，(1)の信頼区間の幅を0.75倍にするには，信頼度を［ナニ］.［ヌ］％に変更することで実現できる。［ナニ］，［ヌ］に当てはまる数を求めよ。

〔3〕 機械Aとは異なる機械Bがある。機械Bの説明書には，ボタンを1回押すと，0.6の割合で青色の光を発光し，0.4の割合で赤色の光を発光すると書かれている。

このとき，(1)，(2)の問いに答えよ。必要ならば，$\sqrt{6}\fallingdotseq 2.45$，$\sqrt{15}\fallingdotseq 3.87$ を用いてもよい。

(1) 太郎さんが試しに機械Bのボタンを繰り返し100回押したところ，青色の光が発光された回数は54回であった。この結果について，太郎さんと花子さんは以下のような会話をしている。

太郎：0.6の割合で青色の光を発光すると説明書には書いてあるのに，100回中54回しか発光されなかったということは，この機械は壊れているのではないかな？

花子：そうしたら，仮説検定の考え方を用いて，この機械が壊れているかどうか調べてみましょう。

太郎：まず，この機械が壊れていない，つまり，0.6の割合で青色の光を発光するという仮説を立てて考えよう。

花子：有意水準は5％にしましょう。

太郎：100回のうち，青色の光を発光する回数 X の有意水準5％の棄却域は，ボタンを押す回数100が十分に大きいと考えると［ネ］と求められるね。

花子：ということは，この仮説は［ノ］ので，機械は［ハ］ね。

ネ ～ ハ に当てはまるものとして最も適当なものを，次の解答群から 1 つずつ選べ。

ネ の解答群：

⓪ $40 \leqq X \leqq 80$　① $45 \leqq X \leqq 75$　② $50 \leqq X \leqq 70$
③ $55 \leqq X \leqq 65$　④ $X \leqq 40,\ 80 \leqq X$　⑤ $X \leqq 45,\ 75 \leqq X$
⑥ $X \leqq 50,\ 70 \leqq X$　⑦ $X \leqq 55,\ 65 \leqq X$

ノ の解答群：

⓪ 棄却できる　① 棄却できない

ハ の解答群：

⓪ 壊れていると判断できる　① 壊れているとは判断できない

(2) 機械 B のボタンを繰り返し 1000 回押したところ，青色の光が発光された回数は 540 回であった。このとき，ボタンを押す回数 1000 は十分に大きいと考えて，この機械 B が壊れているかどうかを，(1) と同様に有意水準 5% で仮説検定の考え方を用いて調べると，その結果によりこの機械 B は ヒ 。 ヒ に当てはまるものとして適当なものを，次の⓪，①のうちから 1 つ選べ。

⓪ 壊れていると判断できる　① 壊れているとは判断できない

〔1〕 (1) X は二項分布に従うから，次の公式を利用（$q=1-p$ とする）。

二項分布 $B(n,\ p) \longrightarrow E(X)=np,\ V(X)=npq,\ \sigma(X)=\sqrt{npq}$

(2) $n=450$ は大きいから，二項分布を **正規分布** で近似し，更に **標準化** する。

〔2〕 (1) 母比率の推定の問題であるから，次の式を利用する（R は標本比率）。

信頼度 95% の信頼区間 $\left[R-1.96\sqrt{\dfrac{R(1-R)}{n}},\ R+1.96\sqrt{\dfrac{R(1-R)}{n}}\right]$

(2) 信頼度 99% の信頼区間は，上の式の 1.96 を 2.58 に替えたものである。

(3) 信頼度 95% の信頼区間の幅を 0.75 倍した値を求め，その値を信頼区間の幅にもつ信頼度を求める。

〔3〕 機械 B が青色の光を発光する割合を p とし，機械 B が壊れていないという仮説 $H_0: p=0.6$ を立て，この仮説が正しいとして仮説検定を行う。青色の光を発光する回数 X は，(1) では $B(100,\ 0.6)$，(2) では $B(1000,\ 0.6)$ に従うとして考える。いずれの場合も，X の平均を m，標準偏差を σ として $Z=\dfrac{X-m}{\sigma}$ と標準化し，この Z が標準正規分布 $N(0,\ 1)$ に従うとして，実際に起こった事象 [(1) では $X=54$，(2) では $X=540$] が棄却域に入るかを調べ，仮説 H_0 を棄却するかどうかを判断する。

解答

〔1〕 (1) $p=\dfrac{1}{3}$ のとき，確率変数 X は二項分布 $B\left(450,\ \dfrac{1}{3}\right)$ に従う。

よって，X の平均（期待値）$E(X)$，分散 $V(X)$，標準偏差 $\sigma(X)$ は

$$E(X)=450 \cdot \frac{1}{3}={}^{アイウ}\mathbf{150}$$

◀$E(X)=np$

$$V(X)=450\cdot\frac{1}{3}\cdot\left(1-\frac{1}{3}\right)=450\cdot\frac{1}{3}\cdot\frac{2}{3}=100$$

$$\sigma(X)=\sqrt{V(X)}=\sqrt{100}={}^{エオ}\mathbf{10}$$

◀$V(X)=npq$
ただし　$q=1-p$
$\sigma(X)$ は $V(X)$ の正の平方根をとると早い。

(2)　(1) から，確率変数 X は二項分布 $B\left(450,\ \frac{1}{3}\right)$ に従い，
X の平均は 150，標準偏差は 10 である。
ここで，$n=450$ は十分大きいから，X は近似的に平均 ^{カキク}**150**，標準偏差 ^{ケコ}**10** の正規分布［すなわち $N(150,\ 10^2)$］に従う。

◀二項分布 $B(n,\ p)$ に従う確率変数 X は，n が十分大きいとき，近似的に正規分布
$N(np,\ npq)$ に従う。
↑平均　↑分散＝(標準偏差)^2

よって，$Z=\dfrac{X-150}{10}$ は近似的に標準正規分布 $N(0,\ 1)$ に従う。

◀正規分布 $N(m,\ \sigma^2)$ は $Z=\dfrac{X-m}{\sigma}$ で標準化

$140\leqq X\leqq 170$ となる確率は

$$P(140\leqq X\leqq 170)=P\left(\frac{140-150}{10}\leqq Z\leqq\frac{170-150}{10}\right)$$
$$=P(-1\leqq Z\leqq 2)$$
$$=p(1)+p(2)$$
$$=0.3413+0.4772$$
$$=0.{}^{サシスセ}\mathbf{8185}$$

◀正規分布表を利用する。

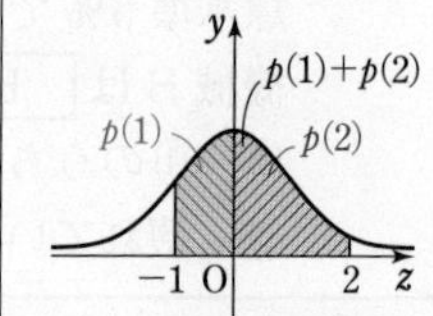

次に，$P(Z\geqq b)=0.7$ となる b の値を求める。
$P(Z\geqq b)>0.5$ であるから，$b<0$ であり

$$P(Z\geqq b)=0.5+P(b\leqq Z\leqq 0)$$
$$=0.5+p(-b)$$

◀$P(Z\geqq u)>0.5$ の場合，$u<0$ である。

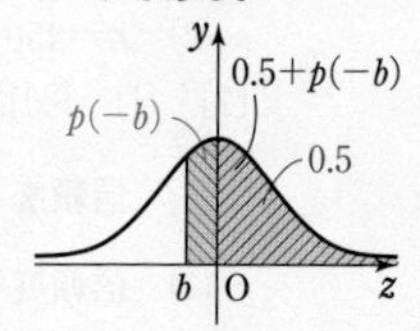

よって　　$p(-b)=0.7-0.5=0.2$
ゆえに，正規分布表から
　　$-b\fallingdotseq 0.52$　すなわち　$b\fallingdotseq -0.52$
よって　　$P(Z\geqq -0.52)\fallingdotseq 0.7$

$\dfrac{X-150}{10}\geqq -0.52$ から　　$X\geqq 144.8\fallingdotseq 145$　（^{ソ}②）

［2］　(1)　標本の大きさは $n=400$ で，標本比率 R は

$$R=\frac{80}{400}=0.2$$

よって　$\sqrt{\dfrac{R(1-R)}{n}}=\sqrt{\dfrac{0.2\cdot 0.8}{400}}=\dfrac{0.4}{20}=\dfrac{1}{50}$

ゆえに，割合 p に対する信頼度 95％ の信頼区間は

$$\left[{}^{タ}\mathbf{0}.{}^{チ}\mathbf{2}-1.96\times{}_{ツテ}\frac{\mathbf{1}}{\mathbf{50}},\ 0.2+1.96\times\frac{1}{50}\right]$$

◀この式を計算すると［0.1608，0.2392］となる。

(2)　割合 p に対する信頼度 99％ の信頼区間は

$$\left[0.2-2.58\times\frac{1}{50},\ 0.2+2.58\times\frac{1}{50}\right]$$

よって，信頼度 99％ の信頼区間は，信頼度 95％ の信頼区間より広い範囲になる。（^{ト}②）

◀$2.58\times\dfrac{1}{50}>1.96\times\dfrac{1}{50}$

(3) (1)の信頼区間の幅は　$2\cdot 1.96\cdot \frac{1}{50}$

ここで　$0.75\times\left(2\cdot 1.96\cdot \frac{1}{50}\right)=2\cdot 1.47\cdot \frac{1}{50}$

よって，求める信頼度は，$P(|Z|\leqq 1.47)$ である。

ここで，Z は標準正規分布 $N(0,\ 1)$ に従う確率変数であるから

$$P(|Z|\leqq 1.47)=2p(1.47)=2\times 0.4292$$
$$=0.8584\fallingdotseq 0.858$$

したがって，信頼度を ナニ**85.**ヌ**8**% に変更すればよい。

◀$\left(0.2+1.96\times\frac{1}{50}\right)-\left(0.2-1.96\times\frac{1}{50}\right)=2\times 1.96\times\frac{1}{50}$

◀正規分布表を利用。

〔3〕 機械 B が青色の光を発光する割合を p，ボタンを押す回数を n とする。

機械 B が壊れているならば，$p\neq 0.6$ である。ここで，機械 B が壊れていないという次の仮説を立てる。

仮説 H_0：$p=0.6$

◀「壊れているかどうか」を検定するから，両側検定の問題である。

(1) $n=100$ のとき，仮説 H_0 が正しいとすると，100 回のうち青色の光を発光する回数 X は，二項分布 $B(100,\ 0.6)$ に従う。

X の平均 m と標準偏差 σ は

$$m=100\cdot 0.6=60,\ \sigma=\sqrt{100\cdot 0.6\cdot(1-0.6)}=2\sqrt{6}$$

◀$m=np$，$\sigma=\sqrt{npq}$　ただし　$q=1-p$

よって，$Z=\frac{X-60}{2\sqrt{6}}$ は近似的に標準正規分布 $N(0,\ 1)$ に従う。

正規分布表より $P(-1.96\leqq Z\leqq 1.96)\fallingdotseq 0.95$ であるから，有意水準 5% の棄却域は

$$Z\leqq -1.96,\ 1.96\leqq Z$$

ゆえに，$\frac{X-60}{2\sqrt{6}}\leqq -1.96,\ 1.96\leqq\frac{X-60}{2\sqrt{6}}$ であるから

$$X\leqq 60-1.96\cdot 2\sqrt{6},\ 60+1.96\cdot 2\sqrt{6}\leqq X$$

◀$Z=\frac{X-60}{2\sqrt{6}}$ を代入し，X の不等式で表す。

よって　$X\leqq 50.396,\ 69.604\leqq X$

◀$1.96\cdot 2\sqrt{6}\fallingdotseq 1.96\cdot 2\cdot 2.45=9.604$

したがって，⓪～⑦のうち棄却域として適当なものは

$X\leqq 50,\ 70\leqq X$　(ネ⑥)

$X=54$ は棄却域に入らないから，仮説 H_0 は棄却できず，機械は壊れているとは判断できない。

(ノ①，ハ①)

(2) $n=1000$ のとき，仮説 H_0 が正しいとすると，1000 回のうち青色の光を発光する回数 Y は，二項分布 $B(1000,\ 0.6)$ に従う。

Y の平均 m と標準偏差 σ は

$$m=1000\cdot 0.6=600,$$
$$\sigma=\sqrt{1000\cdot 0.6\cdot(1-0.6)}=4\sqrt{15}$$

よって，$W=\frac{Y-600}{4\sqrt{15}}$ は近似的に標準正規分布

$N(0,\ 1)$ に従う。
有意水準 5% の棄却域は

$$W \leqq -1.96,\ 1.96 \leqq W$$

ゆえに，$\dfrac{Y-600}{4\sqrt{15}} \leqq -1.96,\ 1.96 \leqq \dfrac{Y-600}{4\sqrt{15}}$ であるから

$$Y \leqq 600-1.96\cdot4\sqrt{15},\ 600+1.96\cdot4\sqrt{15} \leqq Y$$

よって　$Y \leqq 569.6592,\ 630.3408 \leqq Y$
$Y=540$ は棄却域に入るから，仮説 H_0 を棄却でき，この機械は壊れていると判断できる。（ヒ ⓪）

参考　W の棄却域から判断することもできる。
$Y=540$ のとき，
$W=\dfrac{540-600}{4\sqrt{15}}=-\sqrt{15}$
$\fallingdotseq -3.87 \leqq -1.96$
であり，この値は棄却域に入るから，仮説 H_0 を棄却できる。

◀ $1.96\cdot4\sqrt{15}$
$\fallingdotseq 1.96\cdot4\cdot3.87$
$=30.3408$

検討

標本の大きさと仮説検定の結果の考察

〔3〕において，標本比率が(1)では $\dfrac{54}{100}$，(2)では $\dfrac{540}{1000}$ と，いずれも 0.54 であるにも関わらず，標本の大きさ（ボタンを押す回数）の違いによって，仮説検定の結果が異なるものとなった。このことについて考察してみよう。
〔3〕での判断について，機械が壊れているかどうかは，仮説検定の考え方で，標本比率 0.54 が仮説 H_0：$p=0.6$ に「近い」といえるかどうかを調べることで判断している。もし，仮説 H_0 が正しければ，試行回数を増やすほど，標本比率は 0.6 に近づくはずである（これを **大数の法則** という。$p.145$ を参照）。
仮説 H_0 のもとで，青色の光を発光する回数を X とすると，
(1)では，約 95% の確率で X は $51 \leqq X \leqq 69$ の範囲に含まれる，
すなわち，約 95% の確率で標本比率 p は $0.51 \leqq p \leqq 0.69$ の範囲に含まれるから，$p=0.54$ は 0.6 に近いと判断している。
一方，(2)では，仮説 H_0 のもとで同様に考えると，約 95% の確率で標本比率 p は $0.57 \leqq p \leqq 0.63$ の範囲に含まれるから，$p=0.54$ は 0.6 に近いとはいえないと判断し，偶然に起こる比率ではないから機械 B は壊れていると判断したのである。

(1)　$n=100$

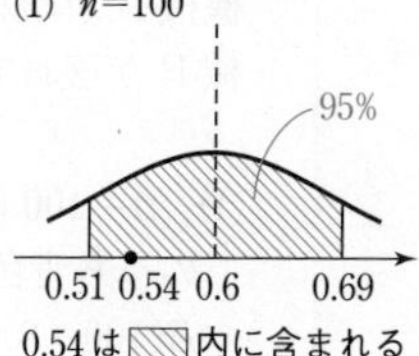

0.54 は ▨ 内に含まれる

(2)　$n=1000$

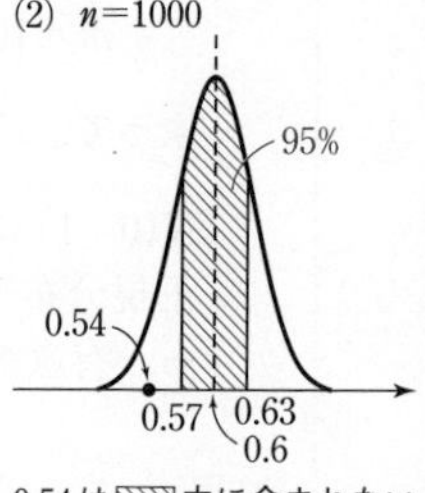

0.54 は ▨ 内に含まれない

ここで，有意水準が 5% のとき，0.54 という比率が 0.6 に近いといえる試行回数を，参考までに求めてみよう。試行回数を n とする。標本比率が 0.54 であったとすると，青色の光を発光した回数 X は $X=0.54n$ である。
n 回のうち青色の光を発光する回数 X の平均 m と標準偏差 σ は

$$m=0.6n,\quad \sigma=\sqrt{n\cdot0.6\cdot0.4}=\frac{\sqrt{6n}}{5}$$

仮説 H_0 が棄却されない，すなわち，機械が壊れているとは判断されないのは，

$$-1.96 \leqq \frac{X-m}{\sigma} \leqq 1.96 \quad すなわち \quad -1.96 \leqq \frac{0.54n-0.6n}{\frac{\sqrt{6n}}{5}} \leqq 1.96$$

が成り立つときである。$n>0$ を考慮し，これを整理すると $n \leqq 256.1\cdots\cdots$ となるから，次のようになる。

試行回数が 256 回以下なら 0.54 という比率が 0.6 に近いといえ，仮説 H_0 は棄却されない。
試行回数が 257 回以上なら 0.54 という比率が 0.6 に近いとはいえず，仮説 H_0 は棄却される。

総合演習　第2部　数学B

第1章　数　　列

1　a，r を自然数とし，初項が a，公比が r の等比数列 a_1，a_2，a_3，…… を $\{a_n\}$ とする。また，自然数 N の桁数を $d(N)$ で表し，第 n 項が $b_n=d(a_n)$ で定まる数列 b_1，b_2，b_3，…… を $\{b_n\}$ とする。このとき，次の問いに答えよ。

(1)　$a=43$，$r=47$ のとき，b_3 と b_7 を求めよ。

(2)　$a=1$ のとき，$1<r<500$ において，$\{b_n\}$ が等差数列となる r の値をすべて求めよ。　〔類　滋賀大〕

2　n を自然数とする。1 から n までのすべての自然数を重複なく使ってできる数列を x_1，x_2，……，x_n で表す。

(1)　$n=3$ のとき，このような数列をすべて書き出せ。

(2)　$\displaystyle\sum_{k=1}^{n} x_k=55$ のとき，$\displaystyle\sum_{k=1}^{n} x_k{}^2$ を求めよ。

(3)　不等式 $\displaystyle\sum_{k=1}^{n} kx_k \leqq \frac{n(n+1)(2n+1)}{6}$ を証明せよ。

(4)　和 $\displaystyle\sum_{k=1}^{n} (x_k+k)^2$ を最大にする数列 x_1，x_2，……，x_n を求めよ。また，そのときの和を求めよ。　〔茨城大〕

3◇　(1)　k を 0 以上の整数とするとき，$\dfrac{x}{3}+\dfrac{y}{2}\leqq k$ を満たす 0 以上の整数 x，y の組 $(x,\ y)$ の個数を a_k とする。a_k を k の式で表せ。

(2)　n を 0 以上の整数とするとき，$\dfrac{x}{3}+\dfrac{y}{2}+z\leqq n$ を満たす 0 以上の整数 x，y，z の組 $(x,\ y,\ z)$ の個数を b_n とする。b_n を n の式で表せ。　〔横浜国大〕

4　n を正の整数とし，次の条件 (＊) を満たす x についての n 次式 $P_n(x)$ を考える。

(＊)　すべての実数 θ に対して　$\cos n\theta=P_n(\cos\theta)$

(1)　$n\geqq 2$ のとき，$P_{n+1}(x)$ を $P_n(x)$ と $P_{n-1}(x)$ を用いて表せ。

(2)　$P_n(x)$ の x^n の係数を求めよ。

(3)　$\cos\theta=\dfrac{1}{10}$ とする。$10^{1000}\cos^2(500\theta)$ を 10 進法で表したときの，一の位の数字を求めよ。　〔早稲田大〕

1　(1)　$a_7=43\cdot 47^{7-1}=43\cdot 47^6 \longrightarrow 40^7<a_7<50^7$ に注目。

(2)　条件から，$10^{b_n-1}\leqq a_n<10^{b_n}$ である。数列 $\{b_n\}$ の公差を d とする。

2　(3)　$1\leqq k\leqq n$ である各 k に対し，$(k-x_k)^2\geqq 0$ であることを利用。

(4)　(3) で証明した不等式などを利用。

3　(1)　直線 $y=2i$ 上の格子点と，直線 $y=2i+1$ 上の格子点に分けて考える。

(2)　(1) の結果を利用する。

4　(3)　$10^{1000}\cos^2(500\theta)=\left\{10^{500}P_{500}\left(\dfrac{1}{10}\right)\right\}^2$ と変形して，(2) を利用する。

数学B　総合演習　第2部

5 右のような経路の図があり，次のようなゲームを考える。最初はAから出発し，1回の操作で，1個のさいころを投げて，出た目の数字が矢印にあればその方向に進み，なければその場にとどまる。この操作を繰り返し，Dに到達したらゲームは終了する。
例えば，Bにいるときは，1，3，5の目が出ればCへ進み，4の目が出ればDへ進み，2，6の目が出ればその場にとどまる。n を自然数とするとき

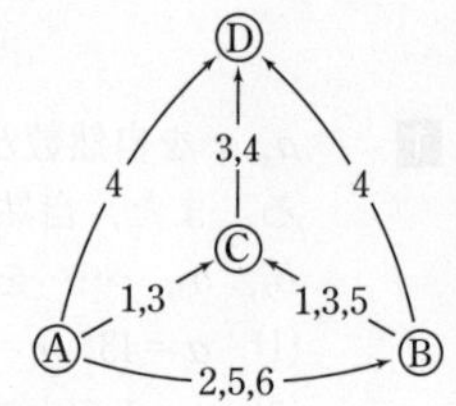

(1) ちょうど n 回の操作を行った後にBにいる確率を n の式で表せ。
(2) ちょうど n 回の操作を行った後にCにいる確率を n の式で表せ。
(3) ちょうど n 回の操作でゲームが終了する確率を n の式で表せ。 〔岡山大〕

6 n を正の整数とする。A，B，Cの3種類の文字から重複を許して n 個の文字を1列に並べるとき，AとBが隣り合わない並べ方の総数を f_n とする。例えば，$n=2$ のとき，このような並べ方はAA，AC，BB，BC，CA，CB，CCの7通りあるので，$f_2=7$ である。
(1) AとBが隣り合わない並べ方のうち，n 番目がAまたはBであるものを g_n 通り，n 番目がCであるものを h_n 通りとする。このとき，g_{n+1}，h_{n+1} を g_n，h_n を用いて表せ。
(2) 数列 $\{f_n\}$ に対して，f_{n+2} を f_{n+1} と f_n を用いて表せ。
(3) $a_n=\dfrac{f_{n+1}}{f_n}$ により定まる数列 $\{a_n\}$ について，a_n と a_{n+1} の大小関係を調べよ。 〔東北大〕

7 関数 $f(x)=\dfrac{2^x-1}{2^x+1}$ について，次の問いに答えよ。
(1) $f\left(\dfrac{1}{2}\right)$ を求めよ。 (2) $f(2x)=\dfrac{2f(x)}{1+\{f(x)\}^2}$ を示せ。
(3) すべての自然数 n に対して $b_n=f\left(\dfrac{1}{2^n}\right)$ は無理数であることを，数学的帰納法を用いて示せ。ただし，有理数 r, s を用いて表される実数 $r+s\sqrt{2}$ は $s\neq0$ ならば無理数であることを，証明なく用いてもよい。 〔大阪府大〕

HINT
5 (2) ちょうど n 回の操作を行った後にA，B，Cにいる確率をそれぞれ a_n，b_n，c_n とし，c_{n+1} を a_n，b_n，c_n で表す。なお，b_n は(1)で求めた。
6 (1) n 番目と $n+1$ 番目に注目。
(2) (1)で求めた2つの関係式で n を $n+1$ とおいたものの辺々を加える。$f_n=g_n+h_n$
(3) $a_{n+2}-a_{n+1}$ を a_n，a_{n+1} の式で表してみる。
7 (3) $n=k+1$ のときを考える際，$b_k=f\left(\dfrac{1}{2^k}\right)$ が無理数であると仮定し，(2)で示した等式を利用する。

総合演習　第2部　　数学B

8　x, y についての方程式 $x^2-6xy+y^2=9$ ……（＊）に関して

(1)　x, y がともに正の整数であるような（＊）の解のうち，y が最小であるものを求めよ。

(2)　数列 a_1, a_2, a_3, …… が漸化式 $a_{n+2}-6a_{n+1}+a_n=0$ ($n=1$, 2, 3, ……) を満たすとする。このとき，$(x, y)=(a_{n+1}, a_n)$ が（＊）を満たすならば，$(x, y)=(a_{n+2}, a_{n+1})$ も（＊）を満たすことを示せ。

(3)　（＊）の整数解 (x, y) は無数に存在することを示せ。　〔千葉大〕

第2章　統計的な推測

9　ある試行を1回行ったとき，事象 A の起こる確率を p $(0 \leqq p \leqq 1)$ とする。n を自然数とし，この試行を n 回反復する。X_i ($i=1$, 2, ……, n) を「i 回目の試行で事象 A が起きれば値100，起きなければ値50をとる確率変数」とするとき

(1)　X_i ($i=1$, 2, ……, n) の確率分布を表で示せ。

(2)　X_i ($i=1$, 2, ……, n) の平均と分散を求めよ。

(3)　確率変数 $Y=X_1+X_2+\cdots\cdots+X_n$ と $Z=100n-(X_1+X_2+\cdots\cdots+X_n)$ を考える。$W=YZ$ とするとき

(ア)　Y の平均と分散を求めよ。

(イ)　W を Y の関数として表し，W の平均を求めよ。

(ウ)　W の平均が最も大きくなるような確率 p と，そのときの W の平均を求めよ。

〔横浜市大〕

10　A, B を空でない事象とする。このとき，以下の2つの条件 p, q が同値であることを証明せよ。　〔浜松医大〕

p：A, B は独立である。

q：点 O(0, 0)，点 $\mathrm{Q}(P(A \cap B), P(A \cap \overline{B}))$，点 $\mathrm{R}(P(\overline{A} \cap B), P(\overline{A} \cap \overline{B}))$ は同一直線上にある。ただし，$P(A)$ は事象 A が起こる確率を表すものとする。

11　ある高校の3年生男子150人の身長の平均は170.4 cm，標準偏差は5.7 cm，女子140人の身長の平均は158.2 cm，標準偏差は5.4 cmであった。これらはともに正規分布に従うものとする。男女の生徒を一緒にして，身長順に並べたとき，170.4 cm以上，170.4 cm未満かつ158.2 cm以上，158.2 cm未満の3つのグループに分けると，各グループの人数は何人ずつになるか。必要ならば正規分布表を用いよ。

〔山梨大〕

8　(1)　（＊）で $y=1$, 2, …… と順に代入してみる。(2)　$a_{n+2}=6a_{n+1}-a_n$ を利用。
(3)　(1), (2)の結果と数学的帰納法を利用。

9　(3)　(ア)　$i \neq j$ のとき，X_i と X_j は互いに独立であるから　$V(X_i+X_j)=V(X_i)+V(X_j)$
(ウ)　(イ)の結果を p の関数と考えて，W の平均が最大となる場合を調べる。微分法を利用するとよい。

10　2点O，Qを通る直線の方程式は　$\{P(A \cap \overline{B})-0\}(x-0)-\{P(A \cap B)-0\}(y-0)=0$

11　男子，女子の身長をそれぞれ x cm，y cm とし，標準化を利用。
まず，158.2 cm未満，170.4 cm以上の男子・女子の人数に注目。

数学B 総合演習 第2部

12　ある国の人口は十分に大きく，国民の血液型の割合はＡ型 40 %，Ｏ型 30 %，Ｂ型 20 %，AB 型 10 % である。この国民の中から無作為に選ばれた人達について，次の問いに答えよ。〔東京理科大〕

(1)　2 人の血液型が一致する確率を求めよ。

(2)　4 人の血液型がすべて異なる確率を求めよ。

(3)　5 人中 2 人がＡ型である確率を求めよ。

(4)　n 人中Ａ型の人の割合が 39 % から 41 % までの範囲にある確率が，0.95 以上であるためには，n は少なくともどれほどの大きさであればよいか。

13　Ａ店のあんパンの重さは平均 105 g，標準偏差 $\sqrt{5}$ g の正規分布に従い，Ｂ店のあんパンの重さは平均 104 g，標準偏差 $\sqrt{2}$ g の正規分布に従うとする。また，あんパンの重さはすべて独立とする。

(1)　Ａ店のあんパン 10 個の重さをそれぞれ量り，その標本平均を $\overline{X}$ (g) とする。同様に，Ｂ店のあんパン 4 個の重さの標本平均を $\overline{Y}$ (g) とする。このとき，$\overline{X}$ と $\overline{Y}$ の平均と分散をそれぞれ求めよ。

(2)　Ａ店とＢ店のあんパンの重さを比較したい。$W=\overline{X}-\overline{Y}$ の平均と分散をそれぞれ求めよ。ただし，$\overline{X}$ と $\overline{Y}$ が独立であることを用いてよい。

(3)　W が正規分布に従うことを用いて，確率 $P(W \geqq 0)$ を求めよ。ただし，次の数表を用いてよい。ここで，Z は標準正規分布に従う確率変数である。

u	0	1	2	3
$P(0 \leqq Z \leqq u)$	0.000	0.341	0.477	0.499

(4)　Ａ店のあんパン 25 個の重さをそれぞれ量り，その標本平均を $\overline{X'}$ (g) とする。同様に，Ｂ店のあんパン 8 個の重さの標本平均を $\overline{Y'}$ (g) とする。$W'=\overline{X'}-\overline{Y'}$ とするとき，確率 $P(W' \geqq 0)$ と確率 $P(W \geqq 0)$ の大小を比較せよ。ただし，$\overline{X'}$ と $\overline{Y'}$ が独立であることと，W' が正規分布に従うことを用いてよい。〔滋賀大〕

14　ある試行テストで事象 A が起こる確率を $x\,(0 \leqq x \leqq 1)$ とする。

(1)　A が起こるときの得点を 10 点，起こらないときの得点を 5 点とするとき，この得点の分布の標準偏差が最大となるときの x の値を求めよ。

(2)　(1) で求めた x の値を x_0 とする。実際に 100 回試行したとき，A に関する得点の平均値は 8.1 であった。このとき，「A が起こる確率 x は x_0 に等しい」といえるかどうか。有意水準 5 % の検定を利用して答えよ。100 回の試行は十分多い回数であり，この平均値の分布は正規分布として扱ってよい。〔山梨大〕

12 (4)　Ａ型の人数 X は二項分布に従う ⟶ 正規分布で近似。

13 (3)　(2) の結果をもとに，標準化を利用して考える。

(4)　W' の平均，分散を求め，(3) と同様に標準化を利用。

14 (2)　仮説を立てて検定を進める際，平均値や標準偏差は (1) の結果を利用。

答 の 部

練習，EXERCISES，総合演習第 2 部の答の数値のみをあげ，図・証明は省略した。

数学 B

＜第 1 章＞ 数　列

● 練習 の解答

1 (1) 一般項は $(2n-1)^2$，第 6 項は 121
(2) 一般項は $(-1)^n\cdot\dfrac{n+2}{n^3}$，第 7 項は $-\dfrac{9}{343}$
(3) $2n(n^2+1)$

2 (1) $a_n=-5n+18$，$a_{15}=-57$
(2) (ア) $-2n+59$ (イ) 第 85 項 (ウ) 第 30 項

3 (1) 証明略，初項 $3p$，公差 p
(2) 証明略，初項 $7p$，公差 $5p$

4 -12，-5，2

5 (1) $a_n=\dfrac{6}{5-2n}$ (2) $a_n=\dfrac{9a}{11-2n}$

6 (1) $S=2500$ (2) $S=-2020$
(3) $S=\dfrac{448}{3}$

7 (1) 999 (2) 3285

8 第 67 項，和は -6767

9 $\dfrac{1}{2}p^3(p-1)$

10 $c_n=12n-7$

11 (1) $a_n=(-1)^{n-1}2^{\frac{3-n}{2}}$，$a_{10}=-\dfrac{\sqrt{2}}{16}$
(2) $-3\cdot(-2)^{n-1}$

12 $a=-2$，$b=4$

13 (1) $a\neq-\dfrac{1}{2}$ のとき　$S_n=\dfrac{2\{1-(-2a)^n\}}{1+2a}$
$a=-\dfrac{1}{2}$ のとき　$S_n=2n$
(2) $r=2$，-3

14 (1) 78 (2) 162

15 1709820 円

16 $a_n=-\dfrac{3}{8}n+\dfrac{11}{8}$，$b_n=\left(-\dfrac{1}{2}\right)^{n-1}$

17 $c_n=7\cdot2^{4n-2}$

18 (1) $n=8$ (2) $n=9$

19 (1) $\dfrac{1}{6}n(4n^2+3n+41)$
(2) $\dfrac{1}{4}n(n-1)(n^2+3n+10)$
(3) 9528
(4) $\dfrac{3}{2}\left\{1-\left(\dfrac{1}{3}\right)^{n+1}\right\}$

20 (1) $\dfrac{1}{2}n(6n^2-3n-1)$ (2) $\dfrac{1}{2}n^2(n+1)$
(3) $\dfrac{1}{3}n+\dfrac{1}{9}\left\{1-\left(-\dfrac{1}{2}\right)^n\right\}$

21 $\dfrac{1}{12}n(n+1)^2(n+2)$

22 (1) $3n^2-n$ (2) $\dfrac{1}{2}(3^{n-1}+5)$

23 $-n^3+16n^2-33n+20$

24 (1) $a_n=6n+2$，
$a_1+a_4+a_7+\cdots\cdots+a_{3n-2}=n(9n-1)$
(2) $a_1=9$，$n\geqq2$ のとき $a_n=6n+1$；
$a_1+a_4+a_7+\cdots\cdots+a_{3n-2}=9n^2-2n+2$

25 (1) $\dfrac{36}{55}$ (2) $\dfrac{n}{2(3n+2)}$

26 (1) $S=\dfrac{n(n+2)}{3(2n+1)(2n+3)}$
(2) $S=\dfrac{1}{2}(\sqrt{2n+1}-1)$

27 (1) $\dfrac{5^n(4n-1)+1}{16}$ (2) $\dfrac{3^{n+1}-2n-3}{4}$
(3) $x\neq1$ のとき
$\dfrac{1+2x-(3n+1)x^n+(3n-2)x^{n+1}}{(1-x)^2}$
$x=1$ のとき　$\dfrac{1}{2}n(3n-1)$

28 n が偶数のとき $S_n=\dfrac{n}{2}(n+3)$
n が奇数のとき $S_n=-\dfrac{1}{2}(n+1)(n+2)$

29 (1) $\dfrac{1}{2}n(3n-1)$
(2) 第 50 群の 50 番目
(3) 第 63 群の 46 番目，108

30 $\dfrac{5401}{128}$

31 (1) $\dfrac{1}{2}m^2-\dfrac{1}{2}m+1$
(2) 左から 4 番目，上から 14 番目

32 (1) $\dfrac{1}{2}(n+1)(3n+2)$ 個
(2) $\dfrac{1}{6}(n+1)(2n^2+n+6)$ 個

33 (1) $a_n=-\dfrac{1}{2}n+\dfrac{5}{2}$
(2) $a_n=(-1)^n$
(3) $a_n=\dfrac{1}{6}(4n^3-3n^2-4n+21)$

34 (1) $a_n=3^{n-1}+1$ (2) $a_n=5\left(\frac{1}{2}\right)^{n-1}-2$

35 $a_n=-2\cdot(-3)^{n-1}-n+1$

36 $a_n=2^{2n-1}+2^n$

37 $a_n=\dfrac{3^{n-1}}{3^n-2}$

38 $a_n=2^{2^{n-1}-1}$

39 (1) $b_{n+1}=b_n+\dfrac{1}{n(n+1)(n+2)}$

(2) $a_n=\dfrac{n^2+n-1}{2}$

40 $a_n=\dfrac{4}{n(n+1)(n+2)}$

41 (1) $a_n=\frac{1}{4}\{3^n-(-1)^n\}$

(2) $a_n=\frac{5}{7}\left\{1-\left(-\frac{2}{5}\right)^{n-1}\right\}$

42 $a_n=(n-1)\cdot 3^{n-1}$

43 $a_n=\dfrac{1}{\sqrt{13}}\left\{\left(\dfrac{1+\sqrt{13}}{2}\right)^n-\left(\dfrac{1-\sqrt{13}}{2}\right)^n\right\}$

44 $a_n=9\cdot 4^{n-1}-8\cdot 5^{n-1}$, $b_n=4\cdot 5^{n-1}-3\cdot 4^{n-1}$

45 $a_n=-6n+5$, $b_n=2n-1$

46 $a_n=2-\dfrac{1}{n}$

47 $a_n=\dfrac{3\cdot 5^n+1}{5^n-1}$

48 $a_n=-2^n+1$

49 (n^2-n+2) 個

50 (1) $l_n=\dfrac{a}{(a^2+1)^{n-1}}$ (2) $\dfrac{(a^2+1)^n-1}{a(a^2+1)^{n-1}}$

51 (1) $p_1=\frac{1}{7}$ (2) $p_{n+1}=-\frac{1}{7}p_n+\frac{2}{7}$

(3) $p_n=\frac{3}{4}\left(-\frac{1}{7}\right)^n+\frac{1}{4}$

52 (1) $p_{n+1}=\frac{1}{2}p_n+\frac{1}{2}p_{n-1}$

(2) $p_n=\frac{2}{3}-\frac{1}{6}\left(-\frac{1}{2}\right)^{n-1}$

53 $\frac{2}{3}\left(-\frac{1}{5}\right)^n+\frac{1}{3}$

54 (1) $a_{n+2}=a_{n+1}+2a_n$

(2) $a_n=\frac{1}{3}\{4\cdot 2^{n-1}-(-1)^{n-1}\}$ (3) 14 日後

55～57 略

58 (1) $a_2=\frac{2}{3}$, $a_3=\frac{3}{5}$, $a_4=\frac{4}{7}$

(2) $a_n=\dfrac{n}{2n-1}$, 証明略

59 略

60 $P_1=2$, $P_2=6$, 証明略

61 $a_n=n$, 証明略

● EXERCISES の解答

1 $a_1=3$, $d=5$

2 証明略, 初項 $pa+qb$, 公差 $pd+qe$

3 (1) 初項69, 公差 -3 (2) 210 (3) 47

4 最下段には最小限 16 本, 最上段には 4 本

5 (ア) $5k-3$ (イ) $7k-3$ (ウ) 197

(エ) 3980 (オ) 5 (カ) 172 (キ) 136 (ク) 13672

6 $\frac{1}{8}(2^{a+1}-1)(3^{b+1}-1)(5^{c+1}-1)$

7 (ア) $\frac{1}{2}$ (イ) 128 (ウ) $\frac{1023}{4}$

8 (1) $n=15$ (2) $n=50$

9 $\dfrac{Ar(1+r)^n}{(1+r)^n-1}$

10 (ア) $\frac{1}{2}$ (イ) 4 (ウ) $\frac{255}{32}$

11 (ア) 22 (イ) 8

12 (1) $(n+1)(19n^2+13n-1)$ (2) $n(n+1)$

(3) $3\cdot 2^{n+1}-3n-6$

13 $S=\frac{1}{24}n(n+1)(n-1)(3n+2)$

14 $x_n=\frac{1}{3}(n-1)(2n^2-13n+24)$,

$y_n=2(n-2)^2$, $z_n=4n-6$

15 (1) $a_2=-18$ (2) $a_n=-3n^2+33n-72$

(3) $n=7$, 8 のとき最大値 1

16 $\dfrac{4n(n+2)}{(n+1)^2}$

17 (ア) 10 (イ) 2^k (ウ) $2^{k+1}-1$ (エ) 18164

18 (1) 第 $\frac{1}{2}(k^2+k+2)$ 項

(2) 第 $\frac{1}{2}(m^2+15m+74)$ 項

(3) $\frac{1}{6}(k+2)(2k^2-k+3)$ (4) $n=128$

19 (1) 12 番目, (4, 1)

(2) $a_n=2n^2-2n+1$ (3) $\frac{1}{3}n(2n^2+1)$

20 $36n^2+6n$

21 $(3n^2+3n+1)$ 個

22 (1) 略

(2) $\frac{1}{120}n(n+1)(n+2)(n+3)(n+4)$

(3) $\frac{1}{30}n(n+1)(6n^3+54n^2+46n-1)$

23 $r\neq 1$ のとき $a_n=\dfrac{r^2}{r-1}\left\{1-\left(\dfrac{1}{r}\right)^n\right\}$,

$r=1$ のとき $a_n=n$

24 (1) $b_n=(n+1)\cdot 2^n$

(2) $a_n=n(n+1)\cdot 2^{n-2}$

25 (1) $b_{n+1}=3b_n+2n$

(2) $\alpha=-1$, $\beta=-\frac{1}{2}$

(3) $a_n=2^{\frac{5}{2}\cdot 3^{n-1}-n-\frac{1}{2}}$, $b_n=\frac{5}{2}\cdot 3^{n-1}-n-\frac{1}{2}$

26 (1) $x_{n+1}=3x_n+4y_n$, $y_{n+1}=2x_n+3y_n$

(2) $x_n-y_n\sqrt{2}=(3-2\sqrt{2})^n$,

$x_n=\dfrac{1}{2}\{(3+2\sqrt{2})^n+(3-2\sqrt{2})^n\}$,

$y_n=\dfrac{1}{2\sqrt{2}}\{(3+2\sqrt{2})^n-(3-2\sqrt{2})^n\}$

27 (1) $b_{n+2}=2b_{n+1}-b_n+2$

(2) $c_n=2n-1$ (3) $a_n=\dfrac{1}{n^2-2n+3}$

28 (ア) -3 (イ) $-\dfrac{3}{2}n+\dfrac{5}{2}$

(ウ) $\dfrac{6}{(3n-5)(3n-8)}$

29 (1) (ア) $3-2\sqrt{2}$ (イ) $3-2\sqrt{2}$

(2) $a_{n+1}-a_n=\dfrac{1}{2}(1-a_n)(1-a_{n+1})$

(3) $a_n=1-\dfrac{2}{n+\sqrt{2}}$

30 $\dfrac{1}{2}\left\{1+\left(\dfrac{1}{3}\right)^{n-1}\right\}$

31 (1) $a_n=\dfrac{1}{2}\left\{\left(\dfrac{5}{6}\right)^{n-1}+\left(\dfrac{1}{6}\right)^{n-1}\right\}$

(2) $p_n=\dfrac{1}{12}\left\{\left(\dfrac{5}{6}\right)^{n-1}+\left(\dfrac{1}{6}\right)^{n-1}\right\}$

(3) $q_n=\dfrac{1}{10}\left\{6-5\left(\dfrac{5}{6}\right)^{n}-\left(\dfrac{1}{6}\right)^{n}\right\}$

32 略

33 (1) $c_2=28$ (2) 略 (3) 略

34 略

35 (1) $a_2=2^{\frac{1}{6}}$, $a_3=2^{\frac{1}{12}}$, $a_4=2^{\frac{1}{20}}$

(2) $a_n=2^{\frac{1}{n(n+1)}}$, 証明略 (3) $A_n=2^{\frac{n}{n+1}}$

36 略

<第2章> 統計的な推測

● 練習 の解答

62

X	0	1	2	3	計
P	$\frac{5}{40}$	$\frac{21}{40}$	$\frac{13}{40}$	$\frac{1}{40}$	1

$P(0\leqq X\leqq 2)=\dfrac{39}{40}$

63 $E(X)=\dfrac{245}{18}$

64 $E(X)=3$, $V(X)=\dfrac{1}{2}$, $\sigma(X)=\dfrac{1}{\sqrt{2}}$

65 期待値 4, 分散 1

66 $E(X)=\dfrac{2(n-2)}{3}$, $V(X)=\dfrac{(n+1)(n-2)}{18}$

67 (1) $1\leqq k\leqq n-1$ のとき $\dfrac{{}_n\mathrm{C}_k}{3^{n-1}}$,

$k\geqq n$ のとき 0

(2) $\dfrac{n(2^{n-1}-1)}{3^{n-1}}$

68 (1) 期待値 $\dfrac{25}{11}$, 分散 $\dfrac{310}{121}$,

標準偏差 $\dfrac{\sqrt{310}}{11}$

(2) 期待値 23, 分散 310,

標準偏差 $\sqrt{310}$

69 $a=5$

70

X \ Y	0	1	2	計
0	0	$\frac{3}{15}$	$\frac{3}{15}$	$\frac{6}{15}$
1	$\frac{2}{15}$	$\frac{6}{15}$	0	$\frac{8}{15}$
2	$\frac{1}{15}$	0	0	$\frac{1}{15}$
計	$\frac{3}{15}$	$\frac{9}{15}$	$\frac{3}{15}$	1

71 E と F は従属, E と G は独立。

72 (1) $E(X)=\dfrac{3}{2}$, $E(Y)=\dfrac{3}{2}$

(2) $E(3X+2Y)=\dfrac{15}{2}$, $E(XY)=\dfrac{9}{4}$

73 $V(X+3Y)=\dfrac{251}{12}$, $V(2X-5Y)=\dfrac{185}{3}$

74 期待値 4, 分散 $\dfrac{12}{5}$

75 $\dfrac{23}{6}$

76 平均 4, 標準偏差 $\sqrt{2}$

77 (1) 3 (2) 最低 60 回以上

78 (1) (ア) 0.125 (イ) 0.63

(2) $a=\dfrac{2}{5}$, $P(0.3\leqq X\leqq 0.7)=\dfrac{2}{5}$

79 (1) $a=\dfrac{3}{4}$

(2) 期待値 1, 分散 $\dfrac{1}{5}$

80 (1) (ア) 0.2057 (イ) 0.09333

(ウ) 0.7257

(2) (ア) 0.6826 (イ) 0.3085

81 0.62%

82 0.91

83 (1)

X	1	2	3	計
P	$\frac{1}{10}$	$\frac{4}{10}$	$\frac{5}{10}$	1

(2) $m=\dfrac{12}{5}$, $\sigma=\dfrac{\sqrt{11}}{5}$

84 (1)

$\overline{X}$	$\frac{3}{2}$	2	$\frac{5}{2}$	3	計
P	$\frac{1}{6}$	$\frac{1}{3}$	$\frac{1}{3}$	$\frac{1}{6}$	1

(2) $E(\overline{X})=\dfrac{27}{10}$, $\sigma(X)=\dfrac{11}{50}$

85 (1) $E(\overline{X})=0.5$ (2) 278 人以上

86 0.453

87 (1) 91.17% (2) 0.1635

88 $n=500$ のとき 0.6826,
$n=2000$ のとき 0.9544,
$n=4500$ のとき 0.9973

89 [298.9, 301.9] 単位は g

90 (1) [167.8, 169.0] 単位は cm
(2) [429.1, 430.6] 単位は cm^2

91 (1) [0.006, 0.034] (2) 214 回以上

92 メンデルの法則に反するとはいえない

93 (1) 白球の方が多いといえる
(2) 白球の方が多いとはいえない

94 A 高校全体の平均点が，県の平均点と異なるとは判断できない

● EXERCISES の解答

37 (1) $\frac{8}{27}$ (2) $\frac{49}{24}$

38

X	0	1	2	計
P	$\frac{1}{4}$	$\frac{2}{4}$	$\frac{1}{4}$	1

39 (1) 0.36 (2) $p=1-(0.8)^{c+1}$, $c=3$
(3) 4.0

40 (1) $\frac{2(n-k+1)}{(n+1)(n+2)}$
(2) 期待値 $\frac{n}{3}$，分散 $\frac{n(n+3)}{18}$

41 (1) $N=\frac{9}{2}p+q-100$
(2) 順に $\frac{21}{4}p^2$, $p=2$ のとき最小値 21

42 (1) $P(X=-1)=\frac{1}{2}$, $P(X=1)=\frac{1}{2}$
(2) $E(X+Y)=0$, $V(X+Y)=8a$
(3) $a=\frac{1}{4}$

43 $P(A)=\frac{1}{4}$, $P(B)=\frac{2}{7}$

44 5555

45 (1) $P(A\cap B)=\frac{1}{18}$, $P_B(A)=\frac{2}{9}$
(2) $P(X=k)=\frac{13-2k}{36}$, $P(Y=k)=\frac{2k-1}{36}$
(3) 91

46 (1) 順に $-\frac{n}{3}$, $\frac{8}{9}n$
(2) $\frac{n(n+8)}{9}$
(3) $\frac{n(5n+13)}{9}\pi$

47 $P\left(a\leqq X\leqq \frac{3}{2}a\right)=\frac{1}{8}$，平均 $\frac{a}{3}$

48 (1) $a=19.2$ (2) $a=6$ (3) $a=22$

49 233 点

50 (1) 評点 1 は 3 人，評点 2 は 11 人，
評点 3 は 17 人，評点 4 は 11 人，評点 5 は 3 人
(2) 評点 4

51 0.081

52 期待値 $\frac{7}{2}$，標準偏差 $\frac{\sqrt{70}}{60}$

53 95.44%

54 (1) 順に 0 cm，1 cm
(2) $x=167$ (3) 0.16
(4) 順に 160 cm，0.1 cm，0.05

55 $\overline{x}=10.3$, $n=36$

56 [0.426, 0.555]

57 (1) $\frac{7}{2}$ (2) $\frac{35}{12n}$ (3) $\frac{1}{27}$

58 (1) (ア) 4 (イ) 112.16 (ウ) 127.84
(2) (エ) ② (オ) 1.5

59 男子と女子の出生率は等しくないとは認められない

60 (1) 表と裏の出方に偏りがあるとは判断できない
(2) 表と裏の出方に偏りがあると判断してよい

61 このさいころの 4 の目の出る確率は $\frac{1}{6}$ ではないとは判断できない

62 (1) 0.0124 (2) $k=8$
(3) 治癒率は向上したと判断してよい

63 この飼料はねずみの体重に異常な変化を与えたと考えられる

● 総合演習第2部 の解答

1 (1) $b_3=5$, $b_7=12$
(2) $r=10$, 100

2 (1) 1, 2, 3 ; 1, 3, 2 ; 2, 1, 3 ;
2, 3, 1 ; 3, 1, 2 ; 3, 2, 1
(2) 385 (3) 略
(4) $x_k=k\ (k=1,\ 2,\ \cdots\cdots,\ n)$,
和は $\dfrac{2}{3}n(n+1)(2n+1)$

3 (1) $a_k=3k^2+3k+1$ (2) $b_n=(n+1)^3$

4 (1) $P_{n+1}(x)=2xP_n(x)-P_{n-1}(x)$
(2) 2^{n-1} (3) 4

5 (1) $\dfrac{1}{2}\left(\dfrac{1}{3}\right)^{n-1}$
(2) $\dfrac{13}{8}\left(\dfrac{2}{3}\right)^n-\dfrac{9}{4}\left(\dfrac{1}{3}\right)^n$
(3) $n=1$ のとき $\dfrac{1}{6}$,
$n\geqq 2$ のとき $\dfrac{13}{24}\left(\dfrac{2}{3}\right)^{n-1}-\dfrac{1}{2}\left(\dfrac{1}{3}\right)^{n-1}$

6 (1) $g_{n+1}=g_n+2h_n$, $h_{n+1}=g_n+h_n$
(2) $f_{n+2}=2f_{n+1}+f_n$
(3) n が奇数のとき $a_n<a_{n+1}$,
n が偶数のとき $a_n>a_{n+1}$

7 (1) $3-2\sqrt{2}$ (2) 略 (3) 略

8 (1) $(x,\ y)=(18,\ 3)$ (2) 略 (3) 略

9 (1)

X_i	100	50	計
P	p	$1-p$	1

(2) $E(X_i)=50(p+1)$, $V(X_i)=2500p(1-p)$
(3) (ア) $E(Y)=50n(p+1)$,
$V(Y)=2500np(1-p)$
(イ) $W=100nY-Y^2$,
$E(W)=2500n\{-(n-1)p^2-p+n\}$
(ウ) $p=0$, $E(W)=2500n^2$

10 略

11 170.4 cm 以上は 77 人,
170.4 cm 未満かつ 158.2 cm 以上は 141 人,
158.2 cm 未満は 72 人

12 (1) 0.30 (2) 0.0576 (3) 0.3456 (4) 9220

13 (1) $E(\overline{X})=105$, $V(\overline{X})=\dfrac{1}{2}$,
$E(\overline{Y})=104$, $V(\overline{Y})=\dfrac{1}{2}$
(2) $E(W)=1$, $V(W)=1$
(3) 0.841 (4) $P(W'\geqq 0)>P(W\geqq 0)$

14 (1) $x=\dfrac{1}{2}$
(2) A が起こる確率 x は x_0 に等しいとはいえない

索　引

1. 用語の掲載ページ(右側の数字)を示した。
2. 主に初出のページを示したが，関連するページも合わせて示したところもある。

正規分布表

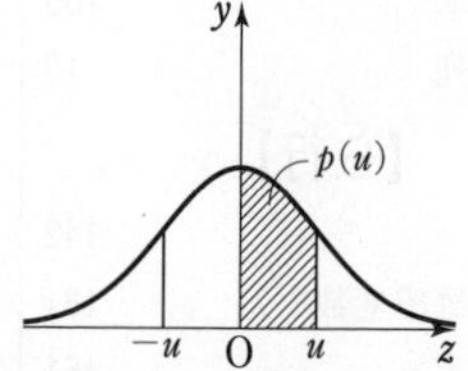

u	.00	.01	.02	.03	.04	.05	.06	.07	.08	.09
0.0	0.0000	0.0040	0.0080	0.0120	0.0160	0.0199	0.0239	0.0279	0.0319	0.0359
0.1	0.0398	0.0438	0.0478	0.0517	0.0557	0.0596	0.0636	0.0675	0.0714	0.0753
0.2	0.0793	0.0832	0.0871	0.0910	0.0948	0.0987	0.1026	0.1064	0.1103	0.1141
0.3	0.1179	0.1217	0.1255	0.1293	0.1331	0.1368	0.1406	0.1443	0.1480	0.1517
0.4	0.1554	0.1591	0.1628	0.1664	0.1700	0.1736	0.1772	0.1808	0.1844	0.1879
0.5	0.1915	0.1950	0.1985	0.2019	0.2054	0.2088	0.2123	0.2157	0.2190	0.2224
0.6	0.2257	0.2291	0.2324	0.2357	0.2389	0.2422	0.2454	0.2486	0.2517	0.2549
0.7	0.2580	0.2611	0.2642	0.2673	0.2704	0.2734	0.2764	0.2794	0.2823	0.2852
0.8	0.2881	0.2910	0.2939	0.2967	0.2995	0.3023	0.3051	0.3078	0.3106	0.3133
0.9	0.3159	0.3186	0.3212	0.3238	0.3264	0.3289	0.3315	0.3340	0.3365	0.3389
1.0	0.3413	0.3438	0.3461	0.3485	0.3508	0.3531	0.3554	0.3577	0.3599	0.3621
1.1	0.3643	0.3665	0.3686	0.3708	0.3729	0.3749	0.3770	0.3790	0.3810	0.3830
1.2	0.3849	0.3869	0.3888	0.3907	0.3925	0.3944	0.3962	0.3980	0.3997	0.4015
1.3	0.4032	0.4049	0.4066	0.4082	0.4099	0.4115	0.4131	0.4147	0.4162	0.4177
1.4	0.4192	0.4207	0.4222	0.4236	0.4251	0.4265	0.4279	0.4292	0.4306	0.4319
1.5	0.4332	0.4345	0.4357	0.4370	0.4382	0.4394	0.4406	0.4418	0.4429	0.4441
1.6	0.4452	0.4463	0.4474	0.4484	0.4495	0.4505	0.4515	0.4525	0.4535	0.4545
1.7	0.4554	0.4564	0.4573	0.4582	0.4591	0.4599	0.4608	0.4616	0.4625	0.4633
1.8	0.4641	0.4649	0.4656	0.4664	0.4671	0.4678	0.4686	0.4693	0.4699	0.4706
1.9	0.4713	0.4719	0.4726	0.4732	0.4738	0.4744	0.4750	0.4756	0.4761	0.4767
2.0	0.4772	0.4778	0.4783	0.4788	0.4793	0.4798	0.4803	0.4808	0.4812	0.4817
2.1	0.4821	0.4826	0.4830	0.4834	0.4838	0.4842	0.4846	0.4850	0.4854	0.4857
2.2	0.4861	0.4864	0.4868	0.4871	0.4875	0.4878	0.4881	0.4884	0.4887	0.4890
2.3	0.4893	0.4896	0.4898	0.4901	0.4904	0.4906	0.4909	0.4911	0.4913	0.4916
2.4	0.4918	0.4920	0.4922	0.4925	0.4927	0.4929	0.4931	0.4932	0.4934	0.4936
2.5	0.4938	0.4940	0.4941	0.4943	0.4945	0.4946	0.4948	0.4949	0.4951	0.4952
2.6	0.49534	0.49547	0.49560	0.49573	0.49585	0.49598	0.49609	0.49621	0.49632	0.49643
2.7	0.49653	0.49664	0.49674	0.49683	0.49693	0.49702	0.49711	0.49720	0.49728	0.49736
2.8	0.49744	0.49752	0.49760	0.49767	0.49774	0.49781	0.49788	0.49795	0.49801	0.49807
2.9	0.49813	0.49819	0.49825	0.49831	0.49836	0.49841	0.49846	0.49851	0.49856	0.49861
3.0	0.49865	0.49869	0.49874	0.49878	0.49882	0.49886	0.49889	0.49893	0.49897	0.49900

●編著者
チャート研究所

●表紙・カバーデザイン
有限会社アーク・ビジュアル・ワークス

●本文デザイン
株式会社加藤文明社

初　版　(数学ⅡB)
第1刷　1965年5月10日　発行
(新制版)
第1刷　1974年3月20日　発行
新　制　(代数・幾何)
第1刷　1983年1月10日　発行
新　制　(数学B)
第1刷　1995年1月10日　発行
新課程
第1刷　2003年11月1日　発行
改訂版
第1刷　2007年9月1日　発行
新課程
第1刷　2012年9月1日　発行
改訂版
第1刷　2017年10月1日　発行
増補改訂版
第1刷　2019年11月1日　発行
新課程
第1刷　2022年10月1日　発行
第2刷　2023年1月10日　発行
第3刷　2023年4月1日　発行
第4刷　2024年3月1日　発行
第5刷　2024年3月10日　発行

編集・制作　チャート研究所
発行者　星野 泰也

ISBN978-4-410-10548-7

※解答・解説は数研出版株式会社が作成したものです。

チャート式® 基礎からの 数学B

発行所　数研出版株式会社
〒101-0052 東京都千代田区神田小川町2丁目3番地3
〔振替〕00140-4-118431
〒604-0861 京都市中京区烏丸通竹屋町上る大倉町205番地
〔電話〕代表 (075)231-0161
ホームページ　https://www.chart.co.jp

印刷　株式会社　加藤文明社
乱丁本・落丁本はお取り替えいたします　240305

平方・立方・平方根の表

n	n^2	n^3	$\sqrt{n}$	$\sqrt{10n}$
1	1	1	1.0000	3.1623
2	4	8	1.4142	4.4721
3	9	27	1.7321	5.4772
4	16	64	2.0000	6.3246
5	25	125	2.2361	7.0711
6	36	216	2.4495	7.7460
7	49	343	2.6458	8.3666
8	64	512	2.8284	8.9443
9	81	729	3.0000	9.4868
10	100	1000	3.1623	10.0000
11	121	1331	3.3166	10.4881
12	144	1728	3.4641	10.9545
13	169	2197	3.6056	11.4018
14	196	2744	3.7417	11.8322
15	225	3375	3.8730	12.2474
16	256	4096	4.0000	12.6491
17	289	4913	4.1231	13.0384
18	324	5832	4.2426	13.4164
19	361	6859	4.3589	13.7840
20	400	8000	4.4721	14.1421
21	441	9261	4.5826	14.4914
22	484	10648	4.6904	14.8324
23	529	12167	4.7958	15.1658
24	576	13824	4.8990	15.4919
25	625	15625	5.0000	15.8114
26	676	17576	5.0990	16.1245
27	729	19683	5.1962	16.4317
28	784	21952	5.2915	16.7332
29	841	24389	5.3852	17.0294
30	900	27000	5.4772	17.3205
31	961	29791	5.5678	17.6068
32	1024	32768	5.6569	17.8885
33	1089	35937	5.7446	18.1659
34	1156	39304	5.8310	18.4391
35	1225	42875	5.9161	18.7083
36	1296	46656	6.0000	18.9737
37	1369	50653	6.0828	19.2354
38	1444	54872	6.1644	19.4936
39	1521	59319	6.2450	19.7484
40	1600	64000	6.3246	20.0000
41	1681	68921	6.4031	20.2485
42	1764	74088	6.4807	20.4939
43	1849	79507	6.5574	20.7364
44	1936	85184	6.6332	20.9762
45	2025	91125	6.7082	21.2132
46	2116	97336	6.7823	21.4476
47	2209	103823	6.8557	21.6795
48	2304	110592	6.9282	21.9089
49	2401	117649	7.0000	22.1359
50	2500	125000	7.0711	22.3607

n	n^2	n^3	$\sqrt{n}$	$\sqrt{10n}$
51	2601	132651	7.1414	22.5832
52	2704	140608	7.2111	22.8035
53	2809	148877	7.2801	23.0217
54	2916	157464	7.3485	23.2379
55	3025	166375	7.4162	23.4521
56	3136	175616	7.4833	23.6643
57	3249	185193	7.5498	23.8747
58	3364	195112	7.6158	24.0832
59	3481	205379	7.6811	24.2899
60	3600	216000	7.7460	24.4949
61	3721	226981	7.8102	24.6982
62	3844	238328	7.8740	24.8998
63	3969	250047	7.9373	25.0998
64	4096	262144	8.0000	25.2982
65	4225	274625	8.0623	25.4951
66	4356	287496	8.1240	25.6905
67	4489	300763	8.1854	25.8844
68	4624	314432	8.2462	26.0768
69	4761	328509	8.3066	26.2679
70	4900	343000	8.3666	26.4575
71	5041	357911	8.4261	26.6458
72	5184	373248	8.4853	26.8328
73	5329	389017	8.5440	27.0185
74	5476	405224	8.6023	27.2029
75	5625	421875	8.6603	27.3861
76	5776	438976	8.7178	27.5681
77	5929	456533	8.7750	27.7489
78	6084	474552	8.8318	27.9285
79	6241	493039	8.8882	28.1069
80	6400	512000	8.9443	28.2843
81	6561	531441	9.0000	28.4605
82	6724	551368	9.0554	28.6356
83	6889	571787	9.1104	28.8097
84	7056	592704	9.1652	28.9828
85	7225	614125	9.2195	29.1548
86	7396	636056	9.2736	29.3258
87	7569	658503	9.3274	29.4958
88	7744	681472	9.3808	29.6648
89	7921	704969	9.4340	29.8329
90	8100	729000	9.4868	30.0000
91	8281	753571	9.5394	30.1662
92	8464	778688	9.5917	30.3315
93	8649	804357	9.6437	30.4959
94	8836	830584	9.6954	30.6594
95	9025	857375	9.7468	30.8221
96	9216	884736	9.7980	30.9839
97	9409	912673	9.8489	31.1448
98	9604	941192	9.8995	31.3050
99	9801	970299	9.9499	31.4643
100	10000	1000000	10.0000	31.6228

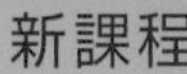

新課程

チャート式®

基礎からの 数学B

〈解答編〉

問題文＋解答

数研出版
https://www.chart.co.jp

練習，EXERCISES，総合演習の解答（数学B）

注意　・章ごとに，練習，EXERCISES の解答をまとめて扱った。
・問題番号の左横の数字は，難易度を表したものである。

練習 ①1　次の数列はどのような規則によって作られているかを考え，一般項を推測せよ。また，一般項が推測した式で表されるとき，(1) の数列の第 6 項，(2) の数列の第 7 項を求めよ。

(1)　1，9，25，49，……　　(2)　$-3,\ \dfrac{4}{8},\ -\dfrac{5}{27},\ \dfrac{6}{64},\ \cdots\cdots$

(3)　2･2，4･5，6･10，8･17，…

(1)　与えられた数列は　$1^2,\ 3^2,\ 5^2,\ 7^2,\ \cdots\cdots$
これは奇数の平方数の数列であるから，**一般項は**　$\boldsymbol{(2n-1)^2}$
第 6 項は　$(2\cdot6-1)^2=11^2=\boldsymbol{121}$

←$1=2\cdot1-1,\ 3=2\cdot2-1,\ 5=2\cdot3-1,\ 7=2\cdot4-1,\ \cdots\cdots$

(2)　符号は，−，＋ が交互に現れるから　$(-1)^n$
符号を除いた数列は　$\dfrac{3}{1},\ \dfrac{4}{8},\ \dfrac{5}{27},\ \dfrac{6}{64},\ \cdots\cdots$
分子の数列は 3，4，5，6，…… で，第 n 項は　$n+2$
分母の数列は 1，8，27，64，…… で，第 n 項は　n^3
よって，求める **一般項は**　$\boldsymbol{(-1)^n\cdot\dfrac{n+2}{n^3}}$
第 7 項は　$(-1)^7\cdot\dfrac{7+2}{7^3}=\boldsymbol{-\dfrac{9}{343}}$

←符号，分子，分母に分けて考える。
←$3=1+2,\ 4=2+2,\ \cdots$
←$1=1^3,\ 8=2^3,\ \cdots$
←一般項に $n=7$ を代入。

(3)　・の左側の数列は　2，4，6，8，……
これは正の偶数の数列で，第 n 項は　$2n$
・の右側の数列は　2，5，10，17，……
この数列の第 n 項は　n^2+1
よって，求める一般項は　$\boldsymbol{2n(n^2+1)}$

←・の右側と左側に分けて考える。
←$2=1+1,\ 5=4+1,\ 10=9+1,\ 17=16+1,\ \cdots\cdots$

練習 ①2　(1)　等差数列 13，8，3，…… の一般項 a_n を求めよ。また，第 15 項を求めよ。
(2)　第 53 項が −47，第 77 項が −95 である等差数列 $\{a_n\}$ において
(ア)　一般項を求めよ。　(イ)　−111 は第何項か。
(ウ)　初めて負になるのは第何項か。　〔(2) 類 福岡教育大〕

(1)　初項が 13，公差が $8-13=-5$ であるから，一般項は
$\boldsymbol{a_n}=13+(n-1)\cdot(-5)=\boldsymbol{-5n+18}$
また　$\boldsymbol{a_{15}}=-5\cdot15+18=\boldsymbol{-57}$

←$a_n=a+(\boldsymbol{n-1})d$ を $a_n=a+nd$ と間違えないように！

(2)　(ア)　初項を a，公差を d とすると，$a_{53}=-47,\ a_{77}=-95$ であるから　$a+52d=-47,\ a+76d=-95$
これを解いて　$a=57,\ d=-2$
ゆえに　$a_n=57+(n-1)\cdot(-2)=\boldsymbol{-2n+59}$

←$a_n=a+(n-1)d$

(イ)　$a_n=-111$ とすると　$-2n+59=-111$
これを解いて　$n=85$　　よって　**第 85 項**

←$2n=170$

(ウ)　$a_n<0$ とすると　$2n>59$　　よって　$n>\dfrac{59}{2}=29.5$
したがって，初めて負になるのは　**第 30 項**

←$n>29.5$ を満たす最小の自然数 n は　30

練習 ②3

一般項が $a_n=p(n+2)$（p は定数，$p\neq 0$）である数列 $\{a_n\}$ について
(1) 数列 $\{a_n\}$ が等差数列であることを証明し，その初項と公差を求めよ。
(2) 一般項が $c_n=a_{5n}$ である数列 $\{c_n\}$ が等差数列であることを証明し，その初項と公差を求めよ。

(1) $a_n=p(n+2)$ であるから

$$a_{n+1}-a_n=p\{(n+1)+2\}-p(n+2)=p\ (一定)$$

←$\boldsymbol{a_{n+1}-a_n=d}$

よって，数列 $\{a_n\}$ は等差数列である。

また，**初項 $a_1=3p$，公差 p** である。

←$a_1=p(1+2)$

(2) $c_n=a_{5n}=p(5n+2)$ であるから

←a_{5n} は $a_n=p(n+2)$ の n に $5n$ を代入する。

$$c_{n+1}-c_n=p\{5(n+1)+2\}-p(5n+2)=5p\ (一定)$$

よって，数列 $\{c_n\}$ は等差数列である。

また，**初項 $c_1=7p$，公差 $5p$** である。

←$c_1=a_5=p(5\cdot 1+2)$

練習 ②4

等差数列をなす 3 数があって，その和は -15，積は 120 である。この 3 数を求めよ。

この数列の中央の項を a，公差を d とすると，3 数は $a-d$，a，$a+d$ と表される。

←[2] **対称形**
3 数を $\boldsymbol{a-d,\ a,\ a+d}$ と表すと計算がらく。

和が -15，積が 120 であるから

$$\begin{cases}(a-d)+a+(a+d)=-15\\(a-d)a(a+d)=120\end{cases}$$

ゆえに
$$\begin{cases}3a=-15 & \cdots\cdots ①\\a(a^2-d^2)=120 & \cdots\cdots ②\end{cases}$$

① から　$a=-5$

これを ② に代入して　$-5(25-d^2)=120$

よって　$d^2=49$　ゆえに　$d=\pm 7$

よって，求める 3 数は

$-12,\ -5,\ 2$　または　$2,\ -5,\ -12$

すなわち　**$-12,\ -5,\ 2$**Ⓐ

Ⓐ 3 数の順序は問われていないので，答えは 1 通りでよい。

[別解] 等差数列をなす 3 数の数列を $a,\ b,\ c$ とすると

←[3] **平均形**
$2b=a+c$ を利用。

$2b=a+c$ ……①

条件から　$a+b+c=-15$ ……②，$abc=120$ ……③

① を ② に代入して　$3b=-15$　ゆえに　$b=-5$

このとき，①，③ から　$a+c=-10$，$ac=-24$

よって，$a,\ c$ は 2 次方程式 $x^2+10x-24=0$ の 2 解である。

←和が p，積が q である 2 数は，2 次方程式 $x^2-px+q=0$ の 2 つの解である。

$(x-2)(x+12)=0$ を解いて　$x=-12,\ 2$

すなわち　$(a,\ c)=(-12,\ 2),\ (2,\ -12)$

したがって，求める 3 つの数は　**$-12,\ -5,\ 2$**

練習 ②5

(1) 調和数列 2，6，-6，-2，…… の一般項 a_n を求めよ。
(2) 初項が a，第 5 項が $9a$ である調和数列がある。この数列の第 n 項 a_n を a で表せ。

(1) 2，6，-6，-2，……　…… ① が調和数列であるから，

各項の逆数の数列を $\{b_n\}$ とすると　$b_n=\dfrac{1}{a_n}$

$\dfrac{1}{2}$，$\dfrac{1}{6}$，$-\dfrac{1}{6}$，$-\dfrac{1}{2}$，……　…… ② が等差数列となる。

数列 ② の初項は $\frac{1}{2}$，公差は $\frac{1}{6}-\frac{1}{2}=-\frac{1}{3}$ であるから，

←$b_{n+1}-b_n=d$

一般項は　$\frac{1}{2}+(n-1)\cdot\left(-\frac{1}{3}\right)=\frac{5-2n}{6}$

←$b_n=b_1+(n-1)d$

よって，数列 ① の一般項 a_n は　$\boldsymbol{a_n=\frac{6}{5-2n}}$

←逆数をとる。$a_n=\frac{1}{b_n}$

(2) 初項が $\frac{1}{a}$，第 5 項が $\frac{1}{9a}$ の等差数列の公差を d とすると

$$\frac{1}{a}+(5-1)d=\frac{1}{9a}\qquad\text{よって}\qquad d=-\frac{2}{9a}$$

←$b_n=b_1+(n-1)d$ とすると $b_5=b_1+(5-1)d$

この数列の一般項 $\frac{1}{a_n}$ は

$$\frac{1}{a_n}=\frac{1}{a}+(n-1)\cdot\left(-\frac{2}{9a}\right)=\frac{11-2n}{9a}$$

ゆえに　$\boldsymbol{a_n=\frac{9a}{11-2n}}$

練習 ②6 次のような和 S を求めよ。

(1) 等差数列 1，3，5，7，……，99 の和

(2) 初項 5，公差 $-\frac{1}{2}$ の等差数列の初項から第 101 項までの和

(3) 第 10 項が 1，第 16 項が 5 である等差数列の第 15 項から第 30 項までの和

(1) 初項が 1，公差が 2 であるから，末項 99 が第 n 項であるとすると　$1+(n-1)\cdot 2=99$　よって　$n=50$

←$a_n=1+(n-1)\cdot 2$

ゆえに，初項 1，末項 99，項数 50 の等差数列の和は

$$\boldsymbol{S=\frac{1}{2}\cdot 50(1+99)=2500}$$

←$\boldsymbol{S_n=\frac{1}{2}n(a+l)}$

検討　正の奇数の数列 1，3，5，……，$2n-1$ は，初項が 1，末項が $2n-1$，項数が n の等差数列であるから，その和は

$$\frac{1}{2}n\{1+(2n-1)\}=n^2$$

←結果は簡単な形になる。

すなわち，$\boldsymbol{1+3+5+\cdots\cdots+(2n-1)=n^2}$ が成り立つ。

←この結果は覚えておくとよい。

(2) $S=\frac{1}{2}\cdot 101\left\{2\cdot 5+(101-1)\cdot\left(-\frac{1}{2}\right)\right\}=\boldsymbol{-2020}$

←$\boldsymbol{S_n=\frac{1}{2}n\{2a+(n-1)d\}}$

(3) 初項を a，公差を d とすると，第 10 項が 1，第 16 項が 5 であるから　$a+9d=1$，$a+15d=5$

←$a_n=a+(n-1)d$

これを解いて　$a=-5$，$d=\frac{2}{3}$

初項から第 n 項までの和を S_n とすると

$$S_{30}=\frac{1}{2}\cdot 30\left\{2\cdot(-5)+(30-1)\cdot\frac{2}{3}\right\}=140$$

←$\boldsymbol{S_n=\frac{1}{2}n\{2a+(n-1)d\}}$

$$S_{14}=\frac{1}{2}\cdot 14\left\{2\cdot(-5)+(14-1)\cdot\frac{2}{3}\right\}=-\frac{28}{3}$$

よって　$\boldsymbol{S}=S_{30}-S_{14}=140-\left(-\frac{28}{3}\right)=\boldsymbol{\frac{448}{3}}$

←$S=S_{30}-S_{15}$ は誤り！

練習 ②7 2桁の自然数のうち，次の数の和を求めよ。
(1) 5で割って3余る数　(2) 奇数または3の倍数

(1) 2桁の自然数のうち，5で割って3余る数は
$5\cdot2+3,\ 5\cdot3+3,\ \cdots\cdots,\ 5\cdot19+3$
これは初項13，末項98，項数18の等差数列であるから，その和は　$\frac{1}{2}\cdot18(13+98)=\mathbf{999}$

←(初項)$=10+3=13$，(末項)$=95+3=98$，(項数)$=19-2+1=18$

(2) 2桁の奇数は　$2\cdot5+1,\ 2\cdot6+1,\ \cdots\cdots,\ 2\cdot49+1$
これは初項11，末項99，項数45の等差数列であるから，その和は　$\frac{1}{2}\cdot45(11+99)=2475$ …… ①

←(項数)$=49-5+1=45$

2桁の3の倍数は　$3\cdot4,\ 3\cdot5,\ \cdots\cdots,\ 3\cdot33$
これは初項12，末項99，項数30の等差数列であるから，その和は　$\frac{1}{2}\cdot30(12+99)=1665$ …… ②

←(項数)$=33-4+1=30$

また，2桁の自然数のうち奇数かつ3の倍数は
$3\cdot5,\ 3\cdot7,\ \cdots\cdots,\ 3\cdot33$
これは初項15，末項99の等差数列である。また，その項数は等差数列5，7，……，33の項数に等しい。

←・の右側の数を取り出した数列。

ゆえに，項数をnとすると　$5+(n-1)\cdot2=33$ から　$n=15$
よって，奇数かつ3の倍数の和は
$\frac{1}{2}\cdot15(15+99)=855$ …… ③

←初項5，公差2の等差数列の第n項が33であると考える。

①，②，③から，求める和は　$2475+1665-855=\mathbf{3285}$

←(奇数または3の倍数の和)=(奇数の和)+(3の倍数の和)−(奇数かつ3の倍数の和)

検討 2桁の奇数全体の集合をA，2桁の3の倍数全体の集合をBとすると，2桁の自然数のうち，奇数または3の倍数全体の集合は$A\cup B$，奇数かつ3の倍数全体の集合は$A\cap B$で表される。このことに注目し，解答では数学Aの「集合」で学んだ個数定理の公式
$$\boldsymbol{n(A\cup B)=n(A)+n(B)-n(A\cap B)}$$
を利用した。なお，$n(P)$は集合Pの要素の個数を表す。

練習 ②8 初項 −200，公差3の等差数列$\{a_n\}$において，初項から第何項までの和が最小となるか。また，そのときの和を求めよ。

初項 −200，公差3の等差数列の一般項a_nは
$a_n=-200+(n-1)\cdot3=3n-203$

←$a_n=a+(n-1)d$

$a_n>0$とすると　$3n-203>0$
これを解いて　$n>\frac{203}{3}=67.6\cdots\cdots$
よって　$n\leqq67$のとき　$a_n<0$，　$n\geqq68$のとき　$a_n>0$

←$a_{67}=3\cdot67-203=-2$，$a_{68}=3\cdot68-203=1$

ゆえに，初項から **第67項** までの和が最小で，その和は
$\frac{1}{2}\cdot67\{2\cdot(-200)+(67-1)\cdot3\}=\mathbf{-6767}$

←$S_n=\frac{1}{2}n\{2a+(n-1)d\}$

別解 初項から第 n 項までの和を S_n とする。

$$S_n=\frac{1}{2}n\{2\cdot(-200)+(n-1)\cdot 3\}$$
$$=\frac{1}{2}(3n^2-403n)=\frac{3}{2}\left(n-\frac{403}{6}\right)^2-\frac{3}{2}\left(\frac{403}{6}\right)^2$$

n は自然数であるから，$\frac{403}{6}$ に最も近い自然数 $n=67$ のとき，最小値 -6767 をとる。

← $\frac{403}{6}=67.1\cdots\cdots$

よって，**第 67 項** までの和が最小で，その和は　$\mathbf{-6767}$

練習 ④9 p を素数とするとき，0 と p の間にあって，p^2 を分母とする既約分数の総和を求めよ。

まず，q を自然数として，$0<\frac{q}{p^2}<p$ を満たす $\frac{q}{p^2}$ を求める。

← 「0 と p の間」であるから，両端の 0 と p は含まない。

$0<q<p^3$ であるから　　$q=1,\ 2,\ 3,\ \cdots\cdots,\ p^3-1$

よって　$\frac{q}{p^2}=\frac{1}{p^2},\ \frac{2}{p^2},\ \frac{3}{p^2},\ \cdots\cdots,\ \frac{p^3-1}{p^2}$　…… ①

← 初項 $\frac{1}{p^2}$，公差 $\frac{1}{p^2}$ の等差数列。

これらの和を S_1 とすると

$$S_1=\frac{1}{2}(p^3-1)\left(\frac{1}{p^2}+\frac{p^3-1}{p^2}\right)=\frac{1}{2}(p^3-1)p$$

← $\frac{1}{2}n(a+l)$

① のうち，$\frac{q}{p^2}$ が既約分数とならないものは

$$\frac{q}{p^2}=\frac{p}{p^2},\ \frac{2p}{p^2},\ \frac{3p}{p^2},\ \cdots\cdots,\ \frac{(p^2-1)p}{p^2}$$

← 初項 $\frac{p}{p^2}$，公差 $\frac{p}{p^2}$ の等差数列。

これらの和を S_2 とすると

$$S_2=\frac{1}{2}(p^2-1)\left\{\frac{p}{p^2}+\frac{(p^2-1)p}{p^2}\right\}=\frac{1}{2}(p^2-1)p$$

← $\frac{1}{2}n(a+l)$

ゆえに，求める総和を S とすると，$S=S_1-S_2$ であるから

$$S=\frac{1}{2}(p^3-1)p-\frac{1}{2}(p^2-1)p$$
$$=\frac{1}{2}p\{(p^3-1)-(p^2-1)\}$$
$$=\boldsymbol{\frac{1}{2}p^3(p-1)}$$

← $\frac{1}{2}p\cdot p^2(p-1)$

練習 ③10 等差数列 $\{a_n\}$，$\{b_n\}$ の一般項がそれぞれ $a_n=3n-1$，$b_n=4n+1$ であるとき，この 2 つの数列に共通に含まれる数を，小さい方から順に並べてできる数列 $\{c_n\}$ の一般項を求めよ。

$a_l=b_m$ とすると　　$3l-1=4m+1$

よって　　$3l-4m=2$ …… ①

$l=-2,\ m=-2$ は ① の整数解の 1 つであるから

$$3(l+2)-4(m+2)=0$$

← $l=2,\ m=1$ とした場合は，最後で k を $n-1$ におき換えることになる。(本冊 $p.21$ 注意 参照。次ページの 参考 で解答例を示した。)

ゆえに　　$3(l+2)=4(m+2)$

3 と 4 は互いに素であるから，k を整数として

$$l+2=4k,\ m+2=3k$$

すなわち　$l=4k-2,\ m=3k-2$ と表される。

ここで，l，m は自然数であるから，$4k-2\geqq 1$ かつ $3k-2\geqq 1$ より　　$k\geqq 1$

←$k\geqq\frac{3}{4}$ かつ $k\geqq 1$

すなわち，k は自然数である。

よって，数列 $\{c_n\}$ の第 k 項は，数列 $\{a_n\}$ の第 l 項すなわち第 $(4k-2)$ 項であり　　$3(4k-2)-1=12k-7$

←数列 $\{b_n\}$ の第 m 項すなわち第 $(3k-2)$ 項としてもよい。

求める一般項は，k を n におき換えて　　$\boldsymbol{c_n=12n-7}$

参考　$l=2$，$m=1$ を ① の解とした場合の解答。

① を導くまでは同じ。$l=2$，$m=1$ は ① の解であるから

$$3(l-2)-4(m-1)=0$$

ゆえに　　$3(l-2)=4(m-1)$

3 と 4 は互いに素であるから，k を整数として

$$l-2=4k,\ m-1=3k$$

すなわち　$l=4k+2$，$m=3k+1$ と表される。

ここで，l，m は自然数であるから，$4k+2\geqq 1$ かつ $3k+1\geqq 1$ より　　$k\geqq 0$

←$k\geqq-\frac{1}{4}$ かつ $k\geqq 0$

よって，$k'=k+1$ とすると，$k\geqq 0$ のとき $k'\geqq 1$ で

$$l=4(k'-1)+2=4k'-2$$

k	0，1，2，…
k' $[=k+1]$	1，2，3，…

数列 $\{c_n\}$ の第 k' 項は，数列 $\{a_n\}$ の第 $(4k'-2)$ 項であり

$$3(4k'-2)-1=12k'-7$$

求める一般項は k' を n でおき換えて　　$\boldsymbol{c_n=12n-7}$

別解　3 と 4 の最小公倍数は　　12

$\{a_n\}$：2，5，8，11，14，……

←$a_n=2+(n-1)\cdot 3$

$\{b_n\}$：5，9，13，……

←$b_n=5+(n-1)\cdot 4$

であるから　　$c_1=5$

よって，数列 $\{c_n\}$ は初項 5，公差 12 の等差数列であるから，その一般項は　　$c_n=5+(n-1)\cdot 12=\boldsymbol{12n-7}$

練習 ①11

(1) 等比数列 2，$-\sqrt{2}$，1，…… の一般項 a_n を求めよ。また，第 10 項を求めよ。

(2) 第 5 項が -48，第 8 項が 384 である等比数列の一般項を求めよ。ただし，公比は実数とする。

(1) 初項が 2，公比が $-\frac{\sqrt{2}}{2}$ であるから，一般項は

←(公比)$=\frac{a_{n+1}}{a_n}$

$$\boldsymbol{a_n}=2\cdot\left(-\frac{\sqrt{2}}{2}\right)^{n-1}$$

←これでも正解。

$$=2\cdot(-1)^{n-1}\cdot(2^{-\frac{1}{2}})^{n-1}=\boldsymbol{(-1)^{n-1}2^{\frac{3-n}{2}}}$$

←$\frac{\sqrt{2}}{2}=\frac{1}{\sqrt{2}}=2^{-\frac{1}{2}}$

また　　$\boldsymbol{a_{10}}=(-1)^{10-1}\cdot 2^{\frac{3-10}{2}}=\boldsymbol{-\frac{\sqrt{2}}{16}}$

←$2^{-\frac{7}{2}}=\frac{1}{2^3\cdot\sqrt{2}}=\frac{1}{8\sqrt{2}}$

(2) 初項を a，公比を r，一般項を a_n とすると，$a_5=-48$，$a_8=384$ であるから

$$ar^4=-48\ \cdots\cdots\ ①,\quad ar^7=384\ \cdots\cdots\ ②$$

←$a_5=ar^4$，$a_8=ar^7$

② から　　$ar^4\cdot r^3=384$

これに ① を代入して　　$-48\cdot r^3=384$

ゆえに　$r^3=-8$　すなわち　$r^3=(-2)^3$

r は実数であるから　$r=-2$

① に代入すると　$a\cdot 16=-48$

よって　$a=-3$

したがって，一般項は　$\boldsymbol{a_n=-3\cdot(-2)^{n-1}}$

←$a\neq 0$，$r\neq 0$ であるから，「②÷① より $\dfrac{ar^7}{ar^4}=\dfrac{384}{-48}$ よって　$r^3=-8$」としてもよい。

練習 ②12 異なる 3 つの実数 a，b，ab はこの順で等比数列になり，ab，a，b の順で等差数列になるとき，a，b の値を求めよ。〔類 立命館大〕

数列 a，b，ab が等比数列をなすから

$b^2=a\cdot ab$

よって　$b(a^2-b)=0$ …… ①

数列 ab，a，b が等差数列をなすから

$2a=ab+b$ …… ②

① から　$b=0$　または　$b=a^2$

$b=0$ のとき　$a=b=ab=0$ となるから，不適。

$b=a^2$ のとき　② に代入すると　$a^3+a^2-2a=0$

因数分解して　$a(a-1)(a+2)=0$

これを解いて　$a=0,\ 1,\ -2$

$a=0$，1 のとき　$a=b=ab$ となるから，不適。

$a=-2$ のとき　$b=4$，$ab=-8$　これは適する。

したがって　$\boldsymbol{a=-2,\ b=4}$

←等比数列の平均形 $b^2=ac$ を利用。

←等差数列の平均形 $2b=a+c$ を利用。

←$b=0$，$a=0$

←$a=0$ のとき　$b=0$
　$a=1$ のとき　$b=1$

別解　数列 a，b，ab が等比数列をなすから，その公比は

$b\neq 0$ のとき　$\dfrac{ab}{b}=a$

$b=0$ のとき　$b=ab=0$ となるから，不適。

ゆえに，3 つの数 a，b，ab はそれぞれ a，a^2，a^3 Ⓐ となる。

数列 ab，a，b が等差数列をなすから

$2a=ab+b$　すなわち　$2a=a^3+a^2$

整理し，因数分解すると　$a(a-1)(a+2)=0$

これを解いて　$a=0,\ 1,\ -2$

$a=1$ のとき　$a=b=ab=1$ となり，不適。

$a=0$ のとき　$a=b=ab=0$ となり，不適。

$a=-2$ のとき　$b=4$，$ab=-8$ となり，適する。

したがって　$\boldsymbol{a=-2,\ b=4}$

←公比を r とすると $r=\dfrac{a_3}{a_2}=a$

←「a，b，ab は異なる」に反する。

Ⓐ (公比)$=r=a$ から
$b=ar=a\cdot a=a^2$
$ab=ar^2=a\cdot a^2=a^3$

←$b=a^2$ から。

練習 ②13 (1)　等比数列 2，$-4a$，$8a^2$，…… の初項から第 n 項までの和 S_n を求めよ。
(2)　初項 2，公比 r の等比数列の初項から第 3 項までの和が 14 であるとき，実数 r の値を求めよ。

(1)　初項 2，公比 $-2a$，項数 n の等比数列の和であるから

[1]　$-2a\neq 1$ すなわち $\boldsymbol{a\neq -\dfrac{1}{2}}$ のとき　$\boldsymbol{S_n=\dfrac{2\{1-(-2a)^n\}}{1+2a}}$

[2]　$-2a=1$ すなわち $\boldsymbol{a=-\dfrac{1}{2}}$ のとき　$\boldsymbol{S_n=2n}$

←(公比)$=\dfrac{-4a}{2}=-2a$

←公比 $-2a$ が 1 のときと 1 でないときで，場合分け。

(2) [1] $r \neq 1$ のとき $\dfrac{2(r^3-1)}{r-1}=14$

整理して $r^2+r+1=7$ すなわち $r^2+r-6=0$

因数分解して $(r-2)(r+3)=0$

これを解いて $r=2,\ -3$

[2] $r=1$ のとき

初項から第3項までの和は $3\cdot 2=6$ となり，不適。

以上から **$r=2,\ -3$**

←$a_2=2r$，$a_3=2r^2$ から，和を $2+2r+2r^2$ としてもよい。

←$r=1$ のとき $S_n=na$

練習 ③14 初項から第10項までの和が6，初項から第20項までの和が24である等比数列について，次のものを求めよ。ただし，公比は実数とする。
(1) 初項から第30項までの和　(2) 第31項から第40項までの和

初項を a，公比を r，初項から第 n 項までの和を S_n とする。

$r=1$ とすると，$S_{10}=10a$ となり $10a=6$

このとき，$S_{20}=20a=12 \neq 24$ であるから，条件を満たさない。

よって $r \neq 1$

$S_{10}=6$，$S_{20}=24$ であるから

$\dfrac{a(r^{10}-1)}{r-1}=6$ …… ①，$\dfrac{a(r^{20}-1)}{r-1}=24$ …… ②

② から $\dfrac{a(r^{10}-1)}{r-1}\cdot(r^{10}+1)=24$

① を代入して $6(r^{10}+1)=24$ すなわち $r^{10}=3$ …… ③

(1) $S_{30}=\dfrac{a(r^{30}-1)}{r-1}=\dfrac{a(r^{10}-1)}{r-1}\{(r^{10})^2+r^{10}+1\}$

①，③ を代入して $S_{30}=6\cdot(3^2+3+1)=\mathbf{78}$

(2) $S_{40}=\dfrac{a(r^{40}-1)}{r-1}=\dfrac{a(r^{20}-1)}{r-1}\{(r^{10})^2+1\}$

②，③ を代入して $S_{40}=24\cdot(3^2+1)=240$

求める第31項から第40項までの和は

$S_{40}-S_{30}=240-78=\mathbf{162}$

検討 初項から10項ずつの和の数列は 6，18，54，162，……

これは，初項6 $(=S_{10})$，公比3 $(=r^{10})$ の等比数列となる。

←$S_n=na$

←$S_n=\dfrac{a(r^n-1)}{r-1}$

←$r^{20}-1=(r^{10})^2-1$
$=(r^{10}+1)(r^{10}-1)$

←$r^{30}-1=(r^{10})^3-1$
$=(r^{10}-1)\{(r^{10})^2+r^{10}+1\}$

←$r^{40}-1=(r^{20})^2-1$
$=\{(r^{10})^2+1\}(r^{20}-1)$

練習 ③15 年利5％，1年ごとの複利で，毎年度初めに20万円ずつ積み立てると，7年度末には元利合計はいくらになるか。ただし，$(1.05)^7=1.4071$ とする。〔類 立教大〕

毎年度初めの元金は，1年ごとに利息がついて1.05倍となる。

よって，7年度末の元利合計は

$$200000\cdot(1.05)^7+200000\cdot(1.05)^6+\cdots\cdots+200000\cdot 1.05$$
$$=200000\cdot\{1.05+(1.05)^2+(1.05)^3+\cdots\cdots+(1.05)^7\}$$
$$=200000\cdot\frac{1.05\{(1.05)^7-1\}}{1.05-1}=200000\cdot\frac{1.05(1.4071-1)}{0.05}$$
$$=200000\cdot 21\cdot 0.4071$$
$$=\mathbf{1709820}\ (\text{円})$$

←右端を初項と考えると，初項 $200000\cdot 1.05$，公比1.05，項数7の等比数列の和である。

練習 ②16 初項1の等差数列 $\{a_n\}$ と初項1の等比数列 $\{b_n\}$ が $a_3=b_3$，$a_4=b_4$，$a_5 \fallingdotseq b_5$ を満たすとき，一般項 a_n，b_n を求めよ。 〔類 神戸薬大〕

等差数列 $\{a_n\}$ の公差を d とすると　$a_n=1+(n-1)d$

等比数列 $\{b_n\}$ の公比を r とすると　$b_n=1\cdot r^{n-1}$

$a_3=b_3$ から　$1+2d=r^2$ …… ①

$a_4=b_4$ から　$1+3d=r^3$ …… ②

①，② から　$3(r^2-1)=2(r^3-1)$

変形して　$2(r-1)(r^2+r+1)-3(r+1)(r-1)=0$

よって　$(r-1)(2r^2-r-1)=0$

ゆえに　$(r-1)^2(2r+1)=0$

したがって　$r=1,\ -\dfrac{1}{2}$

[1]　$r=1$ のとき，① から　$d=0$

よって　$a_5=1$　また　$b_5=1$

このとき，$a_5 \fallingdotseq b_5$ を満たさないから，不適。

[2]　$r=-\dfrac{1}{2}$ のとき，① から　$d=-\dfrac{3}{8}$

よって　$a_5=1+(5-1)\left(-\dfrac{3}{8}\right)=-\dfrac{1}{2}$

また　$b_5=1\cdot\left(-\dfrac{1}{2}\right)^{5-1}=\dfrac{1}{16}$

このとき，$a_5 \fallingdotseq b_5$ を満たすから，適する。

[1]，[2] から

$$\boldsymbol{a_n}=1+(n-1)\left(-\frac{3}{8}\right)=\boldsymbol{-\frac{3}{8}n+\frac{11}{8}},\quad \boldsymbol{b_n=\left(-\frac{1}{2}\right)^{n-1}}$$

←$a_n=a_1+(n-1)d$

←$b_n=b_1r^{n-1}$

←$2(r^3-1)-3(r^2-1)=0$

←$2r^2-r-1$
$=(r-1)(2r+1)$

練習 ④17 数列 $\{a_n\}$，$\{b_n\}$ の一般項を $a_n=15n-2$，$b_n=7\cdot2^{n-1}$ とする。数列 $\{b_n\}$ の項のうち，数列 $\{a_n\}$ の項でもあるものを小さい方から並べて数列 $\{c_n\}$ を作るとき，数列 $\{c_n\}$ の一般項を求めよ。

$\{a_n\}$：13，28，……　　$\{b_n\}$：7，14，28，……

よって　$c_1=28$

数列 $\{a_n\}$ の第 l 項と数列 $\{b_n\}$ の第 m 項が等しいとすると

$15l-2=7\cdot2^{m-1}$

ゆえに　$b_{m+1}=7\cdot2^m=7\cdot2^{m-1}\cdot2=(15l-2)\cdot2$

$=15\cdot2l-4$ …… ①

よって，b_{m+1} は数列 $\{a_n\}$ の項ではない。

① から　$b_{m+2}=2b_{m+1}=15\cdot4l-8$ …… ②

ゆえに，b_{m+2} は数列 $\{a_n\}$ の項ではない。

② から　$b_{m+3}=2b_{m+2}=15\cdot8l-16$

$=15(8l-1)-1$ …… ③

よって，b_{m+3} は数列 $\{a_n\}$ の項ではない。

③ から　$b_{m+4}=2b_{m+3}=15(16l-2)-2$

ゆえに，b_{m+4} は数列 $\{a_n\}$ の項である。

したがって　$\{c_n\}$：b_3，b_7，b_{11}，……

←15・○−2 の形にならない。

数列 $\{c_n\}$ は公比 2^4 の等比数列で，$c_1=28$ であるから

$$\boldsymbol{c_n}=28\cdot(2^4)^{n-1}=\boldsymbol{7\cdot 2^{4n-2}}$$

←b_3，b_7，b_{11}，…… の公比は 2^4 である。

練習 ④18 初項が 2，公比が 4 の等比数列を $\{a_n\}$ とする。ただし，$\log_{10}2=0.3010$，$\log_{10}3=0.4771$ とする。
(1) a_n が 10000 を超える最小の n の値を求めよ。
(2) 初項から第 n 項までの和が 100000 を超える最小の n の値を求めよ。

(1) 初項が 2，公比が 4 の等比数列であるから

$$a_n=2\cdot 4^{n-1}$$

←$a_n=ar^{n-1}$

$a_n>10000$ とすると　$2\cdot 4^{n-1}>10000$

整理して　$2^{2n-1}>10^4$

←$2\cdot 4^{n-1}=2\cdot(2^2)^{n-1}=2\cdot 2^{2n-2}$

両辺の常用対数をとると　$\log_{10}2^{2n-1}>\log_{10}10^4$

ゆえに　$(2n-1)\log_{10}2>4$

←$\log_{10}10^4=4\log_{10}10=4$

よって　$n>\dfrac{1}{2}\left(\dfrac{4}{\log_{10}2}+1\right)=\dfrac{2}{0.3010}+\dfrac{1}{2}=7.14\cdots\cdots$

←$\log_{10}2>0$

この不等式を満たす最小の自然数 n を求めて

$\boldsymbol{n=8}$

(2) 初項から第 n 項までの和は

$$\frac{2(4^n-1)}{4-1}=\frac{2(4^n-1)}{3}$$

$\dfrac{2(4^n-1)}{3}>100000$ …… ① として，両辺の常用対数をとると

$$\log_{10}\frac{2(4^n-1)}{3}>\log_{10}10^5$$

ゆえに　$\log_{10}2+\log_{10}(4^n-1)-\log_{10}3>5$

よって　$\log_{10}(4^n-1)>5-\log_{10}2+\log_{10}3$

ここで　$5-\log_{10}2+\log_{10}3=5-0.3010+0.4771=5.1761$
$>5=5\log_{10}10=\log_{10}10^5$

ゆえに　$\log_{10}(4^n-1)>\log_{10}10^5$

よって　$4^n-1>10^5$

ゆえに　$4^n>10^5$ …… ②　すなわち　$2^{2n}>10^5$

←$4^n>10^5+1>10^5$

この両辺の常用対数をとると　$2n\log_{10}2>5$

ゆえに　$n>\dfrac{5}{2\log_{10}2}=\dfrac{5}{2\cdot 0.3010}=8.3\cdots\cdots$

よって，② を満たす最小の自然数 n は　$n=9$

ここで

$$\frac{2(4^8-1)}{3}=\frac{2}{3}(4^4+1)(4^4-1)=\frac{2}{3}\cdot 257\cdot 255=43690<100000$$

←$4^8-1=(4^4)^2-1$

$$\frac{2(4^9-1)}{3}=\frac{2}{3}(2\cdot 4^4+1)(2\cdot 4^4-1)=\frac{2}{3}\cdot 513\cdot 511$$
$$=174762>100000$$

←$4^9-1=(2\cdot 4^4)^2-1$

$\dfrac{2(4^n-1)}{3}$ は単調に増加するから，① を満たす最小の自然数 n は

$\boldsymbol{n=9}$

検討 対数の性質
（数学Ⅱ）$a>0$，$a\neq 1$，$M>0$，$N>0$，k は実数のとき

1 $\boldsymbol{\log_a MN=\log_a M+\log_a N}$

2 $\boldsymbol{\log_a \dfrac{M}{N}=\log_a M-\log_a N}$

3 $\boldsymbol{\log_a M^k=k\log_a M}$

練習 ②19 次の和を求めよ。

(1) $\sum_{k=1}^{n}(2k^2-k+7)$　(2) $\sum_{k=1}^{n}(k-1)(k^2+k+4)$　(3) $\sum_{k=7}^{24}(2k^2-5)$　(4) $\sum_{k=0}^{n}\left(\frac{1}{3}\right)^k$

(1) $\sum_{k=1}^{n}(2k^2-k+7)=2\sum_{k=1}^{n}k^2-\sum_{k=1}^{n}k+7\sum_{k=1}^{n}1$

$=2\cdot\frac{1}{6}n(n+1)(2n+1)-\frac{1}{2}n(n+1)+7n$

$=\frac{1}{6}n\{2(n+1)(2n+1)-3(n+1)+42\}$

$=\boldsymbol{\frac{1}{6}n(4n^2+3n+41)}$

←Σk^2, Σk, $\Sigma 1$ の公式を利用。

←{ }の中に分数が出てこないように $\frac{1}{6}n$ でくくる。

(2) $\sum_{k=1}^{n}(k-1)(k^2+k+4)=\sum_{k=1}^{n}(k^3+3k-4)$

$=\sum_{k=1}^{n}k^3+3\sum_{k=1}^{n}k-4\sum_{k=1}^{n}1$

$=\left\{\frac{1}{2}n(n+1)\right\}^2+3\cdot\frac{1}{2}n(n+1)-4n$

$=\frac{1}{4}n\{n(n+1)^2+6(n+1)-16\}$

$=\frac{1}{4}n(n^3+2n^2+7n-10)$

$=\boldsymbol{\frac{1}{4}n(n-1)(n^2+3n+10)}$

←$n^3+2n^2+7n-10$ は $n=1$ のとき 0 となるから，$n-1$ を因数にもつ。(このように，数学IIで学ぶ因数定理により因数分解できることもある。)

(3) $\sum_{k=1}^{n}(2k^2-5)=2\sum_{k=1}^{n}k^2-5\sum_{k=1}^{n}1$

$=2\cdot\frac{1}{6}n(n+1)(2n+1)-5n$

$=\frac{1}{3}n\{(n+1)(2n+1)-15\}$

$=\frac{1}{3}n(2n^2+3n-14)=\frac{1}{3}n(n-2)(2n+7)$

←積の形の方が代入後の計算がらく。

よって　$\sum_{k=7}^{24}(2k^2-5)=\sum_{k=1}^{24}(2k^2-5)-\sum_{k=1}^{6}(2k^2-5)$

$=\frac{1}{3}\cdot24\cdot22\cdot55-\frac{1}{3}\cdot6\cdot4\cdot19$

$=\boldsymbol{9528}$

←$\frac{1}{3}n(n-2)(2n+7)$ に $n=24$, $n=6$ を代入。

別解　$k=i+6$ とおくと，$k=7$, 8, ……, 24 のとき i の値は順に $i=1$, 2, ……, 18 となるから

←$i=k-6$

$\sum_{k=7}^{24}(2k^2-5)=\sum_{i=1}^{18}\{2(i+6)^2-5\}=\sum_{i=1}^{18}(2i^2+24i+67)$

←k が i になっても，Σ の計算は同じ。

$=2\sum_{i=1}^{18}i^2+24\sum_{i=1}^{18}i+67\sum_{i=1}^{18}1$

$=2\cdot\frac{1}{6}\cdot18\cdot19\cdot37+24\cdot\frac{1}{2}\cdot18\cdot19+67\cdot18$

$=\boldsymbol{9528}$

(4) $\sum_{k=0}^{n}\left(\frac{1}{3}\right)^k=1+\frac{1}{3}+\left(\frac{1}{3}\right)^2+\cdots\cdots+\left(\frac{1}{3}\right)^n$

←具体的に書いてみる。

これは初項1，公比 $\frac{1}{3}$，項数 $n+1$ の等比数列の和であるから

←項数に注意。

$$\sum_{k=0}^{n}\left(\frac{1}{3}\right)^k=\frac{1\cdot\left\{1-\left(\frac{1}{3}\right)^{n+1}\right\}}{1-\frac{1}{3}}=\boldsymbol{\frac{3}{2}\left\{1-\left(\frac{1}{3}\right)^{n+1}\right\}}$$

←$\frac{a(1-r^n)}{1-r}$

練習
②**20**

次の数列の初項から第 n 項までの和を求めよ。
(1) 1^2，4^2，7^2，10^2，……　(2) 1，1+4，1+4+7，……
(3) $\frac{1}{2}$，$\frac{1}{2}-\frac{1}{4}$，$\frac{1}{2}-\frac{1}{4}+\frac{1}{8}$，$\frac{1}{2}-\frac{1}{4}+\frac{1}{8}-\frac{1}{16}$，……

与えられた数列の第 k 項を a_k とし，求める和を S_n とする。

(1) $a_k=(3k-2)^2$

←等差数列 1, 4, 7, …… の第 k 項は $1+(k-1)\cdot3=3k-2$

よって　$S_n=\sum_{k=1}^{n}a_k=\sum_{k=1}^{n}(3k-2)^2=\sum_{k=1}^{n}(9k^2-12k+4)$

$=9\sum_{k=1}^{n}k^2-12\sum_{k=1}^{n}k+4\sum_{k=1}^{n}1$

$=9\cdot\frac{1}{6}n(n+1)(2n+1)-12\cdot\frac{1}{2}n(n+1)+4n$

$=\frac{1}{2}n\{(6n^2+9n+3)-(12n+12)+8\}$

←共通因数 $\frac{1}{2}n$ をくくり出す。

$=\boldsymbol{\frac{1}{2}n(6n^2-3n-1)}$

(2) $a_k=1+4+7+\cdots\cdots+\{1+(k-1)\cdot3\}$

←a_k は初項1，公差3，項数 k の等差数列の和。

$=\frac{1}{2}k\{2\cdot1+(k-1)\cdot3\}$

$=\frac{1}{2}(3k^2-k)$

よって　$S_n=\sum_{k=1}^{n}a_k=\sum_{k=1}^{n}\frac{1}{2}(3k^2-k)$

←$S_n=\sum_{k=1}^{n}\left\{\sum_{i=1}^{k}(3i-2)\right\}$ とも書ける。

$=\frac{3}{2}\sum_{k=1}^{n}k^2-\frac{1}{2}\sum_{k=1}^{n}k$

$=\frac{3}{2}\cdot\frac{1}{6}n(n+1)(2n+1)-\frac{1}{2}\cdot\frac{1}{2}n(n+1)$

$=\frac{1}{4}n(n+1)\{(2n+1)-1\}$

←共通因数 $\frac{1}{4}n(n+1)$ をくくり出す。

$=\boldsymbol{\frac{1}{2}n^2(n+1)}$

(3) $a_k=\frac{1}{2}+\frac{1}{2}\left(-\frac{1}{2}\right)+\frac{1}{2}\left(-\frac{1}{2}\right)^2+\cdots\cdots+\frac{1}{2}\left(-\frac{1}{2}\right)^{k-1}$

←a_k は初項 $\frac{1}{2}$，公比 $-\frac{1}{2}$，項数 k の等比数列の和。

$=\frac{\frac{1}{2}\left\{1-\left(-\frac{1}{2}\right)^k\right\}}{1-\left(-\frac{1}{2}\right)}=\frac{1}{3}\left\{1-\left(-\frac{1}{2}\right)^k\right\}$

よって　$S_n=\sum_{k=1}^{n}a_k=\sum_{k=1}^{n}\frac{1}{3}\left\{1-\left(-\frac{1}{2}\right)^k\right\}$

$$=\frac{1}{3}\left\{\sum_{k=1}^{n}1-\sum_{k=1}^{n}\left(-\frac{1}{2}\right)^k\right\}$$

$$=\frac{1}{3}\left[n-\frac{-\frac{1}{2}\left\{1-\left(-\frac{1}{2}\right)^n\right\}}{1-\left(-\frac{1}{2}\right)}\right]$$

$$=\boldsymbol{\frac{1}{3}n+\frac{1}{9}\left\{1-\left(-\frac{1}{2}\right)^n\right\}}$$

←$\sum_{k=1}^{n}ar^{k-1}=\frac{a(1-r^n)}{1-r}$
等比数列の和。

参考
$S_n=\sum_{k=1}^{n}\left\{\sum_{i=1}^{k}\frac{1}{2}\left(-\frac{1}{2}\right)^{i-1}\right\}$
と表すこともできる。

練習 ③21

次の数列の和を求めよ。
$1^2\cdot n,\ 2^2(n-1),\ 3^2(n-2),\ \cdots\cdots,\ (n-1)^2\cdot 2,\ n^2\cdot 1$

この数列の第 k 項は　$k^2\{n-(k-1)\}=(n+1)k^2-k^3$
項数は n であるから，求める和を S とすると

$$S=\sum_{k=1}^{n}\{(n+1)k^2-k^3\}=(n+1)\sum_{k=1}^{n}k^2-\sum_{k=1}^{n}k^3$$

$$=(n+1)\cdot\frac{1}{6}n(n+1)(2n+1)-\left\{\frac{1}{2}n(n+1)\right\}^2$$

$$=\frac{1}{12}n(n+1)^2\{2(2n+1)-3n\}$$

$$=\boldsymbol{\frac{1}{12}n(n+1)^2(n+2)}$$

←$n+1$ は k に無関係。定数とみて Σ の外に出す。

別解　求める和を S とすると

$$S=1^2+(1^2+2^2)+(1^2+2^2+3^2)+\cdots\cdots+(1^2+2^2+\cdots\cdots+n^2)$$

$$=\sum_{k=1}^{n}(1^2+2^2+\cdots\cdots+k^2)=\frac{1}{6}\sum_{k=1}^{n}k(k+1)(2k+1)$$

$$=\frac{1}{6}\sum_{k=1}^{n}(2k^3+3k^2+k)=\frac{1}{6}\left(2\sum_{k=1}^{n}k^3+3\sum_{k=1}^{n}k^2+\sum_{k=1}^{n}k\right)$$

$$=\frac{1}{6}\left[2\left\{\frac{1}{2}n(n+1)\right\}^2+3\cdot\frac{1}{6}n(n+1)(2n+1)+\frac{1}{2}n(n+1)\right]$$

$$=\frac{1}{12}n(n+1)\{n(n+1)+(2n+1)+1\}$$

$$=\boldsymbol{\frac{1}{12}n(n+1)^2(n+2)}$$

←$1^2+1^2+1^2+\cdots\cdots+1^2$
$2^2+2^2+\cdots\cdots+2^2$
$3^2+\cdots\cdots+3^2$
$\cdots\cdots$
+) n^2
------ は，これを縦の列ごとに加えたもの。

参考　和は $\sum_{k=1}^{n}\left(\sum_{i=1}^{k}i^2\right)$ と表すこともできる。

練習 ②22

次の数列の一般項を求めよ。
(1)　2, 10, 24, 44, 70, 102, 140, ……　　(2)　3, 4, 7, 16, 43, 124, ……

与えられた数列を $\{a_n\}$ とし，その階差数列を $\{b_n\}$ とする。

(1)　$\{a_n\}$：2, 10, 24, 44, 70, 102, 140, ……
　$\{b_n\}$：　8, 14, 20, 26, 32, 38, ……
数列 $\{b_n\}$ は，初項 8，公差 6 の等差数列であるから

$$b_n=8+(n-1)\cdot 6=6n+2$$

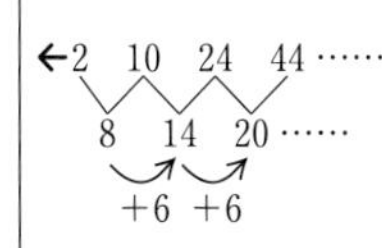

$n \geqq 2$ のとき

$$a_n = 2 + \sum_{k=1}^{n-1}(6k+2) = 2 + 6\sum_{k=1}^{n-1}k + 2\sum_{k=1}^{n-1}1$$
$$= 2 + 6\cdot\frac{1}{2}(n-1)n + 2(n-1)$$
$$= 3n^2 - n \ \cdots\cdots \ ①$$

$n=1$ のとき　$3n^2 - n = 3\cdot1^2 - 1 = 2$

初項は $a_1=2$ であるから，① は $n=1$ のときも成り立つ。

したがって　$\boldsymbol{a_n = 3n^2 - n}$

←$n \geqq 2$ に注意。

←$\sum_{k=1}^{n-1}k = \frac{1}{2}(n-1)\{(n-1)+1\}$

① 初項は特別扱い

(2) $\{a_n\}$: 3, 4, 7, 16, 43, 124, ……

$\{b_n\}$: 　1, 3, 9, 27, 81, ……

数列 $\{b_n\}$ は，初項 1，公比 3 の等比数列であるから

$$b_n = 3^{n-1}$$

$n \geqq 2$ のとき　$a_n = 3 + \sum_{k=1}^{n-1}3^{k-1} = 3 + \frac{3^{n-1}-1}{3-1}$

$$= \frac{1}{2}(3^{n-1}+5) \ \cdots\cdots \ ①$$

$n=1$ のとき　$\frac{1}{2}(3^{n-1}+5) = \frac{1}{2}(1+5) = 3$

初項は $a_1=3$ であるから，① は $n=1$ のときも成り立つ。

したがって　$\boldsymbol{a_n = \frac{1}{2}(3^{n-1}+5)}$

←3　4　7　16 ……
　1　3　9 ……
　×3 ×3

←$\sum_{k=1}^{n-1}3^{k-1}$ は初項 1，公比 3，項数 $n-1$ の等比数列の和。

① 初項は特別扱い

検討　(1) では，**$n \geqq 2$ のとき** $\boldsymbol{a_n = a_1 + \sum_{k=1}^{n-1}b_k}$ …… Ⓐ を利用したが，$\sum_{k=1}^{n-1}b_k$ は $\sum_{k=1}^{n-1}k$，$\sum_{k=1}^{n-1}1$ の定数倍の和で表されるから，$n-1$ を因数にもつ。よって，Ⓐ を利用して求めた a_n の式が，$n=1$ のときも成り立つことがわかる。

練習 ③23

次の数列の一般項を求めよ。

2, 10, 38, 80, 130, 182, 230, ……　〔類 立命館大〕

与えられた数列を $\{a_n\}$，その階差数列を $\{b_n\}$ とする。

また，数列 $\{b_n\}$ の階差数列を $\{c_n\}$ とすると

$\{a_n\}$: 2, 10, 38, 80, 130, 182, 230, ……

$\{b_n\}$: 　8, 28, 42, 50, 52, 48, ……

$\{c_n\}$: 　　20, 14, 8, 2, -4, ……

数列 $\{c_n\}$ は，初項 20，公差 -6 の等差数列であるから

$$c_n = 20 + (n-1)\cdot(-6) = -6n + 26$$

$n \geqq 2$ のとき

$$b_n = b_1 + \sum_{k=1}^{n-1}c_k = 8 + \sum_{k=1}^{n-1}(-6k+26)$$
$$= 8 - 6\cdot\frac{1}{2}(n-1)n + 26(n-1)$$
$$= -3n^2 + 29n - 18$$

←2　10　38　80　130
　8　28　42　50
　20　14　8
　-6 -6

この式に $n=1$ を代入すると，$b_1=-3+29-18=8$ となるから

$$b_n=-3n^2+29n-18 \quad (n\geqq 1)$$

よって，$n\geqq 2$ のとき

$$a_n=a_1+\sum_{k=1}^{n-1}b_k=2+\sum_{k=1}^{n-1}(-3k^2+29k-18)$$

$$=2-3\cdot\frac{1}{6}(n-1)n(2n-1)+29\cdot\frac{1}{2}(n-1)n-18(n-1)$$

$$=\frac{1}{2}\{4-n(n-1)(2n-1)+29n(n-1)-36(n-1)\}$$

$$=-n^3+16n^2-33n+20$$

この式に $n=1$ を代入すると，$a_1=-1+16-33+20=2$ となるから，$n=1$ のときも成り立つ。

したがって　$a_n=\boldsymbol{-n^3+16n^2-33n+20}$

➊ 初項は特別扱い

←$\sum_{k=1}^{n-1}k^2=\frac{1}{6}(n-1)n(2n-1)$

➊ 初項は特別扱い

練習 ②24 初項から第 n 項までの和 S_n が次のように表される数列 $\{a_n\}$ について，一般項 a_n と和 $a_1+a_4+a_7+\cdots\cdots+a_{3n-2}$ をそれぞれ求めよ。
(1) $S_n=3n^2+5n$　　(2) $S_n=3n^2+4n+2$

(1) $n\geqq 2$ のとき

$$a_n=S_n-S_{n-1}=(3n^2+5n)-\{3(n-1)^2+5(n-1)\}$$

$$=(3n^2+5n)-(3n^2-n-2)$$

$$=6n+2 \quad \cdots\cdots ①$$

また　$a_1=S_1=3\cdot 1^2+5\cdot 1=8$

ここで，① に $n=1$ を代入すると　$a_1=8$

よって，$n=1$ のときにも ① は成り立つ。

したがって　$\boldsymbol{a_n=6n+2}$

また　$a_{3k-2}=6(3k-2)+2=18k-10$

よって　$\boldsymbol{a_1+a_4+a_7+\cdots\cdots+a_{3n-2}}=\sum_{k=1}^{n}a_{3k-2}$

$$=\sum_{k=1}^{n}(18k-10)=18\sum_{k=1}^{n}k-10\sum_{k=1}^{n}1$$

$$=18\cdot\frac{1}{2}n(n+1)-10n$$

$$=\boldsymbol{n(9n-1)}$$

➊ 初項は特別扱い

←a_n は $n\geqq 1$ で 1 つの式に表される。

←a_{3k-2} は $a_n=6n+2$ において n に $3k-2$ を代入。

(2) $n\geqq 2$ のとき

$$a_n=S_n-S_{n-1}=(3n^2+4n+2)-\{3(n-1)^2+4(n-1)+2\}$$

$$=(3n^2+4n+2)-(3n^2-2n+1)$$

$$=6n+1 \quad \cdots\cdots ①$$

また　$a_1=S_1=3\cdot 1^2+4\cdot 1+2=9$

ここで，① に $n=1$ を代入すると　$6\cdot 1+1=7\neq 9$

よって，① は $n=1$ のときには成り立たない。

したがって　$\boldsymbol{a_1=9}$，　$\boldsymbol{n\geqq 2}$ **のとき**　$\boldsymbol{a_n=6n+1}$

$k\geqq 2$ のとき　$a_{3k-2}=6(3k-2)+1=18k-11$

➊ 初項は特別扱い

←a_n が 1 つの式にまとめられない。

←$k\geqq 2$ に注意。

ゆえに，$n \geqq 2$ のとき

$$a_1+a_4+a_7+\cdots\cdots+a_{3n-2}=a_1+\sum_{k=2}^{n}a_{3k-2}$$

←$k=1$ のときは別計算。

$$=9+\sum_{k=1}^{n}(18k-11)-\sum_{k=1}^{1}(18k-11)$$

←$\sum_{k=2}^{n}=\sum_{k=1}^{n}-\sum_{k=1}^{1}$

$$=9+18\sum_{k=1}^{n}k-11\sum_{k=1}^{n}1-7$$

$$=2+18\cdot\frac{1}{2}n(n+1)-11n$$

$$=9n^2-2n+2 \ \cdots\cdots \ ②$$

② に $n=1$ を代入すると　$9\cdot1^2-2\cdot1+2=9$

よって，$n=1$ のときも ② は成り立つ。

←$a_1=9$

したがって　$\boldsymbol{a_1+a_4+a_7+\cdots\cdots+a_{3n-2}=9n^2-2n+2}$

練習 ②25　次の数列の和を求めよ。　［(1) 類　近畿大］

(1) $\frac{1}{1\cdot3}$, $\frac{1}{2\cdot4}$, $\frac{1}{3\cdot5}$, ……, $\frac{1}{9\cdot11}$　(2) $\frac{1}{2\cdot5}$, $\frac{1}{5\cdot8}$, $\frac{1}{8\cdot11}$, ……, $\frac{1}{(3n-1)(3n+2)}$

(1)　この数列の第 k 項は　$\frac{1}{k(k+2)}=\frac{1}{2}\left(\frac{1}{k}-\frac{1}{k+2}\right)$

←部分分数に分解する。
$\frac{1}{k(k+2)}=\frac{1}{2}\cdot\frac{(k+2)-k}{k(k+2)}$

求める和を S とすると

$$S=\frac{1}{2}\left\{\left(\frac{1}{1}-\frac{1}{3}\right)+\left(\frac{1}{2}-\frac{1}{4}\right)+\left(\frac{1}{3}-\frac{1}{5}\right)+\cdots\cdots+\left(\frac{1}{8}-\frac{1}{10}\right)+\left(\frac{1}{9}-\frac{1}{11}\right)\right\}$$

←途中の $\pm\frac{1}{3}$, $\pm\frac{1}{4}$, ……, $\pm\frac{1}{8}$, $\pm\frac{1}{9}$ が消える。

$$=\frac{1}{2}\left(1+\frac{1}{2}-\frac{1}{10}-\frac{1}{11}\right)=\frac{1}{2}\cdot\frac{144}{110}=\boldsymbol{\frac{36}{55}}$$

(2)　この数列の第 k 項は

$$\frac{1}{(3k-1)(3k+2)}=\frac{1}{3}\left(\frac{1}{3k-1}-\frac{1}{3k+2}\right)$$

←部分分数に分解する。
$\frac{1}{(3k-1)(3k+2)}$
$=\frac{1}{3}\cdot\frac{(3k+2)-(3k-1)}{(3k-1)(3k+2)}$

求める和を S とすると

$$S=\frac{1}{3}\left\{\left(\frac{1}{2}-\frac{1}{5}\right)+\left(\frac{1}{5}-\frac{1}{8}\right)+\left(\frac{1}{8}-\frac{1}{11}\right)+\cdots\cdots+\left(\frac{1}{3n-1}-\frac{1}{3n+2}\right)\right\}$$

←途中が消えて，最初と最後だけが残る。

$$=\frac{1}{3}\left(\frac{1}{2}-\frac{1}{3n+2}\right)=\frac{1}{3}\cdot\frac{3n}{2(3n+2)}=\boldsymbol{\frac{n}{2(3n+2)}}$$

練習 ③26　次の数列の和 S を求めよ。

(1) $\frac{1}{1\cdot3\cdot5}$, $\frac{1}{3\cdot5\cdot7}$, $\frac{1}{5\cdot7\cdot9}$, ……, $\frac{1}{(2n-1)(2n+1)(2n+3)}$

(2) $\frac{1}{1+\sqrt{3}}$, $\frac{1}{\sqrt{3}+\sqrt{5}}$, $\frac{1}{\sqrt{5}+\sqrt{7}}$, ……, $\frac{1}{\sqrt{2n-1}+\sqrt{2n+1}}$

(1)　第 k 項は　$\frac{1}{(2k-1)(2k+1)(2k+3)}$

$$=\frac{1}{4}\left\{\frac{1}{(2k-1)(2k+1)}-\frac{1}{(2k+1)(2k+3)}\right\}$$

←部分分数に分解する。

よって　$S=\frac{1}{4}\left[\left(\frac{1}{1\cdot3}-\frac{1}{3\cdot5}\right)+\left(\frac{1}{3\cdot5}-\frac{1}{5\cdot7}\right)+\left(\frac{1}{5\cdot7}-\frac{1}{7\cdot9}\right)\right.$
$\left.+\cdots\cdots+\left\{\frac{1}{(2n-1)(2n+1)}-\frac{1}{(2n+1)(2n+3)}\right\}\right]$

$=\frac{1}{4}\left\{\frac{1}{1\cdot3}-\frac{1}{(2n+1)(2n+3)}\right\}$

$=\frac{1}{4}\cdot\frac{(2n+1)(2n+3)-3}{3(2n+1)(2n+3)}$

$=\boldsymbol{\frac{n(n+2)}{3(2n+1)(2n+3)}}$

←途中が消えて，最初と最後だけが残る。

(2)　第 k 項は　$\frac{1}{\sqrt{2k-1}+\sqrt{2k+1}}$

$=\frac{\sqrt{2k-1}-\sqrt{2k+1}}{(\sqrt{2k-1}+\sqrt{2k+1})(\sqrt{2k-1}-\sqrt{2k+1})}$

$=\frac{1}{2}(\sqrt{2k+1}-\sqrt{2k-1})$

←分母の有理化。

よって　$S=\frac{1}{2}\{(\sqrt{3}-1)+(\sqrt{5}-\sqrt{3})+(\sqrt{7}-\sqrt{5})$
$+\cdots\cdots+(\sqrt{2n+1}-\sqrt{2n-1})\}$

$=\boldsymbol{\frac{1}{2}(\sqrt{2n+1}-1)}$

←途中の $\pm\sqrt{3}$，$\pm\sqrt{5}$，$\pm\sqrt{7}$，……，$\pm\sqrt{2n-1}$ が消える。

練習 ②27

次の数列の和を求めよ。

(1)　$1\cdot1$，$2\cdot5$，$3\cdot5^2$，……，$n\cdot5^{n-1}$　(2)　n，$(n-1)\cdot3$，$(n-2)\cdot3^2$，……，$2\cdot3^{n-2}$，3^{n-1}

(3)　1，$4x$，$7x^2$，……，$(3n-2)x^{n-1}$

求める和を S とする。

(1)　$S=1\cdot1+2\cdot5+3\cdot5^2+\cdots\cdots+n\cdot5^{n-1}$

両辺に 5 を掛けると

$5S=\quad 1\cdot5+2\cdot5^2+\cdots\cdots+(n-1)\cdot5^{n-1}+n\cdot5^n$

辺々を引くと

$-4S=\underline{1+5+5^2+\cdots\cdots+5^{n-1}}-n\cdot5^n$

$=\frac{1\cdot(5^n-1)}{5-1}-n\cdot5^n=\frac{5^n(1-4n)-1}{4}$

←〰〰 は初項 1，公比 5，項数 n の等比数列の和。

よって　$S=\boldsymbol{\frac{5^n(4n-1)+1}{16}}$

(2)　$S=n+(n-1)\cdot3+(n-2)\cdot3^2+\cdots\cdots+3^{n-1}$

両辺に 3 を掛けると

$3S=\quad n\cdot3+(n-1)\cdot3^2+\cdots\cdots+2\cdot3^{n-1}+3^n$

辺々を引くと

$-2S=n-\underline{(3+3^2+\cdots\cdots+3^{n-1}+3^n)}$

$=n-\frac{3(3^n-1)}{3-1}=\frac{2n-3^{n+1}+3}{2}$

←〰〰 は初項 3，公比 3，項数 n の等比数列の和。

よって　$S=\boldsymbol{\frac{3^{n+1}-2n-3}{4}}$

(3) $S=1+4x+7x^2+\cdots\cdots+(3n-2)x^{n-1}$

両辺に x を掛けると

$$xS=\qquad x+4x^2+\cdots\cdots+(3n-5)x^{n-1}+(3n-2)x^n$$

辺々を引くと

$$(1-x)S=1+3x+3x^2+\cdots\cdots+3x^{n-1}-(3n-2)x^n$$

$x\neq1$ のとき

$$(1-x)S=1+3(x+x^2+\cdots\cdots+x^{n-1})-(3n-2)x^n$$

$$=1+3\cdot\frac{x(1-x^{n-1})}{1-x}-(3n-2)x^n$$

$$=\frac{1-x+3x(1-x^{n-1})-(3n-2)x^n(1-x)}{1-x}$$

$$=\frac{1+2x-(3n+1)x^n+(3n-2)x^{n+1}}{1-x}$$

← 〰〰 は初項 x，公比 x，項数 $n-1$ の等比数列の和。

よって $S=\dfrac{1+2x-(3n+1)x^n+(3n-2)x^{n+1}}{(1-x)^2}$

$x=1$ のとき $S=1+4+7+\cdots\cdots+(3n-2)$

$$=\frac{1}{2}n\{1+(3n-2)\}$$

$$=\frac{1}{2}n(3n-1)$$

←$x=1$ のとき，S は初項 1，末項 $3n-2$，項数 n の等差数列の和。

ゆえに，求める和は

$x\neq1$ のとき $\boldsymbol{\dfrac{1+2x-(3n+1)x^n+(3n-2)x^{n+1}}{(1-x)^2}}$

$x=1$ のとき $\boldsymbol{\dfrac{1}{2}n(3n-1)}$

練習 ④28 一般項が $a_n=(-1)^n n(n+2)$ で与えられる数列 $\{a_n\}$ に対して，初項から第 n 項までの和 S_n を求めよ。

HINT 数列 $\{a_n\}$ の各項は符号が交互に変わるから，n が偶数の場合と奇数の場合に分けて和を求める。まず，k を自然数として，$a_{2k-1}+a_{2k}$ を k で表す。

k を自然数とすると

$$a_{2k-1}+a_{2k}=(-1)^{2k-1}(2k-1)(2k+1)+(-1)^{2k}\cdot2k(2k+2)$$

$$=-(4k^2-1)+(4k^2+4k)$$

$$=4k+1$$

←$(-1)^{奇数}=-1$，$(-1)^{偶数}=1$

[1] $n=2m$ (m は自然数) のとき

$$S_{2m}=\sum_{k=1}^{m}(a_{2k-1}+a_{2k})=\sum_{k=1}^{m}(4k+1)$$

$$=4\cdot\frac{1}{2}m(m+1)+m$$

$$=2m^2+3m$$

←$S_{2m}=(a_1+a_2)+(a_3+a_4)+\cdots\cdots+(a_{2m-1}+a_{2m})$

$m=\dfrac{n}{2}$ であるから

$$S_n=2\left(\frac{n}{2}\right)^2+3\cdot\frac{n}{2}=\frac{n}{2}(n+3)$$

←S_{2m} の式に $m=\dfrac{n}{2}$ を代入して n の式に直す。

[2] $n=2m-1$（m は自然数）のとき

$a_{2m}=(-1)^{2m}\cdot 2m(2m+2)=4m^2+4m$ であるから

$$S_{2m-1}=S_{2m}-a_{2m}=2m^2+3m-(4m^2+4m)$$
$$=-2m^2-m$$

←$S_{2m}=S_{2m-1}+a_{2m}$ を利用する。

$m=\frac{n+1}{2}$ であるから

$$S_n=-2\left(\frac{n+1}{2}\right)^2-\frac{n+1}{2}=-\frac{1}{2}(n+1)\{(n+1)+1\}$$
$$=-\frac{1}{2}(n+1)(n+2)$$

←S_{2m-1} の式に $m=\frac{n+1}{2}$ を代入して n の式に直す。

[1]，[2] から　　**n が偶数のとき　$S_n=\frac{n}{2}(n+3)$**

n が奇数のとき　$S_n=-\frac{1}{2}(n+1)(n+2)$

←n が偶数のときと奇数のときをまとめることは難しいから，分けて答える。

練習 ③29

第 n 群が n 個の数を含む群数列

$1|2,\ 3|3,\ 4,\ 5|4,\ 5,\ 6,\ 7|5,\ 6,\ 7,\ 8,\ 9|6,\ \cdots\cdots$ について

(1) 第 n 群の総和を求めよ。　(2) 初めて 99 が現れるのは，第何群の何番目か。

(3) 最初の項から 1999 番目の項は，第何群の何番目か。また，その数を求めよ。〔類 東京薬大〕

(1) 第 n 群は初項 n，公差 1，項数 n の等差数列をなすから，その総和は　$\frac{1}{2}n\{2n+(n-1)\cdot 1\}=$ **$\frac{1}{2}n(3n-1)$**

(2) 第 k 群は数列 $k,\ k+1,\ k+2,\ \cdots\cdots,\ 2k-1$ であるから，99 が第 k 群の第 l 項であるとすると

$$k \leqq 99 \leqq 2k-1 \quad \text{すなわち} \quad 50 \leqq k \leqq 99$$

←第 k 群は，k から始まり項数が k である（公差 1 の等差数列）。

よって　　$50+(l-1)\cdot 1=99$

ゆえに　　$l=50$

したがって，**第 50 群の 50 番目** に初めて 99 が現れる。

(3) $1+2+3+\cdots\cdots+m=\frac{1}{2}m(m+1)$

←$\sum_{i=1}^{m} i=\frac{1}{2}m(m+1)$

ゆえに，第 m 群の末項はもとの数列の第 $\frac{1}{2}m(m+1)$ 項である。

第 1999 項が第 m 群にあるとすると

$$\frac{1}{2}(m-1)m<1999 \leqq \frac{1}{2}m(m+1)$$

←まず，第 1999 項が含まれる群を求める。

すなわち　$(m-1)m<3998 \leqq m(m+1)$ ……①

$(m-1)m$ は単調に増加し，$62\cdot 63=3906$，$63\cdot 64=4032$ であるから，① を満たす自然数 m は

$$m=63$$

$m=63$ のとき　　$\frac{1}{2}(m-1)m=\frac{1}{2}\cdot 62\cdot 63=1953$

←第 62 群の末項が第 1953 項となる。

また　　$1999-1953=46$

よって，第 1999 項は **第 63 群の 46 番目** の項である。

そして，その数は　　$63+(46-1)\cdot 1=$ **108**

練習 ③30

2の累乗を分母とする既約分数を，次のように並べた数列

$$\frac{1}{2},\ \frac{1}{4},\ \frac{3}{4},\ \frac{1}{8},\ \frac{3}{8},\ \frac{5}{8},\ \frac{7}{8},\ \frac{1}{16},\ \frac{3}{16},\ \frac{5}{16},\ \cdots\cdots,\ \frac{15}{16},\ \frac{1}{32},\ \cdots\cdots$$

について，第1項から第100項までの和を求めよ。　〔類 岩手大〕

分母が等しいものを群として，次のように区切って考える。

$$\frac{1}{2}\ \Big|\ \frac{1}{4},\ \frac{3}{4}\ \Big|\ \frac{1}{8},\ \frac{3}{8},\ \frac{5}{8},\ \frac{7}{8}\ \Big|\ \frac{1}{16},\ \frac{3}{16},\ \frac{5}{16},\ \cdots\cdots,\ \frac{15}{16}\ \Big|\ \frac{1}{32},\ \cdots\cdots$$

第 k 群には 2^{k-1} 個の項があるから，第1群から第 n 群までの項の総数は

$$1+2+2^2+\cdots\cdots+2^{n-1}=\frac{2^n-1}{2-1}=2^n-1$$

←初項1，公比2，項数 n の等比数列の和。

第100項が第 n 群の項であるとすると

$$2^{n-1}-1<100\leqq 2^n-1\ \cdots\cdots\ ①$$

$2^{n-1}-1$ は単調に増加し，$2^6-1=63$，$2^7-1=127$ であるから，①を満たす自然数 n は　$n=7$

第6群の末項が第63項となるから　$100-63=37$

←$2^6-1=63$

したがって，第100項は第7群の第37項である。

ここで，第 n 群の項の和は

$$\frac{1}{2^n}\{1+3+\cdots\cdots+(2^n-1)\}=\frac{1}{2^n}\cdot\frac{1}{2}\cdot 2^{n-1}\{1+(2^n-1)\}$$
$$=2^{n-2}$$

←〰〰は第 n 群の分子の和で，初項1，末項 2^n-1，項数 2^{n-1} の等差数列の和。

更に，各群の k 番目の項の分子は $2k-1$ である。

←$1+(k-1)\cdot 2=2k-1$

よって，求める和は

$$\sum_{k=1}^{6}2^{k-2}+\frac{1}{2^7}\{1+3+\cdots\cdots+(2\cdot 37-1)\}$$
$$=\frac{1}{2}\cdot\frac{2^6-1}{2-1}+\frac{1}{128}\cdot 37^2$$
$$=\frac{1}{2}\cdot 63+\frac{1369}{128}=\boldsymbol{\frac{5401}{128}}$$

←$\sum_{k=1}^{6}2^{k-2}=\sum_{k=1}^{6}\frac{1}{2}\cdot 2^{k-1}$

←$\boldsymbol{1+3+5+\cdots\cdots+(2n-1)=n^2}$

練習 ④31

自然数1，2，3，…… を，右の図のように並べる。

(1)　左から m 番目，上から1番目の位置にある自然数を m を用いて表せ。

(2)　150は左から何番目，上から何番目の位置にあるか。　〔類 中央大〕

1	2	4	7	…
3	5	8	…	…
6	9	…	…	…
10	…	…	…	…
…	…	…	…	…

並べられた整数を，次のように群に分けて考える。

$$1\,|\,2,\ 3\,|\,4,\ 5,\ 6\,|\,7,\ \cdots\cdots$$

(1)　第1群から第 m 群までの項数は

$$1+2+3+\cdots\cdots+m=\frac{1}{2}m(m+1)$$

←$\sum_{k=1}^{m}k=\frac{1}{2}m(m+1)$

左から m 番目，上から1番目は第 m 群の1番目であるから

$$\frac{1}{2}(m-1)m+1=\boldsymbol{\frac{1}{2}m^2-\frac{1}{2}m+1}$$

←第 $(m-1)$ 群までの項数に1を加えればよい。

(2) 150 が第 m 群に含まれるとすると

$$\frac{1}{2}(m-1)m<150\leqq\frac{1}{2}m(m+1)$$

よって　　$(m-1)m<300\leqq m(m+1)$

この不等式を満たす自然数 m は　　$m=17$

←$16\cdot17=272$
$17\cdot18=306$
$(m-1)m$ は単調に増加。

第 17 群の最初の項は　　$\frac{1}{2}\cdot(17-1)\cdot17+1=137$

150 は第 17 群の $150-137+1=14$ (番目) である。

ゆえに，左から　　$17-14+1=4$ (番目)

よって，150 は **左から 4 番目，上から 14 番目** の位置にある。

練習 ④32

xy 平面において，次の連立不等式の表す領域に含まれる格子点の個数を求めよ。ただし，n は自然数とする。

(1) $x\geqq0$，$y\geqq0$，$x+3y\leqq3n$　　(2) $0\leqq x\leqq n$，$y\geqq x^2$，$y\leqq2x^2$

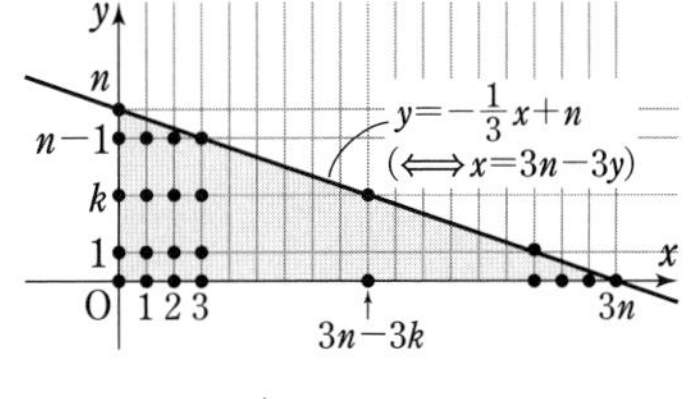

(1) 領域は，右図のように，x 軸，y 軸，直線 $y=-\frac{1}{3}x+n$ で囲まれた三角形の周および内部である。

ここで，$x+3y=3n$ とすると　　$x=3n-3y$

ゆえに，直線 $y=k$ ($k=0$, 1, ……, n) 上には，$(3n-3k+1)$ 個の格子点が並ぶ。

よって，格子点の総数は

$$\sum_{k=0}^{n}(3n-3k+1)=-3\sum_{k=0}^{n}k+(3n+1)\sum_{k=0}^{n}1$$

$$=-3\cdot\frac{1}{2}n(n+1)+(3n+1)(n+1)$$

$$=\frac{1}{2}(n+1)\{-3n+2(3n+1)\}$$

$$=\boldsymbol{\frac{1}{2}(n+1)(3n+2)}\ \textbf{(個)}$$

←$\sum_{k=0}^{n}k=\sum_{k=1}^{n}k$，
$\sum_{k=0}^{n}1=1\times(n+1)$

検討　直線 $x=k$ ($k=0$, 1, …, $3n$) と直線 $x+3y=3n$ の交点の座標は　$\left(k,\ n-\frac{k}{3}\right)$

これは $k=3m$ ($m=0$, 1, …, n) のとき格子点であるが，$k=3m-2$，$3m-1$ ($m=1$, 2, …, n) のとき格子点ではない。よって，直線 $x=k$ 上の格子点の数を調べる方針の場合は，$k=3m$，$3m-1$，$3m-2$ で場合分けをして考えていく必要がある。これは大変なので，直線 $y=k$ ($k=0$, 1, 2, …, n) 上の格子点の数を調べているのである。

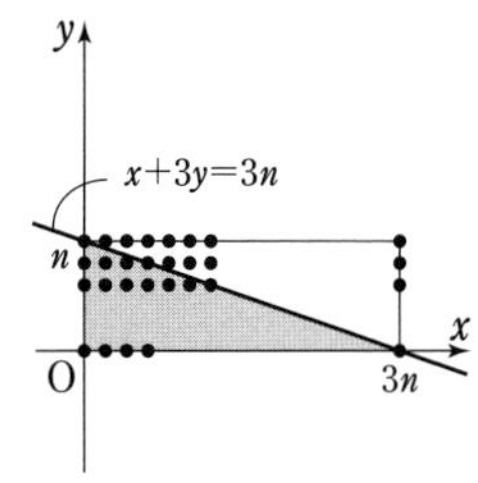

別解　線分 $x+3y=3n$ ($0\leqq y\leqq n$) 上の格子点 $(0,\ n)$，$(3,\ n-1)$，……，$(3n,\ 0)$ の個数は　　$n+1$

4 点 $(0,\ 0)$，$(3n,\ 0)$，$(3n,\ n)$，$(0,\ n)$ を頂点とする長方形の周および内部にある格子点の個数は

$$(3n+1)(n+1)$$

ゆえに，求める格子点の個数は

$$\frac{1}{2}\{(3n+1)(n+1)+(n+1)\}=\boldsymbol{\frac{1}{2}(n+1)(3n+2)}\ \textbf{(個)}$$

(2)　領域は，右図のように，直線 $x=n$，放物線 $y=x^2$，$y=2x^2$ で囲まれた部分である(境界線を含む)。
直線 $x=k$ ($k=0,\ 1,\ 2,\ \cdots\cdots,\ n-1,\ n$) 上には，$2k^2-k^2+1=(k^2+1)$ (個) の格子点が並ぶ。
よって，格子点の総数は

$$\sum_{k=0}^{n}(k^2+1)=(0^2+1)+\sum_{k=1}^{n}(k^2+1)$$
$$=1+\sum_{k=1}^{n}(k^2+1)$$
$$=1+\frac{1}{6}n(n+1)(2n+1)+n$$
$$=\boldsymbol{\frac{1}{6}(n+1)(2n^2+n+6)}\ \textbf{(個)}$$

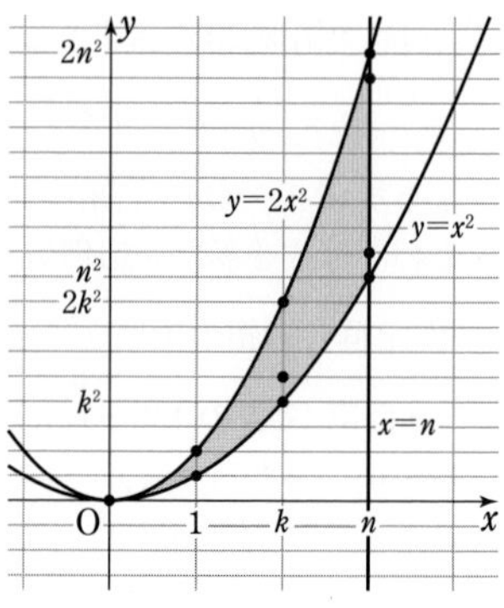

練習 ①33　次の条件によって定められる数列 $\{a_n\}$ の一般項を求めよ。
(1)　$a_1=2,\ a_{n+1}-a_n+\dfrac{1}{2}=0$　　(2)　$a_1=-1,\ a_{n+1}+a_n=0$
(3)　$a_1=3,\ 2a_{n+1}-2a_n=4n^2+2n-1$

(1)　$a_{n+1}=a_n-\dfrac{1}{2}$ より，数列 $\{a_n\}$ は初項 $a_1=2$，公差 $-\dfrac{1}{2}$ の等差数列であるから　　$\boldsymbol{a_n}=2+(n-1)\cdot\left(-\dfrac{1}{2}\right)\boldsymbol{=-\dfrac{1}{2}n+\dfrac{5}{2}}$

←$a_n=a+(n-1)d$

(2)　$a_{n+1}=-a_n$ より，数列 $\{a_n\}$ は初項 $a_1=-1$，公比 -1 の等比数列であるから　　$\boldsymbol{a_n}=-1\cdot(-1)^{n-1}\boldsymbol{=(-1)^n}$

←$a_n=ar^{n-1}$

(3)　$2a_{n+1}-2a_n=4n^2+2n-1$ から

$$a_{n+1}-a_n=2n^2+n-\frac{1}{2}$$

よって，数列 $\{a_n\}$ の階差数列の第 n 項は $2n^2+n-\dfrac{1}{2}$ であるから，$n\geqq 2$ のとき

$$a_n=a_1+\sum_{k=1}^{n-1}\left(2k^2+k-\frac{1}{2}\right)$$
$$=3+2\sum_{k=1}^{n-1}k^2+\sum_{k=1}^{n-1}k-\frac{1}{2}\sum_{k=1}^{n-1}1$$

←$a_n=a_1+\displaystyle\sum_{k=1}^{n-1}(a_{k+1}-a_k)$

$$=3+2\cdot\frac{1}{6}(n-1)n(2n-1)+\frac{1}{2}(n-1)n-\frac{1}{2}(n-1)$$

←$\displaystyle\sum_{k=1}^{n-1}k=\frac{1}{2}(n-1)n$, $\displaystyle\sum_{k=1}^{n-1}k^2=\frac{1}{6}(n-1)n(2n-1)$

$$=\frac{1}{6}\{18+2n(n-1)(2n-1)+3n(n-1)-3(n-1)\}$$
$$=\frac{1}{6}(4n^3-3n^2-4n+21)\ \cdots\cdots\ ①$$

$n=1$ のとき　　$\dfrac{1}{6}(4\cdot1^3-3\cdot1^2-4\cdot1+21)=3$

$a_1=3$ であるから，① は $n=1$ のときも成り立つ。

したがって　　$\boldsymbol{a_n=\dfrac{1}{6}(4n^3-3n^2-4n+21)}$

! 初項は特別扱い

練習 ②34 次の条件によって定められる数列 $\{a_n\}$ の一般項を求めよ。
(1) $a_1=2$, $a_{n+1}=3a_n-2$ 〔名古屋市大〕　(2) $a_1=3$, $2a_{n+1}-a_n+2=0$

(1) $a_{n+1}=3a_n-2$ を変形すると　$a_{n+1}-1=3(a_n-1)$
また　$a_1-1=2-1=1$
よって，数列 $\{a_n-1\}$ は初項1，公比3の等比数列であるから
$a_n-1=1\cdot 3^{n-1}$　したがって　$\boldsymbol{a_n=3^{n-1}+1}$

←$\alpha=3\alpha-2$ の解は $\alpha=1$

(2) $2a_{n+1}-a_n+2=0$ を変形すると　$a_{n+1}+2=\dfrac{1}{2}(a_n+2)$
また　$a_1+2=3+2=5$
よって，数列 $\{a_n+2\}$ は初項5，公比 $\dfrac{1}{2}$ の等比数列であるから
$a_n+2=5\cdot\left(\dfrac{1}{2}\right)^{n-1}$　したがって　$\boldsymbol{a_n=5\left(\dfrac{1}{2}\right)^{n-1}-2}$

←$a_{n+1}=\dfrac{1}{2}a_n-1$
また，$2\alpha-\alpha+2=0$ の解は　$\alpha=-2$

検討　本冊 $p.60$ で扱った「**階差数列を利用する**」という方法も有効である。練習 34(1) について，その方法による解答を紹介しておく。

別解　$a_{n+1}=3a_n-2$ …… ① とする。
① で n の代わりに $n+1$ とおくと　$a_{n+2}=3a_{n+1}-2$ …… ②
②−① から　$a_{n+2}-a_{n+1}=3(a_{n+1}-a_n)$
数列 $\{a_n\}$ の階差数列を $\{b_n\}$ とすると　$b_{n+1}=3b_n$
また　$b_1=a_2-a_1=(3\cdot 2-2)-2=2$
ゆえに，数列 $\{b_n\}$ は初項2，公比3の等比数列であるから
$b_n=2\cdot 3^{n-1}$ …… ③
よって，$n\geqq 2$ のとき

$$a_n=a_1+\sum_{k=1}^{n-1}2\cdot 3^{k-1}=2+2\cdot\frac{3^{n-1}-1}{3-1}=3^{n-1}+1$$

初項は $a_1=2$ であるから，これは $n=1$ のときも成り立つ。
したがって　$\boldsymbol{a_n=3^{n-1}+1}$

←$3^{1-1}+1=2$

参考　③ を導いた後は，次のように進めてよい。
③ から　$a_{n+1}-a_n=2\cdot 3^{n-1}$
$a_{n+1}=3a_n-2$ を代入して　$(3a_n-2)-a_n=2\cdot 3^{n-1}$
したがって　$\boldsymbol{a_n=3^{n-1}+1}$

←a_{n+1} を消去。

練習 ③35 $a_1=-2$, $a_{n+1}=-3a_n-4n+3$ によって定められる数列 $\{a_n\}$ の一般項を求めよ。

$a_{n+1}=-3a_n-4n+3$ …… ① とすると
$a_{n+2}=-3a_{n+1}-4(n+1)+3$ …… ②
②−① から　$a_{n+2}-a_{n+1}=-3(a_{n+1}-a_n)-4$
$a_{n+1}-a_n=b_n$ とおくと　$b_{n+1}=-3b_n-4$
これを変形すると　$b_{n+1}+1=-3(b_n+1)$
また　$b_1+1=(a_2-a_1)+1=(-3a_1-4+3-a_1)+1$
$=-4a_1=8$

←差を作り，n を消去。
←$\{b_n\}$ は $\{a_n\}$ の階差数列。
←$\alpha=-3\alpha-4$ の解は $\alpha=-1$

よって，数列 $\{b_n+1\}$ は初項 8，公比 -3 の等比数列で

$$b_n+1=8\cdot(-3)^{n-1} \quad \text{すなわち} \quad b_n=8\cdot(-3)^{n-1}-1$$

$n \geqq 2$ のとき

$$\begin{aligned} a_n &= a_1+\sum_{k=1}^{n-1}\{8\cdot(-3)^{k-1}-1\} \\ &= -2+8\cdot\frac{1-(-3)^{n-1}}{1-(-3)}-(n-1) \\ &= -2\cdot(-3)^{n-1}-n+1 \quad \cdots\cdots ③ \end{aligned}$$

←$n \geqq 2$ のとき $a_n=a_1+\sum_{k=1}^{n-1}b_k$

$n=1$ のとき　$-2\cdot(-3)^0-1+1=-2$

$a_1=-2$ であるから，③ は $n=1$ のときも成り立つ。

❶ 初項は特別扱い

したがって　$\boldsymbol{a_n=-2\cdot(-3)^{n-1}-n+1}$

参考　$b_n=8\cdot(-3)^{n-1}-1$ を導いた後，$a_{n+1}-a_n=8\cdot(-3)^{n-1}-1$ に ① を代入して a_n を求めてもよい。

別解　$f(n)=\alpha n+\beta$ とする。$a_{n+1}=-3a_n-4n+3$ が

$$a_{n+1}-f(n+1)=-3\{a_n-f(n)\} \quad \cdots\cdots ①$$

の形に変形できるための条件を求める。

① から　$a_{n+1}-\{\alpha(n+1)+\beta\}=-3\{a_n-(\alpha n+\beta)\}$

よって　$a_{n+1}=-3a_n+4\alpha n+\alpha+4\beta$

これと $a_{n+1}=-3a_n-4n+3$ の右辺の係数を比較して

$$4\alpha=-4,\ \alpha+4\beta=3$$

←$4\alpha n+\alpha+4\beta=-4n+3$ が n の恒等式。

ゆえに　$\alpha=-1,\ \beta=1$

このとき　$a_{n+1}-\{-(n+1)+1\}=-3\{a_n-(-n+1)\}$

また　$a_1-(-1+1)=-2$

よって，数列 $\{a_n-(-n+1)\}$ は初項 -2，公比 -3 の等比数列であるから　$a_n-(-n+1)=-2\cdot(-3)^{n-1}$

したがって　$\boldsymbol{a_n=-2\cdot(-3)^{n-1}-n+1}$

練習 ③36

$a_1=4$，$a_{n+1}=4a_n-2^{n+1}$ によって定められる数列 $\{a_n\}$ の一般項を求めよ。〔信州大〕

$a_{n+1}=4a_n-2^{n+1}$ の両辺を 2^{n+1} で割ると

$$\frac{a_{n+1}}{2^{n+1}}=2\cdot\frac{a_n}{2^n}-1$$

←$\frac{4a_n}{2^{n+1}}=\frac{4}{2}\cdot\frac{a_n}{2^n}$

$\frac{a_n}{2^n}=b_n$ とおくと　$b_{n+1}=2b_n-1$

←**おき換え** が有効。

これを変形すると　$b_{n+1}-1=2(b_n-1)$

←$\alpha=2\alpha-1$ の解は $\alpha=1$

また　$b_1-1=\frac{a_1}{2}-1=\frac{4}{2}-1=1$

よって，数列 $\{b_n-1\}$ は初項 1，公比 2 の等比数列であるから

$$b_n-1=1\cdot2^{n-1}$$

ゆえに　$\frac{a_n}{2^n}=2^{n-1}+1$

したがって　$\boldsymbol{a_n=2^{2n-1}+2^n}$

←$2^n(2^{n-1}+1)=2^{2n-1}+2^n$

別解　$a_{n+1}=4a_n-2^{n+1}$ の両辺を 4^{n+1} で割ると

$$\frac{a_{n+1}}{4^{n+1}}=\frac{a_n}{4^n}-\left(\frac{1}{2}\right)^{n+1}$$

$\frac{a_n}{4^n}=b_n$ とおくと　$b_{n+1}=b_n-\left(\frac{1}{2}\right)^{n+1}$　　また　$b_1=\frac{a_1}{4^1}=1$

←階差数列の形。

ゆえに，$n \geqq 2$ のとき

$$b_n=b_1+\sum_{k=1}^{n-1}\left(-\frac{1}{4}\right)\cdot\left(\frac{1}{2}\right)^{k-1}=1-\frac{1}{4}\cdot\frac{1-\left(\frac{1}{2}\right)^{n-1}}{1-\frac{1}{2}}$$

$$=1-\frac{1}{2}\left\{1-\left(\frac{1}{2}\right)^{n-1}\right\}=\frac{1}{2}+\left(\frac{1}{2}\right)^n \quad \cdots\cdots \text{①}$$

←〰〰 は初項 $-\frac{1}{4}$，公比 $\frac{1}{2}$，項数 $n-1$ の等比数列の和。

$n=1$ のとき　　$\frac{1}{2}+\left(\frac{1}{2}\right)^1=1$

$b_1=1$ であるから，① は $n=1$ のときも成り立つ。

← 初項は特別扱い

よって　　$\boldsymbol{a_n}=4^nb_n=2^{2n}(2^{-1}+2^{-n})=\boldsymbol{2^{2n-1}+2^n}$

練習 ③37

$a_1=1$，$a_{n+1}=\frac{3a_n}{6a_n+1}$ によって定められる数列 $\{a_n\}$ の一般項を求めよ。

漸化式から，数列 $\{a_n\}$ の各項は正である。

←$a_1>0$ および漸化式の形から明らか。

$a_{n+1}=\frac{3a_n}{6a_n+1}$ の両辺の逆数をとると

$$\frac{1}{a_{n+1}}=2+\frac{1}{3a_n}$$

←$\frac{1}{a_{n+1}}=\frac{6a_n+1}{3a_n}$

$\frac{1}{a_n}=b_n$ とおくと　　$b_{n+1}=\frac{1}{3}b_n+2$

←$\frac{1}{3a_n}=\frac{1}{3}\cdot\frac{1}{a_n}=\frac{1}{3}b_n$

これを変形すると　　$b_{n+1}-3=\frac{1}{3}(b_n-3)$

←$\alpha=\frac{1}{3}\alpha+2$ の解は $\alpha=3$

また　　$b_1-3=\frac{1}{a_1}-3=1-3=-2$

よって，数列 $\{b_n-3\}$ は初項 -2，公比 $\frac{1}{3}$ の等比数列であるから　　$b_n-3=-2\left(\frac{1}{3}\right)^{n-1}$　すなわち　$b_n=3-\frac{2}{3^{n-1}}=\frac{3^n-2}{3^{n-1}}$

したがって　　$\boldsymbol{a_n}=\frac{1}{b_n}=\boldsymbol{\frac{3^{n-1}}{3^n-2}}$

←$3^n \geqq 3$ であるから $3^n-2>0$

練習 ③38

$a_1=1$，$a_{n+1}=2a_n^2$ で定められる数列 $\{a_n\}$ の一般項を求めよ。　〔類 慶応大〕

漸化式から，数列 $\{a_n\}$ の各項は正である。

←$a_1>0$ および漸化式の形から明らか。

よって，$a_{n+1}=2a_n^2$ の両辺は正であるから，両辺の 2 を底とする対数をとると

$$\log_2 a_{n+1}=\log_2 2a_n^2$$

ゆえに　　$\log_2 a_{n+1}=2\log_2 a_n+1$

←$\log_2 2a_n^2=\log_2 2+\log_2 a_n^2=1+2\log_2 a_n$

$\log_2 a_n=b_n$ とおくと　　$b_{n+1}=2b_n+1$

これを変形して　　$b_{n+1}+1=2(b_n+1)$

また　　$b_1+1=\log_2 a_1+1=\log_2 1+1=1$

よって，数列 $\{b_n+1\}$ は初項 1，公比 2 の等比数列であるから

$$b_n+1=2^{n-1}$$

ゆえに　　$b_n=2^{n-1}-1$

したがって　　$\boldsymbol{a_n=2^{b_n}=2^{2^{n-1}-1}}$

←$\alpha=2\alpha+1$ を解くと $\alpha=-1$

←$\log_a a_n=p \Leftrightarrow a_n=a^p$

練習 ③39 $a_1=\dfrac{1}{2}$，$na_{n+1}=(n+2)a_n+1$ によって定められる数列 $\{a_n\}$ がある。

(1) $a_n=n(n+1)b_n$ とおくとき，b_{n+1} を b_n と n の式で表せ。

(2) a_n を n の式で表せ。

(1) $a_n=n(n+1)b_n$ を $na_{n+1}=(n+2)a_n+1$ に代入して

$$n\cdot(n+1)(n+2)b_{n+1}=(n+2)\cdot n(n+1)b_n+1$$

両辺を $n(n+1)(n+2)$ で割ると

$$\boldsymbol{b_{n+1}=b_n+\frac{1}{n(n+1)(n+2)}}$$

(2) (1) から　　$b_{n+1}-b_n=\dfrac{1}{n(n+1)(n+2)}$

$$=\frac{1}{2}\left\{\frac{1}{n(n+1)}-\frac{1}{(n+1)(n+2)}\right\}$$

←部分分数に分解して，差の形を作る。$=\dfrac{1}{2}\cdot\dfrac{(n+2)-n}{n(n+1)(n+2)}$

$b_{n+1}-b_n=c_n$ とおくと

$$c_n=\frac{1}{2}\left\{\frac{1}{n(n+1)}-\frac{1}{(n+1)(n+2)}\right\}$$

ここで　　$b_1=\dfrac{a_1}{1\cdot2}=\dfrac{1}{2}\cdot\dfrac{1}{2}=\dfrac{1}{4}$

←$b_n=\dfrac{a_n}{n(n+1)}$

よって，$n\geqq2$ のとき

$$b_n=b_1+\sum_{k=1}^{n-1}c_k$$

$$=\frac{1}{4}+\frac{1}{2}\left[\left(\frac{1}{1\cdot2}-\frac{1}{2\cdot3}\right)+\left(\frac{1}{2\cdot3}-\frac{1}{3\cdot4}\right)+\cdots\cdots+\left\{\frac{1}{(n-1)n}-\frac{1}{n(n+1)}\right\}\right]$$

←途中が消えて，最初と最後だけが残る。

$$=\frac{1}{4}+\frac{1}{2}\left\{\frac{1}{2}-\frac{1}{n(n+1)}\right\}$$

$$=\frac{1}{2}-\frac{1}{2n(n+1)}\ \cdots\cdots\ ①$$

$n=1$ のとき　　$\dfrac{1}{2}-\dfrac{1}{2\cdot1\cdot2}=\dfrac{1}{4}$

$b_1=\dfrac{1}{4}$ であるから，① は $n=1$ のときも成り立つ。

初項は特別扱い

よって　　$\boldsymbol{a_n}=n(n+1)b_n=n(n+1)\left\{\dfrac{1}{2}-\dfrac{1}{2n(n+1)}\right\}$

$$=\boldsymbol{\frac{n^2+n-1}{2}}$$

←$\dfrac{n(n+1)}{2}-\dfrac{1}{2}$

練習 ④40 $a_1=\frac{2}{3}$, $(n+2)a_n=(n-1)a_{n-1}$ $(n\geqq2)$ によって定められる数列 $\{a_n\}$ の一般項を求めよ。 〔類 弘前大〕

解答 1. 漸化式を変形して

$$a_n=\frac{n-1}{n+2}a_{n-1}\ (n\geqq2)$$

ゆえに $a_n=\frac{n-1}{n+2}\cdot\frac{n-2}{n+1}a_{n-2}\ (n\geqq3)$

これを繰り返して

$$a_n=\frac{n-1}{n+2}\cdot\frac{n-2}{n+1}\cdot\frac{n-3}{n}\cdot\frac{n-4}{n-1}\cdot\cdots\cdots\cdot\frac{4}{7}\cdot\frac{3}{6}\cdot\frac{2}{5}\cdot\frac{1}{4}a_1$$

よって $a_n=\frac{3\cdot2\cdot1}{(n+2)(n+1)n}\cdot\frac{2}{3}$

すなわち $\boldsymbol{a_n=\frac{4}{n(n+1)(n+2)}}$ …… ①

$n=1$ のとき $\frac{4}{1\cdot2\cdot3}=\frac{2}{3}$

$a_1=\frac{2}{3}$ であるから，① は $n=1$ のときも成り立つ。

←$a_n=\frac{n-1}{n+2}a_{n-1}$
$=\frac{n-1}{n+2}\cdot\frac{n-2}{n+1}a_{n-2}$
$=\frac{n-1}{n+2}\cdot\frac{n-2}{n+1}\cdot\frac{n-3}{n}a_{n-3}$
$=\cdots\cdots$

解答 2. 漸化式の両辺に $n(n+1)$ を掛けると

$$n(n+1)(n+2)a_n=(n-1)n(n+1)a_{n-1}\quad(n\geqq2)$$

よって $n(n+1)(n+2)a_n=(n-1)n(n+1)a_{n-1}$
$=\cdots\cdots=1\cdot2\cdot3a_1=4$

したがって $\boldsymbol{a_n=\frac{4}{n(n+1)(n+2)}}$ …… ①

$n=1$ のとき $\frac{4}{1\cdot2\cdot3}=\frac{2}{3}$

$a_1=\frac{2}{3}$ であるから，① は $n=1$ のときも成り立つ。

←$n+2$，$n-1$ の間にある $n+1$，n を掛けると都合がよい。
←数列 $\{n(n+1)(n+2)a_n\}$ は，すべての項が等しい。

練習 ③41 次の条件によって定められる数列 $\{a_n\}$ の一般項を求めよ。 〔(1) 類 立教大〕
(1) $a_1=1$, $a_2=2$, $a_{n+2}-2a_{n+1}-3a_n=0$ (2) $a_1=0$, $a_2=1$, $5a_{n+2}=3a_{n+1}+2a_n$

(1) 漸化式を変形すると

$$a_{n+2}+a_{n+1}=3(a_{n+1}+a_n)\ \cdots\cdots\ ①,$$
$$a_{n+2}-3a_{n+1}=-(a_{n+1}-3a_n)\ \cdots\cdots\ ②$$

① より，数列 $\{a_{n+1}+a_n\}$ は初項 $a_2+a_1=3$，公比 3 の等比数列であるから $a_{n+1}+a_n=3\cdot3^{n-1}=3^n$ …… ③

② より，数列 $\{a_{n+1}-3a_n\}$ は初項 $a_2-3a_1=-1$，公比 -1 の等比数列であるから

$$a_{n+1}-3a_n=-1\cdot(-1)^{n-1}=(-1)^n\ \cdots\cdots\ ④$$

③−④ から $4a_n=3^n-(-1)^n$

したがって $\boldsymbol{a_n=\frac{1}{4}\{3^n-(-1)^n\}}$

←$x^2-2x-3=0$ を解くと，$(x+1)(x-3)=0$ から $x=-1,\ 3$
解に 1 を含まない から，漸化式を **2 通りに変形**。

(2) 漸化式を変形すると　$a_{n+2}-a_{n+1}=-\frac{2}{5}(a_{n+1}-a_n)$

ゆえに，数列 $\{a_{n+1}-a_n\}$ は初項 $a_2-a_1=1$，公比 $-\frac{2}{5}$ の等比数列であるから　$a_{n+1}-a_n=\left(-\frac{2}{5}\right)^{n-1}$ …… Ⓐ

よって，$n\geqq 2$ のとき

$$a_n=a_1+\sum_{k=1}^{n-1}\left(-\frac{2}{5}\right)^{k-1}=\frac{1-\left(-\frac{2}{5}\right)^{n-1}}{1-\left(-\frac{2}{5}\right)}$$

$$=\frac{5}{7}\left\{1-\left(-\frac{2}{5}\right)^{n-1}\right\}$$

$n=1$ を代入すると，$\frac{5}{7}\left\{1-\left(-\frac{2}{5}\right)^{0}\right\}=0$ であるから，上の式は $n=1$ のときも成り立つ。

したがって　$\boldsymbol{a_n=\frac{5}{7}\left\{1-\left(-\frac{2}{5}\right)^{n-1}\right\}}$

別解　$5a_{n+2}=3a_{n+1}+2a_n$ を変形すると

$$a_{n+2}+\frac{2}{5}a_{n+1}=a_{n+1}+\frac{2}{5}a_n$$

ゆえに　$a_{n+1}+\frac{2}{5}a_n=a_n+\frac{2}{5}a_{n-1}=\cdots\cdots=a_2+\frac{2}{5}a_1=1$

よって　$a_{n+1}+\frac{2}{5}a_n=1$ …… Ⓑ

これを変形して　$a_{n+1}-\frac{5}{7}=-\frac{2}{5}\left(a_n-\frac{5}{7}\right)$

よって，数列 $\left\{a_n-\frac{5}{7}\right\}$ は初項 $a_1-\frac{5}{7}=-\frac{5}{7}$，公比 $-\frac{2}{5}$ の等比数列であるから　$a_n-\frac{5}{7}=-\frac{5}{7}\cdot\left(-\frac{2}{5}\right)^{n-1}$

したがって　$\boldsymbol{a_n=\frac{5}{7}\left\{1-\left(-\frac{2}{5}\right)^{n-1}\right\}}$

検討　Ⓐ と Ⓑ を導き，この 2 式から a_{n+1} を消去する方法で一般項 a_n を求めてもよい。

←$5x^2=3x+2$ を解くと，$(x-1)(5x+2)=0$ から $x=1,\ -\frac{2}{5}$
解に 1 を含む から，**階差数列を利用** する方針が有効。

初項は特別扱い

←$a_{n+1}=-\frac{2}{5}a_n+1$

←$a_{n+1}=pa_n+q$ 型
特性方程式
$\alpha+\frac{2}{5}\alpha=1$ の解は
$\alpha=\frac{5}{7}$

練習 ③42

次の条件によって定められる数列 $\{a_n\}$ の一般項を求めよ。
$a_1=0,\ a_2=3,\ a_{n+2}-6a_{n+1}+9a_n=0$

漸化式を変形すると　$a_{n+2}-3a_{n+1}=3(a_{n+1}-3a_n)$
よって，数列 $\{a_{n+1}-3a_n\}$ は初項 $a_2-3a_1=3$，公比 3 の等比数列であるから　$a_{n+1}-3a_n=3\cdot 3^{n-1}$

両辺を 3^{n+1} で割ると　$\frac{a_{n+1}}{3^{n+1}}-\frac{a_n}{3^n}=\frac{1}{3}$

$\frac{a_n}{3^n}=b_n$ とおくと　$b_{n+1}-b_n=\frac{1}{3}$

←$x^2-6x+9=0$ を解くと，$(x-3)^2=0$ から $x=3$（重解）

←$a_{n+1}=pa_n+q^n$ 型は，両辺を q^{n+1} で割る。

←$a_{n+1}-a_n=d$（公差）

ゆえに，数列 $\{b_n\}$ は初項 $b_1=\dfrac{a_1}{3}=0$，公差 $\dfrac{1}{3}$ の等差数列であるから　$b_n=(n-1)\cdot\dfrac{1}{3}=\dfrac{n-1}{3}$

したがって　$a_n=3^n b_n=\boldsymbol{(n-1)\cdot 3^{n-1}}$

練習 ④43 次の条件によって定められる数列 $\{a_n\}$ の一般項を求めよ。

$a_1=a_2=1,\ a_{n+2}=a_{n+1}+3a_n$　〔類 北海道大〕

$x^2=x+3$ すなわち $x^2-x-3=0$ の 2 つの解を α，$\beta\ (\alpha<\beta)$ とおくと，解と係数の関係から　$\alpha+\beta=1,\ \alpha\beta=-3$

また，漸化式は $a_{n+2}-(\alpha+\beta)a_{n+1}+\alpha\beta a_n=0$ となるから

$$a_{n+2}-\alpha a_{n+1}=\beta(a_{n+1}-\alpha a_n),\ a_2-\alpha a_1=1-\alpha;$$
$$a_{n+2}-\beta a_{n+1}=\alpha(a_{n+1}-\beta a_n),\ a_2-\beta a_1=1-\beta$$

よって，数列 $\{a_{n+1}-\alpha a_n\}$ は初項 $1-\alpha$，公比 β の等比数列；
数列 $\{a_{n+1}-\beta a_n\}$ は初項 $1-\beta$，公比 α の等比数列。

ゆえに　$a_{n+1}-\alpha a_n=(1-\alpha)\beta^{n-1}$ …… ①
$a_{n+1}-\beta a_n=(1-\beta)\alpha^{n-1}$ …… ②

①－② から

$$(\beta-\alpha)a_n=(1-\alpha)\beta^{n-1}-(1-\beta)\alpha^{n-1} \quad \cdots\cdots ③$$

ここで，$\alpha=\dfrac{1-\sqrt{13}}{2}$，$\beta=\dfrac{1+\sqrt{13}}{2}$ であるから

$$\beta-\alpha=\sqrt{13}$$

また，$\alpha+\beta=1$ から

$$1-\alpha=\beta,\ 1-\beta=\alpha$$

よって，③ から

$$a_n=\frac{1}{\beta-\alpha}(\beta^n-\alpha^n)=\boldsymbol{\frac{1}{\sqrt{13}}\left\{\left(\frac{1+\sqrt{13}}{2}\right)^n-\left(\frac{1-\sqrt{13}}{2}\right)^n\right\}}$$

←$x^2-x-3=0$ の解は $x=\dfrac{1\pm\sqrt{13}}{2}$
この値を代入して漸化式を 2 通りに表すのは表記が複雑なので，α，β のまま進めた方がよい。

←一般項 a_n を α，β の式で表すことができる段階になったから，ここで α，β に値を代入。

←$(\beta-\alpha)^2=(\alpha+\beta)^2-4\alpha\beta=1^2-4(-3)=13$
$\beta-\alpha>0$ であるから $\beta-\alpha=\sqrt{13}$ としてもよい。

練習 ③44 数列 $\{a_n\}$，$\{b_n\}$ を $a_1=1$，$b_1=1$，$a_{n+1}=2a_n-6b_n$，$b_{n+1}=a_n+7b_n$ で定めるとき，数列 $\{a_n\}$，$\{b_n\}$ の一般項を求めよ。

$$a_{n+1}+\alpha b_{n+1}=2a_n-6b_n+\alpha(a_n+7b_n)$$
$$=(2+\alpha)a_n+(-6+7\alpha)b_n$$

よって，$a_{n+1}+\alpha b_{n+1}=\beta(a_n+\alpha b_n)$ とすると

$$(2+\alpha)a_n+(-6+7\alpha)b_n=\beta a_n+\alpha\beta b_n$$

これがすべての n について成り立つための条件は

$$2+\alpha=\beta,\ -6+7\alpha=\alpha\beta$$

$\beta=2+\alpha$ を $-6+7\alpha=\alpha\beta$ に代入して整理すると

$$\alpha^2-5\alpha+6=0 \qquad ゆえに \qquad \alpha=2,\ 3$$

したがって　$(\alpha,\ \beta)=(2,\ 4),\ (3,\ 5)$

ゆえに　$a_{n+1}+2b_{n+1}=4(a_n+2b_n),\ a_1+2b_1=3;$
$a_{n+1}+3b_{n+1}=5(a_n+3b_n),\ a_1+3b_1=4$

よって，数列 $\{a_n+2b_n\}$ は初項 3，公比 4 の等比数列；
数列 $\{a_n+3b_n\}$ は初項 4，公比 5 の等比数列。

←等比数列を作る方法。

←a_n，b_n についての恒等式とみて係数比較。

←$(\alpha-2)(\alpha-3)=0$

←ar^{n-1}

ゆえに　$a_n+2b_n=3\cdot 4^{n-1}$ …… ①,
$a_n+3b_n=4\cdot 5^{n-1}$ …… ②

①×3−②×2 から　$\boldsymbol{a_n=9\cdot 4^{n-1}-8\cdot 5^{n-1}}$

②−① から　$\boldsymbol{b_n=4\cdot 5^{n-1}-3\cdot 4^{n-1}}$

←①，② を a_n，b_n の連立方程式とみて解く。

別解　$a_{n+1}=2a_n-6b_n$ …… ③，$b_{n+1}=a_n+7b_n$ …… ④

←隣接 3 項間の漸化式に帰着させる方法。

④ から　$a_n=b_{n+1}-7b_n$　よって　$a_{n+1}=b_{n+2}-7b_{n+1}$

これらを ③ に代入して　$b_{n+2}-7b_{n+1}=2(b_{n+1}-7b_n)-6b_n$

ゆえに　$b_{n+2}-9b_{n+1}+20b_n=0$ …… ⑤

←隣接 3 項間の漸化式。

また　$b_2=a_1+7b_1=1+7\cdot 1=8$

⑤ を変形すると

$b_{n+2}-4b_{n+1}=5(b_{n+1}-4b_n)$，$b_2-4b_1=4$；

$b_{n+2}-5b_{n+1}=4(b_{n+1}-5b_n)$，$b_2-5b_1=3$

←⑤ の特性方程式 $x^2-9x+20=0$ の解は，$(x-4)(x-5)=0$ から　$x=4$，5

よって，数列 $\{b_{n+1}-4b_n\}$ は初項 4，公比 5 の等比数列；
数列 $\{b_{n+1}-5b_n\}$ は初項 3，公比 4 の等比数列。

ゆえに　$b_{n+1}-4b_n=4\cdot 5^{n-1}$ …… ⑥
$b_{n+1}-5b_n=3\cdot 4^{n-1}$ …… ⑦

←ar^{n-1}

⑥−⑦ から　$\boldsymbol{b_n=4\cdot 5^{n-1}-3\cdot 4^{n-1}}$

←b_{n+1} を消去。

よって　$\boldsymbol{a_n}=(4\cdot 5^n-3\cdot 4^n)-7(4\cdot 5^{n-1}-3\cdot 4^{n-1})$
$\boldsymbol{=9\cdot 4^{n-1}-8\cdot 5^{n-1}}$

←$a_n=b_{n+1}-7b_n$ を利用。
$4\cdot 5^n=20\cdot 5^{n-1}$，
$3\cdot 4^n=12\cdot 4^{n-1}$

練習 ③45　数列 $\{a_n\}$，$\{b_n\}$ を $a_1=-1$，$b_1=1$，$a_{n+1}=-2a_n-9b_n$，$b_{n+1}=a_n+4b_n$ で定めるとき，数列 $\{a_n\}$，$\{b_n\}$ の一般項を求めよ。

$a_{n+1}+\alpha b_{n+1}=-2a_n-9b_n+\alpha(a_n+4b_n)$
$=(-2+\alpha)a_n+(-9+4\alpha)b_n$

よって，$a_{n+1}+\alpha b_{n+1}=\beta(a_n+\alpha b_n)$ とすると

$(-2+\alpha)a_n+(-9+4\alpha)b_n=\beta a_n+\alpha\beta b_n$

これがすべての n について成り立つための条件は

$-2+\alpha=\beta$，$-9+4\alpha=\alpha\beta$

$-2+\alpha=\beta$ を $-9+4\alpha=\alpha\beta$ に代入して整理すると

$\alpha^2-6\alpha+9=0$　ゆえに　$\alpha=3$

したがって　$\beta=-2+3=1$

よって　$a_{n+1}+3b_{n+1}=a_n+3b_n$

これを繰り返すと

$a_n+3b_n=a_{n-1}+3b_{n-1}=\cdots\cdots=a_1+3b_1=2$

ゆえに　$a_n+3b_n=2$

$a_n=-3b_n+2$ を $b_{n+1}=a_n+4b_n$ に代入すると　$b_{n+1}=b_n+2$

数列 $\{b_n\}$ は初項 1，公差 2 の等差数列であるから

$b_n=1+(n-1)\cdot 2=2n-1$

$a_n=-3b_n+2$ に代入すると

$a_n=-3(2n-1)+2=-6n+5$

よって　$\boldsymbol{a_n=-6n+5}$，$\boldsymbol{b_n=2n-1}$

別解
$a_{n+1}=-2a_n-9b_n$ … ①,
$b_{n+1}=a_n+4b_n$ …… ②
② から　$a_n=b_{n+1}-4b_n$
$a_{n+1}=b_{n+2}-4b_{n+1}$
これらを ① に代入して
$b_{n+2}-2b_{n+1}+b_n=0$
$x^2-2x+1=0$ を解くと
$x=1$（重解）
ゆえに　$b_{n+2}-b_{n+1}$
$=b_{n+1}-b_n$
よって　$b_{n+1}-b_n$
$=b_2-b_1$
$=(a_1+4b_1)-b_1$
$=-1+3\cdot 1=2$
ゆえに $\boldsymbol{b_n}=1+(n-1)\cdot 2$
$\boldsymbol{=2n-1}$
よって　$\boldsymbol{a_n}$
$=2(n+1)-1-4(2n-1)$
$\boldsymbol{=-6n+5}$

練習 ③46 $a_1=1$, $a_{n+1}=\dfrac{a_n-4}{a_n-3}$ で定められる数列 $\{a_n\}$ の一般項 a_n を，$b_n=a_n-\alpha$ とおいて $b_{n+1}=\dfrac{\beta b_n}{b_n+\alpha}$ の形を導く方法で求めよ。

$b_n=a_n-\alpha$ とおくと，$a_n=b_n+\alpha$ であり，漸化式から

$$b_{n+1}+\alpha=\frac{(b_n+\alpha)-4}{(b_n+\alpha)-3}$$

よって　$b_{n+1}=\dfrac{b_n+\alpha-4-\alpha(b_n+\alpha-3)}{b_n+\alpha-3}$

←(分子) $=(1-\alpha)b_n-\alpha^2+4\alpha-4$

ゆえに　$b_{n+1}=\dfrac{(1-\alpha)b_n-(\alpha-2)^2}{b_n+\alpha-3}$ ……①

ここで，$(\alpha-2)^2=0$ すなわち $\alpha=2$ とすると，① は

$$b_{n+1}=-\frac{b_n}{b_n-1} \quad \cdots\cdots ② \quad となる。$$

←$b_{n+1}=\dfrac{rb_n}{pb_n+q}$ の形を作るための条件。

$b_1=a_1-\alpha=1-2=-1$ であるが，ある自然数 n で $b_{n+1}=0$ であるとすると，② から　$b_n=0$

ゆえに，$b_{n+1}=b_n=b_{n-1}=\cdots\cdots=b_1=0$ となり，これは矛盾。

よって，すべての自然数 n について $b_n\neq0$ である。

←逆数をとるために，$b_n\neq0$ $(n\geqq1)$ を示す。

←$b_1=-1\neq0$

② の両辺の逆数をとると　$\dfrac{1}{b_{n+1}}=\dfrac{1}{b_n}-1$

←$\dfrac{1}{b_{n+1}}-\dfrac{1}{b_n}=1$

数列 $\left\{\dfrac{1}{b_n}\right\}$ は初項 $\dfrac{1}{b_1}=-1$，公差 -1 の等差数列であるから

$$\frac{1}{b_n}=-1+(n-1)\cdot(-1)=-n$$

←$a+(n-1)d$

ゆえに　$b_n=-\dfrac{1}{n}$

したがって　$\boldsymbol{a_n=b_n+\alpha=2-\dfrac{1}{n}}$

検討　漸化式の特性方程式（a_{n+1}, a_n の代わりに x とおいた方程式）$x=\dfrac{x-4}{x-3}$ すなわち $x^2-4x+4=0$ を解くと

$$x=2 \text{（重解）}$$

このことから，$b_n=a_n-2$ または $b_n=\dfrac{1}{a_n-2}$ のようにおき換えの式を決めて解いてもよい。

練習 ④47 数列 $\{a_n\}$ が $a_1=4$, $a_{n+1}=\dfrac{4a_n+3}{a_n+2}$ で定められている。このとき，一般項 a_n を，$b_n=\dfrac{a_n-\beta}{a_n-\alpha}$ とおいたときに数列 $\{b_n\}$ が等比数列となる条件を調べる方法で求めよ。

$b_n=\dfrac{a_n-\beta}{a_n-\alpha}$ とおくと

$$b_{n+1}=\frac{a_{n+1}-\beta}{a_{n+1}-\alpha}=\frac{\dfrac{4a_n+3}{a_n+2}-\beta}{\dfrac{4a_n+3}{a_n+2}-\alpha}=\frac{(4-\beta)a_n-(2\beta-3)}{(4-\alpha)a_n-(2\alpha-3)}$$

←$\underline{\quad}$ の分母・分子に a_n+2 を掛ける。

$$=\frac{4-\beta}{4-\alpha}\cdot\frac{a_n-\dfrac{2\beta-3}{4-\beta}}{a_n-\dfrac{2\alpha-3}{4-\alpha}}\ \cdots\cdots\ ①$$

←分母を $4-\alpha$，分子を $4-\beta$ でくくり，a_n の係数を1にする。

ここで，数列 $\{b_n\}$ が等比数列になるための条件は

$$\frac{2\beta-3}{4-\beta}=\beta,\quad \frac{2\alpha-3}{4-\alpha}=\alpha$$

←$b_{n+1}=●\dfrac{a_n-\beta}{a_n-\alpha}$ となればよい。

よって，α，β は2次方程式 $2x-3=x(4-x)$ の2つの解であり，
$x^2-2x-3=0$ を解くと，$(x+1)(x-3)=0$ から　　$x=-1,\ 3$
$\alpha>\beta$ とすると　　$\alpha=3,\ \beta=-1$

このとき，① は　$b_{n+1}=5b_n$　　また　$b_1=\dfrac{a_1+1}{a_1-3}=\dfrac{4+1}{4-3}=5$

←数列 $\{b_n\}$ は初項5，公比5の等比数列。

ゆえに　　$b_n=5\cdot5^{n-1}=5^n$　　　よって　　$\dfrac{a_n+1}{a_n-3}=5^n$

ゆえに　　$a_n+1=5^n(a_n-3)$　　よって　　$\boldsymbol{a_n=\dfrac{3\cdot5^n+1}{5^n-1}}$

検討　漸化式の特性方程式 $x=\dfrac{4x+3}{x+2}$　すなわち
$x^2-2x-3=0$ を解くと，$(x+1)(x-3)=0$ から　　$x=-1,\ 3$
このことから，$b_n=\dfrac{a_n+1}{a_n-3}$ のおき換えの式を決めてもよい。

←$b_n=\dfrac{a_n-3}{a_n+1}$ でもよい。

練習 ③48 数列 $\{a_n\}$ の初項から第 n 項までの和 S_n が，一般項 a_n を用いて $S_n=2a_n+n$ と表されるとき，一般項 a_n を n で表せ。　〔類　宮崎大〕

$S_n=2a_n+n$ …… ① とする。
① に $n=1$ を代入すると　　$S_1=2a_1+1$
$S_1=a_1$ であるから　　　$a_1=2a_1+1$　　←a_1 の方程式。
よって　　$a_1=-1$
ここで　　$S_{n+1}-S_n=\{2a_{n+1}+(n+1)\}-(2a_n+n)$
$\qquad\qquad=2(a_{n+1}-a_n)+1$　　←S_{n+1} は ① の n に $n+1$ を代入。
$S_{n+1}-S_n=a_{n+1}$ であるから
$\qquad a_{n+1}=2(a_{n+1}-a_n)+1$　　←a_{n+1}，a_n だけの式。
ゆえに　　$a_{n+1}=2a_n-1$　　←漸化式 $a_{n+1}=pa_n+q$
よって　　$a_{n+1}-1=2(a_n-1)$　　←$\alpha=2\alpha-1$ を解いて $\alpha=1$
ここで　　$a_1-1=-1-1=-2$

数列 $\{a_n-1\}$ は初項 -2，公比 2 の等比数列であるから

$$a_n-1=-2\cdot2^{n-1}$$

ゆえに　　$\boldsymbol{a_n=-2^n+1}$

練習 ③49

平面上に，どの 2 つの円をとっても互いに交わり，また，3 つ以上の円は同一の点では交わらない n 個の円がある。これらの円によって，平面は何個の部分に分けられるか。

n 個の円で分けられる平面の部分の個数を a_n とする。

$$a_1=2$$

$(n+1)$ 個目の円を加えると，その円は他の n 個の円のおのおのと 2 点で交わるから，交点の総数は $2n$ 個で，$2n$ 個の弧に分割される。

これらの弧 1 つ 1 つに対して，新しい部分が 1 つずつ増えるから，平面の部分は $2n$ 個だけ増加する。

よって　　$a_{n+1}=a_n+2n$

すなわち　$a_{n+1}-a_n=2n$

数列 $\{a_n\}$ の階差数列の一般項は $2n$ であるから，

$n\geqq2$ のとき

$$a_n=a_1+\sum_{k=1}^{n-1}2k=2+2\cdot\frac{1}{2}(n-1)n$$

$$=n^2-n+2$$

これは $n=1$ のときも成り立つ。

ゆえに，求める個数は　　$\boldsymbol{(n^2-n+2)}$ **個**

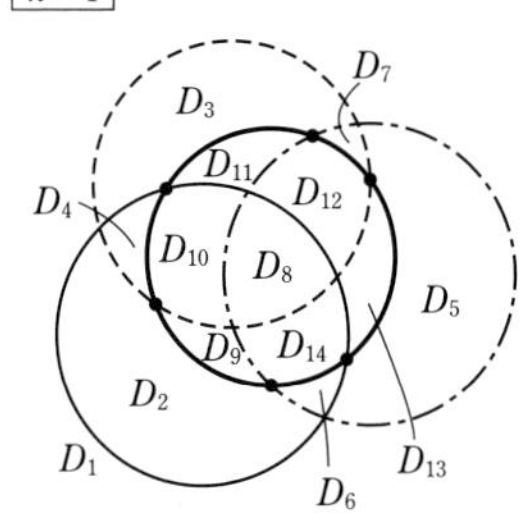

$a_1=2$　$(D_1,\ D_2)$
$a_2=4$　$(D_1\sim D_4)$
$a_3=8$　$(D_1\sim D_8)$
$a_4=14$　$(D_1\sim D_{14})$

←$n=1$ のとき
$1^2-1+2=2$
これは a_1 に一致する。

練習 ③50

直線 $y=ax\ (a>0)$ を ℓ とする。ℓ 上の点 $A_1(1,\ a)$ から x 軸に垂線 A_1B_1 を下ろし，点 B_1 から ℓ に垂線 B_1A_2 を下ろす。更に，点 A_2 から x 軸に垂線 A_2B_2 を下ろす。以下これを続けて，線分 A_3B_3，A_4B_4，…… を引き，線分 A_nB_n の長さを l_n とする。

(1) l_n を n，a で表せ。

(2) $l_1+l_2+l_3+\cdots\cdots+l_n$ を n，a で表せ。

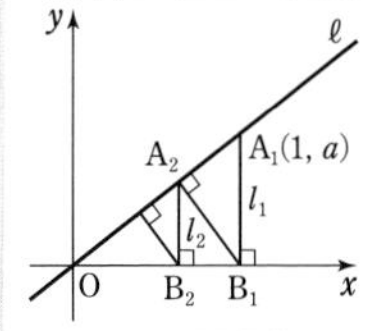

(1) $l_1=A_1B_1=a$

また，$\angle A_1OB_1=\theta$ とすると

$$\cos\theta=\frac{OB_1}{OA_1}=\frac{1}{\sqrt{a^2+1}}$$

←問題文にある図を参照。

右の図において

$$\angle A_nB_nO=\angle A_nA_{n+1}B_n=90^\circ$$

$$\angle OA_nB_n=\angle B_nA_nA_{n+1}\ (共通)$$

ゆえに　　$\triangle A_nOB_n\backsim\triangle A_nB_nA_{n+1}$

←相似な図形に着目して考えていく。

よって　　$\angle A_nB_nA_{n+1}=\angle A_nOB_n=\theta$

ゆえに　　$B_nA_{n+1}=A_nB_n\cos\theta=l_n\cos\theta$

また，$\angle B_{n+1}A_{n+1}B_n=\angle A_nB_nA_{n+1}=\theta$ であるから

←$A_nB_n /\!/ A_{n+1}B_{n+1}$

$$l_{n+1}=B_nA_{n+1}\cos\theta=l_n\cos\theta\cdot\cos\theta=l_n\cos^2\theta$$

したがって　　$l_{n+1}=\dfrac{1}{a^2+1}l_n$

←$\cos^2\theta=\dfrac{1}{a^2+1}$

よって，数列 $\{l_n\}$ は初項 a，公比 $\dfrac{1}{a^2+1}$ の等比数列であるから

$$\boldsymbol{l_n}=a\left(\frac{1}{a^2+1}\right)^{n-1}=\boldsymbol{\frac{a}{(a^2+1)^{n-1}}}$$

←$l_1=a$

(2)　$a>0$ であるから　　$\dfrac{1}{a^2+1}\neq 1$

よって　　$l_1+l_2+l_3+\cdots\cdots+l_n=\dfrac{a\left\{1-\left(\dfrac{1}{a^2+1}\right)^n\right\}}{1-\dfrac{1}{a^2+1}}$

$$=\frac{a^2+1}{a}\cdot\frac{(a^2+1)^n-1}{(a^2+1)^n}$$

$$=\boldsymbol{\frac{(a^2+1)^n-1}{a(a^2+1)^{n-1}}}$$

等比数列の和　$r\neq 1$ か $r=1$ に注意

←------ の分母・分子に a^2+1 を掛ける。

練習 ③51

1から7までの数を1つずつ書いた7個の玉が，袋の中に入っている。袋から玉を1個取り出し，書かれている数を記録して袋に戻す。この試行を n 回繰り返して得られる n 個の数の和が4の倍数となる確率を p_n とする。

(1)　p_1 を求めよ。　　(2)　p_{n+1} を p_n で表せ。　　(3)　p_n を n で表せ。

〔類 琉球大〕

HINT　(2)　**n 回目と $(n+1)$ 回目に注目**　n 回目までに得られた n 個の数の和が4の倍数の場合，4の倍数でない場合に分けて，p_{n+1} を p_n で表す。
4の倍数でない場合については，n 個の数の和を4で割った余りが1，2，3の各場合について，$(n+1)$ 回目にどのような数が出ればよいかを考える。

(1)　p_1 は，1回取り出して4の玉が出る確率であるから

$$\boldsymbol{p_1=\frac{1}{7}}$$

(2)　$(n+1)$ 回繰り返して得られる $(n+1)$ 個の数の和が4の倍数となる場合は，

[1]　n 回目までに得られた n 個の数の和が4の倍数で，$(n+1)$ 回目に4の玉を取り出す

[2]　n 回目までに得られた n 個の数の和が4の倍数ではなく，$(n+1)$ 回目までに得られた $(n+1)$ 個の和が4の倍数となる

のいずれかであり，[1]，[2] は互いに排反である。

[2] の場合について，n 個の数の和を4で割った余りが1のとき，$(n+1)$ 回目に取り出されるのは3または7の玉，n 個の数の和を4で割った余りが2のとき，$(n+1)$ 回目に取り出されるのは2または6の玉，n 個の数の和を4で割った余りが3のとき，$(n+1)$ 回目に取り出されるのは1または5の玉である。

よって　　$\boldsymbol{p_{n+1}}=p_n\cdot\dfrac{1}{7}+(1-p_n)\cdot\dfrac{2}{7}$

$$=\boldsymbol{-\frac{1}{7}p_n+\frac{2}{7}}\quad\cdots\cdots\ ①$$

確率 p_n の問題　n 回目と $(n+1)$ 回目に注目

←どの場合も，$(n+1)$ 回目の確率は　$\dfrac{2}{7}$

(3) ① を変形すると $p_{n+1}-\frac{1}{4}=-\frac{1}{7}\left(p_n-\frac{1}{4}\right)$

数列 $\left\{p_n-\frac{1}{4}\right\}$ は初項 $p_1-\frac{1}{4}=\frac{1}{7}-\frac{1}{4}=-\frac{3}{28}$，公比 $-\frac{1}{7}$ の等比数列であるから $p_n-\frac{1}{4}=-\frac{3}{28}\cdot\left(-\frac{1}{7}\right)^{n-1}$

したがって $\boldsymbol{p_n=\frac{3}{4}\left(-\frac{1}{7}\right)^n+\frac{1}{4}}$

←特性方程式 $\alpha=-\frac{1}{7}\alpha+\frac{2}{7}$ を解くと $\alpha=\frac{1}{4}$

←$\left(-\frac{1}{7}\right)^{n-1}=-7\left(-\frac{1}{7}\right)^n$

練習 ④52

硬貨を投げて数直線上を原点から正の向きに進む。表が出れば1進み，裏が出れば2進むものとする。このとき，ちょうど点 n に到達する確率を p_n で表す。ただし，n は自然数とする。
(1) 2以上の n について，p_{n+1} と p_n，p_{n-1} との関係式を求めよ。
(2) p_n を求めよ。

(1) 点 $n+1$ に到達するには
　[1] 点 n に到達した後，表が出る。
　[2] 点 $n-1$ に到達した後，裏が出る。
の2通りの場合があり，[1]，[2] の事象は互いに排反である。

よって $\boldsymbol{p_{n+1}=\frac{1}{2}p_n+\frac{1}{2}p_{n-1}}$ …… ①

① 確率 p_n の問題 n 回目と $(n+1)$ 回目に注目

←加法定理

(2) ① を変形すると $p_{n+1}-p_n=-\frac{1}{2}(p_n-p_{n-1})$

$p_1=\frac{1}{2}$，$p_2=\frac{1}{2}p_1+\frac{1}{2}=\frac{3}{4}$ であるから

$$p_2-p_1=\frac{3}{4}-\frac{1}{2}=\frac{1}{4}$$

よって $p_{n+1}-p_n=\frac{1}{4}\left(-\frac{1}{2}\right)^{n-1}$

ゆえに，$n\geqq2$ のとき

$$p_n=p_1+\sum_{k=1}^{n-1}\frac{1}{4}\left(-\frac{1}{2}\right)^{k-1}=\frac{1}{2}+\frac{1}{4}\cdot\frac{1-\left(-\frac{1}{2}\right)^{n-1}}{1-\left(-\frac{1}{2}\right)}$$

$$=\frac{2}{3}-\frac{1}{6}\left(-\frac{1}{2}\right)^{n-1}$$

この式は $n=1$ のときにも成り立つ。

したがって $\boldsymbol{p_n=\frac{2}{3}-\frac{1}{6}\left(-\frac{1}{2}\right)^{n-1}}$

←$x^2=\frac{1}{2}x+\frac{1}{2}$ を解くと $x=1,\ -\frac{1}{2}$
1を解にもつから，階差数列が利用できる。

←階差数列型の漸化式。

←この確認を忘れずに。

練習 ⑤53

n を自然数とする。n 個の箱すべてに，[1]，[2]，[3]，[4]，[5] の5種類のカードがそれぞれ1枚ずつ計5枚入っている。おのおのの箱から1枚ずつカードを取り出し，取り出した順に左から並べて n 桁の数 X_n を作る。このとき，X_n が3で割り切れる確率を求めよ。　〔類 京都大〕

k 回目に取り出したカードの数字を a_k $(k=1,\ 2,\ \cdots\cdots,\ n)$ とすると，X_n が3で割り切れるための条件は，
$a_1+a_2+\cdots\cdots+a_n$ が3で割り切れることである。
ここで，X_n が3で割り切れる確率を P_n，3で割って1余る確率を Q_n，3で割って2余る確率を R_n とする。

X_{n+1} が 3 で割り切れるのは,

[1] X_n が 3 で割り切れ, $a_{n+1}=3$ となる

[2] X_n が 3 で割ると 1 余る数で, $a_{n+1}=2,\ 5$ となる

[3] X_n が 3 で割ると 2 余る数で, $a_{n+1}=1,\ 4$ となる

の 3 通りの場合があり, [1], [2], [3] の事象は互いに排反である。

よって　$P_{n+1}=P_n\cdot\frac{1}{5}+Q_n\cdot\frac{2}{5}+R_n\cdot\frac{2}{5}$

ここで, X_n は「3 で割り切れる」,「3 で割って 1 余る」,「3 で割って 2 余る」のいずれかであるから　$P_n+Q_n+R_n=1$

ゆえに　$P_{n+1}=\frac{1}{5}P_n+\frac{2}{5}(Q_n+R_n)=\frac{1}{5}P_n+\frac{2}{5}(1-P_n)$

$=-\frac{1}{5}P_n+\frac{2}{5}$

よって　$P_{n+1}-\frac{1}{3}=-\frac{1}{5}\left(P_n-\frac{1}{3}\right)$

また　$P_1-\frac{1}{3}=\frac{1}{5}-\frac{1}{3}=-\frac{2}{15}$

ゆえに, 数列 $\left\{P_n-\frac{1}{3}\right\}$ は初項 $-\frac{2}{15}$, 公比 $-\frac{1}{5}$ の等比数列であるから　$P_n-\frac{1}{3}=-\frac{2}{15}\left(-\frac{1}{5}\right)^{n-1}$

したがって　$\boldsymbol{P_n=\frac{2}{3}\left(-\frac{1}{5}\right)^n+\frac{1}{3}}$

n 桁　　$(n+1)$ 桁

$P_n \xrightarrow{a_{n+1}=3} P_{n+1}$

Q_n, R_n → P_{n+1}　$a_{n+1}=2,5$　$a_{n+1}=1,4$

←P_{n+1} を P_n で表す。

←特性方程式 $\alpha=-\frac{1}{5}\alpha+\frac{2}{5}$ を解くと　$\alpha=\frac{1}{3}$

練習 ④54　n は自然数とし, あるウイルスの感染拡大について次の仮定で試算を行う。このウイルスの感染者は感染してから 1 日の潜伏期間をおいて, 2 日後から毎日 2 人の未感染者にこのウイルスを感染させるとする。新たな感染者 1 人が感染源となった n 日後の感染者数を a_n 人とする。例えば, 1 日後は感染者は増えず $a_1=1$ で, 2 日後は 2 人増えて $a_2=3$ となる。

(1) a_{n+2}, a_{n+1}, a_n の間に成り立つ関係式を求めよ。　(2) 一般項 a_n を求めよ。

(3) 感染者数が初めて 1 万人を超えるのは何日後か求めよ。〔東北大〕

(1) $n+2$ 日後の感染者数 a_{n+2} は, $n+1$ 日後の感染者数 a_{n+1} に $n+2$ 日目の新規感染者数を加えた人数である。

$n+2$ 日目の新規感染者数は, n 日後の感染者数の 2 倍に等しいから　$\boldsymbol{a_{n+2}=a_{n+1}+2a_n}$ …… ①

(2) ① を変形すると

$a_{n+2}+a_{n+1}=2(a_{n+1}+a_n)$ …… ②

$a_{n+2}-2a_{n+1}=-(a_{n+1}-2a_n)$ …… ③

② より, 数列 $\{a_{n+1}+a_n\}$ は初項 $3+1=4$, 公比 2 の等比数列であるから　$a_{n+1}+a_n=4\cdot2^{n-1}$ …… ④

③ より, 数列 $\{a_{n+1}-2a_n\}$ は初項 $3-2=1$, 公比 -1 の等比数列であるから　$a_{n+1}-2a_n=(-1)^{n-1}$ …… ⑤

(④−⑤)÷3 から　$\boldsymbol{a_n=\frac{1}{3}\{4\cdot2^{n-1}-(-1)^{n-1}\}}$

←n 日後の感染者 a_n 人それぞれが, $n+2$ 日目に 2 人に感染させる。

←① の特性方程式 $x^2=x+2$ の解は, $(x+1)(x-2)=0$ から　$x=-1,\ 2$

←$a_1=1,\ a_2=3$

(3)　n の値が大きくなると，a_n の値は大きくなる。

$$a_{13}=\frac{4\cdot 2^{12}-1}{3}=5461<10000,\quad a_{14}=\frac{4\cdot 2^{13}+1}{3}=10923>10000$$

であるから，感染者数が初めて 1 万人を超えるのは　**14 日後**

←2^{n-1} の値は単調増加，$(-1)^{n-1}$ は 1，-1 のどちらかの値。

練習 ①55　n が自然数のとき，数学的帰納法を用いて次の等式を証明せよ。

(1)　$2^3+4^3+6^3+\cdots\cdots+(2n)^3=2n^2(n+1)^2$

(2)　$\displaystyle\sum_{k=1}^{n}k(k+1)(k+2)(k+3)=\frac{1}{5}n(n+1)(n+2)(n+3)(n+4)$　〔島根大〕

証明する等式を ① とする。

(1)　[1]　$n=1$ のとき

$$(\text{左辺})=2^3=8,\ (\text{右辺})=2\cdot 1^2\cdot 2^2=8$$

よって，① は成り立つ。

[2]　$n=k$ のとき，① が成り立つと仮定すると

$$2^3+4^3+6^3+\cdots\cdots+(2k)^3=2k^2(k+1)^2 \quad \cdots\cdots ②$$

←① で $n=k$ とおいたもの。

$n=k+1$ のときを考えると，② から

$$2^3+4^3+6^3+\cdots\cdots+(2k)^3+\{2(k+1)\}^3$$
$$=2k^2(k+1)^2+\{2(k+1)\}^3$$
$$=2(k+1)^2\{k^2+4(k+1)\}$$
$$=2(k+1)^2(k+2)^2$$
$$=2(k+1)^2\{(k+1)+1\}^2$$

←$n=k+1$ のときの ① の左辺。

←$n=k+1$ のときの ① の右辺。

よって，$n=k+1$ のときにも ① は成り立つ。

[1]，[2] から，すべての自然数 n について ① は成り立つ。

(2)　[1]　$n=1$ のとき

$$(\text{左辺})=1\cdot 2\cdot 3\cdot 4=24,\ (\text{右辺})=\frac{1}{5}\cdot 1\cdot 2\cdot 3\cdot 4\cdot 5=24$$

よって，① は成り立つ。

[2]　$n=m$ のとき，① が成り立つと仮定すると

$$\sum_{k=1}^{m}k(k+1)(k+2)(k+3)=\frac{1}{5}m(m+1)(m+2)(m+3)(m+4) \quad \cdots\cdots ②$$

←k は ① の中で既に使われているため，ここでは m を用いた。

$n=m+1$ のときを考えると，② から

$$\sum_{k=1}^{m+1}k(k+1)(k+2)(k+3)$$
$$=\sum_{k=1}^{m}k(k+1)(k+2)(k+3)+(m+1)(m+2)(m+3)(m+4)$$
$$=\frac{1}{5}m(m+1)(m+2)(m+3)(m+4)+(m+1)(m+2)(m+3)(m+4)$$
$$=\frac{1}{5}(m+1)(m+2)(m+3)(m+4)(m+5)$$

←$\displaystyle\sum_{k=1}^{m+1}a_k=\sum_{k=1}^{m}a_k+a_{m+1}$

←② を利用。

よって，$n=m+1$ のときにも ① は成り立つ。

[1]，[2] から，すべての自然数 n について ① は成り立つ。

練習 ②56 すべての自然数 n について，$3^{3n}-2^n$ は 25 の倍数であることを証明せよ。〔関西大〕

「$3^{3n}-2^n$ は 25 の倍数である」を ① とする。

[1] $n=1$ のとき　$3^{3\cdot1}-2^1=27-2=25$

よって，① は成り立つ。

[2] $n=k$ のとき，① が成り立つと仮定すると

$3^{3k}-2^k=25m$ (m は整数) …… ② とおける。

←25 の倍数は 25×(整数) の形に表される。

$n=k+1$ のときを考えると，② から

$$3^{3(k+1)}-2^{k+1}=3^3\cdot3^{3k}-2\cdot2^k$$
$$=27(25m+2^k)-2\cdot2^k$$
$$=25(27m+2^k)$$

←$3^{3k}=25m+2^k$

$27m+2^k$ は整数であるから，$3^{3(k+1)}-2^{k+1}$ は 25 の倍数である。

←〰〰 の断りを忘れずに。

よって，$n=k+1$ のときにも ① は成り立つ。

[1]，[2] から，すべての自然数 n について ① は成り立つ。

別解 **1.　二項定理を利用**

$$3^{3n}-2^n=27^n-2^n=(25+2)^n-2^n$$
$$=25^n+{}_nC_1 25^{n-1}\cdot2+{}_nC_2 25^{n-2}\cdot2^2+\cdots\cdots+{}_nC_{n-1}25\cdot2^{n-1}+2^n-2^n$$
$$=25(25^{n-1}+{}_nC_1 25^{n-2}\cdot2+{}_nC_2 25^{n-3}\cdot2^2+\cdots\cdots+{}_nC_{n-1}2^{n-1})$$

←$(a+b)^n=\sum_{k=0}^{n}{}_nC_k a^{n-k}b^k$

$25^{n-1}+{}_nC_1 25^{n-2}\cdot2+\cdots\cdots+{}_nC_{n-1}2^{n-1}$ は整数であるから，

$3^{3n}-2^n$ は 25 の倍数である。

別解 **2.　合同式を利用**

$3^3\equiv2 \pmod{25}$ であるから　$3^{3n}\equiv2^n \pmod{25}$

よって　$3^{3n}-2^n\equiv0 \pmod{25}$

ゆえに，$3^{3n}-2^n$ は 25 の倍数である。

←$a\equiv b \pmod{m}$ のとき，自然数 n に対し $a^n\equiv b^n \pmod{m}$

練習 ②57 n は自然数とする。次の不等式を証明せよ。

(1) $n!\geqq2^{n-1}$　〔名古屋市大〕　(2) $n\geqq10$ のとき　$2^n>10n^2$　〔類 茨城大〕

証明する不等式を ① とする。

(1) [1] $n=1$ のとき

(左辺)$=1!=1$，(右辺)$=2^0=1$

よって，① は成り立つ。

[2] $n=k$ のとき，① が成り立つと仮定すると

$k!\geqq2^{k-1}$ …… ②

$n=k+1$ のとき，① の両辺の差を考えると，② から

←$A\geqq B$ の証明 ⟶ $A-B\geqq0$ を示す。

$$(k+1)!-2^{(k+1)-1}=(k+1)\cdot k!-2^k$$
$$\geqq(k+1)\cdot2^{k-1}-2\cdot2^{k-1}$$
$$=(k-1)\cdot2^{k-1}\geqq0$$

←$k+1>0$，② から $(k+1)\cdot k!\geqq(k+1)\cdot2^{k-1}$

ゆえに　$(k+1)!\geqq2^{(k+1)-1}$

よって，$n=k+1$ のときにも ① は成り立つ。

[1]，[2] から，すべての自然数 n について ① は成り立つ。

(2) [1] $n=10$ のとき

$$(\text{左辺})=2^{10}=1024,\ (\text{右辺})=10\cdot 10^2=1000$$

よって，① は成り立つ。

←出発点に注意。

[2] $n=k\ (k\geqq 10)$ のとき，① が成り立つと仮定すると

$$2^k>10k^2 \quad \cdots\cdots \text{②}$$

←$k\geqq 10$ を忘れずに。

$n=k+1$ のとき，① の両辺の差を考えると，② から

$$\begin{aligned}2^{k+1}-10(k+1)^2&=2\cdot 2^k-10(k+1)^2\\&>2\cdot 10k^2-10(k+1)^2\\&=10(k^2-2k-1)\\&=10\{(k-1)^2-2\}>0\end{aligned}$$

←$k\geqq 10$ であるから $(k-1)^2-2\geqq(10-1)^2-2>0$

ゆえに　$2^{k+1}>10(k+1)^2$

よって，$n=k+1$ のときにも ① は成り立つ。

[1]，[2] から，$n\geqq 10$ であるすべての自然数 n について ① は成り立つ。

練習 ②58

$a_1=1,\ a_{n+1}=\dfrac{3a_n-1}{4a_n-1}$ によって定められる数列 $\{a_n\}$ について

(1) $a_2,\ a_3,\ a_4$ を求めよ。

(2) a_n を n で表す式を推測し，それを数学的帰納法で証明せよ。〔愛知教育大〕

(1) $$\boldsymbol{a_2}=\frac{3a_1-1}{4a_1-1}=\frac{3\cdot 1-1}{4\cdot 1-1}=\boldsymbol{\frac{2}{3}}$$

←$n=1,\ 2,\ 3$ を順に代入。

$$\boldsymbol{a_3}=\frac{3a_2-1}{4a_2-1}=\frac{3\cdot\frac{2}{3}-1}{4\cdot\frac{2}{3}-1}=\frac{3\cdot 2-3}{4\cdot 2-3}=\boldsymbol{\frac{3}{5}}$$

$$\boldsymbol{a_4}=\frac{3a_3-1}{4a_3-1}=\frac{3\cdot\frac{3}{5}-1}{4\cdot\frac{3}{5}-1}=\frac{3\cdot 3-5}{4\cdot 3-5}=\boldsymbol{\frac{4}{7}}$$

(2) (1) から，$\boldsymbol{a_n=\dfrac{n}{2n-1}}$ …… ① と推測される。

←$\dfrac{1}{1},\ \dfrac{2}{3},\ \dfrac{3}{5},\ \dfrac{4}{7},\ \cdots\cdots$
分子は $1,\ 2,\ 3,\ \cdots\cdots$
⟶ 第 n 項は n
分母は $1,\ 3,\ 5,\ \cdots\cdots$
⟶ 第 n 項は $2n-1$
とそれぞれ予想できる。

[1] $n=1$ のとき　$a_1=\dfrac{1}{2\cdot 1-1}=1$ から，① は成り立つ。

[2] $n=k$ のとき，① が成り立つと仮定すると

$$a_k=\frac{k}{2k-1} \quad \cdots\cdots \text{②}$$

$n=k+1$ のときを考えると，② から

$$a_{k+1}=\frac{3a_k-1}{4a_k-1}=\frac{3\cdot\frac{k}{2k-1}-1}{4\cdot\frac{k}{2k-1}-1}$$

←分母・分子に $2k-1$ を掛ける。

$$=\frac{3k-(2k-1)}{4k-(2k-1)}=\frac{k+1}{2k+1}=\frac{k+1}{2(k+1)-1}$$

←$n=k+1$ のときの ① の右辺。

よって，$n=k+1$ のときにも ① は成り立つ。

[1]，[2] から，すべての自然数 n について ① は成り立つ。

練習 ⑤59 自然数 $m \geqq 2$ に対し，$m-1$ 個の二項係数 ${}_m\mathrm{C}_1$，${}_m\mathrm{C}_2$，……，${}_m\mathrm{C}_{m-1}$ を考え，これらすべての最大公約数を d_m とする。すなわち，d_m はこれらすべてを割り切る最大の自然数である。
(1) m が素数ならば，$d_m=m$ であることを示せ。
(2) すべての自然数 k に対し，k^m-k が d_m で割り切れることを，k に関する数学的帰納法によって示せ。〔東京大〕

(1) [1] $m=2$ のとき
d_2 は 1 個の二項係数 ${}_2\mathrm{C}_1=2$ を割り切る最大の自然数であるから，$d_2=2$ であり，$d_m=m$ は成り立つ。
[2] m が 3 以上の素数のとき
${}_m\mathrm{C}_1=m$ であるから，${}_m\mathrm{C}_2$，${}_m\mathrm{C}_3$，……，${}_m\mathrm{C}_{m-1}$ が m の倍数であることを示せばよい。
$k=2$，3，……，$m-1$ のとき

$${}_m\mathrm{C}_k=\frac{m!}{k!(m-k)!}=\frac{m}{k}\cdot\frac{(m-1)!}{(k-1)!(m-k)!}$$

$$=\frac{m}{k}\cdot{}_{m-1}\mathrm{C}_{k-1}$$

←$m!=m\cdot(m-1)!$，$k!=k\cdot(k-1)!$

←$\dfrac{(m-1)!}{(k-1)!\{(m-1)-(k-1)\}!}={}_{m-1}\mathrm{C}_{k-1}$

よって　$k\cdot{}_m\mathrm{C}_k=m\cdot{}_{m-1}\mathrm{C}_{k-1}$
ここで，m は 3 以上の素数であり，$2\leqq k\leqq m-1$ であるから，k と m は互いに素である。

←m の正の約数は 1 と m

よって，${}_m\mathrm{C}_k$ は m の倍数である。
したがって，$d_m=m$ は成り立つ。
[1]，[2] から，m が素数ならば，$d_m=m$ である。

(2) 「k^m-k が d_m で割り切れる」を ① とする。
[1] $k=1$ のとき
$1^m-1=0$ であり，$d_m\neq 0$ であるから，0 は d_m で割り切れる。
よって，① は成り立つ。
[2] $k=l$ のとき ① が成り立つ，すなわち「l^m-l が d_m で割り切れる」と仮定する。
$k=l+1$ のときを考えると

$(l+1)^m-(l+1)$
$={}_m\mathrm{C}_0 l^m+{}_m\mathrm{C}_1 l^{m-1}+{}_m\mathrm{C}_2 l^{m-2}+\cdots\cdots+{}_m\mathrm{C}_{m-1} l+{}_m\mathrm{C}_m-(l+1)$
$=(l^m-l)+{}_m\mathrm{C}_1 l^{m-1}+{}_m\mathrm{C}_2 l^{m-2}+\cdots\cdots+{}_m\mathrm{C}_{m-1} l$

←二項定理を利用。

仮定から，l^m-l は d_m で割り切れる。
また，d_m は ${}_m\mathrm{C}_1$，${}_m\mathrm{C}_2$，……，${}_m\mathrm{C}_{m-1}$ の最大公約数であるから，${}_m\mathrm{C}_1 l^{m-1}+{}_m\mathrm{C}_2 l^{m-2}+\cdots\cdots+{}_m\mathrm{C}_{m-1} l$ は d_m で割り切れる。

←${}_m\mathrm{C}_1$，${}_m\mathrm{C}_2$，……，${}_m\mathrm{C}_{m-1}$ はすべて d_m で割り切れる。

よって，$(l+1)^m-(l+1)$ は d_m で割り切れる。
ゆえに，$k=l+1$ のときにも ① は成り立つ。
[1]，[2] から，① はすべての自然数 k について成り立つ。

検討 例題 **59** を合同式を利用して証明する。
「n^p-n は p の倍数である」を ① とする。
[1] $n=1$ のとき　$1^p\equiv 1 \pmod{p}$
よって，① は成り立つ。

←合同式の性質は，チャート式基礎からの数学 A を参照。

[2] $n=k$ のとき，① が成り立つと仮定すると

$$k^p \equiv k \pmod{p}$$

ここで，整数 a，b について

$$(a+b)^p = a^p + {}_pC_1 a^{p-1}b + \cdots\cdots + {}_pC_{p-1} ab^{p-1} + b^p$$

←二項定理利用。

$1 \leqq r \leqq p-1$ のとき

$${}_pC_r = \frac{p!}{r!(p-r)!} = \frac{p}{r} \cdot \frac{(p-1)!}{(r-1)!(p-r)!}$$
$$= \frac{p}{r} \cdot {}_{p-1}C_{r-1}$$

ゆえに　$r \cdot {}_pC_r = p \cdot {}_{p-1}C_{r-1}$

p は素数であるから，r と p は互いに素であり，${}_pC_r$ は p で割り切れる。

よって　$(a+b)^p \equiv a^p + b^p \pmod{p}$

ゆえに　$(k+1)^p \equiv k^p + 1^p \equiv k+1 \pmod{p}$

←$s \equiv t \pmod{m}$，$u \equiv v \pmod{m}$ のとき $s+u \equiv t+v \pmod{m}$

したがって，$n=k+1$ のときにも ① は成り立つ。

[1]，[2] から，すべての自然数 n について $n^p - n$ は p の倍数である。

練習 ④60 $\alpha=1+\sqrt{2}$，$\beta=1-\sqrt{2}$ に対して，$P_n=\alpha^n+\beta^n$ とする。このとき，P_1 および P_2 の値を求めよ。また，すべての自然数 n に対して，P_n は 4 の倍数ではない偶数であることを証明せよ。〔長崎大〕

(前半)　$\boldsymbol{P_1} = \alpha+\beta = (1+\sqrt{2})+(1-\sqrt{2}) = \mathbf{2}$

また　$\alpha\beta = (1+\sqrt{2})(1-\sqrt{2}) = -1$

よって　$\boldsymbol{P_2} = \alpha^2+\beta^2 = (\alpha+\beta)^2 - 2\alpha\beta = 2^2 - 2\cdot(-1) = \mathbf{6}$

←基本対称式 $\alpha+\beta$，$\alpha\beta$ で表す。

(後半)　[1] $n=1$ のとき　$P_1=2$，$n=2$ のとき　$P_2=6$

よって，$n=1$，2 のとき，P_n は 4 の倍数ではない偶数である。

[2] $n=k$，$k+1$ のとき，P_n は 4 の倍数ではない偶数であると仮定する。

$n=k+2$ のときを考えると

$$P_{k+2} = \alpha^{k+2} + \beta^{k+2}$$
$$= (\alpha+\beta)(\alpha^{k+1}+\beta^{k+1}) - \alpha\beta(\alpha^k+\beta^k)$$
$$= 2(\alpha^{k+1}+\beta^{k+1}) + (\alpha^k+\beta^k)$$
$$= 2P_{k+1} + P_k$$

←$\alpha+\beta=2$，$\alpha\beta=-1$

仮定より，P_{k+1} は偶数であるから，$2P_{k+1}$ は 4 の倍数である。また，P_k は 4 の倍数でない偶数である。

ゆえに，$2P_{k+1}+P_k$ は 4 の倍数でない偶数である。

←$2P_{k+1}=4l$，$P_k=4m+2$ から $2P_{k+1}+P_k = 4(l+m)+2$（l，m は整数）

よって，$n=k+2$ のときにも P_n は 4 の倍数ではない偶数である。

[1]，[2] から，すべての自然数 n に対して，P_n は 4 の倍数ではない偶数である。

練習 ④61 $a_1=1$, $a_1a_2+a_2a_3+\cdots\cdots+a_na_{n+1}=2(a_1a_n+a_2a_{n-1}+\cdots\cdots+a_na_1)$ で定められる数列 $\{a_n\}$ の一般項 a_n を推測し，その推測が正しいことを証明せよ。

$n=1$ のとき　$a_1a_2=2a_1{}^2$

$a_1=1$ であるから　$a_2=2$

$n=2$ のとき　$a_1a_2+a_2a_3=2(a_1a_2+a_2a_1)$

よって　$1\cdot2+2a_3=2(1\cdot2+2\cdot1)$

ゆえに　$a_3=3$

$n=3$ のとき　$a_1a_2+a_2a_3+a_3a_4=2(a_1a_3+a_2a_2+a_3a_1)$

よって　$1\cdot2+2\cdot3+3a_4=2(1\cdot3+2\cdot2+3\cdot1)$

ゆえに　$a_4=4$

以上から，$\boldsymbol{a_n=n}$ …… ① と推測できる。

[1]　$n=1$ のとき

$a_1=1$ であるから，① は成り立つ。

[2]　$n\leqq k$ のとき，① が成り立つと仮定すると

$$a_n=n\ (n\leqq k)$$

このとき，条件式で $n=k$ とすると

$$a_1a_2+a_2a_3+\cdots\cdots+a_{k-1}a_k+a_ka_{k+1}$$
$$=2(a_1a_k+a_2a_{k-1}+\cdots\cdots+a_{k-1}a_2+a_ka_1)$$

よって　$1\cdot2+2\cdot3+\cdots\cdots+(k-1)k+ka_{k+1}$
$$=2\{1\cdot k+2\cdot(k-1)+\cdots\cdots+(k-1)\cdot2+k\cdot1\}$$

←仮定を利用。

ゆえに　$\displaystyle\sum_{i=1}^{k-1}i(i+1)+ka_{k+1}=2\sum_{i=1}^{k}i(k+1-i)$

←$i=k$ のとき $i(k+1-i)=k\cdot1$

したがって

$$ka_{k+1}=2\sum_{i=1}^{k}i(k+1-i)-\sum_{i=1}^{k-1}i(i+1)$$
$$=2\sum_{i=1}^{k}i(k+1-i)-\left\{\sum_{i=1}^{k}i(i+1)-k(k+1)\right\}$$

←第1項と第2項を $\displaystyle\sum_{i=1}^{k}$ でまとめる。

$$=\sum_{i=1}^{k}i\{2(k+1-i)-(i+1)\}+k(k+1)$$
$$=\sum_{i=1}^{k}i(2k+1-3i)+k(k+1)$$
$$=(2k+1)\sum_{i=1}^{k}i-3\sum_{i=1}^{k}i^2+k(k+1)$$
$$=\underline{(2k+1)\cdot\frac{1}{2}k(k+1)-3\cdot\frac{1}{6}k(k+1)(2k+1)}+k(k+1)$$
$$=k(k+1)$$

←＿＿$=0$ となる。

よって　$a_{k+1}=k+1$

ゆえに，$n=k+1$ のときにも ① は成り立つ。

[1]，[2] から，すべての自然数 n について ① は成り立つ。

EX ③1 初項が a_1 で，公差 d が整数である等差数列 $\{a_n\}$ が，以下の 2 つの条件 (a) と (b) を満たすとする。このとき，初項 a_1 と公差 d を求めよ。
(a) $a_4+a_6+a_8=84$
(b) $a_n>50$ となる最小の n は 11 である。〔愛知大〕

$a_n=a_1+(n-1)d$ であるから，条件 (a) より

$$(a_1+3d)+(a_1+5d)+(a_1+7d)=84$$

よって　$a_1=28-5d$ …… ①

条件 (b) から　$a_{10}\leqq 50$，$a_{11}>50$

すなわち　$a_1+9d\leqq 50$，$a_1+10d>50$

① を代入すると　$4d+28\leqq 50$，$5d+28>50$

整理して　$4d\leqq 22$，$5d>22$

ゆえに　$\dfrac{22}{5}<d\leqq\dfrac{22}{4}$

公差 d は整数であるから　$\boldsymbol{d=5}$

したがって，① から　$\boldsymbol{a_1=28-5\cdot 5=3}$

HINT　条件 (a) から，a_1 を d で表し，条件 (b) から d の不等式を導く。

←a_1 を消去。

EX ②2 初項 a，公差 d の等差数列を $\{a_n\}$，初項 b，公差 e の等差数列を $\{b_n\}$ とする。このとき，n に無関係な定数 p，q に対し数列 $\{pa_n+qb_n\}$ も等差数列であることを示し，その初項と公差を求めよ。

$a_n=a+(n-1)d$，$b_n=b+(n-1)e$ であるから

$$pa_n+qb_n=p\{a+(n-1)d\}+q\{b+(n-1)e\}$$
$$=pa+qb+(n-1)(pd+qe)$$

よって　$pa_{n+1}+qb_{n+1}-(pa_n+qb_n)$

$$=pa+qb+n(pd+qe)-\{pa+qb+(n-1)(pd+qe)\}$$
$$=pd+qe\ (一定)$$

ゆえに，数列 $\{pa_n+qb_n\}$ も等差数列である。

また　**初項は**　$\boldsymbol{pa+qb}$，**公差は**　$\boldsymbol{pd+qe}$

←$n-1$ について整理。

←第 $(n+1)$ 項は，第 n 項の式で n の代わりに $n+1$ とおいたもの。

EX ③3 等差数列 $\{a_n\}$ の初項 a_1 から第 n 項 a_n までの和を S_n とする。$S_{10}=555$，$S_{20}=810$ であるとき
(1) 数列 $\{a_n\}$ の初項と公差を求めよ。
(2) 数列 $\{a_n\}$ の第 11 項から第 30 項までの和を求めよ。
(3) 不等式 $S_n<a_1$ を満たす n の最小値を求めよ。〔類　星薬大〕

(1) 公差を d とすると，$S_{10}=555$，$S_{20}=810$ から

$$\frac{1}{2}\cdot 10\{2a_1+(10-1)d\}=555,\quad \frac{1}{2}\cdot 20\{2a_1+(20-1)d\}=810$$

よって　$2a_1+9d=111$，$2a_1+19d=81$ …… (*)

これを解いて　$a_1=69$，$d=-3$

すなわち　**初項 69，公差 −3**

(2) $S_{30}=\dfrac{1}{2}\cdot 30\{2\cdot 69+(30-1)\cdot(-3)\}$

$$=15(138-87)=765$$

したがって，求める和は

$$S_{30}-S_{10}=765-555=\boldsymbol{210}$$

←$5(2a_1+9d)=555$，$10(2a_1+19d)=810$

←(*) の (第 2 式)−(第 1 式) からまず d を求める。

(3) $S_n=\frac{1}{2}\cdot n\{2\cdot 69+(n-1)\cdot(-3)\}=-\frac{3}{2}n(-2\cdot 23+n-1)$

$=-\frac{3}{2}n(n-47)$

$S_n<a_1$ から $-\frac{3}{2}n(n-47)<69$ よって $n^2-47n+46>0$

ゆえに $(n-1)(n-46)>0$ よって $n<1,\ 46<n$

この不等式を満たす最小の自然数は **47**

←$S_n=\frac{1}{2}n\{2a+(n-1)d\}$

←n の 2 次不等式を解く。

EX ③4

鉛筆を右の図のように，1 段ごとに 1 本ずつ減らして積み重ねる。ただし，最上段はこの限りではないとする。いま，125 本の鉛筆を積み重ねるとすると，最下段には最小限何本置かなければならないか。また，最小限置いたとき，最上段には何本の鉛筆があるか。

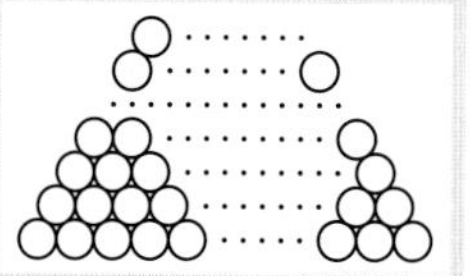

最下段を n 本，最上段を 1 本とすると，鉛筆の本数の総数は

$$1+2+\cdots\cdots+n=\frac{1}{2}n(n+1)$$

$\frac{1}{2}n(n+1)\geqq 125$ を満たす最小の自然数 n を求めると

$$\frac{1}{2}\cdot 16\cdot 17=136>125>\frac{1}{2}\cdot 15\cdot 16=120$$

ゆえに $n=16$

ここで，最下段を 16 本として最上段が 1 本になるまで鉛筆を重ねると，本数は合計 136 本となる。

よって，この場合から 136−125=11 (本) を除けばよい。

$$1+2+3+4=10,\ 1+2+3+4+5=15$$

であるから，125 本の場合，最上段は下から 16−4=12 (段目) であり，またその段には 5−1=4 (本) の鉛筆がある。

したがって，**最下段には最小限 16 本** 置かなければならない。

また，16 本置いたとき，**最上段には 4 本** の鉛筆がある。

HINT 最下段を n 本として，(本数の合計)≧125 を満たす最小の自然数 n を求める。

←上から取る鉛筆の本数。

←$(16+15+\cdots\cdots+5)-1=\frac{1}{2}\cdot 12(5+16)-1=125$

EX ④5

200 未満の正の整数全体の集合を U とする。U の要素のうち，5 で割ると 2 余るもの全体の集合を A とし，7 で割ると 4 余るもの全体の集合を B とする。

(1) A，B の要素をそれぞれ小さいものから順に並べたとき，A の k 番目の要素を a_k とし，B の k 番目の要素を b_k とする。このとき，$a_k=$ ア□，$b_k=$ イ□ と書ける。A の要素のうち最大のものは ウ□ であり，A の要素すべての和は エ□ である。

(2) $C=A\cap B$ とする。C の要素の個数は オ□ 個である。また，C の要素のうち最大のものは カ□ である。

(3) U に関する $A\cup B$ の補集合を D とすると，D の要素の個数は キ□ 個である。また，D の要素すべての和は ク□ である。 ［近畿大］

(1) A の要素は 2, 7, 12, 17, ……

B の要素は 4, 11, 18, 25, ……

よって $a_k=2+(k-1)\cdot 5=$ ア $\boldsymbol{5k-3}$,

$b_k=4+(k-1)\cdot 7=$ イ $\boldsymbol{7k-3}$

←$\{a_k\}$：初項 2，公差 5 の等差数列。
$\{b_k\}$：初項 4，公差 7 の等差数列。

また，$5k-3<200$ とすると　　$k<\frac{203}{5}$ $(=40.6)$

この不等式を満たす最大の自然数 k は　　$k=40$

ゆえに，A の要素のうち最大のものは　$a_{40}=5\cdot40-3=$ ウ**197**

したがって，A の要素のすべての和は，初項 2，末項 197，項数 40 の等差数列の和であるから

$$\frac{1}{2}\cdot40(2+197)=\text{エ}\mathbf{3980}$$

←$\frac{1}{2}\cdot40\{2\cdot2+(40-1)\cdot5\}$ として求めてもよい。

(2)　$a_k=b_l$ とすると　　$5k-3=7l-3$

よって　　$5k=7l$

5 と 7 は互いに素であるから，整数 m を用いて $k=7m$，$l=5m$ と表される。

ここで，k，l は自然数であるから，m は自然数である。

ゆえに，C の要素は $c_m=5\cdot(7m)-3=35m-3$ と表される。

$35m-3<200$ とすると　　$m<\frac{203}{35}$ $(=5.8)$

この不等式を満たす最大の自然数 m は　　$m=5$

よって，C の要素の個数は オ**5** 個であり，そのうち最大のものは　$c_5=35\cdot5-3=$ カ**172**

(3)　集合 X の要素の個数を $n(X)$ で表すと

$$n(D)=n(\overline{A\cup B})=n(U)-n(A\cup B)$$
$$=n(U)-\{n(A)+n(B)-n(A\cap B)\}$$

←$n(A\cup B)=n(A)+n(B)-n(A\cap B)$

$7k-3<200$ とすると　　$k<29$

$k<29$ を満たす最大の自然数 k は $k=28$ であるから

$$n(B)=28$$

(1)，(2) より，$n(A)=40$，$n(A\cap B)=n(C)=5$ であるから

$$n(D)=199-(40+28-5)=\text{キ}\mathbf{136}$$

また，U の要素すべての和は　　$\frac{1}{2}\cdot199(1+199)=19900$

B の要素すべての和は，初項 4，末項 $7\cdot28-3=193$，項数 28 の等差数列の和であるから　　$\frac{1}{2}\cdot28(4+193)=2758$

C の要素すべての和は，初項 32，末項 172，項数 5 の等差数列の和であるから　　$\frac{1}{2}\cdot5(32+172)=510$

ゆえに，D の要素すべての和は，(1) から

$$19900-(3980+2758-510)=\text{ク}\mathbf{13672}$$

←$A\cup B$ の要素すべての和は　$3980+2758-510$

EX ③6 自然数 $2^a3^b5^c$ $(a,\ b,\ c$ は 0 以上の整数) の正の約数の総和を求めよ。

$2^a3^b5^c$ の正の約数は

$$(1+2+2^2+\cdots+2^a)(1+3+3^2+\cdots+3^b)(1+5+5^2+\cdots+5^c)$$

を展開したときに，すべて 1 回ずつ現れる。

したがって，求める和は

$$\frac{2^{a+1}-1}{2-1}\cdot\frac{3^{b+1}-1}{3-1}\cdot\frac{5^{c+1}-1}{5-1}=\boldsymbol{\frac{1}{8}(2^{a+1}-1)(3^{b+1}-1)(5^{c+1}-1)}$$

検討　一般に，$x^ly^mz^n$ $(x,\ y,\ z$ は異なる素数；$l,\ m,\ n$ は 0 以上の整数) の正の約数の個数は $\boldsymbol{(l+1)(m+1)(n+1)}$ で，その総和は $\boldsymbol{\dfrac{x^{l+1}-1}{x-1}\cdot\dfrac{y^{m+1}-1}{y-1}\cdot\dfrac{z^{n+1}-1}{z-1}}$ で表される。

検討　$2^a3^b5^c$ の正の約数の個数は，因数 2 の個数の定め方が $(a+1)$ 通り ($2^0=1$ を含めて)，因数 3 の個数の定め方が $(b+1)$ 通り，因数 5 の個数の定め方が $(c+1)$ 通りあるから，積の法則(数学 A)によって，全部で $(a+1)(b+1)(c+1)$ 個ある。

EX ③7 公比が実数である等比数列 $\{a_n\}$ において，$a_3+a_4+a_5=56$，$a_6+a_7+a_8=7$ が成り立つ。このとき，数列 $\{a_n\}$ の公比は ア□ であり，初項は イ□ である。また，数列 $\{a_n\}$ の初項から第 10 項までの和は ウ□ である。　［類　大阪工大］

数列 $\{a_n\}$ の初項を a，公比を r とする。

$a_3+a_4+a_5=56$ から　$ar^2+ar^3+ar^4=56$

よって　$ar^2(1+r+r^2)=56$ …… ①

$a_6+a_7+a_8=7$ から　$ar^5+ar^6+ar^7=7$

よって　$ar^5(1+r+r^2)=7$ …… ②

① を ② に代入して　$56r^3=7$　ゆえに　$r^3=\dfrac{1}{8}$

r は実数であるから　$r={}^{\text{ア}}\boldsymbol{\dfrac{1}{2}}$

← $r^3=\left(\dfrac{1}{2}\right)^3$

n が奇数のとき $r^n=p^n$ (p は実数) $\Longleftrightarrow r=p$

これを ① に代入すると　$\dfrac{1}{4}a\left(1+\dfrac{1}{2}+\dfrac{1}{4}\right)=56$

これを解いて　$a={}^{\text{イ}}\boldsymbol{128}$

また，初項から第 10 項までの和は

$$\frac{128\left\{1-\left(\frac{1}{2}\right)^{10}\right\}}{1-\frac{1}{2}}={}^{\text{ウ}}\boldsymbol{\frac{1023}{4}}$$

EX ③8 自然数 n に対して，$S_n=1+2+2^2+\cdots\cdots+2^{n-1}$ とおく。
(1) $S_n{}^2+2S_n+1=2^{30}$ を満たす n の値を求めよ。
(2) $S_1+S_2+\cdots\cdots+S_n+50=2S_n$ を満たす n の値を求めよ。　［摂南大］

(1) S_n は初項 1，公比 2，項数 n の等比数列の和であるから

$$S_n=\frac{1\cdot(2^n-1)}{2-1}=2^n-1 \ \cdots\cdots \ ①$$

← $S_n=\dfrac{a(r^n-1)}{r-1}$

$S_n{}^2+2S_n+1=(S_n+1)^2$ であるから　$(S_n+1)^2=2^{30}$

これに ① を代入すると　$(2^n-1+1)^2=2^{30}$

ゆえに　$2^{2n}=2^{30}$　よって　$2n=30$

これを解いて　$\boldsymbol{n=15}$

← $a>0$，$a\neq1$ のとき $p=q \Longleftrightarrow a^p=a^q$ (数学Ⅱ)

(2) ① から，$S_1+S_2+\cdots\cdots+S_n+50=2S_n$ は

$$(2^1-1)+(2^2-1)+\cdots\cdots+(2^n-1)+50=2(2^n-1)$$

と表される。

これを変形すると

$$2(1+2+\cdots\cdots+2^{n-1})-n+50=2(2^n-1)$$

←$1+2+\cdots\cdots+2^{n-1}=S_n$

よって　$2(2^n-1)-n+50=2(2^n-1)$

これを解いて　$\boldsymbol{n=50}$

EX ③9 A 円をある年の初めに借り，その年の終わりから同額ずつ n 回で返済する。年利率を $r\,(>0)$ とし，1年ごとの複利法とすると，毎回の返済金額は□円である。〔芝浦工大〕

借りた A 円の n 年後の元利合計は　$A(1+r)^n$ 円

毎回の返済金額を x 円とすると，$r>0$ から n 回分の元利合計は

$$x+x(1+r)+x(1+r)^2+\cdots\cdots+x(1+r)^{n-1}$$

$$=\frac{x\{(1+r)^n-1\}}{(1+r)-1}$$

$$=\frac{x\{(1+r)^n-1\}}{r}$$

←初項 x，公比 $1+r\,(\neq 1)$，項数 n の等比数列の和。

よって，$\dfrac{x\{(1+r)^n-1\}}{r}=A(1+r)^n$ とすると

$$x=\boldsymbol{\frac{Ar(1+r)^n}{(1+r)^n-1}}\ (円)$$

EX ②10 数列 $\{a_n\}$ は初項 a，公差 d の等差数列で $a_{13}=0$ であるとし，数列 $\{a_n\}$ の初項から第 n 項までの和を S_n とする。また，数列 $\{b_n\}$ は初項 a，公比 r の等比数列とし，$b_3=a_{10}$ を満たすとする。ただし，$a\neq 0$，$r>0$ である。このとき，$r=$ ア□ である。また，$S_{10}=25$ のとき，$a=$ イ□ であり，数列 $\{b_n\}$ の初項から第8項までの和は ウ□ である。〔類　関西学院大〕

$a_{13}=0$ から　$a+12d=0$　……①

$b_3=a_{10}$ から　$ar^2=a+9d$　……②

←$a_{13}=0$，$b_3=a_{10}$ から，a，d，r の方程式を作る。

① から　$d=-\dfrac{a}{12}$

② に代入して　$ar^2=a-\dfrac{3}{4}a$　よって　$ar^2=\dfrac{a}{4}$

$a\neq 0$ であるから　$r^2=\dfrac{1}{4}$　$r>0$ から　$r=$ ア $\boldsymbol{\dfrac{1}{2}}$

また，$S_{10}=25$ のとき　$\dfrac{1}{2}\cdot 10\cdot\{2a+(10-1)d\}=25$

←$S_n=\dfrac{1}{2}n\{2a+(n-1)d\}$

よって　$2a+9d=5$

これと ① を解いて　$a=$ イ $\boldsymbol{4}$，$d=-\dfrac{1}{3}$

数列 $\{b_n\}$ の初項から第8項までの和は

$$\frac{4\left\{1-\left(\frac{1}{2}\right)^8\right\}}{1-\frac{1}{2}}=2^3\left(1-\frac{1}{2^8}\right)=2^3-\frac{1}{2^5}=8-\frac{1}{32}=\ ^{ウ}\boldsymbol{\frac{255}{32}}$$

←$S_n=\dfrac{a(1-r^n)}{1-r}$

EX ④11

初項 $\frac{10}{9}$，公比 $\frac{10}{9}$ の等比数列 $\{a_n\}$ の初項から第 n 項までの和を S_n とすると，$S_n>90$ を満たす最小の n の値は ア□ である。また，数列 $\{a_n\}$ の初項から第 n 項までの積を P_n とすると，$P_n>S_n+10$ を満たす最小の n の値は イ□ である。ただし，$\log_{10}3=0.477$ とする。

〔類 立命館大〕

$$S_n=\frac{10}{9}\cdot\frac{\left(\frac{10}{9}\right)^n-1}{\frac{10}{9}-1}=10\left\{\left(\frac{10}{9}\right)^n-1\right\}$$

←$S_n=\dfrac{a(r^n-1)}{r-1}$

(ア) $S_n>90$ とすると　$10\left\{\left(\frac{10}{9}\right)^n-1\right\}>90$

よって　$\left(\frac{10}{9}\right)^n-1>9$　すなわち　$\left(\frac{10}{9}\right)^n>10$ …… Ⓐ

両辺の常用対数をとると　$\log_{10}\left(\frac{10}{9}\right)^n>\log_{10}10$

ゆえに　$n(1-\log_{10}9)>1$　すなわち　$n(1-2\log_{10}3)>1$

よって　$n>\frac{1}{1-2\log_{10}3}=\frac{1}{1-2\times0.477}=\frac{1}{0.046}$
$=21.7$……　…… Ⓑ

←$\log_a M^k=k\log_a M$，$\log_a\dfrac{M}{N}=\log_a M-\log_a N$
（$a>0$，$a\neq1$，$M>0$，$N>0$，k は実数）

ゆえに，求める最小の n の値は　ア**22**

(イ) $P_n=a_1\times a_2\times\cdots\cdots\times a_n$

$=\left(\frac{10}{9}\right)\times\left(\frac{10}{9}\right)^2\times\cdots\cdots\times\left(\frac{10}{9}\right)^n$

$=\left(\frac{10}{9}\right)^{1+2+\cdots\cdots+n}=\left(\frac{10}{9}\right)^{\frac{1}{2}n(n+1)}$

←等差数列の和
$1+2+\cdots\cdots+n$
$=\frac{1}{2}\cdot n\cdot(1+n)$

$P_n>S_n+10$ とすると　$\left(\frac{10}{9}\right)^{\frac{1}{2}n(n+1)}>10\left(\frac{10}{9}\right)^n$

よって　$\left(\frac{10}{9}\right)^{\frac{1}{2}n(n+1)-n}>10$　すなわち　$\left(\frac{10}{9}\right)^{\frac{1}{2}n(n-1)}>10$

←Ⓐ で n を $\frac{1}{2}n(n-1)$ におき換えた不等式
→ 結果 Ⓑ で n を $\frac{1}{2}n(n-1)$ におき換える。

(ア) と同様にして　$\frac{1}{2}n(n-1)>21.7$……

ゆえに　$n(n-1)>43.4$……

$7\cdot6=42$，$8\cdot7=56$ から，求める最小の n の値は　イ**8**

EX ③12

次の和を求めよ。　〔(1) 学習院大〕

(1) $\sum_{k=2n}^{3n}(3k^2+5k-1)$　(2) $\sum_{k=1}^{n}\left(\sum_{i=1}^{k}2\right)$　(3) $\sum_{k=1}^{n}\left(\sum_{i=1}^{k}3\cdot2^{i-1}\right)$

(1) $\sum_{k=1}^{n}(3k^2+5k-1)=3\sum_{k=1}^{n}k^2+5\sum_{k=1}^{n}k-\sum_{k=1}^{n}1$

$=3\cdot\frac{1}{6}n(n+1)(2n+1)+5\cdot\frac{1}{2}n(n+1)-n$

$=\frac{1}{2}n(2n^2+3n+1+5n+5-2)$

←$\frac{1}{2}n$ でくくる。

$=\frac{1}{2}n(2n^2+8n+4)=n(n^2+4n+2)$

よって

$$\sum_{k=2n}^{3n}(3k^2+5k-1)$$

$$=\sum_{k=1}^{3n}(3k^2+5k-1)-\sum_{k=1}^{2n-1}(3k^2+5k-1)$$

$$=3n\{(3n)^2+4\cdot 3n+2\}-(2n-1)\{(2n-1)^2+4(2n-1)+2\}$$

$$=3n(9n^2+12n+2)-(2n-1)(4n^2+4n-1)$$

$$=19n^3+32n^2+12n-1$$

$$=\boldsymbol{(n+1)(19n^2+13n-1)}$$

←$n(n^2+4n+2)$ において，$n=3n$，$n=2n-1$ とする。

(2) $\displaystyle\sum_{k=1}^{n}\left(\sum_{i=1}^{k}2\right)=\sum_{k=1}^{n}2k=2\sum_{k=1}^{n}k=2\cdot\frac{1}{2}n(n+1)$

$$=\boldsymbol{n(n+1)}$$

←( ) の中から計算。

(3) $\displaystyle\sum_{k=1}^{n}\left(\sum_{i=1}^{k}3\cdot 2^{i-1}\right)=\sum_{k=1}^{n}\frac{3(2^k-1)}{2-1}$

$$=\sum_{k=1}^{n}(3\cdot 2^k-3)=\sum_{k=1}^{n}3\cdot 2^k-\sum_{k=1}^{n}3$$

$$=\sum_{k=1}^{n}6\cdot 2^{k-1}-3\sum_{k=1}^{n}1=\frac{6(2^n-1)}{2-1}-3n$$

$$=\boldsymbol{3\cdot 2^{n+1}-3n-6}$$

←〰〰 は，初項 3，公比 2，項数 k の等比数列の和。

←------ は，初項 6，公比 2，項数 n の等比数列の和。

EX ④13 n が 2 以上の自然数のとき，1，2，3，……，n の中から異なる 2 個の自然数を取り出して作った積すべての和 S を求めよ。 〔宮城教育大〕

HINT 小さな値で **小手調べ**。$n=3$ のときは　$S=1\cdot 2+2\cdot 3+3\cdot 1$

ここで，$(a+b+c)^2=a^2+b^2+c^2+2(ab+bc+ca)$ であるから，

$ab+bc+ca=\dfrac{1}{2}\{(a+b+c)^2-(a^2+b^2+c^2)\}$ を利用すると S が求められる。

一般に，$\boldsymbol{(a_1+a_2+a_3+\cdots+a_n)^2=a_1{}^2+a_2{}^2+a_3{}^2+\cdots+a_n{}^2+2(a_1a_2+a_1a_3+\cdots+a_{n-1}a_n)}$

が成り立つことを利用する。

求める和 S について，次の等式が成り立つ。

$$(1+2+3+\cdots\cdots+n)^2=1^2+2^2+3^2+\cdots\cdots+n^2+2S$$

よって

$$\boldsymbol{S}=\frac{1}{2}\{(1+2+3+\cdots\cdots+n)^2-(1^2+2^2+3^2+\cdots\cdots+n^2)\}$$

$$=\frac{1}{2}\left[\left\{\frac{1}{2}n(n+1)\right\}^2-\frac{1}{6}n(n+1)(2n+1)\right]$$

$$=\frac{1}{2}\cdot\frac{1}{12}n(n+1)\{3n(n+1)-2(2n+1)\}$$

$$=\boldsymbol{\frac{1}{24}n(n+1)(n-1)(3n+2)}$$

←{ } 内
$=3n^2+3n-4n-2$
$=3n^2-n-2$
$=(n-1)(3n+2)$

EX ③14

3つの数列 $\{x_n\}$, $\{y_n\}$, $\{z_n\}$ は，次の4つの条件を満たすとする。

(a) $x_1=a$, $x_2=b$, $x_3=c$, $x_4=4$, $y_1=c$, $y_2=a$, $y_3=b$

(b) $\{y_n\}$ は数列 $\{x_n\}$ の階差数列である。

(c) $\{z_n\}$ は数列 $\{y_n\}$ の階差数列である。

(d) $\{z_n\}$ は等差数列である。

このとき，数列 $\{x_n\}$, $\{y_n\}$, $\{z_n\}$ の一般項を求めよ。 〔信州大〕

HINT 条件(a), (b)から a, b, c を決定し，数列 $\{z_n\}$ の一般項を求める。

条件(a), (b)から　$c=b-a$, $a=c-b$, $b=4-c$

これを解くと　$a=0$, $b=2$, $c=2$

条件(c)から　$z_1=a-c=-2$, $z_2=b-a=2$

条件(d)より数列 $\{z_n\}$ は等差数列で，公差は $z_2-z_1=4$ である。

よって，数列 $\{z_n\}$ の一般項は　$\boldsymbol{z_n}=-2+(n-1)\cdot4=\boldsymbol{4n-6}$

$n\geqq2$ のとき

$$y_n=y_1+\sum_{k=1}^{n-1}(4k-6)=2+4\cdot\frac{1}{2}(n-1)n-6(n-1)$$
$$=2+2n(n-1)-6(n-1)=2n^2-8n+8$$
$$=2(n-2)^2 \quad \cdots\cdots ①$$

$y_1=2$ であるから，① は $n=1$ のときにも成り立つ。

ゆえに，数列 $\{y_n\}$ の一般項は　$\boldsymbol{y_n=2(n-2)^2}$

$n\geqq2$ のとき

$$x_n=x_1+\sum_{k=1}^{n-1}(2k^2-8k+8)$$
$$=0+2\cdot\frac{1}{6}(n-1)n(2n-1)-8\cdot\frac{1}{2}(n-1)n+8(n-1)$$
$$=\frac{1}{3}(n-1)(2n^2-n-12n+24)$$
$$=\frac{1}{3}(n-1)(2n^2-13n+24) \quad \cdots\cdots ②$$

$x_1=0$ であるから，② は $n=1$ のときにも成り立つ。

よって，数列 $\{x_n\}$ の一般項は　$\boldsymbol{x_n=\frac{1}{3}(n-1)(2n^2-13n+24)}$

$\{x_n\}$: a, b, c, 4, …
$\{y_n\}$: 　c, a, b, …
$\{z_n\}$: 　　z_1, z_2, …

初項は特別扱い

←$\sum k^2$, $\sum k$ の公式を利用するため，$y_k=2k^2-8k+8$ として計算する。

初項は特別扱い

EX ③15

数列 a_1, a_2, a_3, ……, a_n, …… の初項から第 n 項までの和を S_n とする。$S_n=-n^3+15n^2-56n+1$ であるとき，次の問いに答えよ。

(1) a_2 の値を求めよ。　(2) a_n ($n=2$, 3, ……) を n の式で表せ。

(3) S_n の最大値を求めよ。 〔防衛大〕

(1) $\boldsymbol{a_2}=S_2-S_1$
$$=-2^3+15\cdot2^2-56\cdot2+1-(-1^3+15\cdot1^2-56\cdot1+1)$$
$$=-59-(-41)=\boldsymbol{-18}$$

(2) $n\geqq2$ のとき

$\boldsymbol{a_n}=S_n-S_{n-1}$
$$=-\{n^3-(n-1)^3\}+15\{n^2-(n-1)^2\}$$
$$-56\{n-(n-1)\}+1-1$$

←$S_2=a_1+a_2$, $a_1=S_1$ から。

←工夫して計算。

$=-\{n-(n-1)\}\{n^2+n(n-1)+(n-1)^2\}$
$\quad+15\{n+(n-1)\}\{n-(n-1)\}-56$
$=-(3n^2-3n+1)+15(2n-1)-56$
$\boldsymbol{=-3n^2+33n-72}$

←a^3-b^3
$=(a-b)(a^2+ab+b^2)$

(3) $a_n>0$ とすると　$-3n^2+33n-72>0$
ゆえに　$n^2-11n+24<0$　すなわち　$(n-3)(n-8)<0$
よって　$3<n<8$
したがって　$n=1,\ 2,\ 9\leqq n$ のとき　$a_n<0$
　　$n=3,\ 8$ のとき　$a_n=0$
　　$4\leqq n\leqq 7$ のとき　$a_n>0$
ゆえに　$S_1>S_2,\ S_2=S_3,\ S_3<S_4<\cdots\cdots<S_7,$
　　$S_7=S_8,\ S_8>S_9>\cdots\cdots$
ここで　$S_1=-41,\ S_7=-7^3+15\cdot7^2-56\cdot7+1=1$
$S_1<S_7$ であるから，S_n は **$n=7,\ 8$ のとき最大値 1** をとる。

←S_n は n の 3 次式だから，S_n の式のまま考えるのでは最大値を求めにくい。
⟶ a_n の各項の符号に注目。

←これから，S_1 または $S_7=S_8$ が最大値である。

EX ③16

次の数列の初項から第 n 項までの和を求めよ。

$3,\ \dfrac{5}{1^3+2^3},\ \dfrac{7}{1^3+2^3+3^3},\ \dfrac{9}{1^3+2^3+3^3+4^3},\ \cdots\cdots$　〔東京農工大〕

数列の第 k 項の分子は　$3+(k-1)\cdot2=2k+1$
また，数列の第 k 項の分母は

$$1^3+2^3+3^3+\cdots\cdots+k^3=\sum_{l=1}^{k}l^3=\left\{\frac{1}{2}k(k+1)\right\}^2$$
$$=\frac{1}{4}k^2(k+1)^2$$

よって，求める和は

$$\sum_{k=1}^{n}(2k+1)\cdot\frac{4}{k^2(k+1)^2}$$
$$=4\sum_{k=1}^{n}\frac{2k+1}{k^2(k+1)^2}=4\sum_{k=1}^{n}\left\{\frac{1}{k^2}-\frac{1}{(k+1)^2}\right\}$$
$$=4\left[\left(\frac{1}{1}-\frac{1}{4}\right)+\left(\frac{1}{4}-\frac{1}{9}\right)+\cdots\cdots+\left\{\frac{1}{n^2}-\frac{1}{(n+1)^2}\right\}\right]$$
$$=4\left\{1-\frac{1}{(n+1)^2}\right\}=\boldsymbol{\frac{4n(n+2)}{(n+1)^2}}$$

HINT　数列の第 k 項の分子，分母をそれぞれ k を用いて表す。

←部分分数に分解する。

EX ④17

自然数 n に対して $m\leqq\log_2 n<m+1$ を満たす整数 m を a_n で表すことにする。このとき，$a_{2020}=$ ア□ である。また，自然数 k に対して $a_n=k$ を満たす n は全部で イ□ 個あり，そのような n のうちで最大のものは $n=$ ウ□ である。更に，$\displaystyle\sum_{n=1}^{2020}a_n=$ エ□ である。〔類 慶応大〕

$2^{10}=1024,\ 2^{11}=2048$ であるから　$2^{10}<2020<2^{11}$
各辺の 2 を底とする対数をとると　$10<\log_2 2020<11$
よって　$a_{2020}=$ ア**10**
$a_n=k$ のとき　$k\leqq\log_2 n<k+1$
ゆえに　$2^k\leqq n<2^{k+1}$ …… ①

←$\log_2 2^{10}=10$,
$\log_2 2^{11}=11$

←$2^k\leqq 2^{\log_2 n}<2^{k+1}$

① を満たす自然数 n の個数は

$$(2^{k+1}-1)-2^k+1={}^{イ}\mathbf{2^k}\ (個)$$

① を満たす最大の自然数 n は　　$n={}^{ウ}\mathbf{2^{k+1}-1}$

また，$\log_2 1=0$ から $a_1=0$ である。

←$0\leqq\log_2 1<1$

よって　　$\displaystyle\sum_{n=1}^{2020}a_n=a_1+\sum_{k=1}^{9}(a_{2^k}+\cdots\cdots+a_{2^{k+1}-1})$

$$+(a_{2^{10}}+a_{2^{10}+1}+\cdots\cdots+a_{2020})$$

$$=0+\sum_{k=1}^{9}k\cdot 2^k+10(2020-2^{10}+1)$$

$$=\sum_{k=1}^{9}k\cdot 2^k+9970$$

←$\overbrace{a_{2^k}=a_{2^k+1}=\cdots=a_{2^{k+1}-1}}^{2^k 個}$ $=k$, $a_{2^{10}}=a_{2^{10}+1}=\cdots=a_{2020}$ $=10$

ここで，$S=\displaystyle\sum_{k=1}^{9}k\cdot 2^k$ とすると

$$S=1\cdot 2+2\cdot 2^2+\cdots\cdots+9\cdot 2^9$$

両辺に 2 を掛けると

$$2S=\qquad 1\cdot 2^2+\cdots\cdots+8\cdot 2^9+9\cdot 2^{10}$$

辺々を引くと

$$-S=1\cdot 2+(2^2+\cdots\cdots+2^9)-9\cdot 2^{10}$$

$$=2+\frac{2^2(2^8-1)}{2-1}-9\cdot 2^{10}=-8\cdot 2^{10}-2=-8194$$

ゆえに，$S=8194$ であるから　$\displaystyle\sum_{n=1}^{2020}a_n=8194+9970={}^{エ}\mathbf{18164}$

EX ③18

数列 1, 1, 3, 1, 3, 5, 1, 3, 5, 7, 1, 3, 5, 7, 9, 1, …… について，次の問いに答えよ。ただし，k, m, n は自然数とする。〔名古屋市大〕

(1) $(k+1)$ 回目に現れる 1 は第何項か。

(2) m 回目に現れる 17 は第何項か。

(3) 初項から $(k+1)$ 回目の 1 までの項の和を求めよ。

(4) 初項から第 n 項までの和を S_n とするとき，$S_n>1300$ となる最小の n を求めよ。

与えられた数列を

$$1\,|\,1,\ 3\,|\,1,\ 3,\ 5\,|\,1,\ 3,\ 5,\ 7\,|\,1,\ \cdots\cdots$$

のように，第 k 群に k 個の項が含まれるように群に分ける。

(1) $(k+1)$ 回目に現れる 1 は，第 $(k+1)$ 群の最初の項である。

第 1 群から第 k 群までの項数は

$$1+2+3+\cdots\cdots+k=\sum_{i=1}^{k}i=\frac{1}{2}k(k+1)$$

$\dfrac{1}{2}k(k+1)+1=\dfrac{1}{2}(k^2+k+2)$ であるから，$(k+1)$ 回目に現れる 1 は，**第 $\dfrac{1}{2}(k^2+k+2)$ 項** である。

(2) $2n-1=17$ とすると　　$n=9$

←数列 1, 3, 5, ……, 17 で，17 は 9 項目。

よって，1 回目に現れる 17 は，第 9 群の第 9 項である。

ゆえに，m 回目に現れる 17 は，第 $(m+8)$ 群の第 9 項である。

第 1 群から第 $(m+7)$ 群までの項数は

$$\sum_{i=1}^{m+7} i=\frac{1}{2}(m+7)(m+8)$$

$\frac{1}{2}(m+7)(m+8)+9=\frac{1}{2}(m^2+15m+74)$ であるから，m 回目に現れる 17 は，**第 $\frac{1}{2}(m^2+15m+74)$ 項** である。

←$\frac{1}{2}k(k+1)$ に $k=m+7$ を代入。

(3) 第 i 群に含まれる項の和は　$\sum_{h=1}^{i}(2h-1)=i^2$

よって，初項から $(k+1)$ 回目の 1 までの項の和は

$$\sum_{i=1}^{k} i^2+1=\frac{1}{6}k(k+1)(2k+1)+1$$
$$=\frac{1}{6}(2k^3+3k^2+k+6)$$
$$=\frac{1}{6}(k+2)(2k^2-k+3)$$

←数列 1，3，5，……，$2i-1$ の和。

(4) 第 1 群から第 k 群までに含まれる項の和を T_k とすると

$$T_k=\frac{1}{6}k(k+1)(2k+1)$$

よって　$T_{15}=\frac{1}{6}\cdot15\cdot16\cdot31=1240$，$T_{16}=\frac{1}{6}\cdot16\cdot17\cdot33=1496$

また　$T_{15}+7^2=1289$，$T_{15}+8^2=1304$

ゆえに，初項から第 16 群の第 8 項までの和が初めて 1300 より大きくなるから，求める n の値は

$$n=\sum_{i=1}^{15} i+8=\frac{1}{2}\cdot15\cdot16+8=128$$

←第 n 項が第 k 群に含まれるとすると
　$T_{k-1}<1300\leqq T_k$
ただし　$k\geqq2$

←(3) から，数列 1，3，5，……，$2i-1$ の和は i^2 である。

EX ③19

座標平面上の x 座標と y 座標がともに正の整数である点 $(x,\ y)$ 全体の集合を D とする。D に属する点 $(x,\ y)$ に対して $x+y$ が小さいものから順に，また $x+y$ が等しい点の中では x が小さい順に番号を付け，n 番目 ($n=1$，2，3，……) の点を P_n とする。例えば，点 P_1，P_2，P_3 の座標は順に (1，1)，(1，2)，(2，1) である。

(1) 座標が (2，4) である点は何番目か。また，点 P_{10} の座標を求めよ。

(2) 座標が $(n,\ n)$ である点の番号を a_n とする。数列 $\{a_n\}$ の一般項を求めよ。

(3) (2) で求めた数列 $\{a_n\}$ に対し，$\sum_{k=1}^{n} a_k$ を求めよ。〔岡山大〕

(1) i を正の整数とする。

線分 $x+y=i+1$，$x\geqq0$，$y\geqq0$ 上における x 座標と y 座標がともに正の整数である点は，x 座標が小さい順に

$(1,\ i)$，$(2,\ i-1)$，……，$(i,\ 1)$ の i 個ある。

点 (2，4) は直線 $x+y=6$ 上にあるから $i=5$ で，x 座標が 2 番目に小さい点である。よって，最初から数えると

$1+2+3+4+2=$ **12 (番目)**

また，P_{10} は $i=4$ で x 座標が最も小さい点であるから，その座標は　**(4，1)**

(2) 点 $(n,\ n)$ は直線 $x+y=2n$ 上にあるから $i=2n-1$ で，x 座標が n 番目に小さい点である。ゆえに，$n\geqq2$ のとき

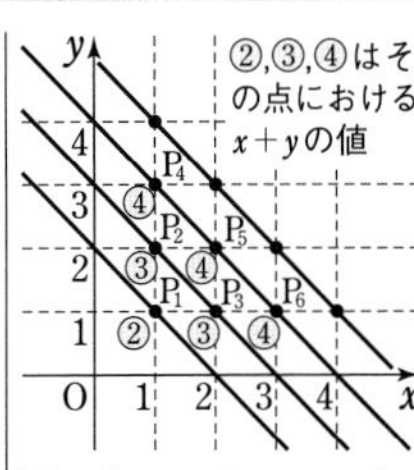

図に点 P_1，P_2，…… と順に書き込むと，直線 $x+y=i+1$ ($i=1$，2，……) ごとに点を分けて考えるとよいことが見えてくる。

$$a_n=1+2+\cdots\cdots+(2n-2)+n=\frac{1}{2}(2n-2)(2n-1)+n$$
$$=2n^2-2n+1$$

よって　　$a_n=2n^2-2n+1$ …… ①

$a_1=1$ であるから，① は $n=1$ のときも成り立つ。

したがって　　$\boldsymbol{a_n=2n^2-2n+1}$

(3) $\displaystyle\sum_{k=1}^{n}a_k=\sum_{k=1}^{n}(2k^2-2k+1)$

$$=2\cdot\frac{1}{6}n(n+1)(2n+1)-2\cdot\frac{1}{2}n(n+1)+n$$
$$=\frac{1}{3}n\{(n+1)(2n+1)-3(n+1)+3\}=\boldsymbol{\frac{1}{3}n(2n^2+1)}$$

◎ 初項は特別扱い

EX ③20

3 または 4 の倍数である自然数を小さい順に並べた数列を $\{a_i\}$ とする。自然数 n に対して，$\displaystyle\sum_{i=1}^{6n}a_i$ を n で表せ。〔福島県医大〕

自然数の列 1，2，3，…… を

$12k-11$，$12k-10$，……，$12k$ ($k=1$，2，……)

のように 12 個ずつに区切り，k 番目の組を第 k 群とする。

第 k 群には 3 または 4 の倍数が小さい順に

$12k-9$，$12k-8$，$12k-6$，$12k-4$，$12k-3$，$12k$

の 6 個ある。これらの数の和は

$$(12k-9)+(12k-8)+(12k-6)+(12k-4)+(12k-3)+12k$$
$$=72k-30$$

求める和 $\displaystyle\sum_{i=1}^{6n}a_i$ は，第 1 群から第 n 群までの 3 または 4 の倍数の総和に等しいから

$$\sum_{i=1}^{6n}a_i=\sum_{k=1}^{n}(72k-30)=72\cdot\frac{1}{2}n(n+1)-30n=\boldsymbol{36n^2+6n}$$

←3 と 4 の最小公倍数は 12 ⟶ 1～12，13～24，25～36，…… のように，12 個ずつに分けて考える。

←1～12 ならば
3，4，6，8，9，12

EX ⑤21

n は自然数とする。3 本の直線 $3x+2y=6n$，$x=0$，$y=0$ で囲まれる三角形の周上および内部にあり，x 座標と y 座標がともに整数である点は全部でいくつあるか。

直線 $3x+2y=6n$ (n は自然数) …… ①

と x 軸，y 軸の交点の座標は，それぞれ $(2n,\ 0)$，$(0,\ 3n)$ である。

直線 $x=k$ ($k=0$，1，……，$2n$) と，

① の交点の座標は　　$\left(k,\ 3n-\dfrac{3}{2}k\right)$

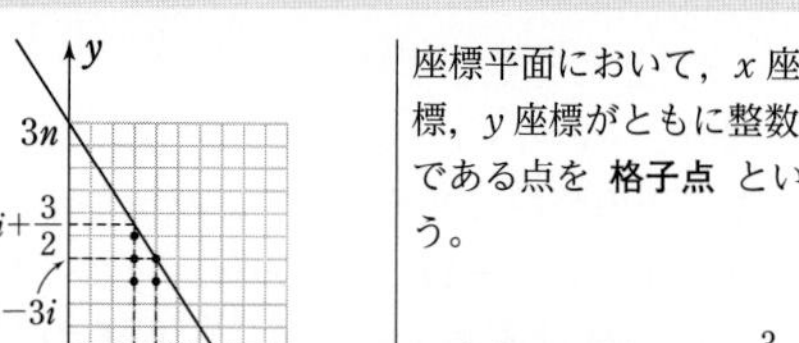

[1] k が偶数のとき

$k=2i$ ($i=0$，1，……，n) とすると

$$3n-\frac{3}{2}k=3n-\frac{3}{2}\cdot 2i=3n-3i\ (\text{整数})$$

よって，直線 $x=2i$ 上の格子点の個数は

$$(3n-3i)-0+1=3n-3i+1$$

座標平面において，x 座標，y 座標がともに整数である点を **格子点** という。

←交点の y 座標 $3n-\dfrac{3}{2}k$ が整数になるかならないかで場合分けして考える。

←x 軸上の点 $(2i,\ 0)$ も含まれることに注意。

[2] k が奇数のとき

$k=2i-1$ ($i=1,\ 2,\ \cdots\cdots,\ n$) とすると

$$3n-\frac{3}{2}k=3n-\frac{3}{2}(2i-1)=3n-3i+\frac{3}{2}\ \text{(整数ではない)}$$

よって，直線 $x=2i-1$ 上の格子点は $(2i-1,\ 0)$，$(2i-1,\ 1)$，……，$(2i-1,\ 3n-3i+1)$ で，その個数は

$$(3n-3i+1)-0+1=3n-3i+2$$

←x 軸上の点は含まれるが，直線 ① と直線 $x=2i-1$ の交点は含まれない。

[1]，[2] から，求める格子点の総数は

$$\sum_{i=0}^{n}(3n-3i+1)+\sum_{i=1}^{n}(3n-3i+2)$$
$$=3n+1+\sum_{i=1}^{n}(6n-6i+3)$$
$$=3n+1+(6n+3)\sum_{i=1}^{n}1-6\sum_{i=1}^{n}i$$
$$=3n+1+(6n+3)\cdot n-6\cdot\frac{1}{2}n(n+1)$$
$$=\mathbf{3n^2+3n+1}\ \textbf{(個)}$$

←第 1 項の $i=0$ の場合だけ別に計算。また $\sum_{k=1}^{n}a_k+\sum_{k=1}^{n}b_k=\sum_{k=1}^{n}(a_k+b_k)$

別解　線分 $3x+2y=6n$ $(0\leqq y\leqq 3n)$ 上の格子点 $(0,\ 3n)$，$(2,\ 3n-3)$，……，$(2n,\ 0)$ の個数は　$n+1$

4 点 $(0,\ 0)$，$(2n,\ 0)$，$(2n,\ 3n)$，$(0,\ 3n)$ を頂点とする長方形の周上および内部にある格子点の個数は　$(2n+1)(3n+1)$

よって，求める格子点の個数は

$$\frac{1}{2}\{(2n+1)(3n+1)+(n+1)\}=\mathbf{3n^2+3n+1}\ \textbf{(個)}$$

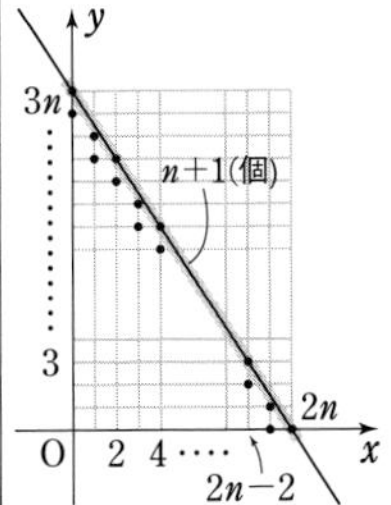

参考　ピックの定理を利用すると，次のようになる。

3 本の直線 $3x+2y=6n$，$x=0$，$y=0$ で囲まれる三角形を P とすると，P の頂点はいずれも格子点である。

←ピックの定理が適用できることを確認している。

P の内部，辺上にある格子点の個数をそれぞれ a，b とし，P の面積を S とすると，ピックの定理から　$S=a+\dfrac{b}{2}-1$

ここで　$b=n+1+(2n-1)+(3n-1)+1=6n$

$$S=\frac{1}{2}\cdot 2n\cdot 3n=3n^2$$

したがって，求める格子点の総数は

$$a+b=S+\frac{b}{2}+1=3n^2+3n+1\ \text{(個)}$$

←$a=S-\dfrac{b}{2}+1$

EX ④22

異なる n 個のものから r 個を取る組合せの総数を ${}_n\mathrm{C}_r$ で表す。

(1) 2 以上の自然数 k について，${}_{k+3}\mathrm{C}_4={}_{k+4}\mathrm{C}_5-{}_{k+3}\mathrm{C}_5$ が成り立つことを証明せよ。

(2) 和 $\sum_{k=1}^{n}{}_{k+3}\mathrm{C}_4$ を求めよ。　(3) 和 $\sum_{k=1}^{n}(k^4+6k^3)$ を求めよ。　〔静岡大〕

(1) $k\geqq 2$ のとき

$${}_{k+4}\mathrm{C}_5-{}_{k+3}\mathrm{C}_5$$
$$=\frac{(k+4)(k+3)(k+2)(k+1)k}{5!}-\frac{(k+3)(k+2)(k+1)k(k-1)}{5!}$$

$$=\frac{(k+3)(k+2)(k+1)k\{(k+4)-(k-1)\}}{5!}$$

$$=\frac{(k+3)(k+2)(k+1)k\cdot 5}{5!}=\frac{(k+3)(k+2)(k+1)k}{4!}={}_{k+3}C_4$$

よって，${}_{k+3}C_4={}_{k+4}C_5-{}_{k+3}C_5$ が成り立つ。

←分子において，共通因数 $(k+3)(k+2)(k+1)k$ でくくる。

参考　$1\leqq r\leqq n-1$，$n\geqq 2$ に対して，${}_nC_r={}_{n-1}C_{r-1}+{}_{n-1}C_r$ が成り立つ。よって，${}_{k+4}C_5={}_{k+3}C_4+{}_{k+3}C_5$ から ${}_{k+3}C_4={}_{k+4}C_5-{}_{k+3}C_5$

(2)　(1) から，$n\geqq 2$ のとき

$$\sum_{k=1}^{n}{}_{k+3}C_4={}_4C_4+\sum_{k=2}^{n}{}_{k+3}C_4{}^{(*)}={}_4C_4+\sum_{k=2}^{n}({}_{k+4}C_5-{}_{k+3}C_5)$$

$$=1+({}_6C_5-{}_5C_5)+({}_7C_5-{}_6C_5)+({}_8C_5-{}_7C_5)$$

$$+\cdots\cdots+({}_{n+4}C_5-{}_{n+3}C_5)$$

$$=1-{}_5C_5+{}_{n+4}C_5={}_{n+4}C_5$$

$$=\frac{(n+4)(n+3)(n+2)(n+1)n}{5!}$$

(＊)　(1) の結果を利用することを考え，$k=1$ のときと $k\geqq 2$ のときで分ける。

すなわち

$$\sum_{k=1}^{n}{}_{k+3}C_4=\frac{1}{120}n(n+1)(n+2)(n+3)(n+4)\quad\cdots\cdots\ ①$$

また，① において，$n=1$ とすると

$$(\text{左辺})=\sum_{k=1}^{1}{}_{k+3}C_4={}_4C_4=1,$$

$$(\text{右辺})=\frac{1}{120}\cdot 1\cdot(1+1)(1+2)(1+3)(1+4)=1$$

ゆえに，$n=1$ のときも ① は成り立つ。

よって　$\displaystyle\sum_{k=1}^{n}{}_{k+3}C_4=\boldsymbol{\frac{1}{120}n(n+1)(n+2)(n+3)(n+4)}$

(3)　$${}_{k+3}C_4=\frac{(k+3)(k+2)(k+1)k}{4!}=\frac{1}{24}k(k+1)(k+2)(k+3)$$

$$=\frac{1}{24}(k^2+3k)(k^2+3k+2)$$

$$=\frac{1}{24}(k^4+6k^3+11k^2+6k)$$

←k と $(k+3)$，$(k+1)$ と $(k+2)$ を組み合わせると，共通の式 k^2+3k が現れ，展開しやすくなる。

ゆえに，$k^4+6k^3=24{}_{k+3}C_4-11k^2-6k$ であるから

$$\sum_{k=1}^{n}(k^4+6k^3)=\sum_{k=1}^{n}(24{}_{k+3}C_4-11k^2-6k)$$

(2) から　$\displaystyle\sum_{k=1}^{n}(24{}_{k+3}C_4-11k^2-6k)$

$$=24\cdot\frac{1}{120}n(n+1)(n+2)(n+3)(n+4)$$

$$-11\cdot\frac{1}{6}n(n+1)(2n+1)-6\cdot\frac{1}{2}n(n+1)$$

$$=\frac{1}{30}n(n+1)\{6(n+2)(n+3)(n+4)-55(2n+1)-90\}$$

$$=\frac{1}{30}n(n+1)(6n^3+54n^2+46n-1)$$

よって　$\displaystyle\sum_{k=1}^{n}(k^4+6k^3)=\boldsymbol{\frac{1}{30}n(n+1)(6n^3+54n^2+46n-1)}$

EX ②23 次の条件によって定められる数列 $\{a_n\}$ の一般項を求めよ。

$$a_1=r,\ a_{n+1}=r+\frac{1}{r}a_n \quad \text{ただし，} r \text{ は } 0 \text{ でない定数}$$

［お茶の水大］

[1]　$r\neq1$ のとき，漸化式を変形すると

$$a_{n+1}-\frac{r^2}{r-1}=\frac{1}{r}\left(a_n-\frac{r^2}{r-1}\right)$$

また　$a_1-\dfrac{r^2}{r-1}=r-\dfrac{r^2}{r-1}=-\dfrac{r}{r-1}$

よって，数列 $\left\{a_n-\dfrac{r^2}{r-1}\right\}$ は初項 $-\dfrac{r}{r-1}$，公比 $\dfrac{1}{r}$ の等比数列であるから　$a_n-\dfrac{r^2}{r-1}=-\dfrac{r}{r-1}\left(\dfrac{1}{r}\right)^{n-1}$

ゆえに　$a_n=\dfrac{r^2}{r-1}-\dfrac{r}{r-1}\left(\dfrac{1}{r}\right)^{n-1}=\dfrac{r^2}{r-1}\left\{1-\left(\dfrac{1}{r}\right)^n\right\}$

[2]　$r=1$ のとき，漸化式は　$a_{n+1}=a_n+1$

よって，数列 $\{a_n\}$ は初項1，公差1の等差数列である。

ゆえに　$a_n=1+(n-1)\cdot1=n$

よって　**$r\neq1$ のとき　$a_n=\dfrac{r^2}{r-1}\left\{1-\left(\dfrac{1}{r}\right)^n\right\}$**

$r=1$ のとき　$a_n=n$

←$\alpha=r+\dfrac{1}{r}\alpha$ を解くと，$(r-1)\alpha=r^2$ から $\alpha=\dfrac{r^2}{r-1}$

←$\dfrac{r(r-1)-r^2}{r-1}=\dfrac{-r}{r-1}$

←$-\dfrac{r}{r-1}\left(\dfrac{1}{r}\right)^{n-1}=-\dfrac{r^2}{r-1}\left(\dfrac{1}{r}\right)^n$

EX ④24 $a_1=1$，$a_2=6$，$2(2n+3)a_{n+1}=(n+1)a_{n+2}+4(n+2)a_n$ で定義される数列 $\{a_n\}$ について

(1)　$b_n=a_{n+1}-2a_n$ とおくとき，b_n を n の式で表せ。

(2)　a_n を n の式で表せ。

［鳥取大］

(1)　漸化式を変形すると

$$(n+1)(a_{n+2}-2a_{n+1})=2(n+2)(a_{n+1}-2a_n)$$

$b_n=a_{n+1}-2a_n$ であるから

$$(n+1)b_{n+1}=2(n+2)b_n$$

よって　$\dfrac{b_{n+1}}{n+2}=2\cdot\dfrac{b_n}{n+1}$

ゆえに，数列 $\left\{\dfrac{b_n}{n+1}\right\}$ は初項 $\dfrac{b_1}{1+1}=\dfrac{a_2-2a_1}{2}=2$，公比2の等比数列であるから　$\dfrac{b_n}{n+1}=2\cdot2^{n-1}$

したがって　**$b_n=(n+1)\cdot2^n$**

(2)　$a_{n+1}-2a_n=(n+1)\cdot2^n$ から　$\dfrac{a_{n+1}}{2^{n+1}}-\dfrac{a_n}{2^n}=\dfrac{n+1}{2}$

$c_n=\dfrac{a_n}{2^n}$ とおくと　$c_{n+1}-c_n=\dfrac{n+1}{2}$

よって，$n\geqq2$ のとき

$$c_n=\frac{a_1}{2^1}+\sum_{k=1}^{n-1}\frac{k+1}{2}=\frac{1}{2}+\frac{1}{2}\sum_{k=1}^{n-1}k+\frac{1}{2}\sum_{k=1}^{n-1}1$$

$$=\frac{1}{2}+\frac{1}{2}\cdot\frac{1}{2}(n-1)n+\frac{1}{2}(n-1)=\frac{1}{4}n(n+1)$$

←漸化式の a_{n+1} の係数を $2(2n+3)=2\{(n+1)+(n+2)\}$ と変形。

別解　$b_{n+1}=\dfrac{2(n+2)}{n+1}b_n$

$=\dfrac{2(n+2)}{n+1}\cdot\dfrac{2(n+1)}{n}b_{n-1}$

$=\dfrac{2^2(n+2)}{n}\cdot\dfrac{2n}{n-1}b_{n-2}$

$=\cdots\cdots=\dfrac{2^n(n+2)}{2}b_1$

から b_n を求めてもよい。

←a_{n+1} と a_n の係数に着目して，両辺を 2^{n+1} で割る。

$n=1$ のとき，$\frac{1}{4}\cdot1\cdot2=\frac{1}{2}$ であるから，これは成り立つ。

したがって　$\boldsymbol{a_n=2^nc_n=n(n+1)\cdot2^{n-2}}$

⓵ 初項は特別扱い

$\leftarrow\frac{a_n}{2^n}=c_n$ から。

EX ③25

$a_1=2,\ a_{n+1}=a_n{}^3\cdot4^n$ で定められる数列 $\{a_n\}$ について

(1) $b_n=\log_2a_n$ とするとき，b_{n+1} を b_n を用いて表せ。

(2) $\alpha,\ \beta$ を定数とし，$f(n)=\alpha n+\beta$ とする。このとき，$b_{n+1}-f(n+1)=3\{b_n-f(n)\}$ が成り立つように $\alpha,\ \beta$ の値を定めよ。

(3) 数列 $\{a_n\}$，$\{b_n\}$ の一般項をそれぞれ求めよ。〔静岡大〕

(1) 漸化式から，数列 $\{a_n\}$ の各項は正である。

よって，$a_{n+1}=a_n{}^3\cdot4^n$ の両辺は正であるから，両辺の2を底とする対数をとると

$$\log_2a_{n+1}=\log_2a_n{}^3+\log_24^n$$

ゆえに　$\log_2a_{n+1}=3\log_2a_n+2n$

$b_n=\log_2a_n$ とすると　$\boldsymbol{b_{n+1}=3b_n+2n}$

$\leftarrow a_1>0$ および漸化式の形から明らか。

$\leftarrow\log_24=2$

(2) $b_{n+1}-f(n+1)=3\{b_n-f(n)\}$ から

$$b_{n+1}=3b_n+f(n+1)-3f(n)$$

$f(n)=\alpha n+\beta,\ f(n+1)=\alpha(n+1)+\beta$ を代入して

$$b_{n+1}=3b_n+\alpha n+\alpha+\beta-3(\alpha n+\beta)$$

整理して　$b_{n+1}=3b_n-2\alpha n+\alpha-2\beta$

これと(1)の結果から　$-2\alpha=2,\ \alpha-2\beta=0$

この連立方程式を解くと　$\boldsymbol{\alpha=-1,\ \beta=-\frac{1}{2}}$

$\leftarrow2n=-2\alpha n+\alpha-2\beta$ を n の恒等式とみる。

(3) (2)から　$f(n)=-n-\frac{1}{2}$

$b_{n+1}-f(n+1)=3\{b_n-f(n)\}$ より，数列 $\left\{b_n+n+\frac{1}{2}\right\}$ は，

初項 $b_1+1+\frac{1}{2}=\log_2a_1+\frac{3}{2}=\frac{5}{2}$，公比3の等比数列であるから　$b_n+n+\frac{1}{2}=\frac{5}{2}\cdot3^{n-1}$

$\leftarrow\log_2a_1=\log_22=1$

ゆえに　$\boldsymbol{b_n=\frac{5}{2}\cdot3^{n-1}-n-\frac{1}{2}}$

$b_n=\log_2a_n$ から　$a_n=2^{b_n}$　すなわち　$\boldsymbol{a_n=2^{\frac{5}{2}\cdot3^{n-1}-n-\frac{1}{2}}}$

EX ③26

数列 $\{x_n\}$，$\{y_n\}$ は $(3+2\sqrt{2})^n=x_n+y_n\sqrt{2}$ を満たすとする。ただし，x_n，y_n は整数とする。

(1) x_{n+1}，y_{n+1} をそれぞれ x_n，y_n で表せ。

(2) $x_n-y_n\sqrt{2}$ を n で表せ。また，これを用いて x_n，y_n を n で表せ。〔類 京都薬大〕

HINT (1) $x_{n+1}+y_{n+1}\sqrt{2}=(x_n+y_n\sqrt{2})(3+2\sqrt{2})$ を利用。

(2) (1)の結果を利用して，$x_{n+1}-y_{n+1}\sqrt{2}$ を x_n，y_n で表す。

$x_n+y_n\sqrt{2}=(3+2\sqrt{2})^n$ …… ① とする。

(1) $x_{n+1}+y_{n+1}\sqrt{2}=(3+2\sqrt{2})^{n+1}$

$=(3+2\sqrt{2})^n(3+2\sqrt{2})$

$=(x_n+y_n\sqrt{2})(3+2\sqrt{2})$

$=3x_n+4y_n+(2x_n+3y_n)\sqrt{2}$

←① を代入。

x_{n+1}, y_{n+1}, $3x_n+4y_n$, $2x_n+3y_n$ は整数，$\sqrt{2}$ は無理数であるから　$\boldsymbol{x_{n+1}=3x_n+4y_n}$ …… ②，$\boldsymbol{y_{n+1}=2x_n+3y_n}$ …… ③

←a, b, c, d が有理数，$\sqrt{l}$ が無理数のとき $\boldsymbol{a+b\sqrt{l}=c+d\sqrt{l}}$ $\Longleftrightarrow$ $\boldsymbol{a=c}$, $\boldsymbol{b=d}$（数学Ⅰ）

(2) ②－③×$\sqrt{2}$ から

$x_{n+1}-y_{n+1}\sqrt{2}=(3x_n+4y_n)-\sqrt{2}(2x_n+3y_n)$

$=(3-2\sqrt{2})x_n+(4-3\sqrt{2})y_n$

$=(3-2\sqrt{2})(x_n-y_n\sqrt{2})$

←$4-3\sqrt{2}$ $=-\sqrt{2}(-2\sqrt{2}+3)$

ここで，$x_1+y_1\sqrt{2}=3+2\sqrt{2}$ であり，x_1, y_1 は整数，$\sqrt{2}$ は無理数であるから　$x_1=3$, $y_1=2$

←$(3+2\sqrt{2})^1=x_1+y_1\sqrt{2}$

よって，数列 $\{x_n-y_n\sqrt{2}\}$ は初項 $x_1-y_1\sqrt{2}=3-2\sqrt{2}$，公比 $3-2\sqrt{2}$ の等比数列であるから

$\boldsymbol{x_n-y_n\sqrt{2}}=(3-2\sqrt{2})\cdot(3-2\sqrt{2})^{n-1}$

$\boldsymbol{=(3-2\sqrt{2})^n}$ …… ④

(①＋④)÷2 から　$\boldsymbol{x_n=\dfrac{1}{2}\{(3+2\sqrt{2})^n+(3-2\sqrt{2})^n\}}$

(①－④)÷$2\sqrt{2}$ から　$\boldsymbol{y_n=\dfrac{1}{2\sqrt{2}}\{(3+2\sqrt{2})^n-(3-2\sqrt{2})^n\}}$

←①，④ を x_n, y_n の連立方程式とみて解く。

EX
③**27**

数列 $\{a_n\}$ が次の漸化式を満たしている。

$$a_1=\frac{1}{2},\ a_2=\frac{1}{3},\ a_{n+2}=\frac{a_na_{n+1}}{2a_n-a_{n+1}+2a_na_{n+1}}$$

(1) $b_n=\dfrac{1}{a_n}$ とおく。b_{n+2} を b_{n+1} と b_n で表せ。

(2) $b_{n+1}-b_n=c_n$ とおいたとき，c_n を n で表せ。

(3) a_n を n で表せ。　〔東京女子大〕

(1) $a_{n+2}=\dfrac{a_na_{n+1}}{2a_n-a_{n+1}+2a_na_{n+1}}$ …… ① とする。

$a_1\neq0$, $a_2\neq0$ であるから，① より　$a_3\neq0$

これを繰り返して，すべての自然数 n について　$a_n\neq0$

←(1) のように，問題文で $b_n=\dfrac{1}{a_n}$ とおき換えの指示がある場合は，$a_n\neq0$ の説明を省いてもよい。

よって，① の両辺の逆数をとると

$$\frac{1}{a_{n+2}}=\frac{2a_n-a_{n+1}+2a_na_{n+1}}{a_na_{n+1}}$$

ゆえに　$\dfrac{1}{a_{n+2}}=\dfrac{2}{a_{n+1}}-\dfrac{1}{a_n}+2$

よって，$b_n=\dfrac{1}{a_n}$ とおくと

$\boldsymbol{b_{n+2}=2b_{n+1}-b_n+2}$

(2)　$b_{n+1}-b_n=c_n$ とおくと

$$c_{n+1}=b_{n+2}-b_{n+1}=(2b_{n+1}-b_n+2)-b_{n+1}$$
$$=b_{n+1}-b_n+2$$
$$=c_n+2$$

したがって，数列 $\{c_n\}$ は公差 2 の等差数列である。

また　$c_1=b_2-b_1=\frac{1}{a_2}-\frac{1}{a_1}=3-2=1$

よって　$\boldsymbol{c_n}=1+(n-1)\cdot 2=\boldsymbol{2n-1}$

←(1) の結果を $b_{n+2}-b_{n+1}=b_{n+1}-b_n+2$ と変形してもよい。

(3)　$b_{n+1}-b_n=2n-1$ であるから，$n\geqq 2$ のとき

$$b_n=b_1+\sum_{k=1}^{n-1}(2k-1)$$
$$=2+2\cdot\frac{1}{2}(n-1)n-(n-1)$$
$$=n^2-2n+3$$

$n=1$ のとき，$1^2-2\cdot1+3=2$ であるから，これは成り立つ。

したがって　$\boldsymbol{a_n}=\frac{1}{b_n}=\boldsymbol{\frac{1}{n^2-2n+3}}$

←数列 $\{c_n\}$ は，数列 $\{b_n\}$ の階差数列。

❶ **初項は特別扱い**

EX ③28

数列 $\{a_n\}$ は $a_1=1$，$a_n(3S_n+2)=3S_n^2$ $(n=2,\ 3,\ 4,\ \cdots\cdots)$ を満たしているとする。ここで，$S_n=\sum_{k=1}^{n}a_k$ $(n=1,\ 2,\ 3,\ \cdots\cdots)$ である。a_2 の値は $a_2=$ ア□ である。

$T_n=\frac{1}{S_n}$ $(n=1,\ 2,\ 3,\ \cdots\cdots)$ とするとき，T_n を n の式で表すと $T_n=$ イ□ であり，$n\geqq 2$ のとき a_n を n の式で表すと $a_n=$ ウ□ である。　〔関西学院大〕

$a_n(3S_n+2)=3S_n^2$ …… ① において，$n=2$ とすると，

$S_2=a_1+a_2=1+a_2$ であるから

$$a_2\{3(1+a_2)+2\}=3(1+a_2)^2$$

よって　$3a_2^2+5a_2=3a_2^2+6a_2+3$

ゆえに　$a_2=$ ア $\boldsymbol{-3}$

$n\geqq 2$ のとき，$a_n=S_n-S_{n-1}$ を ① に代入すると

$$(S_n-S_{n-1})(3S_n+2)=3S_n^2$$

整理すると　$2S_n-3S_nS_{n-1}-2S_{n-1}=0$ …… ②

② で，$S_n=0$ とすると　$S_{n-1}=0$

これを繰り返すと $S_1=a_1=0$ となり，これは矛盾。

よって，すべての n について $S_n\neq 0$ であるから，② の両辺を

S_nS_{n-1} で割ると　$\frac{2}{S_{n-1}}-3-\frac{2}{S_n}=0$

ゆえに　$2T_{n-1}-3-2T_n=0$　すなわち　$T_n=T_{n-1}-\frac{3}{2}$

よって，数列 $\{T_n\}$ は公差 $-\frac{3}{2}$ の等差数列で，初項は

$T_1=\frac{1}{S_1}=\frac{1}{a_1}=1$ であるから

←a_2 についての方程式。

←$n\geqq 2$ がつくことに注意。

$$T_n=1+(n-1)\left(-\frac{3}{2}\right)={}^{イ}\boldsymbol{-\frac{3}{2}n+\frac{5}{2}}$$

←$a+(n-1)d$

$T_n=-\dfrac{3n-5}{2}$ であるから　　$S_n=-\dfrac{2}{3n-5}$

したがって，$n\geqq2$ のとき

$$a_n=S_n-S_{n-1}$$
$$=-\frac{2}{3n-5}+\frac{2}{3n-8}={}^{ウ}\boldsymbol{\frac{6}{(3n-5)(3n-8)}}$$

←$\dfrac{2\{-(3n-8)+3n-5\}}{(3n-5)(3n-8)}$

EX ④29

右図のように，xy 平面上の点 $(1,\ 1)$ を中心とする半径 1 の円を C とする。x 軸，y 軸の正の部分，円 C と接する円で C より小さいものを C_1 とする。更に，x 軸の正の部分，円 C，円 C_1 と接する円を C_2 とする。以下，順に x 軸の正の部分，円 C，円 C_n と接する円を C_{n+1} とする。また，円 C_n の中心の座標を $(a_n,\ b_n)$ とする。ただし，円 C_{n+1} は円 C_n の右側にあるとする。

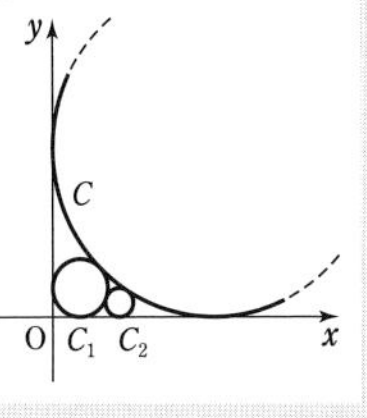

(1) $a_1={}^{ア}\square$，$b_1={}^{イ}\square$ である。

(2) a_n，a_{n+1} の関係式を求めよ。

(3) $c_n=\dfrac{1}{1-a_n}$ とおいて，数列 $\{a_n\}$ の一般項を n の式で表せ。　〔類　京都産大〕

HINT　(2)　円 C と C_n，円 C_n と C_{n+1} がそれぞれ外接することに注目。具体的に図をかいてみるとわかりやすい。

(1)　$\sqrt{2}\,a_1+a_1+1=\sqrt{2}$ であるから

$$a_1=\frac{\sqrt{2}-1}{\sqrt{2}+1}={}^{ア}\boldsymbol{3-2\sqrt{2}}$$

また　　$b_1=a_1={}^{イ}\boldsymbol{3-2\sqrt{2}}$

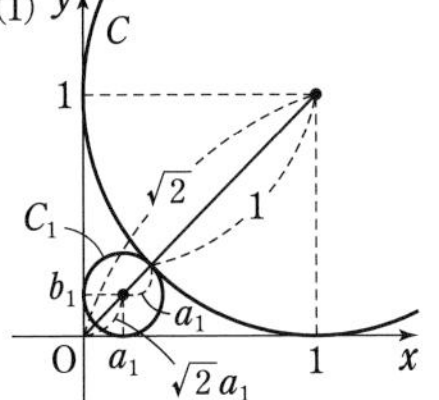

←2 点 $(0,\ 0)$，$(1,\ 1)$ 間の距離に注目。

←点 $(a_1,\ b_1)$ は直線 $y=x$ 上。

(2)　2 円 C，C_n は外接するから

$$\sqrt{(a_n-1)^2+(b_n-1)^2}=b_n+1$$

←半径が r，r'，中心間の距離が d である 2 円が外接する $\Longleftrightarrow$ $\boldsymbol{d=r+r'}$

両辺を 2 乗すると

$$(a_n-1)^2+b_n{}^2-2b_n+1=b_n{}^2+2b_n+1$$

ゆえに　　$b_n=\dfrac{1}{4}(a_n-1)^2$ …… ①

また，2 円 C_n，C_{n+1} は外接するから

$$\sqrt{(a_{n+1}-a_n)^2+(b_{n+1}-b_n)^2}=b_n+b_{n+1}$$

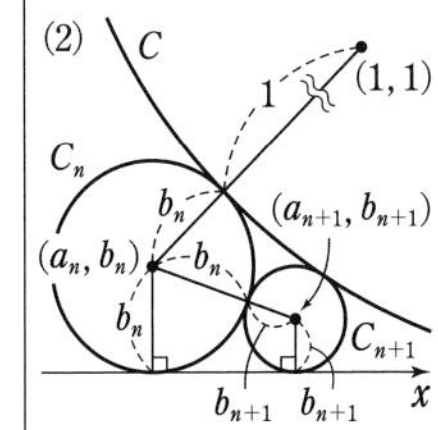

両辺を 2 乗すると

$$(a_{n+1}-a_n)^2+b_{n+1}{}^2-2b_{n+1}b_n+b_n{}^2=b_n{}^2+2b_nb_{n+1}+b_{n+1}{}^2$$

ゆえに　　$(a_{n+1}-a_n)^2=4b_nb_{n+1}$

① から　　$(a_{n+1}-a_n)^2=\dfrac{1}{4}(a_n-1)^2(a_{n+1}-1)^2$

$a_n<a_{n+1}$，$a_n<1$，$a_{n+1}<1$ であるから

$$\boldsymbol{a_{n+1}-a_n=\frac{1}{2}(1-a_n)(1-a_{n+1})}\ \cdots\cdots\ ②$$

←$A>0$，$B>0$ のとき $A^2=B^2 \Longleftrightarrow A=B$

(3) $c_n=\dfrac{1}{1-a_n}$ とおくと　$1-a_n=\dfrac{1}{c_n}$, $a_n=1-\dfrac{1}{c_n}$

よって，② から　$1-\dfrac{1}{c_{n+1}}-\left(1-\dfrac{1}{c_n}\right)=\dfrac{1}{2}\cdot\dfrac{1}{c_n}\cdot\dfrac{1}{c_{n+1}}$

整理して　$2(c_{n+1}-c_n)=1$　ゆえに　$c_{n+1}-c_n=\dfrac{1}{2}$

←等差数列型の漸化式。

また　$c_1=\dfrac{1}{1-a_1}=\dfrac{1}{1-(3-2\sqrt{2})}=\dfrac{\sqrt{2}+1}{2}$

ゆえに，数列 $\{c_n\}$ は初項 $\dfrac{\sqrt{2}+1}{2}$，公差 $\dfrac{1}{2}$ の等差数列であるから　$c_n=\dfrac{\sqrt{2}+1}{2}+(n-1)\cdot\dfrac{1}{2}=\dfrac{n+\sqrt{2}}{2}$

よって　$\boldsymbol{a_n=1-\dfrac{1}{c_n}=1-\dfrac{2}{n+\sqrt{2}}}$

EX ④30

n を 2 以上の整数とする。1 から n までの番号が付いた n 個の箱があり，それぞれの箱には赤玉と白玉が 1 個ずつ入っている。このとき，操作(＊)を $k=1$, ……, $n-1$ に対して，k が小さい方から順に 1 回ずつ行う。

(＊) 番号 k の箱から玉を 1 個取り出し，番号 $k+1$ の箱に入れてよくかきまぜる。

一連の操作がすべて終了した後，番号 n の箱から玉を 1 個取り出し，番号 1 の箱に入れる。このとき，番号 1 の箱に赤玉と白玉が 1 個ずつ入っている確率を求めよ。〔京都大〕

番号 1 の箱と番号 k の箱から同じ色の玉を取り出す確率を p_k とすると，求める確率は p_n である。
番号 1 の箱と番号 $k+1$ の箱から同じ色の玉を取り出すのは，次のいずれかの場合である。

[1] 番号 1 の箱と番号 k の箱から同じ色の玉を取り出し，番号 $k+1$ の箱からも番号 1 の箱から取り出した玉と同じ色の玉を取り出す。

[2] 番号 1 と番号 k の箱から異なる色の玉を取り出し，番号 $k+1$ の箱から番号 1 の箱から取り出した玉と同じ色の玉を取り出す。

	箱1	箱k	箱$k+1$
[1]	赤	赤	白1, 赤2
	白	白	白2, 赤1
[2]	赤	白	白2, 赤1
	白	赤	白1, 赤2

[1], [2] の事象は互いに排反であるから

$$p_{k+1}=p_k\cdot\frac{2}{3}+(1-p_k)\cdot\frac{1}{3}=\frac{1}{3}p_k+\frac{1}{3}$$

←上の図から，[1] の場合に条件を満たすように箱 $k+1$ から玉を取り出す確率は $\dfrac{2}{3}$，[2] の場合に条件を満たすように箱 $k+1$ から玉を取り出す確率は $\dfrac{1}{3}$

漸化式を変形すると　$p_{k+1}-\dfrac{1}{2}=\dfrac{1}{3}\left(p_k-\dfrac{1}{2}\right)$

また　$p_1-\dfrac{1}{2}=1-\dfrac{1}{2}=\dfrac{1}{2}$

よって，数列 $\left\{p_k-\dfrac{1}{2}\right\}$ は初項 $\dfrac{1}{2}$，公比 $\dfrac{1}{3}$ の等比数列であるから　$p_k-\dfrac{1}{2}=\dfrac{1}{2}\left(\dfrac{1}{3}\right)^{k-1}$　すなわち　$p_k=\dfrac{1}{2}\left\{1+\left(\dfrac{1}{3}\right)^{k-1}\right\}$

したがって，求める確率は　$\boldsymbol{p_n=\dfrac{1}{2}\left\{1+\left(\dfrac{1}{3}\right)^{n-1}\right\}}$

EX ④31

AとBの2人が，1個のさいころを次の手順により投げ合う。
1回目はAが投げる。
1，2，3の目が出たら，次の回には同じ人が投げる。
4，5の目が出たら，次の回には別の人が投げる。
6の目が出たら，投げた人を勝ちとし，それ以降は投げない。
(1) n回目にAがさいころを投げる確率a_nを求めよ。
(2) ちょうどn回目のさいころ投げでAが勝つ確率p_nを求めよ。
(3) n回以内のさいころ投げでAが勝つ確率q_nを求めよ。　〔一橋大〕

(1) n回目にBがさいころを投げる確率をb_nとする。
$a_1=1$，$b_1=0$である。
$(n+1)$回目にAが投げるのは，n回目にAが投げて1，2，3の目が出るか，n回目にBが投げて4，5の目が出るかのどちらかであるから　$a_{n+1}=\frac{1}{2}a_n+\frac{1}{3}b_n$ …… ①

n回目　$(n+1)$回目
A —1,2,3→ A
A —4,5→ B
B —1,2,3→ B
B —4,5→ A

$(n+1)$回目にBが投げるのは，n回目にAが投げて4，5の目が出るか，n回目にBが投げて1，2，3の目が出るかのどちらかであるから　$b_{n+1}=\frac{1}{3}a_n+\frac{1}{2}b_n$ …… ②

①＋② から　$a_{n+1}+b_{n+1}=\frac{5}{6}(a_n+b_n)$

①－② から　$a_{n+1}-b_{n+1}=\frac{1}{6}(a_n-b_n)$

←連立漸化式の問題では，2つの漸化式の和や差をとるとうまくいくことがある。

数列$\{a_n+b_n\}$は初項$a_1+b_1=1$，公比$\frac{5}{6}$の等比数列，数列$\{a_n-b_n\}$は初項$a_1-b_1=1$，公比$\frac{1}{6}$の等比数列であるから

$$a_n+b_n=\left(\frac{5}{6}\right)^{n-1},\ a_n-b_n=\left(\frac{1}{6}\right)^{n-1}$$

辺々を加えて2で割ると　$\boldsymbol{a_n=\frac{1}{2}\left\{\left(\frac{5}{6}\right)^{n-1}+\left(\frac{1}{6}\right)^{n-1}\right\}}$

(2) n回目でAが勝つのは，n回目にAが投げて6の目が出る場合であるから

$$\boldsymbol{p_n}=\frac{1}{6}a_n=\boldsymbol{\frac{1}{12}\left\{\left(\frac{5}{6}\right)^{n-1}+\left(\frac{1}{6}\right)^{n-1}\right\}}$$

(3) (2)から

$$\boldsymbol{q_n}=\sum_{k=1}^{n}p_k=\frac{1}{12}\sum_{k=1}^{n}\left\{\left(\frac{5}{6}\right)^{k-1}+\left(\frac{1}{6}\right)^{k-1}\right\}$$

$$=\frac{1}{12}\left\{\frac{1-\left(\frac{5}{6}\right)^n}{1-\frac{5}{6}}+\frac{1-\left(\frac{1}{6}\right)^n}{1-\frac{1}{6}}\right\}=\frac{1-\left(\frac{5}{6}\right)^n}{2}+\frac{1-\left(\frac{1}{6}\right)^n}{10}$$

$$=\boldsymbol{\frac{1}{10}\left\{6-5\left(\frac{5}{6}\right)^n-\left(\frac{1}{6}\right)^n\right\}}$$

←1回目のさいころ投げでAが勝つ，または，2回目のさいころ投げでAが勝つ，または，……，n回目のさいころ投げでAが勝つ場合の確率。

EX ③32 n を正の整数，i を虚数単位として $(\cos\theta+i\sin\theta)^n=\cos n\theta+i\sin n\theta$ が成り立つことを証明せよ。〔類 慶応大〕

$(\cos\theta+i\sin\theta)^n=\cos n\theta+i\sin n\theta$ …… ① とする。

[1] $n=1$ のとき

$(\cos\theta+i\sin\theta)^1=\cos\theta+i\sin\theta=\cos(1\cdot\theta)+i\sin(1\cdot\theta)$

よって，① は成り立つ。

[2] $n=k$ のとき，① が成り立つと仮定すると

$(\cos\theta+i\sin\theta)^k=\cos k\theta+i\sin k\theta$ …… ②

$n=k+1$ のときを考えると，② から

$$\begin{aligned}(\cos\theta+i\sin\theta)^{k+1}&=(\cos\theta+i\sin\theta)^k(\cos\theta+i\sin\theta)\\&=(\cos k\theta+i\sin k\theta)(\cos\theta+i\sin\theta)\\&=(\cos k\theta\cos\theta-\sin k\theta\sin\theta)\\&\quad+i(\sin k\theta\cos\theta+\cos k\theta\sin\theta)\\&=\cos(k\theta+\theta)+i\sin(k\theta+\theta)\\&=\cos(k+1)\theta+i\sin(k+1)\theta\end{aligned}$$

よって，$n=k+1$ のときにも ① は成り立つ。

[1]，[2] から，すべての自然数 n について ① は成り立つ。

検討 等式 ① を **ド・モアブルの定理** という(数学 C の内容)。なお，この定理はすべての整数 n について成り立つことが知られている。

←$n=k+1$ のときの ① の左辺は $(\cos\theta+i\sin\theta)^{k+1}$

←$i^2=-1$

←三角関数の加法定理 $\cos(\alpha+\beta)=\cos\alpha\cos\beta-\sin\alpha\sin\beta$，$\sin(\alpha+\beta)=\sin\alpha\cos\beta+\cos\alpha\sin\beta$

EX ③33 $a_1=2$，$b_1=1$ および

$a_{n+1}=2a_n+3b_n$，$b_{n+1}=a_n+2b_n$ $(n=1,\ 2,\ 3,\ \cdots\cdots)$

で定められた数列 $\{a_n\}$，$\{b_n\}$ がある。$c_n=a_nb_n$ とするとき

(1) c_2 を求めよ。 (2) c_n は偶数であることを示せ。

(3) n が偶数のとき，c_n は 28 で割り切れることを示せ。〔北海道大〕

(1) $a_2=2a_1+3b_1=2\cdot2+3\cdot1=7$，

$b_2=a_1+2b_1=2+2\cdot1=4$

よって $\boldsymbol{c_2=a_2b_2=7\cdot4=28}$

←各漸化式に $n=1$ を代入する。

(2) [1] $n=1$ のとき

$c_1=a_1b_1=2\cdot1=2$ であるから，c_n は偶数である。

←数学的帰納法で証明。

[2] $n=k$ のとき，c_k が偶数であると仮定すると，

$c_k=2m$ (m は整数) と表される。

$n=k+1$ のときを考えると

$$\begin{aligned}c_{k+1}=a_{k+1}b_{k+1}&=(2a_k+3b_k)(a_k+2b_k)\\&=2a_k^2+7a_kb_k+6b_k^2\\&=2a_k^2+7\cdot2m+6b_k^2\\&=2(a_k^2+7m+3b_k^2)\end{aligned}$$

←$a_kb_k=c_k=2m$

$a_k^2+7m+3b_k^2$ は整数であるから，c_{k+1} は偶数である。

よって，$n=k+1$ のときも成り立つ。

[1]，[2] から，すべての自然数 n に対して c_n は偶数である。

←漸化式から，すべての n に対して，a_n，b_n は整数である。

(3) [1] $n=2$ のとき

$c_2=28$ であるから，c_n は 28 で割り切れる。

←数学的帰納法で証明。$n=2,\ 4,\ \cdots,\ 2k,\ \cdots$ が対象である。

[2] $n=2k$ のとき，c_{2k} が 28 で割り切れると仮定すると，

$c_{2k}=28m$ (m は整数) と表される。

$n=2(k+1)$ のときを考えると

$$c_{2(k+1)}=a_{2(k+1)}b_{2(k+1)}=(2a_{2k+1}+3b_{2k+1})(a_{2k+1}+2b_{2k+1})$$
$$=\{2(2a_{2k}+3b_{2k})+3(a_{2k}+2b_{2k})\}\times\{(2a_{2k}+3b_{2k})+2(a_{2k}+2b_{2k})\}$$
$$=(7a_{2k}+12b_{2k})(4a_{2k}+7b_{2k})$$
$$=28a_{2k}^2+97a_{2k}b_{2k}+84b_{2k}^2$$
$$=28a_{2k}^2+97c_{2k}+84b_{2k}^2$$
$$=28(a_{2k}^2+97m+3b_{2k}^2)$$

←漸化式を再び利用。

←$c_{2k}=28m$ を利用。

$a_{2k}^2+97m+3b_{2k}^2$ は整数であるから，$c_{2(k+1)}$ は 28 で割り切れる。

←漸化式から，すべての n に対して，a_n，b_n は整数である。

よって，$n=2(k+1)$ のときも成り立つ。

[1]，[2] から，n が偶数のとき c_n は 28 で割り切れる。

EX ③34 n を自然数とするとき，不等式 $2^n \leqq {}_{2n}C_n \leqq 4^n$ が成り立つことを証明せよ。〔山口大〕

$2^n \leqq {}_{2n}C_n \leqq 4^n$ …… ① とする。

[1] $n=1$ のとき

${}_2C_1=2$ であるから　$2^1 \leqq {}_2C_1 \leqq 4^1$

よって，① は成り立つ。

[2] $n=k$ のとき ① が成り立つと仮定すると

$$2^k \leqq {}_{2k}C_k \leqq 4^k \quad \cdots\cdots ②$$

$n=k+1$ のときを考えると，② から

$$ {}_{2(k+1)}C_{k+1}-2^{k+1}=\frac{\{2(k+1)\}!}{(k+1)!(k+1)!}-2^{k+1}$$
$$=\frac{(2k+2)(2k+1)}{(k+1)(k+1)}\cdot\frac{(2k)!}{k!k!}-2^{k+1}$$
$$=\frac{2(2k+1)}{k+1}\cdot{}_{2k}C_k-2^{k+1}$$
$$\geqq\frac{2(2k+1)}{k+1}\cdot2^k-2^{k+1}$$
$$=2^{k+1}\left(\frac{2k+1}{k+1}-1\right)$$
$$=2^{k+1}\cdot\frac{k}{k+1}>0$$

←${}_{2k}C_k=\dfrac{(2k)!}{(2k-k)!k!}$

←${}_{2k}C_k \geqq 2^k$ を利用。

←$2^{k+1}<{}_{2(k+1)}C_{k+1}$ が証明された。

$$4^{k+1}-{}_{2(k+1)}C_{k+1}=4\cdot4^k-\frac{2(2k+1)}{k+1}\cdot{}_{2k}C_k$$
$$\geqq4\cdot{}_{2k}C_k-\frac{2(2k+1)}{k+1}\cdot{}_{2k}C_k$$
$$=\left\{4-\frac{2(2k+1)}{k+1}\right\}{}_{2k}C_k$$
$$=\frac{2}{k+1}{}_{2k}C_k>0$$

←$4^k \geqq {}_{2k}C_k$ を利用。

←${}_{2(k+1)}C_{k+1}<4^{k+1}$ が証明された。

よって，$n=k+1$ のときにも ① は成り立つ。

[1]，[2] から，すべての自然数 n について ① は成り立つ。

EX ③35

数列 $\{a_n\}$ は $a_1=\sqrt{2}$，$\log_{a_{n+1}}a_n=\dfrac{n+2}{n}$ で定義されている。ただし，a_n は1でない正の実数で，$\log_{a_{n+1}}a_n$ は a_{n+1} を底とする a_n の対数である。

(1) a_2，a_3，a_4 を求めよ。

(2) 第 n 項 a_n を予想し，それが正しいことを数学的帰納法を用いて証明せよ。

(3) 初項から第 n 項までの積 $A_n=a_1a_2\cdots\cdots a_n$ を n の式で表せ。 〔香川大〕

(1) $\log_{a_{n+1}}a_n=\dfrac{n+2}{n}$ であるから　$a_n={a_{n+1}}^{\frac{n+2}{n}}$

←$\log_a p=q \Longleftrightarrow p=a^q$

よって　$a_{n+1}={a_n}^{\frac{n}{n+2}}$

ゆえに　$\boldsymbol{a_2}={a_1}^{\frac{1}{3}}=(2^{\frac{1}{2}})^{\frac{1}{3}}=\boldsymbol{2^{\frac{1}{6}}}$，$\boldsymbol{a_3}={a_2}^{\frac{2}{4}}=(2^{\frac{1}{6}})^{\frac{1}{2}}=\boldsymbol{2^{\frac{1}{12}}}$，

$\boldsymbol{a_4}={a_3}^{\frac{3}{5}}=(2^{\frac{1}{12}})^{\frac{3}{5}}=\boldsymbol{2^{\frac{1}{20}}}$

←$a_1=\sqrt{2}=2^{\frac{1}{2}}$

(2) (1)から，$\boldsymbol{a_n=2^{\frac{1}{n(n+1)}}}$ ……① と予想される。

←$2^{\frac{1}{2}}$，$2^{\frac{1}{6}}$，$2^{\frac{1}{12}}$，$2^{\frac{1}{20}}$，……から，指数は $\dfrac{1}{2}$，$\dfrac{1}{6}$，$\dfrac{1}{12}$，$\dfrac{1}{20}$，……，$\dfrac{1}{n(n+1)}$，底は2と予想される。

[1] $n=1$ のとき　$a_1=2^{\frac{1}{1(1+1)}}=2^{\frac{1}{2}}=\sqrt{2}$

よって，① は成り立つ。

[2] $n=k$ のとき，① が成り立つと仮定すると

$a_k=2^{\frac{1}{k(k+1)}}$ ……②

$n=k+1$ のときを考えると，② から

$a_{k+1}={a_k}^{\frac{k}{k+2}}=\{2^{\frac{1}{k(k+1)}}\}^{\frac{k}{k+2}}=2^{\frac{1}{(k+1)(k+2)}}$

←$n=k+1$ のときの ① の右辺。

よって，$n=k+1$ のときにも ① は成り立つ。

[1]，[2] から，すべての自然数 n について ① は成り立つ。

(3) $\log_2 A_n=\log_2(a_1a_2\cdots\cdots a_n)$

$=\log_2 a_1+\log_2 a_2+\cdots\cdots+\log_2 a_n$

←$\log_a MN=\log_a M+\log_a N$

$=\displaystyle\sum_{k=1}^{n}\log_2 a_k=\sum_{k=1}^{n}\log_2 2^{\frac{1}{k(k+1)}}$

$=\displaystyle\sum_{k=1}^{n}\frac{1}{k(k+1)}=\sum_{k=1}^{n}\left(\frac{1}{k}-\frac{1}{k+1}\right)$

←部分分数に分解。

$=\left(1-\dfrac{1}{2}\right)+\left(\dfrac{1}{2}-\dfrac{1}{3}\right)+\cdots\cdots+\left(\dfrac{1}{n}-\dfrac{1}{n+1}\right)$

←途中が消えて，最初と最後だけが残る。

$=1-\dfrac{1}{n+1}=\dfrac{n}{n+1}$

よって　$\boldsymbol{A_n=2^{\frac{n}{n+1}}}$

EX ④36 3次方程式 $x^3+bx^2+cx+d=0$ の3つの複素数解（重解の場合も含む）を α, β, γ とする。ただし，b, c, d は実数である。
(1) $\alpha+\beta+\gamma$, $\alpha^2+\beta^2+\gamma^2$, $\alpha^3+\beta^3+\gamma^3$ は実数であることを示せ。
(2) 任意の自然数 n に対して，$\alpha^n+\beta^n+\gamma^n$ は実数であることを示せ。 ［兵庫県大］

(1) 3次方程式 $x^3+bx^2+cx+d=0$ において，解と係数の関係により $\alpha+\beta+\gamma=-b$, $\alpha\beta+\beta\gamma+\gamma\alpha=c$, $\alpha\beta\gamma=-d$

$-b$ は実数であるから，$\alpha+\beta+\gamma$ は実数である。

また
$$\alpha^2+\beta^2+\gamma^2=(\alpha+\beta+\gamma)^2-2(\alpha\beta+\beta\gamma+\gamma\alpha)$$
$$=(-b)^2-2c=b^2-2c$$

b^2-2c は実数であるから，$\alpha^2+\beta^2+\gamma^2$ は実数である。

$$\alpha^3+\beta^3+\gamma^3=(\alpha+\beta+\gamma)\{\alpha^2+\beta^2+\gamma^2-(\alpha\beta+\beta\gamma+\gamma\alpha)\}+3\alpha\beta\gamma$$
$$=-b\{(b^2-2c)-c\}-3d=-b^3+3bc-3d$$

$-b^3+3bc-3d$ は実数であるから，$\alpha^3+\beta^3+\gamma^3$ は実数である。

←3次方程式 $px^3+qx^2+rx+s=0$ の解を α, β, γ とすると
$\alpha+\beta+\gamma=-\dfrac{q}{p}$,
$\alpha\beta+\beta\gamma+\gamma\alpha=\dfrac{r}{p}$,
$\alpha\beta\gamma=-\dfrac{s}{p}$

(2) $x^3+bx^2+cx+d=0$ から $x^3=-bx^2-cx-d$

←次数下げの方針。

両辺に x^n を掛けて $x^{n+3}=-bx^{n+2}-cx^{n+1}-dx^n$

ゆえに
$$\left.\begin{array}{l}\alpha^{n+3}=-b\alpha^{n+2}-c\alpha^{n+1}-d\alpha^n\\ \beta^{n+3}=-b\beta^{n+2}-c\beta^{n+1}-d\beta^n\\ \gamma^{n+3}=-b\gamma^{n+2}-c\gamma^{n+1}-d\gamma^n\end{array}\right\}\ (*)$$

よって，$I_n=\alpha^n+\beta^n+\gamma^n$ とすると
$$I_{n+3}=-bI_{n+2}-cI_{n+1}-dI_n \quad \cdots\cdots ①$$

←(＊)の辺々を加える。

ここで，「任意の自然数 n に対して，I_n は実数である」を ② とする。

[1] $n=1$, 2, 3 のとき
(1)の結果から，② は成り立つ。

←出発点は $n=1$, 2, 3

[2] $n=k$, $k+1$, $k+2$ のとき，② が成り立つと仮定すると，
b, c, d, I_k, I_{k+1}, I_{k+2} は実数であるから，
$-bI_{k+2}-cI_{k+1}-dI_k$ も実数であり，① より，I_{k+3} は実数である。

←$n=k$, $k+1$, $k+2$ の仮定。

よって，$n=k+3$ のときにも ② は成り立つ。

←$n=k+3$ のとき成立。

[1], [2] から，すべての自然数 n について ② は成り立つ。
すなわち，任意の自然数 n に対して，$\alpha^n+\beta^n+\gamma^n$ は実数である。

練習 ②62 白球が3個，赤球が3個入った箱がある。1個のさいころを投げて，偶数の目が出たら球を3個，奇数の目が出たら球を2個取り出す。取り出した球のうち白球の個数を X とすると，X は確率変数である。X の確率分布を求めよ。また，$P(0\leqq X\leqq 2)$ を求めよ。〔類 福島県医大〕

X のとりうる値は　$X=0,\ 1,\ 2,\ 3$

[1]　$X=0$ となるのは，偶数の目が出て赤球3個を取り出すか，奇数の目が出て赤球2個を取り出すときである。

よって　$P(X=0)=\frac{1}{2}\cdot\frac{{}_3C_3}{{}_6C_3}+\frac{1}{2}\cdot\frac{{}_3C_2}{{}_6C_2}=\frac{1}{2}\left(\frac{1}{20}+\frac{1}{5}\right)=\frac{5}{40}$

←偶→赤3の事象と奇→赤2の事象は互いに排反。
←加法定理。

[2]　$X=1$ となるのは，偶数の目が出て白球1個と赤球2個を取り出すか，奇数の目が出て白球1個と赤球1個を取り出すときである。

よって　$P(X=1)=\frac{1}{2}\cdot\frac{{}_3C_1\cdot{}_3C_2}{{}_6C_3}+\frac{1}{2}\cdot\frac{{}_3C_1\cdot{}_3C_1}{{}_6C_2}$

$=\frac{1}{2}\left(\frac{9}{20}+\frac{3}{5}\right)=\frac{21}{40}$

[3]　$X=2$ となるのは，偶数の目が出て白球2個と赤球1個を取り出すか，奇数の目が出て白球2個を取り出すときである。

よって　$P(X=2)=\frac{1}{2}\cdot\frac{{}_3C_2\cdot{}_3C_1}{{}_6C_3}+\frac{1}{2}\cdot\frac{{}_3C_2}{{}_6C_2}$

$=\frac{1}{2}\left(\frac{9}{20}+\frac{1}{5}\right)=\frac{13}{40}$

[4]　$X=3$ となるのは，偶数の目が出て白球3個を取り出すときである。

←球を3個取り出せるのは，偶数の目のときのみ。

よって　$P(X=3)=\frac{1}{2}\cdot\frac{{}_3C_3}{{}_6C_3}=\frac{1}{2}\cdot\frac{1}{20}=\frac{1}{40}$

[1]～[4] から，X の確率分布は次の表のようになる。

X	0	1	2	3	計
P	$\frac{5}{40}$	$\frac{21}{40}$	$\frac{13}{40}$	$\frac{1}{40}$	1

また　$P(0\leqq X\leqq 2)=1-P(X=3)=1-\frac{1}{40}=\frac{39}{40}$ ……（＊）

（＊）$P(0\leqq X\leqq 2)=P(X=0)+P(X=1)+P(X=2)$ として求めてもよいが，余事象の確率を利用する方が計算はらく。

練習 ②63 2個のさいころを同時に投げて，出た目の数の2乗の差の絶対値を X とする。確率変数 X の期待値 $E(X)$ を求めよ。

2個のさいころを同時に投げたとき，目の出方は全部で　$6^2=36$（通り）
2個のさいころの目を a，b として $|a^2-b^2|$ の値を表に示すと，右のようになる。
この表から，X のとりうる値は
$X=0,\ 3,\ 5,\ 7,\ 8,\ 9,\ 11,\ 12,\ 15,\ 16,\ 20,\ 21,\ 24,\ 27,\ 32,\ 35$

b＼a	1	2	3	4	5	6
1	0	3	8	15	24	35
2	3	0	5	12	21	32
3	8	5	0	7	16	27
4	15	12	7	0	9	20
5	24	21	16	9	0	11
6	35	32	27	20	11	0

←$|a^2-b^2|=|b^2-a^2|$ であるから，表は右下がりの対角線に関して対称である。

また，$X=0$ のときの場合の数は 6 で，$X=0$ 以外のときの場合の数はそれぞれ 2 であるから

$$\boldsymbol{E(X)}=0\cdot\frac{6}{36}+(3+5+7+8+9+11+12+15+16+20+21+24+27+32+35)\cdot\frac{2}{36}$$

$$=245\cdot\frac{1}{18}=\boldsymbol{\frac{245}{18}}$$

←$P(X=0)=\frac{6}{36}$，$P(X=k)=\frac{2}{36}$ $(k\neq 0)$

←(変数)×(確率) の和

練習 ①64

1 枚の硬貨を投げて，表が出たら得点を 1，裏が出たら得点を 2 とする。これを 2 回繰り返したときの合計得点を X とする。このとき，X の期待値 $E(X)$，分散 $V(X)$，標準偏差 $\sigma(X)$ を求めよ。〔類 東京電機大〕

表 2 枚のとき　$X=2$

表，裏 1 枚ずつのとき　$X=3$

裏 2 枚のとき　$X=4$

であり，X の確率分布は右の表のようになるから

X	2	3	4	計
P	$\frac{1}{4}$	$\frac{2}{4}$	$\frac{1}{4}$	1

$$\boldsymbol{E(X)}=2\cdot\frac{1}{4}+3\cdot\frac{2}{4}+4\cdot\frac{1}{4}=\frac{12}{4}=\boldsymbol{3}$$

$$\boldsymbol{V(X)}=\left(2^2\cdot\frac{1}{4}+3^2\cdot\frac{2}{4}+4^2\cdot\frac{1}{4}\right)-3^2$$

$$=\frac{38}{4}-9=\boldsymbol{\frac{1}{2}}$$

$$\boldsymbol{\sigma(X)}=\sqrt{\frac{1}{2}}=\boldsymbol{\frac{1}{\sqrt{2}}}$$

←$P(X=2)=P(X=4)=\left(\frac{1}{2}\right)^2$，$P(X=3)={}_2C_1\left(\frac{1}{2}\right)\left(\frac{1}{2}\right)$

←$\boldsymbol{E(X)=\sum x_k p_k}$

←$\boldsymbol{V(X)=E(X^2)-\{E(X)\}^2}$

←$\boldsymbol{\sigma(X)=\sqrt{V(X)}}$

練習 ②65

赤球 2 個と白球 3 個が入った袋から 1 個ずつ球を取り出すことを繰り返す。ただし，取り出した球は袋に戻さない。2 個目の赤球が取り出されたとき，その時点で取り出した球の総数を X で表す。X の期待値と分散を求めよ。〔類 中央大〕

X のとりうる値は $X=2,\ 3,\ 4,\ 5$ であり

$$P(X=2)=\frac{2}{5}\cdot\frac{1}{4}=\frac{1}{10}$$

また，$X=3$ となるのは，赤球，白球，赤球　または白球，赤球，赤球 の順に取り出される場合であるから

$$P(X=3)=\frac{2}{5}\cdot\frac{3}{4}\cdot\frac{1}{3}+\frac{3}{5}\cdot\frac{2}{4}\cdot\frac{1}{3}=\frac{2}{10}$$

同様に考えて

$$P(X=4)=\frac{2}{5}\cdot\frac{3}{4}\cdot\frac{2}{3}\cdot\frac{1}{2}+\frac{3}{5}\cdot\frac{2}{4}\cdot\frac{2}{3}\cdot\frac{1}{2}+\frac{3}{5}\cdot\frac{2}{4}\cdot\frac{2}{3}\cdot\frac{1}{2}$$

$$=\frac{3}{10}$$

←1 個目，2 個目とも赤球。

←2 個目までに赤球，白球を 1 個ずつ取り出し，3 個目に赤球を取り出す。

←3 個目までに赤球 1 個，白球 2 個を取り出し，4 個目に赤球を取り出す。

よって　$P(X=5)=1-\left(\dfrac{1}{10}+\dfrac{2}{10}+\dfrac{3}{10}\right)$

$=\dfrac{4}{10}$

←$P(X=3)$ や $P(X=4)$ を求めるのと同様にして計算してもよいが，ここでは余事象の確率を利用すると早い。

ゆえに，X の確率分布は次の表のようになる。

X	2	3	4	5	計
P	$\frac{1}{10}$	$\frac{2}{10}$	$\frac{3}{10}$	$\frac{4}{10}$	1

したがって

$$E(X)=2\cdot\frac{1}{10}+3\cdot\frac{2}{10}+4\cdot\frac{3}{10}+5\cdot\frac{4}{10}=\frac{40}{10}=\mathbf{4}$$

←$\boldsymbol{E(X)=\sum x_k p_k}$

$$V(X)=\left(2^2\cdot\frac{1}{10}+3^2\cdot\frac{2}{10}+4^2\cdot\frac{3}{10}+5^2\cdot\frac{4}{10}\right)-4^2$$

$$=\frac{170}{10}-16=\mathbf{1}$$

←$\boldsymbol{V(X)=E(X^2)-\{E(X)\}^2}$

練習 ④66　n 本（n は 3 以上の整数）のくじの中に当たりくじとはずれくじがあり，そのうちの 2 本がはずれくじである。このくじを 1 本ずつ引いていき，2 本目のはずれくじを引いたとき，それまでの当たりくじの本数を X とする。X の期待値 $E(X)$ と分散 $V(X)$ を求めよ。ただし，引いたくじはもとに戻さないものとする。〔類　新潟大〕

X のとりうる値は $X=0,\ 1,\ 2,\ \cdots\cdots,\ n-2$ で，

$X=k$ $(k=0,\ 1,\ 2,\ \cdots\cdots,\ n-2)$ となるのは $(k+2)$ 本目が 2 本目のはずれくじとなる場合である。

まず，$P(X=k)$ $(k=0,\ 1,\ 2,\ \cdots\cdots,\ n-2)$ を求める。

n 本のくじから $(k+2)$ 本を選んで並べる方法は

${}_n\mathrm{P}_{k+2}$ 通り

←くじ 1 本 1 本を区別する。

次に，k 本の当たりくじと 2 本のはずれくじを，右のように初めの $(k+1)$ 本がはずれくじ 1 本と当たりくじ k 本，$(k+2)$ 本目がはずれくじとなるように並べる方法について調べる。

初めの $(k+1)$ 本のうち，1 本のはずれくじを並べる場所の選び方は　${}_{k+1}\mathrm{C}_1=k+1$（通り）

また，1 本目のはずれくじを並べる場所を決めた後，当たりくじとはずれくじを並べる方法は

${}_{n-2}\mathrm{P}_k\times{}_2\mathrm{P}_2=2\,{}_{n-2}\mathrm{P}_k$（通り）

←当たりくじ $(n-2)$ 本から k 本を選んで並べる方法は ${}_{n-2}\mathrm{P}_k$ 通り。

よって　$P(X=k)=\dfrac{(k+1)\times 2\,{}_{n-2}\mathrm{P}_k}{{}_n\mathrm{P}_{k+2}}$

$=2(k+1)\cdot\dfrac{(n-2)!}{(n-2-k)!}\cdot\dfrac{(n-k-2)!}{n!}$

$=\dfrac{2(k+1)}{n(n-1)}$　$(k=0,\ 1,\ 2,\ \cdots\cdots,\ n-2)$

←$\boldsymbol{{}_n\mathrm{P}_r=\dfrac{n!}{(n-r)!}}$

ゆえに

$$\boldsymbol{E(X)}=\sum_{k=0}^{n-2}k\cdot P(X=k)=\sum_{k=1}^{n-2}\frac{2k(k+1)}{n(n-1)}$$
$$=\frac{2}{n(n-1)}\sum_{k=1}^{n-2}(k^2+k)$$
$$=\frac{2}{n(n-1)}\left\{\frac{1}{6}(n-2)(n-1)(2n-3)+\frac{1}{2}(n-2)(n-1)\right\}$$
$$=\frac{2}{n(n-1)}\cdot\frac{(n-2)(n-1)}{6}\{(2n-3)+3\}$$
$$=\boldsymbol{\frac{2(n-2)}{3}}$$

←$\frac{2}{n(n-1)}$ は k に無関係であるから，$\sum$ の外へ。

←$\sum_{k=1}^{n}k=\frac{1}{2}n(n+1)$
$\sum_{k=1}^{n}k^2=\frac{1}{6}n(n+1)(2n+1)$
で，n を $n-2$ におき換える。

また

$$E(X^2)=\sum_{k=0}^{n-2}k^2\cdot\frac{2(k+1)}{n(n-1)}=\frac{2}{n(n-1)}\sum_{k=1}^{n-2}(k^3+k^2)$$
$$=\frac{2}{n(n-1)}\left[\left\{\frac{1}{2}(n-2)(n-1)\right\}^2+\frac{1}{6}(n-2)(n-1)(2n-3)\right]$$
$$=\frac{2}{n(n-1)}\cdot\frac{(n-2)(n-1)}{12}\{3(n-2)(n-1)+2(2n-3)\}$$
$$=\frac{(n-2)(3n-5)}{6}$$

←$\sum_{k=1}^{n}k^3=\left\{\frac{1}{2}n(n+1)\right\}^2$

よって

$$\boldsymbol{V(X)}=E(X^2)-\{E(X)\}^2=\frac{(n-2)(3n-5)}{6}-\left\{\frac{2(n-2)}{3}\right\}^2$$
$$=\frac{(n-2)\{3(3n-5)-8(n-2)\}}{18}=\boldsymbol{\frac{(n+1)(n-2)}{18}}$$

練習 ④67 n を 2 以上の自然数とする。n 人全員が一組となってじゃんけんを 1 回するとき，勝った人の数を X とする。ただし，あいこのときは $X=0$ とする。
(1) ちょうど k 人が勝つ確率 $P(X=k)$ を求めよ。ただし，k は 1 以上とする。
(2) X の期待値を求めよ。 〔名古屋大〕

n 人の手の出し方は全部で　3^n 通り

(1) [1] **$1\leqq k\leqq n-1$ のとき**
勝つ k 人の選び方は　${}_n\mathrm{C}_k$ 通り
その各場合について，勝つ人の手の出し方は，グー，チョキ，パーの 3 通りずつある。

←負ける人の手の出し方は自動的に決まる。

よって　$P(X=k)=\frac{{}_n\mathrm{C}_k\times 3}{3^n}=\boldsymbol{\frac{{}_n\mathrm{C}_k}{3^{n-1}}}$

[2] **$k\geqq n$ のとき**　$P(X=k)=\boldsymbol{0}$

(2) X のとりうる値は $X=0,\ 1,\ 2,\ \cdots\cdots,\ n-1$ である。

$$E(X)=\sum_{k=0}^{n-1}k\cdot P(X=k)=\frac{1}{3^{n-1}}\sum_{k=0}^{n-1}k\cdot{}_n\mathrm{C}_k=\frac{1}{3^{n-1}}\sum_{k=1}^{n-1}k\cdot{}_n\mathrm{C}_k$$

ここで，$1\leqq k\leqq n$ のとき

$$k\cdot{}_n\mathrm{C}_k=k\cdot\frac{n!}{k!(n-k)!}=\frac{n!}{(k-1)!(n-k)!}$$
$$=n\cdot{}_{n-1}\mathrm{C}_{k-1}$$

←${}_n\mathrm{C}_k=\frac{n!}{k!(n-k)!}$

2章 練習 〔統計的な推測〕

よって　$E(X)=\dfrac{n}{3^{n-1}}\sum_{k=1}^{n-1}{}_{n-1}\mathrm{C}_{k-1}$

$=\dfrac{n}{3^{n-1}}({}_{n-1}\mathrm{C}_0+{}_{n-1}\mathrm{C}_1+\cdots\cdots+{}_{n-1}\mathrm{C}_{n-2})$

ここで，二項定理により

$(1+1)^{n-1}={}_{n-1}\mathrm{C}_0+{}_{n-1}\mathrm{C}_1+\cdots\cdots+{}_{n-1}\mathrm{C}_{n-2}+{}_{n-1}\mathrm{C}_{n-1}$

ゆえに　${}_{n-1}\mathrm{C}_0+{}_{n-1}\mathrm{C}_1+\cdots\cdots+{}_{n-1}\mathrm{C}_{n-2}=2^{n-1}-{}_{n-1}\mathrm{C}_{n-1}$

$=2^{n-1}-1$

したがって　$E(X)=\boldsymbol{\dfrac{n(2^{n-1}-1)}{3^{n-1}}}$

練習 ①68 円いテーブルの周りに12個の席がある。そこに2人が座るとき，その2人の間にある席の数のうち少ない方を X とする。ただし，2人の間にある席の数が同数の場合は，その数を X とする。
(1) 確率変数 X の期待値，分散，標準偏差を求めよ。
(2) 確率変数 $11X-2$ の期待値，分散，標準偏差を求めよ。

(1) X のとりうる値は $X=0,\ 1,\ 2,\ 3,\ 4,\ 5$ で，
1人を右の図の ◎ の席に固定して考えることにより

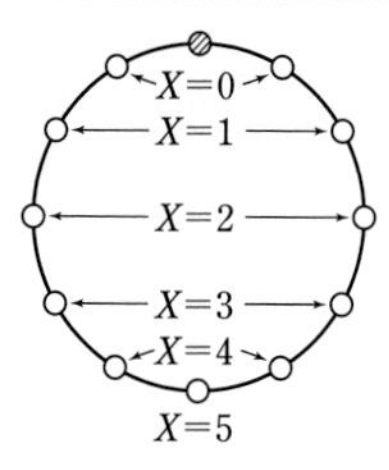

$P(X=0)=P(X=1)=P(X=2)=P(X=3)=P(X=4)$

$=\dfrac{2}{11}$

$P(X=5)=\dfrac{1}{11}$

X の確率分布は右の表のようになる。

X	0	1	2	3	4	5	計
P	$\frac{2}{11}$	$\frac{2}{11}$	$\frac{2}{11}$	$\frac{2}{11}$	$\frac{2}{11}$	$\frac{1}{11}$	1

よって　$E(X)=(1+2+3+4)\cdot\dfrac{2}{11}+5\cdot\dfrac{1}{11}=\boldsymbol{\dfrac{25}{11}}$

←$E(X)=\sum x_kp_k$
$0\cdot P(X=0)$ は省略した。

$V(X)=\left\{(1^2+2^2+3^2+4^2)\cdot\dfrac{2}{11}+5^2\cdot\dfrac{1}{11}\right\}-\left(\dfrac{25}{11}\right)^2$

$=\dfrac{85}{11}-\dfrac{625}{11^2}=\boldsymbol{\dfrac{310}{121}}$

←$V(X)=E(X^2)-\{E(X)\}^2$

$\sigma(X)=\sqrt{\dfrac{310}{121}}=\boldsymbol{\dfrac{\sqrt{310}}{11}}$

←$\sigma(X)=\sqrt{V(X)}$

(2) $E(11X-2)=11E(X)-2=11\cdot\dfrac{25}{11}-2=\boldsymbol{23}$

←$E(aX+b)=aE(X)+b$

$V(11X-2)=11^2V(X)=121\cdot\dfrac{310}{121}=\boldsymbol{310}$

←$V(aX+b)=a^2V(X)$

$\sigma(11X-2)=11\sigma(X)=11\cdot\dfrac{\sqrt{310}}{11}=\boldsymbol{\sqrt{310}}$

←$\sigma(aX+b)=|a|\sigma(X)$
(a, b は定数)

別解　$\sigma(11X-2)=\sqrt{V(11X-2)}=\sqrt{310}$

練習 ③69 確率変数 X は，$X=2$ または $X=a$ のどちらかの値をとるものとする。確率変数 $Y=3X+1$ の平均値(期待値)が10で，分散が18であるとき，a の値を求めよ。〔香川大〕

$P(X=2)=p\ (0\leqq p\leqq 1)$ とすると

$P(X=a)=1-p$

よって　$E(X)=2\cdot p+a\cdot(1-p)=(2-a)p+a$ …… ①

← 確率分布
確率の総和は1

また　$V(X)=\{2^2\cdot p+a^2\cdot(1-p)\}-\{E(X)\}^2$
$=(4-a^2)p+a^2-\{E(X)\}^2$　…… ②

ここで，$E(Y)=3E(X)+1$，$V(Y)=3^2V(X)$ であり，条件より $E(Y)=10$，$V(Y)=18$ であるから
$3E(X)+1=10$，$9V(X)=18$

よって　$E(X)=3$，$V(X)=2$

① から　$(2-a)p+a=3$　…… ③

② から　$(4-a^2)p+a^2=11$　…… ④

③×$(2+a)$−④ から
$(2+a)a-a^2=3(2+a)-11$

これを解いて　$\boldsymbol{a=5}$

よって，③ から　$p=\dfrac{2}{3}$

これは $0\leqq p\leqq 1$ を満たす。

←$V(X)=E(X^2)-\{E(X)\}^2$

←$E(aX+b)=aE(X)+b$，$V(aX+b)=a^2V(X)$（a，b は定数）

←（④ の p の係数）$=(2+a)(2-a)$ に注目して，p を消去。

練習 ②70 袋の中に白球が1個，赤球が2個，青球が3個入っている。この袋から，もとに戻さずに1球ずつ2個の球を取り出すとき，取り出された赤球の数を X，取り出された青球の数を Y とする。このとき，X と Y の同時分布を求めよ。

球の取り出し方は，次の [1]～[5] のいずれかである。

[1]　白球1個，赤球1個を取り出すとき，$X=1$，$Y=0$ で
$$P(X=1,\ Y=0)=\frac{1}{6}\cdot\frac{2}{5}+\frac{2}{6}\cdot\frac{1}{5}=\frac{2}{15}$$

←白→赤 の場合と，赤→白 の場合がある。

[2]　白球1個，青球1個を取り出すとき，$X=0$，$Y=1$ で
$$P(X=0,\ Y=1)=\frac{1}{6}\cdot\frac{3}{5}+\frac{3}{6}\cdot\frac{1}{5}=\frac{3}{15}$$

←白→青 の場合と，青→白 の場合がある。

[3]　赤球2個を取り出すとき，$X=2$，$Y=0$ で
$$P(X=2,\ Y=0)=\frac{2}{6}\cdot\frac{1}{5}=\frac{1}{15}$$

←赤→赤 の場合。

[4]　赤球1個，青球1個を取り出すとき，$X=Y=1$ で
$$P(X=1,\ Y=1)=\frac{2}{6}\cdot\frac{3}{5}+\frac{3}{6}\cdot\frac{2}{5}=\frac{6}{15}$$

←赤→青 の場合と，青→赤 の場合がある。

[5]　青球2個を取り出すとき，$X=0$，$Y=2$ で
$$P(X=0,\ Y=2)=\frac{3}{6}\cdot\frac{2}{5}=\frac{3}{15}$$

←青→青 の場合。

[1]～[5] から，X と Y の同時分布は右の表のようになる。

X \ Y	0	1	2	計
0	0	$\frac{3}{15}$	$\frac{3}{15}$	$\frac{6}{15}$
1	$\frac{2}{15}$	$\frac{6}{15}$	0	$\frac{8}{15}$
2	$\frac{1}{15}$	0	0	$\frac{1}{15}$
計	$\frac{3}{15}$	$\frac{9}{15}$	$\frac{3}{15}$	1

←$(X,\ Y)=(0,\ 0)$，$(1,\ 2)$，$(2,\ 1)$，$(2,\ 2)$ となることはないから，その確率は0である。
$P(X=0)+P(X=1)+P(X=2)=\mathbf{1}$ および $P(Y=0)+P(Y=1)+P(Y=2)=\mathbf{1}$ を確認。

練習 ②71 1枚の硬貨を3回投げる試行で，1回目に表が出る事象をE，少なくとも2回表が出る事象をF，3回とも同じ面が出る事象をGとする。EとF，EとGはそれぞれ独立か従属かを調べよ。

1枚の硬貨を3回投げるとき，表・裏の出方の総数は

$$2^3=8\text{（通り）}$$

また　$E=\{$(表, 表, 表)，(表, 表, 裏)，(表, 裏, 表)，(表, 裏, 裏)$\}$
$F=\{$(表, 表, 表)，(表, 表, 裏)，(表, 裏, 表)，(裏, 表, 表)$\}$
$G=\{$(表, 表, 表)，(裏, 裏, 裏)$\}$

←事象E，F，Gを具体的に書き表してみる。

よって　$P(E)=\frac{4}{8}=\frac{1}{2}$，$P(F)=\frac{4}{8}=\frac{1}{2}$，$P(G)=\frac{2}{8}=\frac{1}{4}$

ゆえに　$P(E)P(F)=\frac{1}{4}$，$P(E)P(G)=\frac{1}{8}$

また　$P(E\cap F)=\frac{3}{8}$，$P(E\cap G)=\frac{1}{8}$

よって　$P(E\cap F)\neq P(E)P(F)$，$P(E\cap G)=P(E)P(G)$

ゆえに，**EとFは従属**であり，**EとGは独立**である。

←$E\cap F=\{$(表, 表, 表)，(表, 表, 裏)，(表, 裏, 表)$\}$
$E\cap G=\{$(表, 表, 表)$\}$

別解　$P_E(F)=\frac{P(E\cap F)}{P(E)}=\frac{3}{8}\div\frac{1}{2}=\frac{3}{4}$

$P(F)=\frac{1}{2}$であるから　$P_E(F)\neq P(F)$

よって，**EとFは従属**である。

←$P_E(F)\neq P(F)$ $\Longleftrightarrow$ EとFは**従属**

また　$P_E(G)=\frac{P(E\cap G)}{P(E)}=\frac{1}{8}\div\frac{1}{2}=\frac{1}{4}$

$P(G)=\frac{1}{4}$であるから　$P_E(G)=P(G)$

ゆえに，**EとGは独立**である。

←$P_E(G)=P(G)$ $\Longleftrightarrow$ EとGは**独立**

練習 ②72 袋Aの中には白石3個，黒石3個，袋Bの中には白石2個，黒石2個が入っている。まず，Aから石を3個同時に取り出したときの黒石の数をXとする。また，取り出した石をすべてAに戻し，再びAから石を1個取り出して見ないでBに入れる。そして，Bから石を3個同時に取り出したときの白石の数をYとすると，X，Yは確率変数である。
(1) X，Yの期待値$E(X)$，$E(Y)$を求めよ。
(2) 期待値$E(3X+2Y)$，$E(XY)$を求めよ。

(1) Xのとりうる値は0，1，2，3で，$X=k$となる確率は

$$\frac{{}_3C_k\cdot{}_3C_{3-k}}{{}_6C_3}=\frac{({}_3C_k)^2}{20}$$

HINT　Yの各確率については，Aから白石を取り出す場合，黒石を取り出す場合に分けて考える必要がある。

また，Aから石を1個取り出すとき，白石である確率，黒石である確率はどちらも$\frac{3}{6}=\frac{1}{2}$である。

Aから白石を取り出したとき，Bは白石3個，黒石2個
Aから黒石を取り出したとき，Bは白石2個，黒石3個
となるから，Yのとりうる値は0，1，2，3で

$$P(Y=0)=\frac{1}{2}\times\frac{{}_2C_0\cdot{}_3C_3}{{}_5C_3}=\frac{1}{20}$$

←B：白0，黒3が起こるのはA：黒の場合のみ。

$$P(Y=1)=\frac{1}{2}\times\frac{{}_3C_1\cdot{}_2C_2}{{}_5C_3}+\frac{1}{2}\times\frac{{}_2C_1\cdot{}_3C_2}{{}_5C_3}=\frac{9}{20}$$

←A：白 か A：黒 かで分ける。

$$P(Y=2)=\frac{1}{2}\times\frac{{}_3C_2\cdot{}_2C_1}{{}_5C_3}+\frac{1}{2}\times\frac{{}_2C_2\cdot{}_3C_1}{{}_5C_3}=\frac{9}{20}$$

←A：白 か A：黒 かで分ける。

$$P(Y=3)=\frac{1}{2}\times\frac{{}_3C_3\cdot{}_2C_0}{{}_5C_3}=\frac{1}{20}$$

←B：白 3, 黒 0 が起こるのは A：白の場合のみ。

X, Y の確率分布は次のようになる。

X	0	1	2	3	計
P	$\frac{1}{20}$	$\frac{9}{20}$	$\frac{9}{20}$	$\frac{1}{20}$	1

Y	0	1	2	3	計
P	$\frac{1}{20}$	$\frac{9}{20}$	$\frac{9}{20}$	$\frac{1}{20}$	1

←X, Y は同じ確率分布に従う。

よって　　$\boldsymbol{E(X)}=0\cdot\frac{1}{20}+1\cdot\frac{9}{20}+2\cdot\frac{9}{20}+3\cdot\frac{1}{20}=\frac{30}{20}=\boldsymbol{\frac{3}{2}}$

同様にして　　$\boldsymbol{E(Y)=\frac{3}{2}}$

←$E(X)$ と同じ計算式で求められる。

(2)　　$\boldsymbol{E(3X+2Y)}=3E(X)+2E(Y)=3\cdot\frac{3}{2}+2\cdot\frac{3}{2}=\boldsymbol{\frac{15}{2}}$

←$\boldsymbol{E(aX+bY)=aE(X)+bE(Y)}$
（a, b は定数）

また，X と Y は互いに独立であるから

$$\boldsymbol{E(XY)}=E(X)E(Y)=\frac{3}{2}\cdot\frac{3}{2}=\boldsymbol{\frac{9}{4}}$$

X と Y が互いに **独立** ならば
$\boldsymbol{E(XY)=E(X)E(Y)}$

練習 ①73　1から6までの整数を書いたカード6枚が入っている箱Aと，4から8までの整数を書いたカード5枚が入っている箱Bがある。箱A，Bからそれぞれ1枚ずつカードを取り出すとき，箱Aから取り出したカードに書いてある数をX，箱Bから取り出したカードに書いてある数をYとすると，X，Yは確率変数である。このとき，分散 $V(X+3Y)$，$V(2X-5Y)$ を求めよ。

X の期待値 $E(X)$ と分散 $V(X)$ について

$$E(X)=(1+2+3+4+5+6)\cdot\frac{1}{6}=\frac{21}{6}=\frac{7}{2}$$

$$V(X)=(1^2+2^2+3^2+4^2+5^2+6^2)\cdot\frac{1}{6}-\left(\frac{7}{2}\right)^2$$

$$=\frac{91}{6}-\frac{49}{2^2}=\frac{2\cdot91-3\cdot49}{12}=\frac{35}{12}$$

←X の確率分布は

X	1	2	3	4	5	6	計
P	$\frac{1}{6}$	$\frac{1}{6}$	$\frac{1}{6}$	$\frac{1}{6}$	$\frac{1}{6}$	$\frac{1}{6}$	1

次に，Y の期待値 $E(Y)$ と分散 $V(Y)$ について

$$E(Y)=(4+5+6+7+8)\cdot\frac{1}{5}=6$$

$$V(Y)=(4^2+5^2+6^2+7^2+8^2)\cdot\frac{1}{5}-6^2=38-36=2$$

←Y の確率分布は

Y	4	5	6	7	8	計
P	$\frac{1}{5}$	$\frac{1}{5}$	$\frac{1}{5}$	$\frac{1}{5}$	$\frac{1}{5}$	1

X と Y は互いに独立であるから

$$\boldsymbol{V(X+3Y)}=V(X)+3^2V(Y)$$

$$=\frac{35}{12}+9\cdot2=\boldsymbol{\frac{251}{12}}$$

$$\boldsymbol{V(2X-5Y)}=2^2V(X)+(-5)^2V(Y)$$

$$=4\cdot\frac{35}{12}+25\cdot2=\boldsymbol{\frac{185}{3}}$$

← **の断りを忘れずに！**
X と Y が互いに **独立** ならば
$\boldsymbol{V(aX+bY)=a^2V(X)+b^2V(Y)}$
（a, b は定数）

練習 ③74 白球4個，黒球6個が入っている袋から球を1個取り出し，もとに戻す操作を10回行う。白球の出る回数をXとするとき，Xの期待値と分散を求めよ。

k回目に白球が出たとき$X_k=1$とし，黒球が出たとき$X_k=0$とすると　$P(X_k=0)=\frac{6}{10}$，$P(X_k=1)=\frac{4}{10}$

よって　$E(X_k)=0\cdot\frac{6}{10}+1\cdot\frac{4}{10}=\frac{2}{5}$

$V(X_k)=\left(0^2\cdot\frac{6}{10}+1^2\cdot\frac{4}{10}\right)-\left(\frac{2}{5}\right)^2=\frac{6}{25}$

白球の出る回数Xは　$X=X_1+X_2+\cdots\cdots+X_{10}$

ゆえに　$E(X)=E(X_1)+E(X_2)+\cdots\cdots+E(X_{10})=10\cdot\frac{2}{5}=\mathbf{4}$

X_1，X_2，……，X_{10}は互いに独立であるから

$V(X)=1^2\cdot V(X_1)+1^2\cdot V(X_2)+\cdots\cdots+1^2\cdot V(X_{10})$

$=10\cdot\frac{6}{25}=\mathbf{\frac{12}{5}}$

←反復試行であるから，X_1，X_2，……，X_{10}は同じ確率分布(以下の表)に従う。

X_k	0	1	計
P	$\frac{6}{10}$	$\frac{4}{10}$	1

←この断り書きは重要。

検討　確率変数Xは，二項分布$B\left(10,\ \frac{4}{10}\right)$に従うから，期待値，分散は次のように求めることもできる。

$E(X)=10\cdot\frac{4}{10}=\mathbf{4}$

$V(X)=10\cdot\frac{4}{10}\cdot\left(1-\frac{4}{10}\right)=\mathbf{\frac{12}{5}}$

←Xが二項分布$B(n,\ p)$に従うとき
$\boldsymbol{E(X)=np}$
$\boldsymbol{V(X)=npq}$
$(q=1-p)$

練習 ③75 1つのさいころを2回投げ，座標平面上の点Pの座標を次のように定める。
1回目に出た目を3で割った余りを点Pのx座標とし，2回目に出た目を4で割った余りを点Pのy座標とする。
このとき，点Pと点$(1,\ 0)$の距離の平方の期待値を求めよ。

P$(X,\ Y)$とすると，$\mathrm{OP}^2=(X-1)^2+Y^2$であり，$X$，$Y$，$(X-1)^2+Y^2$は確率変数である。

Xのとりうる値は0，1，2，Yのとりうる値は0，1，2，3であり，X，Yの確率分布は次の表のようになる。

X	0	1	2	計
P	$\frac{2}{6}$	$\frac{2}{6}$	$\frac{2}{6}$	1

Y	0	1	2	3	計
P	$\frac{1}{6}$	$\frac{2}{6}$	$\frac{2}{6}$	$\frac{1}{6}$	1

よって　$E((X-1)^2)=(0-1)^2\cdot\frac{2}{6}+(1-1)^2\cdot\frac{2}{6}+(2-1)^2\cdot\frac{2}{6}$

$=\frac{4}{6}$

$E(Y^2)=0^2\cdot\frac{1}{6}+1^2\cdot\frac{2}{6}+2^2\cdot\frac{2}{6}+3^2\cdot\frac{1}{6}=\frac{19}{6}$

したがって，求める確率は

$E((X-1)^2+Y^2)=E((X-1)^2)+E(Y^2)=\frac{4}{6}+\frac{19}{6}=\mathbf{\frac{23}{6}}$

1～6の各数を3で割った余り

数	1	2	3	4	5	6
余り	1	2	0	1	2	0

1～6の各数を4で割った余り

数	1	2	3	4	5	6
余り	1	2	3	0	1	2

←$(X-1)^2$，Y^2の期待値をそれぞれ求め，期待値の性質を利用する。

別解 点Pと点(1, 0)の距離の平方に関する確率分布を直接求める。

1, 2回目のさいころの目および点Pと点(1, 0)の距離の平方を表にまとめると，次のようになる。ただし，①，②はそれぞれ1回目，2回目のさいころの目である。

①＼②	1	2	3	4	5	6
1	P(1, 1) $0^2+1^2=1$	P(1, 2) $0^2+2^2=4$	P(1, 3) $0^2+3^2=9$	P(1, 0) $0^2+0^2=0$	P(1, 1) $0^2+1^2=1$	P(1, 2) $0^2+2^2=4$
2	P(2, 1) $1^2+1^2=2$	P(2, 2) $1^2+2^2=5$	P(2, 3) $1^2+3^2=10$	P(2, 0) $1^2+0^2=1$	P(2, 1) $1^2+1^2=2$	P(2, 2) $1^2+2^2=5$
3	P(0, 1) $1^2+1^2=2$	P(0, 2) $1^2+2^2=5$	P(0, 3) $1^2+3^2=10$	P(0, 0) $1^2+0^2=1$	P(0, 1) $1^2+1^2=2$	P(0, 2) $1^2+2^2=5$
4	P(1, 1) $0^2+1^2=1$	P(1, 2) $0^2+2^2=4$	P(1, 3) $0^2+3^2=9$	P(1, 0) $0^2+0^2=0$	P(1, 1) $0^2+1^2=1$	P(1, 2) $0^2+2^2=4$
5	P(2, 1) $1^2+1^2=2$	P(2, 2) $1^2+2^2=5$	P(2, 3) $1^2+3^2=10$	P(2, 0) $1^2+0^2=1$	P(2, 1) $1^2+1^2=2$	P(2, 2) $1^2+2^2=5$
6	P(0, 1) $1^2+1^2=2$	P(0, 2) $1^2+2^2=5$	P(0, 3) $1^2+3^2=10$	P(0, 0) $1^2+0^2=1$	P(0, 1) $1^2+1^2=2$	P(0, 2) $1^2+2^2=5$

よって，点Pと点(1, 0)の距離の平方をXとすると，次のような確率分布が得られる。

X	0	1	2	4	5	9	10	計
P	$\frac{2}{6^2}$	$\frac{8}{6^2}$	$\frac{8}{6^2}$	$\frac{4}{6^2}$	$\frac{8}{6^2}$	$\frac{2}{6^2}$	$\frac{4}{6^2}$	1

したがって，求める期待値は

$$\frac{1}{6^2}(0\cdot2+1\cdot8+2\cdot8+4\cdot4+5\cdot8+9\cdot2+10\cdot4)=\frac{138}{6^2}=\mathbf{\frac{23}{6}}$$

検討 本冊 p.124 重要例題 75 の 別解 (OP^2 の確率分布を直接求める方法)

さいころA, Bの出た目に対応するOP^2の値を表にまとめると，次のようになる。

A＼B	1	2	3	4	5	6
1	0^2+1^2 $=1$	0^2+0^2 $=0$	0^2+3^2 $=9$	0^2+0^2 $=0$	0^2+5^2 $=25$	0^2+0^2 $=0$
2	2^2+1^2 $=5$	2^2+0^2 $=4$	2^2+3^2 $=13$	2^2+0^2 $=4$	2^2+5^2 $=29$	2^2+0^2 $=4$
3	0^2+1^2 $=1$	0^2+0^2 $=0$	0^2+3^2 $=9$	0^2+0^2 $=0$	0^2+5^2 $=25$	0^2+0^2 $=0$
4	4^2+1^2 $=17$	4^2+0^2 $=16$	4^2+3^2 $=25$	4^2+0^2 $=16$	4^2+5^2 $=41$	4^2+0^2 $=16$
5	0^2+1^2 $=1$	0^2+0^2 $=0$	0^2+3^2 $=9$	0^2+0^2 $=0$	0^2+5^2 $=25$	0^2+0^2 $=0$
6	6^2+1^2 $=37$	6^2+0^2 $=36$	6^2+3^2 $=45$	6^2+0^2 $=36$	6^2+5^2 $=61$	6^2+0^2 $=36$

よって，次のような確率分布が得られる。

OP^2	0	1	4	5	9	13	16	17	25	29	36	37	41	45	61	計
P	$\frac{9}{6^2}$	$\frac{3}{6^2}$	$\frac{3}{6^2}$	$\frac{1}{6^2}$	$\frac{3}{6^2}$	$\frac{1}{6^2}$	$\frac{3}{6^2}$	$\frac{1}{6^2}$	$\frac{4}{6^2}$	$\frac{1}{6^2}$	$\frac{3}{6^2}$	$\frac{1}{6^2}$	$\frac{1}{6^2}$	$\frac{1}{6^2}$	$\frac{1}{6^2}$	1

したがって，求める期待値は

$$\frac{1}{6^2}(0\cdot9+1\cdot3+4\cdot3+5\cdot1+9\cdot3+13\cdot1+16\cdot3+17\cdot1$$
$$+25\cdot4+29\cdot1+36\cdot3+37\cdot1+41\cdot1+45\cdot1+61\cdot1)$$
$$=\frac{546}{6^2}=\mathbf{\frac{91}{6}}$$

練習 ②76 さいころを8回投げるとき，4以上の目が出る回数を X とする。X の分布の平均と標準偏差を求めよ。

さいころを1回投げたとき，4以上の目が出る確率は

$\frac{3}{6}=\frac{1}{2}$ であるから，$X=r$ となる確率 $P(X=r)$ は

$$P(X=r)={}_8C_r\left(\frac{1}{2}\right)^r\left(\frac{1}{2}\right)^{8-r}\quad(r=0,\ 1,\ 2,\ \cdots\cdots,\ 8)$$

よって，X は二項分布 $B\left(8,\ \frac{1}{2}\right)$ に従うから

$$E(X)=8\cdot\frac{1}{2}=\mathbf{4}$$
$$\sigma(X)=\sqrt{8\cdot\frac{1}{2}\cdot\left(1-\frac{1}{2}\right)}=\mathbf{\sqrt{2}}$$

❶ 二項分布 $B(n,\ p)$ まず，n と p の確認

←X が二項分布 $B(n,\ p)$ に従うとき
$E(X)=np$
$V(X)=npq$
$\sigma(X)=\sqrt{npq}$
$(q=1-p)$

練習 ③77 (1) 平均が6，分散が2の二項分布に従う確率変数を X とする。$X=k$ となる確率を P_k とするとき，$\frac{P_4}{P_3}$ の値を求めよ。〔弘前大〕

(2) 1個のさいころを繰り返し n 回投げて，1の目の出た回数が k ならば $50k$ 円を受け取るゲームがある。このゲームの参加料が500円であるとき，このゲームに参加するのが損にならないのは，さいころを最低何回以上投げたときか。

(1) X が二項分布 $B(n,\ p)$ $(0<p<1)$ に従うとする。

X の分布の平均が6，分散が2であるから

$$np=6\ \cdots\cdots\ ①,\quad np(1-p)=2\ \cdots\cdots\ ②$$

① を ② に代入して　$6(1-p)=2$

よって　$p=\frac{2}{3}$　　これは $0<p<1$ を満たす。

$p=\frac{2}{3}$ を ① に代入して　$\frac{2}{3}n=6$　　ゆえに　$n=9$

よって　$$\frac{P_4}{P_3}=\frac{{}_9C_4\,p^4(1-p)^5}{{}_9C_3\,p^3(1-p)^6}=\frac{3p}{2(1-p)}$$
$$=\frac{3}{2}\cdot\frac{\frac{2}{3}}{1-\frac{2}{3}}=\mathbf{3}$$

←n，p に関する連立方程式を作り，解く。

←$1-p=\frac{1}{3}$

←$P_k=P(X=k)$
$={}_nC_kp^k(1-p)^{n-k}$

$\frac{{}_9C_4}{{}_9C_3}=\frac{9\cdot8\cdot7\cdot6}{4\cdot3\cdot2\cdot1}\times\frac{3\cdot2\cdot1}{9\cdot8\cdot7}=\frac{6}{4}=\frac{3}{2}$

(2) さいころを1回投げて1の目が出る確率は $\frac{1}{6}$

1の目が出た回数を X とすると

$$X=0,\ 1,\ 2,\ \cdots\cdots,\ n$$

$X=r$ となる確率 $P(X=r)$ は

$$P(X=r)={}_n\mathrm{C}_r\left(\frac{1}{6}\right)^r\left(\frac{5}{6}\right)^{n-r}\quad (r=0,\ 1,\ 2,\ \cdots\cdots,\ n)$$

よって，X は二項分布 $B\left(n,\ \frac{1}{6}\right)$ に従う。

X の期待値 $E(X)$ は　$E(X)=n\cdot\frac{1}{6}=\frac{n}{6}$

←$E(X)=np$

ゆえに，受け取る金額の期待値は

$$E(50X)=50E(X)=50\cdot\frac{n}{6}=\frac{25}{3}n$$

ゲームに参加するのが損にならないための条件は

$$\frac{25}{3}n\geqq 500$$

←期待値≧参加料
n に関する1次不等式を解く。

これを解くと　$n\geqq 60$

したがって，さいころを **最低60回以上** 投げたとき。

練習 ②78

(1) 確率変数 X の確率密度関数が右の $f(x)$ で与えられているとき，次の確率を求めよ。

$$f(x)=\begin{cases}x+1 & (-1\leqq x\leqq 0)\\ 1-x & (0\leqq x\leqq 1)\end{cases}$$

(ア) $P(0.5\leqq X\leqq 1)$　　(イ) $P(-0.5\leqq X\leqq 0.3)$

(2) 関数 $f(x)=a(3-x)\ (0\leqq x\leqq 1)$ が確率密度関数となるように，正の定数 a の値を定めよ。また，このとき，確率 $P(0.3\leqq X\leqq 0.7)$ を求めよ。

まず，$y=f(x)$ のグラフをかく。

(1) (ア) $P(0.5\leqq X\leqq 1)=\frac{1}{2}\cdot 0.5\cdot 0.5$ ……（＊）

$$=\mathbf{0.125}$$

（＊）(底辺の長さ)=0.5，(高さ)=0.5

(イ) $P(-0.5\leqq X\leqq 0.3)$

$$=1-P(-1\leqq X\leqq -0.5)-P(0.3\leqq X\leqq 1)$$

$$=1-\frac{1}{2}\cdot 0.5\cdot 0.5-\frac{1}{2}\cdot 0.7\cdot 0.7$$

$$=1-0.125-0.245$$

$$=\mathbf{0.63}$$

←**(全面積)=1** を利用。

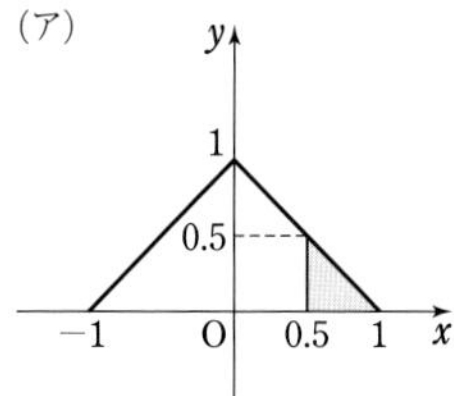

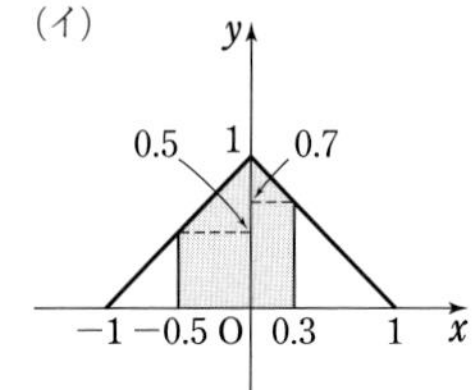

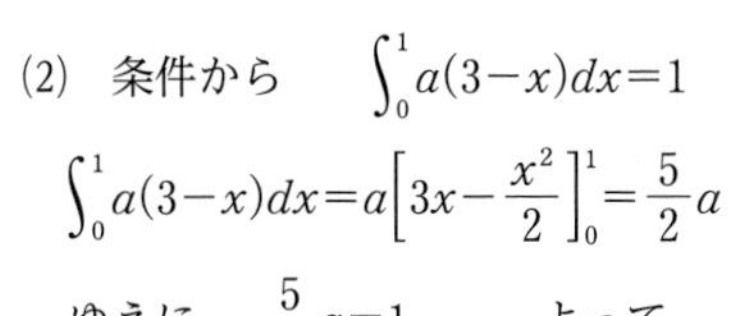

(2)　条件から　$\displaystyle\int_0^1 a(3-x)dx=1$

$\displaystyle\int_0^1 a(3-x)dx=a\left[3x-\frac{x^2}{2}\right]_0^1=\frac{5}{2}a$

ゆえに　$\dfrac{5}{2}a=1$　　よって　$\boldsymbol{a=\dfrac{2}{5}}$

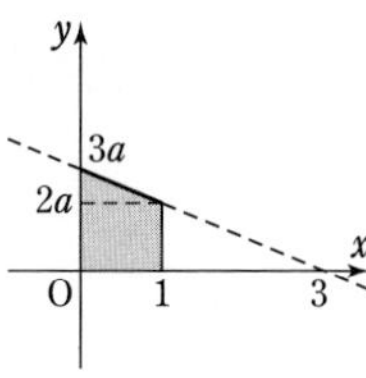

このとき

$$\boldsymbol{P(0.3\leqq X\leqq 0.7)}=\frac{a(3-0.3)+a(3-0.7)}{2}\cdot(0.7-0.3)$$

$$=\frac{5a}{2}\cdot 0.4=a=\boldsymbol{\frac{2}{5}}$$

別解　台形の面積を考えて，$\dfrac{2a+3a}{2}\cdot 1=1$ から

$\boldsymbol{a=\dfrac{2}{5}}$

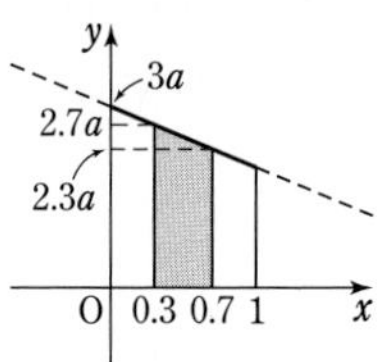

練習 ③79　(1)　確率変数 X の確率密度関数 $f(x)$ が右のようなとき，正の定数 a の値を求めよ。

$$f(x)=\begin{cases} ax(2-x) & (0\leqq x\leqq 2) \\ 0 & (x<0,\ 2<x) \end{cases}$$

(2)　(1) の確率変数 X の期待値および分散を求めよ。

(1)　$\displaystyle\int_0^2 f(x)dx=\int_0^2 ax(2-x)dx=a\int_0^2(2x-x^2)dx=a\left[x^2-\frac{x^3}{3}\right]_0^2$

$$=a\left(2^2-\frac{2^3}{3}\right)=\frac{4}{3}a$$

$\displaystyle\int_0^2 f(x)dx=1$ であるから，$\dfrac{4}{3}a=1$ より　　$\boldsymbol{a=\dfrac{3}{4}}$

◀ **(確率の総和)=1 ⟺ (全面積)=1**

(2)　**期待値** $E(X)$ **は**

$$E(X)=\int_0^2 xf(x)dx=\int_0^2 x\cdot\frac{3}{4}x(2-x)dx=\frac{3}{4}\int_0^2(2x^2-x^3)dx$$

$$=\frac{3}{4}\left[\frac{2}{3}x^3-\frac{x^4}{4}\right]_0^2=\frac{3}{4}\left(\frac{16}{3}-4\right)=\boldsymbol{1}\ \cdots\cdots\ (*)$$

←$\boldsymbol{E(X)=\displaystyle\int_\alpha^\beta xf(x)dx}$
ここで，(1) から
$f(x)=\dfrac{3}{4}x(2-x)$

また，**分散** $V(X)$ **は**

$$V(X)=\int_0^2\{x-E(X)\}^2 f(x)dx$$

$$=\int_0^2(x-1)^2\cdot\frac{3}{4}x(2-x)dx$$

$$=\frac{3}{4}\int_0^2(-x^4+4x^3-5x^2+2x)dx$$

$$=\frac{3}{4}\left[-\frac{x^5}{5}+x^4-\frac{5}{3}x^3+x^2\right]_0^2=\frac{3}{4}\cdot\frac{4}{15}=\boldsymbol{\frac{1}{5}}$$

←$\boldsymbol{V(X)=\displaystyle\int_\alpha^\beta (x-m)^2 f(x)dx}$
$[m=E(X)]$
$E(X)$ は (＊) で求めた値を使う。

検討　連続型確率変数 X についても

$\boldsymbol{V(X)=E(X^2)-\{E(X)\}^2}$　が成り立つ。

←**(X^2 の期待値) −(X の期待値)^2**

(証明)　X の確率密度関数を $f(x)$ $(\alpha\leqq x\leqq\beta)$ とし，

$E(X)=m$ とすると

$$V(X)=\int_\alpha^\beta(x-m)^2 f(x)dx=\int_\alpha^\beta(x^2-2mx+m^2)f(x)dx$$

$$=\int_\alpha^\beta x^2 f(x)dx-2m\int_\alpha^\beta xf(x)dx+m^2\int_\alpha^\beta f(x)dx$$

$$=E(X^2)-2m\cdot m+m^2\cdot 1$$

$$=E(X^2)-\{E(X)\}^2$$

←$\displaystyle\int_\alpha^\beta x^2 f(x)dx=E(X^2)$
$\displaystyle\int_\alpha^\beta xf(x)dx=E(X)=m$
$\displaystyle\int_\alpha^\beta f(x)dx=1$

これを利用して，(2) の分散を次のように求めてもよい。

$$E(X^2)=\int_0^2 x^2 f(x)dx=\frac{3}{4}\int_0^2 x^3(2-x)dx=\frac{3}{4}\left[\frac{x^4}{2}-\frac{x^5}{5}\right]_0^2=\frac{6}{5}$$

よって　　$V(X)=E(X^2)-\{E(X)\}^2=\frac{6}{5}-1^2=\mathbf{\frac{1}{5}}$

練習 ①80
(1) 確率変数 Z が標準正規分布 $N(0,\ 1)$ に従うとき，次の確率を求めよ。
(ア) $P(0.8\leqq Z\leqq 2.5)$　(イ) $P(-2.7\leqq Z\leqq -1.3)$　(ウ) $P(Z\geqq -0.6)$
(2) 確率変数 X が正規分布 $N(5,\ 4^2)$ に従うとき，次の確率を求めよ。
(ア) $P(1\leqq X\leqq 9)$　(イ) $P(X\geqq 7)$

(1) (ア) $P(0.8\leqq Z\leqq 2.5)=P(0\leqq Z\leqq 2.5)-P(0\leqq Z\leqq 0.8)$
$=p(2.5)-p(0.8)$
$=0.4938-0.2881$
$=\mathbf{0.2057}$

(イ) $P(-2.7\leqq Z\leqq -1.3)=P(1.3\leqq Z\leqq 2.7)=p(2.7)-p(1.3)$
$=0.49653-0.4032$
$=\mathbf{0.09333}$

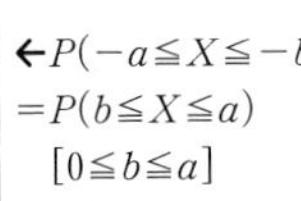

←$P(-a\leqq X\leqq -b)=P(b\leqq X\leqq a)$ $[0\leqq b\leqq a]$

(ウ) $P(Z\geqq -0.6)=P(-0.6\leqq Z\leqq 0)+P(0\leqq Z)=p(0.6)+0.5$
$=0.2257+0.5=\mathbf{0.7257}$

←$P(-0.6\leqq Z\leqq 0)=P(0\leqq Z\leqq 0.6)$，$P(0\leqq Z)=0.5$

(ア)

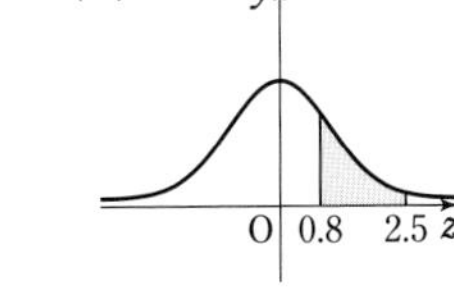

(イ)

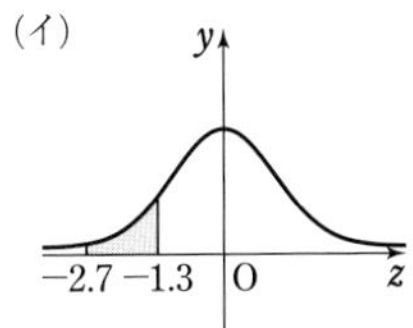

(ウ)

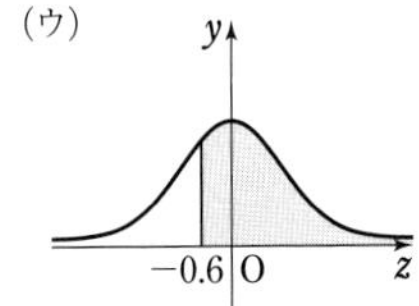

(2) $Z=\frac{X-5}{4}$ とおくと，Z は $N(0,\ 1)$ に従う。

(ア) $P(1\leqq X\leqq 9)=P\left(\frac{1-5}{4}\leqq Z\leqq \frac{9-5}{4}\right)=P(-1\leqq Z\leqq 1)$
$=2P(0\leqq Z\leqq 1)=2p(1)$
$=2\times 0.3413=\mathbf{0.6826}$

(イ) $P(X\geqq 7)=P\left(Z\geqq \frac{7-5}{4}\right)=P(Z\geqq 0.5)=0.5-p(0.5)$
$=0.5-0.1915=\mathbf{0.3085}$

❶ $N(m,\ \sigma^2)$ は $Z=\frac{X-m}{\sigma}$ で $N(0,\ 1)$ へ [標準化]

練習 ②81
ある製品1万個の長さは平均 69 cm，標準偏差 0.4 cm の正規分布に従っている。長さが 70 cm 以上の製品は不良品とされるとき，この1万個の製品の中には何 % の不良品が含まれると予想されるか。 [類 琉球大]

この製品の長さ X は正規分布 $N(69,\ 0.4^2)$ に従うから，
$Z=\frac{X-69}{0.4}$ とおくと，Z は $N(0,\ 1)$ に従う。

よって　　$P(X\geqq 70)=P\left(Z\geqq \frac{70-69}{0.4}\right)=P(Z\geqq 2.5)$
$=0.5-p(2.5)=0.5-0.4938$
$=0.0062$

したがって，**0.62%** の不良品が含まれると予想される。

❶ $N(m,\ \sigma^2)$ は $Z=\frac{X-m}{\sigma}$ で $N(0,\ 1)$ へ [標準化]

練習 ②82 さいころを投げて，1，2の目が出たら0点，3，4，5の目が出たら1点，6の目が出たら100点を得点とするゲームを考える。
さいころを80回投げたときの合計得点を100で割った余りをXとする。このとき，$X \leqq 46$となる確率$P(X \leqq 46)$を，小数第3位を四捨五入して小数第2位まで求めよ。〔類 琉球大〕

さいころを80回投げたとき，1点，100点，0点を得る回数をそれぞれx，y，zとすると，合計得点は

$$1 \cdot x + 100 \cdot y + 0 \cdot z = x + 100y$$

よって，合計得点を100で割った余りはxであるから

$$X = x$$

すなわち，Xは3，4，5の目が出る回数で

$$P(X=r) = {}_{80}\mathrm{C}_r \left(\frac{3}{6}\right)^r \left(1-\frac{3}{6}\right)^{80-r} \quad (r=0,\ 1,\ 2,\ \cdots\cdots,\ 80)$$

ゆえに，確率変数Xは二項分布$B\left(80,\ \dfrac{1}{2}\right)$に従う。

よって，Xの平均は　$m = 80 \cdot \dfrac{1}{2} = 40$

標準偏差は　$\sigma = \sqrt{80 \cdot \dfrac{1}{2}\left(1-\dfrac{1}{2}\right)} = 2\sqrt{5}$

ゆえに，$Z = \dfrac{X-40}{2\sqrt{5}}$ とおくと，Zは近似的に$N(0,\ 1)$に従う。

よって　$P(X \leqq 46) = P\left(Z \leqq \dfrac{46-40}{2\sqrt{5}}\right) \fallingdotseq P(Z \leqq 1.34)$

$= 0.5 + p(1.34) = 0.5 + 0.4099$

$= 0.9099 \fallingdotseq \mathbf{0.91}$

←yは0以上の整数。

←$n=80$，$p=\dfrac{1}{2}$

←$n=80$は十分大きい。

❶ **二項分布$B(n,\ p)$ nが大なら正規分布 $N(np,\ np(1-p))$で近似**

練習 ①83 1，2，3の数字を記入した球が，それぞれ1個，4個，5個の計10個袋の中に入っている。これを母集団として，次の問いに答えよ。
(1) 球に書かれている数字を変量Xとしたとき，母集団分布を示せ。
(2) (1)について，母平均m，母標準偏差σを求めよ。

(1) 母集団から1個の球を無作為に抽出するとき，球に書かれた数字Xの分布，すなわち母集団分布は，次の表のようになる。

X	1	2	3	計
P	$\dfrac{1}{10}$	$\dfrac{4}{10}$	$\dfrac{5}{10}$	1

(2) $\boldsymbol{m} = E(X) = 1 \cdot \dfrac{1}{10} + 2 \cdot \dfrac{4}{10} + 3 \cdot \dfrac{5}{10} = \dfrac{24}{10} = \mathbf{\dfrac{12}{5}}$

また　$E(X^2) = 1^2 \cdot \dfrac{1}{10} + 2^2 \cdot \dfrac{4}{10} + 3^2 \cdot \dfrac{5}{10} = \dfrac{62}{10} = \dfrac{31}{5}$

よって　$\boldsymbol{\sigma} = \sqrt{E(X^2) - \{E(X)\}^2} = \sqrt{\dfrac{31}{5} - \left(\dfrac{12}{5}\right)^2}$

$= \sqrt{\dfrac{11}{25}} = \mathbf{\dfrac{\sqrt{11}}{5}}$

←$E(X) = \sum x_k p_k$

←$\sigma^2 = (X^2$の期待値$) - (X$の期待値$)^2$

練習 ②84

(1) 母集団{1, 2, 3, 3}から非復元抽出された大きさ2の標本(X_1, X_2)について，その標本平均$\overline{X}$の確率分布を求めよ。

(2) 母集団の変量xが右の分布をなしている。この母集団から復元抽出によって得られた大きさ25の無作為標本を$X_1, X_2, \cdots\cdots, X_{25}$とするとき，その標本平均$\overline{X}$の期待値$E(\overline{X})$と標準偏差$\sigma(\overline{X})$を求めよ。

x	1	2	3	4	計
度数	2	2	3	3	10

(1) $\overline{X}=\dfrac{X_1+X_2}{2}$ の値を表にすると，右のようになる。

X_1 \\ X_2	1	2	3	3
1		$\frac{3}{2}$	2	2
2	$\frac{3}{2}$		$\frac{5}{2}$	$\frac{5}{2}$
3	2	$\frac{5}{2}$		3
3	2	$\frac{5}{2}$	3	

よって，$\overline{X}$の確率分布は次の表のようになる。

$\overline{X}$	$\frac{3}{2}$	2	$\frac{5}{2}$	3	計
P	$\frac{1}{6}$	$\frac{1}{3}$	$\frac{1}{3}$	$\frac{1}{6}$	1

(2) 母平均mと母標準偏差σは

$$m=1\cdot\frac{2}{10}+2\cdot\frac{2}{10}+3\cdot\frac{3}{10}+4\cdot\frac{3}{10}=\frac{27}{10}$$

$$\sigma=\sqrt{1^2\cdot\frac{2}{10}+2^2\cdot\frac{2}{10}+3^2\cdot\frac{3}{10}+4^2\cdot\frac{3}{10}-\left(\frac{27}{10}\right)^2}$$

$$=\sqrt{\frac{85}{10}-\left(\frac{27}{10}\right)^2}=\sqrt{\frac{850-729}{100}}=\sqrt{\frac{121}{100}}=\frac{11}{10}$$

←$121=11^2$

したがって，$\overline{X}$の期待値と標準偏差は

$$\boldsymbol{E(\overline{X})=m=\frac{27}{10}},\quad \boldsymbol{\sigma(\overline{X})=\frac{\sigma}{\sqrt{25}}=\frac{11}{50}}$$

←$E(\overline{X})=m$, $\sigma(\overline{X})=\dfrac{\sigma}{\sqrt{n}}$

練習 ③85

A市の新生児の男子と女子の割合は等しいことがわかっている。ある年において，A市の新生児の中から無作為にn人抽出するとき，k番目に抽出された新生児が男なら1，女なら0の値を対応させる確率変数をX_kとする。

(1) 標本平均$\overline{X}=\dfrac{X_1+X_2+\cdots\cdots+X_n}{n}$の期待値$E(\overline{X})$を求めよ。

(2) 標本平均$\overline{X}$の標準偏差$\sigma(\overline{X})$を0.03以下にするためには，抽出される標本の大きさは，少なくとも何人以上必要であるか。

(1) 母集団における変量は，男なら1，女なら0という，2つの値をとる。

よって，母平均mは　$m=1\cdot0.5+0\cdot0.5=0.5$

ゆえに　$\boldsymbol{E(\overline{X})=m=0.5}$

(2) 母標準偏差σは

$$\sigma=\sqrt{(1^2\cdot0.5+0^2\cdot0.5)-m^2}=\sqrt{0.5-0.25}$$

$$=\sqrt{0.25}=0.5$$

よって　$\sigma(\overline{X})=\dfrac{\sigma}{\sqrt{n}}=\dfrac{0.5}{\sqrt{n}}$

$\dfrac{0.5}{\sqrt{n}}\leqq0.03$とすると，両辺を2乗して

$$\frac{0.25}{n}\leqq0.0009\quad\cdots\cdots(*)$$

(＊) 小数を分数に直して考えてもよい。

$\dfrac{0.5}{\sqrt{n}}\leqq0.03$から

$$\frac{1}{\sqrt{n}}\leqq\frac{3}{50}$$

よって　$\dfrac{1}{n}\leqq\dfrac{9}{2500}$

ゆえに　$n \geqq \dfrac{0.25}{0.0009}=\dfrac{2500}{9}=277.7\cdots\cdots$

この不等式を満たす最小の自然数 n は　$n=278$

したがって，少なくとも **278 人以上** 必要である。

練習 ②86 ある国の有権者の内閣支持率が 40% であるとき，無作為に抽出した 400 人の有権者の内閣の支持率を R とする。R が 38% 以上 41% 以下である確率を求めよ。ただし，$\sqrt{6}=2.45$ とする。

母比率 p は　$p=0.4$　標本の大きさは　$n=400$

よって，標本比率 R の

期待値は　$E(R)=p=0.4$

標準偏差は

$$\sigma(R)=\sqrt{\frac{p(1-p)}{n}}=\sqrt{\frac{0.4\cdot0.6}{400}}=\frac{\sqrt{6}}{100}$$

標本比率 R は近似的に正規分布 $N\left(0.4,\ \left(\dfrac{\sqrt{6}}{100}\right)^2\right)$ に従うから，

←$n=400$ は十分大きい。

$Z=\dfrac{R-0.4}{\dfrac{\sqrt{6}}{100}}$ とおくと，Z は近似的に $N(0,\ 1)$ に従う。

❶ $N(m,\ \sigma^2)$ は $Z=\dfrac{X-m}{\sigma}$ で $N(0,\ 1)$ へ［標準化］

ゆえに，求める確率は

$$\begin{aligned}P(0.38\leqq R\leqq 0.41)&=P\left(\frac{0.38-0.4}{\frac{\sqrt{6}}{100}}\leqq Z\leqq\frac{0.41-0.4}{\frac{\sqrt{6}}{100}}\right)\\&=P\left(-\frac{2}{\sqrt{6}}\leqq Z\leqq\frac{1}{\sqrt{6}}\right)\\&=P\left(-\frac{\sqrt{6}}{3}\leqq Z\leqq\frac{\sqrt{6}}{6}\right)\\&\fallingdotseq P(-0.82\leqq Z\leqq 0.41)\\&=p(0.82)+p(0.41)\\&=0.2939+0.1591=\mathbf{0.453}\end{aligned}$$

←$\sqrt{6}=2.45$ から $\dfrac{\sqrt{6}}{3}=0.8166\cdots\cdots\fallingdotseq 0.82$，$\dfrac{\sqrt{6}}{6}=0.4083\cdots\cdots\fallingdotseq 0.41$

練習 ②87 17 歳の男子の身長は，平均値 170.9 cm，標準偏差 5.8 cm の正規分布に従うものとする。
(1) 17 歳の男子のうち，身長が 160 cm から 180 cm までの人は全体の何 % であるか。
(2) 40 人の 17 歳の男子の身長の平均が 170.0 cm 以下になる確率を求めよ。ただし，$\sqrt{10}=3.16$ とする。

母集団は正規分布 $N(170.9,\ 5.8^2)$ に従う。

(1) 17 歳の男子の身長を X cm とする。

$Z=\dfrac{X-170.9}{5.8}$ とおくと，Z は $N(0,\ 1)$ に従うから

❶ $N(m,\ \sigma^2)$ は $Z=\dfrac{X-m}{\sigma}$ で $N(0,\ 1)$ へ［標準化］

$$\begin{aligned}P(160\leqq X\leqq 180)&=P\left(\frac{160-170.9}{5.8}\leqq Z\leqq\frac{180-170.9}{5.8}\right)\\&\fallingdotseq P(-1.88\leqq Z\leqq 1.57)\\&=p(1.88)+p(1.57)\\&=0.4699+0.4418=0.9117\end{aligned}$$

←正規分布表を利用。

したがって　**91.17%**

(2) 40 人の 17 歳の男子の身長の平均を $\overline{X}$ とすると，$\overline{X}$ は正規分布 $N\left(170.9,\ \dfrac{5.8^2}{40}\right)$ に従う。

←$N\left(170.9,\ \left(\dfrac{5.8}{2\sqrt{10}}\right)^2\right)$

よって，$Z=\dfrac{\overline{X}-170.9}{\dfrac{5.8}{2\sqrt{10}}}$ とおくと，Z は $N(0,\ 1)$ に従うから

$$P(\overline{X}\leqq 170.0)=P\left(Z\leqq\frac{2\sqrt{10}\,(170.0-170.9)}{5.8}\right)$$
$$\fallingdotseq P(Z\leqq -0.98)=0.5-p(0.98)$$
$$=0.5-0.3365=\mathbf{0.1635}$$

←$\sqrt{10}=3.16$

←$P(Z\leqq -0.98)$
$=P(Z\geqq 0.98)$

練習 ①88 さいころを n 回投げるとき，1 の目が出る相対度数を R とする。$n=500$，2000，4500 の各場合について，$P\left(\left|R-\dfrac{1}{6}\right|\leqq\dfrac{1}{60}\right)$ の値を求めよ。

相対度数 R は標本比率と同じ分布に従う。
n は十分大きいから，R は近似的に正規分布
$N\left(\dfrac{1}{6},\ \dfrac{1}{6}\left(1-\dfrac{1}{6}\right)\cdot\dfrac{1}{n}\right)$ すなわち $N\left(\dfrac{1}{6},\ \dfrac{5}{36n}\right)$ に従う。

←$N\left(p,\ \dfrac{p(1-p)}{n}\right)$ で $p=\dfrac{1}{6}$

よって，$Z=\dfrac{R-\dfrac{1}{6}}{\dfrac{1}{6}\sqrt{\dfrac{5}{n}}}$ とおくと，Z は近似的に $N(0,\ 1)$ に従う。

❶ $N(m,\ \sigma^2)$ は $Z=\dfrac{X-m}{\sigma}$ で $N(0,\ 1)$ へ [標準化]

ゆえに
$$P\left(\left|R-\frac{1}{6}\right|\leqq\frac{1}{60}\right)=P\left(\frac{1}{6}\sqrt{\frac{5}{n}}\,|Z|\leqq\frac{1}{60}\right)$$
$$=P\left(|Z|\leqq\frac{1}{10}\sqrt{\frac{n}{5}}\right)$$
$$=P\left(-\frac{1}{10}\sqrt{\frac{n}{5}}\leqq Z\leqq\frac{1}{10}\sqrt{\frac{n}{5}}\right)$$

したがって，求める値は

$n=500$ のとき
$$P(-1\leqq Z\leqq 1)=2p(1)=2\cdot 0.3413$$
$$=\mathbf{0.6826}$$

←$\sqrt{\dfrac{500}{5}}=10$

$n=2000$ のとき
$$P(-2\leqq Z\leqq 2)=2p(2)=2\cdot 0.4772$$
$$=\mathbf{0.9544}$$

←$\sqrt{\dfrac{2000}{5}}=20$

$n=4500$ のとき
$$P(-3\leqq Z\leqq 3)=2p(3)=2\cdot 0.49865$$
$$=\mathbf{0.9973}$$

←$\sqrt{\dfrac{4500}{5}}=30$

練習 ②89 砂糖の袋の山から 100 個を無作為に抽出して，重さの平均値 300.4 g を得た。重さの母標準偏差を 7.5 g として，1 袋あたりの重さの平均値を信頼度 95% で推定せよ。

標本の大きさは $n=100$，標本平均は $\overline{X}=300.4$，母標準偏差は $\sigma=7.5$ で，n は大きいから，$\overline{X}$ は近似的に正規分布 $N\left(m,\ \dfrac{\sigma^2}{n}\right)$ に従う。

よって，母平均に対する信頼度 95% の信頼区間は

$$\left[300.4-1.96\cdot\frac{7.5}{\sqrt{100}},\ 300.4+1.96\cdot\frac{7.5}{\sqrt{100}}\right]$$

←$1.96\cdot\frac{7.5}{\sqrt{100}}=1.47$

ゆえに　$[298.93,\ 301.87]$

すなわち　**[298.9, 301.9]　ただし，単位は g**

←小数第 2 位を四捨五入。

練習 ②90

(1) ある地方 A で 15 歳の男子 400 人の身長を測ったところ，平均値 168.4 cm，標準偏差 5.7 cm を得た。地方 A の 15 歳の男子の身長の平均値を，95% の信頼度で推定せよ。

(2) 円の直径を 100 回測ったら，平均値 23.4 cm，標準偏差 0.1 cm であった。この円の面積を信頼度 95% で推定せよ。ただし，$\pi=3.14$ として計算せよ。

(1) 標本の大きさは $n=400$，標本平均は $\overline{X}=168.4$，標本標準偏差は $S=5.7$ で，n は大きいから，$\overline{X}$ は近似的に正規分布 $N\left(m,\ \frac{S^2}{n}\right)$ に従う。

←母標準偏差 σ の代わりに標本標準偏差 S を用いる。

よって，母平均に対する信頼度 95% の信頼区間は

$$\left[168.4-1.96\cdot\frac{5.7}{\sqrt{400}},\ 168.4+1.96\cdot\frac{5.7}{\sqrt{400}}\right]$$

←$1.96\cdot\frac{5.7}{\sqrt{400}}=0.5586$

ゆえに　$[167.8414,\ 168.9586]$

すなわち　**[167.8, 169.0]　ただし，単位は cm**

←小数第 2 位を四捨五入。

(2) 標本の大きさは $n=100$，標本平均は $\overline{X}=23.4$，標本標準偏差は $S=0.1$ で，n は大きいから，$\overline{X}$ は近似的に正規分布 $N\left(m,\ \frac{S^2}{n}\right)$ に従う。

←母標準偏差 σ の代わりに標本標準偏差 S を用いる。

円の直径について，信頼度 95% の信頼区間は

$$\left[23.4-1.96\cdot\frac{0.1}{\sqrt{100}},\ 23.4+1.96\cdot\frac{0.1}{\sqrt{100}}\right]$$

すなわち　$[23.3804,\ 23.4196]$　単位は cm

円の半径について，信頼度 95% の信頼区間は

←(半径)=(直径)÷2

$[11.6902,\ 11.7098]$　単位は cm

←$\left[\frac{23.3804}{2},\ \frac{23.4196}{2}\right]$

円の面積について，信頼度 95% の信頼区間は

$[3.14\times11.6902^2,\ 3.14\times11.7098^2]$

←(面積)=π×(半径)^2

すなわち　**[429.1, 430.6]　ただし，単位は cm^2**

←小数第 2 位を四捨五入。

練習 ③91

(1) ある工場の製品 400 個について検査したところ，不良品が 8 個あった。これを無作為標本として，この工場の全製品における不良率を，信頼度 95% で推定せよ。

(2) さいころを投げて，1 の目が出る確率を信頼度 95% で推定したい。信頼区間の幅を 0.1 以下にするには，さいころを何回以上投げればよいか。

(1) 標本比率 R は　$R=\frac{8}{400}=0.02$

$n=400$ であるから　$\sqrt{\frac{R(1-R)}{n}}=\sqrt{\frac{0.02\times0.98}{400}}=0.007$

よって，不良率に対する信頼度 95% の信頼区間は

$[0.02-1.96\cdot0.007,\ 0.02+1.96\cdot0.007]$

←$1.96\cdot0.007\fallingdotseq0.014$

すなわち　**[0.006, 0.034]**

←0.6% 以上 3.4% 以下。

(2) 標本比率をR，標本の大きさをn回とすると，信頼度95%の信頼区間の幅は $2\times1.96\sqrt{\dfrac{R(1-R)}{n}}$ で，$R=\dfrac{1}{6}$ とみてよいから

$$2\times1.96\sqrt{\frac{1}{6}\left(1-\frac{1}{6}\right)\cdot\frac{1}{n}}\leqq0.1$$

よって　$\sqrt{n}\geqq\dfrac{98\sqrt{5}}{15}$

← $\sqrt{n}\geqq\dfrac{3.92}{0.1}\sqrt{\dfrac{1}{6}\cdot\dfrac{5}{6}}=\dfrac{392\sqrt{5}}{60}=\dfrac{98\sqrt{5}}{15}$

両辺を2乗して　$n\geqq\dfrac{9604}{45}=213.42\cdots\cdots$

この不等式を満たす最小の自然数nは　$n=214$

したがって，**214回以上** 投げればよい。

練習 ②92 えんどう豆の交配で，2代雑種において黄色の豆と緑色の豆のできる割合は，メンデルの法則に従えば3：1である。ある実験で黄色の豆が428個，緑色の豆が132個得られたという。この結果はメンデルの法則に反するといえるか。有意水準5%で検定せよ。ただし，$\sqrt{105}=10.25$ とする。

黄色の豆ができる割合をpとする。メンデルの法則に従わないならば，$p\fallingdotseq\dfrac{3}{4}$ である。

← ①：仮説を立てる。判断したい仮説が「pが$\dfrac{3}{4}$ではない」であるから，

帰無仮説 H_0：$p=\dfrac{3}{4}$

対立仮説 H_1：$p\fallingdotseq\dfrac{3}{4}$

となり，両側検定で考える。

なお，緑色の豆ができる割合についての仮説を立てて，検定を行ってもよい。解答の後の 参考 を参照。

ここで，メンデルの法則に従う，すなわち，黄色の豆ができる割合が $p=\dfrac{3}{4}$ であるという次の仮説を立てる。

仮説 H_0：$p=\dfrac{3}{4}$

仮説H_0が正しいとすると，560個のうち黄色の豆の個数Xは，二項分布 $B\left(560,\ \dfrac{3}{4}\right)$ に従う。

Xの期待値mと標準偏差σは

$$m=560\cdot\frac{3}{4}=420,\quad \sigma=\sqrt{560\cdot\frac{3}{4}\cdot\left(1-\frac{3}{4}\right)}=\sqrt{105}$$

よって，$Z=\dfrac{X-420}{\sqrt{105}}$ は近似的に標準正規分布$N(0,\ 1)$に従う。

正規分布表より $P(-1.96\leqq Z\leqq1.96)\fallingdotseq0.95$ であるから，有意水準5%の棄却域は　$Z\leqq-1.96,\ 1.96\leqq Z$

← ②：棄却域を求める。

$X=428$ のとき $Z=\dfrac{428-420}{\sqrt{105}}=\dfrac{8}{10.25}\fallingdotseq0.78$ であり，この値は棄却域に入らないから，仮説H_0を棄却できない。

← ③：仮説を棄却するかどうか判断する。

したがって，**メンデルの法則に反するとはいえない。**

参考　緑色の豆に着目しても同様の結果が得られる。

緑色の豆ができる割合をqとし，仮説：$q=\dfrac{1}{4}$ を立てる。

この仮説のもとでは，560個のうち緑色の豆の個数Yは，

二項分布 $B\left(560,\ \dfrac{1}{4}\right)$ に従う。

Y の期待値 m と標準偏差 σ は

$$m=560\cdot\frac{1}{4}=140,\ \sigma=\sqrt{560\cdot\frac{1}{4}\cdot\left(1-\frac{1}{4}\right)}=\sqrt{105}$$

よって，$W=\frac{Y-140}{\sqrt{105}}$ は近似的に標準正規分布 $N(0,\ 1)$ に従う。

有意水準 5% の棄却域は，Z と同様に

$$W\leqq-1.96,\ 1.96\leqq W$$

$Y=132$ のとき $W=\frac{132-140}{\sqrt{105}}=-\frac{8}{10.25}\fallingdotseq-0.78$ であり，

この値は棄却域に入らないから，仮説を棄却できない。

したがって，**メンデルの法則に反するとはいえない。**

練習 ②93 あるところにきわめて多くの白球と黒球がある。いま，900 個の球を無作為に取り出したとき，白球が 480 個，黒球が 420 個あった。この結果から，白球の方が多いといえるか。

(1) 有意水準 5% で検定せよ。　(2) 有意水準 1% で検定せよ。　〔類 中央大〕

(1) 白球の個数の割合を p とする。白球の方が多いならば，$p>0.5$ である。

ここで,「白球と黒球の個数の割合は等しい」という次の仮説を立てる。

仮説 H_0：$p=0.5$

仮説 H_0 が正しいとすると，900 個の球のうち白球の個数 X は，二項分布 $B(900,\ 0.5)$ に従う。

X の期待値 m と標準偏差 σ は

$$m=900\cdot0.5=450,\ \sigma=\sqrt{900\cdot0.5\cdot(1-0.5)}=15$$

よって，$Z=\frac{X-450}{15}$ は近似的に標準正規分布 $N(0,\ 1)$ に従う。

正規分布表より $P(Z\leqq1.64)\fallingdotseq0.95$ であるから，有意水準 5% の棄却域は　$Z\geqq1.64$ …… ①

$X=480$ のとき $Z=\frac{480-450}{15}=2$ であり，この値は棄却域 ① に入るから，仮説 H_0 を棄却できる。

したがって，**白球の方が多いといえる。**

(2) 正規分布表より $P(Z\leqq2.33)\fallingdotseq0.99$ であるから，有意水準 1% の棄却域は　$Z\geqq2.33$ …… ②

$Z=2$ は棄却域 ② に入らないから，仮説 H_0 を棄却できない。

したがって，**白球の方が多いとはいえない。**

←「白球の方が多いといえるか」とあるから，$p\geqq0.5$ を前提とする。このとき，
　帰無仮説 H_0：$p=0.5$
　対立仮説 H_1：$p>0.5$
となり，片側検定で考える。

←$m=np$，$\sigma=\sqrt{npq}$
　ただし　$q=1-p$

←片側検定であるから，棄却域を分布の片側だけにとる。
$P(Z\leqq1.64)$
$=0.5+p(1.64)$
$\fallingdotseq0.5+0.45=0.95$

←有意水準 1% の棄却域。
$P(Z\leqq2.33)$
$=0.5+p(2.33)$
$\fallingdotseq0.5+0.49=0.99$

練習 ②94 ある県全体の高校で1つのテストを行った結果，その平均点は56.3であった。ところで，県内のA高校の生徒のうち，225人を抽出すると，その平均点は54.8，標準偏差は12.5であった。この場合，A高校全体の平均点が，県の平均点と異なると判断してよいか。有意水準5%で検定せよ。

HINT A高校の母標準偏差がわからないから，標本標準偏差を母標準偏差の代わりに用いて，検定を行う。

A高校の生徒225人の平均点について，得点の標本平均を$\overline{X}$とする。ここで，

仮説H_0：A高校の母平均mについて$m=56.3$である

を立てる。

←平均点についての仮説を立て，両側検定で考える。

標本の大きさは十分に大きいと考えると，仮説H_0が正しいとするとき，$\overline{X}$は近似的に正規分布$N\left(56.3,\ \frac{12.5^2}{225}\right)$に従う。

$\frac{12.5^2}{225}=\left(\frac{5}{6}\right)^2$であるから，$Z=\frac{\overline{X}-56.3}{\frac{5}{6}}$は近似的に$N(0,\ 1)$に従う。

←$Z=\frac{\overline{X}-56.3}{12.5}$とするのは誤り！

正規分布表より$P(-1.96\leqq Z\leqq 1.96)\fallingdotseq 0.95$であるから，有意水準5%の棄却域は　$Z\leqq -1.96,\ 1.96\leqq Z$

$\overline{X}=54.8$のとき$Z=\frac{54.8-56.3}{\frac{5}{6}}=-1.8$であり，この値は棄却域に入らないから，仮説$H_0$を棄却できない。

したがって，**A高校全体の平均点が，県の平均点と異なるとは判断できない。**

EX ②37

3個のさいころを同時に投げて，出た目の数の最小値を X とする。
(1) $X \geqq 3$ となる確率 $P(X \geqq 3)$ を求めよ。
(2) 確率変数 X の期待値を求めよ。

(1) $X \geqq 3$ となるのは3個とも3以上の目が出るときであるから

$$P(X \geqq 3)=\frac{4^3}{6^3}=\mathbf{\frac{8}{27}}$$

(2) X のとりうる値は　$X=1,\ 2,\ 3,\ 4,\ 5,\ 6$

$X=k$ $(k=1,\ 2,\ 3,\ 4,\ 5)$ となるのは，3個のさいころの最小値が k 以上で，かつ最小値が $(k+1)$ 以上でない場合であるから，その確率は

$$1,\ 2,\ \cdots,\ \overbrace{k,\ \underbrace{k+1,\ \cdots,\ 6}_{X \geqq k+1}}^{X \geqq k}$$
$\boldsymbol{X=k}$ ← k

$$P(X=k)=P(X \geqq k)-P(X \geqq k+1)$$
$$=\frac{\{6-(k-1)\}^3}{6^3}-\frac{(6-k)^3}{6^3}$$
$$=\frac{(7-k)^3-(6-k)^3}{6^3}$$

←(1)と同じ要領。

また，$X=6$ となるのは3個とも6の目が出るときであるから

$$P(X=6)=\frac{1^3}{6^3}$$

よって，X の確率分布は次の表のようになる。

X	1	2	3	4	5	6	計
P	$\frac{91}{216}$	$\frac{61}{216}$	$\frac{37}{216}$	$\frac{19}{216}$	$\frac{7}{216}$	$\frac{1}{216}$	1

ゆえに　$E(X)=\dfrac{1}{216}(1\cdot91+2\cdot61+3\cdot37+4\cdot19+5\cdot7+6\cdot1)$

$$=\frac{441}{216}=\mathbf{\frac{49}{24}}$$

←(変数)×(確率)の和

EX ③38

0, 1, 2のいずれかの値をとる確率変数 X の期待値および分散が，それぞれ1, $\frac{1}{2}$ であるとする。このとき，X の確率分布を求めよ。［宮崎医大］

$P(X=k)=p_k$ $(k=0,\ 1,\ 2)$ とすると，X の期待値 $E(X)$，分散 $V(X)$ は

X	0	1	2	計
P	p_0	p_1	p_2	1

$$E(X)=1\cdot p_1+2\cdot p_2=p_1+2p_2$$
$$V(X)=E(X^2)-\{E(X)\}^2$$
$$=1^2\cdot p_1+2^2\cdot p_2-\{E(X)\}^2$$
$$=p_1+4p_2-\{E(X)\}^2$$

←後で条件 $E(X)=1$ を利用するから，ここでは $E(X)$ のままにしておく。

$E(X)=1$ であるから　$p_1+2p_2=1$ ……①

$V(X)=\dfrac{1}{2}$ であるから　$p_1+4p_2-1^2=\dfrac{1}{2}$

すなわち　$p_1+4p_2=\dfrac{3}{2}$ ……②

また　$p_0+p_1+p_2=1$ ……③

①，②を解いて　$p_1=\dfrac{2}{4}$，$p_2=\dfrac{1}{4}$

❶ 確率分布
確率の総和は1

よって，③ から　　$p_0=\frac{1}{4}$

したがって，X の確率分布は右の表のようになる。

X	0	1	2	計
P	$\frac{1}{4}$	$\frac{2}{4}$	$\frac{1}{4}$	1

EX ⑤39

コイン投げの結果に応じて賞金が得られるゲームを考える。このゲームの参加者は，表が出る確率が 0.8 であるコインを裏が出るまで投げ続ける。裏が出るまでに表が出た回数を i とするとき，この参加者の賞金額は i 円となる。ただし，100 回投げても裏が出ない場合は，そこでゲームは終わり，参加者の賞金額は 100 円となる。

(1) 参加者の賞金額が 1 円以下となる確率を求めよ。

(2) 参加者の賞金額が c $(0\leqq c\leqq 99)$ 円以下となる確率 p を求めよ。また，$p\geqq 0.5$ となるような整数 c の中で，最も小さいものを求めよ。

(3) 参加者の賞金額の期待値を求めよ。ただし，小数点以下第 2 位を四捨五入せよ。

［類 慶応大］

(1) 参加者の賞金額が 1 円以下となるのは，1 回目に裏が出るか，または 1 回目に表，2 回目に裏が出るときであるから，求める確率は　　$0.2+0.8\times 0.2=\mathbf{0.36}$

←1 回のコイン投げで，表が出る確率は 0.8，裏が出る確率は 0.2

(2) 参加者の賞金額が k 円 $(k\geqq 1)$ となるのは，1 回目から k 回目まで毎回表が出て，$k+1$ 回目に裏が出るときであるから，その確率は　　$(0.8)^k\cdot 0.2$

これは $k=0$ のときも成り立つ。

←$(0.8)^0\cdot 0.2=0.2$

よって　　$\boldsymbol{p}=\sum_{k=0}^{c}(0.8)^k\cdot 0.2=\frac{0.2\{1-(0.8)^{c+1}\}}{1-0.8}=\mathbf{1-(0.8)^{c+1}}$

←初項 0.2，公比 0.8，項数 $c+1$ の等比数列の和。

$p\geqq 0.5$ とすると　　$1-(0.8)^{c+1}\geqq 0.5$

ゆえに　　$\left(\frac{4}{5}\right)^{c+1}\leqq\frac{1}{2}$

$\left(\frac{4}{5}\right)^{c+1}$ について

$c=2$ のとき $\left(\frac{4}{5}\right)^3=\frac{64}{125}>\frac{1}{2}$，$c=3$ のとき $\left(\frac{4}{5}\right)^4=\frac{256}{625}<\frac{1}{2}$

c の値が増加すると $\left(\frac{4}{5}\right)^{c+1}$ の値は減少するから，求める c の値は　　$\boldsymbol{c=3}$

(3) 参加者の賞金額の期待値を E とすると

$$E=\sum_{k=0}^{99}k(0.8)^k\cdot 0.2+100\cdot(0.8)^{100}=\sum_{k=1}^{99}\frac{k}{5}\left(\frac{4}{5}\right)^k+100\left(\frac{4}{5}\right)^{100}$$

←100 回すべて表のときは賞金額 100 円。

ここで，$S=\sum_{k=1}^{99}\frac{k}{5}\left(\frac{4}{5}\right)^k$ とすると

←$\sum_{k=1}^{99}\frac{k}{5}\left(\frac{4}{5}\right)^k$ は（等差数列）×（等比数列）型の和 ⟶ $=S$ とおき，$S-rS$（r は等比数列部分の公比）を計算。

$$S=\frac{1}{5}\cdot\frac{4}{5}+\frac{2}{5}\left(\frac{4}{5}\right)^2+\frac{3}{5}\left(\frac{4}{5}\right)^3+\cdots\cdots+\frac{99}{5}\left(\frac{4}{5}\right)^{99}$$

$$\frac{4}{5}S=\qquad\frac{1}{5}\left(\frac{4}{5}\right)^2+\frac{2}{5}\left(\frac{4}{5}\right)^3+\cdots\cdots+\frac{98}{5}\left(\frac{4}{5}\right)^{99}+\frac{99}{5}\left(\frac{4}{5}\right)^{100}$$

辺々を引いて

$$\frac{1}{5}S=\frac{1}{5}\cdot\frac{4}{5}+\frac{1}{5}\left(\frac{4}{5}\right)^2+\cdots\cdots+\frac{1}{5}\left(\frac{4}{5}\right)^{99}-\frac{99}{5}\left(\frac{4}{5}\right)^{100}$$

よって　$S=\underline{\frac{4}{5}+\left(\frac{4}{5}\right)^2+\cdots\cdots+\left(\frac{4}{5}\right)^{99}}-99\left(\frac{4}{5}\right)^{100}$

$=\dfrac{\frac{4}{5}\left\{1-\left(\frac{4}{5}\right)^{99}\right\}}{1-\frac{4}{5}}-99\left(\frac{4}{5}\right)^{100}=4-104\left(\frac{4}{5}\right)^{100}$

ゆえに　$E=4-104\left(\frac{4}{5}\right)^{100}+100\left(\frac{4}{5}\right)^{100}=4-4\left(\frac{4}{5}\right)^{100}$

ここで，$\left(\frac{4}{5}\right)^4<\frac{1}{2}$ から　$\left(\frac{4}{5}\right)^8<\left(\frac{1}{2}\right)^2=0.25$

よって　$\left(\frac{4}{5}\right)^{16}<\left(\frac{1}{2}\right)^4=0.0625$

すなわち　$\left(\frac{4}{5}\right)^{16}<\left(\frac{1}{2}\right)^4<0.1$

$\left(\frac{4}{5}\right)^{16}<0.1$ から　$\left(\frac{4}{5}\right)^{100}<\left(\frac{4}{5}\right)^{32}<0.01$

よって　$E>4-4\cdot0.01=3.96$　すなわち　$3.96<E<4$

したがって，参加者の賞金額の期待値の小数点以下第2位を四捨五入すると　**4.0**

←＿＿は初項 $\frac{4}{5}$，公比 $\frac{4}{5}$，項数 99 の等比数列の和。

←$4\left(\frac{4}{5}\right)^{100}$ の大きさについて検討する。

EX ④40

赤い本が2冊，青い本が n 冊ある。この $n+2$ 冊の本を無作為に1冊ずつ，本棚に左から並べていく。2冊の赤い本の間にある青い本の冊数を X とする。
(1) $k=0,\ 1,\ 2,\ \cdots\cdots,\ n$ に対して $X=k$ となる確率を求めよ。
(2) X の期待値，分散を求めよ。　〔類　一橋大〕

(1) 2冊の赤い本の間にある青い本 k 冊の選び方は　${}_n\mathrm{C}_k$ 通り

赤い本2冊とその間にある青い本 k 冊をまとめて1冊と考え，残りの青い本 $(n-k)$ 冊とまとめた1冊の並べ方は

$(n-k+1)!$ 通り

赤い本2冊とその間にある青い本 k 冊の並べ方は

$2!\times k!$ 通り

よって，求める確率は

$$\frac{{}_n\mathrm{C}_k\times(n-k+1)!\times2!k!}{(n+2)!}=\frac{n!\times(n-k+1)!\times2!}{(n-k)!(n+2)!}$$
$$=\boldsymbol{\frac{2(n-k+1)}{(n+1)(n+2)}}$$

←最初に，赤い本の間にある青い本を選ぶ。

←起こりうるすべての場合の数は　$(n+2)!$ 通り

別解　青い本 n 冊の並べ方は　$n!$ 通り

この n 冊に対して，赤い本を入れる場所の選び方は

左端と，左から k 番目と $(k+1)$ 番目の間，

左から1番目と2番目の間と，左から $(k+1)$ 番目と $(k+2)$ 番目の間，

……，

左から $(n-k)$ 番目と $(n-k+1)$ 番目の間と，右端

の $(n-k+1)$ 通りある。

よって，求める確率は

←青い本を○，赤い本を｜とすると
｜○……○｜○……○（k 冊）
○｜○……○｜○…○（k 冊）
⋮
○……○｜○……○｜（k 冊）

$$\frac{n!\times(n-k+1)\times 2!}{(n+2)!}=\boldsymbol{\frac{2(n-k+1)}{(n+1)(n+2)}}$$

(2) (1)から，**X の期待値は**

$$\sum_{k=0}^{n}\left\{k\times\frac{2(n-k+1)}{(n+1)(n+2)}\right\}$$

$$=\frac{2}{(n+1)(n+2)}\sum_{k=0}^{n}\{-k^2+(n+1)k\}$$

$$=\frac{2}{(n+1)(n+2)}\left\{-\sum_{k=1}^{n}k^2+(n+1)\sum_{k=1}^{n}k\right\}$$

$$=\frac{2}{(n+1)(n+2)}\left\{-\frac{1}{6}n(n+1)(2n+1)+(n+1)\times\frac{1}{2}n(n+1)\right\}$$

$$=\frac{2}{(n+1)(n+2)}\times\frac{1}{6}n(n+1)\{-(2n+1)+3(n+1)\}=\boldsymbol{\frac{n}{3}}$$

←k に無関係な $\frac{2}{(n+1)(n+2)}$ を Σ の前に出す。

また

$$\sum_{k=0}^{n}\left\{k^2\times\frac{2(n-k+1)}{(n+1)(n+2)}\right\}$$

$$=\frac{2}{(n+1)(n+2)}\sum_{k=0}^{n}\{-k^3+(n+1)k^2\}$$

$$=\frac{2}{(n+1)(n+2)}\left\{-\sum_{k=1}^{n}k^3+(n+1)\sum_{k=1}^{n}k^2\right\}$$

$$=\frac{2}{(n+1)(n+2)}\left\{-\frac{1}{4}n^2(n+1)^2+(n+1)\times\frac{1}{6}n(n+1)(2n+1)\right\}$$

$$=\frac{2}{(n+1)(n+2)}\times\frac{1}{12}n(n+1)^2\{-3n+2(2n+1)\}$$

$$=\frac{n(n+1)}{6}$$

←k に無関係な $\frac{2}{(n+1)(n+2)}$ を Σ の前に出す。

よって，**X の分散は**

$$\frac{n(n+1)}{6}-\left(\frac{n}{3}\right)^2=\frac{3n(n+1)-2n^2}{18}=\boldsymbol{\frac{n(n+3)}{18}}$$

EX ②41

1から8までの整数のいずれか1つが書かれたカードが，各数に対して1枚ずつ合計8枚ある。Dさんが100円のゲーム代を払ってカードを1枚引き，書かれた数が X のとき $pX+q$ 円を受け取る。ただし，p，q は正の整数とする。

(1) Dさんがカードを1枚引いて受け取る金額からゲーム代を差し引いた金額を Y 円とする。確率変数 Y の期待値を N とするとき，N を p，q で表せ。

(2) Y の分散を p，q で表せ。また，$N=0$ のとき Y の分散の最小値と，そのときの p の値を求めよ。　〔類 センター試験〕

(1) X のとりうる値は $X=1$，2，……，8 で

$$P(X=k)=\frac{1}{8}\ (k=1,\ 2,\ \cdots\cdots,\ 8)$$

よって　$E(X)=(1+2+\cdots\cdots+8)\cdot\frac{1}{8}=36\cdot\frac{1}{8}=\frac{9}{2}$

←$E(X)=\sum x_k p_k$

$Y=pX+q-100$ であるから

$$\boldsymbol{N}=E(Y)=E(pX+q-100)=pE(X)+q-100$$

$$=\boldsymbol{\frac{9}{2}p+q-100}$$

←$E(aX+b)=aE(X)+b$ （a，b は定数）

(2) $V(X)=(1^2+2^2+\cdots\cdots+8^2)\cdot\frac{1}{8}-\left(\frac{9}{2}\right)^2$

$=\frac{1}{6}\cdot 8\cdot 9\cdot 17\times\frac{1}{8}-\frac{81}{4}=\frac{2\cdot 51-81}{4}=\frac{21}{4}$

よって　$V(Y)=V(pX+q-100)=p^2V(X)=\boldsymbol{\frac{21}{4}p^2}$ … ①

また，$N=0$ のとき $\frac{9}{2}p+q-100=0$ から　$q=100-\frac{9}{2}p$

p，q は正の整数であるから，p は偶数で，$100-\frac{9}{2}p\geqq 1$ より

$p\leqq 22$　すなわち　$p=2,\ 4,\ 6,\ \cdots\cdots,\ 22$

ゆえに，① から **$p=2$ のとき** $V(Y)$ は最小となり，**最小値**は　$V(Y)=\frac{21}{4}\cdot 2^2=\mathbf{21}$

←$V(X)=E(X^2)-\{E(X)\}^2$
←$\sum_{k=1}^{n}k^2=\frac{1}{6}n(n+1)(2n+1)$

←$\boldsymbol{V(aX+b)=a^2V(X)}$ （a，b は定数）

EX ③42

X，Y はどちらも 1，-1 の値をとる確率変数で，それらは

$P(X=1,\ Y=1)=P(X=-1,\ Y=-1)=a$

$P(X=1,\ Y=-1)=P(X=-1,\ Y=1)=\frac{1}{2}-a$

を満たしているとする。ただし，a は $0\leqq a\leqq\frac{1}{2}$ を満たす定数とする。
(1) 確率 $P(X=-1)$ と $P(X=1)$ を求めよ。
(2) 2 つの確率変数の和の期待値 $E(X+Y)$ と分散 $V(X+Y)$ を求めよ。
(3) X と Y が互いに独立であるための a の値を求めよ。　〔千葉大〕

(1) $X=-1$，$Y=-1$ となる事象と $X=-1$，$Y=1$ となる事象は互いに排反であるから

$\boldsymbol{P(X=-1)}=P(X=-1,\ Y=-1)+P(X=-1,\ Y=1)$

$=a+\left(\frac{1}{2}-a\right)=\boldsymbol{\frac{1}{2}}$

また　$\boldsymbol{P(X=1)}=1-P(X=-1)=1-\frac{1}{2}=\boldsymbol{\frac{1}{2}}$

X＼Y	1	−1	計
1	a	$\frac{1}{2}-a$	$\frac{1}{2}$
−1	$\frac{1}{2}-a$	a	$\frac{1}{2}$
計	$\frac{1}{2}$	$\frac{1}{2}$	1

(2) $X+Y$ のとりうる値は $X+Y=2,\ 0,\ -2$ で

$P(X+Y=-2)=P(X=-1,\ Y=-1)=a$

$P(X+Y=2)=P(X=1,\ Y=1)=a$

$P(X+Y=0)=1-P(X+Y=-2)-P(X+Y=2)$

$=1-a-a=1-2a$

よって　$\boldsymbol{E(X+Y)}=-2\cdot a+2\cdot a+0\cdot(1-2a)=\mathbf{0}$

$\boldsymbol{V(X+Y)}=E((X+Y)^2)-\{E(X+Y)\}^2$

$=\{(-2)^2\cdot a+2^2\cdot a+0^2\cdot(1-2a)\}-0^2$

$=\boldsymbol{8a}$

←余事象の確率を利用。

←$X+Y$ の確率分布は

$X+Y$	−2	2	0	計
P	a	a	$1-2a$	1

(3) (1) と同様にして　$P(Y=-1)=\frac{1}{2}$，$P(Y=1)=\frac{1}{2}$

X と Y が互いに独立であるための条件は，

$P(X=i,\ Y=j)=P(X=i)P(Y=j)$ …… ①

がすべての組 $(i,\ j)$ $[i,\ j=1,\ -1]$ について成り立つことである。

←$P(Y=-1)$
$=P(X=1,\ Y=-1)$
$+P(X=-1,\ Y=-1)$
$=\left(\frac{1}{2}-a\right)+a=\frac{1}{2}$
なお，(1) の表からすぐわかる。

$i=1$，$j=1$ のとき，① から　　$a=\frac{1}{2}\cdot\frac{1}{2}$

$i=1$，$j=-1$ のとき，① から　　$\frac{1}{2}-a=\frac{1}{2}\cdot\frac{1}{2}$

$i=-1$，$j=1$ のとき，① から　　$\frac{1}{2}-a=\frac{1}{2}\cdot\frac{1}{2}$

$i=-1$，$j=-1$ のとき，① から　　$a=\frac{1}{2}\cdot\frac{1}{2}$

以上により　　$\boldsymbol{a=\frac{1}{4}}$

EX ③43

2 つの独立な事象 A，B に対し，A，B が同時に起こる確率が $\frac{1}{14}$，A か B の少なくとも一方が起こる確率が $\frac{13}{28}$ である。このとき，A の起こる確率 $P(A)$ と B の起こる確率 $P(B)$ を求めよ。ただし，$P(A)<P(B)$ とする。

条件から　　$P(A\cap B)=\frac{1}{14}$，$P(A\cup B)=\frac{13}{28}$

$P(A\cup B)=P(A)+P(B)-P(A\cap B)$ から　　←和事象の確率

$$P(A)+P(B)=P(A\cup B)+P(A\cap B)=\frac{13}{28}+\frac{1}{14}=\frac{15}{28}$$

事象 A，B は独立であるから　　$P(A)P(B)=P(A\cap B)=\frac{1}{14}$　　←乗法定理

よって，$P(A)$，$P(B)$ は 2 次方程式 $t^2-\frac{15}{28}t+\frac{1}{14}=0$ すなわち $28t^2-15t+2=0$ の解である。

←**x，y を解にもつ 2 次方程式は $t^2-(x+y)t+xy=0$**

これを解くと，$(4t-1)(7t-2)=0$ から　　$t=\frac{1}{4}$，$\frac{2}{7}$

$P(A)<P(B)$ であるから　　$\boldsymbol{P(A)=\frac{1}{4}}$，$\boldsymbol{P(B)=\frac{2}{7}}$

EX ③44

1 から 9 までの番号を書いた 9 枚のカードがある。この中から，カードを戻さずに，次々と 4 枚のカードを取り出す。取り出された順にカードの番号を a，b，c，d とする。千の位を a，百の位を b，十の位を c，一の位を d として得られる 4 桁の数 N の期待値を求めよ。　〔類　秋田大〕

$N=1000a+100b+10c+d$ であるから，期待値 $E(N)$ は

$$E(N)=E(1000a+100b+10c+d)$$
$$=1000E(a)+100E(b)+10E(c)+E(d)$$

←期待値の性質。

$a=k\,(k=1,\ 2,\ \cdots\cdots,\ 9)$ となるのは，1 枚目に番号 k のカードを取り出す場合であるから

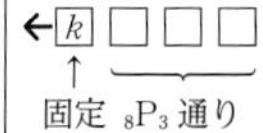

$$P(a=k)=\frac{{}_8P_3}{{}_9P_4}=\frac{8\cdot7\cdot6}{9\cdot8\cdot7\cdot6}=\frac{1}{9}$$

同様にして　　$P(b=k)=P(c=k)=P(d=k)=\frac{1}{9}$

$(k=1,\ 2,\ \cdots\cdots,\ 9)$

←a，b，c，d は同じ確率分布（以下）に従う。

k	1	2	…	9	計
P	$\frac{1}{9}$	$\frac{1}{9}$	…	$\frac{1}{9}$	1

よって　$E(a)=E(b)=E(c)=E(d)=\frac{1}{9}\sum_{k=1}^{9}k=\frac{1}{9}\cdot\frac{1}{2}\cdot9\cdot10=5$

したがって　　$E(N)=(1000+100+10+1)\cdot5=\mathbf{5555}$

EX ④45

2個のさいころを投げ，出た目をX，Y $(X \leqq Y)$とする。
(1) $X=1$である事象をA，$Y=5$である事象をBとする。確率$P(A \cap B)$，条件付き確率$P_B(A)$をそれぞれ求めよ。
(2) 確率$P(X=k)$，$P(Y=k)$をそれぞれkを用いて表せ。
(3) $3X^2+3Y^2$の平均(期待値)$E(3X^2+3Y^2)$を求めよ。　〔鹿児島大〕

(1) $X=1$かつ$Y=5$となる目の出方は　(1，5)，(5，1)　の2通り。

$Y=5$となる目の出方は　(1，5)，(2，5)，(3，5)，(4，5)，(5，5)，(5，1)，(5，2)，(5，3)，(5，4)の9通り。

よって　$\boldsymbol{P(A \cap B)}=\dfrac{2}{6^2}=\boldsymbol{\dfrac{1}{18}}$，$P(B)=\dfrac{9}{6^2}=\dfrac{1}{4}$

ゆえに　$\boldsymbol{P_B(A)}=\dfrac{P(A \cap B)}{P(B)}=\dfrac{1}{18} \div \dfrac{1}{4}=\boldsymbol{\dfrac{2}{9}}$

(2) $1 \leqq k \leqq 5$のとき　$P(X=k)=P(X \geqq k)-P(X \geqq k+1)$

ここで，$X \geqq k$となるのは，2個ともk以上の目が出る場合であるから　$P(X \geqq k)=\dfrac{\{6-(k-1)\}^2}{6^2}=\dfrac{(7-k)^2}{36}$

よって　$P(X=k)=\dfrac{(7-k)^2}{36}-\dfrac{\{7-(k+1)\}^2}{36}$

$=\dfrac{13-2k}{36}$ ……①

$P(X=6)=\dfrac{1}{36}$であるから，①は$k=6$のときも成り立つ。

また，$2 \leqq k \leqq 6$のとき

$P(Y=k)=P(Y \leqq k)-P(Y \leqq k-1)$

ここで，$Y \leqq k$となるのは，2個ともk以下の目が出る場合であるから　$P(Y \leqq k)=\dfrac{k^2}{6^2}=\dfrac{k^2}{36}$

ゆえに　$P(Y=k)=\dfrac{k^2}{36}-\dfrac{(k-1)^2}{36}=\dfrac{2k-1}{36}$ ……②

$P(Y=1)=\dfrac{1}{36}$であるから，②は$k=1$のときも成り立つ。

以上から　$\boldsymbol{P(X=k)=\dfrac{13-2k}{36}}$，$\boldsymbol{P(Y=k)=\dfrac{2k-1}{36}}$

(3) $E(3X^2+3Y^2)=3E(X^2)+3E(Y^2)$

$=3\sum_{k=1}^{6} k^2 \cdot \dfrac{13-2k}{36}+3\sum_{k=1}^{6} k^2 \cdot \dfrac{2k-1}{36}$

$=\dfrac{1}{12}\sum_{k=1}^{6} k^2\{(13-2k)+(2k-1)\}=\sum_{k=1}^{6} k^2$

$=\dfrac{1}{6} \cdot 6 \cdot 7 \cdot 13$

$=\boldsymbol{91}$

←目の出方は全部で6^2通り

● **Nとaを見つけて$\dfrac{a}{N}$**

$X \geqq k$: 1，…，k，$k+1$，…，6 （$X=k$，$X \geqq k+1$）

$Y \leqq k$: 1，…，$k-1$，k，…，6 （$Y \leqq k-1$，$Y=k$）

←$\boldsymbol{E(aX+bY)}$
$\boldsymbol{=aE(X)+bE(Y)}$
(a，bは定数)

←$\boldsymbol{\sum_{k=1}^{n} k^2}$
$\boldsymbol{=\dfrac{1}{6}n(n+1)(2n+1)}$

EX ④46 座標平面上の点Pの移動を大小2つのさいころを同時に投げて決める。大きいさいころの目が1または2のとき，点Pをx軸の正の方向に1だけ動かし，その他の場合はx軸の負の方向に1だけ動かす。更に，小さいさいころの目が1のとき，点Pをy軸の正の方向に1だけ動かし，その他の場合はy軸の負の方向に1だけ動かす。最初，点Pが原点にあり，この試行をn回繰り返した後の点Pの座標を$(x_n,\ y_n)$とするとき
(1) x_nの平均値と分散を求めよ。 (2) ${x_n}^2$の平均値を求めよ。
(3) 原点を中心とし，点$(x_n,\ y_n)$を通る円の面積Sの平均値を求めよ。ただし，点$(x_n,\ y_n)$が原点と一致するときは$S=0$とする。

(1) 大きいさいころの1または2の目が出る回数をXとすると
$$x_n=1\cdot X-1\cdot(n-X)=2X-n$$
さいころを1回投げて1または2の目が出る確率は $\frac{1}{3}$

←$p=\frac{1}{3}\left(q=\frac{2}{3}\right)$

Xは二項分布$B\left(n,\ \frac{1}{3}\right)$に従うから
$$E(X)=\frac{n}{3},\quad V(X)=n\cdot\frac{1}{3}\cdot\frac{2}{3}=\frac{2}{9}n$$

←$E(X)=np$, $V(X)=npq$

よって $E(x_n)=E(2X-n)=2E(X)-n$
$$=2\cdot\frac{n}{3}-n=\boldsymbol{-\frac{n}{3}}$$

←$E(aX+b)=aE(X)+b$

$$V(x_n)=V(2X-n)=2^2V(X)=4\cdot\frac{2}{9}n=\boldsymbol{\frac{8}{9}n}$$

←$V(aX+b)=a^2V(X)$

(2) $V(x_n)=E({x_n}^2)-\{E(x_n)\}^2$であるから
$$E({x_n}^2)=V(x_n)+\{E(x_n)\}^2$$
よって，(1)から $E({x_n}^2)=\frac{8}{9}n+\left(-\frac{n}{3}\right)^2=\boldsymbol{\frac{n(n+8)}{9}}$

(3) $S=\pi({x_n}^2+{y_n}^2)=\pi{x_n}^2+\pi{y_n}^2$であるから，面積$S$の平均値$E(S)$は $E(S)=\pi E({x_n}^2)+\pi E({y_n}^2)$ …… ①

←円の半径は$\sqrt{{x_n}^2+{y_n}^2}$

←$E(aX+bY)=aE(X)+bE(Y)$

小さいさいころの1の目が出る回数をYとすると
$$y_n=1\cdot Y-1\cdot(n-Y)=2Y-n$$

←(2)で，$E({x_n}^2)$は求めているから，y_nについて調べる。

さいころを1回投げて1の目が出る確率は $\frac{1}{6}$

Yは二項分布$B\left(n,\ \frac{1}{6}\right)$に従うから

←$p=\frac{1}{6}\left(q=\frac{5}{6}\right)$

$$E(Y)=\frac{n}{6},\quad V(Y)=n\cdot\frac{1}{6}\cdot\frac{5}{6}=\frac{5}{36}n$$
よって $E(y_n)=E(2Y-n)=2E(Y)-n$
$$=2\cdot\frac{n}{6}-n=-\frac{2}{3}n$$

←$E(aY+b)=aE(Y)+b$

$$V(y_n)=V(2Y-n)=2^2V(Y)=4\cdot\frac{5}{36}n=\frac{5}{9}n$$

←$V(aY+b)=a^2V(Y)$

$V(y_n)=E({y_n}^2)-\{E(y_n)\}^2$であるから
$$E({y_n}^2)=V(y_n)+\{E(y_n)\}^2=\frac{5}{9}n+\left(-\frac{2}{3}n\right)^2$$
$$=\frac{n(4n+5)}{9}\ \cdots\cdots\ ②$$

ゆえに，①，② と (2) の結果から

$$E(S)=\pi\cdot\frac{n(n+8)}{9}+\pi\cdot\frac{n(4n+5)}{9}=\boldsymbol{\frac{n(5n+13)}{9}\pi}$$

EX ③47

確率変数 X の確率密度関数 $f(x)$ が右のようなとき，確率 $P\left(a\leqq X\leqq\frac{3}{2}a\right)$ および X の平均を求めよ。ただし，a は正の実数とする。　［類 センター試験］

$$f(x)=\begin{cases}\frac{2}{3a^2}(x+a) & (-a\leqq x\leqq 0)\\ \frac{1}{3a^2}(2a-x) & (0\leqq x\leqq 2a)\end{cases}$$

$$\boldsymbol{P\left(a\leqq X\leqq\frac{3}{2}a\right)}=\int_a^{\frac{3}{2}a}f(x)dx=\int_a^{\frac{3}{2}a}\frac{1}{3a^2}(2a-x)dx$$

$$=\frac{1}{3a^2}\left[2ax-\frac{x^2}{2}\right]_a^{\frac{3}{2}a}$$

$$=\frac{1}{3a^2}\left[\left\{2a\cdot\frac{3}{2}a-\frac{1}{2}\left(\frac{3}{2}a\right)^2\right\}-\left(2a\cdot a-\frac{a^2}{2}\right)\right]$$

$$=\frac{1}{3a^2}\cdot\frac{3}{8}a^2=\boldsymbol{\frac{1}{8}}$$

←$a\leqq x\leqq\frac{3}{2}a$ のとき $f(x)=\frac{1}{3a^2}(2a-x)$

また，確率変数 X の **平均は**

$$E(X)=\int_{-a}^{2a}xf(x)dx$$

$$=\int_{-a}^{0}x\cdot\frac{2}{3a^2}(x+a)dx+\int_0^{2a}x\cdot\frac{1}{3a^2}(2a-x)dx$$

$$=\frac{2}{3a^2}\int_{-a}^{0}x(x+a)dx+\frac{1}{3a^2}\int_0^{2a}x(2a-x)dx$$

$$=\frac{2}{3a^2}\left[-\frac{1}{6}\{0-(-a)\}^3\right]+\frac{1}{3a^2}\left\{\frac{1}{6}(2a-0)^3\right\}$$

$$=-\frac{a}{9}+\frac{4a}{9}=\boldsymbol{\frac{a}{3}}$$

←$\boldsymbol{E(X)=\int_\alpha^\beta xf(x)dx}$

←$\boldsymbol{\int_\alpha^\beta(x-\alpha)(x-\beta)dx=-\frac{1}{6}(\beta-\alpha)^3}$

EX ②48

正規分布 $N(12,\ 4^2)$ に従う確率変数 X について，次の等式が成り立つように，定数 a の値を定めよ。

(1) $P(X\leqq a)=0.9641$　　(2) $P(|X-12|\geqq a)=0.1336$

(3) $P(14\leqq X\leqq a)=0.3023$

$Z=\frac{X-12}{4}$ とおくと，Z は $N(0,\ 1)$ に従う。

(1) $P(X\leqq a)=0.9641$ から　$P\left(Z\leqq\frac{a-12}{4}\right)=0.9641$

ここで，0.9641＞0.5 から　$P\left(Z\leqq\frac{a-12}{4}\right)=0.5+p\left(\frac{a-12}{4}\right)$

ゆえに，$0.5+p\left(\frac{a-12}{4}\right)=0.9641$ から　$p\left(\frac{a-12}{4}\right)=0.4641$

正規分布表から　$\frac{a-12}{4}=1.8$　　よって　$\boldsymbol{a=19.2}$

←$P(Z\leqq 0)+P\left(0\leqq Z\leqq\frac{a-12}{4}\right)$

←$p(1.8)=0.4641$

(2) $P(|X-12|\geqq a)=1-P(|X-12|\leqq a)=1-P(|4Z|\leqq a)$

$$=1-P\left(|Z|\leqq\frac{a}{4}\right)$$

$$=1-2p\left(\frac{a}{4}\right)$$

←$|Z|\leqq\frac{a}{4}\iff-\frac{a}{4}\leqq Z\leqq\frac{a}{4}$

ゆえに，$1-2p\left(\frac{a}{4}\right)=0.1336$ から　$p\left(\frac{a}{4}\right)=0.4332$

正規分布表から　$\frac{a}{4}=1.5$　よって　$\boldsymbol{a=6}$

←$p(1.5)=0.4332$

(3)　$P(14\leqq X\leqq a)=P\left(\frac{14-12}{4}\leqq Z\leqq\frac{a-12}{4}\right)$

$=P\left(\frac{1}{2}\leqq Z\leqq\frac{a-12}{4}\right)$

$=p\left(\frac{a-12}{4}\right)-p(0.5)$

ゆえに，$p\left(\frac{a-12}{4}\right)-0.1915=0.3023$ から

←$p(0.5)=0.1915$

$p\left(\frac{a-12}{4}\right)=0.4938$

正規分布表から　$\frac{a-12}{4}=2.5$　よって　$\boldsymbol{a=22}$

←$p(2.5)=0.4938$

EX ③49 ある企業の入社試験は採用枠 300 名のところ 500 名の応募があった。試験の結果は 500 点満点の試験に対し，平均点 245 点，標準偏差 50 点であった。得点の分布が正規分布であるとみなされるとき，合格最低点はおよそ何点であるか。小数点以下を切り上げて答えよ。〔類　鹿児島大〕

応募者の入社試験の点数を X とすると，X は正規分布 $N(245,\ 50^2)$ に従うから，$Z=\frac{X-245}{50}$ とおくと，Z は $N(0,\ 1)$ に従う。

HINT　点数 X は正規分布 $N(245,\ 50^2)$ に従う。
⟶ まず，**標準化**。

合格最低点を x とすると　$P(X\geqq x)=\frac{300}{500}$

ここで　$P(X\geqq x)=P\left(Z\geqq\frac{x-245}{50}\right)$

よって，$P\left(Z\geqq\frac{x-245}{50}\right)=0.6$ から $\frac{x-245}{50}<0$ で

$P\left(\frac{x-245}{50}\leqq Z\leqq 0\right)=0.1$

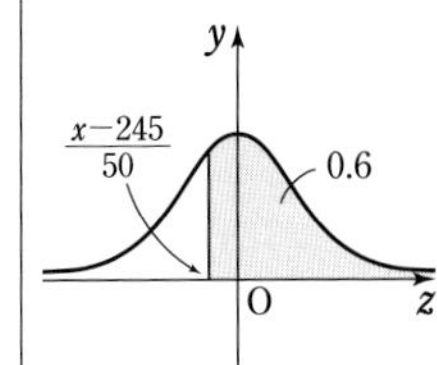

すなわち　$P\left(0\leqq Z\leqq-\frac{x-245}{50}\right)=0.1$

正規分布表より，$p(0.25)\fallingdotseq 0.1$ から　$-\frac{x-245}{50}\fallingdotseq 0.25$

ゆえに　$x\fallingdotseq 245-12.5=232.5$

したがって，合格最低点はおよそ **233 点** である。

EX ③50 学科の成績 x を記録するのに，平均が m，標準偏差が σ のとき，右の表に従って，1 から 5 までの評点で表す。成績が正規分布に従うものとして

(1)　45 人の学級で，評点 1，2，3，4，5 の生徒の数は，それぞれ何人くらいずつになるか。

(2)　$m=62$，$\sigma=20$ のとき，成績 85 の生徒にはどんな評点がつくか。

成績	評点
$x<m-1.5\sigma$	1
$m-1.5\sigma\leqq x<m-0.5\sigma$	2
$m-0.5\sigma\leqq x\leqq m+0.5\sigma$	3
$m+0.5\sigma<x\leqq m+1.5\sigma$	4
$m+1.5\sigma<x$	5

〔類　東北学院大〕

(1) x は正規分布 $N(m,\ \sigma^2)$ に従うから，$Z=\dfrac{x-m}{\sigma}$ とおくと，Z は $N(0,\ 1)$ に従う。

評点 1，5：$P(Z<-1.5)=P(1.5<Z)=0.5-p(1.5)$
$=0.5-0.4332=0.0668$

←$P(x<m-1.5\sigma)=P(Z<-1.5)$，$P(m+1.5\sigma<x)=P(1.5<Z)$

よって，評点 1，5 の人数はそれぞれ
$45\times0.0668\fallingdotseq3$ (人)

評点 2，4：$P(-1.5\leqq Z<-0.5)=P(0.5<Z\leqq1.5)$
$=p(1.5)-p(0.5)$
$=0.4332-0.1915=0.2417$

よって，評点 2，4 の人数はそれぞれ
$45\times0.2417\fallingdotseq11$ (人)

評点 3：$P(-0.5\leqq Z\leqq0.5)=2p(0.5)=2\cdot0.1915=0.3830$

よって，評点 3 の人数は　$45\times0.3830\fallingdotseq17$ (人)

ゆえに　**評点 1 は 3 人，評点 2 は 11 人，評点 3 は 17 人，評点 4 は 11 人，評点 5 は 3 人。**

←人数の合計は 45 人。

(2) $m=62$，$\sigma=20$ のとき

$m+0.5\sigma=62+10=72$，$m+1.5\sigma=62+30=92$

←$0.5\sigma=10$，$1.5\sigma=30$

よって，$m+0.5\sigma<85\leqq m+1.5\sigma$ であるから，**評点 4** がつく。

←$72<85\leqq92$

EX ③51

原点を出発して数直線上を動く点 P がある。さいころを 1 回振って，3 以上の目が出ると正の向きに 1 移動し，2 以下の目が出ると負の向きに 2 移動する。さいころを n 回振った後の点 P の座標が $\dfrac{7n}{45}$ 以上となる確率を $p(n)$ とするとき，$p(162)$ を正規分布を用いて求めよ。ただし，小数第 4 位を四捨五入せよ。〔類　滋賀大〕

さいころを 162 回振って 3 以上の目が出る回数を X とすると，さいころを 162 回振った後の点 P の座標は

$$1\cdot X-2\cdot(162-X)=3X-324$$

$3X-324\geqq\dfrac{7\cdot162}{45}$ とすると

$$X-108\geqq\frac{7\cdot6}{5}$$

よって　$X\geqq108+\dfrac{42}{5}=\dfrac{582}{5}=116.4$

←これから，求める確率は $P(X\geqq116.4)$ である。

また，さいころを 1 回投げて 3 以上の目が出る確率は

$$\frac{4}{6}=\frac{2}{3}$$

ゆえに，X は二項分布 $B\left(162,\ \dfrac{2}{3}\right)$ に従う。

←$n=162$，$p=\dfrac{2}{3}$

よって，X の平均は　$162\cdot\dfrac{2}{3}=108$，

標準偏差は　$\sqrt{162\cdot\dfrac{2}{3}\left(1-\dfrac{2}{3}\right)}=\sqrt{36}=6$

ゆえに，$Z=\dfrac{X-108}{6}$ とおくと，Z は近似的に $N(0,\ 1)$ に従う。

よって，求める確率 $p(162)$ は

$$p(162)=P(X\geqq 116.4)=P\left(Z\geqq \frac{116.4-108}{6}\right)$$
$$=P(Z\geqq 1.4)=0.5-p(1.4)$$
$$=0.5-0.4192=0.0808\fallingdotseq \mathbf{0.081}$$

① 二項分布 $B(n,\ p)$ n が大なら正規分布 $N(np,\ np(1-p))$ で近似

←小数第4位を四捨五入。

EX ②52

1個のさいころを150回投げるとき，出る目の平均を $\overline{X}$ とする。$\overline{X}$ の期待値，標準偏差を求めよ。

さいころを1回投げるとき，出る目の数 X は，

$$P(X=k)=\frac{1}{6}\ (k=1,\ 2,\ \cdots\cdots,\ 6)$$

の確率分布に従う。母集団分布は大きさ1の無作為標本と一致するから，母平均 m は

$$m=E(X)=(1+2+3+4+5+6)\cdot\frac{1}{6}=\frac{21}{6}=\frac{7}{2}$$

←$E(X)=\sum x_k p_k$

また，母標準偏差 σ は

$$\sigma=\sqrt{(1^2+2^2+3^2+4^2+5^2+6^2)\cdot\frac{1}{6}-\left(\frac{7}{2}\right)^2}$$
$$=\sqrt{\frac{1}{6}\cdot\frac{1}{6}\cdot 6\cdot 7\cdot 13-\left(\frac{7}{2}\right)^2}$$
$$=\sqrt{\frac{35}{12}}=\frac{\sqrt{105}}{6}$$

←$\sigma^2=(X^2$ の期待値$)-(X$ の期待値$)^2$

←$\displaystyle\sum_{k=1}^{n} k^2=\frac{1}{6}n(n+1)(2n+1)$

よって，標本平均 $\overline{X}$ の期待値 $E(\overline{X})$，標準偏差 $\sigma(\overline{X})$ は

$$E(\overline{X})=\mathbf{\frac{7}{2}},\ \ \sigma(\overline{X})=\frac{1}{\sqrt{150}}\cdot\frac{\sqrt{105}}{6}=\mathbf{\frac{\sqrt{70}}{60}}$$

←$E(\overline{X})=m,\ \sigma(\overline{X})=\dfrac{\sigma}{\sqrt{n}}$

EX ③53

平均 m，標準偏差 σ の正規分布に従う母集団から4個の標本を抽出するとき，その標本平均 $\overline{X}$ が $m-\sigma$ と $m+\sigma$ の間にある確率は何％であるか。

標本平均 $\overline{X}$ は正規分布 $N\left(m,\ \dfrac{\sigma^2}{4}\right)$ に従うから，$Z=\dfrac{\overline{X}-m}{\dfrac{\sigma}{2}}$

とおくと，Z は $N(0,\ 1)$ に従う。

よって　$P(m-\sigma<\overline{X}<m+\sigma)=P(-2<Z<2)=2p(2)$
$$=2\cdot 0.4772$$
$$=0.9544$$

ゆえに　**95.44％**

① $N(m,\ \sigma^2)$ は $Z=\dfrac{X-m}{\sigma}$ で $N(0,\ 1)$ へ [標準化]

EX ③54 ある国の 14 歳女子の身長は，母平均 160 cm，母標準偏差 5 cm の正規分布に従うものとする。この女子の集団から，無作為に抽出した女子の身長を X cm とする。

(1) 確率変数 $\dfrac{X-160}{5}$ の平均と標準偏差を求めよ。

(2) $P(X \geqq x) \leqq 0.1$ となる最小の整数 x を求めよ。

(3) X が 165 cm 以上 175 cm 以下となる確率を求めよ。ただし，小数第 3 位を四捨五入せよ。

(4) この国の 14 歳女子の集団から，大きさ 2500 の無作為標本を抽出する。このとき，この標本平均 $\overline{X}$ の平均と標準偏差を求めよ。更に，X の母平均と標本平均 $\overline{X}$ の差 $|\overline{X}-160|$ が 0.2 cm 以上となる確率を求めよ。ただし，小数第 3 位を四捨五入せよ。〔滋賀大〕

(1) 母平均 $E(X)=160$，母標準偏差 $\sigma(X)=5$ から

$$E\left(\frac{X-160}{5}\right)=\frac{E(X)-160}{5}=\frac{160-160}{5}=0$$

$$\sigma\left(\frac{X-160}{5}\right)=\left|\frac{1}{5}\right|\sigma(X)=\frac{5}{5}=1$$

したがって，**平均は　0 cm**

標準偏差は　1 cm

←$E(aX+b)=aE(X)+b$

←$\sigma(aX+b)=|a|\sigma(X)$

(2) $Z=\dfrac{X-160}{5}$ とおくと，Z は標準正規分布 $N(0,\ 1)$ に従う。

$P(Z \geqq u) \leqq 0.1$ となる $u\,(u \geqq 0)$ の値を調べる。

$P(Z \geqq u) \leqq 0.1$ から　$0.5-P(0 \leqq Z \leqq u) \leqq 0.1$

よって　$p(u) \geqq 0.4$

これを満たす最小の u は，正規分布表から　$u=1.29$

よって，$Z \geqq 1.29$ すなわち $\dfrac{X-160}{5} \geqq 1.29$ を解くと

$$X \geqq 166.45$$

したがって，求める x の値は　$\boldsymbol{x=167}$

←X は正規分布に従うから，標準化した Z は標準正規分布に従う。

←$1.29 \times 5=6.45$

(3) $P(165 \leqq X \leqq 175)=P\left(\dfrac{165-160}{5} \leqq Z \leqq \dfrac{175-160}{5}\right)$

$=P(1 \leqq Z \leqq 3)=p(3)-p(1)$

$=0.49865-0.3413=0.15735$

小数第 3 位を四捨五入して，求める確率は　**0.16**

(4) 標本平均 $\overline{X}$ の平均，標準偏差は

$$E(\overline{X})=E(X)=160$$

$$\sigma(\overline{X})=\frac{\sigma(X)}{\sqrt{2500}}=\frac{5}{50}=0.1$$

したがって，**平均は　160 cm**

標準偏差は　0.1 cm

←$E(\overline{X})=m$，$\sigma(\overline{X})=\dfrac{\sigma}{\sqrt{n}}$

ここで，$\overline{X}$ は正規分布 $N(160,\ 0.1^2)$ に従うから，

$Z'=\dfrac{\overline{X}-160}{0.1}$ とおくと，Z' は $N(0,\ 1)$ に従う。

ゆえに　$P(|\overline{X}-160| \geqq 0.2)=P(0.1|Z'| \geqq 0.2)=P(|Z'| \geqq 2)$

$=2P(Z' \geqq 2)=2\{0.5-p(2)\}$

$=1-2 \times 0.4772=0.0456$

小数第 3 位を四捨五入して，求める確率は　**0.05**

←X は正規分布に従うから，$\overline{X}$ も正規分布に従う。

EX ③55 発芽して一定期間後の，ある花の苗の高さの分布は，母平均 m cm，母標準偏差 1.5 cm の正規分布であるとする。大きさ n の標本を無作為抽出して，信頼度 95% の m に対する信頼区間を求めたところ，[9.81, 10.79] であった。標本平均 $\overline{x}$ と n の値を求めよ。〔九州大〕

母平均 m に対する信頼度 95% の信頼区間が [9.81, 10.79] であるから

$$\overline{x}-1.96\cdot\frac{1.5}{\sqrt{n}}=9.81 \cdots\cdots ①,\quad \overline{x}+1.96\cdot\frac{1.5}{\sqrt{n}}=10.79 \cdots\cdots ②$$

←信頼区間の端の値に注目。

①+② から　$2\overline{x}=20.6$

よって　$\boldsymbol{\overline{x}=10.3}$

$\overline{x}=10.3$ を ① に代入して整理すると　$\dfrac{2.94}{\sqrt{n}}=0.49$

ゆえに，$\sqrt{n}=\dfrac{2.94}{0.49}$ から　$\sqrt{n}=6$

両辺を 2 乗して　$\boldsymbol{n=36}$

EX ③56 ある町の駅で乗降客 400 人を任意に抽出して調べたところ，196 人がその町の住人であった。乗降客中，その町の住人の比率を信頼度 99% で推定せよ。

標本比率 R は　$R=\dfrac{196}{400}=0.49$

標本の大きさは $n=400$ であるから

$$\sqrt{\frac{R(1-R)}{n}}=\frac{\sqrt{0.49\cdot0.51}}{20}\fallingdotseq 0.025$$

←$\sqrt{0.2499}\fallingdotseq 0.5$

よって，住人の比率に対する信頼度 99% の信頼区間は

$$[0.49-2.58\cdot0.025,\ 0.49+2.58\cdot0.025]$$

←$2.58\cdot0.025=0.0645$

すなわち　**[0.426, 0.555]**

EX ④57 さいころを n 回投げて，出た目の表す確率変数を順に X_1, X_2, ……, X_n とする。$\overline{X}=\dfrac{1}{n}\sum_{i=1}^{n}X_i$ とするとき

(1) $\overline{X}$ の期待値 $E(\overline{X})$ を求めよ。　(2) $\overline{X}$ の分散 $V(\overline{X})$ を求めよ。

(3) $n=3$ のとき，$|\overline{X}-E(\overline{X})|\geqq 2\sqrt{V(\overline{X})}$ となる確率を求めよ。〔九州芸工大〕

(1) $E(X_i)=\dfrac{1}{6}\sum_{k=1}^{6}k=\dfrac{21}{6}=\dfrac{7}{2}$　$(i=1,\ 2,\ \cdots\cdots,\ n)$

←X_i は次の確率分布に従う $(i=1,\ 2,\ \cdots\cdots,\ n)$。

X_i	1	2	……	6	計
P	$\frac{1}{6}$	$\frac{1}{6}$	……	$\frac{1}{6}$	1

よって　$\boldsymbol{E(\overline{X})}=\dfrac{1}{n}\sum_{i=1}^{n}E(X_i)=\dfrac{1}{n}\cdot\dfrac{7}{2}n=\boldsymbol{\dfrac{7}{2}}$

(2) $V(X_i)=E(X_i^2)-\{E(X_i)\}^2$

$$=\frac{1}{6}\sum_{k=1}^{6}k^2-\left(\frac{7}{2}\right)^2=\frac{91}{6}-\frac{49}{4}=\frac{35}{12}$$

$(i=1,\ 2,\ \cdots\cdots,\ n)$

X_1, X_2, ……, X_n は互いに独立であるから

$$\boldsymbol{V(\overline{X})}=\frac{1}{n^2}V\left(\sum_{i=1}^{n}X_i\right)=\frac{1}{n^2}\sum_{i=1}^{n}V(X_i)$$

$$=\frac{1}{n^2}\cdot\frac{35}{12}n=\boldsymbol{\frac{35}{12n}}$$

←X, Y が互いに独立のとき　$V(aX+bY)=a^2V(X)+b^2V(Y)$　(a, b は定数)

(3) $n=3$ のとき，(2) から　$V(\overline{X})=\dfrac{35}{36}$

ゆえに，$|\overline{X}-E(\overline{X})|\geqq 2\sqrt{V(\overline{X})}$ とすると

$$\left|\frac{1}{3}\sum_{i=1}^{3}X_i-\frac{7}{2}\right|\geqq\frac{\sqrt{35}}{3}$$

よって　$\left|\displaystyle\sum_{i=1}^{3}X_i-\frac{21}{2}\right|\geqq\sqrt{35}$

ゆえに　$\displaystyle\sum_{i=1}^{3}X_i\leqq\frac{21}{2}-\sqrt{35}$　または　$\displaystyle\sum_{i=1}^{3}X_i\geqq\frac{21}{2}+\sqrt{35}$

←絶対値記号をはずす。

$4<\dfrac{21}{2}-\sqrt{35}<5$，$16<\dfrac{21}{2}+\sqrt{35}<17$ であるから

←$\sqrt{35}\fallingdotseq 5.9161$

$\displaystyle\sum_{i=1}^{3}X_i\leqq 4$ …… ①　または　$\displaystyle\sum_{i=1}^{3}X_i\geqq 17$ …… ②

←X_i は整数。

ここで，組 $(X_1,\ X_2,\ X_3)$ の総数は　$6^3=216$（通り）

❶ 確率
まず，N と a の発見

このうち，① を満たすものは

(1, 1, 1)，(1, 1, 2)，(1, 2, 1)，(2, 1, 1) の 4 通り。

←$1\leqq X_i\leqq 6$

② を満たすものは

(5, 6, 6)，(6, 5, 6)，(6, 6, 5)，(6, 6, 6) の 4 通り。

したがって，求める確率は　$\dfrac{4+4}{216}=\boldsymbol{\dfrac{1}{27}}$

EX ③58

ある大学には，多くの留学生が在籍している。この大学の留学生に対して学習や生活を支援する留学生センターでは，留学生の日本語の学習状況について関心を寄せている。

(1) 40 人の留学生を無作為に抽出し，ある 1 週間における留学生の日本語の学習時間（分）を調査した。ただし，日本語の学習時間は母平均 m，母分散 σ^2 の分布に従うものとする。
母分散 σ^2 を 640 と仮定すると，標本平均の標準偏差は ア[　　] となる。調査の結果，40 人の学習時間の平均値は 120 であった。標本平均が近似的に正規分布に従うとして，母平均 m に対する信頼度 95％ の信頼区間を $C_1\leqq m\leqq C_2$ とすると $C_1=$ イ[　　]，$C_2=$ ウ[　　] である。

(2) (1) の調査とは別に，日本語の学習時間を再度調査することになった。
そこで，50 人の留学生を無作為に抽出し，調査した結果，学習時間の平均値は 120 であった。母分散 σ^2 を 640 と仮定したとき，母平均 m に対する信頼度 95％ の信頼区間を $D_1\leqq m\leqq D_2$ とすると，エ[　　] が成り立つ。エ[　　] に当てはまるものを，次の ⓪ ～ ③ のうちから 1 つ選べ。

⓪ $D_1<C_1$ かつ $D_2<C_2$　　① $D_1<C_1$ かつ $D_2>C_2$
② $D_1>C_1$ かつ $D_2<C_2$　　③ $D_1>C_1$ かつ $D_2>C_2$

一方，母分散 σ^2 を 960 と仮定したとき，母平均 m に対する信頼度 95％ の信頼区間を $E_1\leqq m\leqq E_2$ とする。このとき，$D_2-D_1=E_2-E_1$ となるためには，標本の大きさを 50 の オ[　　] 倍にする必要がある。〔類 共通テスト〕

(1) 母平均 m，母分散 640 の母集団から大きさ 40 の無作為標本を抽出するとき，標本平均の標準偏差は

$$\frac{\sqrt{640}}{\sqrt{40}}=\sqrt{16}={}^{ア}\boldsymbol{4}$$

←母分散を σ^2，標本の大きさを n とすると，標本平均の標準偏差は $\dfrac{\sqrt{\sigma^2}}{\sqrt{n}}$

また，母平均 m に対する信頼度 95％ の信頼区間は

$$\left[120-1.96\cdot\frac{\sqrt{640}}{\sqrt{40}},\ 120+1.96\cdot\frac{\sqrt{640}}{\sqrt{40}}\right]$$

すなわち　$[120-1.96\cdot 4,\ 120+1.96\cdot 4]$

←$1.96\cdot 4=7.84$

よって　　　　[^{イ}**112.16**, ^{ウ}**127.84**]

(2) 標本の大きさのみが 40 から 50 に変わると，標本平均の標準偏差は小さくなる。ゆえに，標本平均と信頼度が変わらない場合，信頼区間の幅は小さくなる。
したがって，$D_1>C_1$ かつ $D_2<C_2$ が成り立つ。（^{エ}②）
また，標本平均と信頼度を変えずに，信頼区間の幅が等しいとき，母分散を σ^2，標本の大きさを n としたときの $\dfrac{\sqrt{\sigma^2}}{\sqrt{n}}$ の値は等しい。
よって，標本の大きさを 50 の k 倍にしたとき

$$\frac{\sqrt{640}}{\sqrt{50}}=\frac{\sqrt{960}}{\sqrt{50k}}$$

これを解くと　　　$k=$^{オ}**1.5**

←$\sigma^2=640$，$n=50$ のときの標準偏差と，$\sigma^2=960$，$n=50k$ のときの標準偏差が等しいとして k の値を求める。

EX ②59 ある集団における子どもは男子 1596 人，女子 1540 人であった。この集団における男子と女子の出生率は等しくないと認めてよいか。有意水準（危険率）5% で検定せよ。〔類 宮崎医大〕

男子の出生率を p とする。男子と女子の出生率が等しくないならば，$p\neq\dfrac{1}{2}$ である。
ここで，男子と女子の出生率が等しいという次の仮説を立てる。

仮説 H_0：$p=\dfrac{1}{2}$

この集団の子どもの数は 1596＋1540＝3136 であるから，仮説 H_0 が正しいとすると，3136 人のうち男子の人数 X は，二項分布 $B\left(3136,\ \dfrac{1}{2}\right)$ に従う。
X の期待値 m と標準偏差 σ は

$$m=3136\cdot\frac{1}{2}=1568,$$
$$\sigma=\sqrt{3136\cdot\frac{1}{2}\cdot\left(1-\frac{1}{2}\right)}=28$$

←$m=np$，$\sigma=\sqrt{npq}$　ただし　$q=1-p$

よって，$Z=\dfrac{X-1568}{28}$ は近似的に標準正規分布 $N(0,\ 1)$ に従う。正規分布表より $P(-1.96\leqq Z\leqq 1.96)\fallingdotseq 0.95$ であるから，有意水準 5% の棄却域は

$$Z\leqq -1.96,\ 1.96\leqq Z$$

$X=1596$ のとき $Z=\dfrac{1596-1568}{28}=1$ であり，この値は棄却域に入らないから，仮説 H_0 を棄却できない。
したがって，**男子と女子の出生率は等しくないとは認められない。**

補足　女子の人数に着目しても，同様の結論が得られる。

EX ②60

(1) あるコインを 1600 回投げたところ，表が 830 回出た。このコインは，表と裏の出方に偏りがあると判断してよいか。有意水準 5% で検定せよ。

(2) (1)とは別のコインを 6400 回投げたところ，表が 3320 回出た。このコインは，表と裏の出方に偏りがあると判断してよいか。有意水準 5% で検定せよ。

(1) 表が出る確率を p とする。表と裏の出方に偏りがあるならば $p \fallingdotseq 0.5$ である。

ここで，表と裏の出方に偏りがないという次の仮説を立てる。

仮説 H_0：$p=0.5$

仮説 H_0 が正しいとするとき，1600 回のうち表が出る回数 X は，二項分布 $B(1600,\ 0.5)$ に従う。

X の期待値 m と標準偏差 σ は

$$m=1600\cdot0.5=800,$$
$$\sigma=\sqrt{1600\cdot0.5\cdot(1-0.5)}=20$$

←$m=np$，$\sigma=\sqrt{npq}$
ただし　$q=1-p$

よって，$Z=\dfrac{X-800}{20}$ は近似的に標準正規分布 $N(0,\ 1)$ に従う。

正規分布表より $P(-1.96\leqq Z\leqq1.96)\fallingdotseq0.95$ であるから，有意水準 5% の棄却域は　　$Z\leqq-1.96$，$1.96\leqq Z$

$X=830$ のとき $Z=\dfrac{830-800}{20}=1.5$ であり，この値は棄却域に入らないから，仮説 H_0 を棄却できない。

したがって，**表と裏の出方に偏りがあるとは判断できない。**

(2) (1)と同様に，次の仮説を立てる。

仮説 H_0：$p=0.5$

仮説 H_0 が正しいとするとき，6400 回のうち表が出る回数 Y は，二項分布 $B(6400,\ 0.5)$ に従う。

Y の期待値 m と標準偏差 σ は

$$m=6400\cdot0.5=3200,$$
$$\sigma=\sqrt{6400\cdot0.5\cdot(1-0.5)}=40$$

←$m=np$，$\sigma=\sqrt{npq}$
ただし　$q=1-p$

よって，$W=\dfrac{Y-3200}{40}$ は近似的に標準正規分布 $N(0,\ 1)$ に従う。

正規分布表より $P(-1.96\leqq W\leqq1.96)\fallingdotseq0.95$ であるから，有意水準 5% の棄却域は

$$W\leqq-1.96,\ 1.96\leqq W$$

$Y=3320$ のとき $W=\dfrac{3320-3200}{40}=3$ であり，この値は棄却域に入るから，仮説 H_0 を棄却できる。

したがって，**表と裏の出方に偏りがあると判断してよい。**

参考　$\dfrac{830}{1600}=\dfrac{3320}{6400}$ $(=51.875\%)$ であるから，(1)と(2)の標本の表の出た割合は等しい。しかし，ともに有意水準 5% で検定した結果は異なる。

このように，表の出た割合だけでなく，標本の大きさも検定結果に影響を与えていることがわかる。

EX ③61 ある1個のさいころを500回投げたところ，4の目が100回出たという。このさいころの4の目の出る確率は $\frac{1}{6}$ でないと判断してよいか。有意水準（危険率）3%で検定せよ。〔類 琉球大〕

4の目が出る確率を p とする。4の目の出る確率が $\frac{1}{6}$ でないならば，$p \neq \frac{1}{6}$ である。ここで，4の目の出る確率が $\frac{1}{6}$ であるという次の仮説を立てる。

仮説 H_0：$p=\frac{1}{6}$

仮説 H_0 が正しいとすると，500回のうち4の目が出る回数 X は，二項分布 $B\left(500,\ \frac{1}{6}\right)$ に従う。

X の期待値 m と標準偏差 σ は

$$m=500\cdot\frac{1}{6}=\frac{250}{3},$$

$$\sigma=\sqrt{500\cdot\frac{1}{6}\cdot\left(1-\frac{1}{6}\right)}=\frac{25}{3}$$

←$m=np$，$\sigma=\sqrt{npq}$ ただし $q=1-p$

よって，$Z=\dfrac{X-\frac{250}{3}}{\frac{25}{3}}$ は近似的に標準正規分布 $N(0,\ 1)$ に従う。

正規分布表より $P(-2.17 \leqq Z \leqq 2.17) \fallingdotseq 0.97$ であるから，有意水準3%の棄却域は　$Z \leqq -2.17$，$2.17 \leqq Z$

←有意水準3%で検定を行うから，
$P(|Z| \geqq u) \fallingdotseq 0.03$
すなわち，
$P(-u \leqq Z \leqq u) \fallingdotseq 0.97$
となる u を求める。
$P(-u \leqq Z \leqq u)$
$=2P(0 \leqq Z \leqq u)=2p(u)$
であり，正規分布表より
$p(2.17) \fallingdotseq 0.485$
であるから
$P(-2.17 \leqq Z \leqq 2.17)$
$\fallingdotseq 0.97$

$X=100$ のとき $Z=\dfrac{100-\frac{250}{3}}{\frac{25}{3}}=\dfrac{300-250}{25}=2$ であり，この値は棄却域に入らないから，仮説 H_0 は棄却できない。

したがって，**このさいころの4の目の出る確率は $\frac{1}{6}$ でないとは判断できない。**

EX ③62

現在の治療法では治癒率が 80% である病気がある。この病気の患者 100 人に対して現在の治療法をほどこすとき

(1) 治癒する人数 X が，その平均値 m 人より 10 人以上離れる確率

$$P(|X-m|\geqq 10)$$

を求めよ。ただし，二項分布を正規分布で近似して計算せよ。

(2) $P(|X-m|\geqq k)\leqq 0.05$ となる最小の整数 k を求めよ。

(3) 新しく開発された治療法をこの病気の患者 100 人に試みたところ，92 人が治癒した。この新しい治療法は在来のものと比較して，治癒率が向上したと判断してよいか。有意水準（危険率）5% で検定せよ。〔類 和歌山県医大〕

(1) この病気の患者 100 人のうち治癒する人数 X は，二項分布 $B\left(100,\ \dfrac{8}{10}\right)$ に従う。

X の期待値 m と標準偏差 σ は

$$m=100\cdot\frac{8}{10}=80,$$

$$\sigma=\sqrt{100\cdot\frac{8}{10}\cdot\left(1-\frac{8}{10}\right)}=4$$

←$m=np$，$\sigma=\sqrt{npq}$ ただし $q=1-p$

よって，$Z=\dfrac{X-80}{4}$ は近似的に標準正規分布 $N(0,\ 1)$ に従う。

$|X-m|\geqq 10$ から　$\left|\dfrac{X-80}{4}\right|\geqq\dfrac{10}{4}$

すなわち　$|Z|\geqq 2.5$

ゆえに，求める確率は　$P(|Z|\geqq 2.5)$

正規分布表より，$p(2.5)=0.4938$ であるから

$$\begin{aligned}P(|Z|\geqq 2.5)&=2\{0.5-p(2.5)\}\\&=2\cdot(0.5-0.4938)\\&=\mathbf{0.0124}\end{aligned}$$

(2) $|X-m|\geqq k$ から　$\left|\dfrac{X-80}{4}\right|\geqq\dfrac{k}{4}$

すなわち　$|Z|\geqq\dfrac{k}{4}$

←$m=80$ を代入した不等式 $|X-80|\geqq k$ の両辺を 4 で割って $\left|\dfrac{X-80}{4}\right|\geqq\dfrac{k}{4}$ この不等式の左辺の絶対値の中は，X を標準化した形になっている。

よって，$P\left(|Z|\geqq\dfrac{k}{4}\right)\leqq 0.05$ となる最小の整数 k を求めればよい。

k の値が大きくなると $P\left(|Z|\geqq\dfrac{k}{4}\right)$ の値は小さくなり，

$P(|Z|\geqq 1.96)=0.05$ であるから，$P\left(|Z|\geqq\dfrac{k}{4}\right)\leqq 0.05$ を満たす

k の値の範囲は　$\dfrac{k}{4}\geqq 1.96$

ゆえに　$k\geqq 7.84$

これを満たす最小の整数 k は　$\boldsymbol{k=8}$

(3) 治癒率を p とする。新しい治療法が在来のものと比較して，治癒率が向上したならば，$p>\dfrac{8}{10}$ である。

←片側検定の問題として捉える。

ここで，治癒率が向上していない，すなわち，在来の治療法の治癒率と同じであるという次の仮説を立てる。

仮説 H_0：$p=\dfrac{8}{10}$

仮説 H_0 が正しいとすると，(1) から，患者 100 人のうち治癒する人数 X は，二項分布 $B\left(100,\ \dfrac{8}{10}\right)$ に従い，$Z=\dfrac{X-80}{4}$ は近似的に標準正規分布 $N(0,\ 1)$ に従う。

正規分布表より $P(Z\leqq 1.64)\fallingdotseq 0.95$ であるから，有意水準 5% の棄却域は　$1.64\leqq Z$

$X=92$ のとき $Z=\dfrac{92-80}{4}=3$ であり，この値は棄却域に入るから，仮説 H_0 を棄却できる。

したがって，**治癒率は向上したと判断してよい。**

←$P(Z\leqq 1.64)$
$=0.5+p(1.64)$
$\fallingdotseq 0.5+0.45=0.95$

EX ③63 ある種類のねずみは，生まれてから 3 か月後の体重が平均 65 g，標準偏差 4.8 g の正規分布に従うという。いまこの種類のねずみ 10 匹を特別な飼料で飼育し，3 か月後に体重を測定したところ，次の結果を得た。

67，71，63，74，68，61，64，80，71，73

この飼料はねずみの体重に異常な変化を与えたと考えられるか。有意水準 5% で検定せよ。

〔旭川医大〕

大きさ 10 のねずみの体重の標本平均を $\overline{X}$ とする。

特別な飼料で飼育したねずみ 10 匹の 3 か月後の体重の平均は

$$\frac{1}{10}(67+71+63+74+68+61+64+80+71+73)=69.2$$

←実際の計算では，仮平均を 65 や 70 などに定めて計算するとよい。

ここで，この飼料はねずみの体重に変化を与えない，すなわち

仮説 H_0：ねずみの体重の母平均 m について $m=65$ である

を立てる。

仮説 H_0 が正しいとするとき，$\overline{X}$ は正規分布 $N\left(65,\ \dfrac{4.8^2}{10}\right)$ に従う。

$\dfrac{4.8^2}{10}=\left(\dfrac{4.8}{\sqrt{10}}\right)^2$ であるから，$Z=\dfrac{\overline{X}-65}{\dfrac{4.8}{\sqrt{10}}}$ は $N(0,\ 1)$ に従う。

←$Z=\dfrac{\overline{X}-65}{4.8}$ とするのは誤り！

正規分布表より $P(-1.96\leqq Z\leqq 1.96)\fallingdotseq 0.95$ であるから，有意水準 5% の棄却域は

$Z\leqq -1.96,\ 1.96\leqq Z$

$\overline{X}=69.2$ のとき $Z=\dfrac{69.2-65}{\dfrac{4.8}{\sqrt{10}}}=\dfrac{4.2}{4.8}\cdot\sqrt{10}=\dfrac{7\sqrt{10}}{8}$ であり

$$\frac{7\sqrt{10}}{8}>\frac{7\cdot 3}{8}=\frac{21}{8}=2.625$$

←$\sqrt{10}>\sqrt{9}=3$

よって，この値は棄却域に入るから，仮説 H_0 を棄却できる。
したがって，**この飼料はねずみの体重に異常な変化を与えたと考えられる。**

総合 1 a, rを自然数とし，初項がa，公比がrの等比数列a_1, a_2, a_3, ……を$\{a_n\}$とする。また，自然数Nの桁数を$d(N)$で表し，第n項が$b_n=d(a_n)$で定まる数列b_1, b_2, b_3, ……を$\{b_n\}$とする。このとき，次の問いに答えよ。

(1) $a=43$, $r=47$のとき，b_3とb_7を求めよ。

(2) $a=1$のとき，$1<r<500$において，$\{b_n\}$が等差数列となるrの値をすべて求めよ。

〔類 滋賀大〕

➡ 本冊 数学B 例題11

(1) $a_n=43\cdot 47^{n-1}$であるから　$a_3=43\cdot 47^2=94987$

a_3は5桁であるから　$\boldsymbol{b_3=5}$

また　$a_7=43\cdot 47^6$

よって　$40^7<a_7<50^7$

ここで　$40^7=2^{14}\cdot 10^7=16384\cdot 10^7=1.6384\cdot 10^{11}>10^{11}$

$50^7=5^7\cdot 10^7=78125\cdot 10^7=7.8125\cdot 10^{11}<10^{12}$

ゆえに　$10^{11}<a_7<10^{12}$

したがって，a_7は12桁であるから　$\boldsymbol{b_7=12}$

←直接値を計算し，桁数を調べる。

←$40<43<50$, $40<47<50$から。$43\cdot 47^6$の値は求めにくいから，**10の倍数で挟み**，40^7, 50^7の桁数を調べる。

(2) $a=1$のとき　$a_n=r^{n-1}$

$a_1=1$であるから　$b_1=1$

b_nはa_nの桁数であるから，自然数である。

また，$\{b_n\}$が等差数列となるとき，公差をdとすると

$$d=b_2-b_1=d(a_2)-1=d(r)-1$$

$d(r)$は自然数であるから，dは0以上の整数である。

ここで，$d=0$とすると，すべての自然数nに対して　$b_n=1$

また，$d(r)=1$から　$2\leqq r\leqq 9$

このとき，$a_5=r^4\geqq 2^4=16$であるから　$b_5\geqq 2$

これは$b_5=1$に矛盾するから　$d\neq 0$

すなわち，dは自然数である。

$10^{b_n-1}\leqq a_n<10^{b_n}$であり，$b_n=1+(n-1)d$あるから

$$10^{(n-1)d}\leqq r^{n-1}<10^{(n-1)d+1}\ \cdots\cdots\ ①$$

$n\geqq 2$のとき，①の各辺は正であるから

$$10^d\leqq r<10^{d+\frac{1}{n-1}}\ \cdots\cdots\ ①'$$

$1<r<500$とdが自然数であることから　$d=1,\ 2$

$d=1$のとき，①′から　$10\leqq r<10^{1+\frac{1}{n-1}}\left(=10\cdot 10^{\frac{1}{n-1}}\right)$

これが2以上のすべての自然数nで成り立つような自然数rは$r=10$であり，このとき$\{b_n\}$は初項1，公差1の等差数列となる。

$d=2$のとき，①′から　$100\leqq r<10^{2+\frac{1}{n-1}}\left(=100\cdot 10^{\frac{1}{n-1}}\right)$

これが2以上のすべての自然数nで成り立つような自然数rは$r=100$であり，このとき$\{b_n\}$は初項1，公差2の等差数列となる。

以上から　$\boldsymbol{r=10,\ 100}$

←$d=b_{n+1}-b_n$

←$d(r)$は自然数rの桁数。

←$d\geqq 1$となること（$d\neq 0$であること）を背理法で示す。

←**Nの整数部分がk桁 $\Longleftrightarrow$ $10^{k-1}\leqq N<10^k$**

←①の各辺を$\dfrac{1}{n-1}$乗。

←$d\geqq 3$のときは，$10^d\geqq 1000$となり，不適。

←nの値が大きくなるほど，$\dfrac{1}{n-1}$の値は0に近づいていく（必ず正）。よって，$10<10\cdot 10^{\frac{1}{n-1}}<11$となるような$n$が必ず存在する。

総合 2 n を自然数とする。1 から n までのすべての自然数を重複なく使ってできる数列を x_1, x_2, ……, x_n で表す。

(1) $n=3$ のとき，このような数列をすべて書き出せ。

(2) $\sum_{k=1}^{n} x_k=55$ のとき，$\sum_{k=1}^{n} x_k^2$ を求めよ。

(3) 不等式 $\sum_{k=1}^{n} kx_k \leqq \frac{n(n+1)(2n+1)}{6}$ を証明せよ。

(4) 和 $\sum_{k=1}^{n}(x_k+k)^2$ を最大にする数列 x_1, x_2, ……, x_n を求めよ。また，そのときの和を求めよ。

〔茨城大〕

➡ 本冊 数学 B 例題 21

(1) **1, 2, 3； 1, 3, 2； 2, 1, 3； 2, 3, 1；
3, 1, 2； 3, 2, 1**

←もれなく，重複なく書き出す。

(2) 数列 x_1, x_2, ……, x_n は，数列 1, 2, ……, n を並べ替えたものであるから $\sum_{k=1}^{n} x_k=\sum_{k=1}^{n} k=\frac{1}{2}n(n+1)$

←どの x_1, x_2, ……, x_n に対しても $\sum_{k=1}^{n} x_k$ の値は同じ。

$\frac{1}{2}n(n+1)=55$ とすると $n(n+1)=110$

$10\cdot11=110$ であるから $n=10$

←n の値を求める。$n(n+1)=110$ を $n^2+n-110=0$ と変形してもよいが，$n(n+1)$ が単調増加であることを利用した。

よって $\sum_{k=1}^{n} x_k^2=\sum_{k=1}^{10} k^2=\frac{1}{6}\cdot10\cdot(10+1)(2\cdot10+1)=\mathbf{385}$

(3) $k\ (1\leqq k\leqq n)$ に対し，$1\leqq x_k\leqq n$ であるから $(k-x_k)^2\geqq0$

ゆえに $kx_k\leqq\frac{k^2+x_k^2}{2}$

$k=1$, 2, ……, n として，辺々を加えると

$$\sum_{k=1}^{n} kx_k\leqq\sum_{k=1}^{n}\frac{k^2+x_k^2}{2}=\frac{1}{2}\left(\sum_{k=1}^{n}k^2+\sum_{k=1}^{n}x_k^2\right)$$

$\sum_{k=1}^{n} x_k^2=\sum_{k=1}^{n} k^2$ …… ① であるから $\sum_{k=1}^{n} kx_k\leqq\sum_{k=1}^{n} k^2$

←$\sum_{k=1}^{n} k^2+\sum_{k=1}^{n} x_k^2=2\sum_{k=1}^{n} k^2$

すなわち $\sum_{k=1}^{n} kx_k\leqq\frac{n(n+1)(2n+1)}{6}$ …… ②

(等号が成り立つのは，すべての k で $x_k=k$ のとき)

(4) ①, ② から

$$\sum_{k=1}^{n}(x_k+k)^2=\sum_{k=1}^{n}x_k^2+2\sum_{k=1}^{n}kx_k+\sum_{k=1}^{n}k^2=2\sum_{k=1}^{n}k^2+2\sum_{k=1}^{n}kx_k$$

←① を利用。

$$\leqq2\cdot\frac{1}{6}n(n+1)(2n+1)+2\cdot\frac{n(n+1)(2n+1)}{6}$$

←② を利用。

よって $\sum_{k=1}^{n}(x_k+k)^2\leqq\frac{2}{3}n(n+1)(2n+1)$

等号は，すべての k で $x_k=k$ のとき成り立つ。

ゆえに，$\sum_{k=1}^{n}(x_k+k)^2$ を最大にする数列は $\boldsymbol{x_k=k}$ **(**$\boldsymbol{k=1}$**, 2, ……,** $\boldsymbol{n}$**)** であり，そのときの **和は** $\boldsymbol{\frac{2}{3}n(n+1)(2n+1)}$

総合 3

(1) k を 0 以上の整数とするとき，$\dfrac{x}{3}+\dfrac{y}{2}\leqq k$ を満たす 0 以上の整数 x，y の組 $(x,\ y)$ の個数を a_k とする。a_k を k の式で表せ。

(2) n を 0 以上の整数とするとき，$\dfrac{x}{3}+\dfrac{y}{2}+z\leqq n$ を満たす 0 以上の整数 x，y，z の組 $(x,\ y,\ z)$ の個数を b_n とする。b_n を n の式で表せ。〔横浜国大〕

➡ 本冊 数学B 例題 32

(1) $k=0$ のとき，$\dfrac{x}{3}+\dfrac{y}{2}\leqq k$ を満たす 0 以上の整数 x，y の組は
$(x,\ y)=(0,\ 0)$ のみであるから　$a_0=1$
$k\geqq 1$ のとき，$x\geqq 0$，$y\geqq 0$，
$\dfrac{x}{3}+\dfrac{y}{2}\leqq k$ の表す領域 D は，
右の図の網の部分（境界線を含む）である。

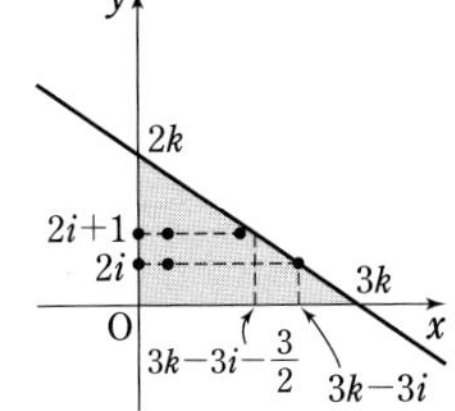

←直線 $\dfrac{x}{a}+\dfrac{y}{b}=1$ において，x 切片は a，y 切片は b である。

a_k は領域 D に属する格子点（x，y がともに整数である点）の個数である。

[1] 直線 $y=2i$ $(i=0,\ 1,\ 2,\ \cdots\cdots,\ k)$ 上の格子点について，x 座標は

$$0,\ 1,\ 2,\ \cdots\cdots,\ 3k-3i$$

であり，$(3k-3i+1)$ 個ある。

←[1]，[2] で格子点の個数が異なるから，場合分けをする。

[2] 直線 $y=2i+1$ $(i=0,\ 1,\ 2,\ \cdots\cdots,\ k-1)$ 上の格子点について，x 座標は

$$0,\ 1,\ 2,\ \cdots\cdots,\ 3k-3i-2$$

であり，$(3k-3i-1)$ 個ある。

[1]，[2] から

$$a_k=\sum_{i=0}^{k}(3k-3i+1)+\sum_{i=0}^{k-1}(3k-3i-1)$$
$$=(3k+1)\sum_{i=0}^{k}1-3\sum_{i=0}^{k}i+(3k-1)\sum_{i=0}^{k-1}1-3\sum_{i=0}^{k-1}i$$
$$=(3k+1)(k+1)-3\cdot\frac{1}{2}k(k+1)+(3k-1)k-3\cdot\frac{1}{2}k(k-1)$$
$$=3k^2+3k+1\ \cdots\cdots\ ①$$

←i に無関係な $3k+1$ などを Σ の前に出す。

① において，$k=0$ とすると　$a_0=1$
よって，① は $k=0$ のときにも成り立つ。
以上から　$\boldsymbol{a_k=3k^2+3k+1}$

(2) $x\geqq 0$，$y\geqq 0$，$z\geqq 0$，$\dfrac{x}{3}+\dfrac{y}{2}+z\leqq n$ を満たす整数 x，y，z の組 $(x,\ y,\ z)$ について，$0\leqq z\leqq n$ である。
$z=j$ $(j=0,\ 1,\ 2,\ \cdots\cdots,\ n)$ のとき，x，y は

$$x\geqq 0,\ y\geqq 0,\ \frac{x}{3}+\frac{y}{2}\leqq n-j\ \cdots\cdots\ ②$$

を満たす。

←まず，z を固定して考える。

ここで，$n-j$ は 0 以上の整数である。

よって，(1) から，② を満たす整数 x，y の組の個数は

$$3(n-j)^2+3(n-j)+1$$

ゆえに

$$b_n=\sum_{j=0}^{n}\{3(n-j)^2+3(n-j)+1\}$$

ここで，$n-j=l$ とおくと，$j=0$ のとき $l=n$，$j=n$ のとき $l=0$ であるから

$$\boldsymbol{b_n}=\sum_{l=0}^{n}(3l^2+3l+1)$$

$$=\sum_{l=1}^{n}(3l^2+3l+1)+1$$

$$=3\cdot\frac{1}{6}n(n+1)(2n+1)+3\cdot\frac{1}{2}n(n+1)+n+1$$

$$=\frac{1}{2}(n+1)\{n(2n+1)+3n+2\}$$

$$=\frac{1}{2}(n+1)(2n^2+4n+2)$$

$$\boldsymbol{=(n+1)^3}$$

←このことから，(1) と同じ設定（k を $n-j$ とおく）になり，(1) の結果を利用できる。

←これから，次のように考えてもよい。
b_n
$=(3n^2+3n+1)$
$+\{3(n-1)^2+3(n-1)+1\}$
$+\cdots+(3\cdot2^2+3\cdot2+1)$
$+(3\cdot1^2+3\cdot1+1)+1$
$=\sum_{l=1}^{n}(3l^2+3l+1)+1$

総合 4

n を正の整数とし，次の条件 (＊) を満たす x についての n 次式 $P_n(x)$ を考える。

(＊)　すべての実数 θ に対して　$\cos n\theta=P_n(\cos\theta)$

(1)　$n\geqq2$ のとき，$P_{n+1}(x)$ を $P_n(x)$ と $P_{n-1}(x)$ を用いて表せ。

(2)　$P_n(x)$ の x^n の係数を求めよ。

(3)　$\cos\theta=\dfrac{1}{10}$ とする。$10^{1000}\cos^2(500\theta)$ を 10 進法で表したときの，一の位の数字を求めよ。

〔早稲田大〕

➡ 本冊 数学 B 例題 55

(1)　$\cos(n+1)\theta=\cos(n\theta+\theta)=\cos n\theta\cos\theta-\sin n\theta\sin\theta$

$\cos(n-1)\theta=\cos(n\theta-\theta)=\cos n\theta\cos\theta+\sin n\theta\sin\theta$

よって　　$\cos(n+1)\theta+\cos(n-1)\theta=2\cos n\theta\cos\theta$

ゆえに　　$\cos(n+1)\theta=2\cos\theta\cos n\theta-\cos(n-1)\theta$

よって　　$\boldsymbol{P_{n+1}(x)=2xP_n(x)-P_{n-1}(x)}$　$(n\geqq2)$ …… ①

←加法定理

←$P_{n+1}(\cos\theta)$
$=2\cos\theta P_n(\cos\theta)$
$-P_{n-1}(\cos\theta)$

(2)　$P_1(x)=x$

$\cos2\theta=2\cos^2\theta-1$ から　　$P_2(x)=2x^2-1$

これらと ① から，$P_n(x)$ は帰納的に整数係数の n 次式といえる。

$P_n(x)$ の最高次 x^n の係数を a_n とすると　　$a_1=1$，$a_2=2$

また，① において，最高次の項の係数を比較すると

$$a_{n+1}=2a_n\ (n\geqq2)$$

ゆえに，数列 $\{a_n\}$ は初項 1，公比 2 の等比数列であるから

$$a_n=1\cdot2^{n-1}=\boldsymbol{2^{n-1}}$$

←$P_1(x)$：1 次式，
$P_2(x)$：2 次式から，
$P_3(x)$ は 3 次式である。
$P_2(x)$：2 次式，
$P_3(x)$：3 次式から，
$P_4(x)$ は 4 次式である。
……

(3)　$10^{1000}\cos^2(500\theta)$ を変形すると

$$10^{1000}\cos^2(500\theta)=\{10^{500}\cos(500\theta)\}^2=\{10^{500}P_{500}(\cos\theta)\}^2$$

$$=\left\{10^{500}P_{500}\left(\frac{1}{10}\right)\right\}^2$$

(2) から，$n \geqq 2$ のとき，$P_n(x)=2^{n-1}x^n+Q_{n-1}(x)$ と表される。ただし，$Q_{n-1}(x)$ は $(n-1)$ 次以下の多項式とする。

よって　$10^{500}P_{500}\left(\frac{1}{10}\right)=10^{500}\left\{2^{499}\left(\frac{1}{10}\right)^{500}+Q_{499}\left(\frac{1}{10}\right)\right\}$

$=2^{499}+10N$（N は整数）

ゆえに　$10^{1000}\cos^2(500\theta)=(2^{499}+10N)^2$

$=2^{998}+10N'$（N' は整数）

よって，$10^{1000}\cos^2(500\theta)$ を 10 進法で表したときの，一の位の数字は，2^{998} の一の位の数字に等しい。

ここで，$2^1=2$，$2^2=4$，$2^3=8$，$2^4=16$，$2^5=32$，…… であるから，2 の累乗の一の位の数字は，2，4，8，6 を繰り返す。

$998=4\cdot 249+2$ であるから，2^{998} の一の位の数字は　4

したがって，$10^{1000}\cos^2(500\theta)$ の一の位の数字は　**4**

←$Q_{499}(x)$ は 499 次以下の多項式であるから，$x=10^{-1}$ のとき
$Q_{499}(x)$
$=ax^{499}+bx^{498}+\cdots\cdots$
$=a\cdot 10^{-499}+b\cdot 10^{-498}$
$+\cdots\cdots$
（a，b は整数）

総合

総合 5

右のような経路の図があり，次のようなゲームを考える。
最初は A から出発し，1 回の操作で，1 個のさいころを投げて，出た目の数字が矢印にあればその方向に進み，なければその場にとどまる。この操作を繰り返し，D に到達したらゲームは終了する。
例えば，B にいるときは，1，3，5 の目が出れば C へ進み，4 の目が出れば D へ進み，2，6 の目が出ればその場にとどまる。n を自然数とするとき

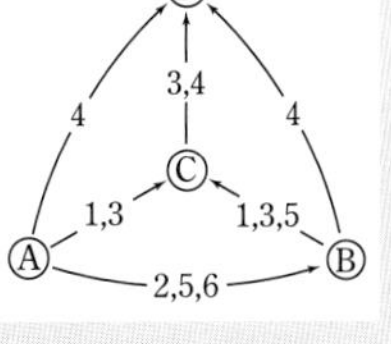

(1)　ちょうど n 回の操作を行った後に B にいる確率を n の式で表せ。
(2)　ちょうど n 回の操作を行った後に C にいる確率を n の式で表せ。
(3)　ちょうど n 回の操作でゲームが終了する確率を n の式で表せ。　〔岡山大〕

➡ 本冊 数学 B 例題 36, 53

(1)　ちょうど n 回の操作を行った後に B にいるのは，1 回目の操作で B に進み，n 回の操作を行った後まで B にとどまるときである。

よって，$n \geqq 2$ のとき　$\frac{3}{6}\left(\frac{2}{6}\right)^{n-1}=\frac{1}{2}\left(\frac{1}{3}\right)^{n-1}$ …… ①

ここで，1 回目の操作で B に進む確率は　$\frac{3}{6}=\frac{1}{2}$

$n=1$ のとき　$\frac{1}{2}\left(\frac{1}{3}\right)^{1-1}=\frac{1}{2}$

ゆえに，① は $n=1$ のときも成り立つ。

したがって，求める確率は　$\boldsymbol{\frac{1}{2}\left(\frac{1}{3}\right)^{n-1}}$

←A にとどまることはない。また，B にいるとき，2，6 の目が出ると B にとどまる。なお，A，B，C いずれもその場所を一度離れてしまうと，再びその場所にくることはない。

(2)　ちょうど n 回の操作を行った後に A，B，C にいる確率をそれぞれ a_n，b_n，c_n とすると

$$c_{n+1}=a_n\cdot\frac{2}{6}+b_n\cdot\frac{3}{6}+c_n\cdot\frac{4}{6}=\frac{1}{3}a_n+\frac{1}{2}b_n+\frac{2}{3}c_n$$

ここで，n 回の操作を行った後に A にいることはないから

$a_n=0$

また，(1) より，$b_n=\frac{1}{2}\left(\frac{1}{3}\right)^{n-1}$ であるから

① 確率 p_n の問題
n 回目と $(n+1)$ 回目に注目

$$c_{n+1}=\frac{1}{3}\cdot 0+\frac{1}{2}\cdot\frac{1}{2}\left(\frac{1}{3}\right)^{n-1}+\frac{2}{3}c_n$$

よって　$c_{n+1}=\frac{1}{4}\left(\frac{1}{3}\right)^{n-1}+\frac{2}{3}c_n$

両辺に 3^{n+1} を掛けて　$3^{n+1}c_{n+1}=2\cdot 3^n c_n+\frac{9}{4}$

$d_n=3^n c_n$ とおくと　$d_{n+1}=2d_n+\frac{9}{4}$

これを変形すると　$d_{n+1}+\frac{9}{4}=2\left(d_n+\frac{9}{4}\right)$

ここで　$d_1+\frac{9}{4}=3^1c_1+\frac{9}{4}=3\cdot\frac{2}{6}+\frac{9}{4}=\frac{13}{4}$

ゆえに，数列 $\left\{d_n+\frac{9}{4}\right\}$ は初項 $\frac{13}{4}$，公比 2 の等比数列であるから　$d_n+\frac{9}{4}=\frac{13}{4}\cdot 2^{n-1}$　よって　$3^n c_n=\frac{13}{8}\cdot 2^n-\frac{9}{4}$

両辺を 3^n で割って　$c_n=\frac{13}{8}\left(\frac{2}{3}\right)^n-\frac{9}{4}\left(\frac{1}{3}\right)^n$

したがって，求める確率は　$\boldsymbol{\frac{13}{8}\left(\frac{2}{3}\right)^n-\frac{9}{4}\left(\frac{1}{3}\right)^n}$

←$c_{n+1}=\frac{p}{q}c_n+\frac{r}{q^{n-1}}$ 型の漸化式 ⟶ 両辺に q^{n+1} を掛けて $q^{n+1}c_{n+1}=pq^nc_n+rq^2$

←$\alpha=2\alpha+\frac{9}{4}$ の解は $\alpha=-\frac{9}{4}$

(3)　$n\geqq 2$ のとき，求める確率は

$$a_{n-1}\cdot\frac{1}{6}+b_{n-1}\cdot\frac{1}{6}+c_{n-1}\cdot\frac{2}{6}$$
$$=0\cdot\frac{1}{6}+\frac{1}{2}\left(\frac{1}{3}\right)^{n-2}\cdot\frac{1}{6}+\left\{\frac{13}{8}\left(\frac{2}{3}\right)^{n-1}-\frac{9}{4}\left(\frac{1}{3}\right)^{n-1}\right\}\cdot\frac{1}{3}$$
$$=\frac{13}{24}\left(\frac{2}{3}\right)^{n-1}-\frac{1}{2}\left(\frac{1}{3}\right)^{n-1}$$

また，1 回の操作でゲームが終了する確率は　$\frac{1}{6}$

よって，求める確率は　**$n=1$ のとき　$\boldsymbol{\frac{1}{6}}$**

$n\geqq 2$ のとき　$\boldsymbol{\frac{13}{24}\left(\frac{2}{3}\right)^{n-1}-\frac{1}{2}\left(\frac{1}{3}\right)^{n-1}}$

←$(n-1)$ 回後に A にいる場合，B にいる場合，C にいる場合に分けて確率を求める。

←$n=1$ のとき，この式の値は　$\frac{1}{24}$

総合 6

n を正の整数とする。A，B，C の 3 種類の文字から重複を許して n 個の文字を 1 列に並べるとき，A と B が隣り合わない並べ方の総数を f_n とする。例えば，$n=2$ のとき，このような並べ方は AA，AC，BB，BC，CA，CB，CC の 7 通りあるので，$f_2=7$ である。

(1) A と B が隣り合わない並べ方のうち，n 番目が A または B であるものを g_n 通り，n 番目が C であるものを h_n 通りとする。このとき，g_{n+1}，h_{n+1} を g_n，h_n を用いて表せ。

(2) 数列 $\{f_n\}$ に対して，f_{n+2} を f_{n+1} と f_n を用いて表せ。

(3) $a_n=\dfrac{f_{n+1}}{f_n}$ により定まる数列 $\{a_n\}$ について，a_n と a_{n+1} の大小関係を調べよ。

〔東北大〕

➡ 本冊 数学 B 例題 54

総合

(1) $n+1$ 番目が A または B であるものは，次の 4 つの場合がある。

←n 番目と $n+1$ 番目に注目。

[1] n 番目が A で，$n+1$ 番目も A
[2] n 番目が B で，$n+1$ 番目も B
[3] n 番目が C で，$n+1$ 番目は A
[4] n 番目が C で，$n+1$ 番目は B

←A と B が隣り合わない，に注意。

n 番目が A または B であるものは [1] と [2] を合わせて g_n 通りあり，n 番目が C であるものは [3] と [4] それぞれで h_n 通りずつあるから　$\boldsymbol{g_{n+1}=g_n+2h_n}$ …… ①

また，$n+1$ 番目が C であるものは，n 番目は A でも B でも C でもよいから　$\boldsymbol{h_{n+1}=g_n+h_n}$ …… ②

(2) ①，② から　$g_{n+2}=g_{n+1}+2h_{n+1}$，$h_{n+2}=g_{n+1}+h_{n+1}$

辺々を加えると

$$g_{n+2}+h_{n+2}=2g_{n+1}+3h_{n+1}=2(g_{n+1}+h_{n+1})+h_{n+1}$$
$$=2(g_{n+1}+h_{n+1})+g_n+h_n$$

←$g_{\bullet}+h_{\bullet}$ の形を作り出すように変形。

$f_n=g_n+h_n$ であるから　$\boldsymbol{f_{n+2}=2f_{n+1}+f_n}$ …… ③

(3) $f_{n+1}>0$ であるから，③ の両辺を f_{n+1} で割ると

$$\frac{f_{n+2}}{f_{n+1}}=2+\frac{f_n}{f_{n+1}}$$

よって　$a_{n+1}=\dfrac{1}{a_n}+2$

←$\dfrac{f_{n+1}}{f_n}=a_n$

ゆえに　$a_{n+2}-a_{n+1}=\left(\dfrac{1}{a_{n+1}}+2\right)-\left(\dfrac{1}{a_n}+2\right)=-\dfrac{a_{n+1}-a_n}{a_na_{n+1}}$

$a_n>0$，$a_{n+1}>0$ であるから，$a_{n+2}-a_{n+1}$ の符号と $a_{n+1}-a_n$ の符号は異なる。…… ④

←$f_n>0$ から　$a_n>0$

$f_1=3$，$f_2=7$ であるから，③ より　$f_3=2\cdot7+3=17$

よって　$a_2-a_1=\dfrac{f_3}{f_2}-\dfrac{f_2}{f_1}=\dfrac{17}{7}-\dfrac{7}{3}=\dfrac{2}{21}>0$

←$a_1<a_2$

これと ④ から　$a_3-a_2<0$，$a_4-a_3>0$，$a_5-a_4<0$，……

←$a_2>a_3$，$a_3<a_4$，$a_4>a_5$，……

したがって，a_n と a_{n+1} の大小関係は

n が奇数のとき $a_n<a_{n+1}$，n が偶数のとき $a_n>a_{n+1}$

総合 7

関数 $f(x)=\dfrac{2^x-1}{2^x+1}$ について，次の問いに答えよ。

(1) $f\left(\dfrac{1}{2}\right)$ を求めよ。

(2) $f(2x)=\dfrac{2f(x)}{1+\{f(x)\}^2}$ を示せ。

(3) すべての自然数 n に対して $b_n=f\left(\dfrac{1}{2^n}\right)$ は無理数であることを，数学的帰納法を用いて示せ。

ただし，有理数 r，s を用いて表される実数 $r+s\sqrt{2}$ は $s\neq0$ ならば無理数であることを，証明なく用いてもよい。

〔大阪府大〕

➡ 本冊 数学B例題 56

(1) $f\left(\dfrac{1}{2}\right)=\dfrac{2^{\frac{1}{2}}-1}{2^{\frac{1}{2}}+1}=\dfrac{\sqrt{2}-1}{\sqrt{2}+1}=\dfrac{(\sqrt{2}-1)(\sqrt{2}-1)}{(\sqrt{2}+1)(\sqrt{2}-1)}$

$=\mathbf{3-2\sqrt{2}}$

←分母を有理化。

(2) $$\frac{2f(x)}{1+\{f(x)\}^2}=\frac{2\cdot\dfrac{2^x-1}{2^x+1}}{1+\left(\dfrac{2^x-1}{2^x+1}\right)^2}=\frac{2(2^x+1)(2^x-1)}{(2^x+1)^2+(2^x-1)^2}$$

$$=\frac{2(2^{2x}-1)}{(2^{2x}+2\cdot2^x+1)+(2^{2x}-2\cdot2^x+1)}$$

$$=\frac{2(2^{2x}-1)}{2(2^{2x}+1)}=\frac{2^{2x}-1}{2^{2x}+1}$$

$$=f(2x)$$

(3) 「$b_n=f\left(\dfrac{1}{2^n}\right)$ は無理数である」を ① とする。

[1] $n=1$ のとき

(1) から　$b_1=f\left(\dfrac{1}{2}\right)=3-2\sqrt{2}$

$3-2\sqrt{2}$ は無理数であるから，① は成り立つ。

←$-2\neq0$ から，$3-2\sqrt{2}$ は無理数である。

[2] $n=k$ のとき ① が成り立つ，すなわち $b_k=f\left(\dfrac{1}{2^k}\right)$ は無理数であると仮定する。

(2) で示した等式において，$x=\dfrac{1}{2^{k+1}}$ とすると

$$f\left(\frac{1}{2^k}\right)=\frac{2f\left(\dfrac{1}{2^{k+1}}\right)}{1+\left\{f\left(\dfrac{1}{2^{k+1}}\right)\right\}^2}\quad すなわち\quad b_k=\frac{2b_{k+1}}{1+{b_{k+1}}^2}$$

ここで，b_{k+1} が有理数であるとすると，$\dfrac{2b_{k+1}}{1+{b_{k+1}}^2}$ は有理数であり，b_k が無理数であることと矛盾する。

←有理数の和，差，積，商は有理数である。

よって，b_{k+1} は無理数である。

ゆえに，$n=k+1$ のときにも ① は成り立つ。

[1]，[2] から，すべての自然数 n に対して ① は成り立つ。

総合 8 x, yについての方程式$x^2-6xy+y^2=9$ …… (＊) に関して
(1) x, yがともに正の整数であるような (＊) の解のうち, yが最小であるものを求めよ。
(2) 数列a_1, a_2, a_3, …… が漸化式$a_{n+2}-6a_{n+1}+a_n=0$ ($n=1$, 2, 3, ……) を満たすとする。このとき, $(x, y)=(a_{n+1}, a_n)$ が (＊) を満たすならば, $(x, y)=(a_{n+2}, a_{n+1})$ も (＊) を満たすことを示せ。
(3) (＊) の整数解 (x, y) は無数に存在することを示せ。 〔千葉大〕

➡ 本冊 数学B 例題 57, 58

(1) $y=1$ のとき, (＊) は　$x^2-6x-8=0$
　よって　$x=3\pm\sqrt{17}$　このxの値は不適。
$y=2$ のとき, (＊) は　$x^2-12x-5=0$
　よって　$x=6\pm\sqrt{41}$　このxの値は不適。
$y=3$ のとき, (＊) は　$x^2-18x=0$
　よって　$x(x-18)=0$　$x>0$ とすると　$x=18$
したがって, 求める (＊) の解は　$\boldsymbol{(x, y)=(18, 3)}$

←$x^2-6x\cdot1+1^2=9$
←解の公式を利用。
←$x^2-6x\cdot2+2^2=9$
←$x^2-6x\cdot3+3^2=9$

(2) $(x, y)=(a_{n+1}, a_n)$ が (＊) を満たすから
$$a_{n+1}{}^2-6a_{n+1}a_n+a_n{}^2=9 \quad \cdots\cdots ①$$
数列 $\{a_n\}$ は $a_{n+2}-6a_{n+1}+a_n=0$ を満たすから
$$a_{n+2}=6a_{n+1}-a_n$$
よって　$a_{n+2}{}^2-6a_{n+2}a_{n+1}+a_{n+1}{}^2$
$=(6a_{n+1}-a_n)^2-6(6a_{n+1}-a_n)a_{n+1}+a_{n+1}{}^2$
$=a_{n+1}{}^2-6a_{n+1}a_n+a_n{}^2$
① から　$a_{n+2}{}^2-6a_{n+2}a_{n+1}+a_{n+1}{}^2=9$
したがって, $(x, y)=(a_{n+2}, a_{n+1})$ も (＊) を満たす。

←(＊) に解を代入。
←$a_{n+2}=6a_{n+1}-a_n$ を代入。

(3) (1), (2) の結果から, $n=1$, 2, …… に対して, 数列 $\{a_n\}$ を
$$a_1=3,\ a_2=18,\ a_{n+2}-6a_{n+1}+a_n=0 \quad \cdots\cdots ②$$
により定めると, すべての自然数nに対して, $(x, y)=(a_{n+1}, a_n)$ は (＊) の解である。
よって, ② で定められる数列 $\{a_n\}$ の各項がすべて互いに異なる整数であれば, (＊) の整数解は無数に存在する。
以下, ② で定められる数列 $\{a_n\}$ について, すべての自然数nに対して　a_n, a_{n+1} はともに整数 かつ $0<a_n<a_{n+1}$ …… ③
が成り立つことを数学的帰納法により示す。
[1] $n=1$ のとき
　$a_1=3$, $a_2=18$ から, ③ は成り立つ。
[2] $n=k$ のとき, ③ が成り立つと仮定すると, a_k, a_{k+1} はともに整数で　$0<a_k<a_{k+1}$
　$n=k+1$ のときを考えると, ② から　$a_{k+2}=6a_{k+1}-a_k$
　a_k, a_{k+1} は整数であるから, a_{k+2} は整数である。
　また　$a_{k+2}-a_{k+1}=(6a_{k+1}-a_k)-a_{k+1}=5a_{k+1}-a_k$
　ここで, $0<a_k<a_{k+1}$ から　$0<a_k<a_{k+1}<5a_{k+1}$
　よって　$5a_{k+1}-a_k>0$　ゆえに　$a_{k+1}<a_{k+2}$
　よって, $n=k+1$ のときも ③ は成り立つ。

←(1) より, $(x, y)=(a_2, a_1)$ は (＊) を満たすから, (2) より $(x, y)=(a_3, a_2)$ も (＊) を満たす。このことを繰り返す。
←② から $a_{n+2}=6a_{n+1}-a_n$ これから ③ の不等式が思いつく。

[1], [2] から，すべての自然数 n に対して，③ は成り立つ。
したがって，(＊) の整数解は無数に存在する。

総合 9 ある試行を 1 回行ったとき，事象 A の起こる確率を $p\ (0\leqq p\leqq 1)$ とする。n を自然数とし，この試行を n 回反復する。$X_i\ (i=1,\ 2,\ \cdots\cdots,\ n)$ を「i 回目の試行で事象 A が起きれば値 100，起きなければ値 50 をとる確率変数」とするとき

(1) $X_i\ (i=1,\ 2,\ \cdots\cdots,\ n)$ の確率分布を表で示せ。

(2) $X_i\ (i=1,\ 2,\ \cdots\cdots,\ n)$ の平均と分散を求めよ。

(3) 確率変数 $Y=X_1+X_2+\cdots\cdots+X_n$ と $Z=100n-(X_1+X_2+\cdots\cdots+X_n)$ を考える。
$W=YZ$ とするとき

(ア) Y の平均と分散を求めよ。

(イ) W を Y の関数として表し，W の平均を求めよ。

(ウ) W の平均が最も大きくなるような確率 p と，そのときの W の平均を求めよ。〔横浜市大〕

➡ 本冊 数学B 例題 74

(1) $X_i\ (i=1,\ 2,\ \cdots\cdots,\ n)$ の確率分布は，右のようになる。

X_i	100	50	計
P	p	$1-p$	1

(2) $X_i\ (i=1,\ 2,\ \cdots\cdots,\ n)$ について

$$\boldsymbol{E(X_i)}=100p+50(1-p)=\boldsymbol{50(p+1)}$$

←$E(X_i)=\sum_{k=1}^{n}x_kp_k$

また　$E(X_i{}^2)=100^2p+50^2(1-p)=2500(3p+1)$

よって　$\boldsymbol{V(X_i)}=E(X_i{}^2)-\{E(X_i)\}^2$

$=2500(3p+1)-2500(p^2+2p+1)$

$=\boldsymbol{2500p(1-p)}$

←$2500\times(3p+1-p^2-2p-1)$

(3) (ア) $\boldsymbol{E(Y)}=E(X_1+X_2+\cdots\cdots+X_n)=\sum_{i=1}^{n}E(X_i)=nE(X_1)$

$=\boldsymbol{50n(p+1)}$

←$E(X_i+X_j)=E(X_i)+E(X_j)$

また，$i\neq j$ のとき X_i と X_j は互いに独立であるから

$\boldsymbol{V(Y)}=V(X_1+X_2+\cdots\cdots+X_n)=\sum_{i=1}^{n}V(X_i)=nV(X_1)$

$=\boldsymbol{2500np(1-p)}$

←X_i と X_j が互いに独立ならば　$V(X_i+X_j)=V(X_i)+V(X_j)$

(イ) $W=YZ=Y(100n-Y)=\boldsymbol{100nY-Y^2}$

よって　$E(W)=E(100nY-Y^2)=100nE(Y)-E(Y^2)$

$=5000n^2(p+1)-E(Y^2)$

ここで，$V(Y)=E(Y^2)-\{E(Y)\}^2$ であるから

$E(Y^2)=V(Y)+\{E(Y)\}^2$

$=2500np(1-p)+2500n^2(p+1)^2$

$=2500n\{p-p^2+n(p^2+2p+1)\}$

$=2500n\{(n-1)p^2+(2n+1)p+n\}$

←$E(Y^2)$ を求めるために，$V(Y)=E(Y^2)-\{E(Y)\}^2$ を利用。

ゆえに　$\boldsymbol{E(W)}=5000n^2(p+1)$

$-2500n\{(n-1)p^2+(2n+1)p+n\}$

$=2500n\{2n(p+1)-(n-1)p^2-(2n+1)p-n\}$

$=\boldsymbol{2500n\{-(n-1)p^2-p+n\}}$

(ウ) $f(p)=-(n-1)p^2-p+n$ とすると

$f'(p)=-2(n-1)p-1=2(1-n)p-1$

$n\geqq 1,\ 0\leqq p\leqq 1$ から　　$(1-n)p\leqq 0$

←$n=1$ のとき，$y=f(p)$ のグラフは右下がりの直線 ⟶ 単調減少。

よって，$0 \leqq p \leqq 1$ のとき，$f'(p)<0$ であるから，$f(p)$ は単調に減少する。

したがって，$E(W)$ は $\boldsymbol{p=0}$ で最大となり，そのとき

$$E(W)=\boldsymbol{2500n^2}$$

←$f'(p) \leqq -1$

総合 10 A，B を空でない事象とする。このとき，以下の 2 つの条件 p，q が同値であることを証明せよ。

p：A，B は独立である。

q：点 $\mathrm{O}(0,\ 0)$，点 $\mathrm{Q}(P(A\cap B),\ P(A\cap \overline{B}))$，点 $\mathrm{R}(P(\overline{A}\cap B),\ P(\overline{A}\cap \overline{B}))$ は同一直線上にある。ただし，$P(A)$ は事象 A が起こる確率を表すものとする。〔浜松医大〕

➡ 本冊 数学 B 例題 71

$$p \iff P(A\cap B)=P(A)P(B)$$

$P(A)=P(A\cap B)+P(A\cap \overline{B})$ であり，$P(A)\neq 0$ であるから

$$(P(A\cap B),\ P(A\cap \overline{B}))\neq(0,\ 0)$$

よって，2 点 O，Q を通る直線の方程式は

$$P(A\cap \overline{B})\times x-P(A\cap B)\times y=0$$

ゆえに　$q \iff P(A\cap \overline{B})P(\overline{A}\cap B)-P(A\cap B)P(\overline{A}\cap \overline{B})=0$ Ⓐ

ここで　$P(A\cap \overline{B})P(\overline{A}\cap B)-P(A\cap B)P(\overline{A}\cap \overline{B})$

$=\{P(A)-P(A\cap B)\}\{P(B)-P(A\cap B)\}$
$\quad -P(A\cap B)\{1-P(A\cup B)\}$ Ⓑ

$=P(A)P(B)-\{P(A)+P(B)\}P(A\cap B)+\{P(A\cap B)\}^2$
$\quad -P(A\cap B)+P(A\cap B)P(A\cup B)$

$=P(A)P(B)-P(A\cap B)\{P(A)+P(B)-P(A\cap B)\}$
$\quad -P(A\cap B)+P(A\cap B)P(A\cup B)$

$=P(A)P(B)-P(A\cap B)P(A\cup B)$
$\quad -P(A\cap B)+P(A\cap B)P(A\cup B)$

$=P(A)P(B)-P(A\cap B)$

よって　$q \iff P(A)P(B)-P(A\cap B)=0$

したがって，2 つの条件 p，q は同値である。

←$A\neq\varnothing$

←異なる 2 点 $(x_1,\ y_1)$，$(x_2,\ y_2)$ を通る直線の方程式は
$(y_2-y_1)(x-x_1)$
$\quad -(x_2-x_1)(y-y_1)=0$

Ⓐ 2 点 O，Q を通る直線上に点 R がある。

Ⓑ $\overline{A}\cap\overline{B}=\overline{A\cup B}$

←$P(A)+P(B)$
$-P(A\cap B)=P(A\cup B)$

総合 11 ある高校の 3 年生男子 150 人の身長の平均は 170.4 cm，標準偏差は 5.7 cm，女子 140 人の身長の平均は 158.2 cm，標準偏差は 5.4 cm であった。これらはともに正規分布に従うものとする。男女の生徒を一緒にして，身長順に並べたとき，170.4 cm 以上，170.4 cm 未満かつ 158.2 cm 以上，158.2 cm 未満の 3 つのグループに分けると，各グループの人数は何人ずつになるか。必要ならば正規分布表を用いよ。〔山梨大〕

➡ 本冊 数学 B 例題 81

男子，女子の身長をそれぞれ x cm，y cm とすると，確率変数 $X=\dfrac{x-170.4}{5.7}$，$Y=\dfrac{y-158.2}{5.4}$ はともに $N(0,\ 1)$ に従う。

正規分布表から

$$P(x<158.2)=P\left(X<\frac{158.2-170.4}{5.7}\right)\fallingdotseq P(X<-2.14)$$

$$=0.5-p(2.14)=0.5-0.4838$$

$$=0.0162$$

←$P(X\geqq 0)$
$-P(0\leqq X\leqq 2.14)$

$$P(y \geqq 170.4)=P\left(Y \geqq \frac{170.4-158.2}{5.4}\right) \fallingdotseq P(Y \geqq 2.26)$$
$$=0.5-p(2.26)=0.5-0.4881$$
$$=0.0119$$

また　$P(x \geqq 170.4)=P(X \geqq 0)=0.5,$
$P(y<158.2)=P(Y<0)=0.5$

したがって，身長 170.4 cm 以上の人数は

男子：$150 \times 0.5=75$
女子：$140 \times 0.0119=1.666 \fallingdotseq 2$　計 77

身長 158.2 cm 未満の人数は

男子：$150 \times 0.0162=2.43 \fallingdotseq 2$
女子：$140 \times 0.5=70$　計 72

$150+140-(77+72)=141$ であるから

170.4 cm 以上は　77 人
170.4 cm 未満かつ 158.2 cm 以上は　141 人
158.2 cm 未満は　72 人

←男女の合計人数は $150+140$（人）

総合 12

ある国の人口は十分に大きく，国民の血液型の割合は A 型 40%，O 型 30%，B 型 20%，AB 型 10% である。この国民の中から無作為に選ばれた人達について，次の問いに答えよ。

(1) 2 人の血液型が一致する確率を求めよ。
(2) 4 人の血液型がすべて異なる確率を求めよ。
(3) 5 人中 2 人が A 型である確率を求めよ。
(4) n 人中 A 型の人の割合が 39% から 41% までの範囲にある確率が，0.95 以上であるためには，n は少なくともどれほどの大きさであればよいか。〔東京理科大〕

➡ 本冊 数学 B 例題 82

(1) $(0.4)^2+(0.3)^2+(0.2)^2+(0.1)^2=\mathbf{0.30}$

←例えば，2 人とも A 型である確率は $(0.4)^2$

(2) 4 人を a, b, c, d とする。血液型が，例えば a：A 型，b：O 型，c：B 型，d：AB 型 となる確率は

$$0.4 \times 0.3 \times 0.2 \times 0.1=0.0024 \quad \cdots\cdots (*)$$

4 人に 4 種類の血液型を対応させる順列の総数は　$4!=24$

ゆえに，求める確率は　$24 \times 0.0024=\mathbf{0.0576}$

←＿＿以外の，題意を満たす血液型のパターンそれぞれについて，確率は (*) に等しい。

(3) 1 人の血液型が A 型である確率は 0.4，A 型でない確率は $1-0.4=0.6$ であるから，求める確率は

$${}_5C_2(0.4)^2(0.6)^3=10 \times 0.03456=\mathbf{0.3456}$$

←反復試行の確率。

(4) n 人中，A 型の人が X 人いるとすると

$$P(X=r)={}_nC_r(0.4)^r(0.6)^{n-r} \quad (r=0,\ 1,\ \cdots\cdots,\ n)$$

よって，X は二項分布 $B(n,\ 0.4)$ に従うから

$$E(X)=0.4n,\quad V(X)=n \times 0.4 \times 0.6=0.24n$$

X は近似的に正規分布 $N(0.4n,\ 0.24n)$ に従う。

←**二項分布 $B(n,\ p)$ は，n が大なら，正規分布 $N(np,\ np(1-p))$ で近似。**

また，A 型の人の割合 $\frac{X}{n}$ について

$$E\left(\frac{X}{n}\right)=\frac{1}{n}E(X)=0.4,\quad V\left(\frac{X}{n}\right)=\frac{1}{n^2}V(X)=\frac{0.24}{n}$$

ゆえに，$\frac{X}{n}$ は近似的に正規分布 $N\left(0.4,\ \frac{0.24}{n}\right)$ に従うから，

$Z=\dfrac{\frac{X}{n}-0.4}{\sqrt{\frac{0.24}{n}}}$ とおくと，Z は近似的に $N(0,\ 1)$ に従い

$$P\left(0.39\leqq\frac{X}{n}\leqq0.41\right)=2P\left(0.4\leqq\frac{X}{n}\leqq0.41\right)$$
$$=2P\left(0\leqq Z\leqq0.01\sqrt{\frac{n}{0.24}}\right)=2p\left(0.01\sqrt{\frac{n}{0.24}}\right)$$

よって，$2p\left(0.01\sqrt{\frac{n}{0.24}}\right)\geqq0.95$，すなわち，

$p\left(0.01\sqrt{\frac{n}{0.24}}\right)\geqq0.475$ であるための条件は，正規分布表から

$$0.01\sqrt{\frac{n}{0.24}}\geqq1.96 \qquad ゆえに \qquad \sqrt{n}\geqq196\sqrt{0.24}$$

両辺を2乗して　　$n\geqq196^2\times0.24=9219.84$

この不等式を満たす最小の自然数 n は　　$n=\mathbf{9220}$

←$N(m,\ \sigma^2)$ は $Z=\dfrac{X-m}{\sigma}$ で $N(0,\ 1)$ へ ［標準化］

←$p(u)=0.475$ を満たす u の値は　$u=1.96$

総合

総合 13

A店のあんパンの重さは平均105 g，標準偏差 $\sqrt{5}$ gの正規分布に従い，B店のあんパンの重さは平均104 g，標準偏差 $\sqrt{2}$ gの正規分布に従うとする。また，あんパンの重さはすべて独立とする。

(1) A店のあんパン10個の重さをそれぞれ量り，その標本平均を $\overline{X}$ (g) とする。同様に，B店のあんパン4個の重さの標本平均を $\overline{Y}$ (g) とする。このとき，$\overline{X}$ と $\overline{Y}$ の平均と分散をそれぞれ求めよ。

(2) A店とB店のあんパンの重さを比較したい。$W=\overline{X}-\overline{Y}$ の平均と分散をそれぞれ求めよ。ただし，$\overline{X}$ と $\overline{Y}$ が独立であることを用いてよい。

(3) W が正規分布に従うことを用いて，確率 $P(W\geqq0)$ を求めよ。ただし，次の数表を用いてよい。ここで，Z は標準正規分布に従う確率変数である。

u	0	1	2	3
$P(0\leqq Z\leqq u)$	0.000	0.341	0.477	0.499

(4) A店のあんパン25個の重さをそれぞれ量り，その標本平均を $\overline{X'}$ (g) とする。同様に，B店のあんパン8個の重さの標本平均を $\overline{Y'}$ (g) とする。$W'=\overline{X'}-\overline{Y'}$ とするとき，確率 $P(W'\geqq0)$ と確率 $P(W\geqq0)$ の大小を比較せよ。ただし，$\overline{X'}$ と $\overline{Y'}$ が独立であることと，W' が正規分布に従うことを用いてよい。

〔滋賀大〕

➡ 本冊 数学B 例題87

(1) A店のあんパンの重さは平均105 g，標準偏差 $\sqrt{5}$ gの正規分布に従い，B店のあんパンの重さは平均104 g，標準偏差 $\sqrt{2}$ gの正規分布に従うから　　$\boldsymbol{E(\overline{X})=105,\ E(\overline{Y})=104}$

また　　$\boldsymbol{V(\overline{X})}=\left(\frac{\sqrt{5}}{\sqrt{10}}\right)^2=\boldsymbol{\frac{1}{2}}$，$\boldsymbol{V(\overline{Y})}=\left(\frac{\sqrt{2}}{\sqrt{4}}\right)^2=\boldsymbol{\frac{1}{2}}$

(2) $\boldsymbol{E(W)}=E(\overline{X}-\overline{Y})=E(\overline{X})-E(\overline{Y})=105-104=\mathbf{1}$

また，$\overline{X}$ と $\overline{Y}$ は独立であるから

$$\boldsymbol{V(W)}=V(\overline{X}-\overline{Y})=1^2V(\overline{X})+(-1)^2V(\overline{Y})=\frac{1}{2}+\frac{1}{2}=\mathbf{1}$$

←母平均 m，母標準偏差 σ の母集団から大きさ n の無作為標本を抽出するとき

$E(\overline{X})=m$，$\sigma(\overline{X})=\dfrac{\sigma}{\sqrt{n}}$

←$E(aX+bY)$
$=aE(X)+bE(Y)$
X と Y が独立なら
$V(aX+bY)$
$=a^2V(X)+b^2V(Y)$

(3) (2)の結果より，W は正規分布 $N(1,\ 1)$ に従うから，

$Z=\dfrac{W-1}{\sqrt{1}}$ とおくと，Z は $N(0,\ 1)$ に従う。

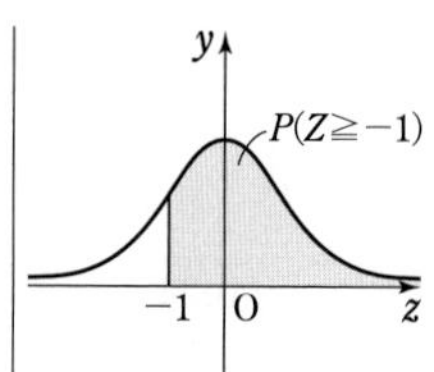

よって　$P(W\geqq 0)=P(Z\geqq -1)=P(-1\leqq Z\leqq 0)+P(Z\geqq 0)$

$=P(0\leqq Z\leqq 1)+P(Z\geqq 0)$

$=0.341+0.5=\mathbf{0.841}$

(4) (1)，(2)と同様にして　$E(\overline{X'})=105,\ E(\overline{Y'})=104$

$$V(\overline{X'})=\left(\frac{\sqrt{5}}{\sqrt{25}}\right)^2=\frac{1}{5},\ V(\overline{Y'})=\left(\frac{\sqrt{2}}{\sqrt{8}}\right)^2=\frac{1}{4}$$

よって　$E(W')=E(\overline{X'}-\overline{Y'})=E(\overline{X'})-E(\overline{Y'})$

$=105-104=1$

また，$\overline{X'}$ と $\overline{Y'}$ は独立であるから

$$V(W')=V(\overline{X'}-\overline{Y'})=1^2V(\overline{X'})+(-1)^2V(\overline{Y'})$$

$$=\frac{1}{5}+\frac{1}{4}=\frac{9}{20}$$

ゆえに，W' は正規分布 $N\left(1,\ \dfrac{9}{20}\right)$ に従うから，$Z'=\dfrac{W'-1}{\sqrt{\dfrac{9}{20}}}$

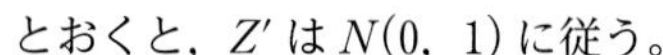

とおくと，Z' は $N(0,\ 1)$ に従う。

よって　$P(W'\geqq 0)=P\left(Z'\geqq -\dfrac{2\sqrt{5}}{3}\right)$

$-\dfrac{2\sqrt{5}}{3}<-1$ であるから　$P\left(Z'\geqq -\dfrac{2\sqrt{5}}{3}\right)\geqq P(Z\geqq -1)$

したがって　$\boldsymbol{P(W'\geqq 0)>P(W\geqq 0)}$

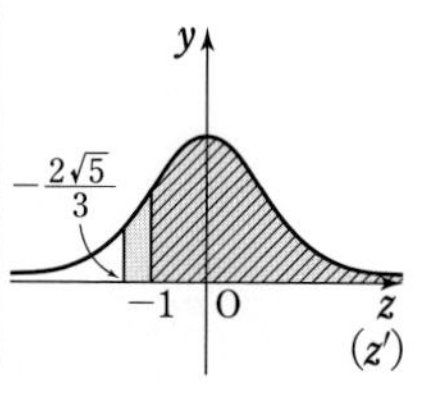

総合 14　ある試行テストで事象 A が起こる確率を $x\ (0\leqq x\leqq 1)$ とする。

(1) A が起こるときの得点を10点，起こらないときの得点を5点とするとき，この得点の分布の標準偏差が最大となるときの x の値を求めよ。

(2) (1)で求めた x の値を x_0 とする。実際に100回試行したとき，A に関する得点の平均値は8.1であった。このとき，「A が起こる確率 x は x_0 に等しい」といえるかどうか。有意水準5%の検定を利用して答えよ。100回の試行は十分多い回数であり，この平均値の分布は正規分布として扱ってよい。

〔山梨大〕

➡ 本冊 数学B 例題 64, 94

(1) 平均値 m は　$m=10x+5(1-x)=5x+5$

よって，標準偏差を σ とすると，分散 σ^2 は

$$\sigma^2=(10-m)^2x+(5-m)^2(1-x)$$

$$=(5-5x)^2x+(-5x)^2(1-x)$$

$$=25x\{(1-x)^2+x(1-x)\}=25x(-x+1)$$

$$=25(-x^2+x)=-25\left(x-\frac{1}{2}\right)^2+\frac{25}{4}$$

$0\leqq x\leqq 1$ であるから，σ^2 は $x=\dfrac{1}{2}$ のとき最大値 $\dfrac{25}{4}$ をとる。

したがって，標準偏差 σ は $\boldsymbol{x=\dfrac{1}{2}}$ のとき最大値 $\dfrac{5}{2}$ をとる。

←$m=\displaystyle\sum_{k=1}^{n}x_kp_k$

←$\sigma^2=\displaystyle\sum_{k=1}^{n}(x_k-m)^2p_k$

←x の 2次式
→ **基本形** に直す。

←$\sqrt{\dfrac{25}{4}}=\dfrac{5}{2}$

(2) 100 回試行したとき，A に関する得点の標本平均を $\overline{X}$ とする。
ここで，次の仮説を立てる。

仮説 H_0：A が起こる確率 x は $x_0=\dfrac{1}{2}$ に等しい

仮説 H_0 が正しいとするとき，$\overline{X}$ は近似的に平均値

$5\cdot\dfrac{1}{2}+5=\dfrac{15}{2}=7.5$，標準偏差 $\dfrac{\frac{5}{2}}{\sqrt{100}}=\dfrac{1}{4}=0.25$ の正規分布に従う。よって，$Z=\dfrac{\overline{X}-7.5}{0.25}=4\overline{X}-30$ は近似的に標準正規分布 $N(0,\ 1)$ に従う。
正規分布表より，$P(-1.96\leqq Z\leqq 1.96)\fallingdotseq 0.95$ であるから，有意水準 5 % の棄却域は　　$Z\leqq -1.96,\ 1.96\leqq Z$
$\overline{X}=8.1$ のとき $Z=4\cdot 8.1-30=2.4$ であり，この値は棄却域に入るから，仮説 H_0 を棄却できる。
すなわち，**A が起こる確率 x は x_0 に等しいとはいえない。**

←「$x=x_0$ とはいえない」を検定する。

←$m=5x+5$ に $x=\dfrac{1}{2}$ を代入。標本標準偏差を利用。

←$\overline{X}$ は $N(7.5,\ 0.25^2)$ に従う。

総合

平方・立方・平方根の表

n	n^2	n^3	$\sqrt{n}$	$\sqrt{10n}$
1	1	1	1.0000	3.1623
2	4	8	1.4142	4.4721
3	9	27	1.7321	5.4772
4	16	64	2.0000	6.3246
5	25	125	2.2361	7.0711
6	36	216	2.4495	7.7460
7	49	343	2.6458	8.3666
8	64	512	2.8284	8.9443
9	81	729	3.0000	9.4868
10	100	1000	3.1623	10.0000
11	121	1331	3.3166	10.4881
12	144	1728	3.4641	10.9545
13	169	2197	3.6056	11.4018
14	196	2744	3.7417	11.8322
15	225	3375	3.8730	12.2474
16	256	4096	4.0000	12.6491
17	289	4913	4.1231	13.0384
18	324	5832	4.2426	13.4164
19	361	6859	4.3589	13.7840
20	400	8000	4.4721	14.1421
21	441	9261	4.5826	14.4914
22	484	10648	4.6904	14.8324
23	529	12167	4.7958	15.1658
24	576	13824	4.8990	15.4919
25	625	15625	5.0000	15.8114
26	676	17576	5.0990	16.1245
27	729	19683	5.1962	16.4317
28	784	21952	5.2915	16.7332
29	841	24389	5.3852	17.0294
30	900	27000	5.4772	17.3205
31	961	29791	5.5678	17.6068
32	1024	32768	5.6569	17.8885
33	1089	35937	5.7446	18.1659
34	1156	39304	5.8310	18.4391
35	1225	42875	5.9161	18.7083
36	1296	46656	6.0000	18.9737
37	1369	50653	6.0828	19.2354
38	1444	54872	6.1644	19.4936
39	1521	59319	6.2450	19.7484
40	1600	64000	6.3246	20.0000
41	1681	68921	6.4031	20.2485
42	1764	74088	6.4807	20.4939
43	1849	79507	6.5574	20.7364
44	1936	85184	6.6332	20.9762
45	2025	91125	6.7082	21.2132
46	2116	97336	6.7823	21.4476
47	2209	103823	6.8557	21.6795
48	2304	110592	6.9282	21.9089
49	2401	117649	7.0000	22.1359
50	2500	125000	7.0711	22.3607
51	2601	132651	7.1414	22.5832
52	2704	140608	7.2111	22.8035
53	2809	148877	7.2801	23.0217
54	2916	157464	7.3485	23.2379
55	3025	166375	7.4162	23.4521
56	3136	175616	7.4833	23.6643
57	3249	185193	7.5498	23.8747
58	3364	195112	7.6158	24.0832
59	3481	205379	7.6811	24.2899
60	3600	216000	7.7460	24.4949
61	3721	226981	7.8102	24.6982
62	3844	238328	7.8740	24.8998
63	3969	250047	7.9373	25.0998
64	4096	262144	8.0000	25.2982
65	4225	274625	8.0623	25.4951
66	4356	287496	8.1240	25.6905
67	4489	300763	8.1854	25.8844
68	4624	314432	8.2462	26.0768
69	4761	328509	8.3066	26.2679
70	4900	343000	8.3666	26.4575
71	5041	357911	8.4261	26.6458
72	5184	373248	8.4853	26.8328
73	5329	389017	8.5440	27.0185
74	5476	405224	8.6023	27.2029
75	5625	421875	8.6603	27.3861
76	5776	438976	8.7178	27.5681
77	5929	456533	8.7750	27.7489
78	6084	474552	8.8318	27.9285
79	6241	493039	8.8882	28.1069
80	6400	512000	8.9443	28.2843
81	6561	531441	9.0000	28.4605
82	6724	551368	9.0554	28.6356
83	6889	571787	9.1104	28.8097
84	7056	592704	9.1652	28.9828
85	7225	614125	9.2195	29.1548
86	7396	636056	9.2736	29.3258
87	7569	658503	9.3274	29.4958
88	7744	681472	9.3808	29.6648
89	7921	704969	9.4340	29.8329
90	8100	729000	9.4868	30.0000
91	8281	753571	9.5394	30.1662
92	8464	778688	9.5917	30.3315
93	8649	804357	9.6437	30.4959
94	8836	830584	9.6954	30.6594
95	9025	857375	9.7468	30.8221
96	9216	884736	9.7980	30.9839
97	9409	912673	9.8489	31.1448
98	9604	941192	9.8995	31.3050
99	9801	970299	9.9499	31.4643
100	10000	1000000	10.0000	31.6228

正規分布表

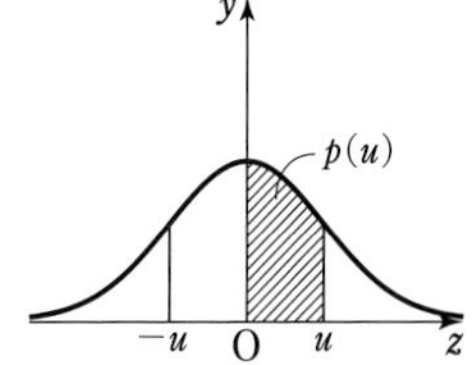

u	.00	.01	.02	.03	.04	.05	.06	.07	.08	.09
0.0	0.0000	0.0040	0.0080	0.0120	0.0160	0.0199	0.0239	0.0279	0.0319	0.0359
0.1	0.0398	0.0438	0.0478	0.0517	0.0557	0.0596	0.0636	0.0675	0.0714	0.0753
0.2	0.0793	0.0832	0.0871	0.0910	0.0948	0.0987	0.1026	0.1064	0.1103	0.1141
0.3	0.1179	0.1217	0.1255	0.1293	0.1331	0.1368	0.1406	0.1443	0.1480	0.1517
0.4	0.1554	0.1591	0.1628	0.1664	0.1700	0.1736	0.1772	0.1808	0.1844	0.1879
0.5	0.1915	0.1950	0.1985	0.2019	0.2054	0.2088	0.2123	0.2157	0.2190	0.2224
0.6	0.2257	0.2291	0.2324	0.2357	0.2389	0.2422	0.2454	0.2486	0.2517	0.2549
0.7	0.2580	0.2611	0.2642	0.2673	0.2704	0.2734	0.2764	0.2794	0.2823	0.2852
0.8	0.2881	0.2910	0.2939	0.2967	0.2995	0.3023	0.3051	0.3078	0.3106	0.3133
0.9	0.3159	0.3186	0.3212	0.3238	0.3264	0.3289	0.3315	0.3340	0.3365	0.3389
1.0	0.3413	0.3438	0.3461	0.3485	0.3508	0.3531	0.3554	0.3577	0.3599	0.3621
1.1	0.3643	0.3665	0.3686	0.3708	0.3729	0.3749	0.3770	0.3790	0.3810	0.3830
1.2	0.3849	0.3869	0.3888	0.3907	0.3925	0.3944	0.3962	0.3980	0.3997	0.4015
1.3	0.4032	0.4049	0.4066	0.4082	0.4099	0.4115	0.4131	0.4147	0.4162	0.4177
1.4	0.4192	0.4207	0.4222	0.4236	0.4251	0.4265	0.4279	0.4292	0.4306	0.4319
1.5	0.4332	0.4345	0.4357	0.4370	0.4382	0.4394	0.4406	0.4418	0.4429	0.4441
1.6	0.4452	0.4463	0.4474	0.4484	0.4495	0.4505	0.4515	0.4525	0.4535	0.4545
1.7	0.4554	0.4564	0.4573	0.4582	0.4591	0.4599	0.4608	0.4616	0.4625	0.4633
1.8	0.4641	0.4649	0.4656	0.4664	0.4671	0.4678	0.4686	0.4693	0.4699	0.4706
1.9	0.4713	0.4719	0.4726	0.4732	0.4738	0.4744	0.4750	0.4756	0.4761	0.4767
2.0	0.4772	0.4778	0.4783	0.4788	0.4793	0.4798	0.4803	0.4808	0.4812	0.4817
2.1	0.4821	0.4826	0.4830	0.4834	0.4838	0.4842	0.4846	0.4850	0.4854	0.4857
2.2	0.4861	0.4864	0.4868	0.4871	0.4875	0.4878	0.4881	0.4884	0.4887	0.4890
2.3	0.4893	0.4896	0.4898	0.4901	0.4904	0.4906	0.4909	0.4911	0.4913	0.4916
2.4	0.4918	0.4920	0.4922	0.4925	0.4927	0.4929	0.4931	0.4932	0.4934	0.4936
2.5	0.4938	0.4940	0.4941	0.4943	0.4945	0.4946	0.4948	0.4949	0.4951	0.4952
2.6	0.49534	0.49547	0.49560	0.49573	0.49585	0.49598	0.49609	0.49621	0.49632	0.49643
2.7	0.49653	0.49664	0.49674	0.49683	0.49693	0.49702	0.49711	0.49720	0.49728	0.49736
2.8	0.49744	0.49752	0.49760	0.49767	0.49774	0.49781	0.49788	0.49795	0.49801	0.49807
2.9	0.49813	0.49819	0.49825	0.49831	0.49836	0.49841	0.49846	0.49851	0.49856	0.49861
3.0	0.49865	0.49869	0.49874	0.49878	0.49882	0.49886	0.49889	0.49893	0.49897	0.49900

※解答・解説は数研出版株式会社が作成したものです。

発行所
数研出版株式会社

〒101-0052 東京都千代田区神田小川町2丁目3番地3
〔振替〕00140-4-118431
〒604-0861 京都市中京区烏丸通竹屋町上る
大倉町205番地
〔電話〕 代表 (075)231-0161
ホームページ https://www.chart.co.jp
印刷 株式会社 加藤文明社
乱丁本・落丁本はお取り替えします。 240305